Ergebnisse der Plasmaphysik und der Gaselektronik

Band 4

Ergebnisse der Plasmaphysik und der Gaselektronik

Band 4

Herausgegeben von

Robert Rompe und Max Steenbeck

Plasmaphysikalische Grundlagen und Methoden des Einsatzes von Plasmasonden in der Raumforschung

von

Dr. sc. nat. Siegfried Ullrich

Mit 65 Abbildungen

AKADEMIE-VERLAG · BERLIN
1976

Erschienen im Akademie-Verlag, 108 Berlin, Leipziger Str. 3—4

Lizenz-Nr. 202 · 100/443/76
Gesamtherstellung: VEB Druckerei „Thomas Müntzer", 582 Bad Langensalza
Bestellnummer 762 1963 (5570/4) · LSV 1195
Printed in GDR
EVP 96,—

Inhaltsverzeichnis

A. Einführung

A.1. Zielstellung

Seit den grundlegenden Ausführungen LANGMUIRS zur Sondendiagnostik an Niederdruckentladungen sind im Laufe der Jahre zahlreiche theoretische und experimentelle Arbeiten zum Problemkreis der Sondenmessungen durchgeführt worden. Diese Entwicklung hat in den letzten zwei Jahrzehnten durch den Einsatz solcher Plasmasonden im Kosmos einen neuen Auftrieb erfahren. Insbesondere sind dadurch zu den konventionellen Sondenmethoden der Laborplasmaphysik, die fast ausnahmslos auf den grundlegenden Vorstellungen LANGMUIRS basieren, einige neue mehr raumforschungsspezifische Sondenverfahren hinzugekommen.

Während zur Laborplasmadiagnostik im Laufe der Jahre eine ganze Reihe guter Übersichtsarbeiten erschienen ist, die die eigentlichen Sondenverfahren als Kernstück enthalten, vielfach aber weit darüber hinausgehen, fehlt unseres Wissens bislang eine solche zusammenfassende Darstellung für die extraterrestrisch anwendbaren Sondenverfahren. Aus diesen Gründen soll im folgenden versucht werden, die im Kosmos eingesetzten und einsetzbaren Sondenmethoden einmal unter einheitlichen Gesichtspunkten zu durchmustern und eine zusammenfassende Darstellung zu geben.

Da die Wirkungsweise aller dieser Plasmasonden auf einigen wenigen grundsätzlichen Erkenntnissen der Plasmaphysik beruht und bei extraterrestrischer Anwendung von den gleichen einsatzbedingten Einflüssen berührt wird, erscheint eine solche zusammenfassende Behandlung gerechtfertigt und sinnvoll. Dies um so mehr, als nur auf diese Weise Gemeinsamkeiten und Unterschiede zwischen den extraterrestrisch einsetzbaren Sonden einerseits und den Laborsonden andererseits klar herausgestellt werden können. Durch eine solche zusammenfassende und damit zwangsläufig vergleichende Darstellung wird es weiterhin möglich, die Anwendungsbereiche und Grenzen der einzelnen Sondenmethoden besser zu erkennen. Wir hoffen, auf diese Weise auch dem weniger plasmaphysikalisch vorgebildeten Experimentator zu helfen, seine Plasmasonden für den extraterrestrischen Einsatz problemgerecht auszuwählen und sachgemäß zu dimensionieren und die erhaltenen Meßergebnisse richtig zu interpretieren. Eine solche Hilfestellung scheint angebracht, da die seit den Anfängen der aktiven Raumforschung beim extraterrestrischen Einsatz von

Plasmasonden vielerorts zu verzeichnende Unbefangenheit auch heute noch längst nicht überall überwunden ist.

Entsprechend der dargelegten Zielstellung sollen deshalb nach einigen kurzen Vorbemerkungen über Untersuchungsobjekt, Einsatzbedingungen und kosmisches Plasma in Abschnitt B die plasmaphysikalischen Grundlagen der Sondenmessungen nacheinander abgehandelt werden. Dabei werden zunächst, den Entwicklungslinien der Sondentheorie folgend, die Verhältnisse bei ruhender Plasmasonde untersucht und erst an späterer Stelle die Effekte bzw. Modifikationen, die beim extraterrestrischen Einsatz hauptsächlich durch die Bewegung der Sonde verursacht werden, eingearbeitet. Auf dieser Grundlage sollen dann in Abschnitt C die sich für die extraterrestrische Sondendiagnostik anbietenden und meist auch bereits zum Einsatz gelangten Sondenmethoden nach einer zweckmäßigen, aus den gemeinsamen plasmaphysikalischen Grundlagen resultierenden Klassifizierung im einzelnen behandelt werden. Dabei wird auf eine detaillierte Darstellung der meist bereits bekannten Verfahren verzichtet und statt dessen stärker auf die beim extraterrestrischen Einsatz auftretenden Probleme sowie auf Fragen der zweckmäßigen Auswahl und Auslegung dieser Sonden und der sachgemäßen Interpretation ihrer Charakteristiken eingegangen. Abschließend werden einige mehr technische und deshalb vielfach ignorierte Probleme kurz angedeutet.

Wegen des Umfangs und der Komplexheit der betreffenden Problematik erscheint eine Beschränkung auf das Nötigste angebracht. Aus diesem Grund wird nur das gebracht und näher ausgeführt, was entsprechend unseren derzeitigen Kenntnissen einigermaßen gesichert ist und zur extraterrestrischen Sondendiagnostik unbedingt gebraucht wird. Aus diesem Grund kann auf die vielen modernen theoretischen Arbeiten zur Sondendiagnostik, die für die Weiterentwicklung der Sondentheorie fundamentale Bedeutung haben, jedoch in der (extraterrestrischen) Meßpraxis wegen ihres zur Zeit noch recht akademischen Charakters bislang keinen Eingang gefunden haben, allenfalls nur hingewiesen werden.

Aus dem gleichen Grund wird im folgenden nur mit solchen Beziehungen gearbeitet, die in der Praxis auch tatsächlich nutzbar sind, mit denen man also Sonden auswählen und dimensionieren bzw. aus den Sondencharakteristiken die interessierenden Plasmaparameter auch konkret berechnen kann. Solche Beziehungen besitzen verständlicherweise in vielen Fällen nur (groben) Näherungscharakter. Für die extraterrestrische Sondenmeßtechnik müssen solche relativ einfachen Näherungsbeziehungen aber nicht unbedingt nachteilig sein, sondern können wegen ihrer Auswertefähigkeit und damit praktischen Nutzbarkeit sogar erhebliche Vorteile bringen. Die Aufgabe der kostenaufwendigen extraterrestrischen Sondendiagnostik besteht ja weniger darin, nach Vollkommenheit zu streben, sondern darin, auf der Basis theoretisch gut begründeter und durchdacht eingesetzter Sondenmethoden auswert- und interpretierbare Meßergebnisse über das kosmische Plasma zu liefern. Dazu aber sind hohe Vertrauenswürdigkeit, weniger jedoch extreme Genauigkeit der eingesetzten Methoden erforderlich.

A.2. Gegenstand der Untersuchung

Bis vor etwa 25 Jahren konnte die hohe Atmosphäre der Erde und der darüber liegende kosmische Raum nur mit Hilfe bodengebundener Meßmittel untersucht werden. Diese Situation hat sich in den letzten zwei Jahrzehnten grundlegend geändert. Durch die Fortschritte der Raumflugtechnik sind heute auch Messungen der interessierenden Zustandsparameter des erdnahen kosmischen Raumes *in situ* — gewissermaßen an Ort und Stelle — möglich geworden. So werden seit den ersten erfolgreichen Starts von Höhenraketen, künstlichen Erdsatelliten und Raumsonden in zunehmendem Maße aus dem Labor übernommene Meßverfahren und Meßgeräte an Bord dieser Raumflugkörper zur Untersuchung der physikalischen Eigenschaften des umgebenden Raumes eingesetzt. Besondere Bedeutung haben hierbei die sogenannten *Plasmasonden* erlangt.

Zur Abgrenzung des Gegenstands dieser Arbeit, der Plasmasonden, ist es zweckmäßig, die heute zur Untersuchung des erdnahen kosmischen Plasmas benutzten Techniken in drei Gruppen einzuteilen, in indirekte, halbindirekte und direkte Meßverfahren:

a) *Indirekte Verfahren*

Hierzu werden alle Methoden gerechnet, die ausschließlich mit bodengebundenen Meßmitteln arbeiten, also insbesondere alle konventionellen und modernen Radiowellenausbreitungsmethoden (z.B. Reflexionsmessungen (Ionosonde), Absorptionsmessungen usw.). Da alle diese Methoden letztlich auf der totalen oder partiellen Reflexion der Radiowellen an Schichten steigender Elektronenkonzentration beruhen, ist mit ihnen eine Untersuchung der Ionosphäre lediglich bis zum F-Schicht-Maximum möglich. Weiterhin wird bei diesen Verfahren primär nur die Integralwirkung des ionosphärischen Plasmas längs des Strahlweges gemessen. Daher müssen zur Erzielung einer ausreichenden räumlichen Auflösung entweder sehr aufwendige Anlagen eingesetzt werden (z.B. Frequenzvariation bzw. Verwendung mehrerer verschiedener Meßfrequenzen) oder aber eine sehr aufwendige Meßwertaufbereitung unter nicht immer gut begründbaren Zusatzannahmen durchgeführt werden. Immerhin sind mit solchen Methoden bis vor etwa 25 Jahren alle grundlegenden Kenntnisse über die Ionosphäre der Erde gesammelt worden. Zu diesen indirekten Meßverfahren muß auch das in den letzten Jahren zum Einsatz gekommene sehr moderne Back-scatter-Verfahren gerechnet werden. Dieses nutzt die Thomson-Streuung der Radiowellen an den Elektronen bzw. Elektronendichteinhomogenitäten des erdnahen extraterrestrischen Plasmas zu einer außerordentlich umfassenden Diagnostik aus und ist weniger harten Beschränkungen hinsichtlich Einsatzbereich und Auflösungsvermögen unterworfen als die älteren Verfahren.
In den nachfolgenden Ausführungen wird auf diese indirekten Verfahren nicht weiter eingegangen.

b) *Halbindirekte Verfahren*

Hierzu werden alle Methoden gezählt, die auf der Radiowellenausbreitung zwischen einem bodengebundenen Sender und einem an Bord des Raumflugkörpers befindlichen Empfänger (oder auch umgekehrt) beruhen (z.B. spezielle Verfahren unter Ausnutzung des dispersiven DOPPLER-Effektes oder des FARADAY-Effektes). Mit ihnen können bei Verwendung genügend hoher Meßfrequenzen grundsätzlich auch Untersuchungen des Plasmas oberhalb des F-Schicht-Maximums vorgenommen werden. Durch die Bewegung des Raumflugkörpers und die damit verbundene Änderung des Strahlweges wird auf relativ einfache Weise eine bessere räumliche Auflösung erreicht. Dieser wichtige Vorteil hat bewirkt, daß solche halbindirekten Verfahren mehr und mehr in der Ionosphärenforschung verwendet werden. Mit gewisser Berechtigung können zu den halbindirekten Verfahren auch die sogenannten Topside-sounder-Methoden gezählt werden, bei denen sich Sender und Empfänger an Bord des Raumflugkörpers (Satellit) befinden. Unter Ausnutzung des Meßprinzips der indirekten Verfahren gestatten diese insbesondere die Untersuchung des ionosphärischen Plasmas oberhalb des F-Schicht-Maximums.
Auch auf diese halbindirekten Verfahren wird in den nachfolgenden Ausführungen nicht weiter eingegangen.

c) *Direkte Verfahren*

Hierzu gehören alle Methoden, bei denen ein geeignetes (plasmaphysikalisches) Meßinstrument an Bord des Raumflugkörpers installiert ist, um hier an Ort und Stelle das interessierende kosmische Plasma zu untersuchen. Solche direkten Verfahren zeichnen sich naturgemäß durch eine hohe räumliche Auflösung aus. Viele von ihnen sind direkt der Laborplasmadiagnostik entlehnt und dort bereits seit vielen Jahren eingesetzt worden. Aus diesem Grund kann den mit solchen direkten Verfahren beim Einsatz im extraterrestrischen Raum erhaltenen Meßergebnissen von vornherein eine gewisse Vertrauenswürdigkeit beigemessen werden. Da sich diese Verfahren vom Meßprinzip her wesentlich von den indirekten und halbindirekten unterscheiden, stellen sie eine wertvolle und wichtige Ergänzung zu jenen dar.
Erst durch den Einsatz solcher direkter Verfahren sind die heute bereits verfügbaren Detailkenntnisse über die Feinstruktur der Ionosphäre (z.B. Inhomogenitäten, Nichtisothermie usw.) und den erdnahen kosmischen Raum (z.B. Solarwind, Stoßwellen usw.) möglich geworden. Neuerdings wurden mit solchen direkten Verfahren erste wertvolle Informationen über die Eigenschaften des interplanetaren Plasmas in der unmittelbaren Umgebung des Mondes und einiger Planeten (Venus, Mars) gewonnen.
Die bei diesen direkten Verfahren verwendeten Sensoren werden heute in der Raumforschung unter dem Oberbegriff Plasmasonden zusammengefaßt. Diese allein werden in den nachfolgenden Ausführungen behandelt.

Zur eindeutigen Fixierung des Terminus *Plasmasonde* mag eine allgemeine Formulierung ihres Meßprinzips dienen:

Eine Plasmasonde ist ein in das zu untersuchende Plasma eingebrachtes System aus wenigstens zwei Elektroden, zwischen die eine (zeitveränderliche) Gleichspannung oder eine (amplitudenkonstante) Wechselspannung fester oder zeitvariabler Frequenz oder eine Kombination von beiden angelegt wird. Durch das im Einflußbereich der Elektroden befindliche Plasma fließt dann aufgrund der Verschiebbarkeit der Ladungsträger ein von der anliegenden Spannung bzw. der verwendeten Frequenz abhängiger Gleich- oder Wechselstrom. Der Zusammenhang zwischen Gleichstrom und Gleichspannung bzw. Wechselstrom und (Wechselspannungs-)Frequenz über einen größeren Variationsbereich wird als Strom-Spannungs-Charakteristik bzw. Strom-Frequenz-Charakteristik bezeichnet.

Aus dem Verlauf solcher Sondencharakteristiken lassen sich mit Hilfe und nach Maßgabe der der eingesetzten Plasmasonde zugrunde liegenden Theorie Rückschlüsse auf wichtige Plasmaparameter ziehen.

In den so fixierten Rahmen passen alle bisher bekanntgewordenen Plasmasonden hinein. Das gilt sowohl für die altbekannten und vieldiskutierten Langmuir-Sonden und ihre verschiedenen Abarten, wie Doppelsonden, Gittersonden usw., als auch für solche mehr raumforschungsspezifischen Plasmasonden wie Ionenfallen und Gerdien-Kondensatoren sowie die verschiedenen Modifikationen der Hochfrequenzsonden (z.B. Impedanz- bzw. Admittanz-Sonden, Kapazitätssonden, Resonanzsonden usw.).

Wie aus dieser allgemeinen Formulierung des Meßprinzips der Plasmasonden hervorgeht, besteht das Hauptziel jeder Sondentheorie in der Ableitung der Sondencharakteristik, d. h. in der Berechnung ihrer Struktur in Abhängigkeit von den Plasmaeigenschaften. Die analytische Kenntnis des Verlaufs der Sondencharakteristik ist notwendige Voraussetzung für die Interpretation gemessener Charakteristiken und damit natürlich auch für die Bestimmung von Plasmaparametern aus solchen Sondenmessungen.

A.3. Probleme, die beim extraterrestrischen Einsatz von Plasmasonden auftreten

Die kosmischen Plasmen stellen an sich ein nahezu ideales Untersuchungsobjekt für die Sondendiagnostik dar. Man findet gerade in ihnen in der Regel viel bessere Einsatzbedingungen für Plasmasonden vor als in den meisten Laborplasmen. Obwohl in kosmischen Plasmen die Massenzusammensetzung der Ionenkomponente und des Neutralgasuntergrundes von vornherein meist weitestgehend unbekannt ist, kann man in solchen Plasmen mit relativ sauberen Verhältnissen rechnen: So garantiert die lange Existenzzeit der kosmischen

Plasmen nahezu gleichbleibende Verhältnisse über längere Zeiträume. Eventuell vorhandene makroskopische elektrische Felder erstrecken sich über ausgedehnte Raumgebiete und sind fast immer um Größenordnungen kleiner als die von den Plasmasonden künstlich erzeugten Meßfelder. Raumladungen als Quellen solcher makroskopischen elektrischen Felder und die mit ihnen verbundenen makroskopischen Stromdichten sind in kosmischen Plasmen ebenfalls bedeutend kleiner als in Laborplasmen. Daher können die kosmischen Plasmen über Raumgebiete von der Größenordnung der Abmessungen bzw. des Einflußbereiches von Plasmasonden als weitestgehend homogen und quasineutral angesehen werden. Weiterhin finden in kosmischen Plasmen aufgrund ihrer langen Existenzzeiten auch bei geringer Stoßhäufigkeit genügend viele Stöße statt, so daß zumindest innerhalb der einzelnen Teilchensorten thermodynamisches Gleichgewicht und damit MAXWELLsche Geschwindigkeitsverteilung vorausgesetzt werden können.

Trotz dieser augenscheinlichen Vorteile ist der Einsatz von Plasmasonden in kosmischen Plasmen nicht unproblematisch: Einmal treten auch hier viele Schwierigkeiten, mit denen die Anwendung von Plasmasonden überhaupt behaftet ist, auf. Zum anderen aber muß bei extraterrestrischem Einsatz die schnelle Bewegung der (raumflugkörpergetragenen) Sonde berücksichtigt werden, ein Umstand, der eine Fülle neuartiger und außerordentlich komplexer Probleme mit sich bringt. Schließlich entstehen beim Einsatz im kosmischen Plasma weitere Probleme dadurch, daß die Plasmasonde und der die Plasmasonde tragende (voluminöse und großflächige) Raumflugkörper als Trägersenke wirken und eine nicht mehr vernachlässigbare Veränderung des sonst ungestörten kosmischen Plasmas hervorrufen.

Aus diesen Gründen müssen bei dem extraterrestrischen Einsatz von Plasmasonden alle Effekte, die aus der Bewegung der Sonde und ihrer Anwesenheit sowie der Anwesenheit des sondentragenden Raumflugkörpers resultieren, in die Erörterung einbezogen werden. Dazu gehören hauptsächlich der auf die Bewegung zurückgehende Ramm- und Wake-Effekt und der durch die Anwesenheit von Sonde und Raumflugkörper verursachte Drainage-Effekt. Diese Effekte wirken sich hauptsächlich auf Sondengleichstrom und Gleichgewichtspotential aus, so daß die Charakteristiken von Gleichspannungssonden bei extraterrestrischem Einsatz vielfach einen wesentlich anderen Verlauf zeigen als beim Einsatz im ruhenden Laborplasma.

Die genannten Effekte und der Umstand, daß die Trägerkonzentrationen in den kosmischen Plasmen meist sehr viel kleiner als die Trägerdichten in den Laborplasmen sind, sind schließlich dafür verantwortlich, daß einerseits nicht alle in der Laborplasmadiagnostik gebräuchlichen Sonden auch im extraterrestrischen Raum einsetzbar sind und andererseits einige gewissermaßen raumforschungsspezifische Plasmasonden entstanden sind, wie z.B. Ionenfallen, GERDIEN-Kondensatoren und verschiedene Arten von Hochfrequenzsonden, die die Laborplasmadiagnostik nicht kennt.

A.4. Die plasmaphysikalischen Eigenschaften des erdnahen kosmischen Raumes

Zur anwendungsbezogenen Behandlung der Plasmasonden ist es nützlich, sich einen groben Überblick über die im erdnahen kosmischen Plasma realisierten Verhältnisse zu verschaffen. Dabei kann man sich bezüglich der Plasmasonden auf die Angabe einiger weniger, jedoch wesentlicher Plasmaparameter beschränken. Die im folgenden angegebenen Zahlenwerte sind nur Anhaltswerte. Sie sind jedoch für alle Überschlags- und Dimensionierungsrechnungen zur Sondendiagnostik ausreichend und liegen allen in dieser Arbeit angeführten Abschätzungen zugrunde.

Früher neigte man dazu, die obere Erdatmosphäre als aus einzelnen ionisierten Schichten aufgebaut anzusehen, zwischen denen sich nichtionisiertes Gas befindet. Nach heutigen, erst durch den Einsatz von Plasmasonden endgültig gesicherten Kenntnissen besteht die obere Erdatmosphäre jedoch nicht aus einzelnen ionisierten Schichten, sondern aus einer einzigen zusammenhängenden Plasmahülle, innerhalb derer die Konzentration der Ladungsträger mehr oder weniger ausgeprägte stufen- und schichtähnliche Strukturen aufweist. Die Maxima der Ladungsträgerkonzentration fallen dabei mit den früheren Schichten und die Minima mit den früheren Schichtzwischenräumen zusammen. Trotz dieser tiefergehenden Einsicht ist es für manche Zwecke vorteilhaft, im gewissen Umfang eine Gliederung der hohen Atmosphäre in Anlehnung an die alte Schichtvorstellung beizubehalten. Auf diese Weise können die plasmaphysikalischen Verhältnisse in der Ionosphäre besser übersehen und die Einsatzgebiete der verschiedenen Plasmasonden besser voneinander abgegrenzt werden. In diesem Sinne soll in der Hochatmosphäre der Erde wie üblich zwischen D-, E- und F-Region der Ionosphäre, an die sich nach außen hin Exosphäre und interplanetarer Raum anschließen, unterschieden werden.

Bekanntlich weist die Atmosphäre der Erde sogar in ihren untersten Schichten einen nachweisbaren Gehalt an geladenen Teilchen auf. Die Entstehung dieser Ladungsträger ist in erster Linie auf durchdringende kosmische Strahlung und in unmittelbarer Bodennähe auf die Wirkung der natürlichen terrestrischen Radioaktivität zurückzuführen. Da die Konzentration der Ladungsträger in den tieferen Schichten der Erdatmosphäre jedoch außerordentlich klein ist (kleiner 10^3 cm^{-3}), kann hier noch nicht von einem eigentlichen Plasma gesprochen werden.

Ein merklicher Anstieg der Ladungsträgerkonzentration läßt sich (tagsüber) erst in Höhen um 50 km nachweisen. Von hier ab zeigt die Hochatmosphäre der Erde (tagsüber) typische Plasmaeigenschaften und geht damit in die eigentliche Ionosphäre über. Die Entstehung der Ladungsträger ist von dieser Höhe ab hauptsächlich auf die Fotoionisation des Neutralgases durch geeignete Spektralkomponenten der Solarstrahlung (UV-, EUV- und weiche Röntgenstrahlung) zurückzuführen. Beiträge zur Ionisation durch solare und kosmische Partikelstrahlungen sind lokal nicht auszuschließen.

a) *Die plasmaphysikalischen Eigenschaften der Ionosphäre*

Die D-Region der Ionosphäre:

Zur D-Region der Ionosphäre wird der Höhenbereich zwischen etwa 50 km und 90 km gerechnet. Die Neutralteilchendichte sinkt in diesem Bereich von etwa 10^{16} cm^{-3} bei 50 km Höhe auf etwa 10^{14} cm^{-3} bei 90 km Höhe ab.
Bereits bei etwa 60 km Höhe erreicht die Konzentration der positiven Ladungsträger einen Wert von etwa 10^4 cm^{-3} und steigt bis zur oberen Grenze der D-Region nur noch vergleichsweise wenig an. Wegen der hohen Neutralgasdichte und der damit verbundenen hohen Elektronenstoßfrequenz ($5 \cdot 10^7$ bis 10^6 s^{-1}) lagern sich vor allem in der unteren D-Region freie Elektronen in großer Zahl an Neutralteilchen an, so daß die Konzentration der freien Elektronen in etwa 60 km Höhe nur etwa 10^1 bis 10^2 cm^{-3} beträgt. Dementsprechend ist in der unteren D-Region die Konzentration der durch Elektronenanlagerung entstandenen negativen Ionen beträchtlich; sie muß (aus Quasineutralitätsgründen) die Konzentration der positiven Ionen fast vollständig kompensieren und beträgt daher ebenfalls nahezu 10^4 cm^{-3}. In größeren Höhen verschieben sich wegen der mit der Höhe abnehmenden Elektronenstoßfrequenz die Verhältnisse zugunsten der freien Elektronen. An der oberen Grenze der D-Region schließlich, bei 90 km Höhe, wird die gesamte Ladung der positiven Träger durch freie Elektronen kompensiert, deren Konzentration deshalb in dieser Höhe ebenfalls 10^4 cm^{-3} beträgt. In noch größeren Höhen (oberhalb der eigentlichen D-Region) konnten bisher keine negativen Ionen in merklichen Mengen nachgewiesen werden.
Ebenfalls wegen der hohen Neutralgasdichte und der damit verbundenen großen Stoßhäufigkeit stehen die verschiedenen Trägerarten in der D-Region der Ionosphäre in einem engen Energiekontakt miteinander. Daher sind die Temperaturen der Neutralteilchen, der positiven und negativen Ionen sowie der Elektronen in der gesamten D-Region nahezu gleich und liegen je nach den ionosphärischen Bedingungen zwischen etwa 250 und 300 K.
Das Plasma der D-Region kann also als quasineutral und isothermisch angesehen werden. Es setzt sich aus positiven Ionen, negativen Ionen, Elektronen und einem starken Neutralteilchenuntergrund zusammen. Der Ionisierungsgrad[1]) ist außerordentlich gering, er liegt zwischen 10^{-12} und 10^{-10}.

---

[1]) Ionisierungsgrad

$$\varkappa = \frac{N_+}{N_n + N_+} = \frac{N_- + N_e}{N_n + N_- + N_e} \qquad (0 \leqq \varkappa \leqq 1)$$

(N_e Elektronenkonzentration; N_+, N_- Konzentration der positiven bzw. negativen Ionen; N_n Konzentration der Neutralteilchen).
Diese von der üblichen Schreibweise

$$\varkappa = \frac{N_e}{N_n + N_e}$$

abweichende Fassung trägt dem Umstand Rechnung, daß in der D-Region der Ionosphäre in starkem Maße negative Ionen auftreten.

Wegen der großen Stoßhäufigkeit der Träger verschwindet das Plasma der D-Region nach Sonnenuntergang sehr schnell infolge Rekombination.

Die E-Region der Ionosphäre:

Die E-Region der Ionosphäre schließt sich bei etwa 90 km Höhe an die D-Region an und erstreckt sich bis etwa 150 km Höhe, unter besonderen Bedingungen auch bis 180 km Höhe. Die Neutralteilchendichte sinkt in ihr von etwa 10^{14} cm^{-3} bei 90 km Höhe auf etwa 10^{12} cm^{-3} bei 150 km Höhe.
Die in dieser Ionosphärenregion gefundenen Konzentrationen von Elektronen und positiven Ionen liegen um etwa 10^5 cm^{-3}. Negative Ionen konnten bislang in der E-Region nicht nachgewiesen werden.
Da die Neutralteilchendichte und damit die Elektronenstoßfrequenz (10^5 bis 10^3 s^{-1}) wesentlich kleiner als in der D-Region ist, weicht die Temperatur der Elektronenkomponente etwas von der der Ionen- und Neutralteilchenkomponente ab. Tatsächlich ist dieses Ergebnis theoretischer Überlegungen erst in den letzten Jahren durch direkte Messungen mit Hilfe von Plasmasonden sichergestellt worden. So wurde vielfach gefunden, daß in der E-Region bei einer Neutralteilchen- und Ionentemperatur von 400 bis 500 K die Temperatur der Elektronenkomponente 1000 K und mehr beträgt. Dieser Befund ist leicht zu verstehen: Bei allen Ionisierungsakten (Fotoionisation) wird aus stoßmechanischen Gründen der Hauptteil der Überschußenergie des Strahlungsquants auf die abgespalteten Elektronen übertragen. Da letztere diese Überschußenergie erst im Laufe vieler (elastischer) Stöße portionsweise an die schwereren Teilchen abgeben können, enthält das Plasma der E-Region (und auch der darüber liegenden Regionen) stets beträchtliche Mengen energiereicher Elektronen. Diese sogenannten frischen Fotoelektronen bewirken, daß die Temperatur der Elektronenkomponente im stoßarmen Plasma der oberen Ionosphäre höher liegt als die Temperatur der schwereren Teilchen.
Das Plasma der E-Region kann also ebenfalls als quasineutral, jedoch nicht mehr als isothermisch angesehen werden. Es setzt sich aus positiven Ionen, Elektronen und einem Neutralgasuntergrund zusammen. Der Ionisierungsgrad ist beträchtlich höher als in der D-Region, jedoch ebenfalls noch sehr gering. Er liegt zwischen 10^{-9} und 10^{-7}.
Auch das Plasma der E-Region verschwindet nach Sonnenuntergang durch Rekombination, jedoch wesentlich langsamer als in der D-Region. Die auch in der Nacht mitunter zu beobachtenden lokal und temporär auftretenden stark strukturierten Plasmaschichten in etwa 100 bis 120 km Höhe, die sogenannten sporadischen E-Schichten, weisen darauf hin, daß in diesem Höhenbereich neben der Fotoionisation auch noch andere Ionisierungsursachen wirksam sind.

Die F-Region der Ionosphäre:

Die F-Region der Ionosphäre schließt sich in etwa 150 bis 180 km Höhe an die E-Region an und erstreckt sich bis maximal 350 km Höhe. Sie weist eine ausgeprägte Höhenstruktur auf, so daß mitunter zwischen mehreren Teilschichten

zu unterscheiden ist. Die Neutralteilchendichte sinkt in ihr von etwa 10^{12} cm^{-3} bei 150 km Höhe auf etwa 10^{10} cm^{-3} in 350 km Höhe ab.
Die in den Schichten der F-Region gefundenen Konzentrationen von Elektronen und positiven Ionen bewegen sich um etwa 10^6 cm^{-3}, in Ausnahmefällen wurden Werte bis zu einigen 10^6 cm^{-3} gefunden. Negative Ionen konnten bisher in der F-Region nicht nachgewiesen werden.
Wegen der geringen Neutralteilchendichte und der damit verbundenen geringen Elektronenstoßfrequenz (kleiner 10^3 s^{-1}) weichen die Temperaturen von leichten und schweren Teilchen in der F-Region noch stärker voneinander ab als in der E-Region. Die gefundenen Elektronentemperaturen bewegen sich zwischen 1000 und 2000 K und erreichen in Ausnahmefällen Werte bis zu etwa 3000 K. Die Temperaturen der schwereren Teilchen liegen gewöhnlich zwischen 500 und 1000 K, also beträchtlich darunter.

Das Plasma der F-Region kann also ebenfalls als quasineutral, jedoch nicht als isothermisch angesehen werden. Es setzt sich aus positiven Ionen, Elektronen und dem Neutralgasuntergrund zusammen. Der Ionisierungsgrad ist bedeutend höher als in der E-Region, jedoch ebenfalls noch relativ klein. Er liegt zwischen 10^{-6} und 10^{-4} und erreicht damit im F-Schicht-Maximum einen Wert, wie er für viele Niederdruckgasentladungen der Laborplasmaphysik typisch ist.
Wegen der geringen Stoßhäufigkeit sinkt die Trägerkonzentration in der F-Region nach Sonnenuntergang infolge Rekombination nur außerordentlich langsam ab, so daß die F-Region als typische Plasmastruktur auch während der Nachtstunden bestehen bleibt.

b) *Die plasmaphysikalischen Eigenschaften von Exosphäre und interplanetarem Raum*

Die Exosphäre schließt sich an das Trägerdichtemaximum der F-Region der Ionosphäre nach oben hin an und geht in Entfernungen von einigen 1000 km fließend in den interplanetaren Raum über. Dieser Höhenbereich war bis vor etwa 25 Jahren keinen direkten Messungen zugänglich; auch die in der Folgezeit mit Höhenraketen, künstlichen Erdsatelliten und Raumsonden gewonnenen Meßergebnisse sind noch recht lückenhaft. Es steht jedoch fest, daß die Trägerdichte von etwa 10^6 cm^{-3} im F-Schicht-Maximum im darüberliegenden Raum langsam und relativ stetig auf Werte um 10^2 cm^{-3} abfällt, wie sie für den interplanetaren Raum charakteristisch sind. Gleichzeitig steigt die Temperatur der Elektronenkomponente bis zu Entfernungen von einigen Erdradien auf 5000 bis 10000 K an. Wegen der sehr geringen Stoßhäufigkeit der Teilchen und der vielerorts in Exosphäre und interplanetarem Raum gefundenen gerichteten Partikelströme ist die Anwendbarkeit des auf vollständigem oder partiellem thermodynamischen Gleichgewicht beruhenden Temperaturbegriffs etwas problematisch. Aus diesen Gründen können auch keine zuverlässigen Angaben über die Temperaturen der schwereren Teilchen gemacht werden. Das Plasma in Exosphäre und interplanetarem Raum ist räumlich und zeitlich sehr uneinheitlich strukturiert. Seine räumliche Verteilung wird wesentlich durch die Wechselwirkung von Erdmagnetfeld und Solarwind bestimmt. Alle damit in Zusammenhang stehenden Erscheinungen sind erst im letzten Jahrzehnt näher untersucht worden und bis heute nur ungenügend aufgeklärt.

Das Plasma der Exosphäre und des interplanetaren Raumes darf deshalb nur bedingt als quasineutral angesehen werden und ist nichtisothermisch. Es besteht aus einem (mitunter nur schwachen) Untergrund von Elektronen, positiven Ionen und verschwindend wenigen Neutralteilchen sowie (vielfach starken) gerichteten Strömungen geladener (und eventuell auch ungeladener) Teilchen. Wegen der nach außen hin abnehmenden Neutralteilchendichte sinkt der Ionisierungsgrad oberhalb des F-Schicht-Maximums der Ionosphäre zunächst ab, um dann in etwa 1000 bis 1500 km Höhe auf Werte von nahezu 1 anzusteigen. Wegen der geringen Stoßhäufigkeit und der ununterbrochenen Einwirkung der Solarstrahlung zeigt das Plasma der Exosphäre und des interplanetaren Raumes keine tageszeitlichen Variationen mehr.

B. Die plasmaphysikalischen Grundlagen der Sondenmessungen

B.1. Zur Berechnung der Charakteristiken von Gleichspannungssonden im ruhenden Plasma

B.1.1. Qualitative Beschreibung der Wechselwirkung zwischen Sondenelektrode und Plasma

B.1.1.1. Die Sondenelektrode als Trägersenke

Beim Fehlen makroskopischer Körper im (homogenen) Plasma bildet sich ein (lokaler) Gleichgewichtszustand zwischen Ionisation und Rekombination aus. Dieser ist dadurch gekennzeichnet, daß in der Zeit- und Volumeneinheit im Mittel genauso viele Trägerpaare durch Rekombination verschwinden wie durch Ionisation neu erzeugt werden. Bei Kenntnis der Ionisierungsrate Q ($\mathrm{cm}^{-3}\,\mathrm{s}^{-1}$) und des (Volumen-)Rekombinationskoeffizienten γ^* ($\mathrm{cm}^3\,\mathrm{s}^{-1}$) kann aus diesem Ionisations-Rekombinations-Gleichgewicht

$$\frac{\mathrm{d}N}{\mathrm{d}t} = Q - \gamma^* N^2 = 0 \qquad \text{(B.1.1.1-1)}$$

die sich einstellende Trägerkonzentration N_0 des ungestörten Plasmas zu

$$N_0 = \sqrt{\frac{Q}{\gamma^*}} \qquad \text{(B.1.1.1-2)}$$

berechnet werden.

Diese einfachen Verhältnisse erfahren bei Anwesenheit eines makroskopischen Körpers, etwa einer Sondenelektrode oder auch des diese tragenden Raumflugkörpers, eine tiefgreifende Änderung: Durch die zusätzlich an der Oberfläche des Störkörpers auftretenden (Oberflächen-)Rekombinationsakte werden das Ionisations-Rekombinations-Gleichgewicht in der Nachbarschaft des Störkörpers und damit natürlich auch die ursprünglich vorhandene Trägerkonzentration (N_0) gestört. Da ein Teil der in der Nachbarschaft des Störkörpers neugebildeten Träger zu diesem diffundiert und auf seiner Oberfläche rekombinieren kann, ohne daß ein ausgleichender Trägerstrom in Gegenrichtung auftritt, baut sich in seiner Nachbarschaft ein zu ihm hin gerichtetes Trägerkonzentrationsgefälle auf. Der in das Plasma eintauchende Körper wirkt somit als Trägersenke und macht das Plasma in seiner Nachbarschaft inhomogen.

Bezeichnet $\boldsymbol{j}$ die zum Störkörper gerichtete Trägerstromdichte, so gilt jetzt natürlich anstelle von Gleichung B.1.1.1-1 für den Raum außerhalb des Störkörpers die Bilanzgleichung (Kontinuitätsgleichung)

$$\frac{\mathrm{d}N}{\mathrm{d}t} = Q - \gamma^* N^2 - \operatorname{div} \boldsymbol{j} = 0\,, \qquad \text{(B.1.1.1-3)}$$

aus der sich für die Trägerkonzentration N in der Nachbarschaft des Störkörpers (zunächst qualitativ)

$$N = \sqrt{\frac{Q - \operatorname{div} \boldsymbol{j}}{\gamma^*}} \leqq N_0 \tag{B.1.1.1-4}$$

schließen läßt.

Augenscheinlich hängen Stärke und Ausdehnung des sich ausbildenden Trägerkonzentrationsgefälles von der Größe und den Materialeigenschaften (Rekombinationskoeffizient) der Oberfläche des Störkörpers ab. Man darf annehmen, daß Störkörper mit metallisch leitender Oberfläche einen größeren Effekt zeigen als solche mit isolierender Oberfläche. Im ersteren Fall findet jedes auf die Oberfläche gelangende positive Ion immer und sofort ein (Metall-)Elektron als Rekombinationspartner vor, ziemlich unabhängig davon, wo und wann der entsprechende Partner aus dem Plasma auf die Oberfläche trifft. Im letzteren Fall hingegen kann eine Rekombination nur dann eintreten, wenn die beiden Partner aus dem Plasma (nahezu) orts- und zeitgleich auf die Oberfläche treffen. Desgleichen liegt es nahe, anzunehmen, daß großflächige Störkörper im umgebenden Plasma eine ausgedehntere Störung verursachen als kleinflächige, da bei großflächigen Störkörpern die oberflächenproportionalen Rekombinationsverluste einen stärkeren Trägernachschub erfordern, der besonders bei geringer Ionisierungsrate nur aus einem ausgedehnten Raumgebiet kommen kann.

Die dargelegte Eigenschaft makroskopischer Körper, im Plasma als Trägersenke zu wirken, trifft natürlich auch auf jede Sondenelektrode zu. Wir nehmen deshalb im folgenden an, daß sich vor jeder Sondenelektrode ein Trägerkonzentrationsgefälle aufbaut, und bezeichnen das Gebiet, in dem dieses Trägerkonzentrationsgefälle nachweisbar ist, als *Einzugsgebiet* der Sondenelektrode. Wir lassen zu, daß sich dieses Einzugsgebiet bis in sehr große Entfernungen (im Grenzfall unendlich) von der Sondenelektrode erstrecken kann. Quantitative Angaben über die trägersenkende Wirkung von Sondenelektroden können erst im Abschnitt B.1.5.3.2. gemacht werden.

Ganz ähnlich wirkt natürlich auch immer der die Sondenelektrode tragende Raumflugkörper als Trägersenke. Wegen seiner im Vergleich zu Sondenelektroden sehr großen Oberfläche ist zu erwarten, daß sich das von ihm erzeugte Einzugsgebiet bedeutend weiter in das Plasma erstreckt als das der eigentlichen Sondenelektrode und dieses gewöhnlich überdeckt. Die zu erwartenden Verfälschungen von Sondenmessungen durch die trägersenkende Wirkung von Sondenelektrode und/oder Raumflugkörper werden in Abschnitt B.3.1. (Drainage-Effekt) näher diskutiert.

B.1.1.2. Die Sondenelektrode als Träger des elektrischen Meßfeldes

Naturgemäß lädt sich jeder in das Plasma eintauchende (isolierte) Störkörper gegenüber dem Plasma (Plasmapotential) negativ auf. Dies kommt dadurch zustande, daß die zum Störkörper diffundierenden leichten Elektronen wegen ihrer geringeren Masse und damit größeren Beweglichkeit den schweren Ionen vorauseilen und auf diese Weise ein elektrisches Feld bzw. Potentialgefälle aufbauen. Dieses ist so gerichtet, daß die anlaufenden Elektronen gebremst und die andiffundierenden Ionen beschleunigt werden, und so bemessen, daß sich schließlich ein stationärer Zustand einstellt, bei dem in der Zeiteinheit Elektronen und Ionen in gleichen Mengen auf den isolierten Störkörper gelangen.

Das sich auf diese Weise (automatisch) einstellende (negative) Potential wird als *Gleichgewichtspotential* des Körpers bezeichnet. Mit dem Aufbau eines solchen Potentialgefälles in unmittelbarer Nachbarschaft des Störkörpers ist zwangsläufig die Ausbildung einer unipolaren Raumladungsgschicht verbunden, in der die Konzentration der positiven Träger die der negativen überwiegt und demzufolge die Quasineutralität des Plasmas verletzt ist.

Die geschilderten Verhältnisse ändern sich nur quantitativ, wenn der fragliche (jetzt unbedingt metallische und damit elektrisch leitende) Körper nicht mehr isoliert ist, sondern mit Hilfe einer äußeren Spannungsquelle auf verschiedene Potentiale gebracht werden kann und damit als Meßelektrode eines Sondensystems wirkt. Je nachdem, ob eine solche Sondenelektrode gegenüber dem sich am isolierten Körper einstellenden Gleichgewichtspotential positiv oder negativ vorgespannt wird, fallen mehr oder weniger Elektronen bzw. positive Ionen auf die Sondenoberfläche. Der nicht durch Rekombinationsprozesse an der Oberfläche der Sondenelektrode aufgezehrte Elektronen- bzw. Ionenüberschuß induziert im äußeren Stromkreis einen entsprechenden Kompensationsstrom und wird damit als Sondenstrom meßbar.

Die bereits am isolierten Körper vorhandene unipolare Raumladungsschicht erfährt durch die von außen aufgeprägte Spannung eine Veränderung, bleibt aber für alle vom Plasmapotential abweichenden Elektrodenpotentiale grundsätzlich erhalten. Bei Potentialen oberhalb des Plasmapotentials kehrt sich natürlich die Polarität der Raumladungsschicht um.

Zur Vertiefung der Einsicht in die Vorgänge vor den Sondenelektroden können auch folgende Überlegungen dienen:

Das von der Sondenelektrode ausgehende elektrische Feld wird primär von den auf der Sondenelektrode sitzenden elektrischen Ladungen hervorgerufen und durch seine Wechselwirkung mit den Ladungsträgern des Plasmas modifiziert. Da die freien Ladungsträger des Plasmas sich unter der Kraftwirkung des elektrischen Feldes je nach ihrem Vorzeichen in verschiedene Richtungen zu bewegen beginnen, kommt es zu einer Ladungstrennung im sonst quasineutralen Plasma. Dabei bilden sich vor den Sondenelektroden (unipolare) Raumladungsschichten aus, die das weitere Eindringen des elektrischen Feldes in das quasineutrale Plasma erschweren und somit dieses gewissermaßen gegen das aufgezwungene äußere elektrische Feld abschirmen. Elektrisches Feld im Plasma und Struktur des Plasmas hängen also aufs Engste miteinander zusammen. So wie die Raumladungsverteilung in Elektrodennähe vom elektrischen Elektrodenfeld bestimmt wird, so sind andererseits die Raumladungen in Elektrodennähe für die Struktur des resultierenden Feldes maßgebend.

Zur Berechnung des elektrischen Feldes in den Raumladungsschichten kann grundsätzlich die Poisson-Gleichung

$$\operatorname{div} \boldsymbol{E} = -4\pi e(N_e + N_- - N_+) \qquad \text{(B.1.1.2-1)}$$

verwendet werden. Um aus dieser Differentialgleichung allerdings das interessierende elektrische Feld auch berechnen zu können, muß natürlich die Verteilung der Raumladungen bereits bekannt sein. Da diese Raumladungsverteilung wesentlich von der Verlagerung der Träger abhängt, jene aber wiederum vom elektrischen Feld gesteuert wird, ist die Berechnung des elektrischen Feldes in der Raumladungsschicht außer in einfachen Spezialfällen außerordentlich problematisch und in vielen Fällen gar nicht durchführbar. In den in den Abschnitten B.1.4. und B.1.5. behandelten Sondentheorien wird diese grundsätzliche Schwierigkeit durch geeignete Zusatzannahmen umgangen. Die mit solchen Zusatzannahmen verbundenen Vereinfachungen sind ein wesentlicher Grund für den (groben) Näherungscharakter dieser Theorien.

Im quasineutral gebliebenen Plasma außerhalb der eigentlichen Raumladungsschichten reduziert sich die Poisson-Gleichung (wegen $N_e + N_- \approx N_+$) auf die Laplace-Gleichung

$$\operatorname{div} \boldsymbol{E} = 0 \qquad \text{(B.1.1.2-2)}$$

mit den möglichen Lösungen

a) $\boldsymbol{E} = 0$ (kein elektrisches Feld) oder

b) $\boldsymbol{E} = \boldsymbol{E}_{\text{Vakuum}}$ (d. h. $\boldsymbol{E}$ konstant bei ebener, $E \sim 1/\varrho$ bei zylindrischer und $E \sim 1/r^2$ bei sphärischer Geometrie).

Nach dem über die abschirmende Wirkung der Raumladungsschicht Gesagten könnte man annehmen (und das tun viele Autoren auch), daß im quasineutralen Plasma die Lösung $\boldsymbol{E} = 0$ verwirklicht ist. Das ist jedoch falsch! Man kann sich nämlich leicht überlegen, daß die Raumladungsschichten nur dann stabil existieren können, wenn die ständige (unipolare) Trägerabfuhr aus ihnen zu den Elektroden durch eine entsprechende (unipolare) Trägernachlieferung zu ihnen aus dem quasineutralen Plasma kompensiert wird. Eine solche unipolare Trägernachlieferung aus dem quasineutralen Plasma setzt aber daselbst die Existenz eines endlichen elektrischen Feldes voraus.[1]) Es dürfte völlig klar sein, daß dafür nur das als zweite mögliche Lösung aus der Laplace-Gleichung resultierende Vakuumfeld in Frage kommt. Dieses ist in seiner Stärke gegenüber dem ursprünglichen Vakuumfeld der auf den Elektrodenoberflächen sitzenden Ladungen natürlich meist beträchtlich vermindert.

Diesen Vorstellungen folgend, kann das elektrische Feld zwischen den Elektroden einer Plasmasonde auch als aus zwei Anteilen bestehend aufgefaßt werden: einem Anteil, der allein von den auf der Oberfläche der Sondenelektroden sitzenden Ladungen herrührt und dem Vakuumfeld der Sondenelektroden ent-

---

[1]) Die thermische Diffusion ist ungerichtet und wirkt auf beide Trägerpolaritäten gleichermaßen; sie kann daher eine solche unipolare Trägernachlieferung nicht bewerkstelligen.

spricht, und einem Anteil, der von den im Vakuumfeld der Sondenelektroden umgeordneten Plasmaladungen, den Raumladungen, hervorgerufen wird. Relativ einfach ist der stationäre Fall zu übersehen. Hier wird in genügender Entfernung von den Sondenelektroden, also außerhalb der sich ausbildenden Raumladungsschichten, im quasineutralen Plasma, das von den Elektroden ausgehende Vakuumfeld vom Raumladungsfeld nahezu vollständig kompensiert. In dem dort vorhandenen quasineutralen Plasma existiert dann nur ein (äußerst schwaches) Vakuumrestfeld.
Etwas anders gestalten sich die Verhältnisse im Fall zeitveränderlicher elektrischer Felder (Wechselfelder), da sich dann die Raumladungen vor den Sondenelektroden im Rhythmus der aufgeprägten Frequenz ständig auf- und abbauen müssen. Wegen der trägen Masse der Ladungsträger erfolgt dieser ständige Auf- und Abbau der Raumladungen gegenüber dem treibenden Vakuumfeld zeit- bzw. phasenverschoben. Dadurch kann dann auch in größerer Entfernung von den Sondenelektroden, also außerhalb der (hier zeitveränderlichen) Raumladungsschicht, das Vakuumfeld der Elektroden nicht mehr wirksam vom Raumladungsfeld kompensiert werden. Das dort vorhandene Plasma bleibt so mit einem mehr oder weniger starken Wechselfeld behaftet.

Für das Verständnis der Wirkungsweise von Gleichspannungssonden kann als wesentlich festgehalten werden, daß sich das von der Sondenelektrode ausgehende starke Sondenmeßfeld hauptsächlich auf eine mehr oder minder ausgedehnte Raumladungsschicht in Elektrodennähe beschränkt und im außerhalb befindlichen quasineutralen Plasma nur ein bedeutend schwächeres Vakuumrestfeld existiert. Damit ist die den Gleichspannungssonden als Meßprinzip zugrunde liegende kontrollierte Beeinflussung der Trägerbewegung durch das Sondenmeßfeld hauptsächlich in diesen Raumladungsschichten wirksam und braucht bei näherungsweiser Beschreibung auch nur dort untersucht zu werden.

Die Ausdehnung der Raumladungsschichten ist nach allen Abschätzungen größenordnungsmäßig durch die Abschirmlänge im Plasma, die sogenannte DEBYE-Länge

$$\lambda_D = \sqrt{\frac{kT_e}{4\pi N_e e^2}} \approx 6{,}9 \sqrt{\frac{T_e[\mathrm{K}]}{N_e[\mathrm{cm}^{-3}]}}\ \mathrm{cm} \qquad \text{(B.1.1.2-3)}$$

gegeben. Die angedeutete Abhängigkeit der Raumladungsschichten von der Sondenspannung wird in Abschnitt B.1.4.3. näher untersucht.

B.1.1.3. Zur Struktur der Plasmarandschichten

In den beiden vorhergehenden Abschnitten wurde gezeigt, daß jede Sondenelektrode das umgebende Plasma in zweierlei Weise beeinflußt:

a) einerseits durch ihre trägersenkende Wirkung infolge der Oberflächenrekombination bzw. Trägerabführung. Diese führt in der Umgebung der Sondenelektrode zu einer Abnahme der Trägerkonzentration und zum Auftreten eines Trägerkonzentrationsgefälles;

b) andererseits durch ihre ladungstrennende Wirkung infolge des von ihr ausgehenden elektrischen Feldes. Diese führt in der Umgebung der Sondenelektroden zur Ausbildung von (unipolaren) Raumladungsschichten.

Während die erste Beeinflussung immer weit in das Plasma reicht (im Grenzfall bis ins Unendliche), beschränkt sich die zweite im wesentlichen auf die eigentliche Raumladungsschicht, deren Ausdehnung größenordnungsmäßig durch die DEBYE-Länge festgelegt ist und (außer vom Elektrodenpotential) von Elektronentemperatur und Elektronenkonzentration im Plasma abhängt.

Beide Wirkungen überlagern sich und bestimmen die Struktur des Plasmas in dem der Sondenelektrode vorgelagerten Raum. Im folgenden sollen die sich dort einstellenden Verhältnisse etwas näher diskutiert werden:

In der unmittelbaren Nachbarschaft der Sondenelektrode bildet sich in der Regel ein Gebiet aus, in dem ein starkes elektrisches Feld bzw. Potentialgefälle vorhanden ist und das sich durch einen starken unipolaren Raumladungsüberschuß auszeichnet. Das Plasma ist hier nicht mehr quasineutral. Dieses Gebiet stellt die (eigentliche) *Raumladungsschicht* (space charge sheath, plasma sheath) dar. In größerer Entfernung von der Sondenelektrode findet nur noch ein schwacher Potentialanstieg zum Plasma hin statt. Das damit verbundene elektrische Feld ist sehr klein, aber notwendig von Null verschieden (vgl. Abschn. B.1.1.2.). Die Konzentrationen der positiven und negativen Träger sind nahezu gleich, das Plasma kann als quasineutral angesehen werden. Wegen der trägersenkenden Wirkung der Sondenelektrode existiert in diesem Gebiet jedoch noch ein Gefälle der Trägerkonzentration. Dieses Gebiet stellt den außerhalb der (eigentlichen) Raumladungsschicht liegenden Teil des Einzugsgebietes dar und wird in der Sondentheorie häufig als *Übergangsgebiet* (transition region) bezeichnet. Es kann sich bis in sehr große Entfernungen von der Sondenelektrode erstrecken (im Grenzfall bis ins Unendliche).

In noch größeren Entfernungen von der Sondenelektrode, außerhalb dieses Übergangsgebietes, findet kein Potentialanstieg mehr statt. Das (makroskopische) elektrische Feld ist Null. Das Plasma ist quasineutral, und es existiert kein merkliches Trägerkonzentrationsgefälle mehr. In diesem Gebiet ist das Plasma *ungestört*. Die vorhandene Trägerkonzentration entspricht der aus dem Ionisations-Rekombinations-Gleichgewicht berechenbaren (N_0).

Zur Veranschaulichung dieser Verhältnisse sind in Abb. 1 der qualitative Verlauf der Trägerkonzentrationen und des elektrischen Feldes bzw. Potentials sowie die wesentlichsten plasmaphysikalischen Eigenschaften der fraglichen Gebiete angegeben.

Bei ausreichend hoher Trägerkonzentration im Plasma ist die Raumladungsschicht gut ausgeprägt. Die in ihr realisierte unipolare Raumladungsdichte $|N_e - N_+|$ ist groß; ihre Ausdehnung (größenordnungsmäßig λ_D) hingegen gering. Eine solche Raumladungsschicht ist vom anschließenden Übergangsgebiet hinsichtlich Lage und plasmaphysikalischen Eigenschaften immer gut abgesetzt. Es existiert eine einigermaßen deutliche Grenze zwischen Raumladungsschicht

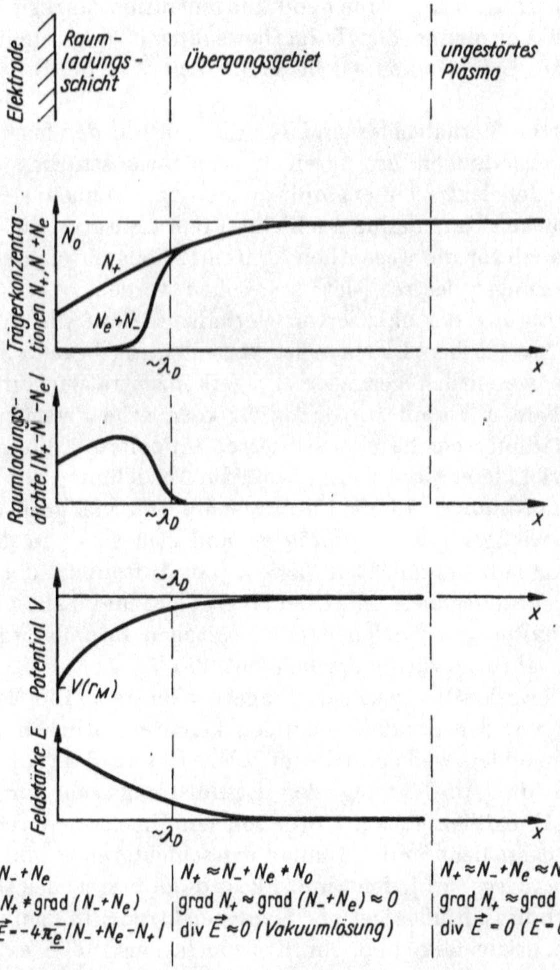

Abb. 1. Struktur der Plasmarandschicht in Plasmen höheren Ionisierungsgrades (qualitativ): In Elektrodennähe existiert eine gut ausgeprägte und relativ scharf begrenzte Raumladungsschicht. An diese schließt sich das Übergangsgebiet an. Letzteres erstreckt sich über das gesamte Einzugsgebiet der Elektrode

und Übergangsgebiet, die als Raumladungsschichtgrenze bezeichnet wird. Die Trägerbewegung zur Sondenelektrode wird bei Vorliegen einer solchen deutlich strukturierten Plasmarandschicht mit ausgeprägter Raumladungsschicht hauptsächlich vom starken elektrischen Feld in dieser Raumladungsschicht gesteuert. Die natürlich auch immer vorhandene, aber immer sehr viel schwächere Beeinflussung der Trägerbewegung im Übergangsgebiet kann dagegen vielfach vernachlässigt werden. Aus diesem Grund reicht es für eine näherungsweise Berech-

nung von Sondenströmen in ausreichend konzentrationsstarken Plasmen meist aus, sich auf die Verfolgung der Trägerbewegung in der eigentlichen Raumladungsschicht zu beschränken (siehe z.B. auch Abschn. B.1.4., LANGMUIR-Theorie).
Die eben skizzierten Verhältnisse sind für die meisten der fast immer mittels elektrischer Gasentladungen erzeugten konzentrationsstarken Laborplasmen mit ihren den Sondenelektroden eng anliegenden und wenig ausgedehnten, aber konzentrationsstarken Raumladungsschichten repräsentativ. Sie können jedoch in vielen Fällen auch für die wesentlich konzentrationsschwächeren kosmischen Plasmen als näherungsweise realisiert angesehen werden.

Bei der Übertragung der skizzierten Verhältnisse auf die in dieser Arbeit interessierenden kosmischen Plasmen ist vor allem zu beachten, daß diese in allen Fällen eine wesentlich geringere Trägerkonzentration aufweisen als die meisten Laborplasmen. Damit wird aber für kosmische Plasmen einerseits die in den Raumladungsschichten realisierte unipolare Raumladungsdichte $|N_e - N_+|$ sehr viel kleiner und andererseits die Ausdehnung der Raumladungsschichten (größenordnungsmäßig λ_D) naturgemäß sehr viel größer als in Laborplasmen. Solche weniger gut ausgeprägten und sich tiefer in das Plasma erstreckenden Raumladungsschichten lassen die Aufteilung der Plasmarandschicht in Raumladungsschicht und Übergangsgebiet und insbesondere auch die Annahme einer halbwegs scharfen Grenze zwischen Raumladungsschicht und Übergangsgebiet sehr fragwürdig erscheinen.
Im Grenzfall außerordentlich geringer Trägerkonzentration im Plasma schließlich können sich vor den Sondenelektroden keine eigentlichen Raumladungsschichten mehr ausbilden, weil dann die unipolare Raumladungsdichte $|N_e - N_+|$ gegen Null und die Ausdehnung der Raumladungszone (größenordnungsmäßig λ_D) gegen Unendlich gehen. Unter solchen Umständen verlieren die Begriffe Raumladungsschicht und Raumladungsschichtgrenze und bedingt auch der Begriff Übergangsgebiet jeden Sinn. Es ist dann besser, das sich weit in das Plasma erstreckende Einflußgebiet der Sondenelektrode, in dem natürlich nach wie vor ein Potentialgefälle und ein Konzentrationsgefälle existieren, nicht weiter zu unterteilen. Für die Trägerbewegung zur Sondenelektrode ist in solchen außerordentlich konzentrationsschwachen Plasmen dann natürlich auch die kombinierte Wirkung von elektrischem Feld und Konzentrationsgefälle im gesamten Einflußgebiet maßgebend. Wegen der außerordentlich geringen unipolaren Raumladungsdichte ($|N_e - N^+|$) darf dann mitunter auch angenommen werden, daß das elektrische Feld im gesamten Einzugsgebiet näherungsweise der LAPLACE-Gleichung $\operatorname{div} \boldsymbol{E} \approx 0$ genügt und damit *vakuumfeldähnlich* verläuft. Von einer solchen Vakuumfeldnäherung macht man gelegentlich in der kosmischen Sondendiagnostik mit Vorteil Gebrauch (z.B. Abschn. B.1.5.2.).

Zur Veranschaulichung dieser in sehr konzentrationsschwachen Plasmen vorliegenden Verhältnisse sind in Abb. 2 der qualitative Verlauf der Trägerkonzentrationen und des elektrischen Feldes bzw. Potentials sowie die wesentlichsten Eigenschaften des Plasmas im fraglichen Gebiet angegeben.

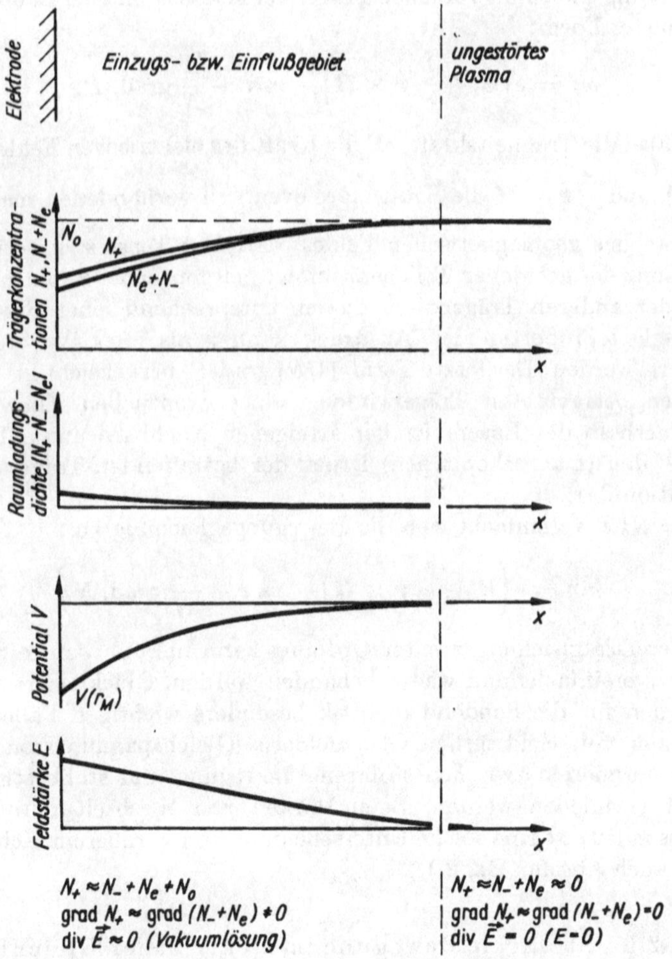

Abb. 2. Struktur der Plasmarandschicht in Plasmen sehr geringen Ionisierungsgrades (qualitativ): Es existiert keine eigentliche Raumladungsschicht; damit verlieren die Begriffe Raumladungsschicht und Übergangsgebiet ihren Sinn. Der Einfluß der Sondenelektrode erstreckt sich über ihr gesamtes Einzugsgebiet

B.1.2. Die Bewegungsgleichungen als Ausgangspunkt für die Berechnung von Sondencharakteristiken

Um eine tiefere Einsicht in die die Sondencharakteristiken formierenden Vorgänge zu gewinnen, wird zur Ableitung der Sondencharakteristiken im folgenden von der Einzelteilchenbewegungsgleichung ausgegangen.

Die Bewegungsgleichung für einen Träger der Masse m und der Ladung e lautet in allgemeinster Form:

$$m\ddot{\boldsymbol{r}} = e\left(\boldsymbol{E} + \frac{1}{c}\,\dot{\boldsymbol{r}} \times \boldsymbol{H}\right) - m\nu\dot{\boldsymbol{r}} - \frac{1}{N}\operatorname{grad}_r P; \qquad \text{(B.1.2-1)}$$

$m\ddot{\boldsymbol{r}}$ stellt dabei die Trägheitskraft, $e\boldsymbol{E}$ die Kraft des elektrischen Feldes (Sondenmeßfeldes) und $\frac{e}{c}\dot{\boldsymbol{r}} \times \boldsymbol{H}$ die Kraft eines eventuell vorhandenen magnetischen Feldes (etwa des geomagnetischen Feldes) dar. Der Term $m\nu\dot{\boldsymbol{r}}$ berücksichtigt eine Bremsung des geladenen Teilchens infolge gelegentlicher Stöße mit Neutralteilchen oder anderen Trägern; in diesem entsprechend einer Reibungskraft geschwindigkeitsproportionalen Ausdruck kann ν als effektive Stoßfrequenz interpretiert werden. Der letzte Term $(1/N)\operatorname{grad} P$ berücksichtigt die Kraft, die auf den betrachteten Träger infolge eines eventuellen Konzentrationsgefälles innerhalb des Ensembles der arteigenen Nachbarn ausgeübt wird. P stellt dabei den (makroskopischen) Druck der betreffenden Trägerart, N ihre Konzentration dar.

Mit $P = NkT$ vereinfacht sich die Bewegungsgleichung zu

$$m\ddot{\boldsymbol{r}} = e\left(\boldsymbol{E} + \frac{1}{c}\,\dot{\boldsymbol{r}} \times \boldsymbol{H}\right) - m\nu\dot{\boldsymbol{r}} - \frac{kT}{N}\operatorname{grad}_r N\,. \qquad \text{(B.1.2-2)}$$

Diese Differentialgleichung zweiter Ordnung kann nur für wenige Spezialfälle gelöst bzw. vereinfacht und weiter behandelt werden. Glücklicherweise ist das gerade in den für die Sondendiagnostik besonders wichtigen Fällen möglich. Beim Wirken von elektrischen Gleichfeldern (Gleichspannungssonden!) muß dabei von vornherein zwischen stoßfreier Bewegung und stoßbestimmter Bewegung unterschieden werden. Beim Wirken von Wechselfeldern (Wechselspannungssonden) ist eine solche Unterscheidung von vornherein nicht erforderlich (siehe auch Abschn. B.2.2.1.).

B.1.2.1. Stoßfreie Bewegung im elektrischen Gleichfeld

Für den Fall, daß der betrachtete Ladungsträger im Beobachtungsraum während der Beobachtungszeit keine Stöße mit Neutralteilchen oder anderen Trägern erfährt, vereinfacht sich die Bewegungsgleichung (wegen ν gleich Null) zu

$$m\ddot{\boldsymbol{r}} = e\left(\boldsymbol{E} + \frac{1}{c}\,\dot{\boldsymbol{r}} \times \boldsymbol{H}\right) - \frac{kT}{N}\operatorname{grad}_r N\,. \qquad \text{(B.1.2.1-1)}$$

Skalare Multiplikation mit $\dot{\boldsymbol{r}}$ liefert

$$m\ddot{\boldsymbol{r}} \bullet \dot{\boldsymbol{r}} = \frac{\mathrm{d}}{\mathrm{d}t}\left(\frac{m}{2}\,\dot{\boldsymbol{r}}^2\right) = e\boldsymbol{E} \bullet \dot{\boldsymbol{r}} - \frac{kT}{N}\operatorname{grad}_r N \bullet \dot{\boldsymbol{r}}\,.$$

Unter der weiteren Bedingung, daß der letzte Term in dieser Gleichung zu vernachlässigen ist (d. h. $T \approx 0$ (kaltes Plasma) oder $\operatorname{grad} N \approx 0$ (kein Konzentrationsgefälle) oder grad $N \perp \boldsymbol{r}$ (Konzentrationsgefälle immer nur senkrecht zur Teilchenbewegung)), folgt daraus mit

$$V = -\int \boldsymbol{E} \bullet \mathrm{d}\boldsymbol{r}$$

$$\frac{m}{2}\dot{\boldsymbol{r}}^2 + eV = \text{const}\,. \qquad \text{(B.1.2.1-2)}$$

Das ist gerade der Energiesatz! Ein eventuell vorhandenes Magnetfeld verletzt den Energiesatz erwartungsgemäß nicht.

Bekanntlich stellt der Energiesatz nur ein erstes Integral der Bewegungsgleichung dar. Für die vollständige Beschreibung der Einzelteilchenbewegung muß deshalb eine weitere geeignete Beziehung gefunden werden:

Vektorielle Multiplikation mit $\boldsymbol{r}$ liefert schließlich

$$m\ddot{\boldsymbol{r}} \times \boldsymbol{r} = \frac{\mathrm{d}}{\mathrm{d}t}(m\dot{\boldsymbol{r}} \times \boldsymbol{r}) = e\left(\boldsymbol{E} + \frac{1}{c}\,\dot{\boldsymbol{r}} \times \boldsymbol{H}\right) \times \boldsymbol{r} - \frac{kT}{N}\,\mathrm{grad}_r\, N \times \boldsymbol{r}\,.$$

Unter den weiteren Bedingungen, daß 1. der letzte Term zu vernachlässigen ist (d. h. $T \approx 0$ (kaltes Plasma) oder grad $N \approx 0$ (kein Konzentrationsgefälle) oder grad $N \parallel \boldsymbol{r}$ (zentralsymmetrisches Konzentrationsgefälle)) und 2. ein eventuelles Magnetfeld nicht stört (d. h. $\boldsymbol{H} \approx 0$ (kein Magnetfeld) oder $\dot{\boldsymbol{r}} \times \boldsymbol{H} \parallel \boldsymbol{r}$ (zentralsymmetrische Lorentz-Kraft)) und 3. das elektrische Feld Zentralkraftcharakter besitzt ($\boldsymbol{E} \parallel \boldsymbol{r}$), folgt schließlich

$$\dot{\boldsymbol{r}} \times \boldsymbol{r} = \text{const}\,. \qquad \text{(B.1.2.1-3)}$$

Das ist gerade der Drehimpulssatz! Er ist an das ausschließliche Wirken von Zentralkräften gebunden und wird deshalb durch ein Magnetfeld verletzt.

Beide Erhaltungssätze, Energie- und Drehimpulssatz, sind zur vollständigen Beschreibung der Einzelteilchenbewegung unter stoßfreien Verhältnissen bestens geeignet. Sie reduzieren das Problem der stoßfreien Einzelteilchenbewegung auf eine vergleichsweise einfache Orbitaltheorie.

Damit der Energiesatz anwendbar bleibt, muß der Einfluß des immer vorhandenen (und immer zentralsymmetrischen) Konzentrationsgefälles aus der Behandlung ausgeklammert werden. Das ist nur möglich, wenn das Plasma relativ kalt ($T \approx 0$) bzw. das Konzentrationsgefälle ausreichend schwach (grad $N \approx 0$) ist. Damit der Drehimpulssatz angewendet werden kann, muß der Einfluß eines eventuell vorhandenen Magnetfeldes unberücksichtigt bleiben. Das ist im allgemeinen nur möglich, wenn das wirkende Magnetfeld genügend schwach ist. Der geforderte Zentralkraftcharakter des elektrischen Feldes indessen läßt sich durch geeignete Formgebung der Sondenelektroden in der Regel immer gewährleisten. Er zwingt in der Sondenpraxis zur Beschränkung auf einfache Elektrodengeometrien (ebene, zylindrische und sphärische Elektrodengeometrie).

Das Auftreten des Potentials im Energiesatz bringt einen großen Vorteil mit sich. Dadurch nämlich spaltet die so komplexe Bewegungs-Raumladungs-Problematik (vgl. Abschn. B.1.1.2.) in zwei Teilprobleme auf:

1. in das reine Bewegungsproblem (Orbitalproblem), in dem alle diesbezüglichen Größen, wie Stromdichte, Trägerdichte usw., in Abhängigkeit vom lokalen Potential und damit auch vom Sondenpotential berechnet werden können, und
2. in das reine Feld- bzw. Potentialproblem (Raumladungsproblem), aus dem Feld- bzw. Potentialverteilung und Raumladungsstruktur nunmehr mit Hilfe der Poisson-Gleichung in Abhängigkeit vom Ort im Plasma (Raumladungsschicht) berechnet werden können. Die Lösung des Raumladungsproblems liefert u. a. auch genauere Angaben über die Ausdehnung der Raumladungsschicht (s. Abschn. B.1.4.3.).

Um den beim Einsatz von Plasmasonden hauptsächlich interessierenden Zusammenhang zwischen Sondenstrom und Sondenspannung explizit angeben zu können, müssen die von den vielen einzelnen auf die Sondenelektrode auffallenden Trägern herrührenden Anteile aufsummiert werden. Dem Umstand, daß zum Sondenstrom Träger aus verschiedenen Raumgebieten und mit unterschiedlicher Geschwindigkeit beitragen, kann dabei durch die Verwendung der Verteilungsfunktion

$$f(\boldsymbol{r}, \dot{\boldsymbol{r}})\, \mathrm{d}\boldsymbol{r}\, \mathrm{d}\dot{\boldsymbol{r}} \tag{B.1.2.1-4}$$

Rechnung getragen werden. Die Lösungen des Orbitalproblems, d. h. Energie- und Drehimpulssatz, fixieren hierbei den richtigen Zusammenhang zwischen Teilchengeschwindigkeit und elektrischem Feld bzw. Potential vor der fraglichen Sondenelektrode und legen damit die Integrationsgrenzen fest. Sie liefern gewissermaßen die Auswahlkriterien für die zur Sondenelektrode gelangenden und damit zum Sondenstrom beitragenden Ladungsträger.

Mit den solcherart festlegbaren Integrationsgrenzen lassen sich die in der Sondendiagnostik hauptsächlich interessierenden Trägerstromdichten dann plasmastatistisch gemäß

$$j(\boldsymbol{r}) = e \int \dot{\boldsymbol{r}} f(\boldsymbol{r}, \dot{\boldsymbol{r}}) \bullet \mathrm{d}\dot{\boldsymbol{r}} \tag{B.1.2.1-5}$$

berechnen.

B.1.2.2. Stoßbestimmte Bewegung im elektrischen Gleichfeld

So wie sich die allgemeine Bewegungsgleichung des Einzelteilchens im stoßfreien Fall weiter behandeln ließ, führt auch der andere Grenzfall, der sehr hoher Stoßzahlen, weiter. Hierzu muß über die Einzelteilchenbewegungsgleichung gemittelt werden, da bei einer solchen stoßbestimmten Bewegung die Bewegungsgleichung nur für ein mittleres Teilchen Sinn hat.

Multiplikation der Einzelteilchenbewegungsgleichung (Gl. B.1.2-2) mit der Verteilungsfunktion (Gl. B.1.2.1-4) und Integration über alle möglichen Geschwindigkeiten liefert

$$m \int \ddot{\boldsymbol{r}} f(\dot{\boldsymbol{r}})\, \mathrm{d}\dot{\boldsymbol{r}} = e \int \boldsymbol{E} f(\dot{\boldsymbol{r}})\, \mathrm{d}\dot{\boldsymbol{r}} + \frac{e}{c} \int (\dot{\boldsymbol{r}} \times \boldsymbol{H})\, f(\dot{\boldsymbol{r}})\, \mathrm{d}\dot{\boldsymbol{r}}$$
$$- m \int \nu \dot{\boldsymbol{r}} f(\dot{\boldsymbol{r}})\, \mathrm{d}\dot{\boldsymbol{r}} - k \int \frac{T}{N} \operatorname{grad}_r N \cdot f(\dot{\boldsymbol{r}})\, \mathrm{d}\dot{\boldsymbol{r}}\,.$$

Wenn elektrische Feldstärke $\boldsymbol{E}$, arteigene Trägerdichte N und Trägertemperatur T nicht von der Geschwindigkeit $\dot{\boldsymbol{r}}$ der einzelnen Träger abhängen, was unter stationären Verhältnissen sicher der Fall ist, und wenn die effektive Stoßfrequenz ν ebenfalls von der Geschwindigkeit $\dot{\boldsymbol{r}}$ des einzelnen Trägers unabhängig ist, ergibt diese Mittelbildung mit

$$\overline{\ddot{\boldsymbol{r}}} = \dot{\boldsymbol{v}} \quad \text{und} \quad \overline{\dot{\boldsymbol{r}}} = \boldsymbol{v}$$

wieder sehr einfach

$$m\dot{\boldsymbol{v}} = e\left(\boldsymbol{E} + \frac{1}{c}\boldsymbol{v} \times \boldsymbol{H}\right) - \frac{kT}{N}\,\mathrm{grad}_r\, N - m\nu\boldsymbol{v}\,. \qquad \text{(B.1.2.2-1)}$$

Die Bewegungsgleichung bleibt also formal ungeändert; nur stellen jetzt $\dot{\boldsymbol{v}}$ und $\boldsymbol{v}$ Beschleunigung und Geschwindigkeit eines *mittleren* Teilchens dar.

Wenn sehr viele Stöße stattfinden, so bewegt sich ein (mittleres) Teilchen bekanntlich nur zwischen den Stößen beschleunigt, während es über längere Zeiträume beobachtet eine Driftbewegung ausführt. Die bei der Beschleunigung zwischen den Stößen aus dem elektrischen Feld aufgenommene Energie wird beim Stoßvorgang selbst (fast) vollständig auf den Stoßpartner (Neutralteilchen, anderer Träger) übertragen.

Unter den Bedingungen einer solchen unbeschleunigten Driftbewegung wird aber $\dot{\boldsymbol{v}} = 0$. Damit läßt sich obige Bewegungsgleichung zu

$$m\nu\boldsymbol{v} = -\frac{kT}{N}\,\mathrm{grad}_r\, N + e\left(\boldsymbol{E} + \frac{1}{c}\boldsymbol{v} \times \boldsymbol{H}\right) \qquad \text{(B.1.2.2-2)}$$

schreiben.

Werden in dieser Gleichung

$$\frac{kT}{m\nu} = D \qquad \text{(B.1.2.2-3)}$$

(Diffusionskoeffizient),

$$\frac{e}{m\nu} = \frac{eD}{kT} = b \qquad \text{(B.1.2.2-4)}$$

(Trägerbeweglichkeit) und

$$\frac{Ne^2}{m\nu} = Neb = \sigma \qquad \text{(B.1.2.2-5)}$$

((trägerartspezifische) elektrische Leitfähigkeit) gesetzt, so ergibt sich für die in der Sondendiagnostik hauptsächlich interessierende Stromdichte sehr einfach

$$\boldsymbol{j} = Ne\boldsymbol{v} = -\,eD\,\mathrm{grad}_r\, N + Neb\left(\boldsymbol{E} + \frac{1}{c}\boldsymbol{v} \times \boldsymbol{H}\right). \qquad \text{(B.1.2.3-6)}$$

Dies ist die Grundgleichung für die stoßbestimmte Bewegung eines mittleren Teilchens bzw. eines Volumenelements des betrachteten Trägergases im elektrischen und magnetischen Feld bei gleichzeitiger Diffusion im Konzentrationsgefälle der arteigenen Träger; sie wird als allgemeine Diffusionsgleichung bezeichnet. $Neb\boldsymbol{E}$ bedeutet hierin die Konduktionsstromdichte, $eD \operatorname{grad} N$ die eigentliche Diffusionsstromdichte und $\frac{Neb}{c} \boldsymbol{v} \times \boldsymbol{H}$ die HALL-Stromdichte.

Diese allgemeine Diffusionsgleichung hat bereits makroskopisch-phänomenologischen Charakter. Sie hätte auch leicht auf der Grundlage rein phänomenologischer Überlegungen formuliert werden können. Ihre mikroskopisch-atomistische Untermauerung konnte sie jedoch nur auf dem hier beschrittenen Weg erhalten; dabei haben insbesondere die makroskopischen Parameter Diffusionskoeffizient D, Trägerbeweglichkeit b und (trägerartspezifische) elektrische Leitfähigkeit σ ihre mikroskopisch-atomistische Begründung gefunden.

Diese allgemeine Diffusionsgleichung ist nur sehr schwer zu beherrschen und muß für praktische Zwecke weiter vereinfacht werden. Der HALL-Effekt-Term, der den Einfluß des Magnetfeldes enthält, verschwindet offensichtlich dann, wenn das Magnetfeld verschwindet ($\boldsymbol{H} \approx 0$) oder aber die Trägerdrift immer genau in Richtung des Magnetfeldes erfolgt ($\boldsymbol{v} \parallel \boldsymbol{H}$). Unter dieser Bedingung vereinfacht sich die allgemeine Diffusionsgleichung zu

$$\boldsymbol{j} = Ne\boldsymbol{v} = -eD \operatorname{grad}_r N + Neb\boldsymbol{E} . \qquad \text{(B.1.2.2-7)}$$

Dies ist die übliche Form der Bewegungsgleichung eines mittleren Trägers bzw. eines Volumenelementes des betrachteten Trägergases im elektrischen Feld bei gleichzeitiger Diffusion im Konzentrationsgefälle der arteigenen Träger; sie wird als Gleichung der ambipolaren Diffusion bezeichnet. Zusammen mit der POISSON-Gleichung beschreibt sie die Trägerbewegung im Einflußbereich der Sondenelektrode unter stoßbestimmten Verhältnissen und ist allen genaueren Untersuchungen zugrunde zu legen.

Im Unterschied zum stoßfreien Fall zerfällt unter stoßbestimmten Verhältnissen die komplizierte Bewegungs-Raumladungs-Problematik im allgemeinen nicht in einzeln lösbare Teilprobleme. Dies macht die theoretische Beschreibung der Trägerbewegung unter stoßbestimmten Verhältnissen sehr schwierig und vielfach unmöglich.

Mitunter kann der Einfluß des Diffusionsterms $eD \operatorname{grad} N$ auf die Trägerbewegung vernachlässigt werden. Das ist augenscheinlich dann der Fall, wenn das fragliche Plasma relativ kalt ist ($T \approx 0$) oder aber das in ihm vor der Sondenelektrode vorhandene Trägerkonzentrationsgefälle nur sehr schwach ist ($\operatorname{grad} N \approx 0$). In diesem Spezialfall, in dem durch Vernachlässigung des Diffusionsterms der Einfluß des Trägerkonzentrationsgefälles auf die Trägerbewegung gänzlich unberücksichtigt bleibt, vereinfacht sich die Bewegungsgleichung zu

$$\boldsymbol{j} = Ne\boldsymbol{v} = Neb\boldsymbol{E} = \sigma\boldsymbol{E} , \qquad \text{(B.1.2.2-8)}$$

und die Beschreibung der Teilchenbewegung erfolgt im Rahmen einer reinen Beweglichkeitstheorie:

$$\boldsymbol{v} = b\boldsymbol{E} . \qquad \text{(B.1.2.2-9)}$$

Eine solche einfache Beweglichkeitstheorie, die die interessierenden Sondenstromdichten bei Kenntnis des elektrischen Feldes sofort anzugeben gestattet,

kann natürlich die tatsächlich realisierten Verhältnisse naturgemäß nur in außerordentlich grober Näherung erfassen.
Für Plasmen mit sehr geringer Trägerkonzentration und damit nur sehr wenig ausgeprägten Raumladungen darf dann wegen des groben Näherungscharakters dieser einfachen Beweglichkeitsbeschreibung vielfach auch für das noch unbekannte elektrische Feld die aus der LAPLACE-Gleichung (Gl. B.1.1.2-2) folgende Vakuumlösung genommen werden. Die Berechnung der Sondenstromdichte gestaltet sich dann äußerst einfach.

Wegen des Fehlens einer besseren und dabei noch einfachen Beschreibungsmöglichkeit begnügt man sich in der kosmischen Sondendiagnostik unter stoßbestimmten Verhältnissen meist mit einer solchen groben Näherung, die vom Einfluß sowohl des Konzentrationsgefälles als auch der Raumladungen auf die Trägerbewegung von vornherein gänzlich absieht (vgl. auch Abschn. B.1.5.3.1.).

B.1.2.3. Die Anwendungsbereiche für die stoßfreie und die stoßbestimmte Behandlungsweise

Ob bei der Berechnung der Charakteristiken von Gleichspannungssonden stoßfrei oder stoßbestimmt gerechnet werden muß, hängt davon ab, wie viele Stöße ein Träger im Mittel vor Erreichen der Sondenelektrode im *Meßraum* vor der Sondenelektrode erfährt.
Unter Meßraum soll dabei der Raum vor den Sondenelektroden verstanden werden, in dem eine stärkere Beeinflussung der Trägerbewegung durch die Sondenelektroden vorhanden ist.

Neben der immer vorhandenen, aber meist relativ schwachen Beeinflussung der Trägerbewegung durch das sich zur Sondenelektrode hin ausbildende Trägerkonzentrationsgefälle wird die Trägerbewegung natürlich hauptsächlich (und in der Sondendiagnostik gewollt) durch das vor den Sondenelektroden wirkende elektrische Feld (Meßfeld) bestimmt. Dieses beschränkt sich im wesentlichen auf die sich um die Sondenelektroden ausbildenden Raumladungsschichten, deren Ausdehnung größenordnungsmäßig durch die DEBYE-Länge (Gl. B.1.1.2-3) gegeben ist und außerdem vom Elektrodenpotential abhängt.

Erfahren die Ladungsträger auf ihrem Weg zur Sondenelektrode in dieser Raumladungsschicht mit einer hohen Wahrscheinlichkeit keine Stöße, so kann stoßfrei gerechnet werden. Wechselwirken sie in dieser Raumladungsschicht hingegen hinreichend oft mit Neutralteilchen oder anderen Trägern, so muß die stoßbestimmte Beschreibung zugrunde gelegt werden.

Als brauchbares (quantitatives) Kriterium für die eine oder andere Beschreibungsweise bietet sich daher das Verhältnis von mittlerer freier Weglänge λ zu DEBYE-Länge λ_D an:
Für $\lambda/\lambda_D \gg 1$, etwa $\lambda/\lambda_D \geqq 10$, erfahren die fraglichen Träger mit ziemlicher Sicherheit in der Raumladungsschicht keine Stöße (höchstens jeder zehnte Träger erleidet einen Stoß); es kann daher stoßfrei gerechnet werden.

Für $\lambda/\lambda_D \ll 1$, etwa $\lambda/\lambda_D \leqq 10^{-1}$, hingegen stoßen die fraglichen Träger in der Raumladungsschicht genügend oft (jeder Träger erfährt im Mittel wenigstens zehn Stöße); ihre Bewegung erfolgt stoßbestimmt.

Der offen gebliebene Zwischenbereich $10^{-1} < \lambda/\lambda_D < 10$ ist nach dieser mit einer gewissen unvermeidlichen, aber immer zu rechtfertigenden Willkür behafteten Festlegung weder mit der stoßfreien, noch mit der stoßbestimmten Theorie beschreibbar und bis heute keiner exakten theoretischen Fassung zugänglich. In vielen Fällen läßt sich jedoch dieser kritische Zwischenbereich noch weiter einengen.

Diese einfachen Kriterien lassen sich (außer auf beliebige Laborplasmen) natürlich auch auf die hier hauptsächlich interessierenden kosmischen Plasmen anwenden. Mit den in Abschnitt A.4. angegebenen Anhaltswerten für Neutralteilchendichte, Trägerdichte und Trägertemperatur und vernünftig angenommenen Sondenabmessungen (einige Millimeter bis einige zehn Zentimeter) lassen sich im extraterrestrischen Raum die folgenden drei Gebiete unterscheiden:

1. *Das Gebiet oberhalb etwa* 85 km *Höhe*

Hier ist einerseits die mittlere freie Weglänge der Träger λ wegen der geringen Gasdichte relativ groß. Sie nimmt von etwa 1 cm bei 85 km Höhe mit wachsender Höhe wegen der abnehmenden Gasdichte auf Werte über 10^{11} cm im interplanetaren Raum zu. Die elektronenkonzentrations- und elektronentemperaturabhängige Debye-Länge λ_D andererseits nimmt von etwa 1,5 cm bei 85 km Höhe zunächst bis zum F-Schicht-Maximum wegen der ansteigenden Trägerdichte auf Werte um etwa 10^{-1} cm ab, um im darüberliegenden Raum wegen der wieder abfallenden Trägerdichte und der weiter ansteigenden Elektronentemperatur schließlich bis auf Werte um 10^2 cm im interplanetaren Raum anzusteigen. Der höhenbezogene Vergleich dieser beiden Parameter ergibt, daß in diesem gesamten Höhenbereich, d. h. in der obersten D-Region, der E-Region und der F-Region der Ionosphäre sowie in der Exosphäre und im interplanetaren Raum, immer

$$\frac{\lambda}{\lambda_D} \gg 1 \qquad \text{(B.1.2.3-1)}$$

gilt. Damit aber verläuft in diesem Gebiet die Trägerbewegung im Meßraum der Sondenelektroden (Raumladungsschicht) stoßfrei.

2. *Das Gebiet unterhalb etwa* 75 km *Höhe*

Hier ist einerseits die mittlere freie Weglänge der Träger λ wegen der höheren Gasdichte relativ klein, sie steigt von etwa 10^{-2} cm bei 50 km Höhe mit wachsender Höhe wegen der abnehmenden Gasdichte auf einige 10^{-1} cm bei 75 km Höhe an. Die trägerkonzentrations- und elektronentemperaturabhängige Debye-Länge λ_D andererseits nimmt hier wegen der sich im frag-

lichen Gebiet nur schwach ändernden Konzentration und Temperatur der Träger Werte um etwa 1,5 cm an.
Der höhenbezogene Vergleich dieser beiden Parameter ergibt, daß im genannten Höhenbereich, d. h. in der unteren und mittleren D-Region der Ionosphäre, immer

$$\frac{\lambda}{\lambda_D} \ll 1 \qquad \text{(B.1.2.3-2)}$$

gilt. Damit aber verläuft in diesem Gebiet die Trägerbewegung im Meßraum der Sondenelektroden stoßbestimmt.

3. *Das Gebiet zwischen etwa* 75 km *und* 85 km *Höhe*

In diesem Gebiet sind mittlere freie Weglänge λ (einige 10^{-1} cm bis 1 cm) und Debye-Länge λ_D (annähernd 1,5 cm) von vergleichbarer Größe; daher gilt hier

$$\frac{\lambda}{\lambda_D} \gtreqless 1\,. \qquad \text{(B.1.2.3-3)}$$

Dies bedeutet, daß die Trägerbewegung in diesem Zwischengebiet im Meßraum weder stoßfrei noch stoßbestimmt behandelt werden kann und somit eine einfache theoretische Beschreibung für dieses Zwischengebiet nicht möglich ist.

Einen guten Eindruck über die Anwendungsbereiche der beiden einfachen Beschreibungsweisen auf verschiedene Plasmen und über ihre Grenzen vermittelt auch Abb. 3. In dieser ist als Ordinate die Debye-Länge λ_D über viele Größenordnungen aufgetragen. Die Abszisse enthält die mittlere freie Weglänge λ, ebenfalls über viele Größenordnungen.
Im Unterschied zu fast allen Arbeiten über Plasmasonden, die mit der mittleren freien Weglänge der Träger hinsichtlich Stößen mit Neutralteilchen allein rechnen, berücksichtigt die hier verwendete freie Weglänge auch die Stöße mit arteigenen und artfremden Trägern (Coulomb-Stöße), ist also gegenüber der mittleren freien Weglänge der Träger im Neutralgas etwas modifiziert. Dadurch wird dieses Diagramm auch für Plasmen sehr hohen Ionisierungsgrades und relativ niedriger Temperatur repräsentativ. Dies ist für die richtige Einordnung von Laborplasmen mit hohem Ionisierungsgrad (z.B. Bogenentladungen, Hoch- und Höchstdruckentladungen usw.) wichtig, für die kosmischen Plasmen mit ihren geringen Ionisierungsgraden allerdings belanglos.

In diesem Diagramm sind die Grenzkurven $\lambda/\lambda_D = 10$ und $\lambda/\lambda_D = 10^{-1}$ für Elektronen ausgezogen und für Ionen gestrichelt eingezeichnet. Links der Grenzkurve $\lambda/\lambda_D = 10^{-1}$ liegen die Plasmen, in denen die betreffenden Sondenströme stoßbestimmt sind, rechts von der Grenzkurve $\lambda/\lambda_D = 10$ diejenigen, in denen die stoßfreie Beschreibungsweise angewendet werden kann. Im Zwischenbereich zwischen den jeweils zusammengehörenden Grenzkurven liegen diejenigen Plasmen, für die die betreffenden Sondenströme weder nach der stoßbestimmten, noch der stoßfreien Theorie berechnet werden können.

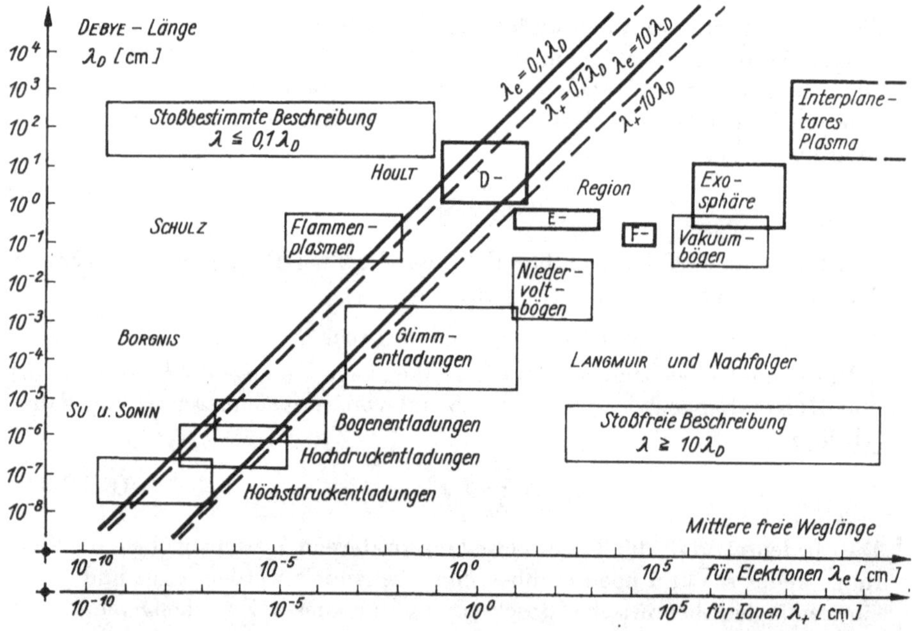

Abb. 3. Die Anwendungsbereiche der stoßfreien und stoßbestimmten Beschreibungsweise in der Sondendiagnostik

Zur Illustration der Verhältnisse sind in dieses Diagramm einige wichtige Laborplasmen und die uns hier besonders interessierenden kosmischen Plasmen eingezeichnet. Außerdem enthält das Diagramm an einigen Stellen die Namen von Autoren, die sich um die Schaffung von geeigneten Sondentheorien bzw. Diagnostikmöglichkeiten verdient gemacht haben (vgl. dazu das Literaturverzeichnis).

Im rechten Teil des Diagramms liegt die große Domäne der Anwendung von Langmuir-Sonden (z.B. Langmuir u. Mott-Smith, 1924; Mott-Smith u. Langmuir, 1926). Neben allen typischen Niederdrucklaborplasmen, wie Vakuumbögen, Niedervoltbögen (für die Langmuir seine Theorie speziell entwickelt hat) sowie einem großen Teil der Glimmentladungen bei nicht allzu großen Drucken gehören hierzu auch die uns interessierenden kosmischen Plasmen der obersten D-Region, der E- und F-Region der Ionosphäre sowie der Exosphäre und des interplanetaren Raums.

Im linken Teil des Diagramms finden sich Flammenplasmen und gewisse Hoch- und Höchstdruckbögen, für die von Borgnis (Borgnis, 1938), Boyd (z.B. Boyd, 1951) und Wenzl (Wenzl, 1950 u. 1951) sowie Schulz (Schulz, 1961, 1962, 1963 u. 1965) mehr oder weniger erfolgreiche Erweiterungen der konventionellen Langmuirschen Sondentheorie versucht worden sind. Hierher gehören aber auch die neueren, bislang leider akademisch gebliebenen Arbeiten von Su und Sonin (z.B. Su u. Sonin, 1967), in denen eine Mitberücksichtigung der Trägerwechselwirkung (COULOMB-Stöße) erfolgt. Uns interessiert vor allem der in diesem Teil des Diagramms liegende untere (und eventuell noch mittlere) Teil der D-Region der Ionosphäre, der vor allem von HOULT (z. B. HOULT, 1965; HOULT u. KUO, 1966) einer theoretisch begründeten Plasmadiagnostik zugänglich gemacht worden ist.

Im Bereich *zwischen* den Grenzkurven liegen von den Laborplasmen die meisten Bogenentladungen, spezielle Glimmentladungen in dichteren Gasen sowie bestimmte Erscheinungsformen der Flammenplasmen. In diesem „verbotenen" Bereich liegt aber auch das Plasma eines Teils der D-Region der Ionosphäre.

Nur der untere und obere Bereich der D-Region der Ionosphäre ragen in das Gebiet der stoßbestimmten bzw. stoßfreien Behandlung hinein. Daher kann auch nur der untere Teil der D-Region mit auf der stoßbestimmten Theorie fußenden Sondenmethoden und ihr alleroberster Bereich mit auf der stoßfreien Theorie beruhenden Sonden sicher diagnostiziert werden.

Wie ersichtlich, sind die Grenzen für die Anwendbarkeit der einen oder anderen Beschreibungsweise hinsichtlich Elektronen und Ionen etwas gegeneinander verlagert (ausgezogene und gestrichelte Grenzkurven). Das rührt daher, daß sich die mittleren freien Weglängen für Elektronen und Ionen etwas voneinander unterscheiden.[1]) Für die außerordentlich schwach ionisierte D-Region der Ionosphäre, wo die Stöße der Träger mit Neutralteilchen die mit anderen arteigenen oder artfremden Trägern bei weitem überwiegen, bedeutet dies, daß mit Ionenmessungen (natürlich auf der Grundlage der stoßbestimmten Theorie) bis in etwas größere Höhen vorgestoßen werden kann als mit Elektronenmessungen. Andererseits bleibt natürlich damit auch die oberste D-Region Ionenmessungen (natürlich hier auf der Grundlage der stoßfreien Theorie) praktisch verschlossen.

In Zusammenfassung der aus diesem Diagramm entnehmbaren Sachverhalte lassen sich bezüglich Sondenmessungen in kosmischen Plasmen folgende Feststellungen treffen:

Im gesamten Höhenbereich über 90 km Höhe, also in der E- und F-Region der Ionosphäre sowie in der Exosphäre und im interplanetaren Raum, können zur Interpretation von Messungen an der Elektronen- und Ionenkomponente Sondentheorien verwendet werden, die auf der stoßfreien Beschreibungsweise beruhen. Im Höhenbereich unterhalb 90 km Höhe sind die Verhältnisse etwas komplizierter. Bis herab auf etwa 85 km, allenfalls 80 km Höhe können Sondenmessungen an der Elektronenkomponente des Plasmas ebenfalls auf der Grundlage stoßfreier Sondentheorien vorgenommen werden. Für entsprechende Messungen an der Ionenkomponente jedoch existiert keine sichere theoretische Basis. Unterhalb der genannten Höhen sind die stoßfreie Theorie und alle

---

[1]) Beim Vorherrschen von Stößen mit Neutralteilchen, also bei niedrigen Ionisierungsgraden, ist dieser Unterschied am ausgeprägtesten ($\lambda_e \approx 4\lambda_+$); beim Vorherrschen von (COULOMB-)Stößen mit anderen Trägern, also bei sehr hohen Ionisierungsgraden, verschwindet er ($\lambda_e \approx \lambda_+$).

darauf beruhenden Sondenmethoden grundsätzlich nicht mehr verwendbar. Andererseits darf in der unteren und mittleren D-Region der Ionosphäre mit der stoßbestimmten Theorie und den auf dieser fußenden Sondenmethoden gearbeitet werden. Dabei sind Messungen an der Elektronenkomponente bis hinauf zu etwa 70 km Höhe und an der Ionenkomponente bis zu etwa 75 km, allenfalls 80 km Höhe theoretisch einfach interpretierbar. In der dazwischenliegenden Lücke (80 bis 90 km für Ionen, 70 bis 80 km für Elektronen) ist keine der beiden Beschreibungsweisen anwendbar. Für diese (aus den weiter oben dargelegten Gründen nicht ganz deckungsgleichen) Zwischenbereiche existiert daher keine (gesicherte) Theorie für die Messung mit Gleichspannungssonden. In diesem Zwischenbereich angefallene Meßergebnisse müssen immer mit großer Vorsicht interpretiert werden.

Die letzten Bemerkungen könnten zu der Annahme verleiten, daß in diesem Zwischenbereich durchgeführte Sondenmessungen grundsätzlich nicht interpretiert und zur Bestimmung von Plasmaparametern ausgenutzt werden können. Das ist jedoch nicht ganz richtig, da immer die Möglichkeit besteht, die in diesem „theorielosen" Zwischenbereich erhaltenen Sondenmessungen an entsprechende Messungen oberhalb oder unterhalb, die auf der Basis von stoßfreien bzw. stoßbestimmten Theorien interpretierbar sind, anzuschließen. Man macht sich dabei z. B. hinsichtlich der Bestimmung der Trägerkonzentration den Umstand zunutze, daß sowohl in allen stoßfreien wie auch in allen stoßbestimmten Theorien die Sondenstromdichte und damit der Sondenstrom der Trägerkonzentration direkt proportional ist (vgl. Abschn. B.1.4. und Abschn. B.1.5.). Es liegt dann natürlich nahe, diese Proportionalität zwischen Sondenstrom und Trägerkonzentration auch im „theorielosen" Zwischenbereich als realisiert anzunehmen. Auf diese Weise können Messungen im Zwischenbereich direkt an theoretisch begründet interpretierbare Messungen aus den darüber- bzw. darunterliegenden Bereichen angeschlossen und damit ebenfalls absolut aussagefähig gemacht werden.

B.1.3. Reduzierung der komplexen Randschichtproblematik auf analytisch einfach faßbare Spezialfälle und deren Anwendung in der extraterrestrischen Sondendiagnostik

Eine möglichst genaue analytische Fassung der Wechselwirkung zwischen Sondenelektrode und umgebendem Plasma ist aus zwei Gründen wichtig: Erstens ist eine solche für die Berechnung der Sondencharakteristiken notwendig, und zweitens ist das Sondenproblem als typisches Plasmarandschichtproblem für die detaillierte Aufklärung der Struktur des Plasmas in dem der Sondenelektrode vorgelagerten Raum von grundsätzlichem plasmaphysikalischen Interesse.

Aus diesen Gründen sind seit Langmuirs grundlegenden Arbeiten über die Sondendiagnostik in Niederdruckplasmen (z. B. Langmuir u. Mott-Smith,

1924; Mott-Smith u. Langmuir, 1926) im Laufe der Jahre große Anstrengungen auf die gedankliche Durchdringung dieser Problematik verwendet worden. Ziel der Bemühungen war dabei fast immer die Formulierung einer möglichst umfassenden Plasmarandschichttheorie, die die in der Sondendiagnostik interessierenden Strom-Spannungs-Kennlinien so ganz nebenbei zu liefern imstande ist.
Trotz zahlreicher und sehr ernsthafter Anstrengungen ist eine zufriedenstellende Fassung und analytische Lösung der Plasmarandschichtproblematik bislang jedoch nicht gelungen. Aus gebotener Kürze und weil hier nur die in der diagnostischen Praxis verwendbaren Ergebnisse interessieren, kann in dieser Arbeit auf die vielen diesbezüglichen Arbeiten, die ohne allen Zweifel für die Plasmatheorie von prinzipiellem Interesse sind, nicht weiter eingegangen werden. Eine zwar kurze, aber recht instruktive Beleuchtung der Problematik anhand einer Reihe älterer und neuerer Arbeiten findet sich bei Wilhelm (Wilhelm, 1968). Daselbst ist auch eine repräsentative Literaturauswahl zum fraglichen Problemkreis angegeben. Einige besonders wichtige Arbeiten hierzu sind auch im Literaturverzeichnis gesondert zusammengestellt.

Die außerordentliche Komplexität des Plasmarandschichtproblems wird verständlich, wenn man sich der in den vorangegangenen Abschnitten qualitativ skizzierten Verhältnisse und Umstände erinnert:
Einerseits ist eine stoßfreie Beschreibung der Trägerbewegung immer nur in der unmittelbaren Umgebung der Sondenoberfläche anwendbar, in einer Schicht also, deren Ausdehnung kleiner als die mittlere freie Weglänge der fraglichen Träger ist; andererseits aber kann eine stoßbestimmte Behandlung natürlich nur zuverlässige Ergebnisse in ausreichender Entfernung von der Sondenoberfläche liefern, in einem Raumgebiet also, in dem genügend viele energieaustauschende Stöße der Träger mit anderen Teilchen stattfinden. Im dazwischenliegenden Raumgebiet, in dem ein Träger nur einige wenige Stöße mit anderen Teilchen erfährt, bleibt seine Bewegung einer einfachen analytischen Fassung verschlossen. Aus diesem Grund ist es insbesondere unmöglich, das Randschichtproblem in aller Allgemeinheit, d. h. für beliebige Eigenschaften des Plasmas, im Rahmen einer einheitlichen Theorie zu formulieren und abzuhandeln. Hinzu kommt, daß sich Trägerbewegung und elektrisches Feld wechselseitig bedingen (Bewegungs-Raumladungs-Problem) und zusätzlich von dem immer vorhandenen zur Sondenelektrode gerichteten Trägerkonzentrationsgefälle beeinflußt werden. Schließlich ist ein eventueller Einfluß des Ionisations-Rekombinations-Geschehens auf die Verhältnisse in der Plasmarandschicht nicht von vornherein auszuschließen.

Wegen dieser außerordentlichen Komplexität des Randschichtproblems ist man gezwungen, sich von vornherein mit einer näherungsweisen Behandlung abzufinden und sich dabei noch auf relativ einfach überschaubare Grenz- bzw. Spezialfälle zu beschränken. Glücklicherweise sind diese näherungsweise lösbaren Fälle für weite Bereiche der diagnostischen Praxis im Laborplasma und im extraterrestrischen Plasma interessant.

Um zu erkennen, welche Spezialfälle näherungsweise behandelbar sind, muß das Stoßverhalten der Träger in der gesamten Plasmarandschicht (Einflußgebiet bzw. Einzugsgebiet der Sondenelektrode), die sich in konzentrationsstarken Plasmen in Raumladungsschicht und Übergangsgebiet gliedert, näher untersucht werden. Eine eingehendere Diskussion führt zu folgenden Möglichkeiten:

1. *Grenzfall* $\lambda \ll \lambda_D$ *(sogenannter Kontinuumsfall)*

In diesem Fall läßt sich in der gesamten aus Raumladungsschicht und Übergangsgebiet bestehenden Plasmarandschicht die stoßbestimmte Beschreibungsweise anwenden. Die zuständigen Bewegungsgleichungen, d. h. (bei Magnetfeldfreiheit) die Gleichung der ambipolaren Diffusion (Gl. B.1.2.2-7), beschreiben zusammen mit der Poisson-Gleichung (Gl. B.1.1.2-1) das kombinierte Bewegungs-Raumladungs-Problem. Der Einfluß des Trägerkonzentrationsgefälles auf die Trägerbewegung wird durch den Diffusionsterm in der Bewegungsgleichung mitberücksichtigt; der Einfluß des Ionisations-Rekombinations-Geschehens in der Randschicht kann durch die Kontinuitätsgleichung zumindest summarisch erfaßt werden.

Damit ist für diesen Spezialfall das Randschichtproblem grundsätzlich (und umfassend) formulierbar. Die komplizierte Struktur der Gleichungen der ambipolaren Diffusion und die wechselseitige Beeinflussung von Trägerbewegung und Raumladungsfeld lassen jedoch im allgemeinen keine analytische Lösung zu. Man ist deshalb gezwungen, entweder mit (in der diagnostischen Praxis unerwünschten) numerischen Lösungen (Computer-Lösungen) vorlieb zu nehmen oder aber diesen Grenzfall weiter zu nähern:

Eine erste Möglichkeit dazu besteht darin, im fraglichen Plasma Quasineutralität anzunehmen, die Poisson-Gleichung also durch die (raumladungsfreie) Laplace-Gleichung (Gl. B.1.1.2-2) zu ersetzen und mit deren Vakuumfeldlösung in den Gleichungen der ambipolaren Diffusion weiter zu arbeiten.

In Laborplasmen mit ihren hohen Trägerkonzentrationen und dementsprechend der Sondenelektrode eng anliegenden und stark ausgeprägten Raumladungsschichten ist eine solche Vakuumfeldnäherung allenfalls im quasineutralen Übergangsgebiet, sicher aber nicht in der eigentlichen Raumladungsschicht statthaft.

In der extraterrestrischen Sondendiagnostik liegen die Verhältnisse etwas günstiger. Wegen der vergleichsweise geringen Trägerkonzentrationen ist die in den hier recht ausgedehnten Raumladungsschichten verwirklichte Raumladungsdichte nur äußerst gering. Daher darf für das bei stoßbestimmter Bewegung allein interessierende Plasma der D-Region der Ionosphäre diese Vakuumfeldnäherung mit gewisser Berechtigung für den gesamten der Sondenelektrode vorgelagerten Raum angewendet werden. Wir machen von dieser Vakuumfeldnäherung im Abschnitt B.1.5.3.2. bei der Berechnung der Trägerdichteverteilung im stoßbestimmten Plasma vor einer stromlosen sphärischen Sondenelektrode Gebrauch.

Eine weitere Näherungsmöglichkeit besteht darin, von vornherein auf die Mitberücksichtigung der Wirkung des Konzentrationsgefälles zu verzichten, d. h. statt mit den Gleichungen der ambipolaren Diffusion mit den einfacheren Beweglichkeitsgleichungen (Gl. B.1.2.2-8) zu arbeiten.[1]) Die Berechnung der interessierenden Trägerstromdichten gestaltet sich dann bei Kenntnis des elektrischen Feldes äußerst einfach. Da letzteres jedoch auf einfache Weise nur bei halbwegs gesicherter Quasineutralität als Vakuumfeldlösung aus der LAPLACE-Gleichung (Gl. B.1.1.2-2) entnommen werden kann, ist eine solche Näherung in Laborplasmen auch nur für das Übergangsgebiet, nicht aber für die Raumladungsschicht zulässig, hinsichtlich des Plasmas der D-Region der Ionosphäre andererseits natürlich wieder für den gesamten der Sondenelektrode vorgelagerten Raum. Wir machen von dieser (gewiß sehr groben) Näherung mangels besserer Möglichkeiten in Abschnitt B.1.5.3.1. bei der Berechnung der Trägerstromdichten im Plasma der D-Region der Ionosphäre Gebrauch.

2. a) *Spezialfall* $\lambda \lesseqgtr \lambda_D$

In diesem Fall kann die Trägerbewegung in der Raumladungsschicht nicht mehr als stoßbestimmt angesehen werden. Sie erfolgt aber mit Sicherheit auch nicht stoßfrei. Dieser Fall ist deshalb keiner analytischen Fassung zugänglich.

Im Übergangsgebiet hingegen darf die Trägerbewegung als weitgehend stoßbestimmt aufgefaßt werden. Die Beschreibung des Übergangsgebietes kann dann mit Hilfe der unter 1. (Kontinuumsfall) angezeigten Näherungsmöglichkeiten vorgenommen werden.

Eine einheitliche, den gesamten der Sondenelektrode vorgelagerten Raum erfassende Plasmarandschichttheorie ist natürlich nicht möglich.

b) *Spezialfall* $\lambda \gtrapprox \lambda_D$ (*sogenannter* LANGMUIR-*Fall*)

In diesem Fall erfolgt die Trägerbewegung in der Raumladungsschicht (überwiegend) stoßfrei. Im außerhalb der Raumladungsschicht gelegenen Übergangsgebiet hingegen müssen Stöße mit anderen Teilchen berücksichtigt werden. Auch in diesem Fall ist es grundsätzlich nicht möglich, eine einheitliche, den gesamten der Sondenelektrode vorgelagerten Raum erfassende Plasmarandschichttheorie zu formulieren. Die analytische Fassung der Verhältnisse in der „stoßfreien" Raumladungsschicht ist Inhalt der Sondentheorie von LANGMUIR (z.B. LANGMUIR u. MOTT-SMITH, 1924; MOTT-SMITH u. LANGMUIR, 1926), die in Abschnitt B.1.4. näher behandelt wird.

---

[1]) Das ist offenbar möglich, wenn entweder die Trägertemperatur sehr gering (kalte Näherung) oder der Trägerkonzentrationsgradient außerordentlich klein (quasihomogenes Plasma im gesamten Einzugsgebiet) ist bzw. mit einem starken Meßfeld gearbeitet wird.

Um die stoßfreie Trägerbewegung in der Raumladungsschicht auf eine einfache Orbitalbewegung reduzieren zu können, ist es nach Abschnitt B.1.2.1. notwendig, die Einflüsse eines eventuellen Magnetfeldes und des immer vorhandenen Konzentrationsgefälles aus der Betrachtung auszuschließen. Um schließlich den in der Sondendiagnostik vornehmlich interessierenden Zusammenhang zwischen Trägerstromdichte und Sondenpotential explizit angeben zu können, ist es weiterhin erforderlich, an der Raumladungsschichtgrenze Verhältnisse anzunehmen, die dem ungestörten (unendlich fernen) Plasma entsprechen. Aus diesen Gründen wird in der Langmuirschen Sondentheorie das gesamte Übergangsgebiet von vornherein aus der Behandlung ausgeschlossen. Damit bleibt der Einfluß dieses zwar quasineutralen, aber mit einem elektrischen Feld (Vakuumfeld) und einem Trägerkonzentrationsgefälle behafteten Übergangsgebiets auf die Trägerbewegung zur Sondenelektrode vollständig unberücksichtigt. Dasselbe gilt für das Ionisations-Rekombinations-Geschehen, von dem Einflüsse vor allem im ausgedehnten Übergangsgebiet, weniger natürlich in der meist engbegrenzten Raumladungsschicht zu erwarten sind. Es leuchtet ein, daß eine solche reine Raumladungsschichttheorie ebenfalls nur Näherungscharakter haben kann.
Trotz dieser offenkundigen Mängel spiegelt diese stark vereinfachende Langmuirsche Raumladungsschichttheorie unter den angezeigten Verhältnissen den Sachverhalt recht gut wider, insbesondere dann, wenn tatsächlich gut ausgeprägte und scharf begrenzte Raumladungsschichten vorliegen. Dies weist darauf hin, daß die Trägerbewegung zur Sondenelektrode in der Tat hauptsächlich durch die Verhältnisse in der Raumladungsschicht gesteuert wird und das Übergangsgebiet die Trägerbewegung nur vergleichsweise schwach beeinflußt.
Eine solche Raumladungsschichtnäherung ist vor allem den konzentrationsstarken Laborplasmen mit ihren ausgeprägten und engbegrenzten Raumladungsschichten angemessen, kann aber auch in der extraterrestrischen Diagnostik, vorzugsweise im Plasma der E- und F-Region der Ionosphäre mit seinen noch relativ hohen Trägerkonzentrationen und den dementsprechend den Sondenelektroden noch relativ eng anliegenden Raumladungsschichten, angewendet werden.
Wie bereits in Abschnitt B.1.2.1. bei der Diskussion der Bewegungsgleichung für stoßfreie Verhältnisse angedeutet, führt das Auftreten des Potentials im Energiesatz zu einer Aufspaltung des komplexen Bewegungs-Raumladungs-Problems in zwei einfachere Teilprobleme:
Erstens in das Raumladungs- bzw. Feldproblem, das durch die Poisson-Gleichung gelöst wird und für die eigentliche Sondendiagnostik weniger interessiert, und zweitens in das Bewegungsproblem, das durch eine einfache Orbitaltheorie gelöst wird und es gestattet, den in der Sondendiagnostik interessierenden Zusammenhang zwischen Sondenstrom und Sondenspannung auch ohne detaillierte Kenntnisse der Feld- bzw. Raumladungsverteilung zu berechnen. Vom letztgenannten Vorteil hauptsächlich profitiert

die LANGMUIRsche Sondentheorie hinsichtlich ihrer Nutzbarkeit in der diagnostischen Praxis.
In Plasmen mit sehr geringer Trägerkonzentration erstrecken sich die sich vor den Sondenelektroden ausbildenden Raumladungsschichten mit geringer Raumladungsdichte relativ weit in das Plasma. Dieser Fall kann ebenfalls mit der LANGMUIRschen Raumladungsschichtnäherung behandelt werden und gibt dabei (mit $\lambda_D \to \infty$) besonders einfache und damit für die Sondendiagnostik recht nützliche Zusammenhänge zwischen Trägerstromdichte und Elektrodenpotential. Solche Verhältnisse, die in Laborplasmen nur bei außerordentlich kleinen Elektrodenabmessungen realisiert sind, stellen in den trägerarmen kosmischen Plasmen der Exosphäre und des interplanetaren Raumes auch bei größeren Elektrodenabmessungen den Normfall dar.
Die analytische Fassung der Trägerbewegung im Übergangsgebiet stößt unter den angezeigten Verhältnissen ($\lambda_D \lessapprox \lambda$) auf erhebliche Schwierigkeiten, da dann in Raumladungsschichtnähe die Bewegung noch stoßfrei, in Raumladungsschichtferne jedoch mit Sicherheit stoßbestimmt erfolgt.

c) *Spezialfall* $\lambda \approx \lambda_D$

Vergleichsweise einfach ist der natürlich äußerst selten realisierte Fall zu übersehen, in dem mittlere freie Weglänge und DEBYE-Länge von vergleichbarer Größe sind. In diesem Fall darf für gröbere Betrachtungen mit gewisser Berechtigung angenommen werden, daß die Bewegung der Träger in der Raumladungsschicht stoßfrei, im Übergangsgebiet jedoch stoßbestimmt erfolgt. Unter solchen Umständen können dann für die analytische Behandlung des gesamten Übergangsgebietes die unter 1. (Kontinuumsfall) angezeigten Näherungsmöglichkeiten und für die Beschreibung der Verhältnisse in der Raumladungsschicht die unter 2.b) (LANGMUIR-Fall) diskutierte LANGMUIRsche Raumladungsschichtnäherung herangezogen werden.
Es liegt dann natürlich auch nahe, beide Lösungen, die der stoßfreien Bewegung in der Raumladungsschicht und die der stoßbestimmten Bewegung im (quasineutralen) Übergangsgebiet, aneinander anzuschließen. Trotz vieler ernsthafter Bemühungen hat sich dies indessen bislang nicht zufriedenstellend durchführen lassen. Das mag einerseits daran liegen, daß die stoßfreie (LANGMUIRsche) Theorie der Raumladungsschicht vom Vorhandensein des Übergangsgebietes und die stoßbestimmte Theorie des Übergangsgebietes vom Vorhandensein der Raumladungsschicht völlig absehen, andererseits aber auch daran, daß stoßfreie Behandlung als mikroskopisch-statistische Beschreibung und stoßbestimmte Behandlung als makroskopisch-phänomenologische Beschreibung nicht besonders gut zusammenpassen.

Wegen der Unmöglichkeit eines widerspruchsfreien Anschlusses der mit verschiedenen Beschreibungsweisen erhaltenen Ergebnisse für Raumladungsschicht und Übergangsgebiet muß man sich in der Praxis damit begnügen, Erkenntnisse aus der Behandlung des Übergangsgebietes nachträglich in die Theorie der Raumladungsschicht einzubauen. Das soll in Abschnitt B.1.6. bei der Verfeinerung der LANGMUIRschen Sondentheorie geschehen.

3. *Grenzfall* $\lambda \gg \lambda_D$

In diesem Grenzfall kann die Trägerbewegung in der gesamten aus Raumladungsschicht und Übergangsgebiet bestehenden Plasmarandschicht als stoßfrei angesehen werden.

Eine einfache analytische Verfolgung der Trägerbewegung ist natürlich auch in diesem Fall nur auf der Grundlage der (LANGMUIRschen) Orbitaltheorie möglich. Dies bedeutet aber immer, daß außer von einem eventuellen Magnetfeld auch vom Einfluß des immer vorhandenen zur Sondenelektrode hin gerichteten Trägerkonzentrationsgefälles sowie von eventuellen Einflüssen des Ionisations-Rekombinations-Geschehens von vornherein gänzlich abgesehen werden muß. Durch die notwendige Ignorierung des Trägerkonzentrationsgefälles insbesondere wird in einer solchen Theorie der Begriff Übergangsgebiet gegenstandslos und dieses selbst aus der Behandlung völlig ausgeklammert. Die Verfolgung der Trägerbewegung beschränkt sich damit wieder auf die eigentliche Raumladungsschicht, in der die Trägerbewegung hauptsächlich durch das dort wirkende elektrische Feld kontrolliert wird. Diese kann dann wieder wie unter 2.b) (LANGMUIR-Fall, LANGMUIRsche Raumladungsschichtnäherung) beschrieben werden.
Wegen der notwendigen Näherungen ist auch in diesem Fall trotz einheitlicher stoßfreier Trägerbewegung im gesamten der Sondenelektrode vorgelagerten Raum keine einheitliche und umfassende Beschreibung der gesamten Plasmarandschicht möglich. Insbesondere wird in diesem Grenzfall sehr deutlich, daß die LANGMUIRsche Theorie als reine Raumladungsschichttheorie die Verhältnisse in der (ganzen) Plasmarandschicht gar nicht exakt erfassen kann, sondern allenfalls als mehr oder minder gute Näherung angesehen werden darf. Dies muß beim Arbeiten mit den aus der LANGMUIRschen Raumladungsschichtnäherung folgenden Aussagen immer beachtet werden.

Der Zweck dieser etwas ausführlichen Diskussion der komplexen Plasmarandschichtproblematik bestand darin, sowohl die Stellung der verschiedenen Sondentheorien im Rahmen der Gesamtproblematik und zueinander deutlich zu machen als auch ihren (groben) Näherungscharakter klar herauszustellen.
Augenscheinlich sind überhaupt nur wenige Fälle behandelbar und zudem auch nur näherungsweise lösbar. Die aus ihnen resultierenden Ergebnisse müssen auf die praktischen Bedürfnisse der Sondendiagnostik sachgemäß zugeschnitten werden. Dies ist natürlich nicht immer ohne Skrupel und Widersprüche möglich.
In den folgenden Abschnitten werden deshalb die für die extraterrestrische Sondendiagnostik nutzbaren Näherungstheorien im Detail behandelt. Die Sondenelektrode soll dabei durch eine äußere Spannungsquelle auf beliebige Potentiale gebracht werden können.

B.1.4. Die stoßfreie (LANGMUIRsche) Sondentheorie als Grundlage für alle Sondenmessungen oberhalb 90 km Höhe

B.1.4.1. Allgemeine Grundlagen und Voraussetzungen

Die Grundlagen für diese stoßfreie Sondentheorie wurden von LANGMUIR bereits in der Mitte der zwanziger Jahre erarbeitet (LANGMUIR u. MOTT-SMITH, 1924; MOTT-SMITH u. LANGMUIR, 1926; TONKS u. LANGMUIR, 1929).
Das Ziel der Untersuchungen LANGMUIRS und seiner Mitarbeiter war dabei die Schaffung einer anwendungsfähigen Sondentheorie für die Interpretation von Sondenmessungen in Niederdruck-Labor-Plasmen.
Die LANGMUIRsche Sonden- bzw. Randschichttheorie geht unter Berücksichtigung der die Potential- und Trägerdichteverteilung verknüpfenden POISSON-Gleichung (Gl. B.1.1.2-1) von der Einzelteilchenbewegungsgleichung (Gl. B.1.2.1-1) bzw. deren Integralen (Gl. B.1.2.1-2 u. Gl. B.1.2.1-3) aus und berechnet die interessierenden Trägerdichten und Stromdichten auf dem üblichen plasmastatistischen Weg mit Hilfe der Verteilungsfunktion.

Um eine stoßfreie Theorie der Plasmarandschicht formulieren zu können, mußte LANGMUIR folgende fundamentale Annahmen machen:

1. Die Plasmarandschicht ist (scharf) begrenzt und beschränkt sich auf die eigentliche Raumladungsschicht. Die in dieser Schicht befindlichen Raumladungen sättigen die auf der Sondenelektrode befindlichen Ladungen vollständig ab, so daß das von diesen Ladungen ausgehende elektrische Feld nicht über die Grenze der Raumladungsschicht hinausdringt. Außerhalb der Raumladungsschicht ist das Plasma feldfrei und quasineutral.
   Durch diese Voraussetzung wird das Übergangsgebiet vollständig aus der Behandlung ausgeklammert und die LANGMUIRsche Randschichttheorie zu einer reinen Raumladungsschichttheorie.
2. Innerhalb der Raumladungsschicht erfahren die fraglichen Träger nur verschwindend wenige Stöße. Sie bewegen sich auf Orbitalbahnen, von denen einige auf der Sondenoberfläche enden und somit zum Strom auf die Sondenelektrode beitragen. In dieser Annahme ist implizit enthalten, daß in der Raumladungsschicht auch keine Ionisations- und Rekombinationsakte stattfinden dürfen. Die gesamte Trägernachlieferung muß daher aus dem Raum außerhalb der eigentlichen Raumladungsschicht erfolgen.
   Durch diese Annahme wird die Anwendbarkeit der LANGMUIRschen Theorie auf solche Vehältnisse eingeschränkt, unter denen die Dicke der Raumladungsschicht kleiner als die mittlere freie Weglänge der Träger ist.

Um die interessierenden Stromdichten auf plasmastatistischem Weg (vgl. Gl. B.1.2.1-5) berechnen zu können, mußte LANGMUIR weiterhin folgende Annahmen machen:

3. Die Trägergeschwindigkeiten können außerhalb der eigentlichen Raumladungsschicht durch ortskoordinatenunabhängige Verteilungsfunktionen beschrieben werden. Damit wird die Existenz eines Trägerkonzentrations-

gefälles außerhalb der Raumladungsschicht in der LANGMUIRschen Theorie negiert.
Durch diese Annahme wird ein eventueller Einfluß des sondenferneren Teils der Plasmarandschicht, des Übergangsgebiets, auf die Verhältnisse in der Raumladungsschicht vollständig negiert. Sie ist recht anfechtbar, da sie implizit enthält, daß überall außerhalb der eigentlichen Raumladungsschicht ungestörte Verhältnisse wie im unendlich fernen Plasma vorliegen und die gesamte Trägernachlieferung (gemäß Annahme 2.) dann aus diesem ungestörten Plasma erfolgen muß, ohne daselbst Änderungen zu hinterlassen.

4. Die Trägergeschwindigkeiten unterliegen im ungestörten Plasma außerhalb der Raumladungsschicht streng einer MAXWELL-Verteilung.
Diese Annahme setzt voraus, daß die Träger im ungestörten Plasma außerhalb der Raumladungsschicht einer starken Wechselwirkung unterliegen und damit einen ausreichenden Energieaustausch erfahren, so daß sich wenigstens innerhalb der einzelnen Trägerarten ein thermodynamisches Gleichgewicht einstellen kann.

5. Die in der Raumladungsschicht (und nur dort) auf die Träger wirkenden Kräfte müssen Zentralkraftcharakter besitzen. In diesem Fall ergeben sich die Bahnen der einzelnen Träger auf der Basis einer einfachen Orbitaltheorie.
Diese Annahme enthält implizit, daß das Mitwirken von Magnetfeldern auszuschließen ist, da solche das Zentralkraftproblem sprengen würden. Sie erfordert weiterhin, die Geometrie der Sondenelektroden so zu wählen, daß das elektrische Feld in der gesamten Raumladungsschicht, auch in unmittelbarer Nachbarschaft der Elektrodenoberfläche, zentralsymmetrisch ist. Dies zwingt in der Sondenpraxis zur ausschließlichen Verwendung von ebenen, zylindrischen oder sphärischen Sondenelektroden.

Fernerhin muß in der LANGMUIRschen Theorie zwecks eindeutiger Interpretierbarkeit der Sondenkennlinien das zusätzliche Auftreten negativer Ionen ausgeschlossen werden. Für die Berechnung der Trägerstromdichten ist dies jedoch vorerst noch belanglos.

Insbesondere durch die Annahmen 1. bis 3. wird die Randschichtproblematik stark vereinfacht. Die LANGMUIRsche Randschichttheorie wird so zu einer bloßen Modelltheorie. Dieser liegt das in Abb. 4 angedeutete einfache LANGMUIRsche Randschichtmodell (Raumladungsschichtmodell) zugrunde: In unmittelbarer Nachbarschaft der Sondenelektrode befindet sich eine (scharf begrenzte) Raumladungsschicht der Dicke d, in der keine Quasineutralität herrscht. Innerhalb dieser Raumladungsschicht ist das gesamte Potentialgefälle konzentriert. In ihr erfahren die fraglichen Träger keine Stöße; in ihr finden ebenfalls keine Ionisations- und Rekombinationsakte statt. Außerhalb der Raumladungsschicht ist das Plasma quasineutral, feldfrei (keine makroskopischen Felder) und ungestört. Die Träger unterliegen in diesem Gebiet einer ortsunabhängigen MAXWELL-Verteilung. Die gesamte Trägernachlieferung erfolgt aus diesem ungestörten Plasma, ohne daselbst Veränderungen hervorzurufen (!).

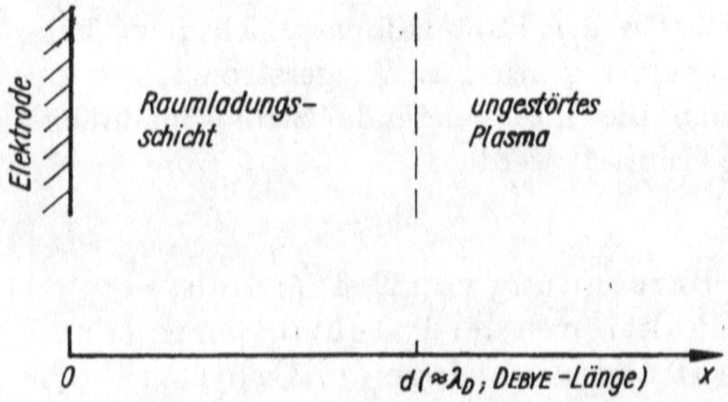

Eigenschaften der Raumladungsschicht:

$N_e(x) \neq N_+(x) \quad \rightarrow \quad e|N_e - N_+| \neq 0$

$\operatorname{div} \boldsymbol{E}(x) = -4\pi e|N_e - N_+|$

$\boldsymbol{E}(x) = -\operatorname{grad} V(x)$

keine Stöße!

Eigenschaften des ungestörten Plasmas:

$N_e(x) \approx N_+(x) \approx N(\infty) \rightarrow e|N_e - N_+| = 0$

(ortsunabhängig)

$V = V_P \; (= 0)$

$E = 0$

(ortsunabhängig)

Stöße (MAXWELL-Verteilung!)

Abb. 4. Das LANGMUIRsche Randschichtmodell (Raumladungsschichtmodell)

Trotz der Mängel, die dieses einfache Randschichtmodell in sich birgt und die damit der LANGMUIRschen Sondentheorie anhaften, führt dieselbe zu einer Reihe richtiger Aussagen und liefert ein relativ einfach zu handhabendes Formelwerk, das seit vielen Jahren immer wieder mit großem Erfolg in der Sondendiagnostik angewendet wird.
Dieser Sachverhalt erklärt sich dadurch, daß in den meisten Fällen das starke Potentialgefälle und die Trägerverteilung in der eigentlichen Raumladungsschicht für die Trägerbewegung zur Sondenelektrode bestimmend sind, während der Einfluß des Übergangsgebiets vielfach nur von untergeordneter Bedeutung ist. Dieser Umstand ist von LANGMUIR in fast genialer Weise vorausgesehen worden. Die Tatsache, daß sich die Plasmarandschicht indessen mit schwachem Feld und schwachem Konzentrationsgefälle viel weiter ins Plasma erstreckt als nach dem LANGMUIRschen Modell, führt andererseits zu geringfügigen Korrekturen, die allerdings im Rahmen einer einfachen Orbitaltheorie gar nicht erfaßbar sind, und bedingt einige Effekte, die naturgemäß von der LANGMUIRschen Theorie nicht geliefert bzw. nicht richtig erklärt werden können. Für viele Zwecke jedoch ist das stark vereinfachende LANGMUIRsche Randschichtmodell ausreichend.

Durch die von LANGMUIR gemachten Annahmen wird es möglich, das Problem der Berechnung der Potential- und Trägerstromdichteverteilung in der Raumladungsschicht in zwei Teilprobleme aufzuspalten:

a) in die Berechnung der Trägerstromdichteverteilung in der Raumladungsschicht bzw. der Trägerstromdichte auf der Sondenoberfläche in Abhängigkeit von der Potentialverteilung in der Raumladungsschicht bzw. dem Potential auf der Sondenoberfläche auf der Grundlage einer relativ einfachen mit Hilfe der klassischen Mechanik zu bewältigenden Orbitaltheorie (Gl. B.1.2.1-2 u. Gl. B.1.2.1-3) und
b) in die Berechnung der Potentialverteilung in der Raumladungsschicht auf der Grundlage des gewöhnlichen Raumladungsproblems, das mit Hilfe der POISSON-Gleichung (Gl. B.1.1.2-1) grundsätzlich bewältigt werden kann.

Die Lösung der beiden Teilprobleme ergibt voneinander unabhängige Zusammenhänge zwischen Trägerstromdichte, Potentialverteilung und Raumladungsschichtdicke. Durch Elimination der Raumladungsschichtdicke kann aus beiden Teillösungen der Zusammenhang zwischen Trägerstromdichte und Potentialverteilung und damit auch die interessierende Strom-Spannungs-Charakteristik der Sondenelektrode ermittelt werden.

B.1.4.2. Die statistische Berechnung von Trägerdichte und Trägerstromdichte als Funktionen der Potentialverteilung in der Raumladungsschicht auf der Grundlage der Orbitaltheorie

Aus der Plasmastatistik folgt für die Trägerdichte- bzw. Trägerstromdichteverteilung bei Kenntnis der Geschwindigkeitsverteilungsfunktion $f(\boldsymbol{r}, \dot{\boldsymbol{r}})\,d\boldsymbol{r}\,d\dot{\boldsymbol{r}}$ der interessierenden Träger

$$N(\boldsymbol{r}) = \int f(\boldsymbol{r}, \dot{\boldsymbol{r}})\,d\dot{\boldsymbol{r}} \tag{B.1.4.2-1}$$

bzw.

$$j(\boldsymbol{r}) = e \int \dot{\boldsymbol{r}} f(\boldsymbol{r}, \dot{\boldsymbol{r}})\,d\dot{\boldsymbol{r}}\,. \tag{B.1.4.2-2}$$

Die Integration ist hierbei über alle zur Träger- bzw. Trägerstromdichte beitragenden Trägergeschwindigkeiten zu erstrecken.

Für das ungestörte Plasma außerhalb der eigentlichen Raumladungsschicht folgt hieraus bei Annahme einer ortsunabhängigen MAXWELLschen Geschwindigkeitsverteilung der Träger unmittelbar (Integration der Geschwindigkeiten von $-\infty$ bis $+\infty$)

$$N(\boldsymbol{r}) = N_0 \tag{B.1.4.2-3}$$

und

$$j(\boldsymbol{r}) = \frac{N_0 e \bar{v}}{4} \tag{B.1.4.2-4}$$

mit

$$\bar{v} = \sqrt{\frac{8kT}{\pi m}} \tag{B.1.4.2-5}$$

als mittlere thermische Geschwindigkeit der Träger.

Für die Berechnung der Trägerdichte- und Trägerstromdichteverteilung in der Raumladungsschicht ist zu berücksichtigen, daß die Träger in dieser voraussetzungsgemäß Orbitalbahnen beschreiben, die nicht alle auf der Sondenoberfläche enden, sondern teilweise an dieser vorbeigehen oder rückläufig werden. Daher muß zur Festlegung der fraglichen Integrationsgrenzen die Lösung des Orbitalproblems hinzugezogen werden. Letztere bietet in Energie- und Drehimpulssatz (Gl. B.1.2.1-2 u. Gl. B.1.2.1-3) dafür gut geeignete Beziehungen.

Die betreffenden Überlegungen und Rechnungen sind für die in Frage kommenden einfachen Elektrodengeometrien (ebene, zylindrische und sphärische Geometrie) im Detail bereits von LANGMUIR und anderen durchgeführt worden

(z. B. LANGMUIR u. MOTT-SMITH, 1924; MOTT-SMITH u. LANGMUIR, 1926; BUCKLEY, 1966). Wir beschränken uns deshalb hier darauf, die wichtigsten der erhaltenen Ergebnisse in vereinheitlichter Form wiederzugeben und zu diskutieren.

Dabei soll die nach Gl. B.1.4.2.-1 errechenbare Trägerdichteverteilung in der Raumladungsschicht mit Absicht aus den weiteren Erörterungen ausgeklammert werden, da sie einerseits für die Sondendiagnostik nicht weiter interessiert, andererseits aufgrund ihrer komplizierteren Struktur und der in ihr enthaltenen, im Rahmen einer bloßen Orbitaltheorie nicht bestimmbaren Potentialverteilung nicht besonders instruktiv ist und schließlich zwangsläufig mit allen Mängeln des einfachen LANGMUIRschen Randschichtmodells behaftet ist. Wir konzentrieren uns statt dessen auf die für die Interpretation von Sondencharakteristiken grundlegend wichtige und im weiteren allein interessierende Stromdichteverteilung.

Mit dem (direkt nicht meßbaren und deshalb nur als Rechengröße fungierenden) Plasmapotential V_P als Nullpunkt der Potentialskala ($V_P = 0$) lassen sich die interessierenden Stromdichteverteilungen besonders einfach schreiben, da bei dieser Festlegung negative Potentiale ($V < V_P$) schlechthin Abstoßung für Elektronen und Anziehung für Ionen, positive Potentiale ($V > V_P$) umgekehrt Anziehung für Elektronen und Abstoßung für Ionen bedeuten. Dabei sollen x, ϱ und r den für ebene, zylindrische und sphärische Geometrie wegen der vorausgesetzten Beschränkung auf Zentralkräfte allein noch interessierenden Abstand vom Koordinatenursprungspunkt sowie r_M die Koordinate der Sondenoberfläche und r_S die der dem Plasma zugewandten Raumladungsschichtgrenzfläche bedeuten und $\eta = eV/kT$ als Abkürzung stehen.

Mit diesen Festlegungen lassen sich die bereits von LANGMUIR berechneten Trägerstromdichten dann folgendermaßen schreiben:

1. für ebene Sondengeometrie

a) Anlaufstromdichte ($V \leqq V_P = 0$)

$$j(x) = \frac{eN(r_S)}{4} \sqrt{\frac{8kT}{\pi m}} \exp[\eta(x)]\,, \qquad \text{(B.1.4.2-6)}$$

b) Saugstromdichte ($V \geqq V_P = 0$)

$$j(x) = \frac{eN(r_S)}{4} \sqrt{\frac{8kT}{\pi m}}\,; \qquad \text{(B.1.4.2-7)}$$

2. für zylindrische Sondengeometrie

a) Anlaufstromdichte ($V \leqq V_P = 0$)

$$j(\varrho) = \frac{eN(r_S)}{4} \sqrt{\frac{8kT}{\pi m}} \exp[\eta(\varrho)]\,, \qquad \text{(B.1.4.2-8)}$$

b) Saugstromdichte ($V \geqq V_P = 0$)

$$j(\varrho) = \frac{eN(r_S)}{4}\sqrt{\frac{8kT}{\pi m}}\left\{\frac{r_S}{\varrho}\operatorname{erf}\left(\sqrt{\frac{\varrho^2}{r_S^2-\varrho^2}\eta(\varrho)}\right)\right.$$

$$\left.+\exp[\eta(\varrho)]\cdot\left[1-\operatorname{erf}\left(\sqrt{\frac{r_S^2}{r_S^2-\varrho^2}\eta(\varrho)}\right)\right]\right\}; \qquad \text{(B.1.4.2-9)}$$

3. für sphärische Sondengeometrie

a) Anlaufstromdichte ($V \leqq V_P = 0$)

$$j(r) = \frac{eN(r_S)}{4}\sqrt{\frac{8kT}{\pi m}}\exp[\eta(r)], \qquad \text{(B.1.4.2-10)}$$

b) Saugstromdichte ($V \geqq V_P = 0$)

$$j(r) = \frac{eN(r_S)}{4}\sqrt{\frac{8kT}{\pi m}}\left(\frac{r_S^2}{r^2}\right)\left\{1-\frac{r_S^2-r^2}{r_S^2}\cdot\exp\left[-\frac{r^2}{r_S^2-r^2}\eta(r)\right]\right\}. \qquad \text{(B.1.4.2-11)}$$

Aus diesen Beziehungen für die Trägerstromdichten lassen sich folgende allgemeingültige Schlüsse ziehen:

1. Für die Trägerart, die abgestoßen wird, bestimmt sich die Stromdichte auf der Sondenoberfläche für jede der drei untersuchten Geometrien gemäß

$$j(r_M) = \frac{eN(r_S)}{4}\sqrt{\frac{8kT}{\pi m}}\exp[\eta(r_M)], \qquad \text{(B.1.4.2-12)}$$

ist also gleich der mit dem BOLTZMANN-Faktor $\exp[\eta(r_M)]$ multiplizierten ungerichteten Diffusionsstromdichte

$$j_0 = \frac{eN(r_S)}{4}\sqrt{\frac{8kT}{\pi m}} \qquad \text{(B.1.4.2-13)}$$

im ungestörten Plasma bzw. an der Raumladungsschichtgrenze. Daraus folgt, daß diese Anlaufstromdichte (Gl. B. 1.4.2-12) unabhängig von der Sondengeometrie und der Dicke der Raumladungsschicht ist. Dies gilt ebenfalls für alle anderen (konvexen) Sondengeometrien.

2. Für die Trägerart, die angezogen wird, hängt die Trägerstromdichte auf der Sondenoberfläche im allgemeinen in komplizierter Weise von der Geometrie der Sondenelektrode und der Raumladungsschichtdicke ($d \approx r_S - r_M$) ab. Im Spezialfall ebener Sondengeometrie allerdings reduziert sie sich ebenfalls auf die ungerichtete Diffusionsstromdichte (Gl. B.1.4.2-13) im ungestörten Plasma außerhalb der Raumladungsschicht. Daraus folgt, daß diese Saugstromdichte allein bei ebener Sondengeometrie von der Randschichtdicke und der Sondenspannung unabhängig ist.

Für die praktische Anwendung, insbesondere auch in der extraterrestrischen Sondendiagnostik, ist es weiterhin zweckmäßig, zwischen verschwindend kleiner

($d \to 0$; $r_S \approx r_M$) und sehr großer Raumladungsschichtdicke ($d \to \infty$; $r_S \gg r_M$) zu unterscheiden:

3. Für $r_S \approx r_M$, den sogenannten (space-charge-)sheath-limited case, reduziert sich die Saugstromdichte auf der Sondenoberfläche ebenfalls für zylindrische und sphärische Geometrie auf die ungerichtete Diffusionsstromdichte (Gl. B.1.4.2-13) im ungestörten Plasma. Dieses Ergebnis ist verständlich, da im Fall sehr geringer Dicke der Raumladungsschicht jede Sondengeometrie als ebene Geometrie behandelt werden kann.
4. Für $r_S \gg r_M$, den sogenannten orbital-motion-limited case, lassen sich die angegebenen genauen Beziehungen (Gl. B.1.4.2-9 u. Gl. B.1.4.2-11) für genügend hohe Saugspannungen $(\eta(r_M) \gg 1)$ wesentlich vereinfachen und liefern dann für die Saugstromdichte auf der Sondenoberfläche folgende einfacheren Zusammenhänge:

a) für zylindrische Sondengeometrie

$$j(r_M) \approx \frac{eN(r_S)}{4} \sqrt{\frac{8kT}{\pi m}} \sqrt{1 + \eta(r_M)} = j_0 \sqrt{1 + \eta(r_M)} \quad \text{(B.1.4.2-14)}$$

und

b) für sphärische Sondengeometrie

$$j(r_M) \approx \frac{eN(r_S)}{4} \sqrt{\frac{8kT}{\pi m}} [1 + \eta(r_M)] = j_0[1 + \eta(r_M)] \,. \quad \text{(B.1.4.2-15)}$$

Diese Beziehungen haben den großen Vorteil, daß sie die Raumladungsschichtdicke bzw. den Raumladungsschichtradius r_S nicht mehr enthalten. Sie sind immer dann anwendbar, wenn (wegen $r_S \gg r_M$) entweder der Radius der verwendeten Sondenelektrode genügend klein oder aber die Dicke der Raumladungsschicht genügend groß ist.

In Laborplasmen mit ihren hohen Trägerkonzentrationen und dementsprechend dünnen Raumladungsschichten sind solche Verhältnisse nur sehr selten realisiert bzw. realisierbar. In den kosmischen Plasmen indessen mit ihren vergleichsweise sehr niedrigen Trägerdichten und entsprechend ausgedehnteren Raumladungsschichten sind die genannten Bedingungen auch bei größeren Elektrodenabmessungen zumeist erfüllt. Aus diesem Grund kann in der extraterrestrischen Sondenpraxis fast immer von diesen einfachen Beziehungen Gebrauch gemacht werden.

Dabei muß immer beachtet werden, daß die in allen diesen Stromdichtebeziehungen enthaltene Größe $N(r_S)$ voraussetzungsgemäß die Trägerdichte an der Raumladungsschichtgrenze darstellt. Diese wird im Rahmen des groben Langmuirschen Randschichtmodells, das von dem immer vorhandenen Übergangsgebiet mit seinem Trägerkonzentrationsgefälle absieht, gewöhnlich mit der Trägerdichte des ungestörten, unendlich fernen Plasmas $(N(\infty))$ identifiziert. Beim Vorliegen von Raumladungsschichten endlicher Ausdehnung ist dies für genauere Untersuchungen indessen nicht ganz statthaft (vgl. dazu auch

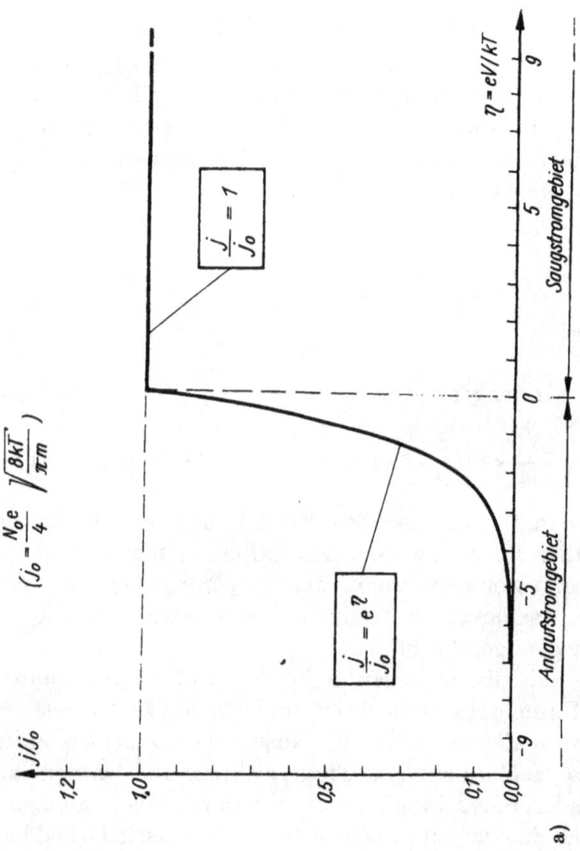

Abb. 5. Trägerstromdichte in Abhängigkeit von der Sondenspannung (bei ruhender Sondenelektrode): a) für ebene Geometrie; b) für zylindrische Geometrie; c) für sphärische Geometrie

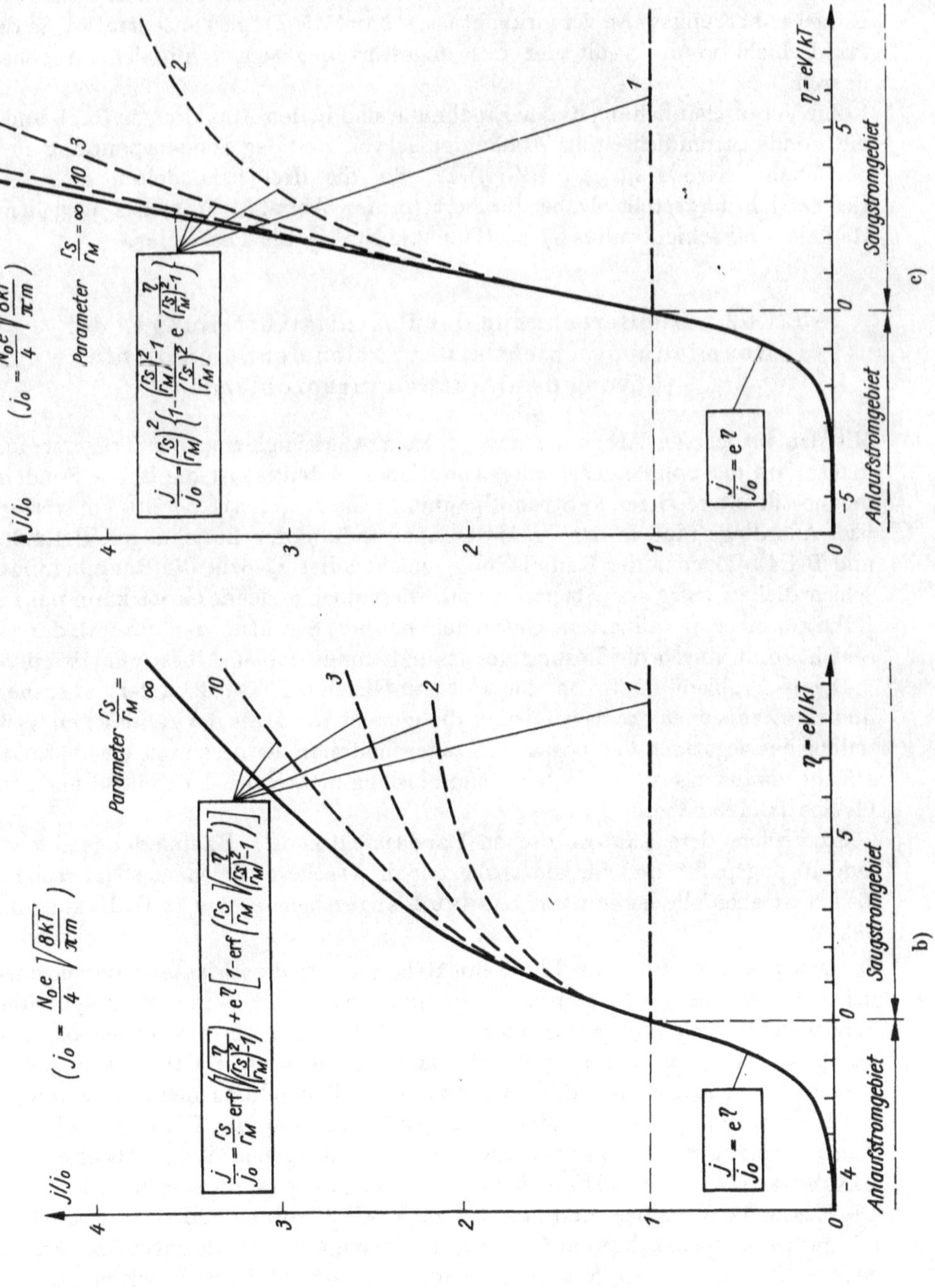
j/J₀
Parameter
Anlaufstromgebiet
Saugstromgebiet
η = eV/kT
b)
c)

Abschn. B.3.1.). Im Spezialfall $r_S \gg r_M$ allerdings, der in der extraterrestrischen Sondendiagnostik nur im äußerst trägerarmen Plasma des interplanetaren Raumes näherungsweise verwirklicht ist, stimmt die Trägerkonzentration an der Randschicht„grenze“ mit der des ungestörten Plasmas hinreichend genau überein.

Zur Veranschaulichung dieser Ergebnisse sind in den Abbildungen 5a, b und c die Sondenstromdichten in Abhängigkeit von der der Sondenspannung proportionalen Größe $\eta(r_M) = eV(r_M)/kT$ für die drei behandelten einfachen Geometrien dargestellt. Dabei fungiert (in den Abbn. 5b u. c) das Verhältnis Raumladungsschichtradius r_S zu Sondenradius r_M als Parameter.

B.1.4.3. Die Berechnung der Potentialverteilung in der Raumladungsschicht als Funktion der Stromdichte (Lösung des Raumladungsproblems)

Mit den im letzten Abschnitt angegebenen Abhängigkeiten der Trägerstromdichte (auf der Sondenoberfläche) vom Sondenpotential ist die in der Sondendiagnostik interessierende Strom-Spannungs-Charakteristik bereits konstruierbar. Allerdings muß in der Praxis bei Anwendung der Beziehungen B.1.4.2-9 und B.1.4.2-11 noch der Raumladungsschichtradius r_S bzw. die Raumladungsschichtdicke $d \approx r_S - r_M$ bekannt sein. Diese noch fehlende Größe kann nur im Rahmen einer detaillierten Untersuchung der Struktur der Raumladungsschicht, d. h. durch die Lösung des Raumladungsproblems, bestimmt werden.

Dieses Problem muß von der Poisson-Gleichung (Gl. B.1.1.2-1) ausgehen und setzt zu seiner exakten Lösung die genaue Kenntnis der räumlichen Verteilung der negativen und positiven Trägerdichten in der gesamten Plasmarandschicht voraus. Es ist aus diesem Grund bislang nicht zufriedenstellend und nur für Spezialfälle näherungsweise gelöst.

Eine solche dem Langmuirschen Randschichtmodell (Raumladungsschichtmodell) angepaßte und für die vorliegenden Zwecke ausreichende Näherungslösung ist ebenfalls bereits von Langmuir angegeben worden (z. B. Langmuir, 1923):

Da sich die Langmuirsche Randschichttheorie auf die Erfassung der eigentlichen Raumladungsschicht beschränkt und letztere bei stärker vorgespannter Sondenelektrode im überwiegenden Maße Träger nur eines Vorzeichens enthält (unipolare Raumladungsschicht), läßt sich in diesem Fall das fragliche Raumladungsproblem auf die relativ einfache Behandlung der raumladungsbeschwerten (unipolaren) Trägerströmung zurückführen. Diese Aufgabe ist längere Zeit vor der Entwicklung der Langmuirschen Sondentheorie von Langmuir (Langmuir, 1913 u. 1914) als Problem der raumladungsbeschwerten Diodenstrecke formuliert und grundsätzlich gelöst worden und kann (natürlich mit gewissen Vorbehalten) auf die hier interessierende Problematik übertragen werden. Zu diesem Zweck werden Sondenelektrode und plasmaseitige Raum-

ladungsschichtgrenzfläche mit den Elektroden einer solchen raumladungsbeschwerten Diodenstrecke identifiziert. Zusätzlich muß vorausgesetzt werden, daß innerhalb der Raumladungsschicht (Diodenstrecke) im wesentlichen nur Träger der angesaugten Trägerart vorhanden sind und daß deren thermische Energie gegenüber der im elektrischen Feld gewonnenen Energie vernachlässigt werden kann.
Diese Bedingungen beschränken die Anwendbarkeit der von LANGMUIR gewonnenen Ergebnisse von vornherein auf vergleichsweise hohe (positive oder negative) Sondenpotentiale, bei denen allein diese Voraussetzungen näherungsweise erfüllt sind.

Wir beschränken uns hier darauf, die von LANGMUIR erhaltenen Ergebnisse in etwas vereinfachter und vereinheitlichter Form wiederzugeben. Nach den LANGMUIRschen Überlegungen (LANGMUIR 1923) hängt bei ebener Elektrodengeometrie unter der hierbei fast selbstverständlichen Voraussetzung, daß die (unipolare) Trägerstromdichte entsprechend

$$j(x) = N(x)\, ev_x(x) = j(r_S) = j(r_M) = \text{const} \tag{B.1.4.3-1}$$

ortsunabhängig ist, das Potential gemäß

$$V(x) = \frac{(9\pi)^{2/3}\, j(r_M)^{2/3}}{(2e/m)^{1/3}} (r_S - x)^{4/3} = \frac{(9\pi)^{2/3}\, j(r_S)^{2/3}}{(2e/m)^{1/3}} (r_M + d - x)^{4/3} \tag{B.1.4.3-2}$$

vom Ort in der Raumladungsschicht ab.
In dieser sogenannten LANGMUIR-CHILDschen Gleichung bedeuten m die Masse der fraglichen Träger und d die Länge der (ebenen) Diodenstrecke, die bei Anwendung dieser Gleichung auf die LANGMUIRsche Raumladungsschicht der Raumladungsschichtdicke $d \approx r_S - r_M$ entspricht. Letztere kann aus dieser Gleichung in Abhängigkeit von Sondenpotential $V(r_M)$ und (unipolarer) Sondenstromdichte $j(r_M)$ berechnet werden: Mit $x \to r_M$ folgt unmittelbar

$$d = \frac{(2e/m)^{1/4}}{3\sqrt{\pi}} \cdot \frac{V(r_M)^{3/4}}{j(r_M)^{1/2}}. \tag{B.1.4.3-3}$$

Für den Fall (genügend stark) negativer Sondenpotentiale und damit einer positiven Raumladungsschicht folgt speziell

$$d_+ = \frac{(2e/m_+)^{1/4}}{3\sqrt{\pi}} \cdot \frac{|V(r_M)|^{3/4}}{|j_+(r_M)|^{1/2}} \tag{B.1.4.3-4}$$

und ganz entsprechend für den Fall (genügend stark) positiver Sondenpotentiale und damit einer negativen Raumladungsschicht

$$d_e = \frac{(2e/m_e)^{1/4}}{3\sqrt{\pi}} \cdot \frac{|V(r_M)|^{3/4}}{|j_e(r_M)|^{1/2}}. \tag{B.1.4.3-5}$$

Wird in der letzten Gleichung anstelle $j_e(r_M)$ die im Fall ebener Geometrie spannungsunabhängige Saugstromdichte (Gl. B.1.4.2-7), die mit der ungerichteten Diffusionsstromdichte (Gl. B. 1.4.2-13) identisch ist und die Elektronennachlieferung aus dem ungestörten Plasma beschreibt, eingeführt, so ergibt sich schließlich unter Beachtung der Beziehung für die DEBYE-Länge (Gl. B.1.1.2-3) für die Dicke der negativen Raumladungsschicht

$$d_e = \frac{2 \cdot 2^{1/2} \pi^{1/4}}{3} \lambda_D \left(\frac{eV(r_M)}{kT_e}\right)^{3/4} \approx 1{,}26\, \lambda_D \left(\frac{eV(r_M)}{kT_e}\right)^{3/4}. \qquad \text{(B.1.4.3-6)}$$

Aus dieser Beziehung ist ersichtlich, daß die Dicke der LANGMUIRschen Raumladungsschicht für vernünftige (nicht zu große und nicht zu kleine) Sondenpotentiale tatsächlich recht gut mit der DEBYE-Länge übereinstimmt.[1])

Bei zylindrischer und sphärischer Geometrie ist die Behandlung der raumladungsbeschwerten Diodenstrecke komplizierter und nicht mehr auf einfache Weise möglich. Von LANGMUIR und BLODGETT (LANGMUIR u. BLODGETT, 1923 u. 1924) sind jedoch folgende Näherungslösungen angegeben worden:

$$j(r_M) = \frac{(2e/m)^{1/2}}{9\pi} \cdot \frac{V(r_M)^{3/2}}{(\alpha^* r_M)^2} \qquad \text{(B.1.4.3-7)}$$

für zylindrische und

$$j(r_M) = \frac{(2e/m)^{1/2}}{9\pi} \cdot \frac{V(r_M)^{3/2}}{(\beta^* r_M)^2} \qquad \text{(B.1.4.3-8)}$$

für sphärische Geometrie.

α^* und β^* sind hierin Funktionen von r_M/r_S; diese sind von LANGMUIR und BLODGETT (näherungsweise) berechnet worden und daselbst angegeben. Mit ihnen lassen sich die Raumladungsschichtradien r_S und damit auch die Raumladungsschichtdicken d ($\approx r_S - r_M$) für zylindrische und sphärische Geometrie ebenfalls leicht berechnen.

Wie die Praxis gezeigt hat, sind die so berechneten Raumladungsschichtdicken für genügend hohe (negative oder positive) Sondenpotentiale tatsächlich repräsentativ. Sie können daher in diesen Fällen außer zu Abschätzungszwecken auch durchaus als Rechengrößen in weitergehenden theoretischen Überlegungen verwendet werden. Für sehr kleine, dem Plasmapotential benachbarte Sondenpotentiale, bei denen keine gut ausgeprägten (unipolaren) Raumladungsschichten vorhanden sind und bei denen die thermische Energie der Träger gegenüber der Feldenergie nicht zu vernachlässigen ist, können sie jedoch keinen Anspruch auf Richtigkeit erheben und sollten deshalb in diesen Fällen nicht benutzt werden.

---

[1]) Die auf ähnliche Weise aus Gleichung B.1.4.3-4 resultierende Dicke der positiven Raumladungsschicht wird vom Experiment nicht bestätigt und weist somit ebenfalls auf gewisse Unzulänglichkeiten des einfachen LANGMUIRschen Randschichtmodells hin. Eine den experimentellen Befunden entsprechende Abschätzung der Dicke der positiven Raumladungsschicht wird in Abschnitt B.1.6. gegeben.

B.1.4.4. Das Gleichgewichtspotential einer stromlosen (d. h. isolierten) Sondenelektrode und ihre Kontaktpotentialdifferenz gegenüber dem ungestörten Plasma

Das Gleichgewichtspotential, auf das sich jede isolierte und damit stromlose Sondenelektrode einstellt, ergibt sich aus der Bedingung, daß die auffallenden negativen und positiven Stromanteile gleich sein müssen, sich also pro Zeiteinheit auf der Elektrodenoberfläche gleich viele Träger der einen wie der anderen Polarität zur Rekombination zusammenfinden. Die Abweichung dieses Gleichgewichtspotentials oder Floatingpotentials V_{fl} vom Plasmapotential $V_P(=0)$, die sogenannte Kontaktpotentialdifferenz ΔV_K, ist als grobes Maß für die Größe des Potentialabfalls in der Plasmarandschicht bzw. Raumladungsschicht für viele praktische und theoretische Zwecke von Interesse. Im folgenden soll deshalb dieses Gleichgewichtspotential bzw. die diesem entsprechende Kontaktpotentialdifferenz im Rahmen der stoßfreien Langmuirschen Raumladungsschichttheorie berechnet werden.

Wir beschränken uns hierbei auf die ebene Geometrie, da gerade diese dem groben Langmuirschen Raumladungsschichtmodell mit seiner vergleichsweise dünnen und damit der Sondenelektrode eng anliegenden Raumladungsschicht besonders gut angepaßt ist.

Die oben genannte Bedingung, daß Elektroneneinstrom (Elektronenanlaufstrom; Gl. B.1.4.2-6) und Ioneneinstrom (Ionensaugstrom; Gl. B.1.4.2-7) gleich sein müssen, liefert folgende Bilanzgleichung:

$$\frac{N_e(r_S)}{4}\sqrt{\frac{8kT_e}{\pi m_e}}\exp\left[\frac{eV_{\text{fl}}}{kT_e}\right] = \frac{N_+(r_S)}{4}\sqrt{\frac{8kT_+}{\pi m_+}}\,. \qquad \text{(B.1.4.4-1)}$$

Da an der Raumladungsschichtgrenze die Konzentration der positiven und negativen Träger voraussetzungsgemäß gleich ist ($N_e \approx N_+$), folgt für das Gleichgewichtspotential bzw. die entsprechende Kontaktpotentialdifferenz unmittelbar

$$V_{\text{fl}} = -\Delta V_K = -\frac{kT_e}{2e}\ln\left(\frac{T_e m_+}{T_+ m_e}\right). \qquad \text{(B.1.4.4-2)}$$

Sie hängt augenscheinlich außer von der Elektronentemperatur schwächer von der Ionentemperatur und dem Massenverhältnis der beteiligten Trägerarten ab. Letztere Abhängigkeit resultiert aus der Orbitalbewegung der Träger.

Bei ausgeprägter zylindrischer und sphärischer Geometrie enthalten die entsprechenden Bilanzgleichungen zusätzlich in komplizierter Weise Elektrodenradius r_M und Randschicht- bzw. Raumladungsschichtradius r_S. Die fraglichen Gleichgewichtspotentiale bzw. Kontaktpotentialdifferenzen sind dann von Größe und Form der Sondenelektrode abhängig und nicht mehr einfach analytisch darstellbar.

Die obige für ebene Geometrie gewonnene Beziehung ist auch für zylindrische und sphärische Sondenelektroden näherungsweise anwendbar, wenn die Dicken der ihnen vorgelagerten Raumladungsschichten vergleichsweise klein sind, also bei großen Elektrodenradien bzw. niedriger Elektronentemperatur und höherer Elektronenkonzentration. Dies entspricht dem sogenannten sheath-limited case (vgl. Abschn. B.1.4.2.), in dem näherungsweise auch zylindrische und sphärische Sondenelektroden als eben angesehen werden können.

Da das LANGMUIRsche Randschichtmodell von den Einflüssen des Übergangsgebiets generell absieht, d. h. insbesondere die durch die gerichtete Diffusion der Träger im Konzentrationsgefälle bedingten Effekte vernachlässigt, kann der so im Rahmen der LANGMUIRschen Raumladungsschichtnäherung berechneten Kontaktpotentialdifferenz keine volle Verbindlichkeit zugemessen werden. Sie stellt vielmehr entsprechend ihrer Herleitung im Grunde genommen nur die Potentialdifferenz zwischen (isolierter) Sondenelektrode und Raumladungsschichtgrenze dar. Die wahre Potentialdifferenz zwischen (isolierter) Sondenelektrode und dem ungestörten, unendlich fernen Plasma dürfte indessen etwas größer sein. Wir kommen auf dieses Problem in Abschnitt B.1.6. zurück.

B.1.5. Die stoßbestimmte Sondentheorie (der D-Region der Ionosphäre) als Grundlage für alle Sondenmessungen unterhalb 70 km Höhe

B.1.5.1. Allgemeine Grundlagen und Voraussetzungen

Die Grundlagen für eine stoßbestimmte Behandlung der Plasmarandschicht wurden bereits vor vielen Jahrzehnten von SCHOTTKY mit der analytischen Fassung des Vorgangs der ambipolaren Diffusion gelegt. Trotz vieler Bemühungen (z.B. BORGNIS, 1938; BOYD, 1951; WENZL, 1951), das Konzept der ambipolaren Diffusion zur Aufstellung einer Randschichttheorie im stoßbestimmten Plasma zu benutzen, ist bislang allen diesbezüglichen Versuchen für Laborplasmen mit ihren hohen Trägerkonzentrationen und demzufolge starken Raumladungen in den Randschichten aufgrund großer mathematischer Schwierigkeiten ein durchschlagender Erfolg versagt geblieben. Da die mögliche und gelegentlich unternommene numerische Lösung des Problems (z.B. SCHULZ, 1961, 1962, 1963 u. 1965; COHEN, 1963; SU u. LAM, 1963) keine verallgemeinerungsfähigen Ergebnisse liefert, soll auf sie im folgenden nicht weiter eingegangen werden. Die so erhaltenen (numerischen) Resultate erhärten lediglich die bereits durch qualitative Überlegungen gewonnenen Vorstellungen, daß sich die gesamte Plasmarandschicht aus einem Gebiet starken Potentialgefälles mit starker Raumladung in unmittelbarer Nachbarschaft der Sondenelektrode und einem sehr viel größeren Gebiet mit schwachem Potentialanstieg und nur außerordentlich geringen Raumladungen in Elektrodenferne zusammensetzt, also aus einer eigentlichen Raumladungsschicht und einem ausgedehnten Übergangsgebiet besteht.

Die Problematik wird jedoch einfacher, wenn man sich auf Plasmen mit sehr geringer Trägerkonzentration, wie sie etwa in der D-Region der Ionosphäre auftreten, beschränkt. Die sich in solchen Plasmen vor Sondenelektroden ausbildenden Raumladungen sind so gering, daß sie in den meisten Fällen vernachlässigt werden können. Die interessierende Verteilung des elektrischen Feldes kann dann aus der raumladungsfreien POISSON-Gleichung, d. h. der LAPLACE-Gleichung (Gl. B.1.1.2-2), als Vakuumfeldverteilung berechnet werden. Unter diesen Bedingungen läßt sich auch in stoßbestimmten Plasmen die Plasmarandschicht analytisch erfassen.

Diesem Gedanken folgend ist vor einiger Zeit von HOULT (HOULT, 1965; HOULT u. KUO, 1966) das Konzept der ambipolaren Diffusion erneut aufgegriffen und zur Aufstellung einer auf das Plasma der D-Region der Ionosphäre beschränkten Sondentheorie herangezogen worden (D-Region Probe Theory).

Um die Plasmarandschicht im stoßbestimmten Plasma (der D-Region der Ionosphäre) analytisch behandeln zu können, müssen folgende Annahmen gemacht werden:

1. Die Plasmarandschicht ist nicht scharf begrenzt und erstreckt sich sehr weit in das Plasma; sie schließt auf jeden Fall das gesamte Trägereinzugsgebiet mit ein. In der gesamten Plasmarandschicht ist die Raumladungsdichte außerordentlich gering, so daß das von den Oberflächenladungen der Sondenelektrode ausgehende elektrische Feld erst in sehr großer Entfernung (im Grenzfall unendlich) abgesättigt werden kann und sich damit näherungsweise wie ein Vakuumfeld verhält. In der gesamten Plasmarandschicht ist das Plasma quasineutral.
   Durch diese Voraussetzungen wird die HOULTsche Randschichttheorie zu einer Theorie des Einzugsgebiets. In ihr haben eine eventuelle Raumladungsschicht und eventuelle Raumladungsfelder keinen Platz.

2. Innerhalb der Plasmarandschicht (ausgedehntes Einzugsgebiet!) finden sehr viele Stöße der Träger mit Neutralteilchen und anderen Trägern statt. Die Träger führen deshalb eine Driftbewegung aus, deren Größe und Richtung hauptsächlich durch das makroskopische elektrische Feld gegeben ist. Da außerdem ständig Träger auf der Sondenoberfläche durch Rebombination und Abführung verschwinden, baut sich gleichzeitig ein zur Sondenoberfläche hin gerichtetes Konzentrationsgefälle auf, in dem zusätzlich eine auf die Sonde gerichtete Diffusionsbewegung der Träger erfolgt.
   Durch diese Annahme wird die Anwendbarkeit der HOULTschen Theorie auf solche Verhältnisse eingeschränkt, unter denen die Dicke der Plasmarandschicht (Einzugsgebiet) ausreichend viel größer als die mittlere freie Weglänge der Träger ist.

3. In der vorangegangenen Annahme ist implizit enthalten, daß innerhalb der Plasmarandschicht auch Ionisations- und Rekombinationsakte stattfinden können. Die auf die Sondenoberfläche gelangenden Träger müssen daher (wenigstens zum Teil) innerhalb der Plasmarandschicht durch Ionisationsakte (Fotoionisation) erzeugt worden sein.

Durch diese Annahme wird nahegelegt, bei Notwendigkeit das Wechselspiel der Ionisation und Rekombination innerhalb der Randschicht zu berücksichtigen.

Um die allgemeine Diffusionsgleichung (Gl. B.1.2.2-6) zur analytischen Beschreibung des Randschichtproblems und insbesondere zur Berechnung der Trägerstromdichten nutzen zu können, müssen fernerhin folgende Annahmen gemacht werden:

4. Innerhalb der Plasmarandschicht ist kein nennenswertes Magnetfeld vorhanden, so daß das Verhältnis von LORENTZ-Kraft $\left(\frac{e}{c}\,\dot{\boldsymbol{r}} \times \boldsymbol{H}\right)$ zu Feldkraft $(e\boldsymbol{E})$ verschwindend klein ist.
   Durch diese Annahme entfällt der HALL-Effekt-Term in der allgemeinen Diffusionsgleichung (Gl. B.1.1.2-6); dieselbe reduziert sich auf die etwas einfachere Gleichung der ambipolaren Diffusion (Gl. B.1.2.2-7).
5. Innerhalb der Plasmarandschicht ist die thermische Energie der Träger ($\approx kT_e$, $\approx kT_i$) sehr viel kleiner als ihre im elektrischen Feld der Sondenelektrode gewonnene Feldenergie ($e\boldsymbol{E} \bullet \mathrm{d}\boldsymbol{r}$). In diesem Fall bestimmt praktisch allein das elektrische Feld die Bewegung der Träger und damit die Stromdichte.
   Durch diese Annahme verschwindet in der Gleichung der ambipolaren Diffusion (Gl. B.1.2.2-7) auch noch der Diffusionsterm; dieselbe reduziert sich damit auf die äußerst einfache Beweglichkeitsgleichung (Gl. 1.2.2-8; kalte Näherung).
   Die HOULTsche Theorie wird so zu einer reinen (sehr einfachen) Beweglichkeitstheorie. Eine solche grobe Näherung ist voraussetzungsgemäß nur bei nicht zu kleinen Meßfeldern statthaft und legt damit in der Praxis die Verwendung größerer Sondenspannungen nahe.

Alle diese Voraussetzungen beschränken die Anwendbarkeit der HOULTschen Theorie auf außerordentlich schwach ionisierte Plasmen mit hoher Neutralgasdichte, bei denen wegen des geringen Ionisierungsgrades keine nennenswerten Raumladungen auftreten können und in denen die Träger infolge der hohen Neutralteilchendichte hinreichend viele Stöße erfahren. Plasmen mit so geringen Ionisierungsgraden sind in der Laborplasmaphysik gewöhnlich nicht anzutreffen und bislang auch kaum erzeugt und untersucht worden. Aus diesem Grund haben diese Überlegungen bisher auch kaum Eingang in die Laborplasmadiagnostik gefunden. Für das Plasma der D-Region der Ionosphäre hingegen sind die gemachten Voraussetzungen meist ausreichend gut erfüllt bzw. erfüllbar, so daß die hierauf aufbauenden Näherungsrechnungen für Sondenmessungen in der D-Region ohne größere Bedenken genutzt werden können.

Im Gegensatz zur LANGMUIRschen Raumladungsschichttheorie muß die HOULTsche Theorie zur eindeutigen Interpretation der Sondenkennlinie das zusätzliche Auftreten negativer Ionen nicht unbedingt ausschließen. Das rührt hauptsächlich daher, daß sich die Beiträge der Elektronen und negativen Ionen zum Sondenstrom wegen deren sehr verschiedenen Beweglichkeiten meist leicht und eindeutig voneinander trennen lassen. Damit ist auch in dieser Hinsicht die HOULTsche Theorie den Verhältnissen in der D-Region der Ionosphäre angepaßt.

Insbesondere durch die Annahmen 1. und 2. wird die gesamte Problematik stark vereinfacht und diese spezielle stoßbestimmte Randschichttheorie zu einer reinen Theorie des Einzugsgebiets. Dieser liegt das in Abb. 6 angedeutete

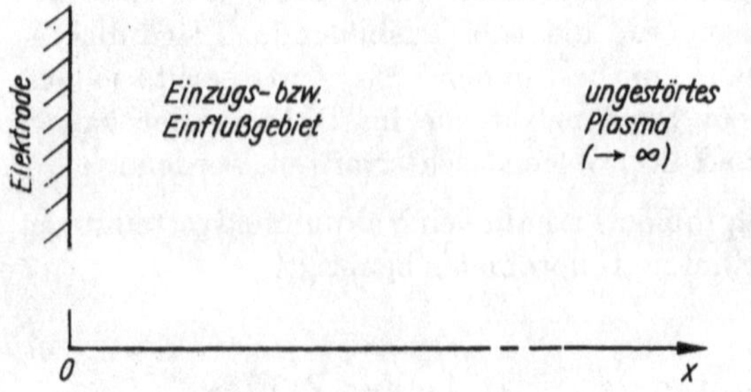

Eigenschaften:

$N_e(x) \approx N_+(x) \rightarrow$
$e\,|N_e - N_+| \approx 0$

$\left.\begin{array}{l} V(x) \\ E(x) \end{array}\right\}$ $\operatorname{div} \boldsymbol{E}(x) \approx 0$ Vakuumfeldlösung!
$\boldsymbol{E} = -\operatorname{grad} V(x)$

Stöße (inkl. Ionisation u. Rekombination)!

Ungestörtes Plasma ($N_e \approx N_+ = N_{(\infty)}$) erst im Unendlichen

Abb. 6. Das Randschichtmodell in der D-Region (Modell des Einzugsgebietes)

einfache Randschichtmodell (der D-Region) zugrunde: Im gesamten Raum außerhalb der Sonde ist das Plasma quasineutral; eventuell vorhandene lokale Raumladungen sind vernachlässigbar klein. Die auf der Sondenoberfläche befindlichen Ladungen erzeugen im quasineutralen Plasma eine Potential- bzw. Feldverteilung, die weitgehend der Verteilung im Vakuum entspricht und damit weit in das Plasma hineinreicht. Im gesamten Raum außerhalb der Sonde (Einzugsgebiet) finden ständig Stöße der Träger mit Neutralteilchen und untereinander sowie laufend Ionisations- und Rekombinationsakte statt. Da die Sondenelektrode als Trägersenke wirkt, bildet sich ein Trägerkonzentrationsgefälle bezüglich beider Polaritäten aus. Der Trägerstrom zur Sondenoberfläche besteht im allgemeinen aus einem Driftstrom- und einem Diffusionsstromanteil. Bei sehr geringer thermischer Energie der Träger bzw. hohen Sondenspannungen überwiegt der Driftstromanteil den Diffusionsstromanteil.

Trotz der Probleme, die dieses einfache Randschichtmodell noch in sich birgt und die damit dieser Randschichttheorie anhaften, lassen sich die gewinnbaren Beziehungen zur Interpretation von Sondenmessungen in der D-Region der Ionosphäre verwenden.

Durch die Annahme von Quasineutralität bzw. Vakuumfeldverteilung in der gesamten Plasmarandschicht (Einzugsgebiet) zerfällt nun ganz analog zur LANGMUIRschen Raumladungsschichttheorie auch hier das Problem der Berechnung der Potential-, Trägerdichte- und Trägerstromdichteverteilung in der Plasmarandschicht in zwei Teilprobleme:

a) in die Berechnung der Potential- bzw. Feldverteilung auf der Grundlage des gewöhnlichen Potentialproblems, das nach Voraussetzung 1. (Konzept der

Quasineutralität des Plasmas im gesamten Einzugsgebiet) mit Hilfe der (raumladungsfreien) LAPLACE-Gleichung (Gl. B.1.1.2-2) bewältigt werden kann, und

b) in die Berechnung der Trägerdichte- und Trägerstromdichteverteilung auf der Grundlage der Theorie der ambipolaren Diffusion (Gl. 1.2.2-7) bzw. einer bloßen (groben) Beweglichkeitstheorie (Gl. B.1.2.2-8). Die Berechnung der Trägerdichteverteilung kann dabei natürlich nicht im Rahmen einer kalten Näherung (Beweglichkeitstheorie) durchgeführt werden, da ja gerade die thermische Diffusion der Träger für die sich ausbildende Trägerdichteverteilung (Konzentrationsgefälle) mitbestimmend ist. Andererseits jedoch kann die Trägerstromdichte zur Sondenelektrode im Rahmen der kalten Näherung besonders einfach und unproblematisch ermittelt werden.

Die bei der Lösung des ersten Teilproblems erhaltenen Vakuumfeldverteilungen werden bei der Behandlung des zweiten Teilproblems benötigt.

B.1.5.2. Die Berechnung des elektrischen Feldes als Vakuumfeld (Lösung des Potentialproblems)

Die Lösung dieses Problems muß von der raumladungsfreien POISSON-Gleichung, also der LAPLACE-Gleichung (Gl. B.1.1.2-2), ausgehen. Letztere liefert für die interessierenden einfachen Elektrodengeometrien bekanntlich folgende Lösungen:

a) für ebene Elektrodengeometrie

(ebene Sondenelektrode mit Potential $V(r_M)$ gegenüber ebener Gegenelektrode in Entfernung d mit Potential $V(r_G) = 0$)

$$E_x = \frac{V(r_M)}{d} = \text{const}\,, \qquad \text{(B.1.5.2-1)}$$

$$V(x) = V(r_M)\frac{r_G - x}{r_G - r_M}\,; \qquad \text{(B.1.5.2-2)}$$

b) für zylindrische Elektrodengeometrie

(zylindrische Sondenelektrode mit Radius r_M auf Potential $V(r_M)$ gegenüber koaxialer zylindrischer Gegenelektrode mit Radius r_G auf Potential $V(r_G) = 0$)

$$E_\varrho(\varrho) = \frac{V(r_M)}{\ln(r_G/r_M)}\cdot\frac{1}{\varrho}\,, \qquad \text{(B.1.5.2-3)}$$

$$V(\varrho) = V(r_M)\frac{\ln(r_G/\varrho)}{\ln(r_G/r_M)}\,; \qquad \text{(B.1.5.2-4)}$$

c) für sphärische Elektrodengeometrie

(sphärische Sondenelektrode mit Radius r_M auf Potential $V(r_M)$ gegenüber konzentrischer sphärischer Gegenelektrode mit Radius r_G auf Potential

$V(r_G) = 0)$

$$E_r(r) = V(r_M)\frac{r_G r_M}{r_G - r_M}\cdot\frac{1}{r^2}, \tag{B.1.5.2-5}$$

$$V(r) = V(r_M)\frac{r_G r_M}{r_G - r_M}\left(\frac{1}{r} - \frac{1}{r_G}\right) \tag{B.1.5.2-6}$$

und insbesondere für $r_G \to \infty$ (Gegenelektrode im Unendlichen)

$$E_r(r) = V(r_M)\frac{r_M}{r^2}, \tag{B.1.5.2-7}$$

$$V(r) = V(r_M)\frac{r_M}{r}. \tag{B.1.5.2-8}$$

Damit ist die Feld- bzw. Potentialverteilung im gesamten Raum um die Sondenelektrode näherungsweise bekannt.

Insbesondere bei zylindrischer und sphärischer Geometrie erstreckt sich das elektrische Feld als Vakuumfeld bis ins Unendliche. Das entspricht der Voraussetzung 1., nach der die Plasmarandschicht (Einzugsgebiet) keine eigentliche Grenze haben soll. Hierin liegt ein ganz wesentlicher Unterschied zur Langmuirschen Theorie, die eine im Endlichen (sogar in Sondennähe) gelegene Grenze der Plasmarandschicht postuliert hat, letztere mit der eigentlichen Raumladungsschicht identifiziert und damit vom Übergangsgebiet vollständig absieht.

B.1.5.3. Die Berechnung von Trägerdichte und Trägerstromdichte in der Plasmarandschicht

Hierzu wird unter vorläufigem Verzicht auf die Voraussetzung 5. (kalte Näherung) von der Gleichung der ambipolaren Diffusion (Gl. B.1.2.2-7) ausgegangen. Diese lautet unter Berücksichtigung der im Plasma der D-Region der Ionosphäre gegebenen Möglichkeit des Auftretens von negativen Ionen für ein solches dreikomponentiges Plasma:

$$\boldsymbol{j}_e = -eD_e \operatorname{grad} N_e - N_e e b_e \boldsymbol{E} = N_e e \boldsymbol{v}_e, \tag{B.1.5.3-1a}$$

$$\boldsymbol{j}_- = -eD_- \operatorname{grad} N_- - N_- e b_- \boldsymbol{E} = N_- e \boldsymbol{v}_-, \tag{B.1.5.3-1b}$$

$$\boldsymbol{j}_+ = -eD_+ \operatorname{grad} N_+ + N_+ e b_+ \boldsymbol{E} = N_+ e \boldsymbol{v}_+. \tag{B.1.5.3-1c}$$

Hierin können die trägerartspezifischen Diffusionskoeffizienten D_e, D_-, D_+ und Beweglichkeiten b_e, b_-, b_+ als makroskopische Parameter als bekannt vorausgesetzt werden. Für das diese Gleichungen verknüpfende elektrische Feld sollen die bei der Behandlung des ersten Teilproblems (Abschn. B.1.5.2.) erhaltenen Vakuumlösungen genommen werden.

Zur Berechnung der Trägerdichteverteilungen $N_e(r)$, $N_-(r)$, $N_+(r)$ reicht dieses System von drei Gleichungen mit sechs unbekannten (N_e, N_-, N_+; $\boldsymbol{v}_e$, $\boldsymbol{v}_-$, $\boldsymbol{v}_+$) noch nicht aus. Zur Komplettierung desselben muß deshalb weiterhin die Kontinuitätsgleichung (Gl. B.1.1.1-3) herangezogen werden. Diese berücksichtigt, daß ein Teil der durch Ionisation im Einzugsgebiet entstehenden Träger noch vor der Wiedervereinigung die Sonde erreicht und damit zum Sondenstrom beiträgt. Für den stationären Zustand ergeben sich so drei weitere Gleichungen:

$$\operatorname{div} \boldsymbol{j}_e = e\boldsymbol{v}_e \bullet \operatorname{grad} N_e + eN_e \operatorname{div} \boldsymbol{v}_e \neq 0\,, \qquad \text{(B.1.5.3-2a)}$$

$$\operatorname{div} \boldsymbol{j}_- = e\boldsymbol{v}_- \bullet \operatorname{grad} N_- + eN_- \operatorname{div} \boldsymbol{v}_- \neq 0\,, \qquad \text{(B.1.5.3-2b)}$$

$$\operatorname{div} \boldsymbol{j}_+ = e\boldsymbol{v}_+ \bullet \operatorname{grad} N_+ + eN_+ \operatorname{div} \boldsymbol{v}_+ \neq 0\,. \qquad \text{(B.1.5.3-2c)}$$

Da die Träger durch Ionisation und Rekombination immer paarweise entstehen und verschwinden, sind diese Gleichungen jedoch gemäß

$$\operatorname{div} (\boldsymbol{j}_e + \boldsymbol{j}_- - \boldsymbol{j}_+) = 0 \qquad \text{(B.1.5.3-3)}$$

miteinander verknüpft und nicht mehr voneinander unabhängig. Dafür gilt jedoch wegen der vorausgesetzten Quasineutralität im gesamten Einzugsgebiet zusätzlich

$$N_e + N_- \approx N_+ \approx N\,. \qquad \text{(B.1.5.3-4)}$$

Mit den Gleichungen B.1.5.3-1 bis 4 stehen jetzt tatsächlich sechs voneinander unabhängige Gleichungen für die Berechnung der sechs Unbekannten zur Verfügung, und das Problem der Berechnung der Trägerdichteverteilung in der Plasmarandschicht ist grundsätzlich lösbar.

In der Praxis ist eine analytische Lösung jedoch nur für wenige sehr einfache Spezialfälle möglich. Wir beschränken uns deshalb im folgenden hinsichtlich der Trägerdichteverteilung auf die besonders einfache, für die Sondendiagnostik in kosmischen Plasmen jedoch nicht unwichtige Behandlung der Verhältnisse im Einzugsgebiet vor einer stromlosen sphärischen Sondenelektrode (Abschn. B.1.5.3.2.). Zur Berechnung der für die Interpretation von Sondencharakteristiken so wichtigen Trägerstromdichten indessen muß aus Gründen der analytischen Lösbarkeit auf Voraussetzung 5. (kalte Näherung) zurückgegriffen und die Gleichung der ambipolaren Diffusion (Gl. B.1.2.2-7) auf die einfache Beweglichkeitsgleichung (Gl. B.1.2.2-8) reduziert werden (Abschn. B.1.5.3.1.).

B.1.5.3.1. Die näherungsweise Berechnung der Trägerstromdichte im Rahmen einer einfachen Beweglichkeitstheorie (kalte Näherung)

Hierzu muß zwecks analytischer Lösbarkeit auf die Voraussetzung 5. (Konzept des kalten Plasmas) zurückgegriffen werden. Durch diese reduzieren sich die Gleichungen der ambipolaren Diffusion (Gl. B.1.5.3-1a, b, c) durch den Wegfall der Diffusionsterme auf die einfachen Beweglichkeitsgleichungen

$$\boldsymbol{j}_e = -N_e e b_e \boldsymbol{E} = N_e e \boldsymbol{v}_e\,, \qquad \text{(B.1.5.3.1-1a)}$$

$$\boldsymbol{j}_- = -N_- e b_- \boldsymbol{E} = N_- e \boldsymbol{v}_-\,, \qquad \text{(B.1.5.3.1-1b)}$$

$$\boldsymbol{j}_+ = +N_+ e b_+ \boldsymbol{E} = N_+ e \boldsymbol{v}_+\,. \qquad \text{(B.1.5.3.1-1c)}$$

Mit den in Abschnitt B.1.5.2. erhaltenen Vakuumlösungen für Potential- bzw. Feldverteilung (Gl. B.1.5.2-1 bis 8) folgt so recht einfach für die Beiträge der einzelnen Trägerkomponenten zur Sondenstromdichte

a) für ebene Elektrodengeometrie
(Gegenelektrode in der Entfernung d)

$$j_x(x) = \pm\, N(x)\, ebE_x(x) = \pm\, N(x)\, eb\,\frac{V(r_M)}{d}, \qquad \text{(B.1.5.3.1-2)}$$

b) für zylindrische Elektrodengeometrie
(Radius der Sondenelektrode r_M, Radius der Gegenelektrode r_G)

$$j_\varrho(\varrho) = \pm\, N(\varrho)\, ebE_\varrho(\varrho) = \pm\, N(\varrho)\, eb\,\frac{V(r_M)}{\ln\,(r_G/r_M)}\cdot\frac{1}{\varrho}, \qquad \text{(B.1.5.3.1-3)}$$

c) für sphärische Elektrodengeometrie
(Radius der Sondenelektrode r_M, Gegenelektrode im Unendlichen)

$$j_r(r) = \pm\, N(r)\, ebE_r(r) = \pm\, N(r)\, eb\,\frac{V(r_M)\, r_M}{r^2}. \qquad \text{(B.1.5.3.1-4)}$$

In diesen Beziehungen bedeuten die $N(x)$, $N(\varrho)$, $N(r)$ in jedem Fall die Trägerkonzentrationen am fraglichen Ort. Für die entsprechenden Trägerstromdichten an der Oberfläche der Sondenelektrode ergibt sich speziell

a) für ebene Elektrodengeometrie
(Gegenelektrode in der Entfernung d)

$$j_x(r_M) = \pm\, N(r_M)\, eb\,\frac{V(r_M)}{d}, \qquad \text{(B.1.5.3.1-5)}$$

b) für zylindrische Elektrodengeometrie
(Radius der Sondenelektrode r_M, Radius der Gegenelektrode r_G)

$$j_\varrho(r_M) = \pm\, N(r_M)\, eb\,\frac{V(r_M)}{\ln\,(r_G/r_M)}\cdot\frac{1}{r_M}, \qquad \text{(B.1.5.3.1-6)}$$

c) für sphärische Elektrodengeometrie
(Radius der Sondenelektrode r_M, Gegenelektrode im Unendlichen)

$$j_r(r_M) = \pm\, N(r_M)\, eb\,\frac{V(r_M)}{r_M}. \qquad \text{(B.1.5.3.1-7)}$$

In diesen Beziehungen stellen die $N(r_M)$ die betreffenden Trägerkonzentrationen an der Sondenoberfläche selbst dar, die in der hier angewandten kalten Näherung nur näherungsweise mit den in sehr großer Entfernung von der Sondenoberfläche, d. h. im ungestörten Plasma realisierten identifiziert werden können $\big(N(r_M) \approx N(\infty)\big)$. Damit haben die so berechneten Trägerstromdichten selbstverständlich auch nur den Charakter einer außerordentlich groben Näherung.

Aus den erhaltenen Beziehungen (Gl. B.1.5.3.1-2 bis 7) lassen sich folgende Schlüsse ziehen:

1. Die Trägerstromdichten sind in jedem Fall
   a) dem Produkt aus Trägerkonzentration und Trägerbeweglichkeit, d. h. der trägerartspezifischen elektrischen Leitfähigkeit σ am fraglichen Ort (Meßort), und
   b) der Sondenspannung proportional.

   Hierzu sei ausdrücklich darauf hingewiesen, daß diese einfache Abhängigkeit von der Sondenspannung natürlich nur gilt, solange die Trägerbeweglichkeiten als feldstärkeunabhängig angesehen werden können.
2. Aus den an der Oberfläche der Sondenelektrode gemessenen Trägerstromdichten können mit Hilfe der Gleichungen B.1.5.3.1-5 bis 7 im Grunde genommen nur die Trägerdichten in unmittelbarer Nachbarschaft der Elektrodenoberfläche und nicht im fernen ungestörten Plasma bestimmt werden. In vielen Fällen können diese jedoch näherungsweise mit den im fernen ungestörten Plasma realisierten Trägerdichten identifiziert werden.
3. Die für Elektronen und negative Ionen einerseits und positive Ionen andererseits verschiedenen Vorzeichen der Stromdichten besagen nur, daß wegen der in der kalten Näherung fehlenden thermischen Diffusion jeweils nur Träger einer Polarität die Sondenelektrode erreichen können, während die Träger der anderen Polarität ins Plasma zurückgestoßen werden und sich zur Gegenelektrode bewegen.

B.1.5.3.2. Die Berechnung der Trägerdichteverteilung vor einer stromlosen (d. h. isolierten) Sondenelektrode und deren Gleichgewichtspotential bzw. Kontaktpotentialdifferenz gegenüber dem ungestörten Plasma

Da die thermische Diffusion der Träger die Ausbildung der interessierenden Trägerdichteverteilung in der Plasmarandschicht wesentlich mitbestimmt, muß die Voraussetzung 5. (kalte Näherung) hierfür fallengelassen werden. Wir beschränken uns außerdem auf die Berechnung der Trägerdichteverteilung vor einer sphärischen Sondenelektrode, weil gerade diese Geometrie dem Problem der stoßbestimmten Randschicht mit ihrem außerordentlich ausgedehnten Einzugsgebiet besonders gut angepaßt ist. Wegen der großen Ausdehnung des Einzugsgebiets muß dabei das Ionisations- und Rekombinationsgeschehen berücksichtigt werden. Dieses ist auf pauschale Weise mit Hilfe der Kontinuitätsgleichung (Gl. B.1.5.3-2 u. 3) möglich. Außerdem soll das Auftreten von negativen Ionen zugelassen werden.

Mit $\frac{N_e}{N_+} = \delta^* \leqq 1$ und $\frac{N_-}{N_+} = 1 - \delta^* \leqq 1$ lassen sich dann im Rahmen der Voraussetzungen 1. bis 4. (außer 5.; keine kalte Näherung!) die Gleichungen der ambipolaren Diffusion (Gl. B.1.5.3-1a, b, c) gemäß

$$\boldsymbol{j}_e = N_+\delta^* e\boldsymbol{v}_e = -eD_e \operatorname{grad} \delta^* N_+ - \delta^* N_+ e b_e \boldsymbol{E}\,, \tag{B.1.5.3.2-1a}$$

$$\boldsymbol{j}_- = N_+(1-\delta^*)\, e\boldsymbol{v}_- = -eD_- \operatorname{grad}\,(1-\delta^*)\, N_+ - (1-\delta^*)\, N_+ e b_- \boldsymbol{E}\,, \tag{B.1.5.3.2-1b}$$

$$\boldsymbol{j}_+ = N_+ e\boldsymbol{v}_+ = -eD_+ \operatorname{grad} N_+ + N_+ e b_+ \boldsymbol{E} \tag{B.1.5.3.2-1c}$$

und die Kontinuitätsgleichungen (Gl. B.1.5.3-2a, b, c) entsprechend zu

$$\operatorname{div} \boldsymbol{j}_e = e\boldsymbol{v}_e \bullet \operatorname{grad} \delta^* N_+ + e\delta^* N_+ \operatorname{div} \boldsymbol{v}_e \neq 0\,, \tag{B.1.5.3.2-2a}$$

$$\operatorname{div} \boldsymbol{j}_- = e\boldsymbol{v}_- \bullet \operatorname{grad}\,(1-\delta^*)\, N_+ + e(1-\delta^*)\, N_+ \operatorname{div} \boldsymbol{v}_- \neq 0\,, \tag{B.1.5.3.2-2b}$$

$$\operatorname{div} \boldsymbol{j}_+ = e\boldsymbol{v}_+ \bullet \operatorname{grad} N_+ + eN_+ \operatorname{div} \boldsymbol{v}_+ \neq 0 \tag{B.1.5.3.2-2c}$$

schreiben.

Unter der Bedingung der Stromlosigkeit der Sondenelektrode

$$\boldsymbol{j}_e + \boldsymbol{j}_- = \boldsymbol{j}_+\,, \tag{B.1.5.3.2-3}$$

auf die die folgenden Rechnungen beschränkt sind, folgt dann aus den Gleichungen der ambipolaren Diffusion unmittelbar

$$\boldsymbol{E}[b_+ + \delta^* b_e + (1-\delta^*)\, b_-] = \frac{\operatorname{grad} N_+}{N_+}\,[D_e\delta^* + (1-\delta^*)\, D_- - D_+]$$

und daraus

$$\boldsymbol{E} = -\frac{\operatorname{grad} N_+}{N_+} \cdot \frac{D_e\delta^* + D_-(1-\delta^*) - D_+}{b_e\delta^* + b_-(1-\delta^*) + b_+} = -B\,\frac{\operatorname{grad} N_+}{N_+} \tag{B.1.5.3.2-4}$$

mit

$$B = \frac{D_e\delta^* + D_-(1-\delta^*) - D_+}{b_e\delta^* + b_-(1-\delta^*) + b_+}\,.$$

Aus dieser Gleichung kann bei bekannter Feldverteilung $E_r(r)$ die Dichteverteilung der positiven Träger $N_+(r)$ im gesamten Einzugsgebiet berechnet werden. Mit der Vakuumlösung für das elektrische Feld (Gl. B.1.5.2-8) folgt so

$$\int_r^\infty \frac{\mathrm{d}N_+}{N_+} = \ln \frac{N_+(\infty)}{N_+(r)} = -\frac{1}{B}\int_r^\infty \boldsymbol{E} \bullet \mathrm{d}\boldsymbol{r} = \frac{V(r_M)\, r_M}{B} \cdot \frac{1}{r}$$

und damit

$$N_+(r) = N_+(\infty) \exp\left[-\frac{V(r_M)\, r_M}{B} \cdot \frac{1}{r}\right]. \tag{B.1.5.3.2-5}$$

Das sich (automatisch) einstellende noch unbekannte Potential $V(r_M)$ der Sondenelektrode, das sogenannte Gleichgewichtspotential oder Floating-Potential, kann mit Hilfe der Kontinuitätsgleichung (Gl. B.1.5.3.2-2c) berechnet werden. Hierzu ist zu bedenken, daß die auf die Oberfläche der Sondenelektrode gelangenden Stromanteile (der einen oder anderen Polarität) aus dem ganzen Einzugsgebiet stammen und daselbst vom Überschuß der durch Ionisation entstehenden Träger gegenüber den durch Rekombination verschwindenden Trägern gedeckt werden müssen. Daher gilt in Anwendung des die Kontinuitätsgleichung umschreibenden GAUSSschen Satzes z.B. für die positive Trägerkomponente

$$\iiint_{>r_M} \operatorname{div} \boldsymbol{j}_+ \, d\tau = \oiint_{r_M} \boldsymbol{j}_+ \bullet d\boldsymbol{f}, \qquad \text{(B.1.5.3.2.-6)}$$

woraus sich mit Gleichung B.1.5.3.2-1c und unter Beachtung von

$$\operatorname{div} \operatorname{grad} N_+ = N_+ \frac{V(r_M)^2 r_M^2}{B^2} \cdot \frac{1}{r^4},$$

$$\operatorname{grad} N_+ = N_+ \frac{V(r_M)\, r_M}{B} \cdot \frac{1}{r^2}$$

nach einfacher, jedoch etwas umständlicher Rechnung

$$1 - \exp\left[-V(r_M)/B\right] = \exp\left[-V(r_M)/B\right] \qquad \text{(B.1.5.3.2-7)}$$

ergibt. Aus dieser einfachen Bedingungsgleichung läßt sich das sich einstellende Gleichgewichtspotential $V(r_M)$ der Sondenelektrode unmittelbar berechnen:

$$V_M(r) = V_{fl} = B \ln 2\,. \qquad \text{(B.1.5.3.2-8)}$$

Mit diesem folgt schließlich für die Dichteverteilung der positiven Träger im Einzugsgebiet vor einer solchen stromlosen sphärischen Sondenelektrode

$$N_+(r) = N_+(\infty) \exp\left[-(\ln 2) \cdot r_M/r\right] = N_+(\infty) \cdot 2^{-r_M/r}\,. \qquad \text{(B.1.5.3.2-9)}$$

Wegen der vorausgesetzten Quasineutralität gilt dieser Zusammenhang natürlich nicht nur für die Konzentration der positiven Träger, sondern auch für die Gesamtdichte der negativen Träger (Elektronen und negative Ionen)

$$N_-(r) + N_e(r) = \left[N_-(\infty) + N_e(\infty)\right] \cdot 2^{-r_M/r} \qquad \text{(B.1.5.3.2-10)}$$

und bei ortsunabhängigem δ^* für jede der negativen Trägerkomponenten einzeln:

$$N_e(r) = N_e(\infty) \cdot 2^{-r_M/r}\,, \qquad \text{(B.1.5.3.2-11)}$$

$$N_-(r) = N_-(\infty) \cdot 2^{-r_M/r}\,. \qquad \text{(B.1.5.3.2-12)}$$

Mit diesen Ergebnissen lassen sich für diesen exakt behandelbaren Spezialfall der stromlosen sphärischen Sondenelektrode auch einige weitergehende Aussagen über Potential- bzw. Feldverteilung, Trägerstromdichten und Trägerdriftgeschwindigkeiten usw. machen. Der Kürze halber werden hier nur die wichtigsten Ergebnisse angeführt. So gilt mit

$$D_a = \frac{\delta^*(b_e D_+ + b_+ D_e) + (1 - \delta^*)(b_- D_+ + b_+ D_-)}{b_+ + \delta^* b_e + (1 - \delta^*)\, b_-} \qquad \text{(B.1.5.3.2-13)}$$

als Koeffizient der ambipolaren Diffusion beispielsweise für die Feld- bzw. Potentialverteilung

$$E_r(r) = \frac{D_e\delta^* + D_-(1 - \delta^*) - D_+}{b_e\delta^* + b_-(1 - \delta^*) + b_+} (\ln 2) \frac{r_M}{r^2}, \qquad \text{(B.1.5.3.2-14)}$$

$$V(r) = \frac{D_e\delta^* + D_-(1 - \delta^*) - D_+}{b_e\delta^* + b_-(1 - \delta^*) + b_+} (\ln 2) \frac{r_M}{r}, \qquad \text{(B.1.5.3.2-15)}$$

für die Stromdichteverteilung

$$\boldsymbol{j}_+(r) = -\,eD_a\,(\ln 2)\frac{r_M}{r^2}N_+(\infty)\cdot 2^{-r_M/r}\,\boldsymbol{e}_r\,, \qquad \text{(B.1.5.2.3-16)}$$

für die Driftgeschwindigkeit der Träger

$$\boldsymbol{v}_+(r) = -\,D_a\,(\ln 2)\,\frac{r_M}{r^2}\,\boldsymbol{e}_r \qquad \text{(B.1.5.3.2-17)}$$

und schließlich für die Produktionsrate der nicht durch Rekombination verschwindenden, sondern zur Sondenelektrode abgeführten Träger (Überproduktionsrate)

$$\operatorname{div}\boldsymbol{j}_+(r) = eD_a\,(\ln 2)^2\,\frac{r_M^2}{r^4}\,N_+(\infty)\cdot 2^{-r_M/r} > 0\,. \qquad \text{(B.1.5.3.2-18)}$$

Aus diesen Beziehungen (Gl. B.1.5.3.2-9 bis 18) lassen sich folgende Schlüsse ziehen:

1. Das Trägerkonzentrationsgefälle erstreckt sich über das gesamte, bis ins Unendliche reichende Einzugsgebiet.
2. Die Trägerkonzentration ist an der Oberfläche der stromlosen Sondenelektrode nur halb so groß wie im ungestörten (unendlich fernen) Plasma:

$$N_+(r_M) = N_-(r_M) + N_e(r_M) = \frac{N_+(\infty)}{2}\,. \qquad \text{(B.1.5.3.2-19)}$$

3. Die Driftgeschwindigkeit der Träger (Geschwindigkeit der ambipolaren Diffusion) nimmt mit der Entfernung von der Sondenoberfläche quadratisch ab.
4. Die Trägerstromdichten nehmen mit der Entfernung von der Sondenoberfläche etwas schwächer als quadratisch ab. Das erklärt sich daraus, daß die Trägerkonzentration mit wachsender Entfernung von der Sondenoberfläche ansteigt.
5. Die Trägerüberproduktionsrate hingegen fällt sogar fast mit der vierten Potenz der Entfernung ab. Ein solch starker Abfall ist einleuchtend, da es sich bei den zum Sondenstrom beitragenden Trägern vorzugsweise um solche handelt, die in Sondennähe erzeugt werden und damit vor Erreichen der Sondenelektrode kaum Gelegenheit zur Rekombination erhalten.
6. Die Trägerüberproduktionsrate, die ein Maß für die von der Sondenelektrode erzeugte Störung ist, ist der Oberfläche der Sondenelektrode ($4\pi r_M^2$) proportional.

In Abb. 7 sind die wichtigsten dieser Ergebnisse nochmals grafisch dargestellt.

Bezüglich des Gleichgewichtspotentials V_{fl} bzw. der Kontaktpotentialdifferenz ($\Delta V_K = V_P - V_{\text{fl}}$; $V_P = 0$) einer solchen stromlosen sphärischen Sondenelektrode gilt mit Gleichung B.1.5.3.2-15 für $r \to r_M$ insbesondere

$$V_{\text{fl}} = -\,\Delta V_K = -\,\frac{D_e\delta^* + D_-(1-\delta^*) - D_+}{b_e\delta^* + b_-(1-\delta^*) + b_+}\ln 2 \qquad \text{(B.1.5.3.2-20)}$$

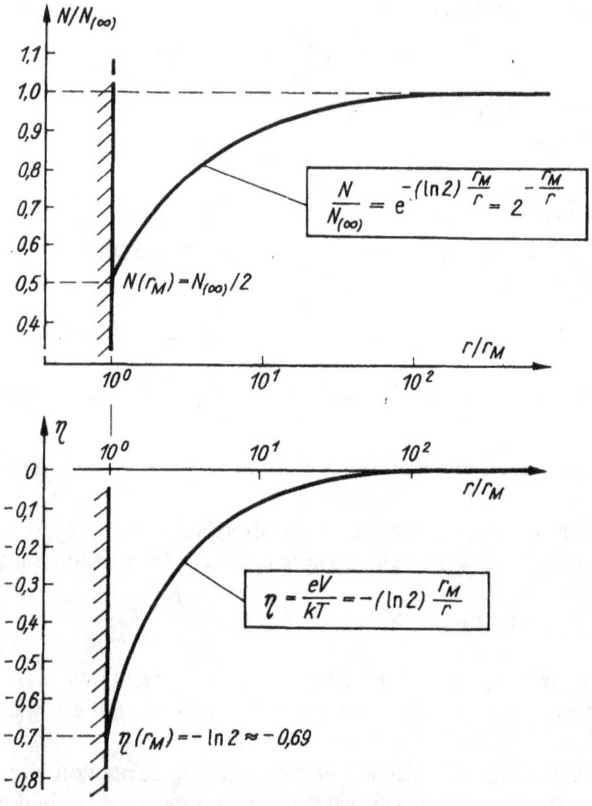

Abb. 7. Trägerdichte- und Potentialverteilung vor einer stromlosen (d. h. isolierten) sphärischen Sondenelektrode im stoßbestimmten Plasma (näherungsweise)

bzw. beim Fehlen von negativen Ionen ($\delta^* = 1$)

$$V_{\text{fl}} = -\Delta V_K = -\frac{D_e - D_+}{b_e + b_+} \ln 2 \qquad \text{(B.1.5.3.2-21)}$$

bzw. beim Fehlen von Elektronen ($\delta^* = 0$)

$$V_{\text{fl}} = -\Delta V_K = -\frac{D_- - D_+}{b_- + b_+} \ln 2 \,. \qquad \text{(B.1.5.3.2-22)}$$

Da weiterhin immer $b_e \gg b_- \approx b_+$ und meist $T_e \geqq T_- \approx T_+$ ist, folgt schließlich beim Fehlen negativer Ionen ($\delta^* = 1$) mit Hilfe der bekannten Einstein-Relation $\frac{D}{b} = \frac{kT}{e}$ sehr einfach

$$V_{\text{fl}} = -\Delta V_K = -\frac{kT_e}{e} \ln 2 \qquad \text{(B.1.5.3.2-23)}$$

und beim gänzlichen Fehlen von Elektronen ($\delta^* = 0$; untere D-Region der Ionosphäre)

$$V_{fl} = -\Delta V_K \to 0\,. \qquad \text{(B.1.5.3.2-24)}$$

Wie man aus Gleichung B.1.5.3.2-23 erkennt, wird ähnlich wie in der LANGMUIRschen Raumladungsschichtnäherung auch hier das Gleichgewichtspotential bzw. die Kontaktpotentialdifferenz durch die Elektronentemperatur bestimmt. Sie hängt im stoßbestimmten Plasma kaum noch von der Ionentemperatur und den Massen der verschiedenen Trägerarten ab. Letzteres ist eine unmittelbare Folge der stoßbestimmten Bewegung der Träger. Bei vorwiegender Raumladungskompensation der positiven Trägerkomponente durch negative Ionen, wie sie in der unteren und mittleren D-Region der Ionosphäre verwirklicht ist, wird die Kontaktpotentialdifferenz schließlich außerordentlich klein (Gl. B.1.5.3.2-24). Man darf dann immer annehmen, daß sich die stromlose Sondenelektrode nahezu auf Plasmapotential ($V_P = 0$) einstellt.

B.1.6. Notwendige Verfeinerungen der LANGMUIRschen Sondentheorie

Die Ausgangsgleichungen der stoßbestimmten Theorie, also allgemeine Diffusionsgleichung, POISSON-Gleichung und Kontinuitätsgleichung, beschreiben die Verhältnisse in der stoßbestimmten Plasmarandschicht recht sachgemäß und umfassend. Wegen der sich wechselseitig bedingenden Bewegungs-Raumladungs-Problematik ließen sich aus diesen jedoch keine allgemeingültigen analytischen Lösungen gewinnen. Vielmehr mußten zwecks analytischer Lösbarkeit einige Zusatzannahmen gemacht werden, die den erhaltenen Ergebnissen groben Näherungscharakter verleihen und ihren Anwendungsbereich stark einschränken.

Die vorgenommene Vernachlässigung eines eventuellen Magnetfeldeinflusses, wodurch sich die allgemeine Diffusionsgleichung auf die der ambipolaren Diffusion reduziert, ist ähnlich wie in vielen Fällen bei Laborplasmen auch in der extraterrestrischen Sondendiagnostik statthaft (vgl. dazu auch Abschn. B.3.3.).

Die Annahme, daß das Plasma im gesamten Raum vor der Sondenelektrode annähernd quasineutral ist und das elektrische Feld somit als Vakuumfeld der (raumladungsfreien) LAPLACE-Gleichung genügt (Vakuumfeldnäherung), ist schon weit kritischer und schränkt die Anwendbarkeit dieser Vorstellungen auf außerordentlich trägerarme Plasmen ein. Für das Plasma der D-Region der Ionosphäre dürfte sie immerhin noch gerechtfertigt sein.

Schwerwiegender dürfte sich indessen die zwecks einfacher Berechnung der Sondenstromdichten zusätzlich vorgenommene Vernachlässigung des Einflusses des Trägerkonzentrationsgefälles (kalte Näherung) auswirken, da ein solches unbestreitbar vor der Sondenelektrode immer vorhanden ist und andererseits die Träger natürlich auch im relativ kalten Plasma der D-Region noch eine beträchtliche thermische Bewegung ausführen und somit Diffusionseffekten unterliegen. Immerhin können die so berechneten Trägerstromdichten wenigstens für höhere Sondenspannungen, bei denen die Feldenergie ausreichend viel größer als die thermische Energie der Träger ist, als näherungsweise richtig angesehen werden; die Sondenpraxis bestätigt das.

Eventuelle Verbesserungsversuche der stoßbestimmten Sondentheorie müssen daher in erster Linie von einer Mitberücksichtigung der Trägerdiffusion ausgehen; entsprechende analytische Lösungen sind allerdings bisher nicht bekannt geworden. Aus diesen Gründen begnügt man sich in der Sondendiagnostik der D-Region der Ionosphäre zur Zeit mit den angegebenen, dem einfachen Beweglichkeitskonzept entsprechenden groben Näherungslösungen für die Sondenstromdichten.

Ein wenig anders liegen die Verhältnisse bei der stoßfreien Langmuirschen Sondentheorie. Einerseits werden in dieser durch die apriori-Annahme einer scharf begrenzten Raumladungsschicht alle Überlegungen auf diese beschränkt und dabei das anschließende Übergangsgebiet völlig aus der Betrachtung ausgeklammert. Durch die zwangsläufig damit verbundene Vernachlässigung des Einflusses von elektrischem Feld und Konzentrationsgefälle im Übergangsgebiet auf die Trägerbewegung sowie des Ionisations-Rekombinations-Geschehens können die Verhältnisse in der Plasmarandschicht von vornherein nur näherungsweise erfaßt werden. Andererseits natürlich ermöglicht die auf der stoßfreien Trägerbewegung basierende plasmastatistische Behandlungsweise sehr detaillierte Rechnungen und Aussagen, die mitunter den Rahmen des der Langmuirschen Theorie zugrunde liegenden groben Randschichtmodells (Raumladungsschichtmodell) sprengen. Dieser Umstand, auf den bereits Langmuir mehrfach hingewiesen hat, wird manchmal nur ungenügend beachtet.

Während ähnlich wie in der stoßbestimmten Theorie auch hier in der stoßfreien Theorie für die meisten Laborplasmen und fast immer auch im extraterrestrischen Plasma von den Magnetfeldeinflüssen ziemlich bedenkenlos abgesehen werden kann (vgl. dazu auch Abschn. B.3.3.), macht sich in der Langmuirschen Theorie vor allem die Vernachlässigung der Wirkung des Trägerkonzentrationsgefälles auf die Trägerbewegung (sowohl in der Raumladungsschicht als auch im Übergangsgebiet) sehr störend bemerkbar. Diese zwecks einfacher Berechenbarkeit von Trägerstromdichten notwendige Vernachlässigung führt an manchen Stellen zu Diskrepanzen, die im Rahmen der Langmuirschen Näherung grundsätzlich nicht erklärbar bzw. lösbar sind und die natürlich die Anwendbarkeit der Langmuirschen Theorie belasten. Zu ihrer Klärung bzw. Aufklärung müssen vielmehr experimentelle Fakten bzw. gewisse Erkenntnisse der stoßbestimmten Theorie herangezogen werden.

Soweit für die Sondendiagnostik wichtig, soll dies in den nächsten Abschnitten etwas näher ausgeführt werden. Es handelt sich dabei hauptsächlich um den Richtcharakter der Ionenstromdichte (Abschnitt B.1.6.1.) sowie um die Größe von Potential und Trägerkonzentration an der Raumladungsschichtgrenze (Abschn. B.1.6.2.).

B.1.6.1. Der Richtcharakter der Ionenstromdichte an der Raumladungsschichtgrenze

Schon bald nach der Aufstellung der LANGMUIRschen Sondentheorie und ihrer Erprobung in der Praxis wurden Zweifel an der Richtigkeit dieser Näherungstheorie laut. So konnte experimentell auf mannigfache Weise nachgewiesen werden (z.B. TONKS u. LANGMUIR, 1929; BOYD, 1950; SCHULZE u. BROWN, 1955), daß die im Falle ebener Sondengeometrie gesättigte Ionensaugstromdichte (Gl. B.1.4.2-7) nicht nach

$$j_+ = \frac{eN(r_S)}{4}\sqrt{\frac{8kT_+}{\pi m_+}} \tag{B.1.6.1-1}$$

verläuft, sondern besser durch eine Beziehung der Art

$$j_+ = KeN(r_S)\sqrt{\frac{kT_e}{m_+}} \tag{B.1.6.1-2}$$

mit

$$0{,}5 \leqq K \leqq 2$$

beschrieben wird; also im Gegensatz zu den Aussagen der LANGMUIRschen Theorie gar nicht von der Ionentemperatur, sondern von der Elektronentemperatur abhängt.

In einer Reihe diesem Paradoxon gewidmeter Arbeiten (z. B. BOHM, 1949; BOYD, 1950; ALLEN, BOYD u. REYNOLDS, 1957; ALLEN, 1960; KAGAN, 1962) wird diese Diskrepanz darauf zurückgeführt, daß die abschirmende Wirkung der (elektrodennahen) Raumladungsschicht nicht perfekt ist. Vielmehr dringt ein Teil des von der Sondenoberfläche ausgehenden elektrischen Feldes tiefer in das Plasma ein und verleiht den dort befindlichen Ionen eine gerichtete Geschwindigkeit zur Sondenelektrode, deren Größe allein von der Elektronentemperatur abhängt.

Zur theoretischen Untermauerung dieser Erklärung wurde insbesondere von BOHM und BOYD ein Stabilitätskriterium (BOHM-BOYDsches Randschichtkriterium) für Ausbildung und Existenz der Raumladungsschicht aufgestellt (BOHM, 1949; BOYD, 1950; aber auch HALL, 1961; ECKER u. MCCLURE, 1962). Nach diesem auf etwas anfechtbaren Ableitungen beruhenden Kriterium kann sich eine stabile Raumladungsschicht nur ausbilden, wenn die Ionen an der Raumladungsschichtgrenze eine zur Sondenelektrode gerichtete mittlere Geschwindigkeit entsprechend einer Energie von ca. $kT_e/2$ besitzen. Diese Aussage ist natürlich im gewissen Sinne gleichbedeutend damit, daß im Unterschied zur LANGMUIRschen Annahme das Potential an der Raumladungsschichtgrenze $V(r_S)$ nicht Null ist, sondern etwa $-kT_e/2e$ beträgt. Obwohl auf diese Weise die gröbsten Diskrepanzen zwischen Theorie und Experiment verschwinden, bleibt in der von BOHM und BOYD gegebenen Erklärung unklar, auf welchen Mechanismen die Ionenbeschleunigung außerhalb der Raumladungsschicht beruht bzw. welcher Art die außerhalb der Raumladungsschicht noch vorhandenen „Rest“-felder (BOHM, 1949) sind.

Nach den an mehreren Stellen in den vorangegangenen Abschnitten gemachten Ausführungen ist für dieses merkwürdige Verhalten offensichtlich die Trägerdiffusion im Konzentrationsgefälle und Vakuumfeld des immer sehr ausgedehnten Übergangsgebietes, das in der LANGMUIRschen Theorie vollständig ignoriert wird, verantwortlich. Man kann sich dies auf verschiedene Weise klarmachen. Zu diesem Zweck soll im folgenden das Übergangsgebiet vor einer stromlosen sphärischen Sondenelektrode etwas näher untersucht werden. Wir beschränken uns dabei auf zwei besonders instruktive Grenzfälle, in denen problemgemäß die Einflüsse von Konzentrationsgefälle und Vakuumfeld im Übergangsgebiet berücksichtigt werden können.

1. *Grenzfall*: Sehr ausgedehnte, aber noch endliche Raumladungsschicht ($\infty > r_S \gg r_M$); Trägerbewegung (außer in der Raumladungsschicht, die hier nicht weiter interessiert) im gesamten Übergangsgebiet (bis Unendlich) stoßfrei.

Der Einfluß des Trägerkonzentrationsgefälles kann hierbei berücksichtigt werden, indem anstelle des in Abschnitt B.1.2.1. angegebenen Energiesatzes (Gl. B.1.2.1-2) dessen immer (und insbesondere bei zentralsymmetrischem Konzentrationsgefälle) statthafte Erweiterung

$$\frac{m}{2}\dot{\boldsymbol{r}}^2 + eV(r) + kT \ln \frac{N(\infty)}{N(r)} = \text{const} \tag{B.1.6.1-3}$$

im Übergangsgebiet zur Festlegung der Integrationsgrenzen für die statistische Berechnung der Trägerstromdichte (Gl. B.1.2.1-5) verwendet wird.[1]) Die durch das Trägerkonzentrationsgefälle verursachte „Beschleunigung“ der Träger (beiderlei Vorzeichens) zur Sondenelektrode kann dann als auf ein fiktives Zusatzpotential (Diffusionspotential)

$$V_d(r) = \frac{kT}{e} \ln \frac{N(\infty)}{N(r)}$$

zurückgehend interpretiert werden, das zusätzlich zum elektrischen Potential $V(r)$ wirkt und dieses gemäß

$$V_m(r) = V(r) \pm V_d(r)$$

vergrößert (Trägeranziehung) oder verkleinert (Trägerabstoßung).

Die in völliger Analogie zu LANGMUIR verlaufenden Rechnungen liefern dann für sphärische Elektrodengeometrie unter Beachtung von $r_S \gg r_M$ für die (Elektronen-)Anlaufstromdichte im Übergangsgebiet

$$j_e(r) = j_{e0} \exp\left[\frac{eV(r)}{kT_e} + \ln \frac{N_e(\infty)}{N_e(r)}\right] \tag{B.1.6.1-4}$$

[1]) Dabei bleibt der Drehimpulssatz in der angegebenen Form (Gl. B.1.2.1-3) wegen des bei den in Frage kommenden Geometrien immer zentralsymmetrischen Konzentrationsgefälles (grad $N \parallel \boldsymbol{r}$) auch weiterhin anwendbar.

und für die (Ionen-)Saugstromdichte im Übergangsgebiet

$$j_+(r) = j_{+0}\left[1 + \frac{eV(r)}{kT_+} + \ln\frac{N_+(\infty)}{N_+(r)}\right]. \quad \text{(B.1.6.1-5)}$$

Da diese Trägerstromdichten außer von der Potentialverteilung noch von der Trägerdichteverteilung abhängen, sind sie für die praktische Plasmadiagnostik selbst ziemlich wertlos.[1]) Für den vorliegenden Zweck sind diese Beziehungen jedoch verwendbar. Unter der ziemlich gesicherten Annahme, daß an der (im Endlichen gelegenen) Raumladungsschichtgrenze noch $j_e(r_S) = j_{e0}$ gilt, folgt einerseits unmittelbar

$$V(r_S) = -\frac{kT_e}{e}\ln\frac{N_e(\infty)}{N_e(r_S)} < 0 \quad \text{(B.1.6.1-6)}$$

und andererseits mit diesem Ergebnis

$$j_+(r_S) = j_{+0}\left[1 + \left(1 + \frac{T_e}{T_+}\right)\ln\frac{N_+(\infty)}{N_+(r_S)}\right]. \quad \text{(B.1.6.1-7)}$$

(Dabei ist zu beachten, daß das elektrische Potential $V(r)$ auf Elektronen und Ionen mit verschiedenem Vorzeichen wirkt, das „Diffusionspotential" jedoch mit gleichem Vorzeichen.)
Dieser Ausdruck für die Ionenstromdichte läßt sich mit $\frac{T_e}{T_+} = \mu$ unter der Bedingung

$$\frac{2\sqrt{2\pi}\sqrt{\mu} - 1}{1 + \mu} \geqq \ln\frac{N(\infty)}{N(r_S)} \geqq \frac{\sqrt{2\pi}\sqrt{\mu} - 2}{2(1 + \mu)}$$

mit

$$K = \frac{1 + (1 + \mu)\ln\frac{N(\infty)}{N(r_S)}}{\sqrt{2\pi}\sqrt{\mu}} \qquad (0{,}5 \leqq K \leqq 2)$$

auch folgendermaßen schreiben:

$$j_+(r_S) = KN(r_S)\, e\sqrt{\frac{kT_e}{m_+}}\,. \quad \text{(B.1.6.1-8)}$$

Das ist aber gerade die experimentell sichergestellte Abhängigkeit der Ionenstromdichte von der Elektronentemperatur anstelle der Ionentemperatur. Dabei zwingen die experimentell für K gefundenen Werte zwischen 0,5 und 2 zu der Annahme, daß sich die Trägerdichte an der Raumladungsschicht-

[1]) Der Umstand, daß sich bei Mitberücksichtigung der Trägerdiffusion im Konzentrationsgefälle das komplizierte Bewegungs-Raumladungs-Problem offensichtlich nicht in voneinander unabhängige und damit einzeln lösbare Teilprobleme aufspaltet, dürfte Langmuir, der an analytischen Lösungen für die Sondendiagnostik interessiert war, überhaupt erst veranlaßt haben, von der Mitberücksichtigung der (zentralsymmetrischen) Trägerdiffusion abzusehen.

grenze in Abhängigkeit von der Temperatur der Elektronen und Ionen, aber relativ unabhängig von anderen Parametern immer gerade so einstellt, daß Gleichung B.1.6.1-8 mit $K \approx 1$ erfüllt ist.
Mit $N(r_S) = N(\infty)/2$ nach Gleichung B.1.6.2-8 liefert Gleichung B.1.6.1-6 schließlich

$$V(r_S) = -\frac{kT_e}{e}\ln 2 \approx -0{,}69\frac{kT_e}{e}, \qquad \text{(B.1.6.1-9)}$$

also einen Wert für das Potential an der Raumladungsschichtgrenze, der mit dem aus dem BOHM-BOYDschen Randschichtkriterium recht gut übereinstimmt.

2. *Grenzfall*: Relativ eng anliegende Raumladungsschicht ($r_S \approx r_M$); Trägerbewegung (nur in der Raumladungsschicht, die hier nicht weiter interessiert, stoßfrei) im gesamten Übergangsgebiet (bis Unendlich) stoßbestimmt.
Die Behandlung dieses Grenzfalls kann für eine stromlose sphärische Sondenelektrode direkt von der in Abschnitt B.1.5.3.2. ausgeführten Berechnung der Trägerdichteverteilung ausgehen. Die Wirkung von Konzentrationsgefälle und Vakuumfeld auf die Trägerbewegung im Übergangsgebiet ist in den dieser (stoßbestimmten) Behandlung zugrunde liegenden Gleichungen der ambipolaren Diffusion bereits voll erfaßt.
In der Tat erweisen sich die in Abschnitt B.1.5.3.2. angegebenen (ambipolaren) Stromdichten sowohl für die Elektronen wie auch die Ionen an der Raumladungsschichtgrenze ($r \to r_S$) beim Fehlen negativer Ionen ($\delta^* = 1$) und unter Berücksichtigung von $b_e \gg b_+$ und

$$b_+ = \frac{e}{m_+\nu_+} = \frac{e}{m_+}\cdot\frac{\lambda_+}{\bar{v}_+} \qquad \text{(klassische Beweglichkeit)}$$

als von Elektronentemperatur und Ionenmasse abhängig gemäß

$$j_+(r_S) = j_e(r_S) = -\frac{eN(r_S)}{4}(\ln 2)\sqrt{\frac{\pi}{2}}\,\frac{r_M\lambda_+}{r_S^2}\cdot\frac{1+\mu}{\sqrt{\mu}}\sqrt{\frac{kT_e}{m_+}}. \qquad \text{(B.1.6.1-10)}$$

Nimmt man nun an, daß sich der gesamte Trägereinstrom in die (stoßfreie) Raumladungsschicht additiv aus dem gerichteten Anteil der ambipolaren Diffusion (Gl. B.1.5.3.2-16) und dem ungerichteten Anteil der thermischen Diffusion (Gl. B.1.4.2-13) zusammensetzt, so läßt sich zeigen, daß für

$$\frac{4}{\pi\ln 2}\sqrt{\frac{m_+}{m_e}}\,\frac{\sqrt{\mu}}{1+\mu} \gg \frac{r_M\lambda_+}{r_S^2} \gg \frac{4}{\pi\ln 2}\cdot\frac{1}{1+\mu}$$

mit

$$K = \frac{\ln 2}{4}\sqrt{\frac{\pi}{2}}\,\frac{r_M\lambda_+}{r_S^2}\cdot\frac{1+\mu}{\sqrt{\mu}} \qquad (0{,}5 \leqq K \leqq 2)$$

der Elektroneneinstrom näherungsweise gemäß

$$j_e(r_S) \approx \frac{eN(r_S)}{4}\sqrt{\frac{8\,kT_e}{\pi m_e}}, \qquad \text{(B.1.6.1-11)}$$

also als ungerichteter thermischer Diffusionsstrom, und der Ioneneinstrom näherungsweise durch

$$j_+(r_S) \approx KeN(r_S)\sqrt{\frac{kT_e}{m_+}} \qquad \text{(B.1.6.1-12)}$$

dargestellt werden können, ganz so, wie es alle experimentellen Befunde verlangen.

Andererseits stellt sich die Größe der (ambipolaren) Elektronen- und Ionenstromdichte im Übergangsgebiet gerade so ein, daß sie einerseits ausreichend weit unter der thermischen Diffusionsstromdichte der Elektronen, andererseits aber genügend hoch über der thermischen Diffusionsstromdichte der Ionen zu liegen kommt. Der Elektroneneinstrom in die Raumladungsschicht wird dann hauptsächlich durch die ungerichtete thermische Diffusion geliefert, während der Ioneneinstrom überwiegend durch den Richtstrom der ambipolaren Diffusion realisiert wird.

Dabei zwingen auch hier wieder die experimentell für K gefundenen Werte zwischen 0,5 und 2 zu der Annahme, daß sich die Raumladungsschichtdicke in Abhängigkeit von mittlerer freier Weglänge und Elektronen- und Ionentemperatur sowie Elektronen- und Ionenmasse, aber relativ unabhängig von den übrigen Bedingungen immer gerade so einstellt, daß die Gleichung B.1.6.1-12 mit $K \approx 1$ erfüllt ist.

Diese Erklärung der Diskrepanz durch die Wirkung der ambipolaren Diffusion im sondenferneren Einzugsgebiet wird weiter durch die in Abschnitt B.1.5.3.2. berechnete Potentialverteilung vor einer solchen stromlosen sphärischen Sondenelektrode (Gl. B.1.5.3.2-15) gestützt. Diese liefert für das Potential an der Raumladungsschichtgrenze ($r \to r_S$) wegen $r_S \approx r_M$ näherungsweise

$$V(r_S) = -\frac{kT_e}{e}(\ln 2)\frac{r_M}{r_S} \approx -\frac{kT_e}{e}\ln 2 = -0{,}69\frac{kT_e}{e}, \qquad \text{(B.1.6.1-13)}$$

d. h. wieder einen Wert, der im Rahmen einer stoßfreien Theorie den Ionen nahezu dieselbe gerichtete Geschwindigkeit verleihen würde, wie sie vom Bohm-Boydschen Randschichtkriterium gefordert wird ($kT_e/2$).

Diese im Detail natürlich anfechtbaren Überlegungen sollen lediglich veranschaulichen, daß gewisse Diskrepanzen zwischen Langmuirscher Theorie und Experiment durch Mitberücksichtigung der Trägerdiffusion im Konzentrationsgefälle des Übergangsgebiets bzw. Einzugsgebiets eine recht natürliche Erklärung finden können.

B.1.6.2. Konsequenzen für das Kontaktpotential der Sondenelektrode und die Trägerkonzentration an der Raumladungsschichtgrenze

In Abschnitt B.1.4.3. wurde bereits eine von Langmuir erhaltene Näherungsbeziehung für die Dicke der sich vor den Sondenelektroden ausbildenden (unipolaren) Raumladungsschichten angegeben (Gl. B.1.4.3-3).

Für den Fall (genügend stark) positiver Sondenpotentiale und damit einer negativen Raumladungsschicht (Elektronenraumladungsschicht) ließ sich die entsprechende Gleichung B.1.4.3-5 zur Errechnung einer sehr praktikablen und die tatsächlichen Verhältnisse sehr gut widerspiegelnden Beziehung für die Dicke der negativen Raumladungsschicht verwenden (Gl. B.1.4.3-6). Die entsprechenden Überlegungen für die positive Raumladungsschicht (Ionenraumladungsschicht), die von Gleichung B.1.4.3-4 ausgehen und ebenfalls die bei ebener Geometrie spannungsunabhängige Saugstromdichte (Gl. B.1.4.2-7) verwenden, die in der LANGMUIRschen Theorie mit der ungerichteten Diffusionsstromdichte (Gl. B.1.4.2-13) identisch ist und die Ionennachlieferung aus dem ungestörten Plasma beschreibt, führen zu einem Ergebnis, das vom Experiment nicht bestätigt wird. Insbesondere ergibt die Rechnung, daß die Dicke der positiven Raumladungsschicht von der Ionentemperatur abhängt, während alle Experimente eine Abhängigkeit von der Elektronentemperatur ausweisen, wie im Fall negativer Raumladungsschichten.

Es liegt nun sehr nahe, für diese Diskrepanz die im vorangegangenen Abschnitt behandelten besonderen Eigenschaften der Ionenstromdichte (Gl. B.1.6.1-2, 8 oder 12) verantwortlich zu machen.

Setzt man nämlich diese gerichtete Ionenstromdichte, die nicht mehr von der Ionentemperatur, sondern vielmehr von der Elektronentemperatur abhängt, mit $K = 1$ und unter Beachtung von $N_e \approx N_+$ in Gleichung B.1.4.3-4 ein, so ergibt sich für die Dicke der positiven Raumladungsschicht (Ionenraumladungsschicht) wiederum sehr einfach

$$d_+ = \frac{2 \cdot 2^{1/4}}{3} \lambda_D \left(\frac{e|V(r_M)|}{kT_e} \right)^{3/4} \approx 0{,}79 \lambda_D \left(\frac{e|V(r_M)|}{kT_e} \right)^{3/4}, \qquad \text{(B.1.6.2-1)}$$

also eine Beziehung, die recht genau mit der für negative Raumladungsschichten übereinstimmt. Insbesondere hängt diese Dicke der positiven Raumladungsschicht von der Elektronentemperatur und nicht von der Ionentemperatur ab, so wie es das Experiment verlangt, und stimmt wiederum für vernünftige (nicht zu große und nicht zu kleine) Sondenpotentiale recht gut mit der DEBYE-Länge überein.

Dieses Ergebnis erhärtet ebenfalls die im vorangegangenen Abschnitt gewonnenen und von den LANGMUIRschen Vorstellungen abweichenden Erkenntnisse über die Struktur des Ionenstroms an der Raumladungsschichtgrenze.

In ganz ähnlicher Weise wirkt sich der Befund, daß die Ionen die Raumladungsschichtgrenze mit einer der mittleren thermischen Energie der Elektronen entsprechenden gerichteten Geschwindigkeit ($\approx kT_e/2$) durchqueren, natürlich auch auf den Potentialabfall in der eigentlichen Raumladungsschicht und die Trägerkonzentration an der Raumladungsschichtgrenze aus. Verwendet man so bei der Berechnung des Gleichgewichtspotentials bzw. der Kontaktpotentialdifferenz einer stromlosen Sondenelektrode (vgl. Abschn. B.1.4.4) für den Ioneneinstrom anstelle der thermischen Diffusionsstromdichte (Gl. B.1.4.2-13) die gerichtete Stromdichte (Gl. B.1.6.1-2, 8 oder 12), so ergibt sich für diese

Kontaktpotentialdifferenz anstelle von Gl. B.1.4.4-2

$$V_{fl} = -\Delta V_K = -\frac{kT_e}{e} \ln\left(\frac{1}{K}\sqrt{\frac{1}{2\pi} \cdot \frac{m_+}{m_e}}\right) \qquad \text{(B.1.6.2-2)}$$

bzw. mit $K = 1$ etwas einfacher

$$V_{fl} = -\Delta V_K = -\frac{kT_e}{e} \ln\sqrt{\frac{1}{2\pi} \cdot \frac{m_+}{m_e}}, \qquad \text{(B.1.6.2-3)}$$

eine Beziehung, die sich in der Sondendiagnostik schon seit Jahren eingebürgert hat (z. B. ARDENNE., 1956).
Diese Kontaktpotentialdifferenz stellt nur den Potentialabfall in der eigentlichen Raumladungsschicht dar. An diesen schließt sich zum ungestörten Plasma hin ein weiterer Potentialanstieg um

$$\Delta V \approx \frac{kT_e}{e} \ln 2 \qquad \text{(Gl. B.1.6.1-9 oder 13)}$$

bzw.

$$\Delta V \approx \frac{kT_e}{2e} \qquad \text{(nach dem BOHM-BOYDschen Randschichtkriterium)}$$

an, so daß die gesamte Kontaktpotentialdifferenz schließlich

$$V_{fl}^* = -\Delta V_K^* = -\frac{kT_e}{e} \ln\sqrt{\frac{2}{\pi} \cdot \frac{m_+}{m_e}} \qquad \text{(B.1.6.2-4)}$$

beträgt.

Ganz ähnlich wirkt sich der Umstand, daß das Potential an der Raumladungsschichtgrenze im Unterschied zu LANGMUIRS Annahme nicht Null ist, sondern etwa $-\frac{kT_e}{e} \ln 2$ beträgt, auf die dort vorhandene Trägerkonzentration aus.
Dies erkennt man schon aus einer Beziehung, die BUCKLEY (BUCKLEY, 1966) für die Dichteverteilung der abgestoßenen Träger $[\eta(r) \leqq 0]$ vor einer sphärischen Sondenelektrode auf plasmastatistischem Weg (noch ohne Berücksichtigung des Trägerkonzentrationsgefälles!!) berechnet hat:

$$N(r) = \frac{N(\infty)}{2} \exp[\eta(r)] \Bigg\{1 + \operatorname{erf}\left(\sqrt{\eta(r_M) - \eta(r)}\right) + \sqrt{1 - (r_M/r)^2} \exp\left[-\frac{\eta(r_M) - \eta(r)}{1 - (r/r_M)^2}\right]\left[1 - \operatorname{erf}\left(\sqrt{\frac{\eta(r_M) - \eta(r)}{1 - (r_M/r)^2}}\right)\right]\Bigg\}. \qquad \text{(B.1.6.2-5)}$$

Die uns interessierende Trägerdichte an der Raumladungsschichtgrenze läßt sich daraus bei bekanntem Potential an der Raumladungsschichtgrenze leicht ausrechnen. Wir sind jedoch (für spätere Zwecke; vgl. auch Abschn. B.3.1.) mehr an einer einfachen Näherungsdarstellung für das gesamte Übergangsgebiet interessiert. Eine solche kann bei Vorliegen sehr ausgedehnter, aber noch endlicher Raumladungsschichten ($\infty > r_S \gg r_M$) tatsächlich angegeben werden.

Für $r \geqq r_S \gg r_M$ läßt sich die BUCKLEYsche Beziehung nämlich stark vereinfachen und liefert dann

$$N(r) \approx N(\infty) \exp [\eta(r)] . \qquad \text{(B.1.6.2-6)}$$

Da wegen der im gesamten Übergangsgebiet vorausgesetzten Quasineutralität und Vakuumfeldverteilung dabei weiterhin immer

$$\frac{V(r)}{V(r_S)} = \frac{r_S}{r} \qquad (V(r_S) \text{ Potential an der Raumladungsschichtgrenze})$$

gilt, folgt mit $\eta(r_S) \approx -\ln 2$ nach Gl. B.1.6.1-9 oder 13 dann für das gesamte Übergangsgebiet auch unmittelbar

$$N(r) \approx N(\infty) \exp [-(\ln 2)\, r_S/r] = N(\infty)\, 2^{-r_S/r} , \qquad \text{(B.1.6.2-7)}$$

d. h. näherungsweise derselbe Verlauf der Trägerdichteverteilung wie im stoßbestimmten Fall im gesamten Raum vor der stromlosen sphärischen Sondenelektrode (vgl. dazu auch Gl. B.1.5.3.2-9, 10, 11 u. 12). Diese Näherungsbeziehung für die Dichteverteilung der abgestoßenen Träger gilt im Übergangsgebiet wegen der daselbst vorausgesetzten Quasineutralität natürlich auch für die angezogene Trägerart.

Für die Raumladungsschichtgrenze selbst ($r \to r_S$) folgt aus dieser Näherung sehr einfach und glaubwürdig

$$N(r_S) \approx \frac{N(\infty)}{2} . \qquad \text{(B.1.6.2-8)}$$

Dieser einfache (und sicher sehr grobe) Zusammenhang zwischen der Trägerdichte an der Raumladungsschichtgrenze $N(r_S)$ und im (unendlich fernen) ungestörten Plasma $N(\infty)$ dürfte auf jeden Fall die Verhältnisse im realen Plasma richtiger und damit besser widerspiegeln als die im Rahmen der LANGMUIRschen Näherung gemachte Annahme, daß die Trägerdichte an der Raumladungsschichtgrenze mit der im ungestörten Plasma übereinstimmt.

Aus den angestellten Überlegungen zur Verfeinerung der einfachen LANGMUIRschen Vorstellungen halten wir für die praktischen Bedürfnisse der Sondendiagnostik fest:

1. Der durch die Raumladungsschichtgrenze fließende Ionenstrom hat Richtcharakter, ist elektronentemperaturabhängig und berechnet sich gemäß Gleichung B.1.6.1-2, 8 oder 12.
2. An der Raumladungsschichtgrenze stimmt das Potential in Abweichung zur LANGMUIRschen Annahme noch nicht mit dem Plasmapotential ($V_P = 0$) überein; es kann näherungsweise nach Gleichung B.1.6.1-9 oder 13 berechnet werden.

   Die Feldstärke ist demzufolge an der Raumladungsschichtgrenze (und natürlich auch außerhalb) von Null verschieden.
3. Mit diesen notwendigen Korrekturen ergibt sich die Potentialdifferenz zwischen einer stromlosen Sondenelektrode und der Raumladungsschicht-

grenze gemäß Gleichung B.1.6.2-2 bzw. 3 und die Potentialdifferenz gegenüber dem ungestörten Plasma, d. h. die Kontaktpotentialdifferenz bzw. das Gleichgewichts- oder Floating-Potential, gemäß Gleichung B.1.6.2-4.

4. Ganz entsprechend ist die Trägerkonzentration im gesamten Übergangsgebiet etwas kleiner als im ungestörten unendlich fernen Plasma. Sie verläuft im Übergangsgebiet näherungsweise nach Gleichung B.1.6.2-7 und ist an der Raumladungsschichtgrenze auf etwa die Hälfte des im ungestörten unendlich fernen Plasma realisierten Wertes abgefallen.

In Abb. 8 sind diese Verhältnisse hinsichtlich Potential- und Trägerdichteverteilung nochmals grafisch dargestellt.

Diese Bemerkungen mögen genügen, um die gröbsten Mängel des einfachen LANGMUIRschen Randschichtmodells, das die Plasmarandschicht auf die eigentliche Raumladungsschicht beschränkt und die Trägerproduktion und den Trägertransport außerhalb dieser Raumladungsschicht völlig außer acht läßt, aufzuzeigen.

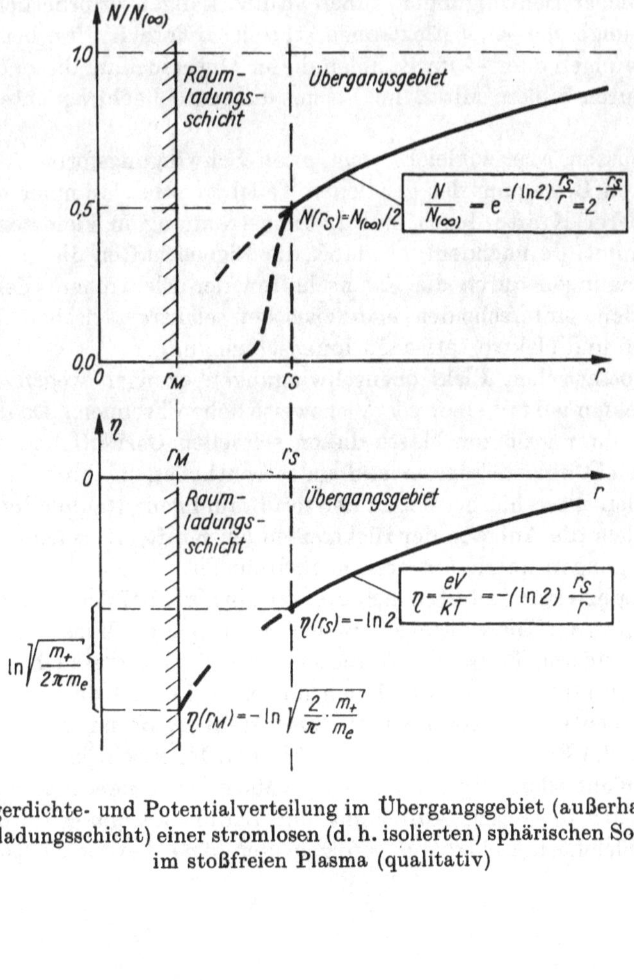

Abb. 8. Trägerdichte- und Potentialverteilung im Übergangsgebiet (außerhalb der eigentlichen Raumladungsschicht) einer stromlosen (d. h. isolierten) sphärischen Sondenelektrode im stoßfreien Plasma (qualitativ)

B.2. Zur Berechnung der Charakteristiken von Wechselspannungssonden

B.2.1. Das Plasma als schwingungs- und resonanzfähiges Gebilde

B.2.1.1. Die Elektronenschwingungen im Plasma (elektrostatische Schwingungen und Gyrationsschwingungen)

Wegen der jeder Ladungstrennung entgegenwirkenden rücktreibenden elektrostatischen Kräfte einerseits und der trägen Masse der geladenen Teilchen andererseits stellt jedes Plasma ein schwingungsfähiges Gebilde dar. In ihm können sich eine große Anzahl verschiedener Schwingungstypen ausbilden und unter geeigneten Bedingungen als Wellen ausbreiten. Im allgemeinen sind zur Anregung solcher Schwingungen äußere Einwirkungen erforderlich, wie etwa ins Plasma eingeschossene Elektronen, durch äußere Kräfte hervorgerufene Plasmabewegungen oder — im Rahmen dieser Untersuchung besonders interessierend — durch äußere Mittel im Plasma erzeugte hochfrequente elektrische Felder.

Die einfachsten, aber zugleich wichtigsten Schwingungsformen bestehen in der geordneten Bewegung der geladenen Teilchen, wie sie immer bei der Einwirkung äußerer Kräfte durch eine Ladungstrennung in kleinsten Bereichen zustande kommt. Je nachdem, ob dabei die Eigenschaften dieser elektrostatischen Schwingungen durch die Eigenschaften der Elektronen oder Ionen bestimmt werden, unterscheidet man zwischen elektrostatischen Elektronenschwingungen und elektrostatischen Ionenschwingungen.

Die elektrostatischen Elektronenschwingungen erfolgen wegen der kleinen Masse der Elektronen mit einer vergleichsweise hohen Frequenz. Da die positiven Ionen wegen ihrer größeren Masse diesen schnellen Oszillationen der leichten Elektronen nicht folgen können und im wesentlichen in ihrer Ruhelage verharren, erfüllen diese hierbei neben der (großräumigen) Raumladungskompensation vor allem die Aufgabe der rücktreibenden Kraft, die solche reinen Elektronenschwingungen überhaupt erst möglich macht.

Etwas komplizierter gestalten sich die Verhältnisse bei den elektrostatischen Ionenschwingungen. Diese erfolgen wegen der größeren Masse der Ionen mit einer viel niedrigeren Frequenz. In diesem Fall können die leicht beweglichen Elektronen den Oszillationen der Ionen folgen und damit die lokale Ladungstrennung beträchtlich herabsetzen. Dadurch sinkt wiederum die rücktreibende Kraft, so daß die Frequenz der elektrostatischen Ionenschwingungen erheblich kleiner wird, nicht allein wegen der größeren Masse der Ionen, sondern zusätzlich auch infolge der teilweisen Aufhebung der Ladungstrennung durch die Mitbewegung der leichten Elektronen. Infolgedessen hängt bei den elektrostatischen

Ionenschwingungen die sich einstellende Frequenz in viel komplizierterer Weise als bei den elektrostatischen Elektronenschwingungen von den Plasmaeigenschaften ab. Aus diesem Grund sind die elektrostatischen Ionenschwingungen für plasmadiagnostische Zwecke auch viel weniger geeignet als die elektrostatischen Elektronenschwingungen und werden deshalb aus allen weiteren Betrachtungen ausgeklammert.

Zur Berechnung der Eigenfrequenz der elektrostatischen Elektronenschwingungen kann mit Langmuir (z. B. Langmuir, 1928; Tonks u. Langmuir, 1929; Tonks, 1931) davon ausgegangen werden, daß in einem homogenen quasineutralen Plasma mit einer Trägerkonzentration N ($\approx N_e \approx N_+$) bei einer geordneten Verrückung des Elektronenkollektivs durch eine momentane Kraft um die Strecke x ein rücktreibendes elektrisches Feld in x-Richtung in Erscheinung tritt, dessen Größe sich nach der Poisson-Gleichung (Gl. B.1.1.2-1) zu

$$E_x = -4\pi N_e e x \tag{B.2.1.1-1}$$

berechnet. Mit dieser rücktreibenden Kraft vereinfacht sich dann die die geordnete oszillierende Bewegung der Plasmaelektronen beschreibende Einzelteilchenbewegungsgleichung (Gl. B.1.2-2) für den Fall des homogenen (grad $N = 0$), magnetfeldfreien ($\boldsymbol{H} = 0$) und stößefreien ($\nu = 0$) Plasmas zu

$$m_e \ddot{x} = -4\pi N_e e^2 x \tag{B.2.1.1-2}$$

und liefert als Eigenfrequenz dieser geordneten Elektronenschwingungen

$$\omega_{e0} = \sqrt{\frac{4\pi N_e e^2}{m_e}} \approx 5{,}6 \cdot 10^4 \sqrt{N_e\ [\mathrm{cm}^{-3}]}\ \mathrm{s}^{-1}\,. \tag{B.2.1.1-3}$$

Diese Frequenz ist die sogenannte Plasmaelektroneneigenfrequenz; sie ist nur von der Elektronenkonzentration N_e im Plasma abhängig und eignet sich wegen dieser einfachen Abhängigkeit vorzüglich zu plasmadiagnostischen Zwecken.

Besonders ausgeprägt und experimentell leicht nachweisbar treten diese elektrostatischen Elektronenschwingungen an den Plasmagrenzflächen in Erscheinung, da dort Ladungstrennungen durch äußere Kräfte besonders leicht zu realisieren sind. In diesem Fall werden solche Schwingungen als Plasmarandschichtschwingungen bezeichnet. Es gibt heute keinen Zweifel daran, daß elektrostatische Elektronenschwingungen auch im Innern beliebiger Plasmen durch spontane Ladungstrennung entstehen und sich unter geeigneten Bedingungen als Wellen über größere Entfernungen ausbreiten können (z. B. Bohm u. Gross, 1949).

Neben diesen elektrostatischen Schwingungen ist für die Plasmadiagnostik noch eine weitere Schwingungsmöglichkeit der Plasmaelektronen interessant. Es handelt sich dabei um die in magnetfeldbehafteten Plasmen das gesamte Plasmavolumen erfassenden Gyrationsschwingungen der Elektronen, die wohl geordnet, jedoch nicht konphas erfolgen. Bei ihnen führen die Plasmaelektronen senkrecht zu den magnetischen Kraftlinien kreisförmige Bewegungen aus.

Die Eigenfrequenz dieser Gyrationsschwingungen kann ebenfalls aus der Einzelteilchenbewegungsgleichung (Gl. B.1.2-2) berechnet werden. Für ein homogenes (grad $N = 0$), stößefreies ($\nu = 0$), aber magnetfeldbehaftetes ($\boldsymbol{H} \neq 0$) Plasma, in dem keine von außen angelegten oder durch Raumladungstrennung im Innern entstandenen elektrischen Felder wirken, vereinfacht sich dieselbe zu

$$m_e \ddot{\boldsymbol{r}} = -\frac{e}{c} \dot{\boldsymbol{r}} \times \boldsymbol{H} \qquad \text{(B.2.1.1-4)}$$

und liefert für die Eigenfrequenz der Gyrationsschwingungen der Plasmaelektronen

$$\omega_{eH} = \frac{e\boldsymbol{H}}{m_e c} \qquad \text{(B.2.1.1-5)}$$

(Larmor-Frequenz), also unbeeinflußt vom Vorhandensein der raumladungskompensierenden Ionenkomponente des Plasmas denselben Wert wie für Elektronen im Vakuum.

Wesentlich komplizierter werden die Verhältnisse, wenn gleichzeitig elektrostatische und Gyrationsschwingungen der Plasmaelektronen stattfinden, da beide Schwingungstypen sich dann gegenseitig in schwer überschaubarer Weise beeinflussen. Für den Spezialfall indessen, daß die den elektrostatischen Schwingungen entsprechende Trägerbewegung genau in Richtung des Magnetfeldes erfolgt, liefert die ausführliche Rechnung eine vollständige Entkopplung beider Schwingungstypen. In jedem anderen Fall hängt die Schwingungsfrequenz der nunmehr mit den Gyrationsschwingungen gekoppelten elektrostatischen Elektronenschwingungen von Plasmaelektroneneigenfrequenz und Elektronengyrationsfrequenz ab.

B.2.1.2. Die Plasmaresonanz und die Hybridresonanz

Durch die Fähigkeit der Plasmaelektronen, elektrostatische Schwingungen ausführen zu können, wird jedes Plasma als Ganzes oder in Teilen resonanzfähig. Diese Resonanzfähigkeit tritt insbesondere dann in Erscheinung, wenn das Plasma periodisch wirkenden äußeren Kräften geeigneter Frequenz, etwa elektrischen Wechselfeldern, unterworfen wird.

Im folgenden soll deshalb der für plasmadiagnostische Zwecke interessante Fall der Einwirkung eines hochfrequenten äußeren elektrischen Wechselfeldes, wie es etwa mit Hilfe geeigneter Kondensatorelektroden erzeugt werden kann, etwas näher diskutiert werden. Der immer vorhandenen thermischen Bewegung der Träger überlagert sich dann im gesamten vom äußeren Wechselfeld erfaßten Plasmavolumen aufgrund der von diesem Feld auf die Träger ausgeübten Kraftwirkung eine mehr oder minder geordnete, im Rhythmus der Frequenz des Wechselfeldes erfolgende oszillierende Bewegung. Ist die Frequenz des äußeren Wechselfeldes genügend hoch, so können nur die leichten Elektronen dem schnellen Richtungswechsel des Feldes folgen und die erzwungene Schwingungsbewegung mehr oder minder phasenverschoben mitmachen. Die schweren Ionen dagegen verharren praktisch in ihrer Ruhelage und brauchen bei der Untersuchung des Schwingungsverhaltens nicht mehr explizit berücksichtigt zu werden. Ihre Funktion beschränkt sich neben der makroskopischen Raumladungskompensation im wesentlichen auf die Erzeugung der die Elektronenschwingungen erst ermöglichenden rücktreibenden Kräfte. Letztere entstehen dadurch, daß die leichten Plasmaelektronen bei ihrer Schwingbewegung unter dem Einfluß des äußeren Feldes wechselweise in Richtung oder Gegenrichtung des Feldes über die Grenzen des vom Feld erfaßten Plasmavolumens hinausschwingen und daselbst (unkompensierte) unipolare Raumladungen aufbauen. Die auf diese Weise gegenüber dem ungestörten Zustand in den Grenzschichten auftretenden Überschußladungen führen zu einer periodisch wechselnden Polarisation des gesamten vom äußeren Feld erfaßten Plasmakörpers, die sich dem äußeren Wechselfeld überlagert und je nach der Phasenlage zwischen Bewegung der Elektronen und äußerem Feld dieses abschwächt oder verstärkt. Das dieser Polarisation entsprechende innere elektrische Feld läßt sich für beliebige Verhältnisse leicht aus der (momentanen) räumlichen Verteilung der Raumladungen an den Grenzflächen des Plasmakörpers berechnen.

Im einfachsten und für unsere Zwecke besonders interessanten Fall der Einwirkung eines homogenen äußeren elektrischen Wechselfeldes

$$E_x = \hat{E}_0 \exp(i\omega t) \tag{B.2.1.2-1}$$

auf ein den gesamten vom Feld erfaßten Raum ausfüllendes homogenes Plasma ergibt sich für die durch diesen Polarisationseffekt erzeugte Polarisationsfeldstärke

$$E_{Px} = -4\pi N_e e x\,, \tag{B.2.1.2-2}$$

also derselbe Ausdruck wie für das rücktreibende elektrische Feld im Falle der elektrostatischen Elektroneneigenschwingungen (vgl. Gl. B.2.1.1-1); x bedeutet hierbei die Verrückung der Plasmaelektronen aus ihrer Ruhelage. Damit folgt für die das Schwingungsverhalten aller Plasmaelektronen beschreibende Einzelteilchenbewegungsgleichung (Gl. B.1.2-2) im Falle eines homogenen (grad $N = 0$) magnetfeldfreien ($\boldsymbol{H} = 0$) und mit einem äußeren elektrischen Wechselfeld (Gl. B.2.1.2-1) beaufschlagten Plasmas

$$m_e \ddot{x} = -m_e \nu_e \dot{x} + e\hat{E}_0 \exp(i\omega t) - 4\pi N_e e^2 x\,. \tag{B.2.1.2-3}$$

Aus der allgemeinen Lösung dieser inhomogenen Differentialgleichung

$$x = A_1 \exp\left[-\frac{\nu_e}{2} + i\sqrt{\omega_{e0}^2 - (\nu_e/2)^2}\right] + A_2 \exp\left[-\frac{\nu_e}{2} - i\sqrt{\omega_{e0}^2 - (\nu_e/2)^2}\right]$$

$$-\frac{e\hat{E}_0}{m_e} \cdot \frac{[(\omega^2 - \omega_{e0}^2)\exp(i\omega t) + \omega\nu_e \exp(i\omega t + i\pi/2)]}{(\omega^2 - \omega_{e0}^2)^2 + \omega^2\nu_e^2} \tag{B.2.1.2-4}$$

wird deutlich, daß die Bewegung der Elektronen aus zwei verschiedenen Komponenten besteht, einer gedämpften Schwingung mit der Eigenfrequenz der Plasmaelektronen ω_{e0} (Eigenschwingung) und einer ungedämpften Schwingung mit der Frequenz ω des treibenden äußeren elektrischen Wechselfeldes (erzwungene Schwingung). Letztere erfolgt teilweise mit dem treibenden äußeren elektrischen Feld in Phase und teilweise gegen dieses um 90° phasenverschoben. Ihre Amplitude ist außer von der Konzentration N_e der Plasmaelektronen noch von der Frequenz des äußeren Wechselfeldes ω und von der effektiven Stoßfrequenz ν_e der Elektronen im Plasma abhängig.

Für stoßarme Verhältnisse ($\nu_e \to 0$) erfahren die durch das äußere Wechselfeld angeregten Eigenschwingungen mit der Plasmaelektroneneigenfrequenz ω_{e0} nur eine sehr geringe Dämpfung und bleiben daher lange Zeit quasi amplitudenkonstant. Die erzwungenen Schwingungen der Frequenz ω erfolgen unterhalb der Plasmaelektroneneigenfrequenz streng konphas mit dem treibenden äußeren Feld, oberhalb der Plasmaelektroneneigenfrequenz jedoch streng antiphas; bei der Plasmaelektroneneigenfrequenz ω_{e0} selbst tritt ein Phasensprung um π auf. Die Amplitude der erzwungenen Schwingungen wächst mit Annäherung an die Plasmaelektroneneigenfrequenz und hat daselbst einen Pol. Diese bei der Plasmaelektroneneigenfrequenz erfolgende Resonanzüberhöhung der Schwingbewegung der Plasmaelektronen wird als Plasmaresonanz bezeichnet.

Für stoßbehaftete Plasmen sind die Verhältnisse etwas komplizierter. In jedem Fall unterliegen hierbei die Eigenschwingungen einer merklichen Dämpfung und sind deshalb nach kurzer Zeit vollständig abgeklungen, so daß für den eingeschwungenen Zustand nur noch die erzwungenen Schwingungen mit der Frequenz ω interessant sind. Diese weisen eine Phasenverschiebung der Größe

$$\varphi = \operatorname{arc\,tg}\left(\frac{\nu_e\omega}{\omega^2 - \omega_{e0}^2}\right) \qquad \text{(B.2.1.2-5)}$$

gegenüber dem treibenden äußeren elektrischen Wechselfeld auf. Nur bei außerordentlich niedrigen bzw. hohen Frequenzen ($\omega \to 0$ bzw. $\omega \to \infty$) erfolgen die erzwungenen Schwingungen einigermaßen konphas mit dem treibenden äußeren elektrischen Wechselfeld, während sie in der Nähe der Plasmaelektroneneigenfrequenz gegenüber dem äußeren elektrischen Wechselfeld um $\pm 90°$ phasenverschoben erfolgen. Bei der Plasmaelektroneneigenfrequenz findet ebenfalls eine Phasenänderung um π (von $+90°$ auf $-90°$) statt. Die Amplitude ist hier groß, aber nicht maximal. Sie erreicht ihr Maximum statt dessen bei einer etwas kleineren Frequenz:

$$\omega = \sqrt{\omega_{e0}^2 - (\nu_e^2/2)}\,.$$

Es bleibt damit offen, ob die Stelle des Phasennulldurchgangs (ω_{e0}) oder die der maximalen Amplitude $\left(\sqrt{\omega_{e0}^2 - (\nu_e^2/2)}\right)$ als Resonanzstelle angesehen wird. Die Entscheidung darüber hängt davon ab, welche physikalische Auswirkung interessiert. Für $\nu_e \ll \omega_{e0}$ entfällt dieser feine Unterschied natürlich. In jedem

Fall ist die Amplitude der erzwungenen Schwingungen bei der Plasmaelektroneneigenfrequenz der Stoßfrequenz umgekehrt proportional, d. h., je kleiner die Stoßfrequenz, desto ausgeprägter ist die Resonanzüberhöhung der Schwingbewegung. Bei sehr hohen Stoßfrequenzen ($\nu_e \gg \omega_{e0}$) sind keine Resonanzüberhöhungen bzw. damit verbundene Sekundäreffekte mehr nachweisbar.

Da die das Resonanzverhalten des Plasma so wesentlich beeinflussende Polarisation von der Verteilung der Überschußladungen an den Plasmagrenzflächen abhängt, ergeben sich naturgemäß für inhomogene oder den zur Verfügung stehenden Feldraum nur teilweise ausfüllende Plasmen, aber auch bei Anwendung inhomogener äußerer elektrischer Felder andere Resonanzfrequenzen. Auf diesen Umstand hat bereits TONKS (TONKS, 1931) aufmerksam gemacht und die entsprechenden Plasma„form"resonanzen für einige geometrisch einfache Systeme, wie z. B. zylinder- und kugelförmige Plasmen in ebenen elektrischen Feldern, berechnet.

Besonders kompliziert gestalten sich die Verhältnisse, wenn noch zusätzlich ein Magnetfeld wirkt. Der Einfachheit halber beschränken wir uns auf den Fall des stoßfreien Plasmas. Für ein solches homogenes (grad $N = 0$), stoßfreies ($\nu_e = 0$), aber magnetfeldbehaftetes ($\boldsymbol{H} \neq 0$) Plasma, das zusätzlich mit einem äußeren elektrischen Wechselfeld (Gl. B.2.1.2-1) beaufschlagt ist, gilt dann für die das Resonanzverhalten der Plasmaelektronen beschreibende Einzelteilchenbewegungsgleichung (Gl. B.1.2-2)

$$m_e \ddot{\boldsymbol{r}} = e\hat{E}_0 \exp(i\omega t)\, \boldsymbol{e}_x - 4\pi N_e e^2 x \boldsymbol{e}_x + \frac{e}{c} \dot{\boldsymbol{r}} \times \boldsymbol{H} . \qquad \text{(B.2.1.2-6)}$$

Stimmt die Richtung des Magnetfeldes mit der Richtung des äußeren elektrischen Wechselfeldes überein, so bleiben die mit der Gyrationsfrequenz ω_{eH} (Gl. B.2.1.1-5) erfolgenden Eigenschwingungen der Plasmaelektronen um die Magnetfeldlinien vom elektrischen Wechselfeld völlig unbeeinflußt. Die Resonanzüberhöhung der Schwingbewegung der Plasmaelektronen, die Plasmaresonanz, findet dann ebenfalls bei der Plasmaelektroneneigenfrequenz ω_{e0} statt. Magnetfeld und elektrisches Wechselfeld wirken hierbei völlig entkoppelt. Im Gegensatz dazu beeinflussen im anderen Grenzfall, in dem Magnetfeld und äußeres elektrisches Wechselfeld senkrecht zueinander gerichtet sind, beide das Schwingverhalten des Elektronenkollektivs. So wird aus einer ausführlicheren Diskussion der obigen Differentialgleichung u. a. deutlich, daß die Elektronenbewegungen in der zum Magnetfeld senkrechten Ebene aufs engste gekoppelt sind und neben komplizierten, von den Anfangsbedingungen abhängenden Translationsgliedern Eigenschwingungen und erzwungene Schwingungen enthalten. Die im stoßarmen Fall quasi amplitudenkonstanten Eigenschwingungen erfolgen dabei weder mit der Plasmaelektroneneigenfrequenz noch mit der Elektronengyrationsfrequenz, sondern mit der Frequenz

$$\omega_e^* = \sqrt{\omega_{e0}^2 + \omega_{eH}^2}\,, \qquad \text{(B.2.1.2-7)}$$

der sogenannten Hybridfrequenz. Ganz entsprechend erfahren die erzwungenen Elektronenschwingungen weder bei der Plasmaelektroneneigenfrequenz noch bei der Elektronengyrationsfrequenz, sondern bei dieser Hybridfrequenz ω_e^* eine mit einer Phasenänderung um π verbundene Resonanzüberhöhung (Hybridresonanz). Bei Frequenzen unterhalb der Hybridfrequenz erfolgen die erzwungenen Schwingungen konphas, oberhalb derselben antiphas zum treibenden äußeren elektrischen Wechselfeld. Das Phänomen, daß hierbei weder Plasmaelektroneneigenfrequenz noch Elektronengyrationsfrequenz als Eigenfrequenz oder Resonanzfrequenz der Schwingbewegung in Erscheinung treten, beruht auf der innigen Kopplung der verschiedenen Schwingungsmoden der Plasmaelektronen durch das wirkende Magnetfeld.

B.2.2. Das Hochfrequenzverhalten des Plasmas

B.2.2.1. Die Trägerbewegung im elektrischen Wechselfeld

Ähnlich wie bei den Gleichspannungssonden kann auch bei den Wechselspannungssonden zur Vertiefung der Einsicht in das Hochfrequenzverhalten des Plasmas bzw. in die die Sondencharakteristiken formierenden Vorgänge von der Einzelteilchenbewegungsgleichung (Gl. B.1.2-2)

$$m\ddot{\boldsymbol{r}} = e\left(\boldsymbol{E} + \frac{1}{c}\dot{\boldsymbol{r}} \times \boldsymbol{H}\right) - m\nu\dot{\boldsymbol{r}} - \frac{kT}{N}\operatorname{grad}_r N \qquad \text{(B.2.2.1-1)}$$

ausgegangen werden.
Eine nähere Verfolgung der Bewegung eines einzelnen Teilchens lohnt indessen nicht, da ja die Hochfrequenzeigenschaften des Plasmas als echte Materialeigenschaften offensichtlich nicht von der Bewegung *eines* Einzelteilchens, sondern von der mittleren Bewegung des gesamten vom elektrischen Wechselfeld erfaßten Trägerkollektivs bestimmt werden. Um diese zu erfassen, muß (ähnlich wie in Abschn. B.1.2.2. bei der Behandlung der stoßbestimmten Bewegung im elektrischen Gleichfeld) von vornherein über die Einzelteilchenbewegungsgleichung gemittelt werden:
Multiplikation der Einzelteilchenbewegungsgleichung mit der Verteilungsfunktion

$$f(\boldsymbol{r}, \dot{\boldsymbol{r}})\,\mathrm{d}\boldsymbol{r}\,\mathrm{d}\dot{\boldsymbol{r}}$$

und Integration über alle möglichen Geschwindigkeiten liefert dann mit

$$\int_{-\infty}^{+\infty} f(\dot{\boldsymbol{r}})\,\mathrm{d}\dot{\boldsymbol{r}} = 1$$

wie dort wieder sehr einfach

$$m\dot{\boldsymbol{v}} = e\left(\boldsymbol{E} + \frac{1}{c}\boldsymbol{v} \times \boldsymbol{H}\right) - m\nu\boldsymbol{v} - \frac{kT}{N}\operatorname{grad}_r N\,. \qquad \text{(B.2.2.1-2)}$$

Dabei wurde vorausgesetzt, daß elektrisches Wechselfeld $\boldsymbol{E}$, arteigene Trägerdichte N und Trägertemperatur T sowie die Stoßfrequenz ν nicht von der

Geschwindigkeit der einzelnen Träger abhängen. Das ist unter quasistationären Verhältnissen, d. h. für nicht allzu hohe Frequenzen des Wechselfeldes, natürlich sicher statthaft.

Diese Bewegungsgleichung für ein *mittleres* Teilchen (oder nach Multiplikation mit der Trägerkonzentration N auch für ein Volumenelement des betreffenden Trägergases) stimmt formal mit der Einzelteilchenbewegungsgleichung überein; nur stellen in ihr $\dot{\boldsymbol{v}}$ und $\boldsymbol{v}$ Beschleunigung und Geschwindigkeit eines mittleren Teilchens dar.

Man kann einer Diskussion dieser Bewegungsgleichung leicht zweierlei entnehmen:

1. In ein und demselben elektrischen Wechselfeld erfahren Elektronen und Ionen wegen ihrer unterschiedlichen Massen sehr ungleiche Beschleunigungen. Das führt dazu, daß sich die leichten Elektronen im allgemeinen viel schneller und innerhalb einer Feldperiode viel weiter bewegen als die schweren Ionen. Damit aber üben die Plasmaelektronen augenscheinlich den dominierenden Einfluß auf das Hochfrequenzverhalten des Plasmas aus und werden gleichzeitig zum hauptsächlichen Träger des Wechselstroms durch das Plasma. Aus diesen Gründen darf man für Frequenzen genügend weit oberhalb der Plasmaioneneigenfrequenz[1]) in guter Näherung annehmen, daß die schweren Ionen vom elektrischen Wechselfeld fast nicht beeinflußt werden und nahezu in ihrer Ruhelage verharren. Hinsichtlich der Hochfrequenzeigenschaften des Plasmas darf man sich dann natürlich auf das Studium der Elektronenbewegung beschränken. Wir machen von dieser Vereinfachung im folgenden Gebrauch.
2. Bei Vorhandensein eines Magnetfeldes erfolgt die Trägerbewegung nicht mehr einfach in Richtung des treibenden elektrischen Wechselfeldes, sondern weist jetzt auch eine Komponente senkrecht zu diesem auf. Dies ist eine unmittelbare Folge der Abhängigkeit der magnetischen Kraftwirkung (LORENTZ-Kraft) von der Richtung der Trägerbewegung. Damit aber können im magnetfeldbehafteten Plasma auch Trägerstromdichte und Polarisationsfeldstärke nicht mehr nur in Richtung des treibenden elektrischen Feldes weisen, sondern müssen gleichzeitig eine Komponente senkrecht zu diesem aufweisen. Dieser Umstand ist letztlich auch dafür verantwortlich, daß die Hochfrequenzeigenschaften magnetfeldbehafteter Plasmen anisotrop werden.

---

[1]) Diese (in der Plasmaphysik fast immer nur als Rechengröße fungierende) Plasmaioneneigenfrequenz ergibt sich (formal), indem in der Beziehung für die Plasmaelektroneneigenfrequenz (Gl. B.2.1.1-3) die Masse (und Konzentration) der Elektronen durch die der fraglichen Ionen ersetzt wird:

$$\omega_{+0} = \sqrt{\frac{4\pi N_+ e^2}{m_+}} = \omega_{e0} \sqrt{\frac{m_e}{m_+} \cdot \frac{N_+}{N_e}} \approx \omega_{e0} \sqrt{\frac{m_e}{m_+}} .$$

Sie ist wegen der viel größeren Masse der Ionen immer bedeutend kleiner als die Plasmaelektroneneigenfrequenz.

Aus den dargelegten Gründen ist eine detaillierte Verfolgung der Trägerbewegung im magnetfeldbehafteten Plasma recht kompliziert und wenig instruktiv. Wir verzichten deshalb auf eine weitere Behandlung der Bewegungsgleichung und interessieren uns statt dessen im folgenden für die Materialeigenschaften Dielektrizitätskonstante und elektrische Leitfähigkeit, die, obzwar die dargelegten komplizierten Zusammenhänge vollständig enthaltend, einer einfacheren Fassung zugänglich und zudem für das Studium der Hochfrequenzeigenschaften des Plasmas geradezu prädestiniert sind.

Daß die Materialeigenschaften Dielektrizitätskonstante bzw. elektrische Leitfähigkeit für das Hochfrequenzverhalten des Plasmas tatsächlich repräsentativ sind, erhellt aus folgenden Überlegungen:

Wie in den vorhergehenden Abschnitten bereits ausgeführt, werden beim Wirken eines elektrischen Wechselfeldes die Träger, vorzugsweise die Elektronen, im gesamten vom Feld erfaßten Plasmavolumen in eine mehr oder minder geordnete Oszillationsbewegung versetzt. Dadurch bilden sich an den Grenzflächen des vom Feld erfaßten Plasmavolumens im Rhythmus der Wechselfrequenz Raumladungen des einen oder anderen Vorzeichens aus, die ihrerseits zur Entstehung eines Polarisationsfeldes und zum Auftreten eines Wechselstroms führen. Wegen der trägen Masse der Träger (Elektronen!) erfolgt die Trägerbewegung gegenüber dem treibenden elektrischen Wechselfeld einerseits phasenverschoben, wegen der trägerablenkenden Wirkung der magnetischen LORENTZ-Kraft andererseits gegenüber dem treibenden elektrischen Wechselfeld zusätzlich richtungsverschoben. Ganz entsprechend weisen auch Polarisationsfeldstärke und (Wechsel-)Stromdichte eine Phasen- und Richtungsverschiebung gegenüber dem treibenden äußeren Wechselfeld auf. Diese Phasen- und Richtungsverschiebungen sind offensichtlich außer von den Plasmaeigenschaften (Elektronenkonzentration bzw. Plasmaelektroneneigenfrequenz, Magnetfeld bzw. Elektronengyrationsfrequenz, Elektronenstoßfrequenz) auch von der Arbeitsfrequenz des treibenden elektrischen Feldes abhängig und spiegeln damit das Hochfrequenzverhalten des Plasmas wider.

Diese Phasen- und Richtungsverschiebungen sind schließlich auch dafür verantwortlich, daß das entstehende (innere) Polarisationsfeld das mit äußeren Mitteln erzeugte treibende Wechselfeld nie und nirgends im Plasma vollständig zu Null kompensieren kann. Dadurch ist im Unterschied zu einem mit einem Gleichfeld beaufschlagten Plasma, in dem die sich ausbildenden Raumladungsschichten eine nahezu vollständige Abschirmwirkung besitzen und damit das Plasmainnere nahezu feldfrei machen, in einem mit einem Wechselfeld beaufschlagten Plasma auch im Inneren immer ein starkes Wechselfeld $\boldsymbol{E}$ vorhanden. Dieses ist mit der dielektrischen Verschiebung $\boldsymbol{D}$ und der Polarisation $\boldsymbol{P}$ gemäß

$$\boldsymbol{D} = \varepsilon \boldsymbol{E} = \boldsymbol{E} + 4\pi \boldsymbol{P} \qquad \text{(B.2.2.1-3)}$$

korreliert und Ursache der im Plasma realisierten lokalen Stromdichte

$$\boldsymbol{j} = \sigma \boldsymbol{E} \,. \qquad \text{(B.2.2.1-4)}$$

In diesen fundamentalen Beziehungen bedeuten ε und σ Dielektrizitätskonstante bzw. elektrische Leitfähigkeit des betreffenden Plasmamediums. Diese besitzen in magnetfeldbehafteten Plasmen wegen der Richtungsverschiebung von Polarisation und Stromdichte gegenüber dem treibenden elektrischen Feld im allgemeinen tensoriellen Charakter.

B.2.2.2. Die Beschreibung der Hochfrequenzeigenschaften des Plasmas mittels einer (komplexen oder tensoriellen) Dielektrizitätskonstante bzw. Leitfähigkeit

Bei kleinen Elektronenkonzentrationen und geringen Stoßfrequenzen zeigt ein Plasma dielektrische Eigenschaften, bei hohen Elektronenkonzentrationen und größeren Stoßfrequenzen andererseits ausgeprägte Leitereigenschaften. Bei mittleren Elektronenkonzentrationen und Stoßfrequenzen weist es gleichzeitig dielektrische und konduktive Eigenschaften auf und nimmt damit ähnlich wie ein Halbleiter eine Mittelstellung zwischen idealem Isolator und idealem Leiter ein. Beide Aspekte, dielektrisches Verhalten und elektrische Leitfähigkeit, sind beim Plasma unmittelbar und untrennbar miteinander verknüpft und letztlich nur Ausdruck der Tatsache, daß die freibeweglichen Plasmaelektronen einerseits über träge Masse verfügen und deswegen angelegten Hochfrequenzfeldern nicht ohne Phasenverzögerung folgen können und andererseits energiedissipierenden Stößen unterliegen, durch die ihre Bewegungen in eine (nahezu) feldstärkeproportionale Driftbewegung entarten kann. Ob ein Plasma vorzugsweise dielektrisches oder konduktives Verhalten zeigt, hängt außer von der Elektronenkonzentration (bzw. Plasmaelektroneneigenfrequenz) hauptsächlich vom Verhältnis der Stoßfrequenz zur Arbeitsfrequenz ab. Ist dasselbe niedrig, so wirkt das Plasma wie ein Dielektrikum, ist es jedoch groß, so verhält sich das Plasma wie ein Leiter.

Um dieses auf den ersten Blick etwas seltsam anmutende duale Verhalten etwas näher zu beleuchten, werden im folgenden Dielektrizitätskonstante und elektrische Leitfähigkeit des Plasmas abgeleitet und miteinander in Beziehung gesetzt. Um hierbei tiefere physikalische Einsichten, insbesondere über die Rolle des anisotropieerzeugenden Magnetfeldes, zu gewinnen, soll den etwas formelleren Rechnungen des allgemeinen magnetfeldbehafteten Falles die instruktivere Ableitung für magnetfeldfreie Plasmen vorangestellt werden.

B.2.2.2.1. Komplexe Dielektrizitätskonstante und elektrische Leitfähigkeit des magnetfeldfreien Plasmas

Zur Ableitung der Dielektrizitätskonstante ε des magnetfeldfreien Plasmas kann mit Gleichung B.2.2.1-3 davon ausgegangen werden, daß im materieerfüllten Raum die dielektrische Verschiebung $\boldsymbol{D}$ gemäß

$$\boldsymbol{D} = \varepsilon \boldsymbol{E} = \boldsymbol{E} + 4\pi \boldsymbol{P} \qquad \text{(B.2.2.2.1-1)}$$

aus zwei Anteilen besteht, dem Feldanteil $\boldsymbol{E}$ und dem Polarisationsanteil $4\pi\boldsymbol{P}$. $\boldsymbol{E}$ bedeutet hierbei die im Plasma anzutreffende lokale elektrische Feldstärke und $4\pi\boldsymbol{P}$ die durch die Polarisation hervorgerufene Polarisationsfeldstärke. Die dielektrische Verschiebung $\boldsymbol{D}$ ist mit der durch das äußere Feld gegebenen Vakuumfeldstärke identisch! Die Polarisation $\boldsymbol{P}$ stellt die Summe der im Volumenelement enthaltenen Elektronen-Dipolmomente dar. Für diese gilt natürlich

$$\boldsymbol{P} = N_e e \overline{\boldsymbol{r}} \,. \tag{B.2.2.2.1-2}$$

Hierin bedeutet $\overline{\boldsymbol{r}}$ die geordnete (mittlere) Verrückung der Plasmaelektronen aus ihrer Ruhelage, die jene unter der Einwirkung eines periodischen Wechselfeldes $\sim \exp(i\omega t)$ erfahren. Sie kann für ein homogenes Plasma (grad $N = 0$) aus der (hier magnetfeldfreien) Bewegungsgleichung (Gl. B.2.2.1-2)

$$m_e \ddot{\overline{\boldsymbol{r}}} = m_e \nu_e \dot{\overline{\boldsymbol{r}}} + e\boldsymbol{E} = m_e \nu_e \dot{\overline{\boldsymbol{r}}} + e\hat{E}_0 \exp(i\omega t) \cdot \boldsymbol{e}_x \tag{B.2.2.2.1-3}$$

leicht zu

$$\overline{\boldsymbol{r}} = -\frac{e}{m_e} \cdot \frac{\boldsymbol{E}}{\omega(\omega - i\nu_e)} \tag{B.2.2.2.1-4}$$

berechnet werden.

Da im magnetfeldfreien Plasma die Trägerbewegung streng in Richtung des treibenden elektrischen Wechselfeldes erfolgt und dementsprechend auch die Polarisation parallel zu diesem gerichtet ist, folgt daraus mit Gleichung B.2.2.2.1-1 und 2 dann unter Beachtung von Gleichung B.2.1.1-3 auf relativ einfache Weise für die Dielektrizitätskonstante des magnetfeldfreien Plasmas

$$\varepsilon = 1 - \frac{\omega_{e0}^2}{\omega(\omega - i\nu_e)} = 1 - \frac{\omega_{e0}^2}{\omega^2 + \nu_e^2} - i\,\frac{\omega_{e0}^2}{\omega^2 + \nu_e^2} \cdot \frac{\nu_e}{\omega} \,. \tag{B.2.2.2.1.-5}$$

Die (im magnetfeldfreien Fall natürlich isotrope) Dielektrizitätskonstante des Plasmas ist also im allgemeinen komplex und außer von der Elektronenkonzentration (bzw. Plasmaelektroneneigenfrequenz ω_{e0}) in verwickelter Weise von Arbeitsfrequenz ω und Stoßfrequenz ν_e abhängig.

Für stoßarme Verhältnisse ($\nu_e \ll \omega$) wird sie rein reell und durch die bekannte ECCLESsche Beziehung

$$\varepsilon = 1 - \frac{\omega_{e0}^2}{\omega^2} \tag{B.2.2.2.1-6}$$

beschrieben. Wegen der geringen Zahl von Stößen ist hierbei die durch den Imaginärteil angezeigte Feldenergiedissipation vernachlässigbar klein. Das Plasma wirkt wie ein verlustfreies Dielektrikum. Für sehr ionisationsschwache Plasmen ($N_e \sim \omega_{e0}^2 \to 0$) wird sie ebenfalls reell und gleich 1. Das Plasma wirkt dann wie ein idealer Isolator (Luft, Vakuum). Dasselbe gilt für sehr hohe Arbeitsfrequenzen ($\omega \gg \omega_{e0}$). Für sehr niedrige Arbeitsfrequenzen ($\omega \ll \omega_{e0}$) schließlich wird sie sehr groß und negativ, d. h., die Wirkung äußerer Felder auf das Plasma wird durch die Polarisation an den Plasmagrenzflächen (bzw. in den Raumladungsschichten) weitestgehend abgeschirmt.

Für stoßbestimmte Verhältnisse ($\nu_e \gg \omega$) kann anstelle der Gleichung B.2.2.2.1-5 näherungsweise die Gleichung

$$\varepsilon \approx 1 - \frac{\omega_{e0}^2}{\nu_e^2} - i\frac{\omega_{e0}^2}{\nu_e \omega} \qquad \text{(B.2.2.2.1-7)}$$

benutzt werden. Für ionisationsschwache Plasmen ($N_e \sim \omega_{e0}^2 \to 0$) wird die Dielektrizitätskonstante dann ebenfalls reell und gleich 1 (idealer Isolator; Luft, Vakuum).

Zur Ableitung der elektrischen Leitfähigkeit σ des magnetfeldfreien Plasmas wird mit Gleichung B.2.2.1-4 davon ausgegangen, daß im materieerfüllten Raum zur Stromdichte allein die von den bewegten Trägern tatsächlich transportierten Ladungen beitragen. Damit gilt

$$\boldsymbol{j} = \sigma \boldsymbol{E} = N_e e \overline{\dot{\boldsymbol{r}}}\,. \qquad \text{(B.2.2.2.1-8)}$$

Hierin bedeuten $\boldsymbol{j}$ die im Plasma anzutreffende lokale Stromdichte und $\boldsymbol{E}$ die entsprechende lokale Feldstärke. Im Unterschied hierzu ist im äußeren Leiterkreis die Stromdichte um einen mit dem Vakuumfeld verknüpften Verschiebungsstromanteil modifiziert (!).

Die (mittlere) Geschwindigkeit $\overline{\dot{\boldsymbol{r}}}$ der geordneten Elektronenbewegung unter der Einwirkung eines periodischen Wechselfeldes $\sim \exp(i\omega t)$ kann für ein homogenes Plasma (grad $N = 0$) wiederum aus der (hier magnetfeldfreien) Bewegungsgleichung (Gl. B.2.2.1-2) zu

$$\overline{\dot{\boldsymbol{r}}} = -\,i\omega\frac{e}{m_e}\cdot\frac{\boldsymbol{E}}{\omega(\omega - i\nu_e)} \qquad \text{(B.2.2.2.1-9)}$$

berechnet werden.

Da im magnetfeldfreien Plasma die Trägerbewegung streng in Richtung des treibenden elektrischen Wechselfeldes erfolgt und dementsprechend auch die Stromdichte parallel zu diesem gerichtet ist, folgt daraus mit Gleichung B.2.2.2.1-8 unter Beachtung von Gleichung B.2.1.1-3 für die Leitfähigkeit des magnetfeldfreien Plasmas ziemlich direkt

$$\sigma = -\frac{i}{4\pi}\cdot\frac{\omega_{e0}^2}{\omega - i\nu_e} = \frac{\nu_e\omega_{e0}^2}{4\pi(\omega^2 + \nu_e^2)} - i\frac{\omega_{e0}^2\omega}{4\pi(\omega^2 + \nu_e^2)}\,. \qquad \text{(B.2.2.2.1-10)}$$

Die (im magnetfeldfreien Fall natürlich ebenfalls isotrope) elektrische Leitfähigkeit des Plasmas ist also im allgemeinen komplex und außer von der Elektronenkonzentration (bzw. Plasmaelektroneneigenfrequenz ω_{e0}) in verwickelter Weise von Arbeitsfrequenz ω und Stoßfrequenz ν_e abhängig.

Für stoßarme Verhältnisse ($\nu_e \ll \omega$) wird sie rein imaginär. Für sehr ionisationsschwache Plasmen ($N_e \sim \omega_{e0}^2 \to 0$) sowie für sehr hohe Arbeitsfrequenzen ($\omega \gg \omega_{e0}$) wird sie sogar Null. Das Plasma wirkt dann wie ein idealer Isolator (Luft, Vakuum). Für außerordentlich niedrige Arbeitsfrequenzen ($\omega \to 0$) schließlich wird sie rein reell und geht damit unter Berücksichtigung von Gleichung B.1.2.2-4 (Trägerbeweglichkeit) in die bekannte Gleichstromleitfähigkeit

$$\sigma_{(=)} = N_e e b_e = \frac{\omega_{e0}^2}{4\pi\nu_e} \qquad \text{(B.2.2.2.1-11)}$$

über.

Für stoßbestimmte Verhältnisse ($\nu_e \gg \omega$) kann anstelle von Gleichung B.2.2.2.1-10 näherungsweise

$$\sigma \approx \frac{\omega_{e0}^2}{4\pi\nu_e} - i\frac{\omega_{e0}^2\omega}{4\pi\nu_e^2} \approx \frac{\omega_{e0}^2}{4\pi\nu_e} \qquad \text{(B.2.2.2.1-12)}$$

benutzt werden.

Der Vergleich von Gleichung B.2.2.2.1-5 (Dielektrizitätskonstante) und Gleichung B.2.2.2.1-10 (elektrische Leitfähigkeit) ergibt unmittelbar folgenden (allgemeingültigen) Zusammenhang zwischen komplexer Dielektrizitätskonstante und komplexer elektrischer Leitfähigkeit des Plasmas:

$$\sigma = \frac{i\omega}{4\pi}(\varepsilon - 1) \qquad \text{(B.2.2.2.1-13a)}$$

bzw.

$$\varepsilon = 1 - i\frac{4\pi}{\omega}\sigma\,. \qquad \text{(B.2.2.2.1-13b)}$$

Durch diesen eindeutigen Zusammenhang wird die Feststellung erhärtet, daß im Plasma dielektrisches Verhalten und elektrische Leitfähigkeit unmittelbar und untrennbar miteinander verknüpft sind.

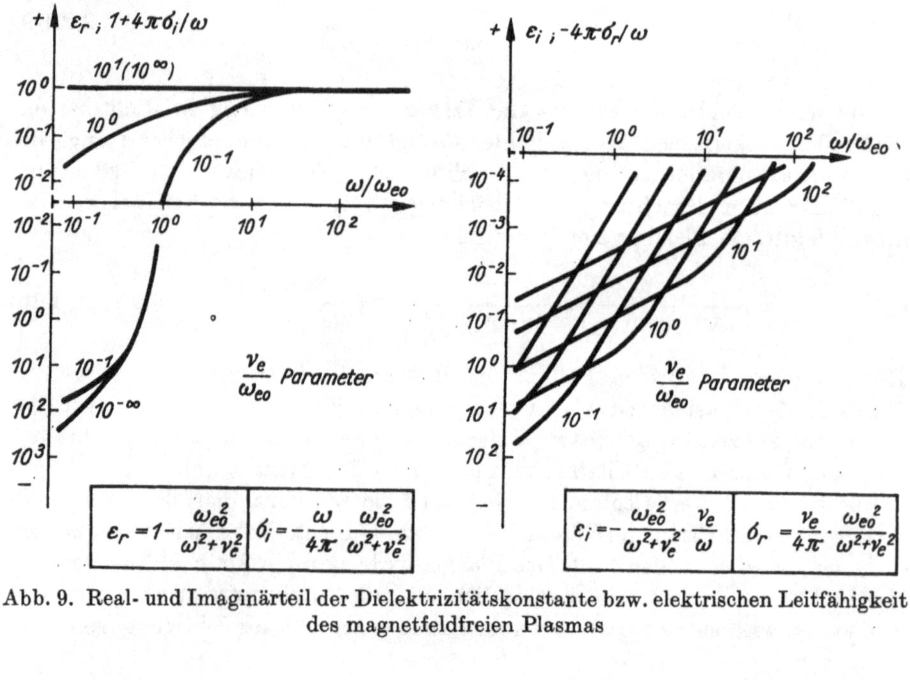

Abb. 9. Real- und Imaginärteil der Dielektrizitätskonstante bzw. elektrischen Leitfähigkeit des magnetfeldfreien Plasmas

Zur Veranschaulichung der Verhältnisse sind in den Abbn. 9 Real- und Imaginärteil der Dielektrizitätskonstante und der elektrischen Leitfähigkeit des magnetfeldfreien Plasmas in Abhängigkeit vom Verhältnis ω/ω_{e0} mit ν_e/ω_{e0} als Parameter dargestellt.
Wie man sieht, gestaltet sich das Hochfrequenzverhalten des Plasmas ziemlich kompliziert. In jedem Fall wird der Realteil der Dielektrizitätskonstante für

$$\omega = \sqrt{\omega_{e0}^2 - \nu_e^2}$$

gleich Null. Für höhere Arbeitsfrequenzen ist der Realteil der Dielektrizitätskonstante positiv, und das Plasma zeigt kapazitive Eigenschaften. Für niedrigere Arbeitsfrequenzen ist der Realteil der Dielektrizitätskonstante negativ, und das Plasma wirkt induktiv.

B.2.2.2.2. Tensorielle Dielektrizitätskonstante und elektrische Leitfähigkeit des magnetfeldbehafteten Plasmas

Wegen des störenden Einflusses des Magnetfeldes auf die Elektronenbewegung in magnetfeldbehafteten Plasmen werden in diesen Dielektrizitätskonstante und elektrische Leitfähigkeit (als Materialeigenschaften) anisotrop, also außer von der Größe des Magnetfeldes auch von dessen Richtung abhängig. Bekanntlich läßt sich eine solche Anisotropie der Materialeigenschaften bequem mit Hilfe von Tensoren beschreiben. Dazu genügt es, in den natürlich nach wie vor geltenden Definitionsgleichungen (Gl. B.2.2.1-3 u. 4) die Dielektrizitätskonstante $\tilde{\varepsilon}$ und elektrische Leitfähigkeit $\tilde{\sigma}$ als Tensoren[1]) aufzufassen:

$$D = \tilde{\varepsilon}\boldsymbol{E} = \boldsymbol{E} + 4\pi\boldsymbol{P}\,, \qquad \text{(B.2.2.2.2-1)}$$

$$\boldsymbol{j} = \tilde{\sigma}\boldsymbol{E} = N_e e\dot{\bar{\boldsymbol{r}}}\,. \qquad \text{(B.2.2.2.2-2)}$$

Der Umstand, daß in solchen Plasmen wegen der Wirkung des Magnetfeldes die Elektronenbewegung nicht mehr nur in Richtung des treibenden elektrischen Feldes erfolgt, sondern genauso wie Polarisation $\boldsymbol{P}$ und Stromdichte $\boldsymbol{j}$ auch eine Komponente senkrecht zum treibenden elektrischen Feld aufweist, kann durch Einführung des Suszeptibilitätstensors $\tilde{\chi}$ berücksichtigt werden. Dieser beschreibt die Abhängigkeit der für unsere Betrachtung grundlegend wichtigen Polarisation bzw. Stromdichte vom treibenden elektrischen Feld gemäß

$$\boldsymbol{P} = N_e e\bar{\boldsymbol{r}} = \tilde{\chi}\boldsymbol{E} \qquad \text{(B.2.2.2.2-3)}$$

bzw.

$$\boldsymbol{j} = N_e e\dot{\bar{\boldsymbol{r}}} = i\omega\tilde{\chi}\boldsymbol{E}\,. \qquad \text{(B.2.2.2.2-4)}$$

Damit reduziert sich die Bestimmung der Dielektrizitätskonstante und elektrischen Leitfähigkeit auf die Berechnung dieser tensoriellen Suszeptibilität ent-

---

[1]) Der Tensorcharakter dieser Größen wird im folgenden durch eine Tilde angedeutet: $\tilde{\varepsilon}$, $\tilde{\sigma}$.

sprechend

$$\tilde{\varepsilon} = 1 + 4\pi\tilde{\chi} \qquad \text{(B.2.2.2.2-5a)}$$

bzw.

$$\tilde{\sigma} = i\omega\tilde{\chi} \,. \qquad \text{(B.2.2.2.2-5b)}$$

Daraus folgt unmittelbar, daß auch im magnetfeldbehafteten Fall für die tensoriellen Größen Dielektrizitätskonstante und elektrische Leitfähigkeit der bereits in den Gleichungen B.2.2.2.1-13a und b formulierte Zusammenhang bestehen bleibt.

Mit Einführung dieser Suszeptibilität folgt für ein magnetfeldbehaftetes homogenes Plasma (grad $N = 0$) aus der die geordnete Bewegung der Elektronen unter der kombinierten Wirkung eines periodischen elektrischen Wechselfeldes und eines stationären Magnetfeldes beschreibenden Bewegungsgleichung für ein mittleres Teilchen (Gl. B.2.2.1-2)

$$m_e\bar{\ddot{\boldsymbol{r}}} = -m_e\nu_e\bar{\dot{\boldsymbol{r}}} + e\left(\boldsymbol{E} + \frac{1}{c}\bar{\dot{\boldsymbol{r}}} \times \boldsymbol{H}\right)$$

$$= -m_e\nu_e\bar{\dot{\boldsymbol{r}}} + e\hat{E}_0 \exp(i\omega t)\,\boldsymbol{e}_x + \frac{e}{c}\bar{\dot{\boldsymbol{r}}} \times \boldsymbol{H} \qquad \text{(B.2.2.2.2-6)}$$

und nach etwas umständlicher Umrechnung

$$\left(1 - i\frac{\nu_e}{\omega}\right)\boldsymbol{P} + \frac{N_e e^2}{m_e\omega^2}\boldsymbol{E} + i\frac{e}{m_e c\omega}(\boldsymbol{P} \times \boldsymbol{H}) = 0$$

bzw. nach Einführung folgender Abkürzungen

$$\frac{4\pi N_e e^2}{m_e\omega^2} = \frac{\omega_{e0}^2}{\omega^2} = X\,, \qquad \text{(B.2.2.2.2-7a)}$$

$$\frac{e\boldsymbol{H}}{m_e c\omega} = \frac{\boldsymbol{\omega}_{eH}}{\omega} = \boldsymbol{Y}\,, \qquad \text{(B.2.2.2.2-7b)}$$

$$\frac{\nu_e}{\omega} = Z\,, \qquad \text{(B.2.2.2.2-7c)}$$

$$1 - i\frac{\nu_e}{\omega} = 1 - iZ = U \qquad \text{(B.2.2.2.2-7d)}$$

(sogenannte Ratcliffe-Symbolik (z. B. Ratcliffe, 1959)) schließlich

$$U\boldsymbol{P} + \frac{1}{4\pi}X\boldsymbol{E} + i(\boldsymbol{P} \times \boldsymbol{H}) = 0\,. \qquad \text{(B.2.2.2.2-8)}$$

Aus den drei Komponentengleichungen dieser Vektorgleichung lassen sich dann unter Berücksichtigung von Gleichung B.2.2.2.2-3 bzw. 4 mit

$$P_x = \chi_{11}E_x + \chi_{12}E_y + \chi_{13}E_z\,,$$
$$P_y = \chi_{21}E_x + \chi_{22}E_y + \chi_{23}E_z\,,$$
$$P_z = \chi_{31}E_x + \chi_{32}E_y + \chi_{33}E_z$$

die Komponenten des Suszeptibilitätstensors $\tilde{\chi}$ bestimmen.

Für den die Allgemeinheit nicht einschränkenden Fall, daß das Magnetfeld nur eine z-Komponente hat ($H_x = 0$, $H_y = 0$, $H_z = H \neq 0$), ergibt sich so für den Suszeptibilitätstensor des magnetfeldhehafteten Plasmas

$$\tilde{\chi} = \frac{1}{4\pi}\begin{Bmatrix} -XU/(U^2 - Y^2) & -iXY/(U^2 - Y^2) & 0 \\ +iXY/(U^2 - Y^2) & -XU/(U^2 - Y^2) & 0 \\ 0 & 0 & -X/U \end{Bmatrix}. \qquad \text{(B.2.2.2.2-9)}$$

Aus diesem folgt unmittelbar für den Dielektrizitätstensor $\tilde{\varepsilon}$ bzw. den Leitfähigkeitstensor $\tilde{\sigma}$ nach Gleichung B.2.2.2.2-5a und b

$$\tilde{\varepsilon} = \begin{Bmatrix} 1 - XU/(U^2 - Y^2) & -iXY/(U^2 - Y^2) & 0 \\ +iXY/(U^2 - Y^2) & 1 - XU/(U^2 - Y^2) & 0 \\ 0 & 0 & 1 - X/U \end{Bmatrix} \qquad \text{(B.2.2.2.2-10)}$$

und

$$\tilde{\sigma} = \frac{i\omega}{4\pi}\begin{Bmatrix} -XU/(U^2 - Y^2) & -iXY/(U^2 - Y^2) & 0 \\ +iXY/(U^2 - Y^2) & -XU/(U^2 - Y^2) & 0 \\ 0 & 0 & -X/U \end{Bmatrix}. \qquad \text{(B.2.2.2.2-11)}$$

Im Spezialfall der Magnetfeldfreiheit ($\boldsymbol{H} = 0$ bzw. $\boldsymbol{Y} = 0$) bleiben nur die Diagonalelemente von Null verschieden. Dielektrizitätskonstante und elektrische Leitfähigkeit entarten dann wieder in (komplexe) Skalare (isotropes Plasma!):

$$\varepsilon = 1 - \frac{X}{U} = 1 - \frac{\omega_{e0}^2}{\omega(\omega - i\nu_e)} \qquad \text{(vgl. Gl. B.2.2.2.1-5)},$$

$$\sigma = -\frac{i\omega}{4\pi}\cdot\frac{X}{U} = -\frac{i}{4\pi}\cdot\frac{\omega_{e0}^2}{\omega - i\nu_e} \qquad \text{(vgl. Gl. B.2.2.2.1-10)}.$$

Naturgemäß interessieren in der diagnostischen Praxis Dielektrizitätskonstante bzw. elektrische Leitfähigkeit des magnetfeldbehafteten Plasmas meist nur in Richtung des treibenden elektrischen Wechselfeldes. Um diese Größen aus der obigen Tensordarstellung für den Fall, daß elektrisches Wechselfeld und Magnetfeld einen Winkel ψ miteinander bilden, berechnen zu können, greifen wir auf die Definitionsgleichungen (Gl. B.2.2.2.1-1 bzw. 8) zurück:

$$\boldsymbol{D} = \tilde{\varepsilon}\boldsymbol{E} = (\varepsilon_{11}E_x + \varepsilon_{12}E_x)\,\boldsymbol{e}_x + (\varepsilon_{21}E_x + \varepsilon_{22}E_y)\,\boldsymbol{e}_y + \varepsilon_{33}E_z\boldsymbol{e}_z\,,$$

$$\boldsymbol{j} = \tilde{\sigma}\boldsymbol{E} = (\sigma_{11}E_x + \sigma_{12}E_y)\,\boldsymbol{e}_x + (\sigma_{21}E_x + \sigma_{22}E_y)\,\boldsymbol{e}_y + \sigma_{33}E_z\boldsymbol{e}_z\,.$$

Skalare Multiplikation mit $\boldsymbol{E}$ liefert

$$\boldsymbol{D}\bullet\boldsymbol{E} = \tilde{\varepsilon}\boldsymbol{E}^2 = \varepsilon_{11}E_x^2 + \varepsilon_{12}E_xE_y + \varepsilon_{21}E_xE_y + \varepsilon_{22}E_y^2 + \varepsilon_{33}E_z^2$$

bzw.

$$\boldsymbol{j}\bullet\boldsymbol{E} = \tilde{\sigma}\boldsymbol{E}^2 = \sigma_{11}E_x^2 + \sigma_{12}E_xE_y + \sigma_{21}E_xE_y + \sigma_{22}E_y^2 + \sigma_{33}E_z^2\,.$$

Wegen $\varepsilon_{12} = -\varepsilon_{21}$ und $\varepsilon_{11} = \varepsilon_{22}$ bzw. $\sigma_{12} = -\sigma_{21}$ und $\sigma_{11} = \sigma_{22}$ folgt daraus für Dielektrizitätskonstante und Leitfähigkeit in Richtung des elektrischen Wechselfeldes

$$\tilde{\varepsilon} = \varepsilon_{11} \frac{E_x^2 + E_y^2}{E^2} + \varepsilon_{33} \frac{E_z^2}{E^2}$$

bzw.

$$\tilde{\sigma} = \sigma_{11} \frac{E_x^2 + E_y^2}{E^2} + \sigma_{33} \frac{E_z^2}{E^2}.$$

Da die Komponente der elektrischen Feldstärke in Richtung des Magnetfeldes (z-Richtung) voraussetzungsgemäß $E_z = E \cos \psi$ bzw. $E_z^2 = E^2 \cos^2 \psi$ beträgt und damit

$$E_x^2 + E_y^2 = E^2 \sin^2 \psi = E^2(1 - \cos^2 \psi)$$

ist, ergibt sich dafür schließlich

$$\varepsilon_{||} = \varepsilon_{11} \sin^2 \psi + \varepsilon_{33} \cos^2 \psi = \left(1 - \frac{XU}{U^2 - Y^2}\right) \sin^2 \psi + \left(1 - \frac{X}{U}\right) \cos^2 \psi \qquad \text{(B.2.2.2.2-12)}$$

bzw.

$$\sigma_{||} = \sigma_{11} \sin^2 \psi + \sigma_{33} \cos^2 \psi = -\frac{i\omega}{4\pi}\left(\frac{XU}{U^2 - Y^2} \sin^2 \psi + \frac{X}{U} \cos^2 \psi\right). \qquad \text{(B.2.2.2.2-13)}$$

Für $\psi = 0$ (Magnetfeld in Richtung des elektrischen Wechselfeldes) folgt daraus speziell

$$\varepsilon_{(E||H)} = 1 - \frac{X}{U} = 1 - \frac{\omega_{e0}^2}{\omega(\omega - i\nu_e)} \qquad \text{(vgl. Gl. B.2.2.2.1-5)}$$

bzw.

$$\sigma_{(E||H)} = -\frac{i\omega}{4\pi} \cdot \frac{X}{U} = -\frac{i}{4\pi} \cdot \frac{\omega_{e0}^2}{\omega - i\nu_e} \qquad \text{(vgl. Gl. B.2.2.2.1-10)},$$

also keine Beeinflussung durch das Magnetfeld;
für $\psi = \pi/2$ (Magnetfeld senkrecht zum elektrischen Wechselfeld) jedoch

$$\varepsilon_{(E\perp H)} = 1 - \frac{XU}{U^2 - Y^2} = 1 - \frac{\omega_{e0}^2(\omega - i\nu_e)}{\omega[(\omega - i\nu_e)^2 - \omega_{eH}^2]} \qquad \text{(B.2.2.2.2-14)}$$

bzw.

$$\sigma_{(E\perp H)} = -\frac{i\omega}{4\pi} \cdot \frac{XU}{U^2 - Y^2} = -\frac{i}{4\pi} \cdot \frac{\omega_{e0}^2(\omega - i\nu_e)}{[(\omega - i\nu_e)^2 - \omega_{eH}^2]}, \qquad \text{(B.2.2.2.2-15)}$$

also eine starke Abhängigkeit vom Magnetfeld.

Hinsichtlich der Anwendbarkeit der abgeleiteten Beziehungen für die Materialeigenschaften Dielektrizitätskonstante und elektrische Leitfähigkeit mögen noch die folgenden Bemerkungen nützlich sein:
Bei der Ableitung dieser Beziehungen wurden quasistationäre Verhältnisse angenommen. Dies schränkt die Anwendbarkeit dieser Beziehungen auf solche Frequenzen ein, für die im betrachteten Plasmavolumen noch keine Retardie-

rung des elektrischen Feldes eintritt. Mit l als charakteristische Abmessung des interessierenden Plasmavolumens (Meßvolumen) und c als Vakuumlichtgeschwindigkeit muß daher

$$\omega \ll \frac{c}{l} \tag{B.2.2.2.2-16}$$

gelten, d. h. für Meßvolumenabmessungen der Größenordnung 10 cm,

$$\omega \ll 3 \cdot 10^9 \text{ Hz} = 3 \text{ GHz}$$

gewährleistet bleiben.

Bei der Ableitung blieben weiterhin Laufzeiteffekte der Elektronen im interessierenden Plasmavolumen (Meßvolumen) unberücksichtigt. Nach SALPETER und MAKINSON (SALPETER u. MAKINSON, 1949) führen diese jedoch zu einer Modifikation des dielektrischen Verhaltens, die nur vernachlässigt werden darf für

$$\omega \gg \frac{\overline{v_e}}{l} \tag{B.2.2.2.2-17}$$

($\overline{v_e}$ mittlere thermische Geschwindigkeit der Plasmaelektronen), d. h. z. B. bei Meßvolumenabmessungen der Größenordnung 10 cm und thermischen Elektronengeschwindigkeiten von etwa 10^7 cm s^{-1} (entsprechend einer Elektronentemperatur von 3000 K) für

$$\omega \gg 10^6 \text{ Hz} = 1 \text{ MHz}\,.$$

Auf den solcherart eingeengten Frequenzbereich

$$\frac{\overline{v_e}}{l} \ll \omega \ll \frac{c}{l} \tag{B.2.2.2.2-18}$$

ist daher die Anwendbarkeit der abgeleiteten einfachen Beziehungen für Dielektrizitätskonstante und Leitfähigkeit beschränkt, d. h. in der extraterrestrischen Sondendiagnostik auf Frequenzen im Bereich

$$10^6 \text{ Hz} \ll \omega \ll 3 \cdot 10^9 \text{ Hz}\,.$$

Mit dieser Einschränkung wird gleichzeitig der mit der Vernachlässigung des Einflusses der Ionenkomponente verbundenen Forderung entsprochen, daß die Arbeitsfrequenz ausreichend viel größer als die Plasmaioneneigenfrequenz[1]) sein muß. Letztere liegt unter extraterrestrischen Bedingungen auch in ungünstigen Fällen (hohe Ionenkonzentration (10^6 cm^{-3}) und geringe Ionenmasse (Wasserstoff!)) immer unter 10^5 Hz.

B.2.2.3. Die Äquivalentkreistheorie des Plasmas

Da das Plasma ein schwingungs- und resonanzfähiges Gebilde ist, lassen sich seine Hochfrequenzeigenschaften auch auf der Grundlage und mit den Mitteln

[1]) Vergleiche Fußnote auf S. 93 und Abschnitt B.2.2.1.

der Schwingkreistheorie der Elektrotechnik beschreiben. Dazu wird das Plasma als ein elektrischer Schwingkreis, der den Plasmaeigenschaften entsprechend bemessen ist, aufgefaßt.

Um Schwingungs- und Resonanzfähigkeit zu gewährleisten, muß ein solches Äquivalentnetzwerk auf jeden Fall gleichzeitig induktive und kapazitive Komponenten besitzen; um die Energiedissipation im Plasma zu erfassen zusätzlich resistive. Aus Gründen der Übersichtlichkeit und Einfachheit der mathematischen Behandlung ist es zweckmäßig, sich im fraglichen Ersatzschaltkreis auf möglichst wenige Komponenten zu beschränken. Wie im folgenden noch deutlich wird, reicht es zur Beschreibung des Schwingungs-, Resonanz- und Dämpfungsverhaltens eines homogenen Plasmas tatsächlich aus, den betreffenden Äquivalentschaltkreis aus den drei Komponenten Kapazität, Induktivität und Widerstand aufzubauen.

Zur Berechnung des fraglichen Äquivalentschaltkreises wird das System Sondenelektrode-Plasma-Gegenelektrode als ein plasmagefüllter Kondensator (Plasmakondensator) aufgefaßt. Bedeuten dann C_0 die Vakuumkapazität des Elektrodensystems und ε_P die (skalare) Dielektrizitätskonstante der vorerst als magnetfeldfrei angenommenen Plasmafüllung, so läßt sich, wie aus der theoretischen Elektrotechnik bekannt ist, für den (komplexen) Leitwert $\tilde{G}_P$ dieses Plasmakondensators schreiben:

$$\tilde{G}_P = i\omega C_P = i\omega\varepsilon_P C_0 \,. \qquad \text{(B.2.2.3-1)}$$

Dieser muß nach dem Konzept der Äquivalentkreistheorie mit dem Leitwert $\tilde{G}$ eines entsprechenden Ersatzschaltkreises identisch sein. Letzterer läßt sich bekanntlich für jede Anordnung der drei Komponenten Kapazität C, Induktivität L und Widerstand R nach den Vorschriften der Wechselstromtechnik leicht berechnen.

Durch Vergleich von Real- und Imaginärteil ergeben sich dann zwei Beziehungen zwischen den Komponenten der Dielektrizitätskonstante des Plasmas bzw. den in diesen enthaltenen Plasmaparametern. Auf diese Weise lassen sich jedoch nur zwei der Ersatzkreiskomponenten bestimmen, während die dritte als unbestimmter Parameter erhalten bleibt. Um trotzdem eindeutige Aussagen machen zu können, ist es daher zweckmäßig, eine der Komponenten des Ersatzschaltkreises, naheliegenderweise die Kapazität, mit der Vakuumkapazität des Plasmakondensators zu identifizieren. Induktivität und Widerstand des Ersatzschaltkreises werden dann eindeutige Funktionen der in der Dielektrizitätskonstante des Plasmas enthaltenen Plasmaparameter.

Für den Aufbau von Ersatzschaltkreisen aus den drei Komponenten C_0, L und R gibt es acht verschiedene Möglichkeiten. In sieben von ihnen indessen hängen Induktivität und Widerstand im allgemeinen außer von den Plasmaparametern ω_{e0} (Plasmaelektroneneigenfrequenz) und ν_e (Stoßfrequenz) auch von der Arbeitsfrequenz ω ab (vgl. Abb. 10). Nur in einem einzigen Fall, dem Fall des Parallelresonanzkreises mit Wirkwiderstand im Induktivitätszweig, bleiben Induktivität und Widerstand unabhängig von der Arbeitsfrequenz und

Ersatzschaltkreis C, L, R	Kapazität C_P	Induktivität L_P	Wirkwiderstand R_P	R_P/L_P
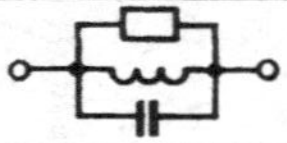	C_0	$\frac{\omega^2 + \nu_e^2}{C\omega_{e0}^2\omega^2}$	$\frac{\omega^2 + \nu_e^2}{C_0\omega_{e0}^2\nu_e}$	$\frac{\omega^2}{\nu_e}$
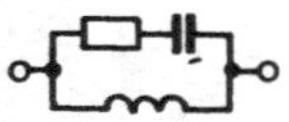	C_0	$\frac{\omega^2 + \nu_e^2}{C_0\omega^2\left\{\omega_{e0}^2 - (\omega^2 + \nu_e^2)\left[\frac{1}{2} - \frac{1}{2}\sqrt{\ldots}\right]\right\}}$	$\frac{(\omega^2 + \nu_e^2)\left[1 - \sqrt{1 - \frac{4\omega_{e0}4\nu_e^2}{(\omega^2 + \nu_e^2)^2\,\omega^2}}\right]}{2\,C_0\,\omega_{e0}^2\nu_e}$	...
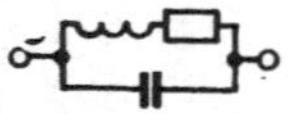	C_0	$\frac{1}{C_0\omega_{e0}^2}$ frequenzunabhängig!	$\frac{\nu_e}{C_0\omega_{e0}^2}$ frequenzunabhängig!	ν_e frequenzunabhängig!
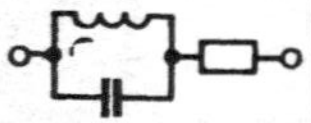	C_0	$\frac{\omega_{e0}^2 - (\omega^2 + \nu^2)}{C_0\omega_{e0}^2(\omega_{e0}^2 - \omega^2)}$	$\frac{\omega_{e0}^2\nu_e}{C_0[(\omega^2 - \omega_{e0}^2)^2 + \omega^2\nu_e^2]}$	$\frac{\nu_e\omega_{e0}^4(\omega^2 - \omega_{e0}^2)}{[(\omega^2 - \omega^2_{,0})^2 + \omega^2\nu_e^2]\,(\omega^2 - \omega_{e0}^2 + \nu_e^2)}$
	C_0	$\frac{\omega_{e0}^2(\omega_{e0}^2 - \omega^2)}{C_0\omega^2[(\omega^2 - \omega_{e0}^2) + \omega^2\nu_e^2]}$	$\frac{\omega_{e0}^2\nu_e}{C_0[(\omega^2 - \omega_{e0}^2)^2 + \omega^2\nu_e^2]}$	$\frac{\nu_e\omega^2}{\omega_{e0}^2 - \omega^2}$
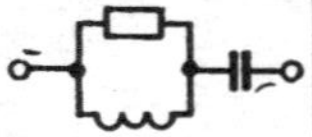	C_0	$\frac{\omega_0^2}{C\omega^2(\omega_{e0}^2 - \omega^2)}$	$\frac{\omega_{e0}^2}{C_0\omega^2\nu_e}$	$\frac{\omega_{e0}^2 - \omega^2}{\nu_e}$
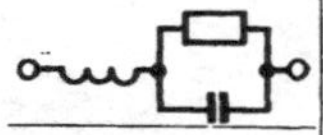	C_0	$\frac{\omega_{e0}^2 - \omega^2}{C_0[(\omega^2 - \omega_{e0}^2)^2 + \omega^2\nu_e^2]}$	$\frac{\nu_e}{C_0\omega_{e0}^2}$	$\frac{\nu_e[\omega^2 - \omega_{e0}^2)^2 + \omega^2\nu_e^2]}{\omega_{e0}^2(\omega_{e0}^2 - \omega^2)}$
	C_0	$\frac{\omega_{e0}^2}{C_0\omega^2[\omega_{e0}^2 - (\omega^2 + \nu_e^2)]}$	$\frac{\omega^2 + \nu_e^2}{C_0\omega_{e0}^2\nu_e}$	$\frac{(\omega^2 + \nu_e^2)\,\omega^2[\omega_{e0}^2 - (\omega^2 + \nu_e^2)]}{\omega_{e0}^4\nu_e}$

Resonanz immer bei $\omega_{\text{res}} = \sqrt{\omega_{e0}^2 - \nu_e^2}$

Abb. 10. Die verschiedenen Möglichkeiten des Ersatzes eines magnetfeldfreien Plasmas durch dreikomponentige Schwingkreise damit allein Funktionen der Plasmaparameter. Dieser Parallelresonanzkreis (Abb. 11) ist daher zur Beschreibung der Hochfrequenzeigenschaften des magnetfeldfreien Plasmas besonders geeignet und wird deshalb in der Äquivalentkreistheorie ausschließlich verwendet.

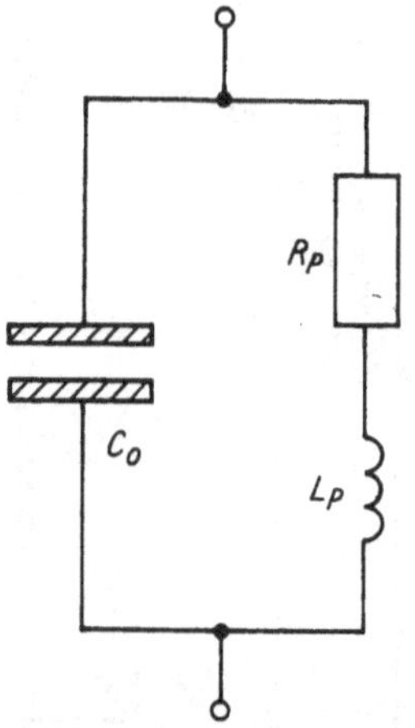

C_0 Vakuumkapazität des Elektrodensystems
ω_{e0} Plasmaelektroneneigenfrequenz
ν_e Stoßfrequenz (effektive)

$R_P = \frac{1}{C_0} \cdot \frac{\nu_e}{\omega_{e0}^2}$	Wirkwiderstand
$L_P = \frac{1}{C_0} \cdot \frac{1}{\omega_{e0}^2}$	Induktivität

Abb. 11. Der Parallelresonanzkreis als Äquivalentkreis des magnetfeldfreien Plasmas

Für diesen Parallelschwingkreis, der also aus der Parallelschaltung der Vakuumkapazität C_0 der Elektrodenanordnung mit einer Reihenschaltung von Induktivität L und Wirkwiderstand R besteht, ergibt sich nach den Regeln der Wechselstromtechnik als (komplexer) Leitwert

$$\tilde{G} = \frac{1}{R + i\omega L} + i\omega C_0 = \frac{R}{R^2 + \omega^2 L^2} + i\left(\omega C_0 - \frac{\omega L}{R^2 + \omega^2 L^2}\right). \qquad \text{(B.2.2.3-2)}$$

Durch Gleichsetzen dieses Ausdrucks mit dem Leitwert des Plasmakondensators (Gl. B.2.2.3-1) und Trennung von Real- und Imaginärteil folgen unmittelbar die noch unbekannten Äquivalentkreiskomponenten L_P und R_P in Abhängigkeit von den Plasmaparametern.

Für magnetfeldfreie Plasmen (Dielektrizitätskonstante des magnetfeldfreien Plasmas gemäß Gl. B.2.2.2.1-5) ergibt sich so

$$R_P = \frac{\nu_e}{\omega_{e0}^2 C_0} = \frac{m_e \nu_e}{4\pi N_e e^2 C_0}, \qquad \text{(B.2.2.3-3)}$$

$$L_P = \frac{1}{\omega_{e0}^2 C_0} = \frac{m_e}{4\pi N_e e^2 C_0}. \qquad \text{(B.2.2.3-4)}$$

Widerstand R_P und Induktivität L_P des Äquivalentnetzwerkes sind in diesem Fall nur von ω_{e0} und ν_e, d. h. von Elektronenkonzentration und Stoßfrequenz im Plasma abhängig. Widerstand und Induktivität sind um so kleiner, je größer die Elektronenkonzentration ist. Der Widerstand ist außerdem um so kleiner, je kleiner die Stoßfrequenz ist; für stoßarme Plasmen ($\nu_e \to 0$) wird er beliebig klein, die Induktivität dagegen bleibt in voller Größe erhalten.

Für magnetfeldbehaftete Plasmen (Dielektrizitätskonstante des Plasmas gemäß Gl. B.2.2.2.2-10) sind die Verhältnisse bedeutend komplizierter: In diesem Fall läßt sich wegen der Anisotropie der Dielektrizitätskonstante (Tensorcharakter) insbesondere für Elektrodenanordnungen mit inhomogener Feldstruktur der einfache Zusammenhang zwischen Leitwert und Dielektrizitätskonstante (Gl. B.2.2.3-1) nicht mehr ohne weiteres zur Berechnung der Äquivalentkreiskomponenten verwenden.[1]) Zum anderen scheint hier eine Beschränkung auf nur drei Äquivalentkreiskomponenten nicht immer sinnvoll. Detailliertere Untersuchungen hierzu sind von CRAWFORD und anderen (z. B. CRAWFORD, MANTEI u. TATARONIS, 1966) durchgeführt worden.

Für den Spezialfall eines homogenen elektrischen Wechselfeldes bzw. eines idealen planparallelen Plasmakondensators indessen läßt sich mit Hilfe der Gleichung B.2.2.2.2-12 und unter Verwendung der Abkürzungen

$$B_1 = \frac{X(1 + Z^2 + Y^2)}{(1 - Z^2 - Y^2)^2 + 4Z^2} \sin^2 \psi + \frac{X}{1 + Z^2} \cos^2 \psi\,, \qquad \text{(B.2.2.3-5a)}$$

$$B_2 = \frac{X(1 + Z^2 - Y^2)}{(1 - Z^2 - Y^2)^2 + 4Z^2} \sin^2 \psi + \frac{X}{1 + Z^2} \cos^2 \psi \qquad \text{(B.2.2.3-5b)}$$

(ψ bedeutet dabei den Winkel zwischen (homogenem) elektrischem Feld und (homogenem) Magnetfeld) leicht finden:

$$R_P = \frac{ZB_1}{\omega C_0(B_2^2 + Z^2 B_1^2)}\,, \qquad \text{(B.2.2.3-6)}$$

$$L_P = \frac{B_2}{\omega^2 C_0(B_2^2 + Z^2 B_1^2)}\,. \qquad \text{(B.2.2.3-7)}$$

Da die Abkürzungen B_1 und B_2 sowohl Betrag (Y) als auch Richtung (ψ) des Magnetfeldes enthalten, sind in diesem Fall auch die Ersatzkreiskomponenten R_P und L_P außer von den Plasmaparametern ω_{e0} und ν_e noch in verwickelter Weise von Größe und Betrag des wirkenden Magnetfeldes abhängig.
Nur für den Spezialfall $\psi = 0$ (Magnetfeld und treibendes elektrisches Wechselfeld parallel), in dem also elektrisches Feld und Magnetfeld völlig entkoppelt wirken, ergeben sich naturgemäß wieder die einfachen, in den Gleichungen B.2.2.3-3 und 4 enthaltenen Zusammenhänge.

Durch die Verwendung von nur drei Ersatzschaltkreiskomponenten bleibt die Anwendbarkeit dieser einfachen Äquivalentkreistheorie auf homogene (magnetfeldfreie) Plasmen beschränkt. Eine Ausdehnung der Äquivalentkreistheorie auf inhomogene Plasmen ist nur dadurch möglich, daß die Zahl der Komponen-

[1]) Die Anisotropie (Tensorcharakter) der Dielektrizitätskonstante magnetfeldbehafteter Plasmen stört bei inhomogener Feldstruktur vor allem insofern, als sich die Dielektrizitätskonstante (in Feldrichtung) von Ort zu Ort ändert und ihr Einfluß längs der Feldlinien somit integralen Charakter hat.

ten im Ersatznetzwerk erhöht wird. Ein naheliegender und besonders übersichtlicher Weg hierzu besteht darin, durch Parallel- oder Reihenschaltung mehrerer einfacher Parallelresonanzkreise kompliziertere Netzwerke aufzubauen. In Feldrichtung inhomogene Plasmen können so durch Reihenschaltungen mehrerer in ihren Komponenten abgestufter Grundnetzwerke, quer zur Feldrichtung inhomogene Plasmen ganz analog durch entsprechende Parallelschaltungen nachgebildet werden. Bei stetigem Verlauf der räumlichen Inhomogenitäten sind dazu natürlich nach Maßgabe der verlangten Beschreibungsgenauigkeit außerordentlich viele und entsprechend fein abgestufte Grundnetzwerke erforderlich. Die so entstehenden unendlichen Summen oder Integrale sind jedoch für den praktischen Gebrauch nicht besonders geeignet (z. B. Hall, 1963).

Von der Möglichkeit, in Feldrichtung inhomogene Plasmen durch eine Reihenschaltung geeignet bemessener Grundnetzwerke nachzubilden, wird im folgenden Abschnitt bei der Untersuchung des Einflusses der Plasmarandschichten auf das Schwingungs- und Resonanzverhalten des Plasmas Gebrauch gemacht.

B.2.3. Der Einfluß der (stationären) Plasmarandschichten auf das Schwingungs- und Resonanzverhalten des Plasmas

B.2.3.1. Die Erfassung des Randschichteinflusses mit Hilfe der Äquivalentkreistheorie

Bereits in Abschnitt B.1.1.3. über die Struktur der stationären Plasmarandschicht war auseinandergesetzt worden, daß (insbesondere im Fall von Plasmen mit höheren Trägerkonzentrationen) die Elektronenkonzentration in der Plasmarandschicht (Raumladungsschicht) von der außerhalb stärker abweicht. Gleichzeitig wurde dargelegt, daß sich jede in das Plasma eintauchende isolierte Elektrode aufgrund der höheren Beweglichkeit (bzw. kleineren Masse) der Elektronen negativ gegenüber dem Plasma (Plasmapotential; $V_P = 0$) auflädt und die entstehende Raumladungsschicht somit einen Überschuß an positiven Ladungen enthält (vgl. auch Abschn. B.1.4.4. u. Abschn. B.1.5.3.2.).

Zur Schaffung eines einer einfachen analytischen Behandlung zugänglichen Modells liegt es daher nahe, das fragliche Plasmavolumen (Elektrodenzwischenraum bzw. Feldvolumen des Plasmakondensators) in drei Gebiete mit quasi konstanter Konzentration aufzuteilen:

1. In die (positive) Raumladungsschicht vor der Meßelektrode mit stark verminderter Elektronenkonzentration,
2. in die (positive) Raumladungsschicht vor der Gegenelektrode mit ebenfalls stark verminderter Elektronenkonzentration und
3. in das verbleibende (quasineutrale) Gebiet des (relativ) ungestörten Plasmas.

Durch diese Aufteilung wird das reale inhomogene Plasma des Plasmakondensators durch ein der analytischen Beschreibung mit Hilfe der Äquivalentkreistheorie besser angepaßtes geschichtetes Plasma ersetzt. Wie die Erfahrung zeigt, ist ein solches Vorgehen hinsichtlich des Schwingungs- und Resonanzverhaltens nicht nur statthaft, sondern auch sehr vorteilhaft.

Nach den Ausführungen des letzten Abschnitts (Abschn. B.2.2.3.) kann einem solchen geschichteten Plasma ein Äquivalentnetzwerk zugeordnet werden, das aus der Reihenschaltung der den drei einzelnen Gebieten entsprechenden Grundnetzwerke gemäß Abb. 12 besteht. Zur Vereinfachung der weiteren Überlegungen

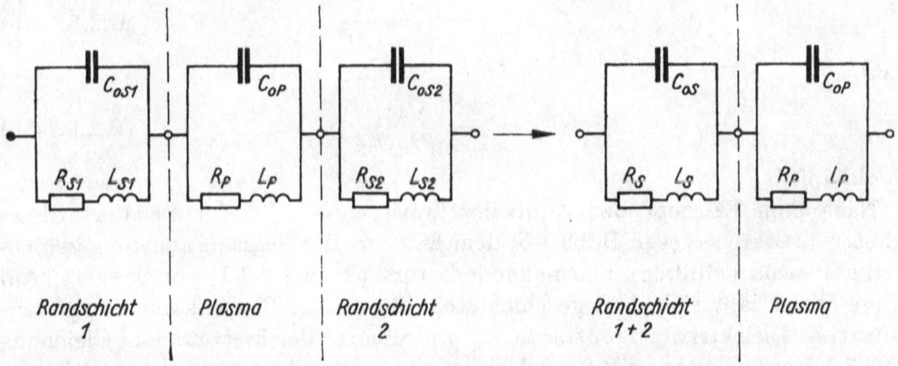

Abb. 12. Der Äquivalentschaltkreis des randschichtbehafteten (magnetfeldfreien) Plasmas

sollen dabei die beiden Ersatzschaltkreise, die die den Elektroden vorgelagerten Raumladungsschichten repräsentieren, mit

$$R_{S1} + R_{S2} = R_S\,, \tag{B.2.3.1-1}$$

$$L_{S1} + L_{S2} = L_S\,, \tag{B.2.3.1-2}$$

$$\frac{C_{S1}C_{S2}}{C_{S1} + C_{S2}} = C_S \tag{B.2.3.1-3}$$

gemäß Abb. 12 in einem zusammengefaßt werden. Dies erfordert, daß sich die Elektronenkonzentrationen und die Stoßfrequenzen in beiden Raumladungsschichten nicht wesentlich unterscheiden und bei Anwesenheit eines Magnetfeldes dieses in beiden Raumladungsschichten völlig gleichartig wirkt.
Unter dieser meist akzeptablen Bedingung zeigen beide Raumladungsschichten dann natürlich dasselbe dielektrische Verhalten:

$$\varepsilon_{S1} \approx \varepsilon_{S2} \approx \varepsilon_S\,. \tag{B.2.3.1-4}$$

Mit ε_P als Dielektrizitätskonstante des ungestörten Plasmas und ε_S als Dielektrizitätskonstante des Randschichtplasmas läßt sich dann der Leitwert des randschichtbehafteten Plasmakondensators, d. h. der Leitwert der Reihenschaltung der beiden verbliebenen Äquivalentkreise, sehr einfach gemäß

$$\widetilde{G} = \frac{\widetilde{G}_S\widetilde{G}_P}{\widetilde{G}_S + \widetilde{G}_P} = i\omega\,\frac{\varepsilon_S\varepsilon_P C_{0S}C_{0P}}{\varepsilon_S C_{0S} + \varepsilon_P C_{0P}} \tag{B.2.3.1-5}$$

schreiben. C_{0S} stellt hierin die gesamte Vakuumkapazität der Randschichten dar, C_{0P} ist die Vakuumkapazität des dem ungestörten Plasma verbleibenden Raumes; diese sind mit der Vakuumkapazität des gesamten Elektrodensystems C_0 natürlich gemäß

$$C_0 = \frac{C_{0S} C_{0P}}{C_{0S} + C_{0P}} \tag{B.2.3.1-6a}$$

bzw.

$$C_{0P} = \frac{C_0}{1 - (C_0/C_{0S})} \tag{B.2.3.1-6b}$$

bzw.

$$C_{0S} = \frac{C_0}{1 - (C_0/C_{0P})} \tag{B.2.3.1-6c}$$

verknüpft.

Nach dem Konzept der Äquivalentkreistheorie muß der Leitwert dieses Ersatzschaltkreises (vgl. B.2.3.1-5) dem Leitwert des (jetzt mit einem geschichteten Plasma gefüllten) Plasmakondensators (Gl. B.2.2.3-1) entsprechen. Auf diese Weise läßt sich dem geschichteten Plasma im Plasmakondensator eine effektive Dielektrizitätskonstante ε_{eff} zuordnen: Gleichsetzen von Gleichung B.2.3.1-5 und Gleichung B.2.2.3-1 liefert unter Berücksichtigung der Gleichungen B.2.3.1.-6a, b und c unmittelbar

$$\varepsilon_{\text{eff}}(C_{0P}; C_{0S}) = \frac{\varepsilon_S \varepsilon_P \, [1 + (C_{0S}/C_{0P})]}{\varepsilon_P + \varepsilon_S (C_{0S}/C_{0P})} \tag{B.2.3.1-7}$$

bzw.

$$\varepsilon_{\text{eff}}(C_0; C_{0P}) = \frac{\varepsilon_S \varepsilon_P}{\varepsilon_P + (\varepsilon_S - \varepsilon_P)\,(C_0/C_{0P})} \tag{B.2.3.1-8a}$$

$$= \frac{\varepsilon_S \varepsilon_P C_{0P}}{[1 - (C_0/C_{0P})]\,[\varepsilon_P C_{0P} + \varepsilon_S C_0/(1 - C_0/C_{0P})]} \tag{B.2.3.1-8b}$$

bzw.

$$\varepsilon_{\text{eff}}(C_0; C_{0S}) = \frac{\varepsilon_S \varepsilon_P}{\varepsilon_S + (\varepsilon_P - \varepsilon_S)\,(C_0/C_{0S})} \tag{B.2.3.1-9a}$$

$$= \frac{\varepsilon_S \varepsilon_P C_{0S}}{[1 - (C_0/C_{0S})]\,[\varepsilon_S C_{0S} + \varepsilon_P C_0/(1 - C_0/C_{0S})]}\,. \tag{B.2.3.1-9b}$$

Mit Hilfe dieser den Einfluß der Schichtung und damit der Plasmarandschichten pauschal erfassenden effektiven Dielektrizitätskonstanten ε_{eff} wird es auf sehr einfache Weise möglich, das Schwingungs- und Resonanzverhalten des randschichtbehafteten Plasmakondensators weiterzuverfolgen.

Für die Praxis hat es sich als zweckmäßig erwiesen, hierbei verschiedene Standardfälle der Randschichtstruktur zu unterscheiden.

B.2.3.2. Einfache Randschichtmodelle

Eingedenk des Umstandes, daß einerseits die Beschreibung des Hochfrequenzverhaltens des Plasmas durch eine Dielektrizitätskonstante in der dargelegten einfachen Weise durch die Voraussetzung $\operatorname{grad} N = 0$ auf annähernd homogene Plasmen beschränkt ist und daß andererseits nur sehr grob geschichtete Plasmen einer einfachen Erfassung mittels der Äquivalentkreistheorie zugänglich sind, darf bezüglich der Plasmarandschichtstruktur auf recht einfache Vorstellungen zurückgegriffen werden:

So ist es für den vorliegenden Zweck völlig ausreichend, die Plasmarandschichten mit den eigentlichen Raumladungsschichten zu identifizieren und damit für den gesamten Raum außerhalb dieser ungestörtes Plasma anzunehmen.

Bei ausgeprägten Raumladungsschichten darf weiterhin näherungsweise angenommen werden, daß die gesamte Raumladungsschicht völlig elektronenleer ist, also nur positive Ionen enthält. Da letztere wegen ihrer viel größeren Masse kaum zum dielektrischen Verhalten beitragen (vgl. Abschn. B.2.2.1.), wirken solche quasi elektronenleeren Raumladungsschichten auf das elektrische Wechselfeld wie ein Vakuum. Bei schwach ausgebildeten Raumladungsschichten muß natürlich andererseits berücksichtigt werden, daß die noch in ihnen enthaltenen Elektronen mit dem elektrischen Wechselfeld wechselwirken und damit auch einen gewissen Einfluß auf das dielektrische Verhalten des Plasmakondensators ausüben.

Diesen Vorstellungen entsprechend sind die beiden folgenden Randschichtmodelle von Interesse:

1. LANGMUIR*sches Randschichtmodell* (vgl. auch Abschn. B.1.4.1. und Abb. 4)

   Für sehr negative Elektrodenpotentiale sind die Raumladungsschichten (fast) völlig elektronenleer. Es darf dann (mit LANGMUIR) angenommen werden, daß sie auf elektrische Hochfrequenzfelder ähnlich wie ein idealer Isolator (Luft, Vakuum) wirken. Mit $N_e \sim \omega_{e0}^2 \to 0$ gilt dann für die Dielektrizitätskonstante solcher LANGMUIR-Randschichten sowohl im magnetfeldfreien als auch im magnetfeldbehafteten Fall

$$\varepsilon_S \approx 1. \qquad \text{(B.2.3.2-1)}$$

Die Dicke der LANGMUIRschen Randschichten kann nach Gleichung B.1.6.2-1 berechnet werden, sie ist vom Elektrodenpotential abhängig und von der Größenordnung der DEBYE-Länge (Gl. B.1.1.2-3). In Abb. 13 ist der einem mit solchen elektronenleeren Randschichten behafteten Plasmakondensator entsprechende Ersatzschaltkreis angegeben.

2. OYA*sches Randschichtmodell*

   Für wenig vom Plasmapotential abweichende (negative) Elektrodenpotentiale sind die Plasmarandschichten nur sehr wenig an Elektronen ver-

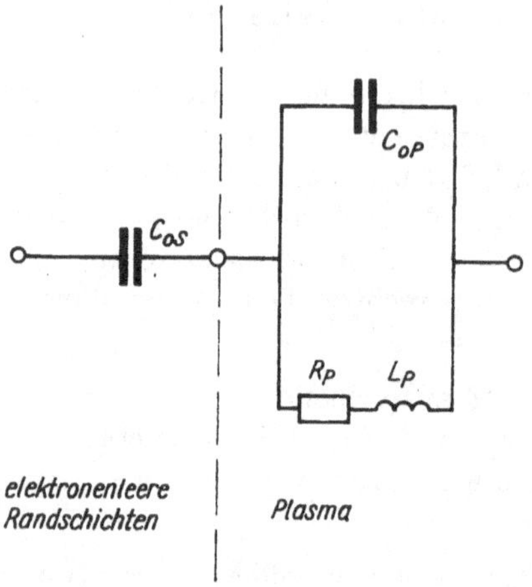

C_{0S} Vakuumkapazität der (elektronenleeren) Randschichten

C_{0P} Vakuumkapazität des plasmagefüllten Teils des Elektrodensystems

$R_P = \frac{1}{C_{0P}} \cdot \frac{\nu_e}{\omega_{e0}^2}$	Wirkwiderstand
$L_P = \frac{1}{C_{0P}} \cdot \frac{1}{\omega_{e0}^2}$	Induktivität
$R_S, L_S \to \infty$	für die Randschichten

Abb. 13. Der Äquivalentschaltkreis des mit (elektronenleeren) LANGMUIRschen Randschichten behafteten Plasmakondensators

armt. Die in den Randschichten verbliebene Elektronenkonzentration behält wesentlichen Einfluß auf die elektrischen Hochfrequenzfelder.

Beträgt mit OYA (z. B. OYA, 1965) die Elektronenkonzentration in solchen Randschichten

$$N_{eS} = N_{eP} \exp(eV/kT_e) = N_{eP}A \qquad (0 \leqq A \leqq 1) \qquad \text{(B.2.3.2-2)}$$

(A Elektronenfüllungsgrad), dann gilt wegen $N_{eP} \sim \omega_{e0}^2$ auch $N_{eS} \sim w_{e0}^2 \cdot A$ und damit für die Dielektrizitätskonstante solcher OYAschen Randschichten im magnetfeldfreien Fall

$$\varepsilon_S = (\varepsilon_P - 1)A + 1 = 1 - \frac{\omega_{e0}^2 A}{\omega^2 + \nu_e^2} - i\,\frac{\omega_{e0}^2 A}{\omega^2 + \nu_e^2} \cdot \frac{\nu_e}{\omega} \qquad \text{(B.2.3.2-3)}$$

und im magnetfeldbehafteten Fall (bei Homogenität des elektrischen Wechselfeldes, d. h. in einem idealen planparallelen Kondensator)

$$\varepsilon_S = \left(1 - \frac{XAU}{U^2 - Y^2}\right)\sin^2\psi + \left(1 - \frac{XA}{U}\right)\cos^2\psi\,. \qquad \text{(B.2.3.2-4)}$$

Da nach Gleichung B.2.3.2-2 die Elektronenkonzentration in der Randschicht als vom Elektrodenpotential abhängig angenommen wurde, kann dann (nach OYA) die Dicke einer solchen Randschicht als konstant, d. h. als spannungsunabhängig angesehen und gleich der DEBYE-Länge (Gl. B.1.1.2-3) gesetzt werden.

In Abb. 14 ist das der OYAschen Vorstellung entsprechende Randschichtmodell skizziert. Der dazugehörige Äquivalentschaltkreis entspricht dem der Abb. 12.

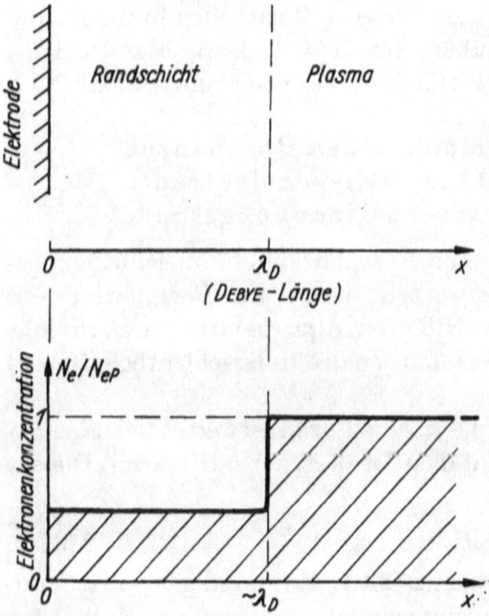

$$\frac{N_{eS}}{N_{eP}} = A = e^{-\frac{eV}{kT_e}}$$

A Elektronenfüllungsgrad der Randschicht
V Elektrodenpotential

$$N_{eP} \sim \omega_{e0}^2 \to N_{eS} \sim \omega_{e0}^2 A$$

Abb. 14. Das OYAsche Randschichtmodell

Im Fall der LANGMUIR-Randschicht reduziert sich (wegen $N_{eS} \sim \omega_{e0}^2 \cdot A \to 0$) das Ersatznetzwerk der Plasmarandschichten auf eine Vakuumkapazität der Größe C_{0S} (vgl. Abb. 13), im Fall der OYA-Randschicht jedoch wirken die Plasmarandschichten nach wie vor wie echte elektrische Schwingkreise (vgl. Abb. 12).

Unter Verwendung dieser groben Randschichtmodelle kann die effektive Dielektrizitätskonstante eines in einem planparallelen Kondensator eingeschlossenen randschichtbehafteten Plasmas dann im allgemeinen magnetfeldbehafteten Fall beim Vorliegen von LANGMUIR-Randschichten näherungsweise nach

$$\varepsilon_{\text{eff}} = \frac{\left(1 - \frac{XU}{U^2 - Y^2}\right)\sin^2\psi + \left(1 - \frac{X}{U}\right)\cos^2\psi}{1 - (C_0/C_{0S})\left(\frac{XU}{U^2 - Y^2}\sin^2\psi + \frac{X}{U}\cos^2\psi\right)} \tag{B.2.3.2-5}$$

und beim Vorliegen von OYA-Randschichten näherungsweise nach

$$\varepsilon_{\text{eff}} = \frac{\left[\left(1 - \frac{XUA}{U^2 - Y^2}\right)\sin^2\psi + \left(1 - \frac{XA}{U}\right)\cos^2\psi\right]\left[\left(1 - \frac{XU}{U^2 - Y^2}\right)\sin^2\psi + \left(1 - \frac{X}{U}\right)\cos^2\psi\right]}{\left[\left(1 - \frac{XUA}{U^2 - Y^2}\right)\sin^2\psi + \left(1 - \frac{XA}{U}\right)\cos^2\psi\right] + (C_0/C_{0S})\,(A - 1)\left[\frac{XU}{U^2 - Y^2}\sin^2\psi + \frac{X}{U}\cos^2\psi\right]} \tag{B.2.3.2-6}$$

berechnet werden. Die letzte Beziehung geht für $A \to 0$ natürlich in die für die LANGMUIR-Randschicht (Gl. B.2.3.2-5) über; für $A = 1$ (keine Randschicht, durchgängig homogenes Plasma) folgt schießlich wieder Gleichung B.2.2.2.2-12.

B.2.3.3. Die verschiedenen möglichen Resonanzen des Systems Elektrode-Plasma-Gegenelektrode (Plasmakondensator bzw. Wechselspannungssonde)

Nach der theoretischen Elektrotechnik sind Resonanzeffekte an schwingungsfähigen Netzwerken immer dann zu erwarten, wenn der Imaginärteil des Leitwertes Null oder unendlich wird. Mit Hilfe der Äquivalentkreistheorie läßt sich diese Aussage zur Bestimmung der Resonanzen des (randschichtbehafteten) Plasmakondensators verwenden.

Dazu muß beachtet werden, daß der Imaginärteil des Leitwertes des Plasmakondensators nach Gleichung B.2.2.3-1 mit dem Realteil der (effektiven) Dielektrizitätskonstante des Plasmas gemäß

$$\mathrm{Im}\,(\tilde{G}_P) = \omega C_0 \,\mathrm{Re}\,(\varepsilon_{\mathrm{eff}}) \qquad \text{(B.2.3.3-1)}$$

verknüpft ist. Zur Bestimmung der Resonanzstellen des (im allgemeinen randschicht- und magnetfeldbehafteten) Plasmas genügt es daher, die Nullstellen und Pole des Realteils der Dielektrizitätskonstante nach

$$\mathrm{Re}\,(\varepsilon_{\mathrm{eff}}) = \begin{cases} 0 \\ \infty \end{cases} \qquad \text{(B.2.3.3-2)}$$

zu berechnen.

Im folgenden sollen die interessierenden Resonanzfrequenzen des Systems Sondenelektrode-Plasma-Gegenelektrode auf diese einfache Weise bestimmt und diskutiert werden. Um hierbei tiefere Einsicht in die Entstehungsursachen und Wirkungsmechanismen der einzelnen Resonanzen zu erhalten, werden Randschicht und Magnetfeld erst an späterer Stelle in die Rechnung einbezogen. Wegen der bei Wirken eines Magnetfeldes anisotropen Dielektrizitätskonstante (Tensorcharakter) begnügen wir uns beim magnetfeldbehafteten Plasma mit der noch vergleichsweise einfach zu behandelnden planparallelen Elektrodenanordnung.[1])

[1]) Für zylindrische und sphärische Elektrodengeometrie in magnetfeldbehafteten Plasmen mit ihrer inhomogenen Feldstruktur läßt sich wegen der Anisotropie der Dielektrizitätskonstante (Tensorcharakter) der hier beschrittene, auf den Vorstellungen der Äquivalentkreistheorie beruhende einfache Weg zur Bestimmung der Resonanzen nicht mehr verwenden. Statt dessen müssen die interessierenden Resonanzfrequenzen direkt aus dem jetzt von verschiedenen Tensorkomponenten der Dielektrizitätskonstante von Plasma und Randschicht abhängenden Verhalten des Leitwertes (Admittanz) bestimmt werden. Entsprechende Untersuchungen und Näherungsrechnungen sind von vielen Autoren durchgeführt worden, beispielsweise von CRAWFORD und HARP (CRAWFORD, 1965; CRAWFORD u. HARP, 1965; HARP, 1963 u. 1964; HARP u. CRAWFORD, 1964) und speziell für Zwecke der kosmischen Plasmadiagnostik zum Beispiel von KAISER (KAISER, 1962 u. 1964), FEJER (FEJER, 1963 u. 1964), BALMAIN (BALMAIN, 1964, 1965 u. 1966), OYA (OYA, 1965), DESPAIN (DESPAIN, 1965 u. 1966), GALEJS (GALEJS, 1966) sowie ROOY, FEIX und STOREY (ROOY, FEIX u. STOREY, 1972).

Um die Ergebnisse überschaubar zu halten, beschränken wir uns weiterhin von vornherein auf stoßarme Verhältnisse ($\nu_e \to 0$), zudem auch nur unter solchen Bedingungen die errechneten Resonanzen experimentell sicher nachgewiesen werden können.

a) *Magnetfeldfreies und randschichtfreies Plasma* (effektive Dielektrizitätskonstante gemäß Gl. B.2.2.2.1-5):

Der Realteil der Dielektrizitätskonstante

$$\mathrm{Re}\,(\varepsilon_{\mathrm{eff}}) = 1 - \frac{\omega_{e0}^2}{\omega^2} \qquad \text{(B.2.3.3-3)}$$

hat in diesem Fall im Endlichen nur eine einzige Nullstelle bei

$$\omega_{\mathrm{res}} = \omega_{e0}\,. \qquad \text{(B.2.3.3-4)}$$

Die dazugehörende Resonanz ist die bekannte Plasmaresonanz (Abschn. B.2.1. und Gl. B.2.1.1-3).

b) *Magnetfeldfreies, jedoch randschichtbehaftetes Plasma* (effektive Dielektrizitätskonstante gemäß Gl. B.2.3.1-9b):

In diesem Fall ergibt sich bei Annahme einer LANGMUIR-Randschicht ($\varepsilon_S \approx 1$; Gl. B.2.3.2-1) für den Realteil der Dielektrizitätskonstante

$$\mathrm{Re}\,(\varepsilon_{\mathrm{eff}}) = \frac{1 - (\omega_{e0}^2/\omega^2)}{1 - (\omega_{e0}^2/\omega^2)\,(C_0/C_{0S})}\,. \qquad \text{(B.2.3.3-5)}$$

Dieser hat im Endlichen eine Nullstelle bei

$$\omega_{\mathrm{res}} = \omega_{e0} \qquad \text{(B.2.3.3-6)}$$

und einen Pol bei

$$\omega_{\mathrm{res}} = \omega_{e0}\,\sqrt{\frac{C_0}{C_{0S}}} = \omega_{e0}\,/\sqrt{1 + (C_{0S}/C_{0P})}\,. \qquad \text{(B.2.3.3-7)}$$

Die zu ersterer gehörende Resonanz ist wieder die bekannte Plasmaresonanz (Abschn. B.2.1. und Gl. B.2.1.1-3). Die zu letzterem gehörende Resonanz wird als (Plasmarand-)Schichtresonanz bezeichnet. Sie findet wegen $\frac{C_0}{C_{0S}} \leqq 1$ immer unterhalb der Plasmaresonanz statt.

Bei Annahme einer OYAschen Randschicht $\left(\varepsilon_S = 1 - \frac{\omega_{e0}^2 A}{\omega^2}\right.$; Gl. B.2.3.2-3$\left.\right)$ hingegen ergibt sich für den Realteil der Dielektrizitätskonstante

$$\mathrm{Re}\,(\varepsilon_{\mathrm{eff}}) = \frac{[1 - (\omega_{e0}^2 A/\omega^2)]\,[1 - (\omega_{e0}^2/\omega^2)]}{[1 - (\omega_{e0}^2 A/\omega^2)] + (C_0/C_{0S})\,(A - 1)\,(\omega_{e0}^2/\omega^2)}\,. \qquad \text{(B.2.3.3-8)}$$

Dieser hat im Endlichen zwei Nullstellen bei

$$\omega_{\mathrm{res}} = \omega_{e0} \qquad \text{(B.2.3.3-9)}$$

und

$$\omega_{\mathrm{res}} = \omega_{e0}\,|\sqrt{A}| \qquad \text{(B.2.3.3-10)}$$

und einen Pol bei

$$\omega_{res} = \omega_{e0} \left|\sqrt{A + (1 - A) \cdot (C_0/C_{0S})}\right| = \omega_{e0} \left|\sqrt{\frac{A + (C_{0P}/C_{0S})}{1 + (C_{0P}/C_{0S})}}\right| . \quad \text{(B.2.3.3-11)}$$

Die Resonanz bei ω_{e0} entspricht wieder der gewöhnlichen Plasmaresonanz. Die Resonanz bei $\omega_{e0} \sqrt{A}$ wird als modifizierte Plasmaresonanz bezeichnet. Die Resonanz bei $\omega_{e0} \sqrt{A + (1 - A)(C_0/C_{0S})}$ entspricht der (Plasmarand-) Schichtresonanz; sie fällt für $A = 0$ (LANGMUIR-Schicht) natürlich mit der Schichtresonanz der LANGMUIR-Schicht (vgl. Gl. B.2.3.3-7) zusammen.

Im Unterschied zum gröberen LANGMUIR-Randschichtmodell tritt im feineren OYA-Randschichtmodell neben der gewöhnlichen Plasmaresonanz noch zusätzlich die modifizierte Plasmaresonanz bei etwas kleinerer Frequenz auf. Außerdem ist die Lage der Schichtresonanz zu einer etwas höheren Frequenz verschoben; sie hängt außer von der Geometrie der Randschichten in diesem Fall zusätzlich von deren Elektronenfüllungsgrad A ab.

c) *Magnetfeldbehaftetes, jedoch randschichtfreies Plasma* (effektive Dielektrizitätskonstante gemäß Gl. B.2.2.2.2-12):

Der Realteil der Dielektrizitätskonstante

$$\text{Re}\,(\varepsilon_{eff}) = \frac{1 - (\omega_{eH}^2/\omega^2) - (\omega_{e0}^2/\omega^2)\,[1 - (\omega_{eH}^2/\omega^2)\cos^2\psi]}{1 - (\omega_{eH}^2/\omega^2)} \quad \text{(B.2.3.3-12)}$$

hat in diesem Fall im Endlichen neben zwei Nullstellen bei

$$\omega_{res} = \left|\sqrt{\frac{1}{2}\left[\omega_{eH}^2 + \omega_{e0}^2 \pm \left|\sqrt{(\omega_{eH}^2 + \omega_{e0}^2)^2 - 4\omega_{eH}^2\omega_{e0}^2\cos^2\psi}\right|\right]}\right| \quad \text{(B.2.3.3-13)}$$

einen Pol bei

$$\omega_{res} = \omega_{eH} \,. \quad \text{(B.2.3.3-14)}$$

Letzterer stellt die bekannte Gyroresonanz (Abschn. B.2.1. und Gl. B.2.1.1-5) dar. Die Lage der Nullstellen hängt noch vom Winkel ab, den Magnetfeld und treibendes elektrisches Feld miteinander einschließen. Für $\psi = 0$ fällt eine Nullstelle mit dem Pol bei ω_{e0} zusammen und hebt diesen auf; die andere entsteht bei ω_{e0} und entspricht damit der gewöhnlichen Plasmaresonanz. Für $\psi = \pi/2$ entfällt eine Nullstelle, die andere entsteht bei

$$\omega_{res} = \left|\sqrt{\omega_{e0}^2 + \omega_{eH}^2}\right| = \omega_e^* \,. \quad \text{(B.2.3.3-15)}$$

Die dieser entsprechende Resonanz ist die bekannte Hybridresonanz (Abschn. B.2.1. und Gl. B.2.1.2-7). Sie ist gegenüber der gewöhnlichen Plasmaresonanz zu höheren Frequenzen verschoben.

d) *Magnetfeldbehaftetes und randschichtbehaftetes Plasma* (im ebenen Plattenkondensator; effektive Dielektrizitätskonstante gemäß Gl. B.2.3.2-5 bzw. 6):

In diesem Fall ergibt sich bei Annahme einer LANGMUIR-Randschicht für den Realteil der Dielektrizitätskonstante

$$\mathrm{Re}\,(\varepsilon_{\mathrm{eff}}) = \frac{1 - (\omega_{eH}^2/\omega^2) - (\omega_{e0}^2/\omega^2)\,[1 - (\omega_{eH}^2/\omega^2)\cos^2\psi]}{1 - (\omega_{eH}^2/\omega^2) - (C_0/C_{0S})\,(\omega_{e0}^2/\omega^2)\,[1 - (\omega_{eH}^2/\omega^2)\cos^2\psi]}. \tag{B.2.3.3-16}$$

Dieser hat im Endlichen zwei Nullstellen bei

$$\omega_{\mathrm{res}} = \left|\sqrt{\frac{1}{2}\left[\omega_{eH}^2 + \omega_{e0}^2 \pm \left|\sqrt{(\omega_{eH}^2 + \omega_{e0}^2)^2 - 4\omega_{eH}^2\omega_{e0}^2\cos^2\psi}\right|\right]}\right| \tag{B.2.3.3-17}$$

und zwei Pole bei

$$\omega_{\mathrm{res}} = \left|\sqrt{\frac{1}{2}\left[\omega_{eH}^2 + \frac{C_0}{C_{0S}}\,\omega_{e0}^2 \pm \left|\sqrt{\left(\omega_{eH}^2 + \frac{C_0}{C_{0S}}\,\omega_{e0}^2\right)^2 - 4\,\frac{C_0}{C_{0S}}\,\omega_{eH}^2\omega_{e0}^2\cos^2\psi}\right|\right]}\right|. \tag{B.2.3.3-18}$$

Sowohl die Lage der Nullstellen als auch die der Pole ist vom Winkel abhängig, den Magnetfeld und treibendes elektrisches Wechselfeld miteinander einschließen. Für $\psi = 0$ fällt eine der Nullstellen mit einem Pol bei ω_{eH} zusammen und hebt diesen auf; die andere Nullstelle entsteht bei ω_{e0} und entspricht damit der gewöhnlichen Plasmaresonanz. Der verbleibende Pol entsteht bei $\omega_{e0}\sqrt{C_0/C_{0S}}$ und entspricht der gewöhnlichen Schichtresonanz (vgl. Gl. B.2.3.3-7). Für $\psi \doteq \pi/2$ entfällt eine Nullstelle, die andere entsteht bei $\sqrt{\omega_{eH}^2 + \omega_{e0}^2}$ und entspricht somit der Hybridresonanz (vgl. Gl. B.2.1.2-7 bzw. Gl. B.2.3.3-15); ganz analog entfällt ein Pol, der verbleibende entsteht bei

$$\omega_{\mathrm{res}} = \left|\sqrt{\omega_{eH}^2 + (C_0/C_{0S})\,\omega_{e0}^2}\right|. \tag{B.2.3.3-19}$$

Die diesem entsprechende Resonanz kann als gyromodifizierte Schichtresonanz bezeichnet werden. Sie ist gegenüber der gewöhnlichen Schichtresonanz (vgl. Gl. B.2.3.3-7) immer zu etwas höheren Frequenzen verschoben.

Bei Annahme einer OYA-Randschicht ($A \neq 0$) hingegen ergibt sich für den Realteil der Dielektrizitätskonstante

$$\mathrm{Re}\,(\varepsilon_{\mathrm{eff}}) = \frac{\left[1 - \frac{\omega_{eH}^2}{\omega^2} - \frac{\omega_{e0}^2 A}{\omega^2}\left(1 - \frac{\omega_{eH}^2}{\omega^2}\cos^2\psi\right)\right]\left[1 - \frac{\omega_{eH}^2}{\omega^2} - \frac{\omega_{e0}^2}{\omega^2}\left(1 - \frac{\omega_{eH}^2}{\omega^2}\cos^2\psi\right)\right]}{\left(1 - \frac{\omega_{eH}^2}{\omega^2}\right)\left\{\left[1 - \frac{\omega_{eH}^2}{\omega^2} - \frac{\omega_{e0}^2 A}{\omega^2}\left(1 - \frac{\omega_{eH}^2}{\omega^2}\cos^2\psi\right)\right] - \frac{C_0}{C_{0S}}\,(1 - A)\,\frac{\omega_{e0}^2}{\omega^2}\left(1 - \frac{\omega_{eH}^2}{\omega^2}\cos^2\psi\right)\right\}}. \tag{B.2.3.3-20}$$

Dieser hat im Endlichen zwei Nullstellen bei

$$\omega_{\mathrm{res}} = \left|\sqrt{\frac{1}{2}\left[\omega_{eH}^2 + \omega_{e0}^2 A \pm \left|\sqrt{(\omega_{eH}^2 + \omega_{e0}^2 A)^2 - 4\omega_{e0}^2 A\,\omega_{eH}^2\cos^2\psi}\right|\right]}\right| \tag{B.2.3.3-21}$$

sowie zwei Nullstellen bei

$$\omega_{\text{res}} = \left| \sqrt{\frac{1}{2} \left[\omega_{eH}^2 + \omega_{e0}^2 \pm \left| \sqrt{(\omega_{eH}^2 + \omega_{e0}^2)^2 - 4\omega_{e0}^2 \omega_{eH}^2 \cos^2 \psi} \right| \right]} \right| \qquad \text{(B.2.3.3-22)}$$

und drei Pole bei

$$\omega_{\text{res}} = \omega_{eH} \qquad \text{(B.2.3.3-23)}$$

und

$$\omega_{\text{res}} = \left| \sqrt{\frac{1}{2} \left\{\omega_{eH}^2 + \omega_{e0}^2[A + (1 - A)(C_0/C_{0S})] \pm \left| \sqrt{\{\omega_{eH}^2 + \omega_{e0}^2[A + (1-A)(C_0/C_{0S})]\}^2 - 4[A + (1-A)(C_0/C_{0S})]\omega_{e0}^2 \omega_{eH}^2 \cos^2 \psi} \right| \right\}} \right| . \qquad \text{(B.2.3.3-24)}$$

Wie man sieht, ist die Lage mehrerer dieser Resonanzstellen vom Winkel abhängig, den Magnetfeld und treibendes elektrisches Feld miteinander einschließen. Für $\psi = 0$ fallen zwei der Nullstellen mit einem (doppelten!) Pol bei ω_{eH} zusammen und heben diesen auf; die verbleibenden Nullstellen entstehen bei ω_{e0} und $\omega_{e0}\sqrt{A}$ und entsprechen somit der gewöhnlichen bzw. modifizierten Plasmaresonanz. Weiterhin entsteht ein Pol bei

$$\omega_{\text{res}} = \omega_{e0} \left| \sqrt{A + (1 - A) \cdot (C_0/C_{0S})} \right| . \qquad \text{(B.2.3.3-25)}$$

Die diesem entsprechende Resonanz stellt wieder die bereits bekannte Schichtresonanz dar (vgl. Gl. B.2.3.3-11). Für $\psi = \pi/2$ entfallen zwei Nullstellen, die verbleibenden entstehen bei $\sqrt{\omega_{eH}^2 + \omega_{e0}^2}$ und

$$\omega_{\text{res}} = \left| \sqrt{\omega_{eH}^2 + \omega_{e0}^2 A} \right| . \qquad \text{(B.2.3.3-26)}$$

Die zu ersteren gehörende Resonanz ist wieder die bekannte Hybridresonanz (vgl. Gl. B.2.1.2-7 bzw. B.2.3.3.-15). Die der letzteren entsprechende Resonanz kann als modifizierte Hybridresonanz bezeichnet werden; sie ist gegenüber der gewöhnlichen Hybridresonanz (wegen $A \leqq 1$) immer zu etwas geringeren Frequenzen verschoben. Desgleichen entfällt ein Pol. Die verbleibenden entstehen bei ω_{eH} und

$$\omega_{\text{res}} = \left| \sqrt{\omega_{eH}^2 + \omega_{e0}^2[1 + (1 - A)(C_0/C_{0S})]} \right| . \qquad \text{(B.2.3.3-27)}$$

Die dem ersteren entsprechende Resonanz ist wieder die bekannte Gyroresonanz (Abschn. B.2.1. u. Gl. B.2.1.1-5). Die letzterem entsprechende Resonanz stellt wiederum eine gyromodifizierte Schichtresonanz dar.

Bemerkenswert ist, daß die bei $\psi = \pi/2$ im OYAschen Randschichtmodell auftretende Gyroresonanz (ω_{eH}) vom gröberen LANGMUIRschen Randschichtmodell nicht geliefert wird. Ein genauerer Vergleich der Randschichtmodelle von LANGMUIR und OYA hinsichtlich ihrer Einflüsse auf die Resonanzeigenschaften zeigt, daß die teilweise Elektronenfüllung der OYAschen Randschicht neben einer allgemeinen Verschiebung der auch im LANGMUIRschen

Modell vorhandenen Resonanzen zum zusätzlichen Auftreten einer modifizierten Plasma- bzw. Hybridresonanz bei $\omega_{e0}\sqrt{A}$ bzw. $\sqrt{\omega_{eH}^2 + \omega_{e0}^2 A}$ und der (reinen) Gyroresonanz bei ω_{eH} führt. Die zuerst genannten Resonanzen können so gedeutet werden, daß das Elektronenkollektiv der OYAschen Randschicht genauso wie die Elektronen im ungestörten Plasma und weitestgehend unabhängig von diesen auch selbst Schwingungen mit der seiner Elektronenkonzentration ($N_{eS} \sim \omega_{e0}^2 A$) entsprechenden Plasma- bzw. Hybridfrequenz ausführen kann (Plasmaresonanz bzw. Hybridresonanz der Plasmarandschichten). Andererseits weist das Auftreten der Gyroresonanz im OYAschen Randschichtmodell darauf hin, daß die Gyroresonanz generell an das Vorhandensein ausreichend vieler Elektronen in den Plasmarandschichten gebunden zu sein scheint. Bei verschwindender Elektronenkonzentration in den Randschichten nämlich ($A \to 0$, LANGMUIR-Fall!) heben sich der die Gyroresonanz erzeugende Pol und die der modifizierten Hybridresonanz entsprechende Nullstelle gerade auf. Ähnlich verlagert sich die modifizierte Plasmaresonanz zur Frequenz Null. Bei vollständig aufgefüllten Randschichten hingegen ($A = 1$, homogenes Plasma) bleibt die Gyroresonanz bestehen, während sich modifizierte Plasma- und Hybridresonanz auf die gewöhnliche Plasma- bzw. Hybridresonanz reduzieren.

Zur Veranschaulichung dieser Ergebnisse ist der Verlauf des Betrags des Realteils der effektiven Dielektrizitätskonstante, der der Resonanzstruktur entspricht, für die diskutierten Fälle nochmals in Abb. 15 in Abhängigkeit von der Arbeitsfrequenz aufgezeichnet. Die fraglichen Resonanzen sind in Abb. 16 zusammengestellt.

Der Vollständigkeit halber sei noch darauf hingewiesen, daß an jeder Resonanzstelle (Nullstellen oder Pole) der Realteil der effektiven Dielektrizitätskonstante einen Vorzeichenwechsel erfährt. Dieser Vorzeichenwechsel teilt sich in dem für Resonanzuntersuchungen allein interessanten stoßarmen Fall ($\nu_e \to 0$) natürlich über den Leitwert (Gl. B.2.2.3-1) auch dem meßbaren Sondenwechselstrom mit und führt bei diesem an den Resonanzstellen zu Phasensprüngen der Größe π.

Diese unter der Bedingung $\nu_e \to 0$ abgeleiteten Resonanzeigenschaften sind in dieser ausgeprägten Form natürlich nur für stoßfreie bzw. stoßarme Plasmen charakteristisch. Bei höheren Stoßfrequenzen werden die Verhältnisse nach Maßgabe der vollständigen, die Stoßfrequenz als mitbestimmenden Parameter enthaltenden Ausdrücke für den Realteil der Dielektizitätskonstante wesentlich komplizierter und sollen deshalb hier nicht weiter verfolgt werden. Allgemein läßt sich jedoch feststellen, daß ein nicht vernachlässigbarer Einfluß der Stoßfrequenz neben einer Verschiebung der Resonanzstellen zu einer Abflachung und Verbreiterung der Resonanzstruktur führt. Bei sehr großen Stoßfrequenzen ($\nu_e \gg \omega$) schließlich verschwindet jegliche Resonanzstruktur.

In diesem Grenzfall der stoßbestimmten Trägerbewegung reduziert sich der Realteil der effektiven Dielektrizitätskonstante (z. B. Gl. B.2.3.2-5 oder 6)

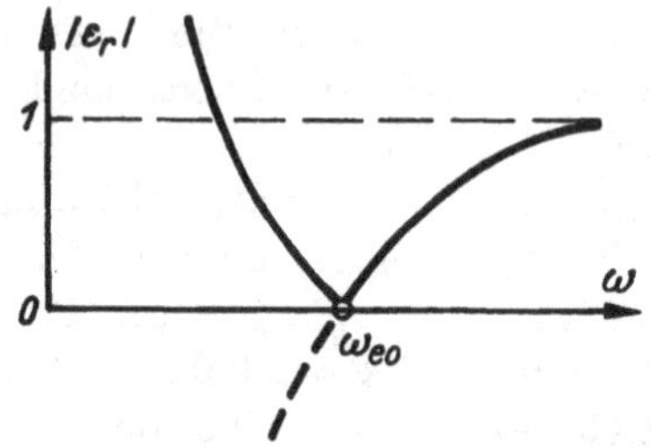

$|\varepsilon_r|$
1
0
ω
ω_{eo}

a)

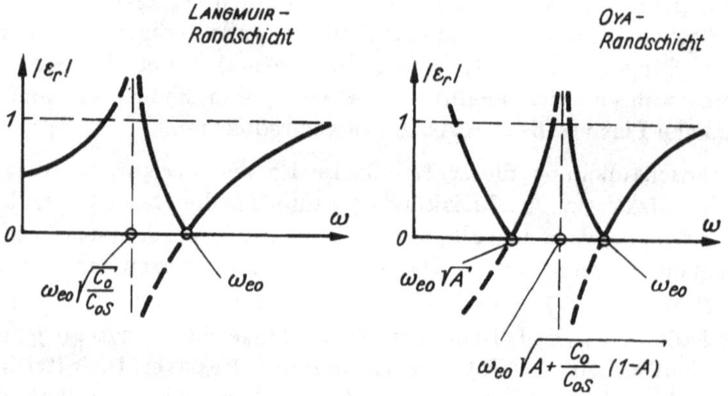

LANGMUIR-Randschicht
OYA-Randschicht
$|\varepsilon_r|$
1
0
ω
$\omega_{eo}\sqrt{\frac{C_o}{C_{oS}}}$
ω_{eo}
$\omega_{eo}\sqrt{A}$
$\omega_{eo}\sqrt{A+\frac{C_o}{C_{oS}}(1-A)}$

b)

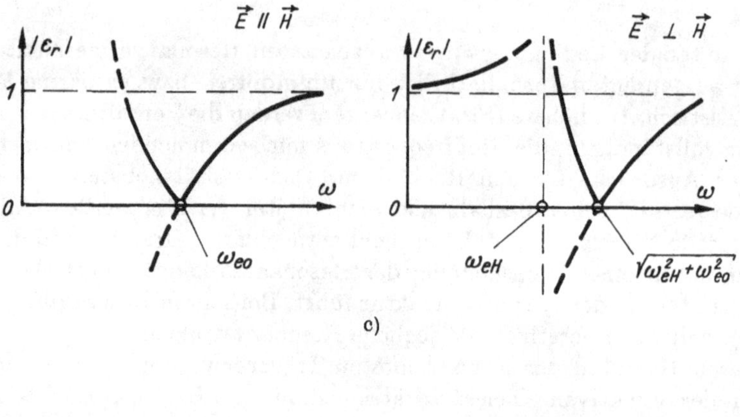

$\vec{E} \parallel \vec{H}$
$\vec{E} \perp \vec{H}$
$|\varepsilon_r|$
1
0
ω
ω_{eo}
ω_{eH}
$\sqrt{\omega_{eH}^2+\omega_{eo}^2}$

c)

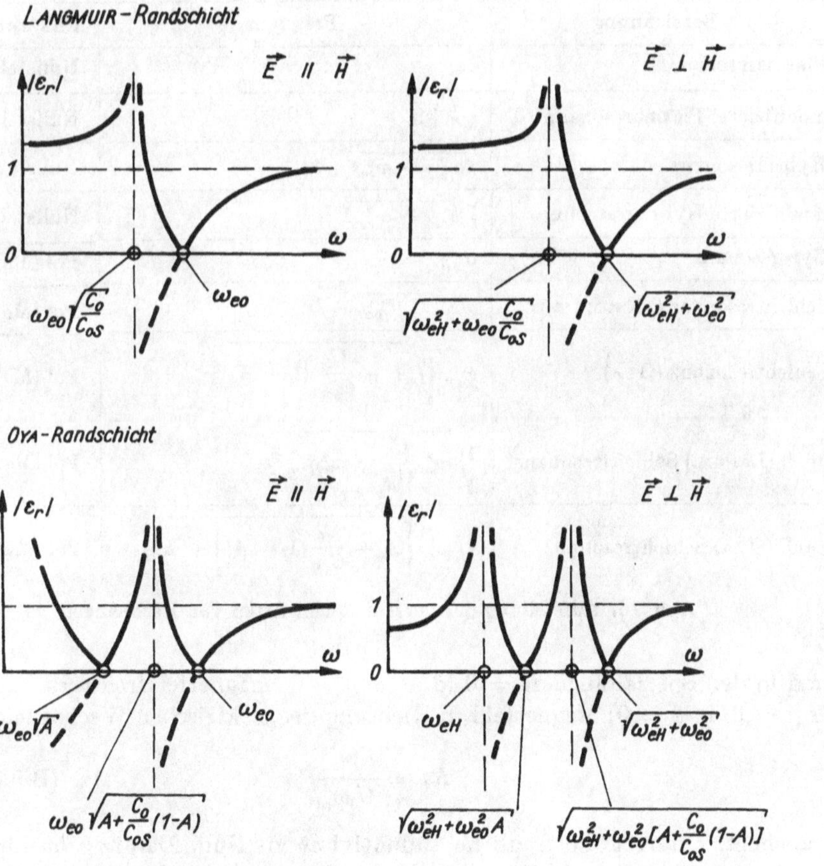

d)

Abb. 15. Die Frequenzstruktur des Realteils der effektiven Dielektrizitätskonstante (qualitativ): a) für randschicht- und magnetfeldfreies Plasma; b) für magnetfeldfreies, aber randschichtbehaftetes Plasma; c) für magnetfeldbehaftetes, aber randschichtfreies Plasma; d) für magnetfeld- und randschichtbehaftetes Plasma

auf den konstanten, frequenzunabhängigen Wert

$$\operatorname{Re}(\varepsilon_{\text{eff}}) \approx 1\,, \tag{B.2.3.3-28}$$

hat also im Endlichen weder Nullstellen noch Pole. Diese Feststellung ergibt sich natürlich auch unmittelbar aus der Untersuchung des Ersatzschaltkreises für ein stoßbestimmtes Plasma: Während sich hierfür der Wirkwiderstand (beim ebenen Plattenkondensator) im allgemeinen magnetfeldbehafteten Fall zu

$$R_P = \frac{\nu_e}{C_0 \omega_{e0}^2} \cdot \frac{\nu_e^2 + \omega_{eH}^2}{\nu_e^2 + \omega_{eH}^2 \cos^2 \psi} \tag{B.2.3.3-29}$$

Bezeichnung	Frequenz	Charakter
Plasmaresonanz	ω_{e0}	Nullstelle
modifizierte Plasmaresonanz	$\omega_{e0}\sqrt{A}$	Nullstelle
Hybridresonanz	$\sqrt{\omega_{eH}^2 + \omega_{e0}^2}$	Nullstelle
modifizierte Hybridresonanz	$\sqrt{\omega_{eH}^2 + \omega_{e0}^2 A}$	Nullstelle
Gyroresonanz	ω_{eH}	Pol (Maximum)
Schichtresonanz (Langmuir)	$\omega_{e0}\sqrt{C_0/C_{0S}}$	Pol (Maximum)
Schichtresonanz (Oya)	$\omega_{e0}\sqrt{A + \frac{C_0}{C_{0S}}(1 - A)}$	Pol (Maximum)
mod. (Langm.) Schichtresonanz	$\sqrt{\omega_{e0}^2 \frac{C_0}{C_{0S}} + \omega_{eH}^2}$	Pol (Maximum)
mod. (Oya) Schichtresonanz	$\sqrt{\omega_{e0}^2\left[A + \frac{C_0}{C_{0S}}(1 - A)\right] + \omega_{cH}^2}$	Pol (Maximum)

Abb. 16. Aufstellung der verschiedenen Arten von Resonanzen

und in den Spezialfällen $\boldsymbol{H} = 0$ (d. h. $\omega_{eH} = 0$; magnetfeldfreies Plasma) oder $\boldsymbol{H} \parallel \boldsymbol{E}$ (d. h. $\psi = 0$; Magnetfeld in Richtung des elektrischen Wechselfeldes) zu

$$R_P = \frac{\nu_e}{C_0\omega_{e0}^2} \qquad \text{(B.2.3.3-30)}$$

errechnet, entartet die fragliche Induktivität zu Null. Damit geht für stoßbestimmte Plasmen die Eigenschaft der Resonanz- und Eigenschwingungsfähigkeit vollständig verloren. Aus diesem Grund ist die Anwendung aller Arten von Hochfrequenzsonden, die Informationen über das Plasma aus der Resonanzstruktur der Dielektrizitätskonstante oder elektrischen Leitfähigkeit zu ziehen versuchen (Resonanzsonden und ihre Abarten), im stoßbestimmten Plasma sinnlos.

B.2.3.4. Die Struktur des Sondenwechselstroms

Im Sinne der vorstehenden Überlegungen kann jedes in ein Plasma eintauchende und mit einer Wechselspannung behaftete Zwei- oder Mehrelektrodensystem als ein Plasmakondensator aufgefaßt werden. Das trifft insbesondere auch für die in dieser Arbeit interessierenden Wechselspannungssonden zu. Der zwischen den Elektroden einer Wechselspannungssonde fließende Wechselstrom unterliegt somit denselben Gesetzmäßigkeiten wie der Wechselstrom durch den äquivalenten Plasmakondensator.

Damit aber ergibt sich nach den Gesetzen der Elektrotechnik für den Sondenwechselstrom $\tilde{I}$ sehr einfach

$$\tilde{I} = \tilde{G}\tilde{U} = i\omega\varepsilon_{\text{eff}}C_0\tilde{U} \,. \tag{B.2.3.4.-1}$$

Hierin bedeuten $\tilde{G}$ den Leitwert des entsprechenden Plasmakondensators, C_0 die Vakuumkapazität des Elektrodensystems, $\tilde{U}$ und ω Amplitude und Frequenz der zwischen den Elektroden anliegenden Wechselspannung und ε_{eff} schließlich die (effektive) Dielektrizitätskonstante der (im allgemeinen randschichtbehafteten) Plasmafüllung.

Eingedenk des bei der Ableitung der Dielektrizitätskonstanten vernachlässigten Einflusses der Ionenkomponente stellt dieser Wechselstrom genau genommen nur den von der Elektronenkomponente getragenen Anteil dar. Dieser ist jedoch bei Frequenzen oberhalb der Plasmaionenfrequenz[1]) wegen des dort unerheblichen und damit vernachlässigbaren Beitrages der Ionenkomponente (vgl. Abschn. B.2.2.1.) für den Gesamtwechselstrom ausreichend repräsentativ.

Man kann aus dieser einfachen Beziehung zweierlei entnehmen:

1. Eingedenk der komplexen Natur der (effektiven) Dielektrizitätskonstante der Plasmafüllung sind fließender Wechselstrom und treibende Wechselspannung in verwickelter Weise gegeneinander phasenverschoben. Im allgemeinen stoßbehafteten Fall besteht dieser Sondenwechselstrom aus zwei 90° gegeneinander phasenverschobenen Komponenten. Die eine Komponente ist mit der treibenden Wechselspannung in Phase, die andere um 90° phasenverschoben. Die Verteilung des gesamten Wechselstroms auf diese beiden Phasenlagen ist natürlich frequenzabhängig. Nur im stoßfreien Fall ist der mit der treibenden Wechselspannung konphase Stromanteil immer Null.
2. Die Frequenzabhängigkekit bzw. Resonanzstruktur der (effektiven) Dielektrizitätskonstante der Plasmafüllung spiegelt sich direkt im Wechselstrom wider. Da die effektive Dielektrizitätskonstante außerdem von verschiedenen Eigenschaften der Plasmafüllung des Elektrodensystems abhängt, ist es grundsätzlich möglich, auf diese aus dem gemessenen Wechselstrom rückzuschließen.

   Dazu gibt es verschiedene Möglichkeiten:

   a) Aufnahme des Wechselstroms bei festgehaltener Frequenz in Abhängigkeit von der Wechselspannung ($\tilde{I}(\tilde{U})$-Kennlinien). Da solche Messungen nur einen einzigen Wert für den Leitwert bzw. die effektive Dielektrizitätskonstante des plasmagefüllten Elektrodensystems liefern, ist mit ihnen keine sehr erschöpfende Plasmadiagnostik möglich. Deshalb ist die Aufnahme von $\tilde{I}(\tilde{U})$-Kennlinien bei Wechselspannungssonden — außer im stoßbestimmten Plasma unterhalb 90 km Höhe — wenig sinnvoll und ungebräuchlich.

---

[1]) Vergleiche Fußnote auf S. 93 und Abschnitt B.2.2.1.

b) Aufnahme des Wechselstroms bei festgehaltener Wechselspannung in Abhängigkeit von der Frequenz ($\tilde{I}(\omega)$-Kennlinien). Solche Messungen ermöglichen wegen der von den Plasmaparametern abhängenden Frequenz- bzw. Resonanzstruktur der Dielektrizitätskonstante bzw. des Wechselstroms eine sehr tiefgehende Plasmadiagnostik und werden fast ausschließlich angewendet.

Eine diagnostisch verwertbare Erfassung des (komplexen) Sondenwechselstroms kann auf zwei verschiedene Weisen erfolgen:

Erstens, indem Real- und Imaginärteil des Sondenwechselstroms getrennt gemessen werden, d. h. der Meßstrom in Abhängigkeit von seiner Phasenlage zur treibenden Wechselspannung in einen zu dieser konphasen und in einen um 90° phasenverschobenen Anteil aufgespalten wird, und zweitens, indem der Betrag des Sondenwechselstroms und zusätzlich die Phasenverschiebung des letzteren in bezug auf die treibende Wechselspannung gemessen wird.
Dieser zweite Weg ist der einfachere und daher gebräuchlichere:
Mit

$$|\tilde{I}| = \omega C_0 \, |\varepsilon_{\text{eff}}| \, |\tilde{U}| = \omega C_0 \, |\sqrt{\text{Re}^2 (\varepsilon_{\text{eff}}) + \text{Im}^2 (\varepsilon_{\text{eff}})}| \, |\tilde{U}| \qquad \text{(B.2.3.4-2)}$$

und

$$\varphi = \text{arc tg} \, \frac{\text{Re} (\varepsilon_{\text{eff}})}{\text{Im} (\varepsilon_{\text{eff}})} \qquad \text{(B.2.3.4-3)}$$

kann daraus Real- und Imaginärteil der effektiven Dielektrizitätskonstanten direkt bestimmt werden:

$$\text{Re} (\varepsilon_{\text{eff}}) = \frac{|\tilde{I}|}{\omega C_0 \, |\tilde{U}|} \cdot \frac{1}{|\sqrt{1 + \text{ctg}^2 \varphi}|}, \qquad \text{(B.2.3.4-4)}$$

$$\text{Im} (\varepsilon_{\text{eff}}) = \frac{|\tilde{I}|}{\omega C_0 \, |\tilde{U}|} \cdot \frac{1}{|\sqrt{1 + \text{tg}^2 \varphi}|}. \qquad \text{(B.2.3.4-5)}$$

Unter stoßarmen Verhältnissen ($\nu_e \ll \omega$) lassen sich diese Beziehungen wesentlich vereinfachen, da dann der Imaginärteil der effektiven Dielektrizitätskonstanten verschwindet. Der Wechselstrom beträgt in diesem Fall

$$|\tilde{I}| = \omega C_0 \, |\text{Re} (\varepsilon_{\text{eff}})| \, |\tilde{U}| \qquad \text{(B.2.3.4-6)}$$

und ist um

$$\varphi = \pm \pi/2 \qquad \text{(B.2.3.4-7)}$$

gegenüber der treibenden Wechselspannung in der Phase verschoben. Das in das Plasma eintauchende Sondensystem wirkt wie ein induktives oder kapazitives Element. Bei Meßfrequenzen $\omega > \omega_{e0}$ ist der Realteil der effektiven Dielektrizitätskonstanten positiv, die Phasenverschiebung des Stroms gegenüber der treibenden Spannung beträgt $+\pi/2$, das System wirkt kapazitiv. Bei Meßfrequenzen $\omega < \omega_{e0}$ ist der Realteil der effektiven Dielektrizitätskonstanten negativ, die Phasenverschiebung des Stroms gegenüber der treibenden Spannung beträgt $-\pi/2$, das System wirkt induktiv. Bei der Plasmaelektroneneigenfrequenz ω_{e0} erfolgt natürlich ein Phasensprung von $-\pi/2$ auf $+\pi/2$, d. h. ein Umschlag von induktivem in kapazitives Verhalten; dasselbe gilt auch für alle übrigen möglichen Resonanzstellen (Schichtresonanzen, Gyroresonanz usw.).

In Abbildung 17 ist die Frequenzstruktur des Sondenwechselstroms für den stoßfreien Fall nochmals in Abhängigkeit von der Arbeitsfrequenz dargestellt. Bereits durch wenige Stöße tritt eine Verbreiterung und (leichte) Verschiebung der Resonanzen des Wechselstroms ein. Gleichzeitig tritt eine Verschleifung der entsprechenden Phasennulldurchgänge an den Resonanzstellen auf.

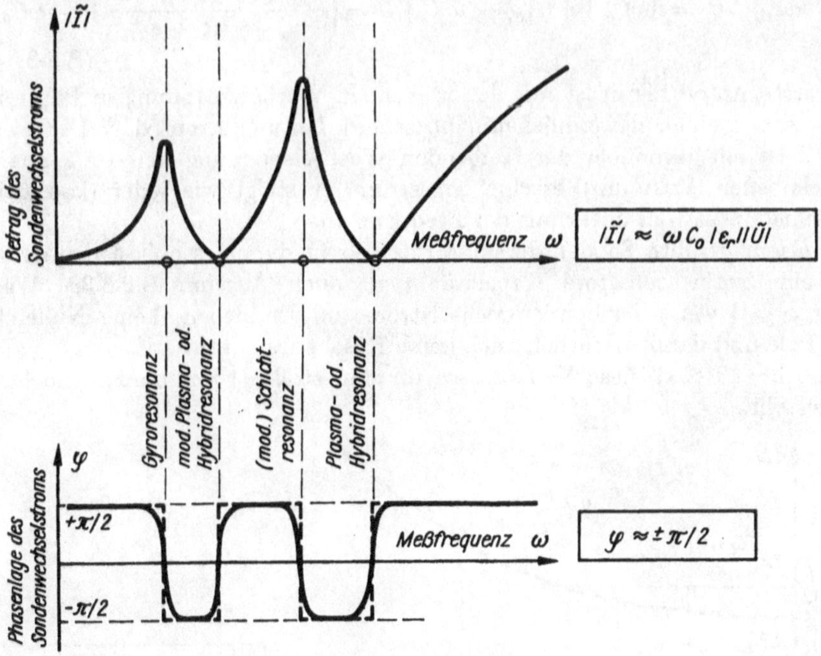

Abb. 17. Die Frequenzstruktur des Sondenwechselstroms unter stoßfreien bzw. stoßarmen Verhältnissen (qualitativ)

Im stoßbestimmten Fall ($\nu_e \gg \omega$) vereinfachen sich die Verhältnisse nur, wenn an den Elektroden des Plasmakondensators (Sondenelektroden) keine ausgeprägten Raumladungsschichten vorhanden sind. Für diesen Spezialfall der Raumladungsschichtfreiheit, die in dem uns interessierenden Plasma der D-Region der Ionosphäre nach Abschnitt B.1.5. näherungsweise realisiert ist, wird der Realteil der effektiven Dielektrizitätskonstanten der Plasmafüllung gleich 1 ($C_{0S} \to \infty$). Der Wechselstrom beträgt dann

$$|\tilde{I}| = \omega C_0 \left|\sqrt{1 + \mathrm{Im}^2 (\varepsilon_{\mathrm{eff}})}\right| |\tilde{U}| \qquad \text{(B.2.3.4-8)}$$

und weist gegenüber der treibenden Wechselspannung eine Phasenverschiebung von

$$\varphi = \text{arc tg} \frac{1}{\text{Im}(\varepsilon_{\text{eff}})} \qquad \text{(B.2.3.4-9)}$$

auf. Unter Verwendung der komplexen Schreibweise folgt dann für ein solches stoßbestimmtes und raumladungsschichtfreies Plasma mit

$$\varepsilon_{\text{eff}} = 1 - i\,\text{Im}\,(\varepsilon_{\text{eff}}) = 1 - i\,\frac{\omega_{e0}^2(\nu_e^2 + \omega_{eH}^2 \cos^2 \psi)}{\omega\nu_e(\nu_e^2 + \omega_{eH}^2)} \qquad \text{(B.2.3.4-10)}$$

etwas anschaulicher

$$\tilde{I} = i\omega\varepsilon_{\text{eff}}C_0\tilde{U} = [\omega C_0\,\text{Im}\,(\varepsilon_{\text{eff}}) + i\omega C_0]\,\tilde{U} = \left(\frac{\omega_{e0}^2 C_0}{\nu_e}\,\frac{\nu_e^2 + \omega_{eH}^2 \cos^2 \psi}{\nu_e^2 + \omega_{eH}^2} + i\omega C_0\right)\tilde{U}. \qquad \text{(B.2.3.4-11)}$$

Der erste Anteil hierin ist mit der treibenden Wechselspannung in Phase und stellt somit einen gewöhnlichen (OHMschen) Leitungsstrom dar. Der zweite Anteil ist ein gegenüber der treibenden Wechselspannung um $+\pi/2$ phasenverschobener (Vakuum-)Verschiebungsstrom, er steigt wie jeder (kapazitive) Verschiebungsstrom linear mit der Frequenz an.
Das plasmagefüllte Sondensystem wirkt also in diesem stoßbestimmten Fall wie eine verlustbehaftete Kapazität (vgl. auch Abschn. B.2.3.3.). Wegen $\text{Re}\,(\varepsilon_{\text{eff}}) \to 1$ weist der Sondenwechselstrom (im Endlichen) keine Nullstellen und Pole und damit natürlich auch keine Resonanzstruktur auf.

In Abb. 18 sind diese Verhältnisse für den stoßbestimmten Fall nochmals dargestellt.

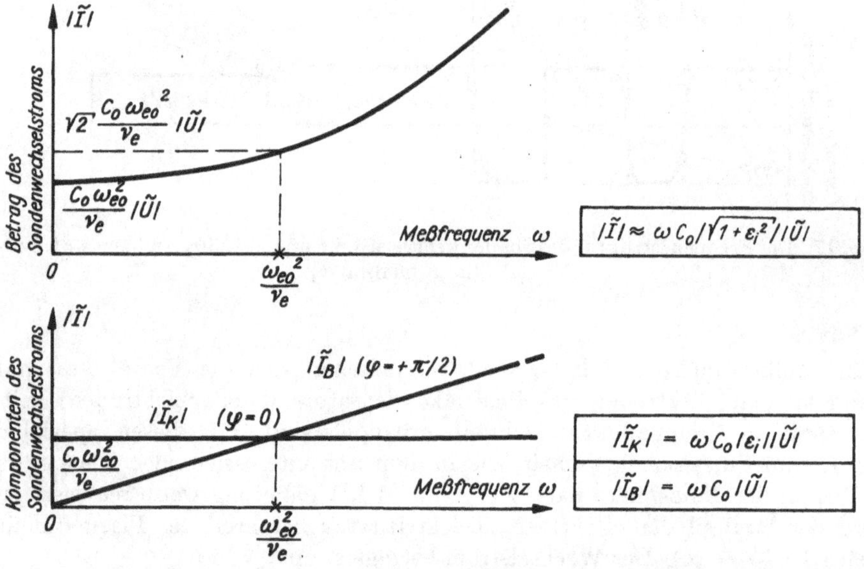

Abb. 18. Die Frequenzstruktur des Sondenwechselstroms unter stoßbestimmten Verhältnissen (qualitativ)

B.2.4. Die Gleichrichterwirkung der Plasmarandschichten

Wie aus der Elektrotechnik bekannt ist, wirkt jedes nichtlineare Schaltelement bei Anwendung von Wechselspannungen mehr oder minder verzerrend auf die Kurvenform des Wechselstroms. Dieser Effekt läßt sich einerseits auf eine teilweise Gleichrichtung und andererseits auf eine teilweise Frequenzvervielfachung des Wechselstroms zurückführen.

Am besten lassen sich die Zusammenhänge überblicken, wenn man in einem nichtlinearen Zusammenhang zwischen Strom und Spannung der Gleichspannung V eine kleine sinusförmige Wechselspannung

$$\tilde{U} = \hat{U}_0 \sin \omega t \left(\frac{\hat{U}_0}{V} \ll 1\right) \tag{B.2.4-1}$$

überlagert und die resultierende Stromdichte in eine TAYLOR-Reihe entwickelt:

$$\begin{aligned} j = j(V + \tilde{U}) &= j(V) + \frac{1}{1!}\tilde{U} j^{\mathrm{I}}(V) + \frac{1}{2!}\tilde{U}^2 j^{\mathrm{II}}(V) + \cdots \\ &= j(V) + \frac{1}{1!} j^{\mathrm{I}}(V)\, \hat{U}_0 \sin \omega t + \frac{1}{2!} j^{\mathrm{II}}(V)\, \hat{U}_0^2 \sin^2 \omega t + \cdots \end{aligned} \tag{B.2.4-2}$$

Nach etwas umständlicher Umordnung folgt hieraus

$$\begin{aligned} j = j(V) &+ \left[\frac{\hat{U}_0^2}{2 \cdot 2!} j^{\mathrm{II}}(V) + \frac{3\hat{U}_0^4}{8 \cdot 4!} j^{(\mathrm{IV})}(V) + \cdots\right] \\ &+ \left[\frac{\hat{U}_0}{1 \cdot 1!} j^{\mathrm{I}}(V) + \frac{\hat{U}_0^3}{2 \cdot 3!} j^{\mathrm{III}}(V) + \cdots\right] \sin \omega t \\ &- \left[\frac{\hat{U}_0^2}{2 \cdot 2!} j^{\mathrm{II}}(V) + \frac{\hat{U}_0^4}{2 \cdot 4!} j^{(\mathrm{IV})}(V) + \cdots\right] \cos 2\omega t \\ &- \left[\frac{\hat{U}_0^3}{6 \cdot 3!} j^{\mathrm{III}}(V) + \frac{3\hat{U}_0^5}{14 \cdot 5!} j^{(\mathrm{V})}(V) + \cdots\right] \sin 3\omega t \\ &+ \left[\frac{\hat{U}_0^4}{8 \cdot 4!} j^{(\mathrm{IV})}(V) + \frac{3\hat{U}_0^6}{16 \cdot 6!} j^{(\mathrm{VI})}(V) + \cdots\right] \cos 4\omega t \\ &\pm \cdots . \end{aligned} \tag{B.2.4-3}$$

Wie ersichtlich, besteht die Gesamtstromdichte aus dem Anteil der normalen Gleichstromdichte $j(V)$, einem weiteren Gleichstromdichteanteil, der durch Gleichrichtung eines Teiles des Wechselstroms infolge der nichtlinearen Charakteristik entstanden gedacht werden kann, und aus abzählbar unendlich vielen, in ihrer Größe schnell kleiner werdenden Wechselstromdichteanteilen der Frequenz ω und ihrer Vielfachen 2ω, 3ω usw., die durch Frequenzvervielfachung infolge der nichtlinearen Charakteristik zustande kommen.

Wegen $\hat{U}_0 \ll V$ brauchen natürlich nur die ersten Glieder in den Reihenentwicklungen (Klammern) berücksichtigt zu werden. Damit folgt schließlich für die Größe des gleichgerichteten Wechselstromdichteanteils näherungsweise

$$\Delta j \approx \frac{\hat{U}_0^2}{2 \cdot 2!} j^{\mathrm{II}}(V) \tag{B.2.4-4}$$

und entsprechend für die harmonischen Wechselstromdichteanteile

$$\tilde{j}_{(\omega)} \approx \frac{\hat{U}_0}{1 \cdot 1!} j^{\mathrm{I}}(V) \sin \omega t\,, \tag{B.2.4-5a}$$

$$j_{(2\omega)} \approx -\frac{\hat{U}_0^2}{2 \cdot 2!} j^{\mathrm{II}}(V) \cos 2\omega t\,, \tag{B.2.4-5b}$$

$$j_{(3\omega)} \approx -\frac{\hat{U}_0^2}{6 \cdot 3!} j^{\mathrm{III}}(V) \sin 3\omega t\,. \tag{B.2.4-5c}$$

Wegen $\hat{U}_0 \ll V$ ist hiervon in der Praxis allenfalls noch der Anteil mit der Frequenz 2ω interessant.

Da bei einer in das Plasma eintauchenden Sondenelektrode der Zusammenhang zwischen Stromdichte und Spannung in vielen Fällen nichtlinear ist (vgl. z. B. Abschn. B.1.4.2.), sind die genannten Effekte der Gleichrichtung und Frequenzvervielfachung beim Wirken hochfrequenter Wechselfelder in realen randschichtbehafteten Plasmen von vornherein nicht auszuschließen. Im folgenden sollen deshalb die Plasmarandschichten auf ihre Wirkung als Gleichrichter und Frequenzvervielfacher untersucht werden.

a) *Die stoßfreie Raumladungsschicht* (Langmuir-*Randschicht*):

Wie weiter oben näher ausgeführt wurde (vgl. Abschn. B.1.4.), wird in stoßarmen Plasmen höherer Trägerkonzentration die Plasmarandschicht hauptsächlich durch die eigentliche Raumladungsschicht gebildet. Für diese ergab sich in Abschnitt B.1.4.2. für den in der Sondenpraxis allein wichtigen Fall negativer Elektrodenpotentiale ($V < V_P = 0$) und für beliebige Elektrodengeometrie als Zusammenhang zwischen Elektronenstromdichte und Sondenspannung (Gl. B.1.4.2-12)

$$j_e = j_{e0} \exp\,(eV/kT_e) \tag{B.2.4-6}$$

(Elektronenanlaufstromdichte). Nach den einleitend angestellten Überlegungen zur Gleichrichtung und Frequenzvervielfachung folgt daraus mit $\tilde{U} = \hat{U}_0 \sin \omega t$ unmittelbar für den gleichgerichteten (Elektronen-)Wechselstromdichteanteil (Gl. B.2.4-4)

$$\Delta j_e \approx j_{e0} \exp\,(eV/kT_e) \frac{1}{2 \cdot 2!} \left(\frac{e\hat{U}_0}{kT_e}\right)^2 = j_e \frac{1}{2 \cdot 2!} \left(\frac{e\hat{U}_0}{kT_e}\right)^2 \tag{B.2.4-7}$$

und damit für die gesamte (Elektronen-)Gleichstromdichte

$$j_{e\,\mathrm{ges}} = j_e + \Delta j_e \approx j_e\left[1 + \frac{1}{2\cdot 2!}\left(\frac{e\hat{U}_0}{kT_e}\right)^2\right] \tag{B.2.4-8}$$

und für die harmonischen (Elektronen-)Wechselstromdichteanteile (Gl. B.2.4-5a, b, c)

$$\tilde{j}_{e(\omega)} \approx \frac{j_e}{1\cdot 1!}\left(\frac{e\hat{U}_0}{kT_e}\right)\sin\omega t\,, \tag{B.2.4-9a}$$

$$\tilde{j}_{e(2\omega)} \approx -\frac{j_e}{2\cdot 2!}\left(\frac{e\hat{U}_0}{kT_e}\right)^2\cos 2\omega t\,, \tag{B.2.4-9b}$$

$$\tilde{j}_{e(3\omega)} \approx -\frac{j_e}{6\cdot 3!}\left(\frac{e\hat{U}_0}{kT_e}\right)^3\sin 3\omega t\,. \tag{B.2.4-9c}$$

Wegen der besonders einfachen Struktur der Elektronenanlaufstromdichte (Exponentialfunktion; Gl. B.2.4-6) kann der interessierende gleichgerichtete (Elektronen-)Wechselstromdichteanteil statt nach der Näherungsformel Gleichung B.2.4-4 durch Aufsummierung der fraglichen Reihe auch genau berechnet werden. Mit

$$1 + \frac{1}{2\cdot 2!}x^2 + \frac{3}{8\cdot 4!}x^4 + \frac{5}{16\cdot 16!}x^6 + \cdots = \frac{1}{2\pi}\int\limits_0^{2\pi}\exp(x\sin t)\,\mathrm{d}t = \mathfrak{J}_0(ix)\,,$$

wo $\mathfrak{J}_0(ix)$ die modifizierte Bessel-Funktion erster Art und nullter Ordnung mit imaginärem Argument (z. B. Jahnke-Emde, 1952) bedeutet, erhält man dann anstelle von Gleichung B.2.4-7 und Gleichung B.2.4-8 exakt

$$\Delta j_e = j_{e0}\exp(eV/kT_e)\left[\mathfrak{J}_0\left(i\frac{e\hat{U}_0}{kT_e}\right) - 1\right] = j_e\left[\mathfrak{J}_0\left(i\frac{e\hat{U}_0}{kT_e}\right) - 1\right] \tag{B.2.4-10}$$

und

$$j_{e\,\mathrm{ges}} = j_e + \Delta j_e = j_e\mathfrak{J}_0\left(i\frac{e\hat{U}_0}{kT_e}\right) = j_{e0}\exp(eV/kT_e)\,\mathfrak{J}_0\left(i\frac{e\hat{U}_0}{kT_e}\right). \tag{B.2.4-11}$$

Dieselben Ergebnisse lassen sich natürlich auch durch Zeitmittelung der Gesamtelektronenstromdichte gemäß

$$\begin{aligned} j_{e\,\mathrm{ges}} &= \frac{1}{\Delta t}\int\limits_0^{\Delta t} j_{e0}\exp\left[e(V + \hat{U}_0\sin\omega t)/kT_e\right]\mathrm{d}t \\ &= j_{e0}\exp(eV/kT_e)\frac{1}{\Delta t}\int\limits_0^{\Delta t}\exp(e\hat{U}_0\sin\omega t/kT_e)\,\mathrm{d}t \end{aligned} \tag{B.2.4-12}$$

gewinnen. Das Zeitmittelintegral liefert dabei direkt die BESSEL-Funktion erster Art und nullter Ordnung mit imaginärem Argument.

Diese Beziehungen (Gl. B.2.4-10 u. 11) sind für die Funktionsweise der sogenannten Resonanzrektifikationssonde (vgl. Abschn. C.4.3.3.1.), einer speziellen Hochfrequenzsonde, die auf diesem Gleichrichtereffekt der Plasmarandschicht beruht, von Bedeutung.

Die angestellten Überlegungen gelten natürlich grundsätzlich auch hinsichtlich des Ionenwechselstroms. Bei negativen Sondenpotentialen muß dabei allerdings von den komplizierteren Ionensaugstromdichtekennlinien ausgegangen werden. Dadurch werden die Verhältnisse für zylindrische und sphärische Elektrodengeometrie sehr verwickelt. Nur im Spezialfall ebener Elektrodengeometrie, bei der die Ionensaugstromdichte durch die Plasmarandschicht spannungsunabhängig und damit konstant ist, können keine Gleichrichter- und Frequenzvervielfachereffekte an der Ionensaugstromkennlinie auftreten. In allen anderen Fällen unterliegt auch der Ionenwechselstrom einer teilweisen Gleichrichtung und Frequenzvervielfachung.

Solche Gleichrichtungs- und Frequenzvervielfachungseffekte am Ionenwechselstrom können indessen aus mehreren Gründen fast immer unberücksichtigt bleiben: Erstens nämlich wird der Wechselstrom durch die Plasmarandschicht hauptsächlich und überwiegend durch die Elektronenkomponente getragen. Dies ist eine unmittelbare Folge dessen, daß das elektrische Wechselfeld die leichten Elektronen wesentlich stärker beschleunigt als die schweren Ionen, und wurde bereits in dem Abschnitt B.2.2.1. begründet. Zweitens aber sind die der Gleichrichtung und Frequenzvervielfachung unterworfenen Wechselstromdichteanteile immer der Diffusionsstromdichte der Elektronen bzw. der Ionen im Plasma proportional (vgl. Gl. B.2.4-7, 8 u. 9). Letztere jedoch ist für Ionen beträchtlich kleiner als für Elektronen.

Die durch Gleichung B.2.4-7 oder 10 bzw. Gleichung B.2.4-8 oder 11 angezeigte, durch Gleichrichtung von Wechselstromanteilen verursachte Erhöhung der (Elektronen-)Gleichstromdichte ist tatsächlich experimentell nachweisbar. Dazu muß lediglich die fragliche Sondenelektrode mit Hilfe eines ausreichend niederohmigen Spannungsgenerators exakt auf ihrem Arbeitspotential V gehalten werden. Andererseits führen bei isolierter Sondenelektrode die bei Anliegen einer Hochfrequenzspannung durch Gleichrichtung in der Plasmarandschicht zusätzlich auftretenden Gleichstromanteile zu einer stärkeren negativen Aufladung (Elektroneneinstrom!) derselben. Damit aber verschiebt sich ihr ursprüngliches Gleichgewichtspotential V_{fl} zu einem etwas negativeren Wert. Zur Berechnung dieser Verschiebung des Gleichgewichtspotentials ΔV_{fl} einer solchen isolierten Sondenelektrode muß der durch die Gleichrichterwirkung der Plasmarandschicht vergrößerte Elektroneneinstrom mit dem durch das Hochfrequenzfeld im wesentlichen ungeändert gebliebenen Ioneneinstrom bilanziert werden. Für ebene Elektrodengeometrie folgt dann aus der Bilanzgleichung

$$j_{e0} \exp\left[e(V_{fl} + \Delta V_{fl})/kT_e\right] \Im_0\left(i\frac{e\hat{U}_0}{kT_e}\right) = j_{e0} \exp\left(eV_{fl}/kT_e\right) = j_{+0} \qquad \text{(B.2.4-13)}$$

unmittelbar

$$\Delta V_{fl} = -\frac{kT_e}{e} \ln \Im_0\left(i\frac{e\hat{U}_0}{kT_e}\right) \approx -\frac{e}{4\,kT_e}\hat{U}_0^2\,. \qquad \text{(B.2.4-14)}$$

Zusammenfassend lassen sich bezüglich der Wirkung stoßfreier Plasmarandschichten auf kleine Wechselspannungen folgende Feststellungen treffen:
In der stoßfreien Raumladungsschicht bewirkt der nichtlineare Zusammenhang zwischen Stromdichte und Spannung Gleichrichtungs- und Frequenzvervielfachungseffekte. Durch den Gleichrichtereffekt insbesondere wird bei festgehaltenem Arbeitspotential der Sonde die gewöhnliche LANGMUIRsche Elektronenanlaufstromdichte erhöht. Bei isolierter Sondenelektrode tritt im Unterschied dazu aus den gleichen Gründen eine Verschiebung des Gleichgewichtspotentials der Elektrode zu etwas negativeren Potentialen auf. Ein zusätzliches Auftreten von Wechselstromkomponenten mit Vielfachen der Arbeitsfrequenz ist ebenfalls möglich und experimentell nachgewiesen worden.

b) *Die stoßbestimmte Plasmarandschicht (in der D-Region der Ionosphäre):*

Wie weiter oben näher ausgeführt wurde (vgl. Abschn. B.1.5.), erstreckt sich im trägerarmen stoßbestimmten Plasma der D-Region der Ionosphäre die Plasmarandschicht als Einzugsgebiet weit in das Plasma hinein.
Unter der in Abschnitt B.1.5. gemachten und für die Sondendiagnostik in der D-Region wesentlichen Voraussetzung einer reinen Beweglichkeitsbeschreibung (kalte Näherung und Vakuumfeldnäherung) ergab sich zwischen Trägerstromdichte und elektrischer Feldstärke bzw. Sondenspannung für feldstärkeunabhängige Trägerbeweglichkeiten ein linearer Zusammenhang (vgl. Gl. B.1.5.3.1-2 bis 7). Wegen $\hat{U}_0 \ll V$ darf angenommen werden, daß dieser einfache lineare Zusammenhang zwischen Trägerstromdichte und Feldstärke bzw. Sondenspannung auch bei Überlagerung einer kleinen Wechselspannung erhalten bleibt. Damit aber verschwinden in den Gleichungen B.2.4.-4 und B.2.4-5b und c für Gleichrichtung und Frequenzvervielfachung alle höheren Ableitungen der Stromdichte nach der Spannung, und die Gleichrichtung und Frequenzvervielfachung anzeigenden Wechselstromdichteanteile entfallen.

Zusammenfassend läßt sich also feststellen, daß in den stoßbestimmten Plasmarandschichten der D-Region der Ionosphäre zumindest in der benutzten groben Näherung bezüglich des Wechselstroms keine Gleichrichtung und Frequenzvervielfachung zu erwarten ist.

B.3. Einsatzbedingte Zusatzeffekte und ihre Auswirkungen auf die Sondenmessungen

B.3.1. Die durch die Anwesenheit des Raumflugkörpers und der Sondenelektroden im extraterrestrischen Plasma hervorgerufenen Störungen (Der Drainage-Effekt)

Wie bereits im Abschnitt B.1.1.1. erläutert, stellt jeder in ein Plasma eintauchende makroskopische Körper eine Trägersenke dar. Das trifft im besonderen natürlich auch auf die zur Messung verwendete Plasmasonde und den sie tragenden Raumflugkörper zu. Ihre Anwesenheit bewirkt im extraterrestrischen Plasma in erster Linie eine Störung des Ionisations-Rekombinations-Gleichgewichts. Einmal können in den von Raumflugkörper und Sondenelektroden eingenommenen Volumina keine Ionisationsakte mehr stattfinden, zum anderen tritt an den Oberflächen dieser Körper eine verstärkte Rekombination auf. Da die Elektronen in den metallischen und damit gut leitenden Oberflächen von Sondenelektrode und Raumflugkörper frei beweglich sind, brauchen im Unterschied zur Volumenrekombination hierbei die rekombinierenden Träger nicht unmittelbar aufeinander zu treffen. Es reicht vielmehr aus, daß (nahezu) gleichzeitig ein Elektron und ein positives Ion an beliebig entfernten Stellen der Oberfläche auftreffen. Wegen der großen Oberfläche der Sondenelektrode und insbesondere des Raumflugkörpers ist diese Bedingung permanent erfüllt, so daß jedes auffallende positive Ion an der Oberfläche immer ein Elektron als Rekombinationspartner vorfindet. Da wegen des gegenüber Plasmapotential immer negativen Gleichgewichtspotentials des Systems Sondenelektrode-Raumflugkörper praktisch alle nur irgendwie in Oberflächennähe gelangenden positiven Ionen auftreffen und damit rekombinieren können, ist diese Oberflächenrekombination sehr viel effektiver als die Volumenrekombination im ungestörten Plasma.

Als Folge davon tritt in der Umgebung von Sondenelektrode und Raumflugkörper eine Verarmung des Plasmas an positiven und negativen Ladungsträgern ein, die ihrerseits aufgrund des dabei entstehenden Konzentrationsgefälles zu einem verstärkten Zustrom von Ladungsträgern aus entfernteren Gebieten führt. Damit aber erstrecken sich die Einflüsse von Sondenelektrode und Raumflugkörper auf das extraterrestrische Plasma weit über die eigentlichen Raumladungsschichten hinaus und formieren ein Einzugsgebiet, in dem gewissermaßen eine Drainage des extraterrestrischen Plasmas erfolgt. Plasmapotential und Trägerkonzentration weichen in diesem Einzugsgebiet natürlich von den Werten im ungestörten Plasma ab.

Eine befriedigende quantitative Behandlung dieser zweifelsohne immer vorhandenen Drainage-Wirkung von Raumflugkörper und Plasmasonde ist bislang nicht gegeben und auch kaum versucht worden. Das mag folgende Gründe haben:

a) Im Falle der stoßfreien LANGMUIRschen Sondentheorie wird vorausgesetzt, daß der Einfluß der Sondenelektrode auf die eigentliche Raumladungsschicht mit wohldefinierter Ausdehnung beschränkt ist und daselbst keine Ionisations- und Rekombinationsakte stattfinden. Diese beiden Annahmen machen eine ernsthafte Behandlung des fraglichen Problems im Rahmen der stoßfreien Theorie von vornherein unmöglich, da sie einerseits die Existenz eines sich weit in das Plasma erstreckenden Trägerkonzentrationsgefälles ausschließen und andererseits Ionisations- und Rekombinationsakte nur außerhalb der Raumladungsschicht im völlig ungestörten Plasma zulassen. Trägerdichteverteilung und Potentialverlauf können dann zwangsläufig nur innerhalb der eigentlichen Raumladungsschicht von den entsprechenden Werten außerhalb abweichen, während Trägerkonzentration und Potential außerhalb der Raumladungsschicht voraussetzungsgemäß konstant sind und dem ungestörten Plasma entsprechen.

b) Im Falle der stoßbestimmten Sondentheorie wird das sich ausbildende Trägerkonzentrationsgefälle durch die Gleichungen der ambipolaren Diffusion richtig miterfaßt. Eine Behandlung der fraglichen Problematik ist daher grundsätzlich möglich, aber wegen der komplizierten Struktur dieser Bewegungsgleichung für Plasmen mit ausgeprägten Raumladungsschichten (außer für gewisse Spezialfälle) sehr schwierig.

c) In der Laborplasmadiagnostik, von der alle grundlegenden Arbeiten zur Sondendiagnostik ihren Ausgang nehmen, spielt dieser Drainage-Effekt offensichtlich eine etwas andere Rolle als im extraterrestrischen Plasma. Wegen der unvermeidlichen Anwesenheit von Entladungsgefäßwänden und Elektroden gibt es in der Laborplasmaphysik kein eigentliches ungestörtes Plasma. Die Eigenschaften der dort zu untersuchenden Plasmen werden vielmehr wesentlich durch Art und Anordnung der Gefäßwände und der Entladungselektroden beeinflußt, ja geradezu durch diese bestimmt bzw. geprägt. Gegenüber dieser durch die großflächigen Gefäßwände und Entladungselektroden hervorgerufenen Beeinflussung des Plasmas sind die von den sehr kleinen Sondenelektroden bewirkten Störungen dann natürlich immer zu vernachlässigen. Unter solchen Umständen scheint es in der Laborplasmadiagnostik einerseits wenig sinnvoll, überhaupt nach den durch Gefäßwände und Elektroden hervorgerufenen „Störungen“ des Plasmas zu fragen, andererseits aber statthaft, von den eventuellen Störungen durch die Sondenelektrode abzusehen.

Im Unterschied dazu hat die extraterrestrische Plasmadiagnostik jedoch die Aufgabe, die Eigenschaften des *ungestörten* extraterrestrischen Plasmas, d. h. die Eigenschaften des bei Nichtvorhandensein von Sondenelektrode und insbesondere Raumflugkörper realisierten Plasmas, zu ermitteln. Diese weitergehende Aufgabenstellung der extraterrestrischen Plasmadiagnostik legt es nahe, der durch Sondenelektrode und Raumflugkörper verursachten Drainage des extraterrestrischen Plasmas größere Aufmerksamkeit zu schenken. Wir wollen diese Problematik deshalb für extraterrestrische Verhältnisse im folgenden etwas weiter verfolgen und machen dabei, ähnlich wie in früheren Abschnitten, von den für extraterrestrische Plasmen gerade noch zulässigen groben Vereinfachungen Gebrauch.

Um die bislang qualitativ skizzierten Verhältnisse in der Umgebung von Raumflugkörper und Plasmasonde auch etwas quantitativ zu untermauern, kann auf die in den Abschnitten B.1.5.3.2. und B.1.6.2. erhaltenen Ergebnisse zurückgegriffen werden. Danach verlaufen die Trägerkonzentrationen in der Nachbarschaft einer stromlosen sphärischen Sondenelektrode unter den im Plasma der D-Region der Ionosphäre realisierten stoßbestimmten Verhältnissen im gesamten Gebiet vor der Sondenelektrode näherungsweise gemäß

$$N(r) = N(\infty) \cdot 2^{-r_M/r} \qquad (r_M \leqq r < \infty) \qquad \text{(B.3.1-1)}$$

und unter den im Höhenbereich oberhalb 90 km Höhe realisierten stoßfreien Verhältnissen im Übergangsgebiet ausreichend weit außerhalb der Raumladungsschicht in grober Näherung ganz ähnlich entsprechend

$$N(r) = N(\infty) \cdot 2^{-r_S/r} \qquad (r_S \ll r < \infty)\,. \qquad \text{(B.3.1-2)}$$

In diesen Näherungsbeziehungen bedeuten r_M und r_S den Sonden- bzw. Raumladungsschichtradius und r den Abstand vom Sondenmittelpunkt.

Mit den bei der Herleitung dieser Näherungsbeziehungen gemachten Vorbehalten lassen sich diese natürlich auch zur Beschreibung der Verhältnisse in der Umgebung eines sphärischen Raumflugkörpers verwenden. Dazu braucht in ihnen lediglich r_M durch r_V (Raumflugkörperradius), r_S durch r_{VS} (Raumladungsschichtradius des Raumflugkörpers) und r durch r' (Abstand vom Raumflugkörpermittelpunkt) ersetzt zu werden. Für einen solchen sphärischen Raumflugkörper, der sich wegen seiner Größe naturgemäß immer ausreichend genau auf Gleichgewichtspotential (Vehikelpotential) befindet (vgl. auch Abschn. B.3.5. und Abschn. B.3.6.), gilt dann ganz entsprechend unter den in der D-Region realisierten Verhältnissen im gesamten Gebiet vor dem Raumflugkörper

$$N(r') = N(\infty) \cdot 2^{-r_V/r} \qquad (r_V \leqq r' < \infty) \qquad \text{(B.3.1-3)}$$

und unter den oberhalb 90 km Höhe realisierten Verhältnissen im Einzugsgebiet ausreichend weit außerhalb der Raumladungsschicht des Raumflugkörpers

$$N(r') = N(\infty) \cdot 2^{-r_{VS}/r'} \qquad (r_{VS} \ll r' < \infty)\,. \qquad \text{(B.3.1-4)}$$

Die diesen Näherungsbeziehungen inhärenten Bedingungen, sphärische Geometrie und Stromlosigkeit, dürften in der Praxis keine sehr ernsthaften Einschränkungen darstellen. So kann einmal jeder beliebig geformte Körper bezüglich des sich weit in das Plasma erstreckenden Drainage-Effektes für das körperferne Gebiet durch einen sphärischen Körper approximiert werden. Andererseits ist die vorausgesetzte Stromlosigkeit hinsichtlich des Raumflugkörpers immer außerordentlich gut erfüllt und nur bezüglich der viel kleineren Sondenelektrode, deren Potential bei Messungen mit Gleichspannungssonden variiert wird und die entsprechend dem zugrunde liegenden Meßprinzip den Sondenstrom führt, verletzt. Eingedenk des sowieso sehr groben Näherungscharakters soll von dieser kleinen Diskrepanz im folgenden jedoch abgesehen werden.

Zur Illustration der Verhältnisse sind diese Trägerdichteverteilungen in der Abb. 19 wiedergegeben. Abb. 19a gilt für die der D-Region der Ionosphäre entsprechenden Verhältnisse im gesamten Raum vor dem fraglichen (stromlosen

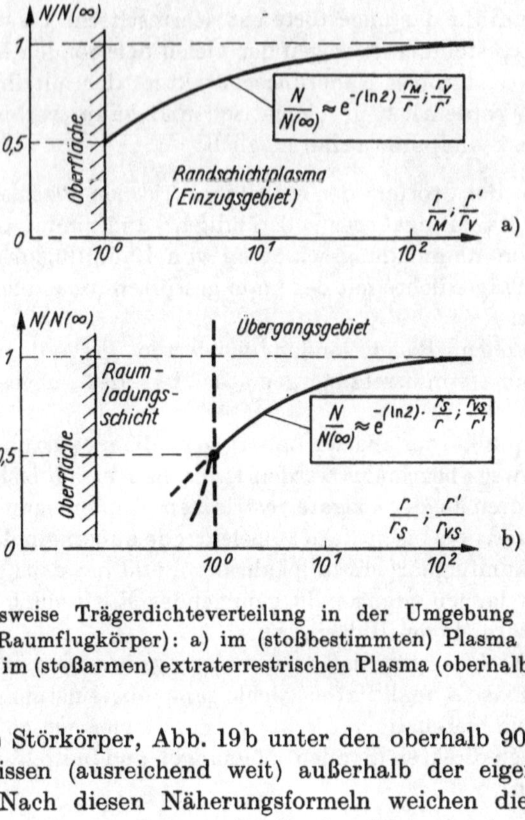

Abb. 19. Näherungsweise Trägerdichteverteilung in der Umgebung eines Störkörpers (Sondenelektrode, Raumflugkörper): a) im (stoßbestimmten) Plasma der D-Region der Ionosphäre; b) im (stoßarmen) extraterrestrischen Plasma (oberhalb 90 km Höhe)

und sphärischen) Störkörper, Abb. 19b unter den oberhalb 90 km Höhe realisierten Verhältnissen (ausreichend weit) außerhalb der eigentlichen Raumladungsschicht. Nach diesen Näherungsformeln weichen die Trägerkonzentrationen sowohl in der Umgebung der Sondenelektrode als auch des Raumflugkörpers von den Werten im ungestörten (unendlich fernen) Plasma deutlich ab. Man kann aus ihnen direkt ablesen, daß einerseits die von Sondenelektrode und Raumflugkörper hervorgerufenen Störungen des extraterrestrischen Plasmas von gleicher Größe sind, andererseits aber die vom Raumflugkörper hervorgerufene Störung entsprechend dessen größerer Abmessung viel tiefer in das Plasma reicht als die, die von der vergleichsweise kleinen Sondenelektrode bewirkt wird. Bei gleichzeitiger Anwesenheit von Raumflugkörper und Plasmasonden muß natürlich angenommen werden, daß sich die um jeden dieser Störkörper ausbildenden Trägerkonzentrationstrichter nach Maßgabe ihrer geometrischen Anordnung und ihres Radienverhältnisses beeinflussen bzw. überlagern.

Das so gewonnene grobe Bild von der Dichtestruktur des Plasmas im Raum um Raumflugkörper und Sondenelektrode läßt erwarten, daß die mit Plasmasonden gemessenen Trägerkonzentrationen von denen des ungestörten extraterrestrischen Plasmas abweichen und demzufolge immer mit einem systematischen Fehler behaftet sind. Es erhebt sich dann natürlich oft die Frage, ob und, wenn ja, in welcher Weise extraterrestrische Sondenmessungen korrigiert werden müssen, um für das ungestörte extraterrestrische Plasma repräsentativ zu sein. Diese Fragestellung ist wegen der vielen den Sondentheorien anhaftenden Mängel und des groben Näherungscharakters der mit ihnen abgeleiteten Beziehungen außerordentlich problematisch und kaum verbindlich zu beantworten. Folgende Standpunkte sind möglich:

1. Man sieht von der Störung des extraterrestrischen Plasmas durch Sondenelektrode und Raumflugkörper vollständig ab und nimmt an, daß außerhalb der eigentlichen Raumladungsschichten von Raumflugkörper und Sondenelektrode die Trägerdichte mit der im ungestörten (unendlich fernen) Plasma übereinstimmt.
   Die von beliebigen Plasmasonden gelieferten Trägerdichten entsprechen dann natürlich (voraussetzungsgemäß) der des ungestörten Plasmas $(N \approx N(\infty))$.
   Diesem Standpunkt, der aus der Laborplasmadiagnostik übernommen wurde und dort halbwegs begründet werden kann, haben sich bisher auch fast alle Experimentatoren in der extraterrestrischen Sondendiagnostik angeschlossen. Er impliziert, die eigentliche Meßelektrode außerhalb der Raumladungsschicht des Raumflugkörpers zu lokalisieren, und hat dazu geführt, die Meßelektroden an langen Stangen in genügender Entfernung vom Raumflugkörper zu haltern (Boom-Halterung).
   Indessen dürfte klar sein, daß auch die so gemessenen Werte mit den im ungestörten Plasma realisierten nicht ganz übereinstimmen können. Auf diesen Umstand weisen auch die bei vielen Vergleichen gefundenen Diskrepanzen zwischen direkten (Sonden-)Messungen und indirekten (Radiowellen-) Messungen hin.

2. Man sieht von der Störung des extraterrestrischen Plasmas durch die kleine Sondenelektrode ab, berücksichtigt aber die vom großen Raumflugkörper hervorgerufene Störung.
   Die mit in beliebiger Entfernung gehalterten Sondenelektroden gefundenen Trägerdichten können dann mit Hilfe der Gleichung B.3.1-3 bzw. B.3.1-4 näherungsweise in die des ungestörten (unendlich fernen) Plasmas umgerechnet werden. Insbesondere findet man, daß die gemessenen Trägerdichten bei Lokalisierung der Meßelektrode an der Raumflugkörperoberfläche bzw. an der Raumflugkörperraumladungsschichtgrenze nur halb so groß sind wie im ungestörten Plasma $(N \approx N(\infty)/2)$. Bei Halterung der

Meßelektrode in sehr großer Entfernung von der Raumflugkörperoberfläche stimmen die so gemessenen Trägerdichten natürlich mit der des ungestörten Plasmas halbwegs überein $(N \approx N(\infty))$.

3. Man berücksichtigt die durch die kleine Sondenelektrode hervorgerufene kleinräumige Störung gleichermaßen wie die durch den großen Raumflugkörper bewirkte großräumige Störung.
   Hierzu muß man zusätzlich annehmen, daß die angegebenen Näherungsformeln für den Trägerdichteverlauf in der Nachbarschaft der Sondenelektrode nicht nur für stromlose, d. h. isolierte Sondenelektroden gelten, sondern näherungsweise auch für stromführende, d. h. dem Sondenmeßprinzip entsprechend mit Sondenspannungen beaufschlagte Sondenelektroden richtig sind.
   Die mit in beliebiger Entfernung von der Raumflugkörperoberfläche gehalterten Meßelektroden gefundenen Trägerdichten können dann durch sukzessive bzw. kombinierte Anwendung der Gleichungen B.3.1-1 bis 4 abgeschätzt werden. Man findet dann insbesondere, daß die mit Sonden gemessenen Trägerdichten bei Halterung der Meßelektrode an der Raumflugkörperoberfläche bzw. an der Raumflugkörperraumladungsschichtgrenze nur annähernd ein Viertel der des ungestörten Plasmas betragen $(N \approx N(\infty)/4)$ und bei Halterung der Meßelektrode in sehr großer Entfernung von der Raumflugkörperoberfläche nur annähernd halb so groß sind wie im ungestörten Plasma $(N \approx N(\infty)/2)$.
   Diese Ergebnisse sind Ausdruck der Annahme, daß die Meßelektrode selbst eine Störung des Plasmas verursacht, also auch bei Lokalisierung in sehr großer Entfernung vom Raumflugkörper.

Die beiden letztgenannten Standpunkte sind natürlich bedeutend realistischer als der erstgenannte. Die durch sie nahegelegte Korrektur der Meßwerte ermöglicht es immerhin, die beim Vergleich mit indirekten Messungen immer wieder gefundenen Diskrepanzen von 30 bis 50% wenigstens halbwegs zu erklären. So beträgt hiernach beispielsweise die Trägerkonzentration in einer Entfernung r_V von der Raumflugkörperoberfläche ($2r_V$ vom Raumflugkörpermittelpunkt) überhaupt nur 70% der des ungestörten Plasmas, und erst in einer Entfernung von mehr als $6r_V$ von der Raumflugkörperoberfläche ($7r_V$ vom Raumflugkörpermittelpunkt) sind 90% der Trägerkonzentration des ungestörten Plasmas anzutreffen.

Es dürfte klar sein, daß die in einem durch die Anwesenheit des Raumflugkörpers gestörten Plasma befindliche Plasmasonde prinzipiell höchstens die am Meßort realisierte, gegenüber dem ungestörten Plasma immer verkleinerte Trägerkonzentration erfassen kann, selbst wenn von der durch die Sonde bewirkten Störung vollständig abgesehen wird. Bei zusätzlicher Berücksichtigung der Störung des Plasmas durch die Sonde fallen die gemessenen Trägerdichten offensichtlich noch kleiner aus.

Zur Illustration der den drei möglichen Standpunkten entsprechenden Vorstellungen von der Verteilung der Trägerkonzentration um Raumflugkörper und Sondenelektrode können die Abbn. 20 dienen. Sie zeigen die ganze Problematik des Drainage-Problems. Da der Drainage-Effekt des Systems Raumflugkörper-Sondenelektridoe wegen der Anfechtbarkeit der grundlegenden theoretischen Vorstellungen und des Näherungscharakters der daraus ableitbaren

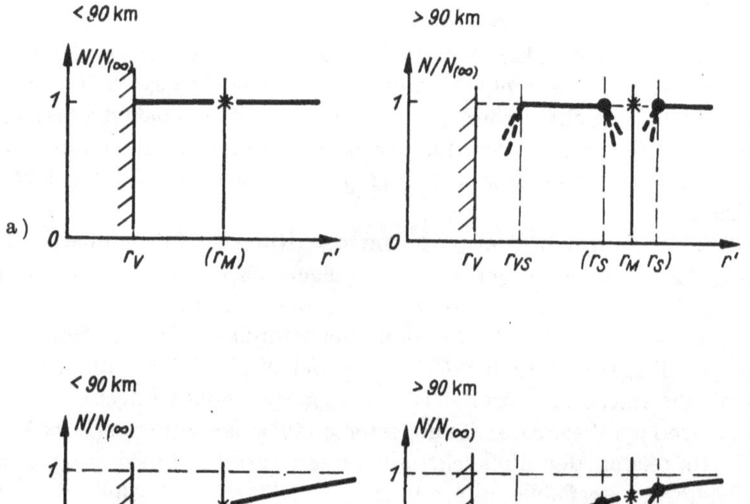

Abb. 20. Trägerdichteverteilung um Raumflugkörper und Sondenelektrode (qualitativ): a) bei Vernachlässigung der Drainage-Wirkung sowohl des Raumflugkörpers als auch der Sondenelektrode; b) bei Vernachlässigung der Drainage-Wirkung der Sondenelektrode, aber Berücksichtigung der des Raumflugkörpers; c) bei Berücksichtigung der Drainage-Wirkung sowohl des Raumflugkörpers als auch der Sondenelektrode (r_V bzw. r_M markieren hierbei die Oberfläche von Raumflugkörper bzw. Sondenelektrode; r_{VS} bzw. r_S bezeichnen die betreffenden Raumladungsschichtgrenzen. * bzw. • heben die Werte der Trägerdichte an der Oberfläche bzw. an der Raumladungsschichtgrenze der Sondenelektrode hervor.)

Beziehungen nicht besser faßbar ist, muß es dem Experimentator überlassen bleiben, welchen Standpunkt er bezieht, d. h., ob er seine Meßwerte überhaupt einer Korrektur unterwirft, und, wenn ja, in welchem Umfang er die Störungen berücksichtigt. Immerhin können auf der Grundlage der angestellten Überlegungen im Bedarfsfall notwendige Korrekturen der gemessenen Trägerdichten begründet und in einfachen Fällen auch konkret vorgenommen werden. Solcherart sachgemäß korrigierte Trägerdichten dürften auf jeden Fall eine höhere Vertrauenswürdigkeit besitzen als unkorrigierte.

Da bei der Diskussion des Drainage-Problems die Bewegung von Raumflugkörper und Sondenelektrode vollständig außer acht gelassen wurde, gelten die angegebenen Näherungsbeziehungen im Grunde genommen natürlich nur für den unrealistischen Fall eines „ruhenden“ Raumflugkörpers. Durch die Bewegung von Raumflugkörper und Sondenelektrode werden die Verhältnisse noch bedeutend komplizierter und keiner einfachen analytischen Fassung mehr zugänglich. Aus diesem Grund werden die durch die Bewegung des Raumflugkörpers verursachten Effekte im nächsten Abschnitt getrennt untersucht.

Eingehendere Überlegungen zeigen jedoch, daß die hier dargelegten Näherungsergebnisse mit gewissen Einschränkungen auch auf bewegte Raumflugkörper übertragen werden können. So darf angenommen werden, daß die durch den Drainage-Effekt erzwungene Trägerdichteabsenkung bei Bewegung von Raumflugkörper und Sondenelektrode wenigstens in allen Richtungen senkrecht zur Bewegungsrichtung noch näherungsweise verwirklicht ist. Für den in Bewegungsrichtung liegenden Halbraum (Vorderseite von Raumflugkörper bzw. Sondenelektrode) dürften die erhaltenen Ergebnisse indessen wegen des Ramm-Effekts (Abschn. B.3.2.1.) zumindest schon sehr zweifelhaft sein. Für den Halbraum in Gegenrichtung der Bewegung (Hinterseite von Raumflugkörper bzw. Sondenelektrode) schließlich sind diese Vorstellungen wegen des Wake-Effekts (Vgl. Abschn. B.3.2.2.) mit Bestimmtheit nicht mehr anwendbar.

B.3.2. Der Einfluß der Bewegung der Sonde

B.3.2.1. Der Ramm-Effekt

Bei allen bisherigen Überlegungen wurde vorausgesetzt, daß das zu untersuchende Plasma als Ganzes in bezug auf die fragliche Sondenelektrode ruht. Damit konnte bei allen Berechnungen des Sondenstroms angenommen werden, daß die Geschwindigkeitsverteilungen der interessierenden Plasmateilchen in dem mit der Sondenelektrode fest verbundenen Bezugssystem isotrop sind. Dieser besonderen Eigenschaft ist die relativ einfache Struktur der bisher aufgeführten Stromspannungscharakteristiken zu verdanken.

Beim extraterrestrischen Einsatz von Plasmasonden indessen bewegt sich die fragliche Sondenelektrode zusammen mit dem Raumflugkörper sehr schnell durch das zu untersuchende Plasma. Es dürfte klar sein, daß dadurch die Geschwindigkeitsverteilungen der Plasmateilchen in jedem mit der Sondenelektrode fest verbundenen Bezugssystem anisotrop werden und damit die Struktur der Strom-Spannungs-Charakteristiken modifizieren. Für diesen durch die relative Bewegung von Sonde und Plasma bedingten Einfluß auf die Struktur der Sondencharakteristiken hat sich die Bezeichnung Ramm-Effekt eingebürgert.

Für grobe Abschätzungen der Beeinflussung von Sondenmessungen durch diesen Ramm-Effekt bietet sich das Verhältnis von Translationsgeschwindigkeit der Sonde (Vehikelgeschwindigkeit) v_V zu mittlerer thermischer oder wahrscheinlichster Geschwindigkeit $\bar{v}$, v_W der interessierenden Trägerart an. Wenn dieses Verhältnis außerordentlich klein ist (etwa kleiner 10^{-1}), so spielt offensichtlich die gerichtete Bewegung der Sondenelektrode gegenüber der thermischen Bewegung der Ladungsträger nur eine untergeordnete Rolle und kann vernachlässigt werden. Der Sondenstrom wird in diesem Fall kaum durch die Bewegung der Sonde beeinflußt, sondern hauptsächlich durch die ungerichtete thermische Bewegung der Ladungsträger bestimmt. Wird das fragliche Verhältnis andererseits jedoch sehr groß (etwa größer 10), so spielt offensichtlich die gerichtete Bewegung der Sondenelektrode die dominierende Rolle. Der Sondenstrom wird in diesem Fall hauptsächlich durch die mit der Vehikelbewegung verbundene Ladungsträger„aufkehr" realisiert. Ist das fragliche Verhältnis schließlich in der Größenordnung 1, so beeinflussen gerichtete Bewegung der Sondenelektrode und ungerichtete thermische Bewegung der Ladungsträger den Sondenstrom gleichermaßen.

Für Elektronentemperaturen zwischen einigen 10^2 K und wenigen 10^3 K und entsprechende mittlere thermische Elektronengeschwindigkeiten von einigen 10^7 cm s^{-1} bleibt dieses Verhältnis für satellitengetragene Plasmasonden ($v_V \approx 8 \times 10^5$ cm s^{-1}) kleiner als 10^{-1} und für raketengetragene Plasmasonden ($v_V \leqq 3 \times 10^5$ cm s^{-1}) kleiner als 3×10^{-2}. Daraus folgt, daß im Fall der leichten (und damit schnellbewegten) Elektronen sowohl für Satelliten- als auch erst recht für Raketengeschwindigkeiten kein schwerwiegender Einfluß des Ramm-Effektes auf die Sondenmessungen zu erwarten ist. Es ist deshalb in diesem Fall statthaft, von der Bewegung der Sondenelektrode überhaupt abzusehen und bei der Berechnung des Elektronenstroms mit isotroper Geschwindigkeitsverteilung der Elektronen zu rechnen. Die weiter oben berechneten Stromdichte-Sondenspannungs-Charakteristiken bleiben deshalb für die Elektronenkomponente auch bei extraterrestrischen Messungen in sehr guter Näherung gültig.

Ganz anders jedoch gestalten sich die Verhältnisse für die schwerere (und damit langsamere) Ionenkomponente des Plasmas. Bei Ionentemperaturen zwischen einigen 10^2 K und wenigen 10^3 K und entsprechenden mittleren thermischen Ionengeschwindigkeiten (natürlich abhängig von der Ionenmasse; 1 bis 30 AMU) zwischen 5×10^4 cm s^{-1} und 5×10^5 cm s^{-1} kann dieses Verhältnis für satellitengetragene Plasmasonden ($v_V \approx 8 \times 10^5$ cm s^{-1}) bis zu 20 anwachsen, für raketengetragene Sonden ($v_V \leqq 3 \times 10^5$ cm s^{-1}) jedoch bis auf Werte unter 10^{-1} abfallen. Allein in den Fällen, bei denen dieses Verhältnis unter 10^{-1} liegt (relativ langsame Raketen), kann bei der Berechnung der Ionenstromdichte auf die Berücksichtigung des Ramm-Effektes verzichtet werden. In allen anderen Fällen bewirkt der durch die Sondenbewegung verursachte Ramm-Effekt eine starke Modifikation der auf der Grundlage isotroper Geschwindigkeitsverteilung berechneten Stromdichte-Sondenspannungs-Charakteristiken. In allen den Fällen schließlich, in denen das fragliche Verhältnis größer als 10 wird (Satelliten in geringen Höhen, in denen die Ionentemperatur noch klein ist), führt der Ramm-Effekt zu einer grundlegenden Änderung des Mechanismus der Ionenaufsammlung (Aufkehreffekt!).

Wie aus diesen zunächst qualitativen Überlegungen ersichtlich ist, spielt der Ramm-Effekt überhaupt nur bei Messungen an der Ionenkomponente eine Rolle. Er ist deshalb nur für die Struktur der Charakteristiken solcher Plasmasonden von Bedeutung, die allein oder bevorzugt auf die Ionenkomponente ansprechen, z. B. für alle Arten von Ionenfallen. Bei allen Sondenmessungen hingegen, bei denen die interessierende Charakteristik allein oder hauptsächlich durch die Elektronenkomponente realisiert wird und ein eventuell mit auffließender Ionenstrom nur eine kleine Korrektur darstellt (z. B. LANGMUIR-Sonden, Hochfrequenzsonden), braucht der Ramm-Effekt meist nicht berücksichtigt zu werden.

Um diese durch qualitative Überlegungen gewonnenen Ergebnisse zu erhärten und quantitativ abzusichern, soll im folgenden der Einfluß dieses Ramm-Effektes auf die Messungen mit Gleich- und Wechselspannungssonden etwas näher untersucht werden.

Für den Fall der stoßfreien Trägerbewegung im Gleichfeld (Gleichspannungssonden über 90 km Höhe) erfolgt die Berechnung der durch den Ramm-Effekt modifizierten Stromdichte-Sondenspannungs-Charakteristiken natürlich genauso wie bei ruhender Sondenelektrode auf statistischer Grundlage. Es ist dabei nur zu berücksichtigen, daß die Geschwindigkeitsverteilung der Ladungsträger durch die Bewegung der Sondenelektrode jetzt anisotrop ist, d. h. nicht mehr durch eine einfache MAXWELL-Verteilung, sondern durch eine infolge der Bewegung der Sondenelektrode modifizierte anisotrope MAXWELLsche Geschwindigkeitsverteilung gemäß

$$f(\dot{\boldsymbol{r}} - \boldsymbol{v}_V)\,\mathrm{d}\dot{\boldsymbol{r}} = \frac{1}{\pi^{3/2} v_W^3} \exp\left[-(\dot{\boldsymbol{r}} - \boldsymbol{v}_V)^2/v_W^2\right] \mathrm{d}\dot{\boldsymbol{r}} \qquad \text{(B.3.2.1-1)}$$

wiedergegeben wird. Hierin stellt $\boldsymbol{v}_V$ die Relativgeschwindigkeit zwischen Sondenelektrode und Plasma dar (Translationsgeschwindigkeit; Vehikelgeschwindigkeit).

Erste theoretische Untersuchungen hierzu sind für Bedürfnisse der Laborplasmadiagnostik von HEATLY (HEATLY, 1937) und MEDICUS (MEDICUS, 1961 u. 62), SMETANA (SMETANA, 1963) und BRUNDIN (BRUNDIN, 1964) durchgeführt worden. Für Anwendungszwecke der extraterrestrischen Plasmadiagnostik haben späterhin KANAL (KANAL, 1962 u. 64), SONIN (SONIN, 1966 u. 67) sowie

Smiddy und Stuart (Smiddy u. Stuart, 1969) wesentliche Beiträge zur theoretischen Durchdringung dieser Problematik erbracht.

Während sich die Berechnung der durch den Ramm-Effekt modifizierten Strom-Spannungs-Charakteristiken für ebene Elektrodengeometrie noch relativ einfach gestaltet, ist sie besonders für die viel kompliziertere zylindrische und sphärische Geometrie mit erheblichen mathematischen Schwierigkeiten verbunden. Man kann dies verstehen, wenn man bedenkt, daß durch die infolge der Translationsbewegung verursachte Anisotropie der Verteilungsfunktionen bei zylindrischer und sphärischer Geometrie die Trägerstromdichten vom Ort auf der Sondenoberfläche abhängig werden. Dies zwingt dazu, sich für zylindrische und sphärische Geometrie mit der Berechnung mittlerer Trägerstromdichten bzw. der Trägerströme zu begnügen.

Mit dieser Einschränkung konnten in einer Reihe spezieller diesem Problem gewidmeter Arbeiten von Kanal (Kanal, 1962 u. 64) auch für zylindrische und sphärische Geometrie geschlossene Lösungen erhalten werden. In Zusammenfassung dieser Untersuchungen lassen sich für ebene, zylindrische und sphärische Goemetrie mit

$$\xi = \frac{\boldsymbol{v}_V \bullet \boldsymbol{n}}{v_W} = \frac{v_V}{v_W} \cos\alpha \,, \tag{B.3.2.1-2a}$$

$$\xi = \frac{v_V}{v_W} \sin\beta \,, \tag{B.3.2.1-2b}$$

$$\xi = \frac{v_V}{v_W} \tag{B.3.2.1-2c}$$

als zweckmäßigen Rechengrößen (sogenannte Ramm-Größen; α Winkel zwischen Bewegungsrichtung und Flächennormale, β Winkel zwischen Bewegungsrichtung und Zylinderachse) folgende Beziehungen für die durch den Ramm-Effekt modifizierten Trägerströme aufschreiben:

1. Für ebene Elektrodengeometrie $\left(\xi = \frac{v_V}{v_W} \cos\alpha\right)$

a) Anlaufstrom $\left(\eta = \frac{eV}{kT} \leqq 0\right)$

$$I(r_M) = F \frac{eN(r_S)}{4} \sqrt{\frac{8\,kT}{\pi m}} \exp\left[\eta(r_M)\right] \{\exp\left[-\eta(r_M) - (\xi - \sqrt{|\eta|})^2\right] + \exp\left[-\eta(r_M)\right] \sqrt{\pi}\,\xi\,[1 + \operatorname{erf}(\xi - \sqrt{|\eta|})]\} \,, \tag{B.3.2.1-3}$$

b) Saugstrom $\left(\eta = \frac{eV}{kT} \geqq 0\right)$

$$I(r_M) = F \frac{eN(r_S)}{4} \sqrt{\frac{8\,kT}{\pi m}} \{\exp(-\xi^2) + \sqrt{\pi}\,\xi\,[1 + \operatorname{erf}(\xi)]\} \tag{B.3.2.1-4}$$

mit

$$\operatorname{erf}(x) = \frac{2}{\sqrt{\pi}} \int_0^x \exp(-t^2)\, dt$$

(Fehlerfunktion).

2. Für zylindrische Elektrodengeometrie $\left(\xi = \frac{v_V}{v_W} \sin\beta\right)$

a) Anlaufstrom $\left(\eta = \frac{eV}{kT} \leqq 0\right)$

$$I(r_M) = 2\pi r_M l \frac{eN(r_S)}{4} \sqrt{\frac{8\,kT}{\pi m}} \exp[\eta(r_M)] \times \left\{\exp(-\xi^2) \sum_{n=0}^{\infty} \frac{(2n+1)!\,\xi^n}{(n!)^2 \cdot 2^{2n}\,|\eta|^{n/2}} \mathfrak{J}_n(2\xi\,|\eta|^{1/2})\right\}, \quad \text{(B.3.2.1-5)}$$

b) Saugstrom $\left(\eta = \frac{eV}{kT} \geqq 0\right)$

$$I_M(r_M) = 2\pi r_M l \frac{eN(r_S)}{4} \sqrt{\frac{8\,kT}{\pi m}} \left\{\frac{2}{\sqrt{\pi}} \exp(-\xi^2) \times \sum_{n=0}^{\infty} \frac{\xi^n}{n!} \left[\exp(\eta)\,\eta^{-n/2}\,\Gamma\left(n + \frac{3}{2}, \eta + \eta \frac{r_M^2}{r_S^2 - r_M^2}\right) \mathfrak{J}_n(2\xi\eta^{1/2}) + \frac{r_S \xi^n}{r_M n!} \Gamma^*\left(n + \frac{3}{2}, \eta \frac{r_M^2}{r_S^2 - r_M^2}\right)\right]\right\} \quad \text{(B.3.2.1-6)}$$

mit

$$\mathfrak{J}_n(x) = \frac{1}{n!}\left(\frac{x}{2}\right)^n \sum_{k=0}^{\infty} \frac{n!}{k!(n+k)!} \left(\frac{ix}{2}\right)^{2k}$$

(modifizierte Bessel-Funktion 1. Art n. Ordnung)

und
$$\Gamma(y, x) = \int_x^{\infty} \exp(-t)\, t^{y-1}\, dt$$

bzw.
$$\Gamma^*(y, x) = \int_0^x \exp(-t)\, t^{y-1}\, dt$$

(unvollständige Gamma-Funktionen).

3. Für sphärische Elektrodengeometrie $\left(\xi = \frac{v_V}{v_W}\right)$

a) Anlaufstrom $\left(\eta = \frac{eV}{kT} \leqq 0\right)$

$$I(r_M) = 4\pi r_M^2 \frac{eN(r_S)}{4} \sqrt{\frac{8\,kT}{\pi m}} \exp[\eta(r_M)] \times \left\{\frac{\sqrt{|\eta|} + \xi}{4\xi} \exp[-\eta - (\sqrt{\eta} - \xi)^2] - \frac{\sqrt{|\eta|} - \xi}{4\xi} \exp[-\eta - (\sqrt{\eta} + \xi)^2] + \exp(-\eta) \frac{\sqrt{\pi}}{4\xi}\left(\xi^2 + \frac{1}{2} - |\eta|\right)[\operatorname{erf}(\sqrt{|\eta|} + \xi) - \operatorname{erf}(\sqrt{|\eta|} - \xi)]\right\},$$

(B.3.2.1-7

b) Saugstrom $\left(\eta = \frac{eV}{kT} \geqq 0\right)$

$$I(r_M) = 4\pi r_M^2 \frac{eN(r_S)}{4} \sqrt{\frac{8\,kT}{\pi m}} \left\{ \frac{r_S^2}{r_M^2} \left[\frac{\sqrt{\pi}}{4\xi} (1 + 2\xi^2) \operatorname{erf}(\xi) + \frac{1}{2} \exp(-\xi^2) \right] - \frac{r_S^2 - r_M^2}{r_M^2} \left[\frac{\sqrt{\pi}}{4\xi} \left(\xi^2 + \frac{1}{2} - \frac{r_M^2 |\eta|}{r_S^2 - r_M^2} \right) \times \left(\operatorname{erf}\left(\sqrt{\frac{r_M^2|\eta|}{r_S^2 - r_M^2}} + \xi \right) - \operatorname{erf}\left(\sqrt{\frac{r_M^2|\eta|}{r_S^2 - r_M^2}} - \xi \right) \right) + \frac{1}{4\xi} \left(\sqrt{\frac{r_M^2 |\eta|}{r_S^2 - r_M^2}} + \xi \right) \exp\left(-\left(\sqrt{\frac{r_M^2 |\eta|}{r_S^2 - r_M^2}} - \xi \right)^2 \right) - \frac{1}{4\xi} \left(\sqrt{\frac{r_M^2 |\eta|}{r_S^2 - r_M^2}} - \xi \right) \exp\left(-\left(\sqrt{\frac{r_M^2 |\eta|}{r_S^2 - r_M^2}} + \xi \right)^2 \right) \right] \right\} \tag{B.3.2.1-8}$$

mit

$$\operatorname{erf}(x) = \frac{2}{\sqrt{\pi}} \int_0^x \exp(-t^2)\,dt$$

(Fehlerfunktion).

In diesen Beziehungen sind die von der Bewegung der Sonde herrührenden Einflüsse auf die Strom-Spannungs-Charakteristiken in den geschweiften Klammern enthalten. Letztere werden deshalb mitunter auch als Ramm-Funktion bezeichnet.

Für in bezug auf das Plasma ruhende Sondenelektroden ($v_V = 0$ und damit $\xi = 0$) vereinfachen sich diese Ramm-Funktionen so, daß die fraglichen Trägerströme erwartungsgemäß mit den bereits in Abschnitt B.1.4.2. angeführten einfachen Beziehungen für die Trägerstromdichten korrespondieren. Dasselbe gilt für Sondenelektroden, deren gesamte trägeraufnehmende Oberfläche parallel zur Bewegungsrichtung liegt ($\cos\alpha = 0$ und damit ebenfalls $\xi = 0$), bei denen das Plasma also gewissermaßen vorbeiströmt. Ähnliche Ergebnisse erhält man für $\xi \ll 1$, wenn also die Vehikelgeschwindigkeit gegenüber der thermischen Geschwindigkeit der fraglichen Träger vernachlässigt werden kann (oder aber das Plasma die Sondenelektrode „gleitend" anströmt). Die in Abschnitt B.1.4.2. für ruhende Sondenelektroden angeführten Trägerstromdichten gelten dann in guter Näherung weiter. Damit läßt sich die bisher nur durch qualitative Überlegungen gestützte Feststellung, daß die Strom-Spannungs-Charakteristik der Elektronenkomponente durch die Bewegung der Sondenelektrode nicht merklich beeinflußt wird, auch analytisch untermauern; wegen $v_V \ll \bar{v}_e$ gilt hierfür natürlich ebenfalls immer $\xi \ll 1$.

Ganz ähnlich kann, ausgehend von den obigen Beziehungen für die modifizierten Trägerströme, gezeigt werden, daß für $\xi \gg 1$, wenn also die thermische Geschwindigkeit der fraglichen Ladungsträger gegenüber der Vehikelgeschwindigkeit vernachlässigt werden kann, die Trägeraufsammlung bei nicht zu hohen Sondenspannungen ($V \approx V_P = 0$) durch einen simplen „Aufkehreffekt" bewerkstelligt wird. Für die Ionenströme ergibt sich dann bei nicht zu hohen Sondenspannungen

$$I_+(r_M) \approx N(r_S)\, e v_V F_Q\,, \qquad \text{(B.3.2.1-9)}$$

also ein Wert, der statt von der als sehr klein vorausgesetzten Sondenspannung von der Vehikelgeschwindigkeit $\boldsymbol{v}_V$ bestimmt wird. F_Q bedeutet hier die Querschnittsfläche der Sondenelektrode in Anströmrichtung, beträgt also beispielsweise für ebene Elektrodengeometrie $F \cos\alpha$ und für sphärische Elektrodengeometrie πr_M^2.
Dieser Aufkehreffekt kann nur bezüglich der Ionenkomponente und bei ausreichend hohen Vehikelgeschwindigkeiten (Satellitengeschwindigkeiten und höher) als verwirklicht angesehen werden. In allen anderen Fällen (insbesondere bei langsameren Raketen) muß hinsichtlich der Ionenkomponente von den genauen Beziehungen der Gleichungen B.3.2.1-3 bis 8 ausgegangen werden.

Zur Illustration der Verhältnisse zeigt die Abb. 21a die ramm-modifizierte Trägerstromdichte für eine ebene Sondenelektrode und die Abb. 21b den ramm-modifizierten Trägerstrom für eine sphärische Sondenelektrode, beide in Abhängigkeit vom Sondenpotential. Die Ramm-Größe ξ fungiert hierin als Parameter. Zum Vergleich sind in diese Diagramme noch die normale Langmuirsche Trägerstromdichte bzw. der normale Langmuirsche Trägerstrom auf eine ruhende Sondenelektrode ($\xi = 0$) mit eingezeichnet. In Ergänzung hierzu zeigen die Abbn. 22a und b die bei Sondenspannung Null ($V_M = 0$) realisierten Trägerströme zu einer ebenen bzw. sphärischen Sondenelektrode (Gl. B.3.2.1-3 oder 4 bzw. Gl. B.3.2.1.-7 oder 8 für $\eta_M = 0$) in Abhängigkeit von der Ramm-Größe ξ. Deutlich ist in dieser Darstellung der sich bei höheren Vehikelgeschwindigkeiten vollziehende Übergang vom thermischen Diffusionsstrom zum Aufkehrstrom zu erkennen sowie die damit verbundene Wandlung der effektiven trägersammelnden Fläche zu verfolgen.

Für den Fall der stoßbestimmten Trägerbewegung im Gleichfeld (Gleichspannungssonden unter 70 km Höhe) andererseits liefert die notwendige Mittelung der Einzelteilchenbewegungsgleichung (Gl. B.1.2-2) mit Hilfe der anisotropen Verteilungsfunktion (Gl. B.3.2.1-1) für die Bewegungsgleichung eines mittleren Teilchens in Analogie zu Abschnitt B.1.2.2.

$$\boldsymbol{j} = Ne\boldsymbol{v} = -eD \operatorname{grad} N + Neb\left(\boldsymbol{E} + \frac{1}{c}\,\boldsymbol{v} \times \boldsymbol{H}\right) - Ne\boldsymbol{v}_r\,. \qquad \text{(B.3.2.1-10)}$$

$\boldsymbol{v}_r$ stellt hierin die Relativgeschwindigkeit zwischen Sondenelektrode und Plasma dar (die Relativgeschwindigkeit zwischen Magnetfeld und Plasma ist natürlich Null, da das fragliche Magnetfeld als natürliches Magnetfeld an das Plasma, nicht aber an die sich bewegende Sondenelektrode gebunden ist).

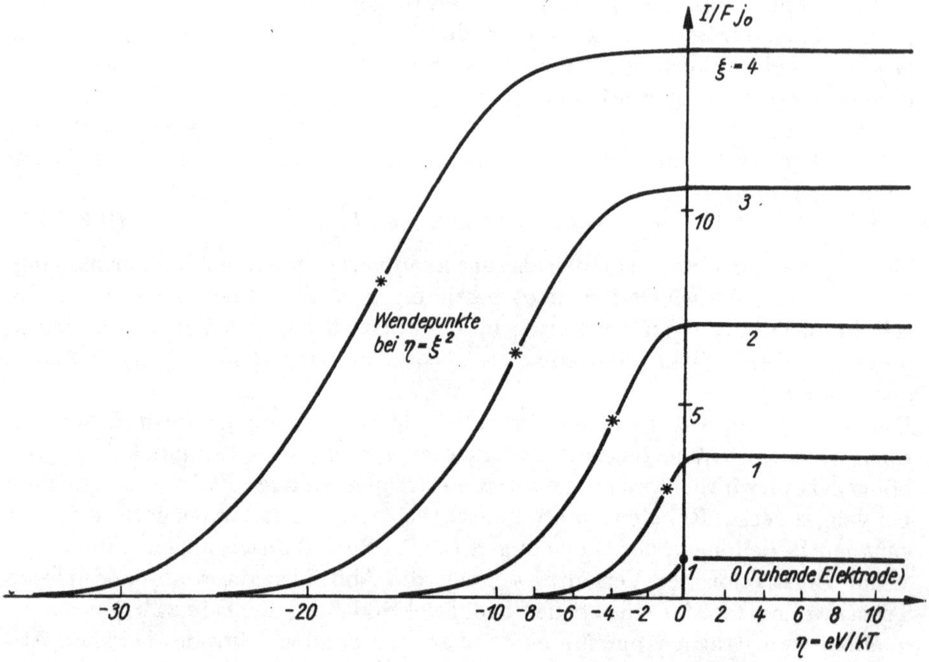

a)

$$\frac{I}{Fj_0} = e^{-(\xi - \sqrt{|\eta|})^2} + \sqrt{\pi}\,\xi\,[1 + \mathrm{erf}\,(\xi - \sqrt{|\eta|})] \qquad (\eta \leqq 0)$$

$$\frac{I}{Fj_0} = e^{-\xi^2} + \sqrt{\pi}\,\xi[1 + \mathrm{erf}\,\xi] \qquad (\eta \geqq 0)$$

$$\xi = \frac{\boldsymbol{v}_V \boldsymbol{n}}{v_W} = \frac{v_V}{v_W} \cos\alpha \text{ (Rammgröße)}$$

$$j_0 = \frac{N_0 e}{4} \sqrt{\frac{8kT}{\pi m}}$$

$$\mathrm{erf}\,x = \frac{2}{\sqrt{\pi}} \int_0^x e^{-t^2}\,dt$$

Aufkehreffekt:

$$\xi \geqq 1;\ \eta = 0 \rightarrow$$

$$\frac{I}{Fj_0} = 2\sqrt{\pi}\,\xi \quad \text{bzw.}$$

$$I = FNev_V \cos\alpha$$

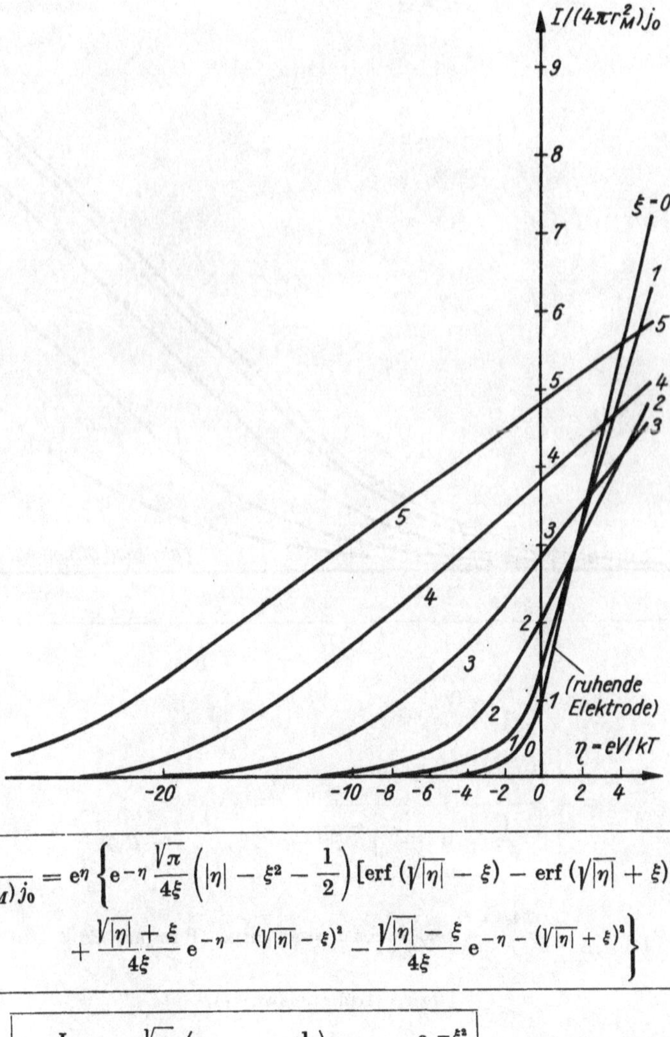

b)

$$\frac{I}{(4\pi r_M^2)\, j_0} = e^{\eta}\left\{e^{-\eta}\,\frac{\sqrt{\pi}}{4\xi}\left(|\eta| - \xi^2 - \frac{1}{2}\right)\left[\operatorname{erf}\left(\sqrt{|\eta|} - \xi\right) - \operatorname{erf}\left(\sqrt{|\eta|} + \xi\right)\right] + \frac{\sqrt{|\eta|} + \xi}{4\xi}\, e^{-\eta - (\sqrt{|\eta|} - \xi)^2} - \frac{\sqrt{|\eta|} - \xi}{4\xi}\, e^{-\eta - (\sqrt{|\eta|} + \xi)^2}\right\} \qquad (\eta \leqq 0)$$

$$\frac{I_S}{(4\pi r_M^2) j_0} = \frac{\sqrt{\pi}}{2\xi}\left(\eta + \xi^2 + \frac{1}{2}\right)\operatorname{erf}\xi + \frac{e^{-\xi^2}}{2} \qquad (\eta \geqq 0;\ {}^{s}r/r_M \to \infty)$$

$$\xi = \frac{v_V}{v_W} \text{ (Rammgröße)}; \quad j_0 = \frac{N_0 e}{4}\sqrt{\frac{8kT}{\pi m}}; \quad \operatorname{erf} x = \frac{2}{\sqrt{\pi}}\int_0^x e^{-t^2}\, dt$$

Aufkehreffekt:

$$\xi \gg 1; \quad \eta = 0 \to \quad \frac{I}{(4\pi r_M^2)\, j_0} = \frac{\sqrt{\pi}}{2}\,\xi \quad \text{bzw.} \quad I = (\pi r_M^2) N e v_V$$

Abb. 21. Rammeffektmodifizierter Trägerstrom in Abhängigkeit vom Elektrodenpotential. Die Rammgröße ξ fungiert als Parameter. Zum Vergleich ist die normale Langmuirsche Charakteristik für ruhende Sondenelektroden ($\xi = 0$) mit eingezeichnet: a) für ebene Elektrodengeometrie; b) für sphärische Elektrodengeometrie ($r_S/r_M \to \infty$)

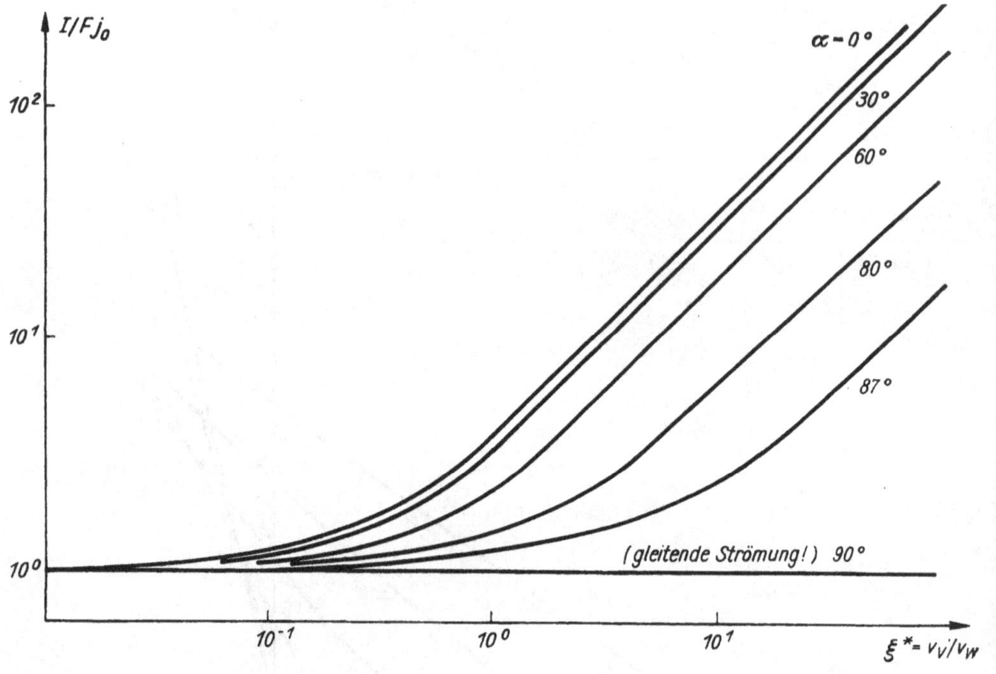

a)

$$\boxed{\frac{I}{Fj_0} = e^{-\xi^2} + \sqrt{\pi}\,\xi[1 + \operatorname{erf}\xi]} \qquad (\eta = 0)$$

$$\xi = \frac{\boldsymbol{v}_V \bullet \boldsymbol{n}}{v_W} = \frac{v_V}{v_W}\cos\alpha = \xi^* \cos\alpha \quad \text{(Rammgröße)}$$

(α Anströmungswinkel)

$$j_0 = \frac{N_0 e}{4}\sqrt{\frac{8kT}{\pi m}}$$

$$\operatorname{erf} x = \frac{2}{\sqrt{\pi}}\int_0^x e^{-t^2}\,dt$$

Aufkehreffekt ($\xi \gg 1$):

$$\frac{I}{Fj_0} = 2\sqrt{\pi}\,\xi \quad \text{bzw.}$$

$$I = NFev_V \cos\alpha$$

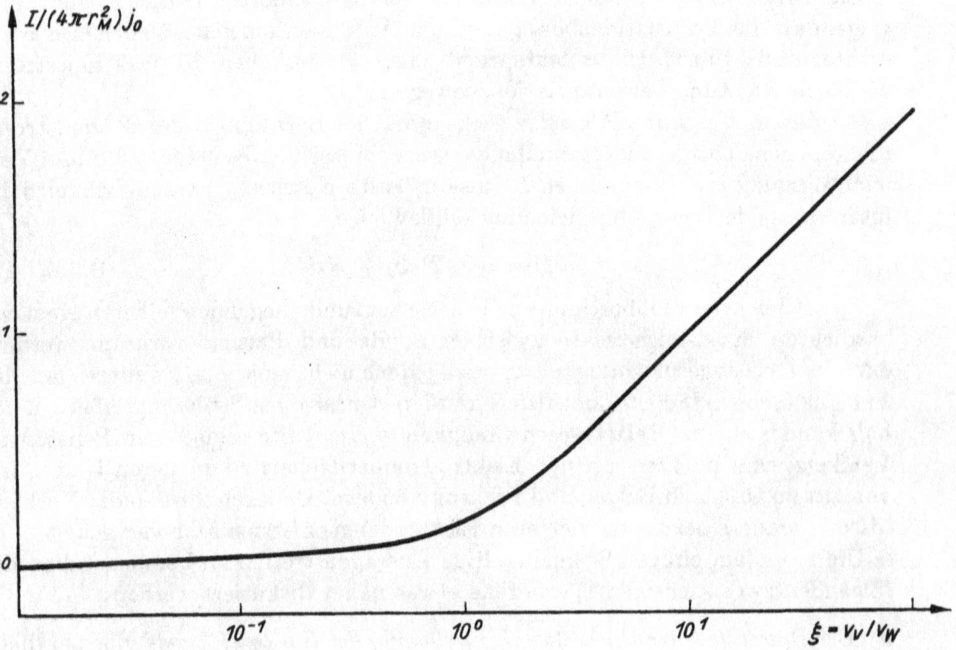

b)

$$\frac{I}{(4\pi r_M^2)j_0} = \frac{e^{-\xi^2}}{2} + \sqrt{\pi}\left(\frac{\xi}{2} + \frac{1}{4\xi}\right)\operatorname{erf}\xi \qquad (\eta = 0)$$

$$\xi = \frac{v_V}{v_W} \quad \text{(Rammgröße)}$$

$$j_0 = \frac{N_0 e}{4}\sqrt{\frac{8kT}{\pi m}}$$

$$\operatorname{erf} x = \frac{2}{\sqrt{\pi}}\int_0^x e^{-t^2}\,dt$$

Aufkehreffekt ($\xi \gg 1$):

$$\frac{I}{(4\pi r_M^2)\,j_0} = \frac{\sqrt{\pi}}{2}\,\xi \quad \text{bzw.}$$

$$I = (\pi r_M^2)\,N e v_V$$

Abb. 22. Rammeffektmodifizierter Trägerstrom bei Sondenspannungsnull ($\eta_M = 0$) in Abhängigkeit von der Rammgröße ξ: a) für ebene Elektrodengeometrie (Anströmungswinkel fungiert als Parameter); b) für sphärische Elektrodengeometrie

Ein Vergleich mit der dort erhaltenen verallgemeinerten Diffusionsgleichung zeigt, daß die Translationsbewegung zum Auftreten eines zusätzlichen Stromdichteanteils führt. Dieser entspricht einer zusätzlichen Konvektionsstromdichte in Richtung der Translationsbewegung.

Mit den in Abschnitt B.1.2.2. zwecks einfacher Berechnung der Sondenstromdichten gemachten Zusatzannahmen (vernachlässigbares Magnetfeld und Vernachlässigung der thermischen Diffusion (kalte Näherung)) vereinfacht sich die interessierende Bewegungsgleichung schließlich zu

$$\boldsymbol{j} = Ne\boldsymbol{v} = -Ne\boldsymbol{v}_r \pm Neb\boldsymbol{E} \,. \qquad \text{(B.3.2.1-11)}$$

Da bei den jeder stoßbestimmten Theorie zugrunde liegenden höheren Neutralgasdichten Strömungseffekte zwischen Sonde und Plasma wirksam werden, darf die Relativgeschwindigkeit $\boldsymbol{v}_r$ jetzt jedoch nicht mehr ohne weiteres mit der Vehikelgeschwindigkeit identifiziert werden. Durch diese Strömungseffekte nämlich kann sich die Relativgeschwindigkeit $\boldsymbol{v}_r$ im Unterschied zur konstanten Vehikelgeschwindigkeit an der Elektrodenoberfläche und in deren Umgebung von Ort zu Ort nach Betrag und Richtung ändern. Dadurch werden die Verhältnisse besonders bei komplizierteren Elektrodengeometrien sehr verwickelt.

Um trotzdem einige allgemeingültige Aussagen treffen zu können, sollen die folgenden zwei wichtigen Spezialfälle etwas näher diskutiert werden:

a) *Der Spezialfall der kompletten Umströmung der Sondenelektrode*, der bei dichtem Neutralgasuntergrund und relativ kleiner Vehikelgeschwindigkeit realisiert ist (Raumflugkörper im Unterschallbereich):

Hierbei umströmt das dichte Neutralgas die Sondenelektrode im allgemeinen auf Stromlinienbahnen. Durch die häufigen Stöße sind die Ladungsträger gleichsam an diese Neutralgasströmung gefesselt. Daher verläuft die Bewegung von Neutralgas und Plasma außer in den Stau- und Wirbelgebieten oberflächenparallel. Eine solche durch die Bewegung der Sondenelektrode hervorgerufene oberflächenparallele Strömung der interessierenden Ladungsträger ist auf die Stromspannungskennlinie der Sondenelektrode ohne Einfluß, da zum Sondenstrom nur die senkrecht zur Elektrodenoberfläche gerichteten Stromkomponenten beitragen. Damit kann aber angenommen werden, daß außerhalb der Wirbel- und Staugebiete keine Modifikation der Trägerstromdichte durch die Bewegung der Sondenelektrode eintritt und daß wie im Fall der ruhenden Sondenelektrode die einfachen Beweglichkeitsgleichungen gelten. Die Verhältnisse in den Wirbel- und Staugebieten andererseits sind äußerst kompliziert und keiner einfachen analytischen Fassung zugänglich. In ihnen können auf Grund der unterschiedlichen Massen von Elektronen und Ionen sogar lokale Entmischungserscheinungen und damit verbunden zur Ausbildung von Raumladungen führende Ladungstrennungen auftreten. Diese Befunde legen nahe, bei allen praktischen Anwendungen von vornherein darauf zu achten, daß die Meßelektroden so angebracht werden, daß sie oberflächenparallel umströmt werden und nicht in Wirbel- oder Staugebieten zu liegen kommen. Musterbeispiele so ausgelegter Plasmasonden stellen beispielsweise die GERDIEN-Kondensatoren (vgl. Abschn. C.3.2.) dar, bei denen die oberflächenparallele Strömung zusätzlich meßmethodisch ausgenutzt wird.

b) *Der Spezialfall des ungehinderten Aufpralls der Träger auf die Sondenelektrode*, der bei dichtem Neutralgasuntergrund und hoher Vehikelgeschwindigkeit realisiert ist (Raumflugkörper im Überschallbereich):

Hierbei prallen die Ladungsträger zusammen mit dem dichten Neutralgas ungehindert auf die Oberfläche der Sondenelektrode auf. Die Relativgeschwindigkeit zwischen Sonde und Plasma ($\boldsymbol{v}_r$ in Gl. B.3.2.1-10 bzw. 11) kann dann meist ohne größere Bedenken mit der (ortsunabhängigen) Vehikelgeschwindigkeit identifiziert werden. Wie aus Gleichung B.3.2.1-11 ersichtlich ist, hängen die Trägerstromdichten nunmehr außer von der elektrischen Feldstärke auch von der Vehikelgeschwindigkeit ab.
Je nach der Geometrie der Meßelektrode (Richtung des elektrischen Feldes) und der Richtung und Größe der Vehikelgeschwindigkeit entstehen im allgemeinen sehr komplizierte Zusammenhänge. In der Sondenpraxis braucht hierauf jedoch im allgemeinen keine Rücksicht genommen zu werden. Wegen der infolge der vielen Stöße sehr innigen Fesselung der Ladungsträger an die Neutralgasströmung darf nämlich angenommen werden, daß die auf die Translationsbewegung zurückgehenden Konvektionsstromdichteanteile der Elektronen- und Ionenkomponente (Gl. B.3.2.1-11) im quasi neutralen Plasma ($N_e + N_- \approx N_+ \approx N$) recht genau übereinstimmen und sich gerade gegenseitig kompensieren. Damit aber übt auch in diesem Fall die Translationsbewegung kaum einen störenden Einfluß auf die Strom-Spannungs-Charakteristiken aus.

Diese Grenzfälle zeigen, daß es hinsichtlich des Einsatzes von Gleichspannungssonden im stoßbestimmten Plasma im Rahmen der angewendeten Näherungen meist statthaft ist, sowohl hinsichtlich der Elektronenkomponente als auch der Ionenkomponente von einer Mitberücksichtigung des Bewegungseinflusses der Sondenelektrode abzusehen. Um dies ganz sicherzustellen, ist es bei extraterrestrischen Sondenmessungen im stoßbestimmten Plasma ratsam, Geometrie und Orientierung der Sondenelektrode von vornherein nach Maßgabe der diskutierten Spezialfälle zu wählen.

Für den Fall der Trägerbewegung im Wechselfeld (Wechselspannungssonden) schließlich liefert die Mittelung der Einzelteilchenbewegungsgleichung (Gl. B.1.2-2 oder Gl. B.2.2.1-1) mit Hilfe der anisotropen Verteilungsfunktion (Gl. B.3.2.1-1) für die Bewegungsgleichung eines mittleren Elektrons im homogenen Plasma (grad $N = 0$) in Analogie zu Abschnitt B.2.2.1.

$$m_e \dot{\boldsymbol{v}} = e\left(\boldsymbol{E} + \frac{1}{c}\boldsymbol{v} \times \boldsymbol{H}\right) - m_e \nu_e \boldsymbol{v} - m_e \nu_e \boldsymbol{v}_V \,. \qquad \text{(B.3.2.1-12)}$$

Hierin bedeuten $\dot{\boldsymbol{v}}$ und $\boldsymbol{v}$ Beschleunigung und Geschwindigkeit eines mittleren Teilchens; $\boldsymbol{v}_V$ stellt die Translationsgeschwindigkeit dar (die Relativgeschwindigkeit zwischen Plasma und Magnetfeld ist natürlich Null, da letzteres als natürliches Magnetfeld an das Plasma, nicht aber an die bewegte Sondenelektrode gebunden ist).
Das in dieser Gleichung infolge der Translationsbewegung auftretende Zusatzglied deutet an, daß jetzt der oszillierenden Trägerbewegung noch die nichtoszillierende Trägerbewegung in Richtung der Vehikelgeschwindigkeit überlagert ist. Der damit verbundene (nichtoszillierende) Stromdichte- bzw. Polarisationsanteil kann unter Umständen für das dielektrische bzw. Leitfähigkeitsverhalten des Plasmas im Gleichfeld ($\omega = 0$) bedeutungsvoll sein, nicht aber für das dielektrische bzw. Leitfähigkeitsverhalten des Plasmas im Wechselfeld. Für das letztere interessieren nur die oszillierende Trägerbewegung bzw. die durch diese hervorgerufenen oszillierenden Stromdichte- bzw. Polarisationsanteile und damit nur die oszillierenden Lösungen dieser Differentialgleichung. Der in Translationsrichtung weisende Konvektionsstromdichteanteil der Elektronen wird außerdem durch einen entsprechenden gleichgroßen und gleichgerichteten Konvektionsstromdichteanteil der Ionenkomponente, die bezüglich der Translationsbewegung natürlich nicht unterschlagen werden darf, weitgehend zu Null kompensiert. Aus diesen Gründen ist daher keine Beeinflussung des dielektrischen bzw. Leitfähigkeitsverhaltens des Plasmas durch die Bewegung der Sondenelektrode zu erwarten.
Berücksichtigt man jedoch auch noch die durch die Translationsbewegung begrenzte Verweildauer der Träger im betreffenden Meßvolumen, so ist in Analogie zu den Untersuchungen von SALPETER und MAKINSON (SALPETER u. MAKINSON, 1949) über den Einfluß der thermischen Bewegung der Elektronen auf die dielektrischen Eigenschaften des Plasmas (vgl. auch Abschn. B.2.2.2.) eine gewisse Modifikation des dielektrischen Verhaltens nicht auszuschließen. Diese darf indessen für

$$\omega \gg \frac{v_V}{l} \tag{B.3.2.1-13}$$

ebenfalls vernachlässigt werden. Diese Bedingung ist in dem bereits in Abschnitt B.2.2.2.2. stark eingeschränkten Anwendbarkeitsbereich der angegebenen Beziehungen für Dielektrizitätskonstante und elektrische Leitfähigkeit wegen $v_V \ll \bar{v}_e$ natürlich immer sehr gut erfüllt.

In Zusammenfassung der vorstehenden Überlegungen kann festgehalten werden, daß unter den in der extraterrestrischen Meßpraxis realisierten Bedingungen die einsatzbedingte Bewegung der Sonde einen wesentlichen und damit nicht vernachlässigbaren Einfluß in der Regel nur auf solche Sondencharakteristiken ausübt, die ganz oder in wesentlichen Teilen durch die stoßfreie Bewegung der Plasmaionen im Meßfeld formiert werden. Dies trifft für fast alle Gleichspannungssonden im Höhenbereich über 90 km Höhe zu, d. h. außer für LANGMUIR-Sonden und deren Abarten, insbesondere auch für die allein auf die

Ionenkomponente ansprechenden Ionenfallen. Für Gleichspannungssonden im Höhenbereich unter 70 km, deren Charakteristiken dort durch die stoßbestimmte Bewegung der Träger bestimmt werden, ist bei sachgemäßer Auslegung bzw. Anwendung indesssen keine Beeinflussung der Charakteristiken durch die Bewegung der Sondenelektrode zu erwarten. Das gleiche gilt für Wechselspannungssonden, deren Charakteristiken im gesamten extraterrestrischen Einsatzbereich bei nicht zu niedrigen Frequenzen (Hochfrequenzsonden!) allein durch die (stoßfreie oder stoßbestimmte) Bewegung der Elektronenkomponente formiert werden.

B.3.2.2. Der Wake-Effekt

Bewegt sich ein makroskopischer Körper (z. B. Raumflugkörper oder Plasmasonde) mit sehr großer Geschwindigkeit durch ein Gas oder ein Plasma, so tritt im Raum unmittelbar vor diesem Körper immer eine gewisse Erhöhung, im Raum hinter dem Körper eine Erniedrigung der Teilchenkonzentration auf. Die Größe der sich ausbildenden Konzentrationserhöhung bzw. -erniedrigung hängt (zumindest für stoßarme Plasmen) hauptsächlich vom Verhältnis der Translationsgeschwindigkeit v_V des Körpers (Vehikelgeschwindigkeit) zur mittleren thermischen bzw. wahrscheinlichsten Geschwindigkeit $\bar{v}$, v_W der Plasmateilchen ab. Dieses Verhältnis entspricht der Ramm-Größe ξ aus dem Abschnitt B.3.2.1. (vgl. Gl. B.3.2.1-2a, b oder c). Je größer dieses Verhältnis ist, desto stärker sind Erhöhung bzw. Erniedrigung der Teilchenkonzentration vor bzw. hinter dem Körper. Wird dieses Verhältnis wesentlich größer als 1, so bildet sich hinter dem Körper sogar eine ausgeprägte und ausgedehnte Vakuumzone aus. Der Raumflugkörper erfaßt dann praktisch alle auf seiner Flugbahn in einem seinen Querschnittsabmessungen entsprechenden schlauchförmigen Gebiet liegenden Partikel und reflektiert oder „absorbiert“ sie, so daß auf seiner Rückseite ein quasi partikelfreies Gebiet entsprechenden Querschnitts entsteht, das erst in größerer Entfernung hinter dem Körper durch seitlich eindiffundierende Partikel wieder aufgefüllt wird. Das sich auf diese Weise hinter dem Flugkörper ausbildende quasi partikelfreie Gebiet wird als Wake bezeichnet.

Bei gegebener Translationsgeschwindigkeit ist das fragliche Verhältnis für die schweren Teilchen (Neutralteilchen, Ionen) wegen deren relativ niedriger thermischer Geschwindigkeit am größten. Es kann für die im erdnahen extraterrestrischen Raum realisierten Verhältnisse (Neutralteilchen- und Ionenmassen zwischen 30 und 1 AMU; Neutralteilchen-, Ionen- und Elektronentemperaturen zwichens einigen 10^2 K und wenigen 10^3 K) bei den Geschwindigkeiten der heute gebräuchlichen Raumflugkörper ($1{,}2 \cdot 10^6$ cm s^{-1}; zweite kosmische Geschwindigkeit) für die schweren Teilchen ohne weiteres Werte bis zu 20 erreichen, während es hinsichtlich der leichten Elektronen immer kleiner als 10^{-1} bleibt. Aus diesen Gründen werden von diesem Wake-Effekt im extraterrestrischen Plasma primär allein die schweren Teilchen, nicht aber die leichten Elektronen betroffen. Die Ausbildung einer Wake tritt immer dann auf, wenn die

Geschwindigkeit des Raumflugkörpers (Vehikelgeschwindigkeit) die mittlere thermische Geschwindigkeit der schweren Neutralteilchen oder Ionen übertrifft, also an allen mit Überschallgeschwindigkeit bewegten Raumflugkörpern (Satelliten; schnelle Raketen und Raumsonden).

Eine befriedigende und umfassende theoretische Beschreibung des Wake-Effekts ist bis heute noch nicht gelungen. Neben enormen mathematischen Schwierigkeiten sind es vor allem die vielen am Wake-Effekt beteiligten Einzelvorgänge und Sekundärerscheinungen (wie z. B. Anregung von Plasmaschwingungen, Auftreten von Instabilitäten usw.), die eine übersichtliche analytische Fassung des Problems erschweren. Wir werden uns deshalb im folgenden damit begnügen müssen, uns mit einigen aus Näherungsrechnungen und Abschätzungen erhaltenen grundsätzlichen Erkenntnissen bekannt zu machen (z. B. Gurevich, 1960; Rand, 1960; Alpert, 1960 u. 1965; Davis u. Harris, 1961; Walker, 1961 u. 1965; Sawchuk, 1963; Alpert, Gurevich u. Pitayevsky, 1963 u. 1965; Gurevich u. Pitayevsky, 1965; Kornegay, 1965; Samir u. Willmore, 1965; Liu, 1965, 1967, 1968 u. 1969; Liu u. Jew, 1967 u. 1968; Kiel, Gey u. Gustafson, 1968). Dabei wird von den am Neutralgas erzeugten Effekten abgesehen, da diese im Zusammenhang mit Plasmasonden nicht weiter interessieren:

Da sich der großflächige Raumflugkörper (unter normalen Umständen) immer auf negativem Potential gegenüber Plasmapotential befindet, werden alle von ihm infolge seiner Bewegung „aufgekehrten" positiven Ionen von seiner Vorderseite tatsächlich auch aufgenommen und nicht reflektiert. Damit kann die Konzentration der Ionen vor dem Raumflugkörper nicht ansteigen. Andererseits aber werden alle (ungerichtet einfallenden) Elektronen, deren kinetische Energie zur Überwindung des elektrischen Gegenfeldes in der Plasmarandschicht vor dem Raumflugkörper nicht ausreicht, nicht die Oberfläche erreichen, sondern ins Plasma zurückgeworfen. Dadurch steigt die Elektronenkonzentration vor dem Raumflugkörper leicht an. Aus diesem Grund tritt eine Änderung der Raumladungsverteilung in der Plasmarandschicht vor dem Raumflugkörper und damit verbunden eine Änderung des elektrischen Feldes ein, die ihrerseits auf die Verteilung von positiven und negativen Ladungsträgern in der Plasmarandschicht vor dem Raumflugkörper zurückwirkt. Genauere Rechnungen ergeben, daß durch diese Effekte die in ihrer Ausdehnung größenordnungsmäßig durch die Debye-Länge (Gl. B.1.1.2-3) festgelegte Raumladungsschicht vor dem Raumflugkörper sich geringfügig verschmälert, ein Befund, der kaum zu weiteren Konsequenzen führt.

Auf der Rückseite des Flugkörpers sind indessen die Verhältnisse in der Nachbarschaft der Oberfläche dadurch gekennzeichnet, daß hier keine positiven Ionen anzutreffen sind, da einerseits sämtliche vom Flugkörper aufgekehrten Ionen von dessen Vorderseite „absorbiert" wurden und andererseits seitlich eindiffundierende Ionen wegen ihrer kleinen mittleren thermischen Geschwindigkeit die Rückseite des Flugkörpers nicht erreichen können. Das sich auf diese Weise hinter dem Flugkörper ausbildende Ionenvakuum wird erst in größerer

Entfernung von dessen Oberfläche durch seitliche Eindiffusion von Ionen wieder sukzessive aufgefüllt. Aufgrund der Wirkung dieser beiden Mechanismen (Entstehung des Vakuums infolge Ionenaufkehr und Wiederauffüllung infolge seitlicher Eindiffusion von Ionen) erhält das fragliche Gebiet die Form eines Konus, für den das Verhältnis von Höhe zu Radius der (hier als kreisrund angenommenen) Grundfläche durch das Verhältnis von Vehikelgeschwindigkeit v_V zu mittlerer thermischer Geschwindigkeit der Ionen $\bar{v}_+$ gegeben ist (vgl. Abb. 23).

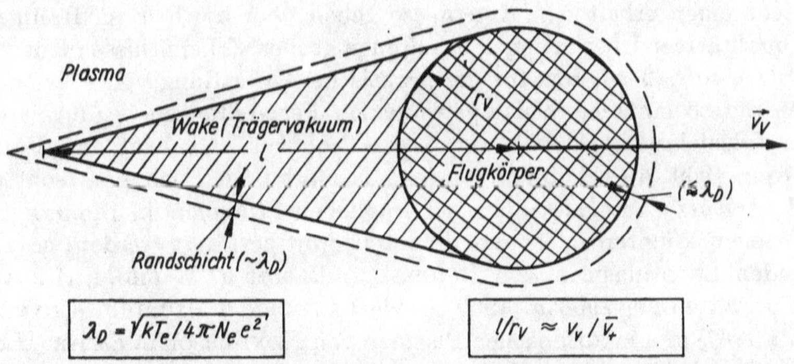

Abb. 23. Zur Struktur der Wake hinter schnellbewegten Flugkörpern

Im Gegensatz zu den Ionen ist es für die leichten Elektronen, deren mittlere thermische Geschwindigkeit im extraterrestrischen Plasma in allen denkbaren Fällen noch ausreichend weit über der Geschwindigkeit des Raumflugkörpers liegt, indessen grundsätzlich möglich, an beliebige Orte hinter dem Raumflugkörper und natürlich damit auch auf seine rückwärtige Oberfläche zu gelangen. Aus diesem Grund kann sich hinter dem Raumflugkörper ein entsprechendes Elektronenvakuum primär nicht ausbilden. Da jedoch wegen des Fehlens von Ionen im fraglichen Gebiet hinter dem Raumflugkörper keine Raumladungskompensation eintreten kann, führen bereits geringe Mengen seitlich eindiffundierter Elektronen zur Ausbildung eines starken elektrischen Gegenfeldes, das ein weiteres Eindiffundieren von Elektronen in das Gebiet des Ionenvakuums erschwert und schließlich unmöglich macht. Aus diesem Grund bleibt im gesamten Gebiet des Ionenvakuums auch die Elektronenkonzentration sehr viel kleiner als im umgebenden Raum, so daß im fraglichen Gebiet auch von einem Elektronenvakuum gesprochen werden kann.

Das durch die wenigen eindiffundierenden Elektronen an den Rändern des Ionen- bzw. Elektronenvakuums aufgebaute elektrische Gegenfeld erzeugt (hinter dem Raumflugkörper) an der Grenze zwischen Ladungsträgervakuum und ungestörtem Plasma eine Art Plasmarandschicht, die ähnliche Eigenschaften wie die Plasmarandschicht an Festkörperoberflächen besitzt. Insbesondere kann die Dicke dieser Plasmarandschicht eingedenk ihres Entstehungsmechanismus wieder größenordnungsmäßig durch die Debye-Länge erfaßt werden.

In Abb. 23 sind die vorstehend durch rein qualitative Überlegungen gewonnenen Erkenntnisse über die Struktur der Wake nochmals grafisch dargestellt. Wie aus dieser Darstellung ersichtlich ist, kann in der sich um Flugkörpervorderseite und Wake ausbildenden Plasmarandschicht die Ladungsträgerbewegung auch im stoßfreien Fall nicht mehr als Zentralkraftproblem behandelt werden. Nicht zuletzt deshalb ist eine genauere mathematische Behandlung des Wake-Problems so außerordentlich problematisch. Die von einigen Autoren (z. B. ALPERT, GUREVICH u. PITAYEVSKY, 1963 u. 1965) in sehr detaillierten Näherungsrechnungen erhaltenen Ergebnisse gehen über die hier im Rahmen einfacher qualitativer Überlegungen erhaltenen groben Erkenntnisse nicht wesentlich hinaus, so daß wir uns für die praktische Anwendung von Plasmasonden mit den auf so einfache Weise gewonnenen Feststellungen begnügen wollen. Eine ausführlichere Diskussion des Wake-Problems ist zuletzt von FOURNIER (FOURNIER, 1969) durchgeführt worden; daselbst findet sich eine recht umfassende Literaturzusammenstellung zur fraglichen Problematik. Die gewonnenen Vorstellungen konnten auch experimentell grob bestätigt werden, so z. B. in strömenden Laborplasmen von LEDERMAN, BLOOM u. WIDHOPF (LEDERMAN, BLOOM u. WIDHOPF, 1968 u. 1969) sowie CLAYDEN u. HURDLE (CLAYDEN u. HURDLE, 1967) und in kosmischen Plasmen von HENDERSON u. SAMIR (HENDERSON u. SAMIR, 1967) und von OYA (OYA, 1968).

Der beschriebene Wake-Effekt tritt natürlich wie hinter jedem mit Überschallgeschwindigkeit bewegten Flugkörper auch hinter jeder Sondenelektrode auf. Dies bedeutet, daß beide, Raumflugkörper und Plasmasonde, nur auf ihrer in Flugrichtung weisenden Vorderseite Ladungsträger aufsammeln können, während ihre Rückseiten infolge des anschließenden Ladungsträgervakuums keine nennenswerten Beiträge liefern. Dabei ist für Ionen wegen des bei diesen realisierten Aufkehreffekts (vgl. Abschn. B.2.3.1.) die wirksame Sammelfläche durch den in Flugrichtung weisenden Querschnitt F_Q der eigentlichen Oberfläche gegeben, bei ebener Geometrie also gemäß

$$F_{Q+} = F \cos \alpha \tag{B.3.2.2-1}$$

und bei sphärischer Geometrie gemäß

$$F_{Q+} = \pi r_M^2 \quad \text{bzw.} \quad \pi r_V^2 \,. \tag{B.3.2.2-2}$$

Für Elektronen hingegen bleibt aufgrund deren weit größerer mittlerer thermischer Geschwindigkeit als wirksame Sammelfläche F_O die gesamte in Flugrichtung liegende Oberfläche erhalten, bei sphärischer Geometrie also beispielsweise

$$F_{Oe} = 2\pi r_M^2 \quad \text{bzw.} \quad 2\pi r_V^2 \,. \tag{B.3.2.2-3}$$

(vgl. auch Abb. 24).

Der Wake-Effekt zwingt in der diagnostischen Praxis dazu, die eigentliche Meßelektrode auf der Vorderseite des Raumflugkörpers anzubringen, da Messungen im ausgedehnten Ladungsträgervakuum hinter dem Raumflugkörper gar keine oder doch zumindest viel zu kleine und damit völlig verfälschte Meß-

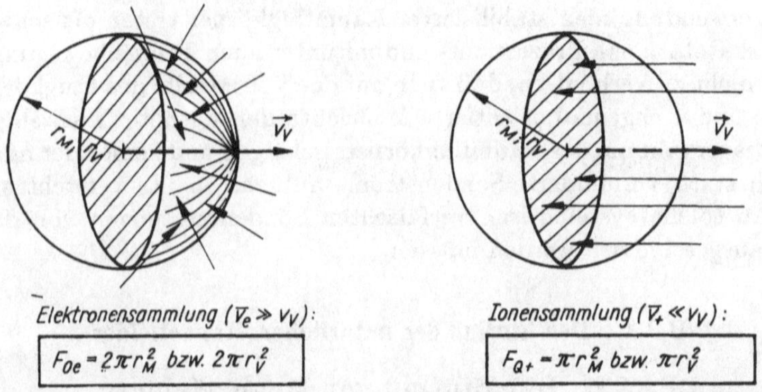

Abb. 24. Zur Größe der trägersammelnden Oberfläche schnellbewegter sphärischer Körper

werte liefern. Dies gilt für alle Arten von Gleichspannungssonden und Wechselspannungssonden gleichermaßen.
Weiterhin ist es bei Messungen an der Ionenkomponente eingedenk der Verkleinerung der sammelnden Oberfläche infolge des Aufkehreffekts zweckmäßig, die Meßelektrode so zu orientieren, daß ihre Oberfläche optimal zur Ionensammlung genutzt wird.
Beim Einsatz von Wechselspannungssonden schließlich macht die an den Elektroden oder an Teilen derselben entstehende und in das Meßvolumen hineinreichende Wake das Plasma mitunter sehr inhomogen und setzt dabei die mittlere Elektronenkonzentration im Meßvolumen (Plasmakondensator) herab. Dieser Einfluß kann durch zweckmäßige Auslegung und Orientierung der Sondenelektroden minimalisiert bzw. weitgehend vermieden werden (vgl. dazu auch Abb. 25).

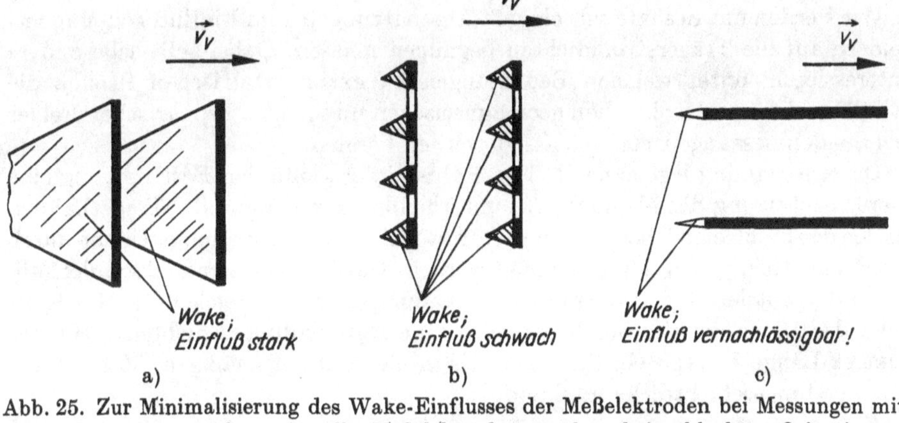

Abb. 25. Zur Minimalisierung des Wake-Einflusses der Meßelektroden bei Messungen mit Wechselspannungssonden: a) volle Meßelektroden ergeben bei schlechter Orientierung einen starken Wake-Einfluß; b) perforierte Meßelektroden ergeben selbst bei schlechter Orientierung nur einen schwachen Wake-Einfluß; c) bei guter Orientierung der Meßelektroden (voll oder perforiert) ist der Wake-Einfluß vernachlässigbar klein

Bei der Verwendung nichtstabilisierter Raumflugkörper treten oft schwer kontrollierbare Rotations-, Präzessions- und mitunter auch Taumelbewegungen auf. Dabei ist nicht zu verhindern, daß auch auf der Vorderseite des Flugkörpers angebrachte und sachgemäß orientierte Meßelektroden mitunter zeitweilig in das Ladungsträgervakuum des Raumflugkörpers gelangen und keine oder nur außerordentlich stark verminderte Sondenströme aufnehmen. Es versteht sich von selbst, daß solche systematisch verfälschten Sondenmessungen von der Auswertung ausgeschlossen werden müssen.

B.3.3. Der Einfluß der natürlichen Magnetfelder

B.3.3.1. Der Einfluß von Magnetfeldern auf den Sondengleichstrom

Die analytische Berücksichtigung des Einflusses von Magnetfeldern auf den Sondenstrom ist wiederholt versucht worden, bisher allerdings ohne sehr großen Erfolg (z. B. BOHM, BURHOP u. MASSEY, 1949; ALLEN u. MAGISTRELLI, 1959; ALLEN, 1960; BERTOTTI, 1961 u. 1962; DOTE u. AMEMIYA, 1964; DOTE, AMEMIYA u. ICHIMIYA, 1965). Dies ist nach den Ausführungen des Abschnitts B.1.2. verständlich. Dort wurde dargelegt, daß im Rahmen der stoßfreien Trägerbewegung die Berücksichtigung eines eventuellen Magnetfeldes den Drehimpulssatz, der das Bewegungsproblem zum lösbaren Zentralkraftproblem macht, verletzt und damit eine einfache analytische Lösung verhindert. Andererseits mußte im Rahmen der stoßbestimmten Beschreibung der Trägerbewegung in den Bewegungsgleichungen außer auf den fraglichen Magnetfeldterm sogar auf den Diffusionsterm verzichtet werden, um mit den so auf reine Beweglichkeitsgleichungen reduzierten Bewegungsgleichungen einfache analytische Lösungen zu erhalten.

Wir werden uns deshalb mit einigen Abschätzungen zum Einfluß von Magnetfeldern auf die Trägerstromdichten begnügen müssen. Dabei soll insbesondere interessieren, unter welchen Bedingungen im extraterrestrischen Plasma die Einflüsse der unvermeidlichen geomagnetischen und magnetosphärischen Felder bei Sondenmessungen vernachlässigt werden können.

Die Anschauung legt nahe, daß im Rahmen der stoßfreien Beschreibung eine Berücksichtigung des Magnetfeldes unterbleiben kann, wenn die Trägerbahnen in der der stoßfreien Theorie inhärenten stößefreien Raumladungsschicht durch das Magnetfeld nur wenig gekrümmt werden. Das ist aber gerade dann derFall, wenn der mittlere Gyrationsradius der Ladungsträger hinreichend groß gegenüber der Dicke der der Sonde vorgelagerten Raumladungsschicht ist. Mit der DEBYE-Länge λ_D (vgl. Gl. B.1.1.2-3) als größenordnungsmäßigem Maß für die Raumladungsschichtdicke muß dann

$$\overline{r_H} = \frac{mc\bar{v}}{eH} \gg \lambda_D = \sqrt{\frac{kT_e}{4\pi N_e e^2}} \qquad \text{(B.3.3.1-1)}$$

gelten.

Mit

$$\overline{r_{eH}} = \frac{m_e c \overline{v_e}}{eH} \tag{B.3.3.1-2}$$

als mittlerem Gyrationsradius für Elektronen und

$$\overline{r_{+H}} = \frac{m_+ c \overline{v_+}}{eH} \tag{B.3.3.1-3}$$

als mittlerem Gyrationsradius für Ionen der Massenzahl M ergibt sich so als brauchbares Kriterium für die Vernachlässigbarkeit des Magnetfeldes bei Messungen an der Elektronenkomponente

$$H \ll 5{,}1 \cdot 10^{-3} \sqrt{N_e\,[\mathrm{cm}^{-3}]}\ \mathrm{Oe} \tag{B.3.3.1-4}$$

und bei Messungen an der Ionenkomponente

$$H \ll 2{,}1 \cdot 10^{-1} \sqrt{N_e\,[\mathrm{cm}^{-3}]} \sqrt{M T_+/T_e}\ \mathrm{Oe}\,. \tag{B.3.3.1-5}$$

Ganz ähnlich kann im Rahmen der stoßbestimmten Theorie die Wirkung von Magnetfeldern auf den Sondenstrom vernachlässigt werden, wenn der mittlere Gyrationsradius $\overline{r_H}$ der Ladungsträger hinreichend groß gegenüber ihrer mittleren freien Weglänge λ bleibt, also für

$$\overline{r_H} = \frac{mc\bar{v}}{eH} \gg \lambda\,. \tag{B.3.3.1-6}$$

Mit obigen mittleren Gyrationsradien (Gl. B.3.3.1-2 u. 3) und der mittleren freien Weglänge der Elektronen bzw. Ionen (grob) gemäß

$$\lambda_e = \frac{1}{N_n q_{en}} = \frac{1}{N_n \pi r_n^2} = 7{,}5 \cdot 10^{14} \frac{1}{N_n\,[\mathrm{cm}^{-3}]}\ \mathrm{cm} \tag{B.3.3.1-7}$$

bzw.

$$\lambda_+ = \frac{1}{N_n q_{+n}} = \frac{1}{N_n \cdot 4\pi r_n^2} = 1{,}9 \cdot 10^{14} \frac{1}{N_n\,[\mathrm{cm}^{-3}]}\ \mathrm{cm} \tag{B.3.3.1-8}$$

folgt dann hier als brauchbares Kriterium für die Vernachlässigbarkeit des Magnetfeldes bei Messungen an der Elektronenkomponente

$$H \ll 4{,}7 \cdot 10^{-17}\, N_n\,[\mathrm{cm}^{-3}] \sqrt{T_e\,[\mathrm{K}]}\ \mathrm{Oe} \tag{B.3.3.1-9}$$

und bei Messungen an der Ionenkomponente

$$H \ll 8 \cdot 10^{-15}\, N_n\,[\mathrm{cm}^{-3}] \sqrt{M T_+\,[\mathrm{K}]}\ \mathrm{Oe}\,. \tag{B.3.3.1-10}$$

Man kann sich leicht davon überzeugen, daß die beiden letzten Kriterien (Gl. B.3.3.1-9 u. 10) für das Plasma in der D-Region der Ionosphäre, für das allein im extraterrestrischen Raum hinsichtlich Sondenmessungen die stoßbestimmte Beschreibung zutreffend ist, erfüllt sind. Daher kann bei allen Sondenmessungen im stoßbestimmten Plasma der D-Region der Ionosphäre fast immer von der Berücksichtigung des Erdmagnetfeldes abgesehen werden.

Etwas verwickelter gestalten sich die Verhältnisse im stoßarmen Plasma der E- und F-Region der Ionosphäre, der Exosphäre und des interplanetaren Raumes: Während dort im gesamten Höhenbereich oberhalb 90 km Höhe das Kriterium für die Vernachlässigbarkeit geomagnetischer bzw. magnetosphärischer Felder bezüglich der Ionenkomponente (Gl. B.3.3.1-5) recht gut erfüllt ist, läßt sich eine solche Aussage bezüglich der Elektronenkomponente (Gl. B.3.3.1-4) mit Sicherheit nur für die F-Region der Ionosphäre treffen. In der unteren E-Region der Ionosphäre, in der Exosphäre und im interplanetaren Raum hingegen kann das fragliche Kriterium bei lokal oder temporär niedriger Elektronendichte und erhöhtem Magnetfeld schwach verletzt sein. Deshalb darf bei Sondenmessungen im Plasma der unteren E-Region der Ionosphäre, der Exosphäre und des interplanetaren Raumes ein eventueller Einfluß der natürlichen Magnetfelder auf die Elektronenstromkomponente nicht von vornherein ausgeschlossen werden. Viele Experimentatoren sehen allerdings auch hier von einem solchen möglichen Magnetfeldeinfluß gänzlich ab. Ob tatsächlich eine Beeinflussung der Elektronenstromkomponente durch die natürlichen Magnetfelder stattfindet oder nicht, darüber kann nur die gewissenhafte Auswertung der Elektronenstrommessungen selbst Auskunft geben.

Zusammenfassend läßt sich feststellen, daß bei Messungen mit Gleichspannungssonden im erdnahen extraterrestrischen Raum die natürlichen Magnetfelder auf die Ionenstromkomponente keinen nachweisbaren Einfluß ausüben und die Elektronenstromkomponente allenfalls in der unteren E-Region und oberhalb des F-Schicht-Maximums der Ionosphäre gelegentlich beeinflussen können.

Es versteht sich von selbst, daß die Stärke des Einflusses eines Magnetfeldes auf die Trägerstromdichte in hohem Maße richtungsabhängig ist. So beeinflussen senkrecht zur trägersammelnden Oberfläche der Meßelektrode gerichtete Magnetfelder die Trägerstromdichten kaum, da in diesem Fall die auf die Elektrode gelangenden Ladungsträger sich im wesentlichen in Magnetfeldrichtung bewegen und damit keine störende Beeinflussung durch das Magnetfeld erfahren. Andererseits ist der Magnetfeldeinfluß augenscheinlich dann am größten, wenn das Magnetfeld oberflächenparallel zur trägersammelnden Elektrodenoberfläche gerichtet ist, da in diesem Fall das Magnetfeld die Trägerbewegung am stärksten beeinflußt. Die Wirkung des Magnetfeldes äußert sich dabei hauptsächlich in einer Herabsetzung der Ladungsträgerströme zur Sondenelektrode. Da die Bewegung der leichten Elektronen wegen der Massenabhängigkeit des mittleren Gyrationsradius (vgl. Gl. B.3.1-1, 2 u. 3) vom Magnetfeld sehr viel stärker beeinflußt wird als die der schwereren Ionen, trifft diese magnetfeldbedingte Trägerstromverminderung bevorzugt die Elektronenkomponente. Aus diesen Gründen zeigen magnetfeldbeeinflußte Sondenmessungen fast immer zu kleine Elektronenströme. Die aus diesen abgeleiteten Elektronenkonzentrationen fallen dann natürlich ebenfalls zu klein aus.

Aus den angeführten Gründen ist es zwecks Ausschluß bzw. Minimalisierung eventueller Magnetfeldeinflüsse auf den Sondenstrom ratsam, mit mehreren senkrecht zueinander orientierten Meßelektroden gleichzeitig zu messen. Durch solche Mehrfachmessungen können eventuelle Magnetfeldeinflüsse (auf die Elektronenstromkomponente) leicht aufgedeckt und auskorrigiert werden.

B.3.3.2. Der Einfluß von Magnetfeldern auf den Sondenwechselstrom

Mit dem in Abschnitt B.2.2.3. angegebenen Leitwert einer in das Plasma eintauchenden ebenen Elektrodenanordnung (Planplattenkondensator; Plasmakondensator) der Vakuumkapazität C_0 gilt für den Sondenwechselstrom

$$\tilde{I} = i\omega\varepsilon_{\text{eff}}C_0\tilde{U} \tag{B.3.3.2-1}$$

(vgl. Gl. B.2.2.3-1). ε_{eff} bedeutet hier die (effektive) Dielektrizitätskonstante des interessierenden Plasmas, das im allgemeinsten Fall als randschicht- und magnetfeldbehaftet angenommen werden muß (vgl. Abschn. B.2.2.3. u. Abschn. B.2.3.1.). Da diese effektive Dielektrizitätskonstante ε_{eff} und damit auch der Sondenwechselstrom $\tilde{I}$ in sehr verwickelter Weise von Betrag und Richtung des Magnetfeldes abhängen, können solche Wechselstrommessungen nur bei genau bekanntem oder vernachlässigbarem Magnetfeld zur Bestimmung von Plasmaparametern genutzt werden. Im folgenden soll deshalb etwas näher untersucht werden, unter welchen Bedingungen der Magnetfeldeinfluß auf die Größe des Sondenwechselstroms vernachlässigt werden kann. Wir müssen uns dabei wieder mit groben Abschätzungen begnügen.

Nach den Erörterungen in Abschnitt B.2.2.2.2. ist der Einfluß des Magnetfeldes auf die Dielektrizitätskonstante des Plasmas und damit den interessierenden Sondenwechselstrom offenbar dann vernachlässigbar, wenn der dort abgeleitete Dielektrizitätstensor (Gl. B.2.2.2.2-10) in einen Skalar entartet, d. h., wenn im Dielektrizitätstensor die Diagonalelemente gleich werden und alle übrigen Elemente gegen diese Diagonalelemente zu vernachlässigen sind. Diese Forderung führt mit der in Abschnitt B.2.2.2.2. verwendeten Symbolik zu folgenden Bedingungen:

$$|Y^2| \ll |U^2|$$

und

$$|X|\,|Y| \ll |U^2 - XU|\,.$$

Im besonders instruktiven Fall des stoßarmen Plasmas ($\nu_e \to 0$; $U \to 1$) lassen sich diese zu

$$\omega_{eH} \ll \omega \tag{B.3.3.2-2}$$

bzw.

$$\omega_{eH} \ll \frac{(\omega^2 - \omega_{e0}^2)\,\omega}{\omega_{e0}^2} \tag{B.3.3.2-3}$$

vereinfachen. Nach der ersten Bedingungsgleichung (annähernde Gleichheit der Diagonalelemente) braucht dazu lediglich die durch das Magnetfeld festgelegte Gyrofrequenz der Elektronen ω_{eH} (vgl. Gl. B.2.1.1-5) nur hinreichend viel kleiner als die Meßfrequenz ω zu sein. Mit anderen Worten, durch Wahl ausreichend großer Meßfrequenzen läßt sich jeder Magnetfeldeinfluß auf die Dielektrizitätskonstante und damit den Sondenwechselstrom unterdrücken. Die zweite, schärfere Bedingungsgleichung (Vernachlässigbarkeit der Seitenelemente des Tensors gegenüber den Diagonalelementen) läßt jedoch erkennen, daß auch die durch die Konzentration der Plasmaelektronen gegebene Plasmaelektroneneigenfrequenz ω_{e0} (vgl. Gl. B.2.1.1-3) einen gewissen Einfluß hat. Man kann dieser Bedingungsgleichung beispielsweise entnehmen, daß bei Meßfrequenzen in der Nähe der Plasmaelektroneneigenfrequenz selbst ein sehr schwaches Magnetfeld auch dann noch spürbar bleibt, wenn die magnetfeldbestimmte Elektronengyrationsfrequenz sehr viel kleiner als die Meßfrequenz ist.

Um die magnetfeldempfindliche Resonanzstelle bei der Plasmaelektroneneigenfrequenz ω_{e0} auszuschließen, ist es ratsam, in der Praxis zusätzlich für die Meßfrequenz

$$\omega \gtrapprox \sqrt{2}\,\omega_{e0} \tag{B.3.3.2-4}$$

zu fordern.
Damit können dann auch beide Bedingungsgleichungen für die Vernachlässigbarkeit des Magnetfeldeinflusses (Gl. B.3.3.2-2 u. 3) zu einer zusammengefaßt werden:

$$\omega_{eH} \ll \sqrt{2}\,\omega_{e0} \lessapprox \omega\,. \tag{B.3.3.2-5}$$

Mit Gl. B.2.1.1-3 für die Plasmaelektroneneigenfrequenz und Gl. B.2.1.1-5 für die Elektronengyrationsfrequenz folgt dann als Kriterium für die Vernachlässigbarkeit des Magnetfeldeinflusses auf Dielektrizitätskonstante und Sondenwechselstrom

$$H \ll 4{,}5 \cdot 10^{-3} \sqrt{N_e\,[\mathrm{cm}^{-3}]}\ \mathrm{Oe}\,. \tag{B.3.3.2-6}$$

Dieses Kriterium stimmt natürlich (fast) genau mit dem entsprechenden für den Elektronengleichstrom überein (vgl. Abschn. B.3.3.1., Gl. B.3.3.1-4). Man hätte es auch direkt durch Übertragung der dortigen Bedingung ($\overline{r_H} \gg \lambda_D$) auf die Elektronenbewegung im Wechselfeld erhalten können ($\omega_{eH} \ll \omega_{e0}$).

Aus diesem Grund ist bei Meßfrequenzen oberhalb $\sqrt{2}\,\omega_{e0}$ ähnlich wie beim Elektronengleichstrom auch beim Elektronenwechselstrom ein eventueller Magnetfeldeinfluß im stoßarmen Plasma der unteren E-Region, der Exosphäre und des interplanetaren Raumes bei lokal oder temporär niedriger Elektronenkonzentration und erhöhtem Magnetfeld nicht von vornherein auszuschließen. Im Unterschied zum Elektronengleichstrom kann aber beim Elektronenwechselstrom auch in diesen Raumgebieten durch Wahl viel höherer Meßfrequenzen ($\omega \gg \sqrt{2}\,\omega_{e0}$) jeder Magnetfeldeinfluß auf die Wechselstrommessung quasi vollständig unterdrückt werden. Dabei ist in der diagnostischen Praxis allerdings zu beachten, daß sich bei sehr hohen Meßfrequenzen die Dielektrizitätskonstante des Plasmas dem Wert 1 nähert und damit aber die nunmehr von jedem Magnetfeldeinfluß freien Wechselströme kaum noch zur Bestimmung von Plasmaparametern genutzt werden können.

Der Vollständigkeit halber sei noch darauf hingewiesen, daß unter der abgeleiteten Bedingung für die Vernachlässigbarkeit des Magnetfeldes (Gl. B.3.3.2-6) natürlich auch in der Resonanzstruktur des Sondenwechselstroms (vgl. Abschn. B.2.3.3. und Abschn. B.2.3.4.) keine magnetfeldbedingten Resonanzen bzw. Resonanzverschiebungen auftreten. Solche zeigen sich in der Resonanzstruktur des Sondenwechselstroms selbstredend erst bei deutlicher Magnetfeldbeeinflussung und sind um so ausgeprägter, je stärker das wirkende Magnetfeld ist. Umfangreiche theoretische und experimentelle Untersuchungen zur Beeinflussung der Resonanzstruktur des Sondenwechselstroms durch Magnetfelder sind unter anderem von Uramoto und Mitarbeitern (Uramoto u. a., 1963) sowie von Crawford und Mitarbeitern (Crawford u. a., 1966 u. 1967) durchgeführt worden.

Ganz ähnlich lassen sich im stoßbestimmten Plasma ($\nu_e \to \infty$; $U \to -i\nu_e/\omega$) die Bedingungsgleichungen zu

$$\omega_{eH} \ll \nu_e = \frac{\overline{v_e}}{\lambda_e} \tag{B.3.3.2-7}$$

vereinfachen. Danach kann im stoßbestimmten Fall von einem eventuellen Magnetfeld immer dann abgesehen werden, wenn die durch das Magnetfeld bestimmte Elektronengyrofrequenz ω_{eH} hinreichend viel kleiner als die Stoßfrequenz ν_e ist. Der Einfluß eines gegebenen Magnetfeldes auf Dielektrizitätskonstante und Sondenwechselstrom kann also in diesem Fall nur vernachlässigt werden, wenn im fraglichen Plasma ausreichend viele Stöße stattfinden. Die im stoßfreien Plasma gegebene Möglichkeit, durch Wahl einer sehr hohen Meßfrequenz den Magnetfeldeinfluß zu unterdrücken, besteht im stoßbestimmten Plasma nicht!

Für den praktischen Gebrauch läßt sich schließlich das Kriterium für die Vernachlässigbarkeit des Magnetfeldes mit Gleichung B.2.1.5-5 und 18 auch noch folgendermaßen schreiben:

$$H \ll \frac{m_e c \nu_e}{e} \approx 6{,}6 \cdot 10^{-8}\, \nu_e\, [\mathrm{s}^{-1}]\ \mathrm{Oe} \tag{B.3.3.2-8}$$

bzw.

$$H \ll \frac{m_e c}{e} \cdot \frac{\overline{v_e}}{\lambda_e} \approx 4{,}7 \cdot 10^{-17} N_n\, [\mathrm{cm}^{-3}] \sqrt{T_e\, [\mathrm{K}]}\ \mathrm{Oe}\,. \tag{B.3.3.2-9}$$

Das ist natürlich wieder die bereits in Abschnitt B.3.3.1. gefundene Bedingung für die Vernachlässigbarkeit des Magnetfeldes beim Elektronengleichstrom (vgl. Gl. B.3.3.1-9); sie hätte durch Übertragung der dortigen Bedingung ($\overline{r_H} \gg \lambda$) auf die Elektronenbewegung im Wechselfeld ($\omega_{eH} \ll \nu_e$) ebenfalls auch direkt gewonnen werden können. Sie ist in der D-Region der Ionosphäre, für die im extraterrestrischen Raum bei Sondenmessungen allein die stoßbestimmte Beschreibung zutrifft, im Höhenbereich unterhalb 80 km Höhe erfüllt.

B.3.3.3. Der Einfluß von Magnetfeldern auf die Potentialverteilung auf Sondenelektroden und Raumflugkörperoberfläche

Bewegt sich ein ladungstragender Körper durch ein Magnetfeld, so wird bekanntlich senkrecht zur Bewegungsrichtung und senkrecht zur Richtung des Magnetfeldes eine elektromotorische Kraft wirksam, die zu einer Ladungstrennung und damit zum Auftreten einer Potentialdifferenz im Körper in der angegebenen Richtung führt. Da im stationären Zustand diese elektromotorische Kraft die die Ladungstrennung erzeugende LORENTZ-Kraft gerade kompensieren muß, gilt immer

$$\boldsymbol{E} = \frac{\boldsymbol{v}_V \times \boldsymbol{H}}{c}. \qquad \text{(B.3.3.3-1)}$$

Daraus folgt mit $\boldsymbol{E} = -\text{grad } V$ für einen Körper vom Radius r_V für die längs eines Durchmessers quer zum Magnetfeld und zur Bewegungsrichtung auftretende Potentialdifferenz

$$V = 2r_V \left| \frac{\boldsymbol{v}_V \times \boldsymbol{H}}{c} \right| = \frac{2}{c} r_V v_V H \sin \Theta \qquad \text{(B.3.3.3-2)}$$

(z. B. LEHNERT, 1956; BEARD u. JOHNSON, 1960; OSBORN u. KASKA, 1967).

Erfolgt die Bewegung senkrecht zum Magnetfeld ($\Theta = \pi/2$), dann ist diese (HALL-)Spannung am größten; erfolgt die Bewegung in Richtung des Magnetfeldes ($\Theta = 0$), dann verschwindet sie. Um genau die Hälfte dieser Potentialdifferenz sind die Potentiale der beiden seitlichen Scheitelpunkte des Körpers (natürlich mit entgegengesetzten Vorzeichen) gegenüber dem Gleichgewichtspotential verschoben. Vorder- und rückseitiger Scheitelpunkt verbleiben auf Gleichgewichtspotential.

Solche durch die Bewegung induzierten Potentialdifferenzen treten an Raumflugkörpern und Sondenelektroden gleichermaßen auf. Während sie an Raumflugkörpern größenordnungsmäßig mehrere zehntel Volt betragen können, sind sie an Sondenelektroden entsprechend deren geringeren Abmessungen sehr viel kleiner ($\approx 10^{-2}$ Volt) und können deshalb bei diesen meist vernachlässigt werden.

Die Störung der Gleichgewichtspotentialverteilung auf der Raumflugkörperoberfläche muß bei der Anbringung von Plasmasonden und bei der Auswahl elektrischer Potentialbezugspunkte beachtet werden. Sie bewirkt, daß die beiden senkrecht zur Flugbahn und senkrecht zum Erdmagnetfeld orientierten Flugkörperhemisphären nicht mehr gleiche Mengen an positiven und negativen Ladungsträgern aufnehmen. Während auf der einen Hemisphäre der Elektroneneinstrom leicht ansteigt, überwiegt auf der anderen Hemisphäre der Ioneneinstrom. Dadurch wird auch die durch die Flugkörperbewegung hervorgerufene Wake-Randschichtstruktur in ihrer Symmetrie etwas beeinflußt. Als Folge davon ist die Trägerdichteverteilung in der Nähe des Flugkörpers vor jeder Hemisphäre etwas verschieden. Auf oder vor dem Flugkörper an gegenüberliegenden Seiten angebrachte Plasmasonden messen demzufolge aus ganz natürlichen Gründen etwas verschiedene Trägerkonzentrationen. Lediglich die auf einem Großkreis in der Ebene von Bewegungsrichtung und Erdmagnetfeld liegenden Flugkörperteile zeigen keine Potentialverschiebung; Trägereinstrom und Gleichgewichtspotential bleiben hier unverändert.

Aus diesen Gründen ist es ratsam, für genauere Messungen vorgesehene Plasmasonden gerade an den begünstigten Stellen anzubringen. Wegen des Wake-Effekts sind dazu am besten die beiden auf dem fraglichen Großkreis vom Scheitelpunkt der Vorder- bzw. Rückseite um $\pm 90°$ abliegenden Stellen geeignet. Die Einhaltung dieser Vorschriften ist natürlich nur für vollständig (in Bahn- und Magnetfeldrichtung) stabilisierte Flugkörper sinnvoll. Bei nicht oder unvollständig stabilisierten Flugkörpern ist die Auswahl geeigneter Anbringungsorte wegen der unvermeidlichen Rotations-, Präzessions- und Taumelbewegungen ziemlich problematisch. Alle Messungen weisen hierbei auch bei vollständigem Ausschluß von Wake- und Randschichteinflüssen immer eine mehr oder minder ausgeprägte rhythmische Modulation auf, die gerade auf den periodischen Umlauf der durch den HALL-Effekt erzeugten Potentialverteilung auf der Vehikeloberfläche zurückgeht.

B.3.4. Der Einfluß der Fotoelektronenemission

Durch die kurzwellige Strahlung der Sonne können aus Raumflugkörper- und Sondenoberflächen Fotoelektronen ausgelöst werden. Da sowohl die Intensität der solaren Strahlung als auch die Quantenausbeute der Oberflächenmaterialien mit abnehmender Wellenlänge schnell kleiner werden, besitzt die Mehrzahl der ausgelösten Fotoelektronen nur eine vergleichsweise geringe Energie von wenigen zehntel bis zu einigen Elektronenvolt. Solche niederenergetischen Fotoelektronen können bei Messungen mit Gleichspannungssonden die Größe der hier ausschließlich von den thermischen Elektronen und Ionen des Plasmas bestimmten Sondenstromdichten schwerwiegend beeinflussen. Bei extraterrestrischen Anwendungen von Gleichspannungssonden sind deshalb immer die durch eventuelle Fotoelektronenauslösung an Raumflugkörper und Meßelektroden verursachten Sekundäreffekte zu beachten. Als solche kommen hauptsächlich Verfälschungen der Strom-Spannungs-Charakteristiken und Änderungen des Gleichgewichtspotentials von Raumflugkörpern und Meßelektroden in Betracht.

Befindet sich die fragliche Meßelektrode auf negativem Potential gegenüber Plasmapotential, so können die aus ihrer Oberfläche ausgelösten Fotoelektronen ins Plasma entweichen. Dadurch verkleinert sich der tatsächlich von der Meßelektrode aufgenommene Elektronenstrom, und ihr Gleichgewichtspotential verschiebt sich zu höheren Werten, d. h. näher zum Plasmapotential. Die aus der Meßelektrode ausgelösten Fotoelektronen täuschen andererseits einen scheinbar verkleinerten Elektroneneinstrom aus dem Plasma vor. Beide Effekte führen zu einem verzerrten Verlauf der Elektronenanlaufstromkennlinie. Als Folge davon liefert die Strom-Spannungs-Charakteristik, wofern überhaupt noch diagnostisch nutzbar, in der Regel zu geringe Elektronentemperaturen und zu niedrige Elektronenkonzentrationen.

Befindet sich hingegen die Meßelektrode auf ausreichend positivem Potential gegenüber Plasmapotential, so kehren die ausgelösten Fotoelektronen zur betreffenden Elektrode zurück. Daher wird die Saugstromcharakteristik in diesem Fall durch eventuelle Fotoelektronenauslösung kaum gestört und kann ohne größere Bedenken zur Elektronendichtebestimmung genutzt werden.

Nach zahlreichen Einsatzerfahrungen spielen solche Störungen der Sondencharakteristiken durch Fotoelektronenemission meist nur in gewissen Höhenbereichen eine Rolle. So kann beispielsweise im Höhenbereich von etwa 100 bis 500 km Höhe oft von einer Störung der Sondenmessungen durch Fotoelektronenemission abgesehen werden, weil die in diesem Höhenbereich realisierten vergleichsweise großen Elektronenstromdichten durch die wenigen ausgelösten Fotoelektronen nur sehr wenig verfälscht werden. Andererseits sind in Höhen unter 100 km und über 500 km die Elektronenstromdichten wegen der niedrigeren Elektronenkonzentrationen bedeutend kleiner, so daß bereits geringe Mengen ausgelöster Fotoelektronen die Struktur der Sondencharakteristiken erheblich verändern können. In diesen Höhenbereichen ist es deshalb ratsam, Plasmasonden zu verwenden, die durch ihr Betriebsregime oder durch Struktur und Material ihrer Meßelektrode von einer eventuellen Fotoelektronenemission nicht beeinflußt werden bzw. dieselbe in vertretbaren Grenzen halten. Eine einfache und sehr wirksame Möglichkeit zur Vermeidung bzw. Minimalisierung von Störungen durch Fotoelektronen besteht auch darin, die fragliche Sondenelektrode auf der sonnenabgewandten Seite des Raumflugkörpers, d. h. in dessen Schatten zu montieren. Bei den dort realisierten geringen Streustrahlungsintensitäten bleibt der Einfluß der Fotoelektronenemission auf die Sondencharakteristiken erfahrungsgemäß vernachlässigbar klein.

Bezüglich der Fotoelektronenemission aus der Raumflugkörperoberfläche, die nur durch Wahl geeigneter Oberflächenmaterialien bzw. Oberflächenanstriche beeinflußbar ist, können folgende Feststellungen getroffen werden: Da sich der Raumflugkörper normalerweise auf negativem Potential gegenüber Plasmapotential befindet, führen die hauptsächlich aus den der direkten Sonneneinstrahlung ausgesetzten Oberflächenteilen ausgelösten Fotoelektronen ganz ähnlich wie bei negativ vorgespannten Meßelektroden zu einer Verkleinerung des Elektroneneinstroms. Damit aber verschiebt sich das Gleichgewichtspotential des Raumflugkörpers (Vehikelpotential) zu höheren Werten, d. h. näher zu Plasmapotential. Bei außerordentlich starker Fotoelektronenemission kann der Raumflugkörper dabei sogar ein gegenüber Plasmapotential positives Gleichgewichtspotential annehmen.

Da bei Sondenmessungen im extraterrestrischen Raum nach Abschnitt B.3.5. als Bezugspotential nur das Gleichgewichtspotential des Raumflugkörpers (Vehikelpotential) zur Verfügung steht, kann so jede stärkere Fotoelektronenemission der Raumflugkörperoberfläche auch auf die eigentlichen Sondenmessungen beträchtliche Rückwirkungen haben. Die gewöhnlich für negatives Vehikelpotential konzipierten Gleichspannungssonden liefern dann in der Regel nur wenig strukturierte oder bis zur Unkenntlichkeit verzerrte Charakteristiken, aus denen allenfalls die Elektronenkonzentration grob abgeschätzt werden kann. Eine Bestimmung der Elektronentemperatur aus solchen verfälschten Charakteristiken ist unmöglich.

Im Unterschied zu den bislang allein betrachteten Gleichstromdichten erfahren die entsprechenden Wechselstromdichten bei Messungen mit Wechselspannungssonden durch eine eventuelle Fotoelektronenemission aus Sondenelektroden oder Raumflugkörperoberfläche keine direkte Störung. Einmal nämlich hebt sich der oszillierende Sondenwechselstrom vom nichtoszillierenden Fotoelektronenstrom deutlich ab, zum anderen wirkt eine durch Fotoemission hervorgerufene Verschiebung des Gleichgewichtspotentials der Sondenelektroden bzw. des Raumflugkörpers nur sehr indirekt über eine Änderung der Randschichtstruktur vor den Meßelektroden und damit eine Änderung der effektiven Dielektrizitätskonstante des Plasmas im Plasmakondensator. Diese indirekte Störung allerdings kann sich durch eine Veränderung der mittleren Elektronenkonzentration im Plasmakondensator sowohl auf Größe als auch Resonanzstruktur des Sondenwechselstroms auswirken und damit zu unrichtigen Meßergebnissen führen. Die wirksamste Abhilfe gegen diese indirekte Störung besteht darin, mit einer vom Raumflugkörper elektrisch isolierten, d. h. eigenständigen Plasmasonde (komplettes Elektrodensystem; vgl. Abschn. C.4.1.) zu arbeiten und diese auf der sonnenabgewandten Seite des Raumflugkörpers zu installieren.

Störungen durch Fotoelektronenemission bei extraterrestrischen Sondenmessungen sind von sehr vielen Autoren festgestellt und beschrieben worden. Eingehendere experimentelle und theoretische Untersuchungen hierzu wurden jedoch nur selten durchgeführt bzw. publiziert (z. B. Hinteregger, 1960; Whipple, Hirman u. Ross, 1968; Whipple u. Parker, 1969; Rao u. Donley, 1969).

Wie weiter oben schon angedeutet, fallen Fotoelektroneneinflüsse um so mehr ins Gewicht, je geringer die Trägerkonzentration des zu untersuchenden Plasmas ist. Im interplanetaren Plasma mit seinen geringen Trägerkonzentrationen von 0,1 bis 10 cm^{-3} können sie deshalb sogar zum dominierenden Faktor werden. Unter den angezeigten Verhältnissen ist bei stärkerer Fotoelektronenauslösung aus Sondenelektrode und/oder Raumflugkörperoberfläche dann damit zu rechnen, daß sich die betreffenden Körper stark positiv gegenüber Plasmapotential aufladen (bis zu mehreren zehn Volt) und sich um dieselben eine regelrechte Fotoelektronenschicht ausbildet. Augenscheinlich werden die auf die Sondenelektrode fließenden Trägerströme dann von dieser aus Fotoelektronen gebildeten negativen Raumladungsschicht gesteuert. Damit aber kann aus den Trägerströmen allenfalls auf die Eigenschaften dieser Fotoelektronenschicht, nicht aber mehr auf die des Umgebungsplasmas rückgeschlossen werden. Dieser Sachverhalt ist erst in neuerer Zeit klar erkannt und theoretisch näher untersucht worden (z. B. Guernsey u. Fu, 1970; Fu, 1971). Erste für die Diagnostik des interplanetaren Plasmas wichtige Erkenntnisse über Eigenschaften und dynamisches Verhalten der Fotoelektronenschicht wurden inzwischen von Grard und Tunaley (z. B. Grard u. Tunaley, 1971; Grard, 1971) veröffentlicht.

Im Unterschied zur Fotoelektronenemission kann von ähnlichen Störungen durch eventuell aus der Raumflugkörper- oder Sondenoberfläche ausgelöste Sekundärelektronen gewöhnlich völlig abgesehen werden. So sind die geringen thermischen Energien der Plasmateilchen nicht ausreichend, um Sekundärelektronen in nachweisbaren Mengen auszulösen. Selbst bei stärker positiv oder negativ vorgespannten Elektroden bleiben die kinetischen Energien der im Meßfeld beschleunigten Träger weit unter den für eine optimale Sekundärelektronenausbeute nötigen Werten (einige 100 eV für Elektronen, einige keV bis zu 10 keV für Ionen). Schließlich ist die Flußdichte gelegentlich anzutreffender schneller, gerichteter und zur Sekundärelektronenauslösung befähigter Partikel fast immer viel zu gering, um durch Sekundärelektronenemission die Strom-Spannungs-Charakteristiken merklich zu beeinflussen. Ebenso tritt unter den sauberen Bedingungen des extraterrestrischen Raumes eine bei Sondenmessungen in Laborplasmen an verunreinigten Meßelektroden mitunter zu beobachtende Malter-effekt-ähnliche Feldelektronenemission nicht auf.

B.3.5. Die Frage des Bezugspotentials und ihre Lösung auf der Grundlage der Doppelsondentheorie

Beim Einsatz von Plasmasonden in Laborplasmen (meist Gasentladungsplasmen) wird als Bezugspotential fast ausnahmslos das durch äußere Schaltungsmaßnahmen fixierbare Potential einer Entladungselektrode gewählt (die einzige Ausnahme stellt die sogenannte Doppelsonde dar, bei der allein die Potentialdifferenz zwischen ihren beiden Elektroden interessiert; vgl. Abschn. C.2.2.).

Im Unterschied dazu steht beim Einsatz von Plasmasonden im extraterrestrischen Raum als Bezugspotential nur das Gleichgewichtspotential des Sondenträgers, also des Raumflugkörpers, zur Verfügung. Dieses sogenannte Vehikelpotential ist selbst einer Reihe schwer kontrollierbarer Beeinflussungen unterworfen (vgl. auch Abschn. B.3.6.) und kann naturgemäß durch keine äußeren Schaltungsmaßnahmen (wie „Erdung" oder dergleichen) fixiert werden. Meßbar und willkürlich beeinflußbar ist beim Einsatz von Plasmasonden im extraterrestrischen Raum daher immer nur die Potentialdifferenz zwischen der fraglichen Meßelektrode und dem Raumflugkörper als Bezugselektrode. Dadurch wird zwangsläufig jedes System Plasmasonde-Raumflugkörper zu einem Doppelsondensystem mit im allgemeinen sehr verschieden großen Oberflächen von Meß- und Referenzelektrode. Die Potentiale von Meßelektrode und Referenzelektrode sind dann aber auch miteinander gekoppelt und können sich gegenseitig beeinflussen. Durch diesen Umstand ist eine systembedingte Verzerrung der Stromspannungskennlinie von Gleichspannungssonden zu erwarten.

Ein tieferer Einblick in die unter solchen raumforschungsspezifischen Einsatzbedingungen anstehenden Verhältnisse läßt sich am einfachsten anhand einer einfachen Doppelsondentheorie gewinnen, wie sie beispielsweise von JOHNSON und MALTER (z. B. JOHNSON u. MALTER, 1950) für die Laborplasmadiagnostik formuliert worden ist. Diese besteht in der konsequenten Anwendung der Einzelsondentheorie auf die beiden miteinander gekoppelten Elektroden ungleicher Oberfläche und kann sich für den vorliegenden Zweck auf die Untersuchung der Trägerstrombilanz beschränken.

Zur Vereinfachung der Überlegungen werden (wie bisher) auch im folgenden alle Potentiale auf das unbekannte und damit nicht näher angebbare Plasmapotential als Nullpunkt bezogen ($V_P = 0$). Bezeichnen dann V_M und V_V die sich automatisch einstellenden oder durch eine zwischen beide Elektroden gelegte Quellspannung bedingt einstellbaren Potentiale der Meßelektrode (Plasmasonde) und Referenzelektrode (Raumflugkörper) und F_M und F_V die entsprechenden trägeraufnehmenden Flächen, so ergibt sich bei einer Potentialdifferenz zwischen beiden Elektroden von $V_D = V_V - V_M$ mit $\eta = eV/kT$ unter stoßfreien Verhältnissen für den auf das gesamte System Plasmasonde-Raumflugkörper auffließenden (Elektronen- und Ionen-)Strom

$$I_D = F_M[j_{e0} \exp(\eta_M) - j_+] + F_V[j_{e0} \exp(\eta_V) - j_+] \,. \qquad \text{(B.3.5-1)}$$

Hierin bedeuten j_{e0} die Elektronendiffusionsstromdichte und j_+ die wegen der Bewegung von Raumflugkörper und Plasmasonde rammeffektmodifizierte Ionensaugstromdichte. Dabei wurde vorausgesetzt, daß sich das gesamte System Plasmasonde-Raumflugkörper auf einem negativen Potential gegenüber Plasmapotential ($V_M, V_V < V_P = 0$) befindet, eine Annahme, die nach den Überlegungen in Abschn. B.1.1.3. und nach den Rechnungen in Abschn. B.1.1.4. selbstverständlich ist. Ohne diese vereinfachende Annahme würden die nachfolgenden Überlegungen bedeutend komplizierter verlaufen und weniger übersichtliche Aussagen liefern, ohne daß ein schwerwiegender Einfluß auf die Ergebnisse vorhanden wäre.

Da die Rekombination der Ladungsträger am betrachteten System Plasmasonde-Raumflugkörper naturgemäß nur paarweise erfolgen kann und von diesem (bei fehlender Fotoelektronenemission) auch auf keine Weise Träger abfließen können, müssen sich bezüglich des Gesamtsystems Elektronen- und Ionenstrom zu Null kompensieren, d. h., es muß mit $I_D = 0$ auch

$$j_{e0}[F_M \exp(\eta_M) + F_V \exp(\eta_V)] = (F_M + F_V)\, j_+ \qquad \text{(B.3.5-2)}$$

gelten.

Liegt zwischen beiden Elektroden dieses Systems keine Quellspannung, gilt also mit $V_D = 0$ auch $V_M = V_V$ bzw. $\eta_M = \eta_V$, so folgt daraus unmittelbar für das sich einstellende Gleichgewichtspotential des Gesamtsystems Plasmasonde-Raumflugkörper

$$V_{\mathrm{fl}} = V_{\mathrm{fl}\,M} = V_{\mathrm{fl}\,V} = -\frac{kT_e}{e}\ln\frac{j_{e0}}{j_+}, \tag{B.3.5-3}$$

also, wie nicht anders zu erwarten, dieselbe Abhängigkeit von Elektronendiffusionsstromdichte und Ionensaugstromdichte wie für eine einzelne Sondenelektrode (vgl. Abschn. B.1.4.4.). Mit diesem Ergebnis läßt sich Gl. B.3.5-2 nunmehr gemäß

$$\begin{aligned} F_M \exp(\eta_M) + F_V \exp(\eta_V) &= F_M \exp(\eta_M) + F_V \exp(\eta_D + \eta_V) \\ &= (F_M + F_V) \exp(\eta_{\mathrm{fl}}) \end{aligned} \tag{B.3.5-4}$$

schreiben.

Hieraus lassen sich für den Fall, daß zwischen Meßelektrode (Plasmasonde) und Referenzelektrode (Raumflugkörper) eine Quellspannung $V_D = V_V - V_M \neq 0$ anliegt, eine Reihe interessanter Schlußfolgerungen ziehen:

1. Zunächst folgt für das Verhältnis zwischen den Elektrodenpotentialen und dem Gleichgewichtspotential des Gesamtsystems

$$\frac{V_M}{V_{\mathrm{fl}}} = 1 + \frac{kT_e}{eV_{\mathrm{fl}}}\ln\frac{F_M + F_V}{F_M + F_V \exp(eV_D/kT_e)}, \tag{B.3.5-5a}$$

$$\frac{V_V}{V_{\mathrm{fl}}} = 1 + \frac{V_D}{V_{\mathrm{fl}}} + \frac{kT_e}{eV_{\mathrm{fl}}}\ln\frac{F_M + F_V}{F_M + F_V \exp(eV_D/kT_e)} \tag{B.3.5-5b}$$

und daraus für die Abweichungen der Elektrodenpotentiale vom Gleichgewichtspotential des Gesamtsystems

$$V_{\mathrm{fl}} - V_M = -\frac{kT_e}{e}\ln\frac{F_M + F_V}{F_M + F_V \exp(eV_D/kT_e)}, \tag{B.3.5-6a}$$

$$V_V - V_{\mathrm{fl}} = V_D + \frac{kT_e}{e}\ln\frac{F_M + F_V}{F_M + F_V \exp(eV_D/kT_e)}. \tag{B.3.5-6b}$$

Wie hieraus ersichtlich ist, hängen die Potentiale beider Elektroden von der Quellspannung V_D (Zwischenelektrodenspannung) ab, d. h. aber, daß sich mit der Variation der Quellspannung auch das Potential der Referenzelektrode (Vehikelpotential) ändert.

2. Rein anschaulich läßt sich vermuten, daß die durch die Variation der Quellspannung V_D verursachte Änderung des Potentials des Raumflugkörpers (Referenzelektrode) um so kleiner bleibt, je größer dessen Oberfläche (F_V) gegenüber der der Meßelektrode (F_M) ist. Dies wird von der genauen Rechnung bestätigt. Wir interessieren uns deshalb für das Flächenverhältnis, das zwischen den beiden Elektroden wenigstens realisiert werden muß, damit an der Referenzelektrode (Raumflugkörper) weniger als der Bruchteil p (<1) der angelegten Quellspannung V_D wirksam wird und sich der Raumflugkörper damit nur um diesen Betrag von seinem ursprünglichen Gleichgewichts-

potential verschiebt. Aus der Forderung

$$\frac{V_V - V_{fl}}{V_D} \leqq p$$

folgt unmittelbar

$$\frac{F_V}{F_M} \geqq \frac{1 - \exp\left[eV_D(1-p)/kT_e\right]}{\exp\left[eV_D(1-p)/kT_e\right] - \exp\left(eV_D/kT_e\right)} \tag{B.3.5-7}$$

bzw. für sehr kleine p ($\ll 1$) als einfache Näherungsformeln

$$\frac{F_V}{F_M} \gtrapprox \frac{1}{p} - 1 \approx \frac{1}{p}. \tag{B.3.5-8}$$

Damit also an der Referenzelektrode (Raumflugkörper) beispielsweise weniger als 1% (1‰) der Sondenspannung (Zwischenelektrodenspannung) bezugspotentialverschiebend wirksam wird, muß das Verhältnis der trägeraufnehmenden Flächen von Raumflugkörper und Meßelektrode größer als 100 (1000) sein. An der Meßelektrode selbst kommen dann mehr als 99% (999‰) der Sondenspannung zur Wirkung. Bei so günstig gewählten Verhältnissen darf angenommen werden, daß das Potential des Raumflugkörpers (Vehikelpotential) unverändert bleibt und die Quellspannung voll an der Meßelektrode wirksam wird. Bei Einhaltung dieser Bedingung können dann natürlich auch die systembedingten Verzerrungen der Strom-Spannungs-Charakteristiken der Meßelektrode unter jedem vorgegebenen (tolerierbaren) Wert gehalten werden.

3. Zur Abrundung dieser Vorstellungen über die sich einstellenden Potentialverhältnisse interessieren schließlich noch die Quellspannungen V_D, die gebraucht werden, um bei vorgegebenem Flächenverhältnis $s = F_M/F_V$ bestimmte Potentiale (gegenüber Plasmapotential als Nullpunkt) an der Meßelektrode zu realisieren. Aus Gl. B.3.5-6a ergibt sich hierfür unmittelbar

$$V_D = \frac{kT_e}{e} \ln\left[(s+1)\exp\left(e(V_{fl} - V_M)/kT_e\right) - s\right] \tag{B.3.5-9}$$

bzw. umgekehrt bei beliebig wählbarer Quellspannung für das sich einstellende Sondenpotential

$$V_M = -\frac{kT_e}{e} \ln\left[\frac{j_{e0}}{j_+} \cdot \frac{s + \exp\left(eV_D/kT_e\right)}{s+1}\right]. \tag{B.3.5-10}$$

Daraus folgt bei beliebig wählbaren negativen oder positiven Quellspannungen für den Variationsbereich des Potentials der Meßelektrode:

$$-\infty \cdots V_M \cdots -\frac{kT_e}{e} \ln\left(\frac{j_{e0}}{j_+} \cdot \frac{s}{s+1}\right). \tag{B.3.5-11}$$

Hieraus läßt sich ablesen, daß bei ausreichend kleiner Meßelektrode ($s \ll 1$) durch geeignete Wahl der Quellspannung V_D praktisch jedes beliebige negative oder positive Sondenpotential $V_M \approx V_{fl} - V_D$ realisiert werden kann.

Bei Flächengleichheit von Meßelektrode und Referenzelektrode hingegen ($s = 1$) läßt sich mit beliebig großer negativer oder positiver Quellspannung nur ein Variationsbereich des Sondenpotentials von

$$-\infty \cdots V_M \cdots -\frac{kT_e}{e}\ln\left(\frac{j_{e0}}{2j_+}\right) \qquad \text{(B.3.5-12)}$$

realisieren. Auf Plasmapotential und positive Potentiale ($V \geqq V_P = 0$) läßt sich die Meßelektrode in diesem Fall nicht einstellen. Plasmapotential und positivere Potentiale ($V \geqq V_P = 0$) können andererseits erst mit Flächenverhältnissen

$$s = \frac{F_M}{F_V} \leqq \frac{1}{(j_{e0}/j_+) - 1} = \frac{j_+}{j_{e0} - j_+} \qquad \text{(B.3.5-13)}$$

erreicht werden.

j_{e0} und j_+ bedeuten in den vorstehenden Beziehungen die thermische Elektronendiffusionsstromdichte bzw. die rammeffektmodifizierte Ionen(saug)-stromdichte und können nach Gl. B.3.2.1-4, 8 oder 9 je nach den vorliegenden Verhältnissen berechnet werden. Wie leicht zu erkennen ist, hängt das fragliche kritische Verhältnis außer von der Elektronentemperatur auch von der Translationsgeschwindigkeit des Systems (Vehikelgeschwindigkeit) ab (und bei zylindrischer und sphärischer Geometrie zusätzlich natürlich vom Verhältnis Raumladungsschicht- zu Körperradius).

Für den Fall der Trägerbewegung unter stoßbestimmten Verhältnissen lassen sich grundsätzlich ganz analoge Überlegungen anstellen. Diese können allerdings im Rahmen der zur einfachen Berechnung der Trägerstromdichten benutzten kalten Näherung keine aussagekräftigen Ergebnisse liefern. Wir begnügen uns deshalb mit der Feststellung, daß auch in diesem Fall bei Wahrung eines Flächenverhältnisses gemäß Gl. B.3.5-7 bzw. 8 die Potentialverschiebungen der Referenzelektrode (Raumflugkörper) mit Sicherheit so klein bleiben, daß sie auf die (hier sowieso nur sehr grob erfaßbaren) Strom-Spannungs-Charakteristiken von Gleichspannungssonden ohne verzerrenden Einfluß sind. Schließlich lassen sich unter stoßbestimmten Verhältnissen an der Meßelektrode auch beliebige positive Potentiale realisieren, ohne daß ein kritisches Flächenverhältnis (in Analogie zu Gl. B.3.5-13) eingehalten werden müßte.

B.3.6. Das sich einstellende Gleichgewichtspotential

Die in den vorhergehenden Abschnitten abgehandelten einsatzbedingten Zusatzeffekte beeinflussen nicht nur die Trägerstromdichten, sondern naturgemäß mehr oder minder auch das Gleichgewichtspotential, auf das sich der schnell bewegte Raumflugkörper samt der mitbewegten Sondenelektrode einstellt (Vehikelpotential) und das nach Abschnitt B.3.5. als Bezugspotential für alle Sondenmessungen, zumindest für alle Messungen mit Gleichspannungssonden, dient.

So führt im Höhenbereich über 90 km Höhe bei Satellitengeschwindigkeiten der Ramm-Effekt dazu, daß sich der Ioneneinstrom auf Raumflugkörper und Meßelektrode nicht mehr als ungerichteter oder gerichteter Diffusionsstrom (vgl. Abschn. B.1.4.2. und Abschn. B.1.6.1.) vollzieht, sondern als Aufkehrstrom gemäß Gleichung B.3.2.1-9 realisiert wird, während der Elektroneneinstrom unverändert als ungerichteter thermischer Diffusionsstrom erfolgt. Der Wake-Effekt andererseits bewirkt, daß auf die rückwärtigen Teile von Raumflugkörper bzw. Sondenelektrode weder Ionen noch Elektronen gelangen können.

Damit läßt sich die Bilanzgleichung zur Bestimmung des Gleichgewichtspotentials gemäß

$$I_e = F_{Oe} j_{0e} \exp(\eta) = I_+ = F_{Q+} j_+ = F_{Q+} N_+ e v_V \qquad \text{(B.3.6-1)}$$

schreiben.

F_{Oe} bedeutet hierin den Teil der Raumflugkörper- bzw. Elektrodenoberfläche, der nicht vom wakeeffekt-bedingten Ladungsträgervakuum begrenzt wird, und F_{Q+} die Projektion der Raumflugkörper- bzw. Elektrodenoberfläche in die Ebene senkrecht zur Vehikelgeschwindigkeit (vgl. Abschn. B.3.2.2.). Dabei wurde bereits vorausgesetzt, daß sich Raumflugkörper bzw. Sondenelektrode auf negatives Potential gegenüber Plasmapotential ($V_P = 0$) einstellen, eine Annahme, die nach den Überlegungen in Abschn. B.1.1.3. und nach den Rechnungen in Abschn. B.1.4.4. fast selbstverständlich ist. Aus obenstehender Bilanzgleichung folgt für das Gleichgewichtspotential bzw. die entsprechende Kontaktpotentialdifferenz unmittelbar

$$V_{fl} = V_V = -\frac{kT_e}{e} \ln\left(\frac{j_{e0}}{j_+} \cdot \frac{F_{Oe}}{F_{Q+}}\right). \qquad \text{(B.3.6-2)}$$

Mit j_{e0} als ungerichtete thermische Elektronendiffusionsstromdichte nach Gleichung B.1.4.2-13 und j_+ als ungerichtete Ionenaufkehrstromdichte nach Gleichung B.3.2.1-9 ergibt sich dann für ebene Geometrie ($F_{Oe} = F$; $F_{Q+} = F \cos\alpha$)

$$V_{fl} = V_V = -\frac{kT_e}{e} \ln\left(\frac{1}{4\cos\alpha} \cdot \frac{\bar{v}_e}{v_V}\right) \qquad \text{(B.3.6-3)}$$

und für zylindrische Geometrie bei axialer Bewegung ($F_{Oe} = \pi r_M^2 + 2\pi r_M l$; $F_{Q+} = \pi r_M^2$)

$$V_{fl} = V_V = -\frac{kT_e}{e} \ln\left[\frac{1 + 2(l/r_M)}{4} \cdot \frac{\bar{v}_e}{v_V}\right] \qquad \text{(B.3.6-4a)}$$

bzw. bei transversaler Bewegung ($F_{Oe} = \pi r_M l$; $F_{Q+} = 2 r_M l$)

$$V_{fl} = V_V = -\frac{kT_e}{e} \ln\left(\frac{\pi}{8} \cdot \frac{\bar{v}_e}{v_V}\right) \qquad \text{(B.3.6-4b)}$$

und schließlich für sphärische Geometrie ($F_{Oe} = 2\pi r_M^2$; $F_{Q+} = \pi r_M^2$)

$$V_{fl} = V_V = -\frac{kT_e}{e} \ln\left(\frac{\bar{v}_e}{2 v_V}\right). \qquad \text{(B.3.6-5)}$$

Wie man aus diesen Beziehungen ersieht, hängen die Gleichgewichtspotentiale bzw. Kontaktpotentialdifferenzen sehr schnell bewegter Raumflugkörper bzw.

Sondenelektroden im Höhenbereich über 90 km Höhe infolge des Ramm-Effektes der Ionenkomponente jetzt gar nicht mehr von der Ionenmasse (und Ionentemperatur), sondern außer von der Elektronentemperatur und von gewissen Geometriefaktoren zusätzlich von der Vehikelgeschwindigkeit v_V ab. Der Einfluß der Vehikelgeschwindigkeit ist allerdings schwach (Logarithmus). Höhere Elektronentemperaturen bedingen wie ehedem größere Kontaktpotentialdifferenzen bzw. stärker negative Gleichgewichtspotentiale. Für typische Satellitenverhältnisse ($\overline{v_e}/v_V \approx 10 \cdots 30$) ergibt sich größenordnungsmäßig

$$V_{\text{fl}} = V_V \approx -(1{,}4 \cdots 2{,}2)\frac{kT_e}{e}, \qquad \text{(B.3.6-6)}$$

also deutlich niedrigere Werte als für ruhende Körper (vgl. Abschn. B.1.4.4.). Diese Verkleinerung der Kontaktpotentialdifferenz geht hauptsächlich auf die Vergrößerung des Ioneneinstroms (Aufkehrstrom!) durch den Ramm-Effekt zurück.

Die so berechneten Gleichgewichtspotentiale sind in der diagnostischen Praxis jedoch meist durch andere einsatzbedingte Zusatzeffekte beträchtlich modifiziert, so z. B. beim Auftreten einer stärkeren Fotoelektronenemission auf der Raumflugkörperoberfläche (vgl. Abschn. B.3.4.). Ein solcher Fotoelektronenemissionsstrom I_F muß als Elektronenstromdefizit in der Bilanzgleichung (Gl. 3.6-1) berücksichtigt werden und führt dann gemäß

$$I_e = F_{Oe} j_{e0} \exp(\eta) - I_F = I_+ = F_{Q+} j_+ = F_{Q+} N_+ e v_V \qquad \text{(B.3.6-7)}$$

bzw.

$$V_{\text{fl}} = V_V = -\frac{kT_e}{e}\ln\left(\frac{F_{Oe} j_{e0}}{F_{Q+} j_+ + I_F}\right) > -\frac{kT_e}{e}\ln\left(\frac{F_{Oe} j_{e0}}{F_{Q+} j_+}\right) \qquad \text{(B.3.6-8)}$$

immer zu einer Verkleinerung der Kontaktpotentialdifferenz, d. h. zu einer Verschiebung des Gleichgewichtspotentials näher zu Plasmapotential oder gar über dieses hinaus zu positiven Potentialen.

Ein ähnlicher, jedoch in Gegenrichtung wirkender Effekt kann schließlich auftreten, wenn auf dem Raumflugkörper Telemetriesender mit sehr hohen Antennenspannungen arbeiten. Durch den in Abschnitt B.2.4. beschriebenen Gleichrichtereffekt der Plasmarandschichten kann dann unter Umständen der in den Plasmarandschichten gleichgerichtete Anteil des zwischen Antenne und Raumflugkörper fließenden Hochfrequenzstroms zu einer Vergrößerung des Elektroneneinstroms führen. Damit verschiebt sich das Gleichgewichtspotential des Raumflugkörpers zu etwas negativeren Werten, die Kontaktpotentialdifferenz wird größer. Mit Gleichung B.2.4-11 lautet die Bilanzgleichung (Gl. B.3.6-1) in diesem Fall

$$I_e = F_{Oe} j_{e0} \exp(\eta)\, \mathfrak{J}_0\left(i\frac{e\hat{U}_0}{kT_e}\right) = I_+ = F_{Q+} j_+ = F_{Q+} N_+ e v_V \qquad \text{(B.3.6-9)}$$

und liefert für das sich einstellende Gleichgewichtspotential

$$V_{\text{fl}} = V_V = -\frac{kT_e}{e}\ln\left[\frac{F_{Oe} j_{e0}}{F_{Q+} j_+}\mathfrak{J}_0\left(i\frac{e\hat{U}_0}{kT_e}\right)\right] < -\frac{kT_e}{e}\ln\left(\frac{F_{Oe} j_{e0}}{F_{Q+} j_+}\right) \qquad \text{(B.3.6-10)}$$

(vgl. Gl. B.3.6-2). $\hat{U}_0$ bedeutet hierin den in den Randschichten abfallenden Anteil der Antennenspannung.
Wie man aus dieser Gleichung entnimmt, kann dieser Effekt bei höheren Antennenspannungen ($\hat{U}_0 \gg kT_e/e$) für das sich einstellende Gleichgewichtspotential durchaus bestimmend werden. Da solche Gleichgewichtspotentialverschiebungen nur sehr geringer Leistungen bedürfen, also auch von leistungsschwachen Telemetriesendern bewirkt werden können, liegt es nahe, die in der experimentellen Praxis mitunter beobachteten und bisher unerklärt gebliebenen abnorm hohen Kontaktpotentialdifferenzen (mehrere Volt) auf solche Gleichrichtereffekte in den am Raumflugkörper immer vorhandenen Raumladungsschichten zurückführen.
Ein entsprechender Einfluß der Meßwechselspannungen von Wechselspannungssonden kann gegenüber dem der Antennenspannungen von Telemetriesendern indessen immer unberücksichtigt bleiben, da er wegen der Kleinheit der gewöhnlich verwendeten Meßwechselspannungen nur von untergeordneter Bedeutung ist ($\hat{U}_0 \approx kT_e/e$).

Schließlich können sich bei Verwendung unstabilisierter Raumflugkörper infolge von Taumelbewegungen die effektiven trägersammelnden Flächen von (nichtsphärischen) Raumflugkörpern und Sondenelektroden zeitlich ändern. Dies führt, wie aus Gleichung B.3.6-2 bzw. Gleichung B.3.6-4 unmittelbar zu erkennen ist, zu entsprechenden periodischen Schwankungen der Gleichgewichtspotentiale bzw. der Kontaktpotentialdifferenzen.

Ausführliche Untersuchungen zur Problematik des sich im extraterrestrischen Plasma an Raumflugkörpern einstellenden Gleichgewichtspotentials sind u. a. von Jastrow und Pearse, 1957; Beard und Johnson, 1961; Kurt und Moroz, 1962; Whipple, 1965, sowie Samir und Willmore, 1965 und 1966, und Sellen, 1967, durchgeführt worden. Die experimentell gefundenen Gleichgewichtspotentiale liegen in der Regel in dem angegebenen Bereich (Gl. B.3.6-6). Mitunter festgestellte positive Gleichgewichtspotentiale lassen sich erfahrungsgemäß durch eine starke Fotoelektronenemission der fraglichen Oberflächen erklären. Abnorm große negative Gleichgewichtspotentiale sind nur sehr selten festgestellt worden und müssen auf andere Effekte zurückgeführt werden.

Bei Sondenmessungen unter 70 km Höhe andererseits sind nach den Erörterungen der Abschnitte B.3.2.1. und B.3.2.2. keine gravierenden Einflüsse von Ramm- und Wake-Effekt auf das sich einstellende (und hier unter stoßbestimmten Verhältnissen recht genau mit Plasmapotential übereinstimmende) Gleichgewichtspotential (vgl. Abschn. B.1.5.3.2.) zu erwarten. Dasselbe gilt hinsichtlich der Wirkung von Hochfrequenzfeldern, da in den Randschichten des stoßbestimmten Plasmas keine Gleichrichtereffekte auftreten können (vgl. Abschn. B.2.4.). Trotzdem können aber auch in diesem Höhenbereich Störungen des Gleichgewichtspotentials, z. B. durch Fotoelektronenemission, auftreten. Manche der in diesem Höhenbereich durchgeführten Experimente deuten dies an.

C. Die gebräuchlichsten Sondenmethoden und ihre Einsatzmöglichkeiten im extraterrestrischen Raum

C.1. Zur Klassifizierung der Sondenmethoden

Das durch die erfolgreiche Entwicklung der Raketentechnik in den letzten fünfundzwanzig Jahren realisierbar gewordene Bedürfnis nach direkten Messungen am extraterrestrischen Plasma hat zur Entwicklung einer Reihe neuartiger Sondenmethoden geführt. Während sich die Sondendiagnostik im Labor nach wie vor hauptsächlich auf die langjährig bekannten und bewährten Langmuir-Sonden und deren Abarten, wie Doppelsonden und Gittersonden, stützt, werden im extraterrestrischen Raum neben diesen auch andere, mehr raumforschungsspezifische Plasmasonden eingesetzt. Trotz der Vielzahl der inzwischen unter passenden oder unpassenden Bezeichnungen bekannt gewordenen Ausführungen lassen sich alle diese Plasmasonden ausnahmslos auf der Grundlage der in den vorhergehenden Abschnitten dargelegten plasmaphysikalischen Grundlagen verstehen und in sehr wenige voneinander verschiedene Kategorien einordnen.

Eine etwas grobe, jedoch sehr markante Unterteilung wird durch die Art der der Sonde aufgeprägten elektrischen Spannung nahegelegt:
So werden alle diejenigen Sonden, zwischen deren Elektroden (konstante oder zeitlich langsam variable) Gleichspannungen angelegt sind und bei denen evtl. zusätzlich aufgeprägte Wechselspannungen nur Hilfsfunktionen erfüllen, als Gleichspannungssonden (DC-Sonden) bezeichnet. Bei ihnen können die interessierenden Plasmaparameter aus der Struktur der gewöhnlichen Strom-Spannungs-Charakteristik (I-V-Charakteristik) oder ggf. aus deren Ableitungen entnommen werden. Im Unterschied hierzu bezeichnet man alle Sonden, zwischen deren Elektroden (frequenzkonstante oder frequenzvariable) Wechselspannungen anliegen und bei denen evtl. zusätzlich aufgeprägte Gleichspannungen nur Hilfsfunktionen erfüllen, als Wechselspannungssonden (AC-Sonden). Bei diesen können die interessierenden Plasmaparameter entweder ebenfalls aus der Amplitude des zwischen den Elektroden fließenden Wechselstroms oder aber meist viel besser aus der Struktur der Wechselstrom-Frequenz-Charaktersitik ($\tilde{I}$-ω-Charakteristik) berechnet werden.

Während einerseits die allen Gleichspannungssonden zugrunde liegenden Meßprinzipien unmittelbar auf den weiter oben angegebenen Näherungslösungen für die stoßfreie oder stoßbestimmte Trägerbewegung im Gleichfeld beruhen

(vgl. Abschn. B.1.4. u. Abschn. B.1.5.), läßt sich andererseits die Wirkungsweise aller Wechselspannungssonden recht einfach und anschaulich aus dem Verhalten des ebenfalls weiter oben abgehandelten Plasmakondensators verstehen und so aus den Eigenschaften der effektiven Dielektrizitätskonstante bzw. Leitfähigkeit des Plasmas erklären (vgl. Abschn. B.2.2. u. Abschn. B.2.3.). Damit erhält die bislang etwas formal erscheinende Unterteilung nach der Art der angelegten Spannung auch eine plasmaphysikalische Begründung.
Gleichwohl aber sind für das Verständnis der Wirkungsweise beider Sondenarten gewisse Kenntnisse über die Struktur der sich vor jeder Sondenelektrode ausbildenden Plasmarandschichten notwendig.

Wie weiter oben gezeigt wurde, gestalten sich die Behandlung der Trägerbewegung im Gleichfeld und die Berechnung der fraglichen Sondengleichströme für stoßarme und stoßbestimmte Verhältnisse wesentlich verschieden. Ganz ähnlich ist auch das durch die effektive Dielektrizitätskonstante bzw. Leitfähigkeit gesteuerte Verhalten des den Wechselspannungssonden adäquaten Plasmakondensators unter stoßfreien und stoßbestimmten Verhältnissen qualitativ verschieden. Dieser Umstand legt es nahe, die Plasmasonden weiterhin auch nach dem Stoßverhalten der Ladungsträger im Sondenmeßvolumen zu unterteilen. Nach Abschnitt B.1.2.3. läuft eine soche Unterteilung der Plasmasonden gleichwohl auf eine Unterteilung nach ihrem Einsatzgebiet im extraterrestrischen Raum hinaus:
Bei den üblichen Abmessungen der raketen- bzw. satellitengetragenen Plasmasondensysteme liegt die fragliche Grenze zwischen stoßfreiem (bzw. -armem) und stoßbestimmtem Verhalten des extraterrestrischen Plasmas im Sondenmeßvolumen zwischen etwa 80 und 90 km Höhe, also grob zwischen der D- und der E-Region der Ionosphäre. Während so dem Höhenbereich oberhalb etwa 90 km Höhe alle diejenigen Sonden angepaßt sind, deren Funktionsweise auf den Vorstellungen der stoßfreien Trägerbewegung fußt, dürfen im Höhenbereich unterhalb von etwa 70 km Höhe einfach interpretierbare Meßergebnisse nur von den auf dem Konzept der stoßbestimmten Trägerbewegung beruhenden Sonden erwartet werden.

Eingedenk der angeführten Unterteilungsmöglichkeiten lassen sich alle bekannt gewordenen (und denkbaren) Plasmasonden in vier Kategorien einteilen:

1. Gleichspannungssonden für den Einsatz oberhalb etwa 90 km Höhe:

   Hierzu gehören neben den altbekannten LANGMUIRschen Einzelsonden auch die aus der Laborplasmadiagnostik stammenden Doppelsonden und Gittersonden sowie die den letzteren entsprechenden mehr raumforschungsspezifischen Ionenfallen und Bremsfeldanalysatoren (Abschn. C.2.).

2. Gleichspannungssonden für den Einsatz unterhalb etwa 70 km Höhe:

   Hierzu gehören alle Arten von Leitfähigkeits- bzw. Beweglichkeitssonden, so z. B. die bekannten GERDIEN-Kondensatoren sowie alle Arten von Bluntprobes (Abschn. C.3.).

3. Wechselspannungssonden für den Einsatz oberhalb etwa 90 km Höhe:

   Hierzu gehören fast alle Arten von Hochfrequenzsonden oder Admittanz- bzw. Impedanzsonden, insbesondere die Kapazitätssonden (Abschn. C.3.2.) und die verschiedenen Resonanzsonden, wie Gyroplasmasonden, Resonanzrektifikationssonden, Resonanzrelaxationssonden usw. (Abschn. C.4.).

4. Wechselspannungssonden für den Einsatz unterhalb etwa 70 km Höhe:

   Hierzu gehören alle Wechselspannungssonden, die bei fester und nur in engen Grenzen frei wählbarer Frequenz die Leitfähigkeit des extraterrestrischen Plasmas zu messen gestatten (Wechselspannungsleitfähigkeitssonden) (Abschn. C.5.).

Die bei den Wechselspannungssonden für den Einsatz oberhalb 90 km Höhe (Kategorie 3.) angedeutete Unterteilung in Kapazitätssonden und Resonanzsonden entspricht den beiden Möglichkeiten, mit fester oder variabler Frequenz zu arbeiten. Als Kapazitätssonden werden diejenigen bezeichnet, die bei fester Frequenz arbeiten und gewisse interessierende Plasmaparameter (z. B. die Elektronenkonzentration) aus der Kapazität des plasmagefüllten Elektrodensystems (Plasmakondensator) bzw. aus dem durch die Dielektrizitätskonstante des Plasmas gesteuerten Sondenwechselstrom ermitteln. Resonanzsonden sind diejenigen, die mit variabler Frequenz arbeiten und die interessierenden Plasmaparameter aus der Struktur der Wechselstrom-Frequenz-Charakteristik entnehmen. Bei den Wechselspannungssonden für den Einsatz unterhalb 70 km Höhe (Kategorie 4.) ist eine entsprechende Unterteilung nach diesen beiden Möglichkeiten — feste oder variable Frequenz — gegenstandslos, da dort wegen des stoßbestimmten Verhaltens des Plasmas keine Resonanzen auftreten können (vgl. Abschn. B.2.2.3., B.2.3.3. und B.2.3.4.).

Die angegebene Klassifizierung der Plasmasonden nach der Art der angelegten Spannung und nach ihrem Einsatzgebiet im extraterrestrischen Raum erweist sich gegenüber anderen denkbaren Unterteilungen als recht übersichtlich und soll deshalb der anschließenden Besprechung der gebräuchlichsten Sondenmethoden zugrunde gelegt werden. Sie ermöglicht überdies, alle bekannt gewordenen Plasmasonden zu erfassen und diese hinsichtlich Betriebsregime und Einsatzbereich klar gegeneinander abzugrenzen. In Abb. 26 sind die im extraterrestrischen Raum einsetzbaren und in den folgenden Abschnitten behandelten Plasmasonden nochmals nach dieser Klassifizierung zusammengestellt.

Aus gebotener Kürze und aus Gründen der Übersichtlichkeit wird bei der anschließenden Besprechung der verschiedenen Sondenmethoden auf eine Aufzählung und Beschreibung der vielen zum Einsatz gelangten Plasmasonden verzichtet. Eine solche auch nur annähernd alle bekannt gewordenen und eingesetzten Sonden erfassende Behandlung ist natürlich ganz unmöglich und auch gar nicht sinnvoll. Statt dessen sollen, der angegebenen Unterteilung folgend, nach kurzer Darlegung des Meßprinzips der einzelnen Sondenarten die grundsätzlich wichtigen Fragen des sachgemäßen Einsatzes der Sonden und ihrer zweckdienlichen Dimensionierung sowie der fachgerechten Auswertung ihrer Charakteristiken etwas näher ausgeführt werden. Die hierzu benötigten analytischen Beziehungen folgen fast sämtlich unmittelbar aus den weiter oben dargelegten plasmaphysikalischen Grundlagen. Wo das ausnahmsweise nicht der Fall ist, wird eine kurze Ableitung angegeben.

Einsatzgebiet	DC-Sonden	AC-Sonden
Höhen über 85 km: Hohe Ionosphäre E-Region F-Region Exosphäre Interplanetarer Raum (Dünne Planeten-Ionosphären)	LANGMUIR-Sonden Einzelsonden Doppelsonden Gittersonden Ionenfallen Bremsfeldanalysatoren	(Hochfrequenzsonden) Admittanz- bzw. Impedanzsonden Kapazitätssonden Resonanzsonden Gyroplasmasonden Rektifikationssonden Elektronentemperatursonden Relaxationssonden Quadrupolsonden
Höhen unter 75 km: Niedere Ionosphäre D-Region (Dichte Planeten-Ionosphären)	Leitfähigkeitssonden Blunt-probes Beweglichkeitssonden GERDIEN-Kondensatoren	(Niederfrequenzsonden) Admittanz- bzw. Impedanzsonden Leitfähigkeitssonden

Abb. 26. Übersicht über die im extraterrestrischen Raum einsetzbaren Plasmasonden

C.2. Die Gleichspannungssonden (DC-Sonden) für den Einsatz im stoßfreien Plasma

C.2.1. Die LANGMUIRschen Einzelsonden

C.2.1.1. Meßprinzip

Unter einer LANGMUIRschen Einzelsonde wird eine platten-, zylinder- oder kugelförmige in das zu untersuchende Plasma vollständig eintauchende Meßelektrode verstanden, deren Potential gegenüber einer hinreichend großflächigen Referenzelektrode messend verändert werden kann. Aus der auf diese Weise gewinnbaren Stromspannungskennlinie (I-V-Charakteristik), der sogenannten Einzelsonden- oder LANGMUIR-Charakteristik, lassen sich Elektronentemperatur und Elektronenkonzentration als wichtigste Plasmaparameter bestimmen.[1]) Während in Laborplasmen gewöhnlich eine Entladungselektrode oder die (metallische) Gefäßwand als Referenzelektrode dient, kann bei extraterrestrischen Einsätzen diese Funktion nur die Oberfläche des die Sonde tragenden Raumflugkörpers übernehmen (vgl. Abschn. B.3.5.).

In der Abb. 27 sind die üblichen Ausführungsformen solcher Einzelsonden und ihre Anbringungsmöglichkeiten am Raumflugkörper angedeutet. In Abb. 28 ist die solchen Einzelsondenmessungen zugrunde liegende elektrische Prinzipschaltung wiedergegeben.

Die Einzelsonden sind schon bald nach ihrer theoretischen Begründung und ihrer Einführung in die Experimentiertechnik durch LANGMUIR (z. B. LANGMUIR u. MOTT-SMITH, 1924; MOTT-SMITH u. LANGMUIR, 1926) zu einem der wichtigsten Diagnostikinstrumente der Laborplasmaphysik geworden. In unzähligen experimentellen Einsätzen in der Laborplasmaphysik hat diese einfache Methode ihre Tragfähigkeit bewiesen und sich gewissermaßen zum Standardverfahren der Plasmadiagnostik entwickelt. So ist es nicht verwunderlich, daß LANGMUIRsche Einzelsonden auch bereits bei den ersten besseren kosmischen Experimenten zum Einsatz gelangten. Die erste Publikation über einen erfolgreichen Einsatz von LANGMUIR-Sonden auf geophysikalischen Forschungsraketen stammt von REIFMANN und DOW (REIFMANN u. DOW, 1949). Die zunächst recht unbefangen durchgeführten extraterrestrischen Sondenmessungen erfuhren in der Folgezeit zahlreiche Verbesserungen und Verfeinerungen (z. B. HOK, SPENCER u. DOW, 1953; BOGGES, 1959; BOGGES, BRACE u. SPENCER, 1959). Auf einem künstlichen Erdsatelliten, dem sowjetischen Forschungssatelliten Sputnik-3, wurden LANGMUIRsche Einzelsonden 1957 erstmalig von GRINGAUZ und SELIKMAN (GRINGAUZ u. SELIKMAN, 1957) eingesetzt. Die daselbst und auf nachfolgenden Satelliten und Raketen durchgeführten Sondenexperimente sind später von KRASSOVSKY (KRASSOVSKY, 1959) und GRINGAUZ (GRINGAUZ, 1961) ausführlich beschrieben worden. Grundlegende Arbeiten zum Einsatz von LANGMUIRschen Einzelsonden in der Raumforschung wurden u.a. auch von ICHIMIYA, TAKAYAMA und AONO (ICHIMIYA, TAKAYAMA u. AONO, 1959 und 1960) geleistet, insbesondere hinsichtlich einer wirkungsvollen Unterdrückung der gelegentlich durch die Fotoelektronenemission der Sondenoberfläche bedingten Störungen.

Aufbauend auf diesen Pionierarbeiten sind LANGMUIRsche Einzelsonden inzwischen auch in der Raumforschung zu einem der wichtigsten Hilfsmittel der Plasmadiagnostik geworden und in unzähligen Experimenten erfolgreich eingesetzt worden. Dabei hat das LANGMUIRsche Meßprinzip erwartungsgemäß

---

[1]) Neben Elektronenkonzentration und Elektronentemperatur kann aus der LANGMUIR-Charaktetistik meist auch die Kontaktpotentialdifferenz (vgl. Abschn. B.1.4.4.) zwischen stromloser Sondenelektrode und dem Plasma entnommen werden. Diese Hilfsgröße ist insbesondere bei extraterrestrischem Einsatz, bei dem als Referenzpotential nur das Gleichgewichtspotential des Raumflugkörpers zur Verfügung steht, für viele bei der Interpretation der Sondenmessungen auftretende Fragen wichtig.

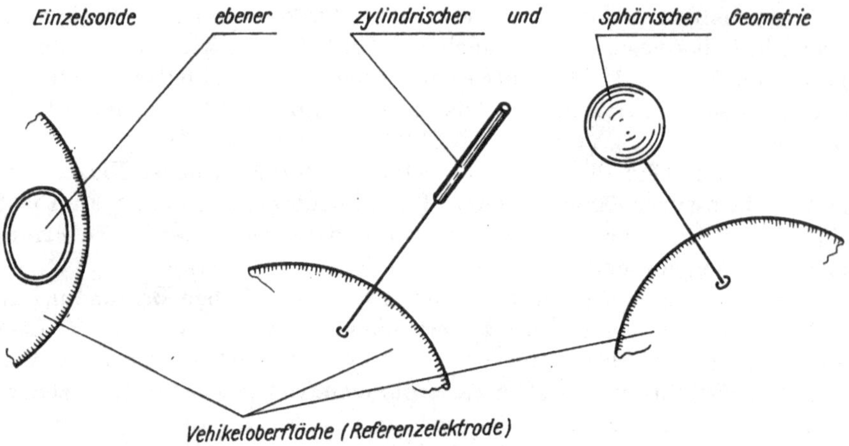

Abb. 27. Ausführungsformen von Einzelsonden und ihre Anbringungsmöglichkeiten am Raumflugkörper

keine wesentlichen Änderungen erfahren; lediglich Meßkreisauslegung und elektronische Meßwertverarbeitung sind, den spezifischen Erfordernissen von Raumexperimenten entsprechend, verbessert worden. Da diese mehr technischen Verbesserungen außerhalb des Interesses dieser Arbeit liegen, darf auf eine weitere Darlegung dieser Entwicklungen verzichtet werden. Einzelheiten hierzu lassen sich den im Literaturverzeichnis zusammengestellten Arbeiten über extraterrestrische Sondenmessungen entnehmen. Instruktive zusammenfassende Darstellungen der Einzelsondenmeßtechnik bei extraterrestrischem Einsatz sind mehrfach von SMITH (SMITH, 1964, 1967 u. 1969) gegeben worden. Daselbst finden sich neben den Grundlagen der Theorie auch viele Hinweise zum sachge-

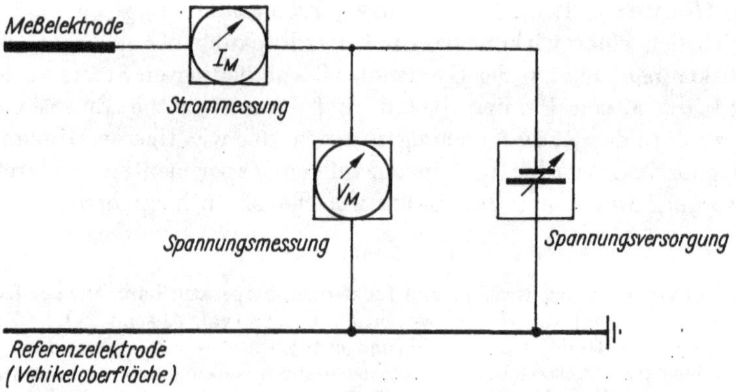

Abb. 28. Elektrische Prinzipschaltung bei Einzelsondenmessungen

mäßen Einsatz und zur richtigen Auslegung von Einzelsonden sowie ausführlichere Beschreibungen der Meßtechnik. Mit Auswerteproblemen bei Einzelsondenmessungen setzen sich u. a. BRACE, CARIGNAN und FINDLAY (BRACE, CARIGNAN u. FINDLAY, 1971) auseinander, mit Problemen der Störung von Einzelsondenmessungen in neueren Arbeiten WAYMOUTH (z. B. WAYMOUTH, 1963 u. 1964) und insbesondere hinsichtlich Verschmutzungseffekten bei extraterrestrischen Einsätzen HIRAO und OYAMA (z. B. HIRAO u. OYAMA, 1973).

Dem Anliegen dieser Arbeit entsprechend, sollen in den folgenden Abschnitten die wesentlichsten Aspekte von Einzelsondenmessungen im extraterrestrischen Plasma etwas näher erörtert und die dabei auftretenden besonderen Probleme diskutiert werden.

C.2.1.2. Theorie der Einzelsondencharakteristik (LANGMUIR-Charakteristik)

Der zur Plasmaparameterbestimmung benötigte Zusammenhang zwischen angelegter Sondenspannung und fließendem Sondenstrom wird durch die LANGMUIRsche Sondentheorie (vgl. Abschn. B.1.4.) vermittelt. Da diese ganz wesentlich auf der Voraussetzung einer stoßfreien Trägerbewegung im interessierenden Sondenmeßvolumen beruht, bleibt der Einsatz von LANGMUIRschen Einzelsonden im extraterrestrischen Raum auf den Höhenbereich über etwa 90 km Höhe beschränkt (vgl. Abschn. B.1.2.3.).

Bei der Berechnung der interessierenden Sondencharakteristik (I-V-Charakteristik) muß beachtet werden, daß zum jeweiligen Sondenstrom im allgemeinen Träger verschiedener Polarität beitragen. Im Höhenbereich oberhalb 90 km Höhe sind dies wegen des dort gesicherten Fehlens von negativen Ionen nur positive Ionen (mit gegebenenfalls verschiedenen Massen) und Elektronen. Augenscheinlich ergibt sich dann der fragliche Sondenstrom als (vorzeichenrichtige) Summe der Stromanteile der zur Sondenelektrode gelangenden positiven Ionen und Elektronen.

Da die immer gleichzeitig als Anlauf- oder Saugstrom auf die Meßelektrode gelangenden Elektronen und Ionen bei vom Gleichgewichtspotential (Floating-Potential) abweichenden Elektrodenpotentialen mengenmäßig nicht gleich sind, entsteht an der Meßelektrode ein durch Oberflächenrekombination nicht neutralisierter Ladungsträgerüberschuß des einen oder anderen Vorzeichens, der durch einen entsprechenden Strom (Elektronenstrom!) im äußeren Sondenmeßkreis zur oder von der Referenzelektrode kompensiert werden muß. Dieser stellt den eigentlichen im äußeren Sondenkreis meßbaren Sondenstrom I_M dar und entspricht der Differenz (vorzeichenrichtige Summe!) des auf die Meßelektrode aus dem Plasma auffließenden Elektronen- und Ionenstroms:

$$I_M = I_e - I_+ = F_M(j_e - j_+) \, . \qquad \text{(C.2.1.2-1)}$$

Abb. 29 soll dazu dienen, die sich solcherart vollziehende Formierung des Sondenstroms (LANGMUIR-Charakteristik) aus einem Elektronen- und einem Ionenstromanteil zu veranschaulichen.

Der Sondenstrom I_M läßt sich bei bekannter trägersammelnder Elektrodenoberfläche mit Hilfe der in Abschnitt B.1.4.2. angegebenen Beziehungen für die Trägerstromdichten auch leicht berechnen. Bei extraterrestrischen Anwendungen muß dabei jedoch berücksichtigt werden, daß die Ionensaugströme infolge des bewegungsbedingten Ramm-Effekts (vgl. Abschn. B.3.2.1.) gegenüber den einfachen für ruhende Elektroden geltenden Ausdrücken der LANGMUIRschen Theorie modifiziert sind. Für die Ionensaugströme sind deshalb in diesem Fall grundsätzlich die in Abschnitt B.3.2.1. angegebenen Beziehungen (Gl. B.3.2.1-4, 6 u. 8) zu verwenden!

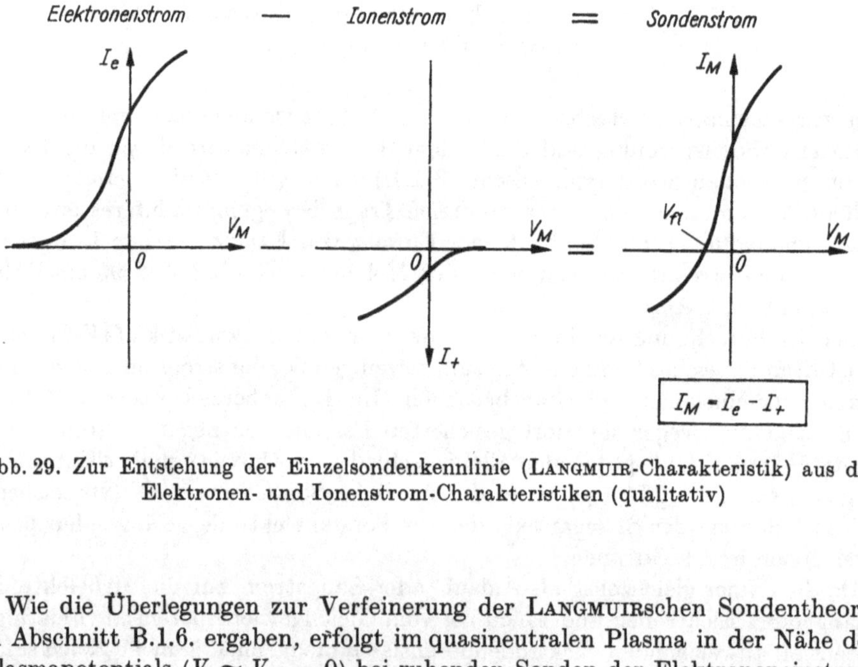

Abb. 29. Zur Entstehung der Einzelsondenkennlinie (LANGMUIR-Charakteristik) aus den Elektronen- und Ionenstrom-Charakteristiken (qualitativ)

Wie die Überlegungen zur Verfeinerung der LANGMUIRschen Sondentheorie in Abschnitt B.1.6. ergaben, erfolgt im quasineutralen Plasma in der Nähe des Plasmapotentials ($V \approx V_P = 0$) bei ruhenden Sonden der Elektroneneinstrom ungerichtet (gemäß Gl. B.1.6.1-11; Elektronendiffusionsstromdichte), der Ioneneinstrom jedoch gerichtet (gemäß Gl. B.1.6.1-12; Ionenrichtstromdichte). Damit aber ist bei ruhenden Sondenelektroden das Verhältnis von Elektronen- zu Ionenstromdichte (in der Nähe des Plasmapotentials) im wesentlichen durch das umgekehrte Massenverhältnis der fraglichen Ladungsträger gemäß

$$\frac{j_e}{j_+} \approx \sqrt{\frac{m_+}{m_e}} \qquad \text{(C.2.1.2-2)}$$

bestimmt. Selbst im Fall der leichtesten Ionen (Wasserstoff) ist dieses Verhältnis größer als 40, für die schwereren in der Atmosphäre enthaltenen Ionen sogar größer als 200. Aus diesem Grund wird der Verlauf der Strom-Spannungs-Kennlinie ruhender Einzelsonden hauptsächlich durch die Elektronenkomponente bestimmt; der Einfluß der Ionenkomponente äußert sich nur in einer geringfügigen (und damit meist vernachlässigbaren) Modifikation der Kennlinie. Daher kann bei ruhenden Sonden für nicht zu negative Sondenpotentiale der Ionenstrom gegenüber dem Elektronenstrom vernachlässigt werden und der gemessene Sondenstrom in guter Näherung mit dem Elektronenstrom identifiziert werden:

$$I_M \approx I_e = F_M j_e \qquad \text{(C.2.1.2-3)}$$

(vgl. auch Abb. 30). Natürlich sind solche Charakteristiken nur zur Diagnostik an der Elektronenkomponente des fraglichen Plasmas geeignet.

Im Unterschied hierzu erfährt bei schnell bewegten Sonden die Ionenkomponente eine gewisse Aufwertung. Wie aus den den Ramm-Effekt enthaltenden

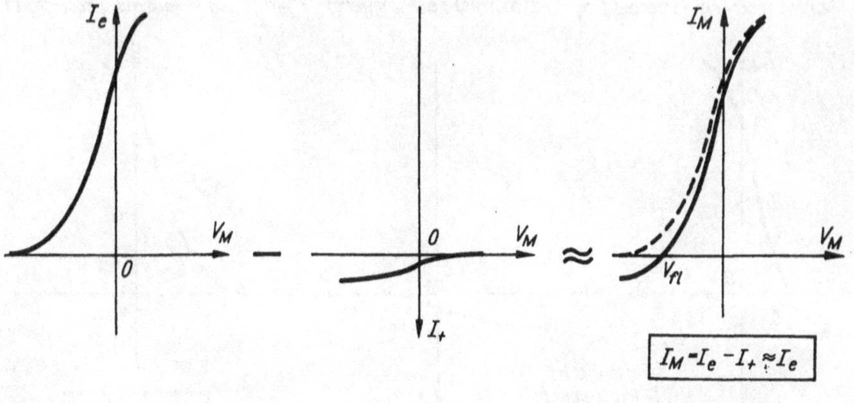

Abb. 30. Die Elektronenstromcharakteristik als gute Approximation der Einzelsondenkennlinie

Trägerströmen (Gl. B.3.2.1-3 bis 8), besonders deutlich aber aus dem Aufkehrstrom (Gl. B.3.2.1-9) entnommen werden kann, ist das fragliche Verhältnis von Elektronen- zu Ionenstromdichte für den Grenzfall sehr schnell bewegter Meßelektroden ($\xi \gg 1$; Satellitengeschwindigkeit) jetzt im wesentlichen durch das Verhältnis von mittlerer thermischer Elektronengeschwindgikeit $\overline{v_e}$ zu Vehikelgeschwindigkeit v_V gemäß

$$\frac{j_e}{j_+} \approx \frac{\overline{v_e}}{v_V} \qquad \text{(C.2.1.2-4)}$$

gegeben. Nach den in Abschnitt B.3.2.1. mitgeteilten Zahlenwerten bleibt dieses Verhältnis auch bei schnell bewegter Elektrode immer genügend viel größer als 10. Aus diesem Grund wird die Strom-Spannungs-Kennlinie von Einzelsonden auch bei extraterrestrischem Einsatz hauptsächlich durch die Elektronenkomponente bestimmt und läßt sich daher ebenfalls nur sinnvoll zur Diagnostik an der Elektronenkomponente des extraterrestrischen Plasmas nutzen. Da die Beeinflussung der Charakteristik durch die bei schnell bewegter Elektrode rammeffekt-modifizierte Ionenstromkomponente jedoch stärker ist als bei ruhender Meßelektrode, ist es für genauere Messungen an der Elektronenkomponente jetzt unerläßlich, vor der Auswertung die aufgenommenen Strom-Spannungs-Kennlinien hinsichtlich der durch die Ionenkomponente verursachten Modifikationen (mit Hilfe von Gl. C.2.1.2-1) gemäß

$$I_e = I_M + I_+ \qquad \text{(C.2.1.2-5)}$$

zu korrigieren.

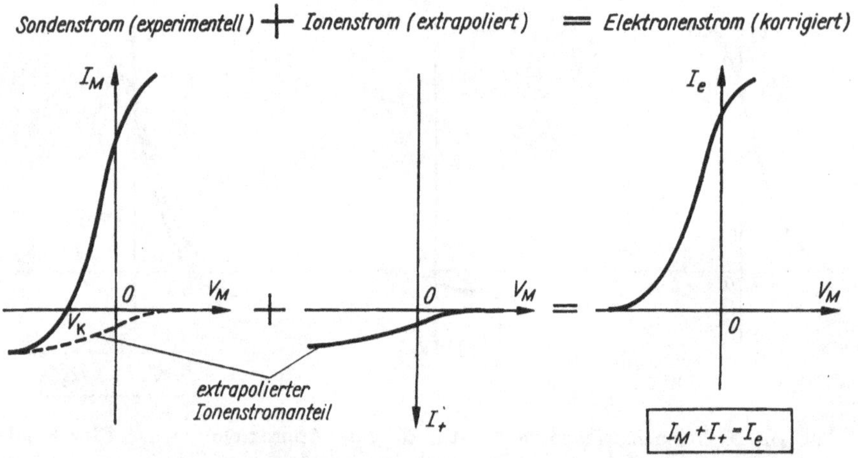

Abb. 31. Zur Ionenstromkorrektur der Einzelsondenkennlinie

Am besten hat sich hierzu in der Praxis ein bereits von Langmuir (für ruhende Sonden) angegebenes grafisches Verfahren bewährt, das direkt auf der Anwendung der Gleichung C.2.1.2-5 beruht. Bei diesem Korrekturverfahren (Ionenstromkorrektur) wird der bei sehr negativen Sondenpotentialen den gemessenen Sondenstrom allein repräsentierende Ionenstromanteil zu höheren Sondenpotentialen (Plasmapotential) hin extrapoliert und dem gemessenen Sondenstrom vorzeichenrichtig hinzugeschlagen (vgl. Abb. 31). Dieses Verfahren liefert im allgemeinen außerordentlich saubere Elektronenstromcharakteristiken, die nur in einem schmalen Potentialbereich unmittelbar oberhalb des Plasmapotentials durch den mit diesem Verfahren nicht näher erfaßbaren Ionenanlaufstrom geringfügig gestört sind. Es besitzt neben seiner Einfachheit den zusätzlichen Vorteil, daß zur Korrektur der tatsächlich experimentell realisierte Ionensaugstrom verwendet wird. Damit erübrigt es sich natürlich, bei extraterrestrischen Messungen mit den so komplizierten Beziehungen für die rammeffekt-modifizierten Ionensaugströme (Gl. B.3.2.1-4, 6 u. 8) zu operieren. Solcherart korrigierte, nur noch die Elektronenkomponente des Sondenstroms repräsentierende Strom-Spannungs-Charakteristiken sind zur präzisen Bestimmung von Elektronentemperatur und Elektronenkonzentration bestens geeignet, zumal wegen der Vernachlässigbarkeit des Ramm-Effekts hinsichtlich des Elektronenstroms für diesen die einfachen Langmuirschen Beziehungen für ruhende Meßelektroden verwendet werden können.

Oft wird bei extraterrestrischen Sondenmessungen allerdings im Gegensatz zu der in der Labordiagnostik üblichen Praxis auf diese meßmethodisch begründete Korrektur der Sondencharakteristiken verzichtet. Das ist um so unverständlicher, als gerade bei extraterrestrischen Messungen der durch den Ramm-Effekt vergrößerte Ionenstrom einen stärkeren Einfluß auf die Charakteristik ausübt als im ruhenden Laborplasma.

C.2.1.3. Zur Auswertung von ionenstromkorrigierten Einzelsondencharakteristiken (Elektronenstromcharakteristiken)

Sowohl der sondengeometrieunabhängige Elektronenanlaufstrom (Gl. B.1.4.2-6, 8 u. 10 bzw. Gl. B.1.4.2-12) als auch der im allgemeinen sondengeometrieabhängige Elektronensaugstrom (Gl. B.1.4.2-7, 9 u. 11 bzw. Gl. B.1.4.2-13, 14 u. 15) enthält die interessierenden Parameter Elektronentemperatur und Elektronenkonzentration. Da diese beiden Parameter hierin jedoch immer gleichzeitig auftreten, kann aus diesen Beziehungen keiner von beiden unabhängig, d. h. ohne Kenntnis des anderen bestimmt werden.

Andererseits wird aber die Steigung der Elektronenanlaufstromcharakteristik (Gl. B.1.4.2-12) offensichtlich allein von der Elektronentemperatur bestimmt, so daß diese direkt zur Bestimmung der Elektronentemperatur genutzt werden kann. Nach zweckmäßiger Logarithmierung liefert die Differentiation nach der Sondenspannung eine sehr praktische Bestimmungsgleichung für die Elektronentemperatur:

$$T_e = \frac{(e/k)}{\mathrm{d}\left(\ln \frac{I_e}{I_{e0}}\right) \Big/ \mathrm{d}V} \approx 1{,}16 \cdot 10^4 \cdot \frac{1}{\mathrm{d}\left(\ln \frac{I_e}{I_{e0}}\right) \Big/ \mathrm{d}V\,[\mathrm{V}]} \,\mathrm{K}\,. \qquad \text{(C.2.1.3-1)[1]}$$

[1]) In dieser und in allen folgenden Zahlenwertgleichungen ist der Strom in Ampere, die Spannung (Potentialdifferenz) in Volt, die Temperatur in Kelvin und die Fläche in Quadratzentimetern zu messen.

Aus dieser entnimmt man, daß die Elektronentemperatur der Steigung des logarithmisch aufgetragenen Verhältnisses von I_e/I_{e0} umgekehrt proportional ist. Im Fall der vorausgesetzten und im extraterrestrischen Plasma fast immer realisierten MAXWELL-Verteilung ergibt die Auftragung von ln (I_e/I_{e0}) natürlich eine Gerade. Eventuelle Störungen der MAXWELL-Verteilung äußern sich deutlich in Abweichungen von dieser Geraden.
Die recht aufwendige Logarithmierung der Elektronenanlaufstromcharakteristik kann bei gesichertem Vorliegen einer MAXWELL-Verteilung umgangen werden. In diesem Fall reicht es aus, die zu zwei sich um den Faktor e(= 2,78...) unterscheidenden Elektronenanlaufstromwerten ($I_{e2} = \mathrm{e}\, I_{e1}$) gehörenden Sondenspannungsdifferenzen $\Delta V(I_{e1} \cdots I_{e2})$ zu messen. Wie unmittelbar aus der Beziehung für den Elektronenanlaufstrom folgt, gilt dann natürlich denkbar einfach

$$T_e = (e/k)\, \Delta V(I_{e1} \cdots I_{e2}) \approx 1{,}16 \cdot 10^4\, \Delta V(I_{e1} \cdots I_{e2})\, [\mathrm{V}]\ \mathrm{K}\,. \qquad \text{(C.2.1.3-2)}$$

Nachdem so die Elektronentemperatur bestimmt ist, bereitet die Berechnung der Elektronenkonzentration aus der Elektronensaugstromcharakteristik keine grundsätzlichen Schwierigkeiten mehr. Außer bei ideal ebener Geometrie sind die Saugströme allerdings in komplizierter Weise von den Dicken der die Sondenelektrode umgebenden Raumladungsschichten abhängig. Da die Dicken dieser Raumladungsschichten bei extraterrestrischem Einsatz nie genau ermittelt werden können, empfiehlt es sich, sich in der Praxis auf geeignete Grenzfälle zu beschränken, in denen die fraglichen Beziehungen die Raumladungsschichtdicken nicht mehr enthalten:
So reduzieren sich die Saugstromdichten für sehr dünne, den Sondenelektroden eng anliegende Raumladungsschichten auch bei zylindrischer und sphärischer Geometrie auf den bei ebener Geometrie realisierten Wert der Diffusionsstromdichte (Gl. B.1.4.2-13). In diesem Grenzfall folgt für die interessierende Elektronenkonzentration unmittelbar

$$N_e = \frac{4 I_{e0}}{e F_M} \sqrt{\frac{\pi m_e}{8 k T_e}} \approx 4{,}03 \cdot 10^{13} \frac{I_{e0}\,[\mathrm{A}]}{F_M\,[\mathrm{cm}^2]} \frac{1}{\sqrt{T_e\,[\mathrm{K}]}}\ \mathrm{cm}^{-3}\,. \qquad \text{(C.2.1.3-3)}$$

Im anderen Grenzfall, dem sehr dicker bzw. ausgedehnter Raumladungsschichten folgt aus den betreffenden Gleichungen (Gl. B.1.4.2-14 u. 15) ganz entsprechend für zylindrische Meßelektroden

$$N_e = \frac{\pi I_e}{e F_M} \sqrt{\frac{m_e}{2 k T_e}} \cdot \frac{1}{\sqrt{1 + (eV/kT_e)}}$$

$$\approx 3{,}57 \cdot 10^{13} \frac{I_e\,[\mathrm{A}]}{F_M\,[\mathrm{cm}^2]} \cdot \frac{1}{\sqrt{T_e\,[\mathrm{K}] + 1{,}16 \cdot 10^4\, V\,[\mathrm{V}]}}\ \mathrm{cm}^{-3} \qquad \text{(C.2.1.3-4)}$$

bzw. für sphärische Meßelektroden

$$N_e = \frac{4I_e}{eF_M} \sqrt{\frac{\pi m_e}{8kT_e}} \cdot \frac{1}{1 + (eV/kT_e)}$$

$$\approx 4{,}03 \cdot 10^{13} \frac{I_e\,[\mathrm{A}]}{F_M\,[\mathrm{cm}^2]} \cdot \frac{\sqrt{T_e\,[\mathrm{K}]}}{T_e\,[\mathrm{K}] + 1{,}16 \cdot 10^4 V\,[\mathrm{V}]}\ \mathrm{cm}^{-3}. \qquad \text{(C.2.1.3-5)}$$

Da in den beiden letzten Beziehungen zur Bestimmung der Elektronenkonzentration neben dem gemessenen Saugstrom die diesem entsprechende (auf Plasmapotential als Nullpunkt bezogene) Sondenspannung steht, muß zur einfachen unkomplizierten Anwendung dieser Beziehungen das Plasmapotential als Bezugspunkt bekannt sein (siehe weiter unten).

Bei genügend hohen positiven Sondenspannungen wird bei Zylindersonden die Saugstromdichte von der Elektronentemperatur unabhängig. In diesem Fall und nur in diesem kann die Elektronenkonzentration auch ohne Kenntnis der Elektronentemperatur nach folgender Näherungsbeziehung bestimmt werden (vgl. Gl. B.1.4.2-14; $\eta \gg 1$, d. h. $V \gg kT_e/e$):

$$N_e = \frac{\pi I_e}{eF_M} \sqrt{\frac{m_e}{2eV}} \approx 3{,}3 \cdot 10^{11} \frac{I_e\,[\mathrm{A}]}{F_M\,[\mathrm{cm}^2]} \cdot \frac{1}{\sqrt{V\,[\mathrm{V}]}}\ \mathrm{cm}^{-3}. \qquad \text{(C.2.1.3-6)}$$

Aus diesem Grund werden im extraterrestrischen Raum bevorzugt Zylindersonden eingesetzt, obwohl sie auch gewisse andere Nachteile haben. Die Verwendung dieser Beziehung setzt natürlich ebenfalls die Kenntnis des Plasmapotentials voraus.

In allen anderen Fällen, bei denen die Raumladungsschichten weder sehr dünn noch sehr dick sind, muß für die Elektronenkonzentrationsbestimmung mittels zylindrischer oder sphärischer Meßelektroden schließlich auf den genauen Elektronenstrom bei Plasmapotential ($V = V_P = 0$) zurückgegriffen werden. Nur hier bei Plasmapotential fällt die Saugstromdichte mit der geometrieunabhängigen Anlaufstromdichte zusammen und wird daher ebenfalls geometrie- und raumladungschichtdickenunabhängig. Die Fixierung dieses speziellen Stromwertes setzt natürlich wiederum die genaue Kenntnis des Plasmapotentials voraus. Die interessierende Elektronendichte selbst errechnet sich hierbei natürlich wieder nach Gleichung C.2.1.3-3.

Im Fall ebener Meßelektroden (oder beliebiger Elektroden bei verschwindend geringer Raumladungsschichtdicke) bereitet die Bestimmung des Plasmapotentials keine besonderen Schwierigkeiten, da in diesem Fall die Elektronensaugströme Sättigungscharakter aufweisen und dementsprechend die Sondenkennlinie bei Plasmapotential mit mehr oder minder scharfem, aber deutlich ausgeprägtem Knick in die Horizontale übergeht. Diesem Knick läßt sich immer, eventuell über eine Extrapolation der gut ausgeprägten Teile der Anlauf- und

Sättigungsstromcharakteristik, ein Potential zuordnen, das dem interessierenden Plasmapotential hinreichend nahekommt. Komplizierter sind die Verhältnisse bei zylindrischer und sphärischer Elektrodengeometrie. Hier ist ein solcher Knick zwischen Anlauf- und Saugstromcharakteristik zwar grundsätzlich auch vorhanden, jedoch entsprechend der analytischen Struktur der betreffenden Charakteristiken nur sehr schwach ausgeprägt, so daß in der Praxis eine einfache Bestimmung des Plasmapotentials auf Schwierigkeiten stößt. Eingedenk dessen, daß die Saugstromdichte bei höheren Sondenspannungen im zylindrischen Fall wie $\sqrt{1 + \eta}$ und im sphärischen Fall wie $1 + \eta$ von der Sondenspannung abhängt, ist es nach LANGMUIR jedoch in beiden Fällen möglich, durch Extrapolation des quadratisch bzw. linear über dem Sondenpotential aufgetragenen Saugstroms gegen Null Punkte auf der Potentialachse zu fixieren, die gerade um

$$V_x = -\frac{kT_e}{e} = -8{,}6 \cdot 10^{-5} T_e\,[\mathrm{K}]\,\mathrm{V} \qquad \text{(C.2.1.3-7)}$$

unter dem gesuchten Plasmapotential liegen. Damit ist auch in diesen Fällen das Plasmapotential ausreichend sicher und genau bestimmbar.

Indessen ist bei zylindrischer und sphärischer Elektrodengeometrie im Fall sehr ausgedehnter Raumladungsschichten eine Ermittlung der Elektronendichte auch unter Vermeidung des Umwegs über die (vielfach nicht weiter interessierende) Plasmapotentialbestimmung möglich. Dazu ist erforderlich, den Elektronensaugstrom bei zwei (oder mehreren) verschiedenen Elektrodenpotentialen zu messen und durch Differenzbildung das als Bezugspotential dienende Plasmapotential gewissermaßen zu eliminieren:
Die die Saugstromdichte beschreibenden Beziehungen (Gl. B.1.4.2-14 u. 15) ergeben dann für die Elektronenkonzentration bei zylindrischer Geometrie

$$N_e = \frac{\sqrt{2\pi m_e}}{eF_M} \sqrt{\frac{I_{e2}^2 - I_{e1}^2}{e(V_2 - V_1)}}$$

$$\approx 3{,}78 \cdot 10^{11} \cdot \frac{1}{F_M\,[\mathrm{cm}^2]} \sqrt{\frac{I_{e2}^2\,[\mathrm{A}] - I_{e1}^2\,[\mathrm{A}]}{V_2\,[\mathrm{V}] - V_1\,[\mathrm{V}]}}\ \mathrm{cm}^{-3} \qquad \text{(C.2.1.3-8)}$$

und bei sphärischer Geometrie

$$N_e = \frac{\sqrt{2\pi m_e k T_e}}{e^2 F_M} \cdot \frac{I_{e2} - I_{e1}}{V_2 - V_1}$$

$$\approx 3{,}47 \cdot 10^{9} \frac{\sqrt{T_e\,[\mathrm{K}]}}{F_M\,[\mathrm{cm}^2]} \cdot \frac{I_{e2}\,[\mathrm{A}] - I_{e1}\,[\mathrm{A}]}{V_2\,[\mathrm{V}] - V_1\,[\mathrm{V}]}\ \mathrm{cm}^{-3}\,. \qquad \text{(C.2.1.3-9)}$$

Hierin bedeuten I_{e1} bzw. I_{e2} die bei den relativ willkürlich wählbaren, aber auf gleiches Referenzpotential bezogenen Sondenspannungen V_1 bzw. V_2 realisierten Saugströme.

Wie ersichtlich, wird bei zylindrischer Elektrodengeometrie auch bei diesem Differenzverfahren, ähnlich wie bei Einfachmessungen, die Elektronentemperatur zur Bestimmung der Elektronenkonzentration gar nicht mehr benötigt. Im Unterschied zu Einfachmessungen gilt dies hier (infolge der Differenzbildung) sogar für beliebig kleine Saugspannungen.
Dieses in der Praxis oft angewandte Differenzverfahren stellt wegen der in die Auswertung eingehenden Strom- und Spannungsdifferenzen naturgemäß viel höhere Anforderungen an die Meßgenauigkeit der Sondenelektronik als Einfachmessungen.

C.2.1.4. Bemerkungen zur sachgemäßen Anwendung von Einzelsonden

Ebene Einzelsonden, die aus praktischen Gründen fast immer unmittelbar auf der Raumflugkörperoberfläche angebracht werden (vgl. Abb. 27), ergeben sehr einfach auswertbare Sondencharakteristiken, arbeiten unabhängig von der Dicke der sich vor ihnen ausbildenden Raumladungsschicht und gestatten eine recht genaue und vertrauenswürdige Bestimmung des Plasmapotentials. Wegen des vom großflächigen Raumflugkörper erzeugten Drainage-Effekts (Abschn. B.3.1.) betragen die von ebenen Einzelsonden unmittelbar an der Flugkörperoberfläche gemessenen Trägerkonzentrationen allerdings nur 50% der des fernen ungestörten Plasmas und müssen dementsprechend korrigiert werden.

Trotz dieser Vorteile ebener Sonden ziehen viele Experimentatoren, von den LANGMUIRschen Vorstellungen über die räumlich eng begrenzte Plasmarandschicht dazu bewogen, an langen Stangen installierte und damit ins vermeintlich ungestörte Plasma hineinreichende zylindrische und sphärische Sonden vor. Die Überlegungen dieser Experimentatoren sind nach unseren weiter oben angestellten Erörterungen über das Einzugsgebiet des Raumflugkörpers, das sich bis weit in das Plasma erstreckt und daselbst wesentliche Änderungen von Trägerkonzentration und Raumpotential (Plasmapotential) bedingt, nicht unbedingt überzeugend. Nach den weiter oben entwickelten Vorstellungen messen auch solche in gewisser Entfernung von der Raumflugkörperoberfläche installierte zylindrische und sphärische Sonden durch den Drainage-Effekt des Flugkörpers verminderte Elektronendichten, und ihre Meßergebnisse müssen daher ebenfalls entsprechend korrigiert werden. Lange und dünne zylindrische Sonden haben auf jeden Fall den Vorteil, daß bei ausreichend dicken Raumladungsschichten und hinreichend großen Sondenspannungen der Sondenstrom von der Elektronentemperatur unabhängig wird, so daß die Elektronenkonzentration auch ohne Kenntnis der Elektronentemperatur bestimmt werden kann. Sie haben aber auch den großen Nachteil, daß sich Elektronenkozentration und Raumpotential in Abhängigkeit von Ort und Orientierung der Sonde längs der Meßelektrode ändern und diese damit nur Mittelwerte erfaßt. Des weiteren sind zylindrische Sonden sehr richtungsempfindlich, ihre Meßergebnisse also etwas von der Orientierung der Sonde in bezug auf Richtung der Bewegung und Richtung des Erdmagnetfeldes abhängig. Bei sphärischen Sonden machen sich diese Effekte naturgemäß weniger störend bemerkbar. Die an zylindrischen Sondenelektroden auftretenden Orientierungseffekte lassen sich leicht erkennen und damit grundsätzlich eliminieren, wenn gleichzeitig mit mehreren Meßelektroden, die an verschiedenen sachgemäß ausgewählten Stellen des Raumflugkörpers angebracht und geeignet (meist senkrecht) zueinander orientiert sind, gearbeitet wird.

Ebene und zylindrische Elektroden sollten zwecks sauberer Messung immer mit einer Schutzelektrodenkonstruktion (Schutzring, Schutzstrecken usw.) versehen werden. Diese besteht bei der ebenen Sonde aus einem die eigentliche Meßelektrode umgebenden und die Sondenfläche vergrößernden Ring und bei der zylindrischen Sonde aus entsprechenden beidseitigen Verlängerungen der Meßelektrode (vgl. Abb. 32).

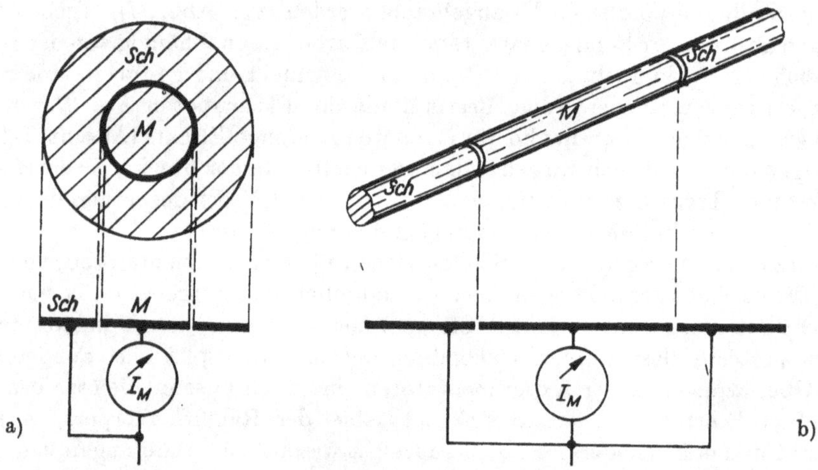

Abb. 32. Schutzelektroden und ihre Schaltung: a) bei ebener Elektrodengeometrie; b) bei zylindrischer Elektrodengeometrie (*M* Meßelektrode, *Sch* Schutzelektrode)

Indem diese Schutzelektroden mit derselben Spannung wie die Meßelektrode beaufschlagt werden, wird verhindert, daß sich an den Rändern der Meßelektrode die Plasmarandschicht unkontrollierbar ändert und damit den Sondenstrom verfälscht. Die wirksame Ausdehnung der Schutzelektroden muß selbstverständlich immer größer als die Dicke der sich vor der Meßelektrode ausbildenden Raumladungsschichten gewählt werden.
Eine genaue Beschreibung der Wirkungsweise von Schutzelektroden anhand der Theorie einer mit einem Schutzring versehenen Meßelektrode findet sich z. B. bei PARKER (PARKER, 1968).

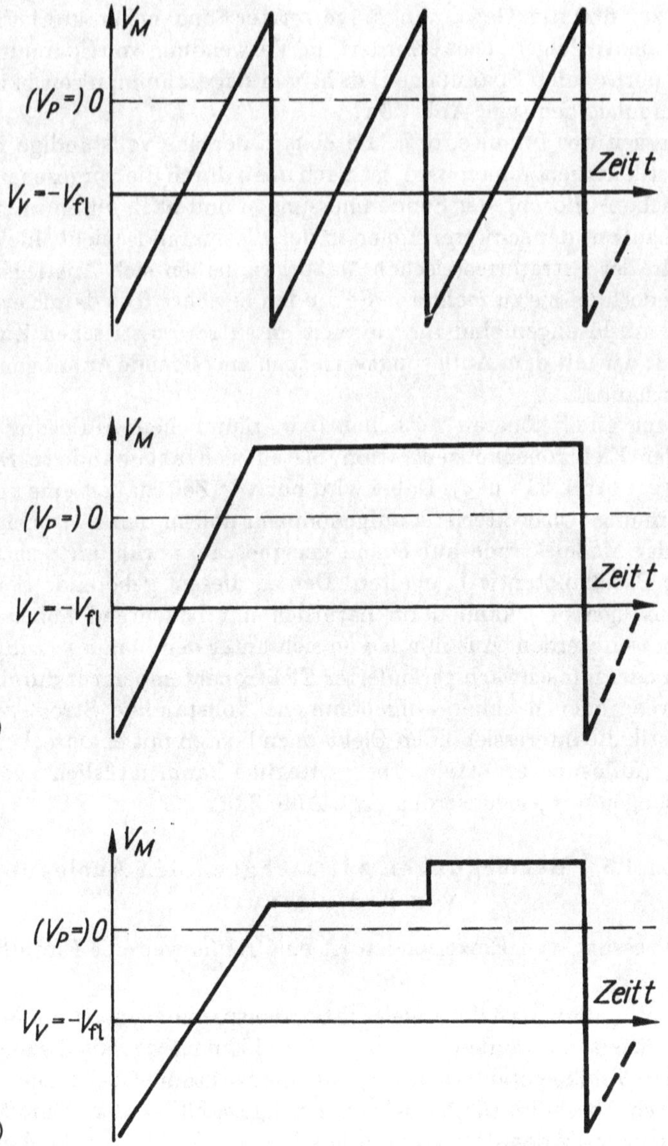

Abb. 33. Gebräuchliche Spannungsregime bei Einzelsondenmessungen: a) gewöhnliches Impulsprogramm; b) Programm für hochaufgelöste Messungen; c) Programm für hochaufgelöste Messungen nach der Differenzmethode

Die zur Aufnahme der Strom-Spannungs-Charakteristik notwendige Variation des Elektrodenpotentials kann grundsätzlich beliebig vorgenommen werden, sollte aber zur direkten Gewinnung unverzerrter Sondencharakteristiken immer zeitproportional erfolgen. Dies erfordert die Verwendung von Spannungsregimen mit zeitproportionalen Spannungen, d. h. von Sägezahnimpulsen bzw. entsprechenden Impulsfolgen (vgl. Abb. 33a).

Die Anstiegszeit der Impulse, d. h. die Zeit, in der eine vollständige LANGMUIR-Charakteristik aufgenommen wird, ist nach oben durch die vorgesehene zeitliche und räumliche Auflösung der Sondenmessungen und nach unten in erster Linie durch die Laufzeit der schweren Ionen in der Plasmarandschicht (kleiner 10^{-5} s) begrenzt. In der extraterrestrischen Meßpraxis haben sich Anstiegszeiten von einigen hundertstel bis zu mehreren Sekunden bewährt. Die damit erreichbaren räumlichen Auflösungen sind für die meisten extraterrestrischen Zwecke noch ausreichend; der mit dem Auflösungsvermögen ansteigende Anfall von Meßdaten noch überschaubar.

Zur Erzielung einer höheren zeitlichen bzw. räumlichen Auflösung z. B. hinsichtlich der Elektronenkonzentration bieten sich abgewandelte Spannungsregime an (vgl. Abb. 33b u. c). Dabei wird nur von Zeit zu Zeit eine vollständige Strom-Spannungs-Charakteristik aufgenommen und in den Zwischenzeiten das Potential der Meßelektrode auf einem geeignet ausgewählten positiven Wert (gegenüber Plasmapotential) gehalten. Der zu diesem gehörende Sondenstrom (Elektronensaugstrom) kann dann natürlich mit bedeutend höherer Zeitauflösung gemessen werden. Aus ihm lassen sich unter der Voraussetzung konstant gebliebener oder nur schwach veränderter Elektronentemperatur durch Anschluß an die vorher oder nachher aufgenommene vollständige Strom-Spannungs-Charakteristik die interessierenden Elektronendichten mit entsprechend höherer räumlicher Auflösung ermitteln. Dieses Regime kann natürlich auch für Differenzmessungen ausgelegt werden (vgl. Abb. 33c).

C.2.1.5. Bemerkungen zur sachgemäßen Auslegung von Einzelsonden

Bei der Bemessung von Einzelsonden ist eine Reihe weiterer Einflußgrößen zu beachten:

a) Um zu verhindern, daß die angelegte Sondenspannung, statt an der Meßelektrode wirksam zu werden, zu einer Verschiebung des als Bezugspotential dienenden Vehikelpotentials führt, darf die wirksame Oberfläche der Einzelsonde nach Abschnitt B.3.5. nicht zu groß gewählt werden. Damit einerseits die Verschiebung des Bezugspotentials kleiner als 1% der Sondenspannung bleibt und andererseits mehr als 99% der Sondenspannung tatsächlich an der Meßelektrode wirksam werden, reicht es nach Gleichung B.3.5-8 aus, die Fläche der Einzelsonde gemäß

$$F_M \leqq \frac{F_V}{100} \qquad \text{(C.2.1.5-1)}$$

zu wählen. Hierbei ist zu beachten, daß sich bei der Verwendung von Schutzelektroden die Fläche der Einzelsonde aus der der eigentlichen Meßelektrode und der der Schutzelektroden zusammensetzt. Ganz analog sind bei Verwendung mehrerer gleichzeitig arbeitender Plasmasonden alle wirksamen Flächen zu berücksichtigen.

b) Um (bei gegebener Elektronenkonzentration und Elektronentemperatur) möglichst große und damit gut meßbare Sondenströme zu erhalten, sollte die so fixierte maximale Oberfläche der Sondenelektrode auch nicht wesentlich unterschritten werden. Aus der auf diese Weise vorbestimmten Sondenfläche können dann nach Maßgabe der gewählten Geometrie und der erwarteten Raumladungschichtdicken die Einzelabmessungen der Sondenkonstruktion zweckmäßig festgelegt werden. Bei zylindrischer Geometrie sind lange, schlanke Konstruktionen vorteilhaft, da bei solchen einerseits die bei Verzicht auf Schutzelektroden an den Zylinderenden auftretenden Randeffekte weniger ins Gewicht fallen und andererseits die durch die Plasmaparameter festgelegten Raumladungsschichtdicken im Vergleich zum Elektrodenradius dann gewöhnlich groß sind und damit eine relativ einfache Auswertung der Sondencharakteristiken ermöglichen ($r_S/r_M \to \infty$).

c) Einer besonderen Diskussion bedarf der Variationsbereich der Sondenspannung. Aus dem Verlauf der Elektronenstromcharakteristik ergibt sich, daß der hauptsächliche Anstieg des Sondenstroms in einem Potentialbereich von der Größenordnung von etwa $5\,kT_e/e$ erfolgt. Zur vollständigen Erfassung der Charakteristik (Anlauf- und Saugstrom) ist es jedoch zweckmäßig, die Sondenspannung über etwa das Fünffache dieses Bereiches, d. h. gemäß

$$\Delta V \approx 25 \frac{kT_e}{e} \approx 2{,}2 \cdot 10^{-3} T_e\,[\mathrm{K}] \quad \mathrm{V} \qquad \text{(C.2.1.5-2)}$$

zu variieren.

Bei einer erwarteten Elektronentemperatur von 1000 bis 3000 K führt das zu einer Spannungsvariation von ca. 2 bis 6 Volt, die in allen praktischen Fällen für eine umfassende und noch ausreichende genaue Aufnahme der Strom-Spannungs-Charakteristik genügt. Da die Kontaktpotentialdifferenz zwischen Plasma und Raumflugkörper, dessen Potential als experimenteller Potentialbezugspunkt dient, von vornherein nicht bekannt ist und außerdem schwer kontrollierbaren Einflüssen unterliegt (vgl. Abschn. B.3.6.), ist die Festlegung der Sondenspannungsvariation in bezug auf das experimentell als Potentialbezugspunkt dienende Vehikelpotential sehr problematisch und nicht ohne Willkür möglich. Die meisten Einsatzerfahrungen haben gezeigt, daß es zweckmäßig ist, mit der Variation der Sondenspannung 1 bis 2 Volt unter dem Vehikelpotential zu beginnen. Mit der angegebenen Sondenspannungsvariation lassen sich dann in den allermeisten Fällen auch gegenüber Plasmapotential genügend positive Sondenpotentiale realisieren und damit ein ausreichendes Stück der Saugstromcharakteristik erfassen.

d) Weiterhin ist für praktische Anwendungen noch die höchstzulässige Größe des Innenwiderstandes des Sondenmeßkreises interessant. Damit die Strom-Spannungs-Charakteristik durch das Plasma und nicht nur den Meßkreis bestimmt wird, muß der Äquivalentwiderstand der den Sondenstrom bestimmenden Plasmarandschicht alle übrigen Widerstände im Meßkreis weit übertreffen. Dieser Äquivalentwiderstand der Plasmarandschicht läßt sich aus der Strom-Spannungs-Charakteristik bestimmen und ist damit von der angelegten Sondenspannung abhängig. Er wird dort am kleinsten, wo der Stromzuwachs bei Änderung der Sondenspannung am größten ist. Das ist bei Einzelsonden beliebiger Geometrie beim Übergang der exponentiellen Anlaufkennlinie in die Saugstromkennlinie, also bei Plasmapotential ($V = V_P = 0$), der Fall:

$$R_{\ddot{A}\min} = \left(\frac{\mathrm{d}V}{\mathrm{d}I}\right)_{V=0} = \frac{kT_e}{eI_{e0}} = \frac{\sqrt{2\pi m_e kT_e}}{N_e e^2 F_M}. \tag{C.2.1.5-3}$$

Nach oben formulierter Forderung muß der Innenwiderstand des Sondenmeßkreises R_K wesentlich kleiner als dieser minimale Äquivalentwiderstand $R_{\ddot{A}}$ der Plasmarandschicht sein, d. h., es muß gelten

$$R_K \ll R_{\ddot{A}\min} = \frac{\sqrt{2\pi m_e kT_e}}{N_e e^2 F_M}. \tag{C.1.2.5-4}$$

Der fragliche Sondenmeßkreiswiderstand wird bei sachgemäß ausgeführtem Meßkreis hauptsächlich durch die Reihenschaltung von Meßwiderstand (Eingangswiderstand des Sondenstromverstärkers) und Innenwiderstand des Sondenspannungsgenerators bestimmt. Während eine Minimalisierung des Generatorinnenwiderstandes immer anzustreben ist, sollte der Meßwiderstand jedoch aus Gründen der Meßempfindlichkeit nicht wesentlich kleiner gewählt werden, als obige Forderung verlangt.

C.2.1.6. Bemerkungen zur Auslegung des elektrischen Sondenmeßkreises

Die in Abb. 28 angegebene elektrische Grundschaltung resultiert unmittelbar aus dem Meßprinzip und liegt allen Einzelsondenmessungen im Labor und im extraterrestrischen Raum zugrunde. Während sie für Laborbedürfnisse meist ohne größere Schwierigkeiten realisiert werden kann, gestaltet sich ihre Verwirklichung für extraterrestrisch einsetzbare Einzelsonden gewöhnlich etwas komplizierter. Dies resultiert einmal aus den bei extraterrestrischen Messungen zu erwartenden vergleichsweise geringen Sondenströmen und zum anderen aus der bei extraterrestrischem Einsatz unabdingbaren Forderung nach vollautomatischem Ablauf der Messungen sowie telemetriegerechter Meßdatenbereitstellung. Neben bedeutend empfindlicheren und damit störanfälligeren Sondenstromverstärkern müssen daher für extraterrestrische Anwendungen weitere

Einheiten, wie z. B. gemeinsame Energieversorgung, automatische Programmsteuerung und autonome Eichvorrichtung, sinnvoll und rückwirkungsfrei dem Meßkreis ein- bzw. angefügt werden.

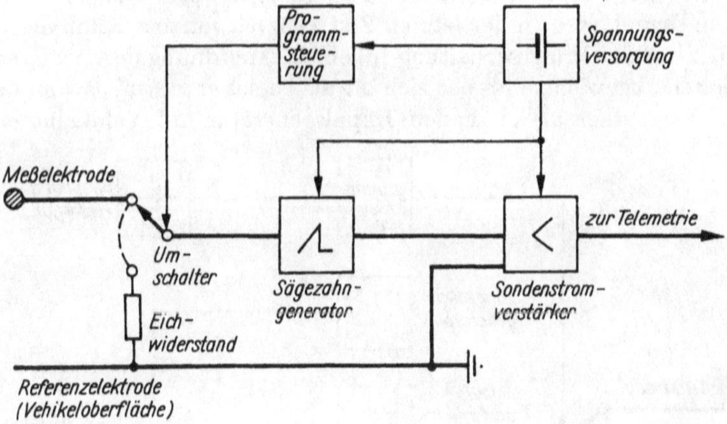

Abb. 34. Blockschaltbild für Einzelsondenmessungen (nach SMITH)

Ein noch vergleichsweise einfaches Blockschaltbild, das von SMITH (SMITH, 1964, 1967 u. 1969) mehrfach angegeben und benutzt wurde, findet sich in Abb. 34. Neben diesem sind natürlich auch viele andere Variationen möglich und in der Literatur gelegentlich ausführlicher beschrieben worden. Eine detaillierte Erklärung bzw. Diskussion der damit verbundenen elektrotechnischen und elektronischen Probleme liegt außerhalb des Rahmens dieser Arbeit. Trotzdem seien einige wenige Bemerkungen zu einem bei der Konzipierung von Sondenmeßkreisen immer wieder auftretenden Problem gestattet:

Wohl die meisten Diskussionen löst die Frage nach der sachgemäßen Zusammenschaltung der einzelnen Funktionseinheiten aus. Die bei extraterrestrischen Messungen mit LANGMUIRschen Einzelsonden erforderliche höhere Empfindlichkeit der Strommessung legt nahe, den Meßverstärker in enger Anlehnung an die Prinzipschaltung zwischen Sondenelektrode und Impulsgenerator einzufügen und letzteren auf Vehikelpotential (Referenzpotential) zu betreiben. Eine solche Anordnung wirft jedoch andere Probleme auf. So ergeben sich u. a. vielfach Schwierigkeiten bei der telemetriegerechten Meßdatenausgabe aus dem auf Sondenpotential arbeitenden empfindlichen Meßverstärker. Ganz besonders aber stört, daß die bei dieser Anordnung im Rhythmus der Sägezahnspannung durch den Verstärker fließenden großen kapazitiven Verschiebungsströme, die wegen der Zeitlinearität der Sägezahnspannung Gleichstromcharakter haben, die geringen Sondenmeßströme oft empfindlich verfälschen bzw. ganz überdecken. Die in der Praxis angewandten Gegenmaßnahmen, wie z. B. Kompensation dieses störenden Verschiebungsstromes durch Differenzmessung gegenüber einer zweiten gleichartigen, jedoch nicht in das Plasma tauchenden Sondenelektrode

(dummy probe) oder Kompensation des Verschiebungsstromes durch einen gegenphasigen, mit Hilfe eines geeignet bemessenen Zusatzkondensators erzeugten Ausgleichstrom, schaffen hier meist Abhilfe. Da sie die Schaltung komplizieren, ziehen sie jedoch mitunter andere Störungen nach sich.
Aus diesem Grund wird in der letzten Zeit vielfach von dieser konventionellen, unmittelbar auf der Prinzipschaltung fußenden Anordnung der primären Funktionseinheiten abgewichen. So hat sich oft als besser erwiesen, sowohl den empfindlichen Verstärker als auch den Impulsgenerator auf Vehikelpotential zu

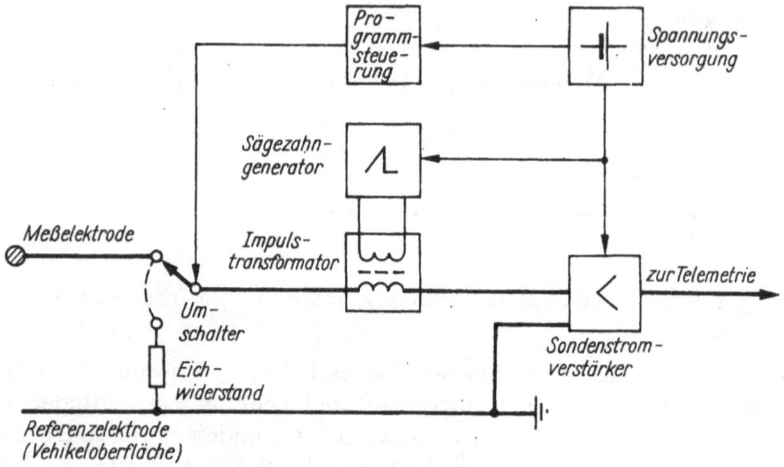

Abb. 35. Blockschaltbild für Einzelsondenmessungen mittels Impulstransformator

betreiben und die (sägezahnförmige) Sondenspannung über einen Impulstransformator zwischen Sondenelektrode und Meßverstärker einzuspeisen (vgl. Abb. 35). Auf diese Weise können die störenden kapazitiven Verschiebungsströme tolerierbar klein gehalten und die telemetriegerechte Meßwertausgabe unproblematisch gemacht werden. Die verwendeten Impulstransformatoren müssen dabei natürlich eine hohe Übertragungsgüte besitzen und leistungsgerecht ausgelegt sein. Selbstverständlich sind auch andere Lösungen des angesprochenen Problems denkbar (z. B. Sondenstromverstärkung auf Wechselstrombasis mittels Schwingkondensator- oder Zerhackerverstärkers) und auch realisiert worden.

C.2.1.7. Sonderanwendungen von Einzelsonden

C.2.1.7.1. Die Wing-slope-Technik

Bei den bisher besprochenen Methoden zur Trägerkonzentrationsbestimmung mußte außer im Fall von ebenen Sonden, bei denen der Saugstrom von der Sondenspannung unabhängig und konstant ist, und außer bei Differenzmessungen (vgl. Abschn. C.2.1.3.) eine genaue Zuordnung der gemessenen Saugströme zu den entsprechenden Saugspannungen vorgenommen werden. Das erforderte immer eine zusätzliche Bestimmung des Plasmapotentials aus dem Knick der Sondenkennlinie.

Nach BETTINGER (BETTINGER, 1965; BETTINGER u. WALKER, 1965) kann bei sphärischen Sonden diese umständliche Plasmapotentialbestimmung, die sich plasmadiagnostisch selbst nicht weiter nutzen läßt, umgangen werden. Dazu wird zur Diagnostik nicht die Saugstromkennlinie selbst, sondern deren Ableitung nach der Sondenspannung verwendet. So ergibt die Differentiation der Saugstromkennlinie für sphärische Elektroden im hier allein interessierenden orbital-motion-limited case (Gl. B.1.4.2-15; $r_S/r_M \to \infty$) nach der Sondenspannung unmittelbar

$$\frac{\mathrm{d}I_e}{\mathrm{d}V} = \frac{eI_{e0}}{kT_e} = \frac{N_e e^2 F_M}{\sqrt{2\pi m_e k T_e}}. \tag{C.2.1.7.1-1}$$

Aus dieser sondenspannungsunabhängigen Steigung der Saugstromcharakteristik kann bei Kenntnis der Elektronentemperatur (aus der Anlaufstromkennlinie) die Elektronenkonzentration direkt und ohne den zusätzlichen Umweg über die Plasmapotentialbestimmung gemäß

$$N_e = \frac{\sqrt{2\pi m_e k T_e}}{e^2 F_M}\left(\frac{\mathrm{d}I_e}{\mathrm{d}V}\right) \tag{C.2.1.7.1-2}$$

berechnet werden. Trotz dieses Vorteils ist dieses Verfahren in der Praxis bislang nur wenig angewendet worden (s. auch BETTINGER, 1967).

Die von BETTINGER angedeutete Möglichkeit, diese Wing-Slope-Technik auch auf den Ionensaugstrom anzuwenden und zur Bestimmung der Ionenmasse zu nutzen, ist bei extraterrestrischer Anwendung nur in Ausnahmefällen möglich, da die Modifikation des Ionensaugstroms durch den Ramm-Effekt (Abschn. B.3.2.1.) stört. Nur im Spezialfall sehr schnell bewegter, das heißt satellitengetragener Sonden ergibt sich für die Ionensaugstromdichte auf der Vorderseite einer sphärischen Meßelektrode

$$I_+ = \pi r_M^2 e N_+ v_V \left[1 - \frac{eV}{(m_+/2)\, v_V^2}\right] \tag{C.2.1.7.1-3}$$

(vgl. Gl. C.2.3.2.2-4) und daraus durch Differentiation nach der Sondenspannung für die Steigung

$$\frac{\mathrm{d}I_+}{\mathrm{d}V} = -\frac{2e^2 N_+ \pi r_M^2}{m_+ v_V^2}. \tag{C.2.1.7.1-4}$$

Wie man sieht, ist in diesem Fall die Steigung der Ionenstromcharakteristik von der Sondenspannung völlig unabhängig und kann daher entweder zur Bestimmung der Ionenkonzentration oder aber auch der Ionenmasse benutzt werden. Um ein gleichzeitiges Anlaufen von Elektronen und damit eine Überdeckung der Ionenstromcharakteristik zu vermeiden, muß hierbei allerdings bei sehr negativen Sondenspannungen gearbeitet werden, oder noch besser, durch ein zusätzliches stark negativ vorgespanntes Gitter vor der Meßelektrode den störenden Elektronen der Zugang zur Meßelektrode vollständig verwehrt werden. Dies geschieht bei den weiter unten zu besprechenden Ionenfallen (Abschn. C.2.3.), mit denen tatsächlich die Bestimmung der Ionenmasse auf diese und andere Weise möglich ist.

C.2.1.7.2. Die DRUYVESTEYN-Technik

Nach DRUYVESTEYN (DRUYVESTEYN, 1930) lassen sich die Energieverteilungsfunktionen $f(V)$ der verschiedenen Trägerarten im Plasma aus deren Anlaufstromdichten durch zweimalige Differentiation nach der Sondenspannung gemäß der Beziehung

$$\frac{\mathrm{d}^2 j}{\mathrm{d}V^2} = 2e\sqrt{\frac{e}{m}} \cdot \frac{1}{\sqrt{V}} f(V)\, N \qquad \text{(C.2.1.7.2-1)}$$

bestimmen. Man kann sich leicht davon überzeugen, daß die auf der Grundlage der im allgemeinen im Plasma realisierten MAXWELLschen Energieverteilung berechneten Anlaufstromdichten der LANGMUIRschen Theorie diese Beziehung erfüllen. Bei Verdacht auf Abweichungen von der MAXWELLschen Energieverteilung ist diese Beziehung andererseits sehr geeignet, die tatsächliche Energieverteilung der Träger zu ermitteln. Damit besitzt dieses Verfahren auch für die extraterrestrische Plasmadiagnostik Bedeutung.

Da die Struktur der Strom-Spannungs-Charakteristik von Einzelsonden fast ausschließlich durch die Elektronenkomponente des zu untersuchenden Plasmas bestimmt ist, kann durch Anwendung dieser DRUYVESTEYN-Methode auf die (ionenstromkorrigierte) Einzelsondencharakteristik nur die Energieverteilung der Elektronen ermittelt werden. Um auch die Energieverteilung der Ionenkomponente zu erhalten, müssen die Plasmaelektronen am Erreichen der Meßelektrode gehindert werden. Das ist nur mit Hilfe einer zusätzlichen, stark negativ vorgespannten Gitterelektrode vor der eigentlichen Meßelektrode möglich und hat zur Entwicklung der Gittersonden bzw. Ionenfallen geführt (siehe Abschn. C.2.3.).

Um die sehr arbeitsaufwendige und zudem recht ungenaue zweimalige grafische oder numerische Differentiation der fraglichen Anlaufstromkennlinie zu umgehen, bedient man sich seit DRUYVESTEYN (DRUYVESTEYN, 1930) folgenden praktischen Verfahrens:

Der Sondenspannung wird eine kleine (niederfrequente und amplitudenkonstante) Wechselspannung überlagert. Der dadurch auch dem normalen Anlaufstrom überlagerte kleine Wechselstrom erfährt auf Grund der nichtlinearen Struktur der Anlaufstromcharakteristik gleichzeitig teilweise Gleichrichtung und Frequenzvervielfachung. Entsprechend den in Abschnitt B.2.4. angestellten Überlegungen ist die gesuchte zweite Ableitung der Anlaufstromkennlinie in dem Komponentengemisch dieses Wechselstroms enthalten. Ist die überlagerte Wechselspannung sinusförmig, so ergibt sich die gesuchte zweite Ableitung der Anlaufstromcharakteristik näherungsweise aus der Amplitude der ersten Oberwelle (2ω) gemäß

$$j''(V) \approx \frac{4}{\hat{U}_0^2} \hat{j}_{(2\omega)}(V) . \qquad \text{(C.2.1.7.2-2)}$$

Für andere periodische Wellenformen sind die entsprechenden Zusammenhänge von CRAWFORD und Mitarbeitern (z. B. CRAWFORD u. MLODNOSKY, 1964; CRAWFORD u. GRARD, 1966) untersucht und angegeben worden. Genauere Beschreibungen von auf dieser Überlegung beruhenden automatischen Einrichtungen zur Differentiation der Stromspannungskennlinien von Einzelsonden und damit zur Ermittlung der Energieverteilungsfunktion der Elektronenkomponente finden sich für Zwekce der Laborplasmadiagnostik bei BRANNER, FRIAR und MEDICUS (BRANNER, FRIAR u. MEDICUS, 1963).
Bei einem anderen Verfahren (Intermodulationsmethode; z. B. BOYD, 1961; BOYD u. WILLMORE, 1963), bei dem der Sondenspannung zwei niederfrequente Spannungen kleiner Amplitude überlagert werden, kann die gesuchte zweite Ableitung der Anlaufstromcharakteristik auf ähnliche Weise aus der Amplitude der Intermodulationswelle ($\omega_1 \pm \omega_2$) gemäß

$$j''(V) \approx \frac{2}{\hat{U}_0^2} \hat{j}_{(\omega_1 \pm \omega_2)}(V) \qquad \text{(C.2.1.7.2-3)}$$

entnommen werden.
Am einfachsten, jedoch bei weitem nicht am genauesten, ist natürlich die Bestimmung der zweiten Ableitung der Anlaufstromcharakteristik aus dem Zuwachs, den der normale Sondenanlaufstrom durch die teilweise Gleichrichtung des überlagerten (sinusförmigen) Sondenwechselstroms in der Plasmarandschicht erfährt. Nach Abschnitt B.2.4. gilt hierfür

$$j''(V) \approx \frac{4}{\hat{U}_0^2} \Delta j(V) . \qquad \text{(C.2.1.7.2-4)}$$

Über die experimentelle Anwendung dieser Differenziertechniken bei extraterrestrischen Experimenten sowie die damit erhaltenen Ergebnisse berichten neben anderen BOYD und WILLMORE (BOYD u. WILLMORE, 1963), WRENN (WRENN, 1969) und RAITT (RAITT, 1971).

In jüngster Zeit ist das DRUYVESTEYN-Verfahren von HIRAO und OYAMA (HIRAO u. OYAMA, 1971) auch zur (präzisen) Bestimmung des Plasmapotentials herangezogen worden. Die von den genannten Autoren vorgenommene theoretische Analyse ergab, daß bei der Überlagerung der Sondenspannung mit einer höherfrequenten Wechselspannung im Komponentengemisch des Wechselstroms auch kapazitive Anteile auftreten, die durch den Verschiebungsstrom durch die Plasmarandschicht (Raumladungsschicht) hervorgerufen werden. Insbesondere liefern die genaueren Rechnungen, daß die Amplitude der ersten Oberwelle der Wechselstromdichte (2ω) nicht mehr nach Gleichung B.2.4-5b bzw. Gleichung

C.2.1.7.2-2 verläuft, sondern gemäß

$$\tilde{j}_{(2\omega)}(V) \approx \frac{\hat{U}_0^2}{4} [(j''(V))^2 + (2\omega C_S'(V))^2]^{1/2} \sin(2\omega t + \varphi) \qquad \text{(C.2.1.7.2-5)}$$

auch noch von der spannungsabhängigen Raumladungsschichtkapazität C_S bzw. deren erster Ableitung C_S' nach der Sondenspannung abhängt (vgl. z. B. Abschn. B.2.3.2.; einfache Randschichtmodelle).

Man kann dieser Beziehung unmittelbar entnehmen, daß für niedrige Frequenzen der erste Term in der Wurzel dominiert und diese in diesem Fall bevorzugt zur Bestimmung der zweiten Ableitung der Stromdichte nach der Spannung und damit der Energieverteilungsfunktion gemäß dem DRUYVESTEYN-Verfahren geeignet ist. Für höhere Frequenzen[1]) jedoch überwiegt der zweite Term unter der Wurzel, so daß in diesem Fall die Amplitude der ersten Oberwelle der Wechselstromdichte (2ω) vorzugsweise die Änderung der Randschichtkapazität mit der Sondenspannung (erste Ableitung) widerspiegelt.
Da die Randschichtkapazität über die Randschichtdicke (beim LANGMUIRschen Modell) bzw. über den Elektronenfüllungsgrad (beim OYAschen Modell) von der Sondenspannung abhängt, kann so aus der Amplitude der Oberwellen auf das Elektrodenpotential rückgeschlossen werden. Insbesondere wird bei Plasmapotential infolge der dort verwirklichten Randschichtfreiheit bzw. minimalen Raumladungsschichtdicke die Randschichtkapazität C_S maximal (im Grenzfall verschwindender Randschichtdicke sogar Unendlich) und ihre erste Ableitung nach der Spannung dementsprechend Null, so daß bei diesem Potential ein scharfes Minimum in der Amplitude der ersten Oberwelle der Wechselstromdichte zu erwarten ist. Dieses Minimum tritt experimentell tatsächlich deutlich auf und läßt sich als empfindlicher Indikator für den Durchgang des Elektrodenpotentials durch das Plasmapotential und damit zur vertrauenswürdigen Fixierung des Plasmapotentials verwenden. Nach HIRAO und OYAMA kann auf diese Weise das Plasmapotential auf wenige Millivolt genau bestimmt werden, eine Genauigkeit, die von keiner anderen Methode zur Plasmapotentialbestimmung erreicht wird.
Wegen des hohen apparativen Aufwandes und der hohen Genauigkeitsansprüche dieser Methode ist dieselbe bislang in der Labordiagnostik nur gelegentlich und in der extraterrestrischen Diagnostik noch kaum angewandt worden.

C.2.2. Die Doppelsonden

C.2.2.1. Meßprinzip

Unter einer Doppelsonde (z. B. JOHNSON u. MALTER, 1960) versteht man ein System aus zwei gleich- oder ungleichflächigen ebenen, zylindrischen oder

[1]) nach HIRAO und OYAMA (HIRAO u. OYAMA, 1971) oberhalb der Plasmaioneneigenfrequenz (vgl. Fußn. auf S. 93)), jedoch noch unterhalb der Plasmaelektroneneigenfrequenz (Gl. B.2.1.1-3)

sphärischen Elektroden, das vollständig in das zu untersuchende Plasma eintaucht. Bei ihm wird die zwischen den beiden Elektroden angelegte Spannung messend verändert und in einem äußeren Meßkreis der zwischen den beiden Elektroden fließende Strom gemessen. Aus der so gewinnbaren Strom-Spannungs-Kennlinie, der sogenannten Doppelsondencharakteristik, lassen sich Elektronentemperatur und Ionenkonzentration (!) bestimmen.

Im Unterschied zur LANGMUIRschen Einzelsonde ist bei der Doppelsonde keine besondere Referenzelektrode erforderlich, da deren Funktion hier bezüglich jeder der beiden Elektroden jeweils von der anderen Elektrode übernommen werden kann. Entsprechend dieser Besonderheit werden die Doppelsondenelektroden sowohl in der Labordiagnostik als auch beim extraterrestrischen Einsatz immer elektrisch isoliert von weiteren Elektroden oder von der Raumflugkörperoberfläche angebracht. Aus eben diesem Grund kann bei Doppelsonden die (zwischen den Elektroden anliegende) Sondenspannung auch nie zu einer Verschiebung des Gleichgewichtspotentials des Flugkörpers (Vehikelpotential) führen. Andererseits ist es aber auch möglich, großflächige Teile des Trägervehikels selbst als Doppelsondenelektroden zu benutzen.

In den Abbildungen 36a und b sind einige gern benutzte Ausführungsformen solcher Doppelsondensysteme und ihre Anbringungsmöglichkeiten auf dem Raumflugkörper angedeutet; in der Abbildung 37a ist die solchen Doppelsondenmessungen zugrunde liegende elektrische Prinzipschaltung wiedergegeben.

Obzwar die von JOHNSON und MALTER (JOHNSON u. MALTER, 1950) theoretisch begründeten und in die Meßpraxis eingeführten Doppelsonden in der Laborplasmadiagnostik gegenüber den altbekannten und bewährten LANGMUIRschen Einzelsonden vergleichsweise selten eingesetzt wurden, haben sie jedoch ebenfalls recht schnell Eingang in die extraterrestrische Plasmadiagnostik gefunden. So berichtet bereits SMITH (SMITH, 1961) über erfolgreiche Elektronendichtemessungen mit einer stark unsymmetrischen Doppelsonde. Doppelsondenmessungen im extraterrestrischen Plasma sind ebenfalls von BRACE (BRACE, 1962) und SPENCER, BRACE und CARIGNAN (SPENCER, BRACE u. CARIGNAN, 1962) mit einer sogenannten dumbell-probe, einer Doppelsonde sphärischer Elektrodengeometrie, durchgeführt worden. Diese Arbeiten fußen auf theoretischen Untersuchungen, die HOEGY und BRACE (HOEGY u. BRACE, 1961) für dieses spezielle Doppelsondensystem vorgenommen haben. Neben anderen Autoren berichten über Messungen von Elektronendichte und Elektronentemperatur mittels einer Doppelsonde in einer neueren Arbeit auch PEDERSEN, FAHLESON und FÄLTHAMMAR (PEDERSEN, FAHLESON u. FÄLTHAMMAR, 1972).

Außer zur Bestimmung von Plasmaparametern können Doppelsonden bei geeigneter Schaltung auch als Meßinstrumente für die (makroskopische) elektrische Feldstärke im Plasma benutzt werden. Auf diese weitere Einsatzmöglichkeit, die die Anwendung von Doppelsonden in der Raumforschung besonders stimuliert haben dürfte, soll in Abschnitt C.2.2.5. näher eingegangen werden. Hier interessiert zunächst die Funktion von Doppelsonden als Instrument zur Erfassung von Plasmaparametern.

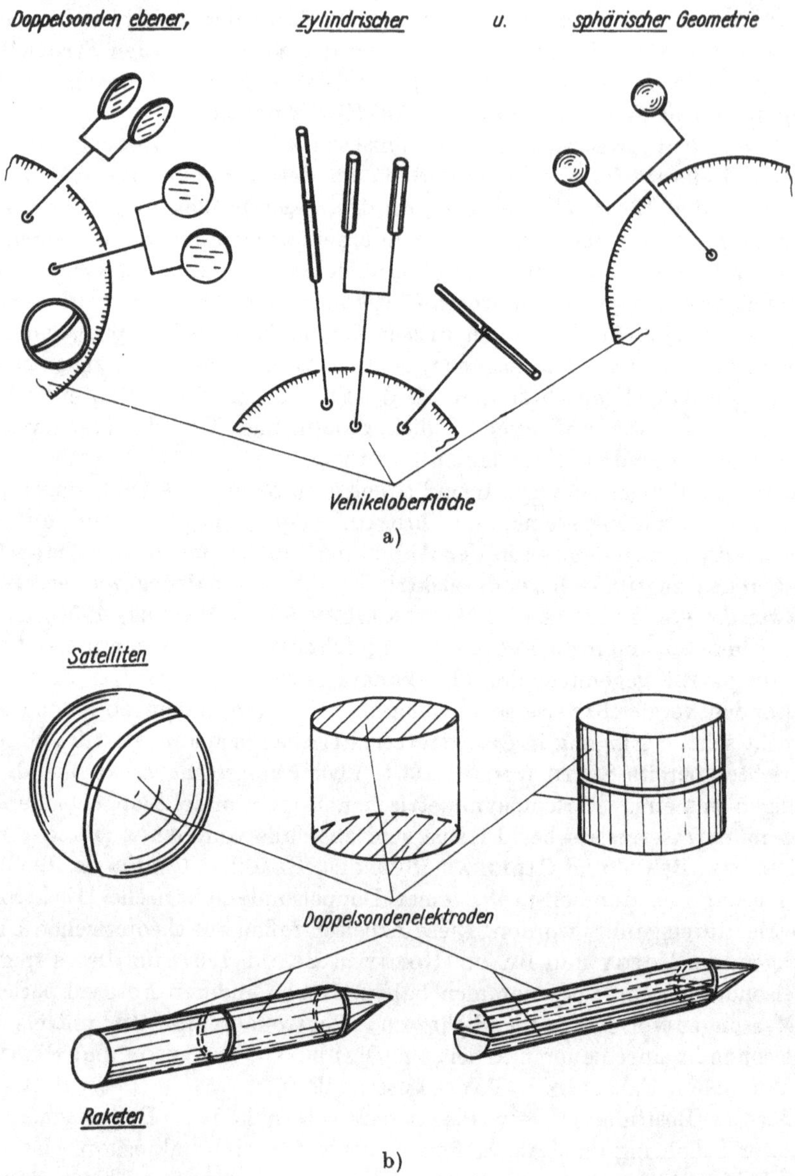

Abb. 36. Ausführungsformen und Anbringungsmöglichkeiten von Doppelsonden: a) eigenständige Doppelsondensysteme; b) Nutzung von Teilen der Raumflugkörperoberfläche als Doppelsondenelektroden

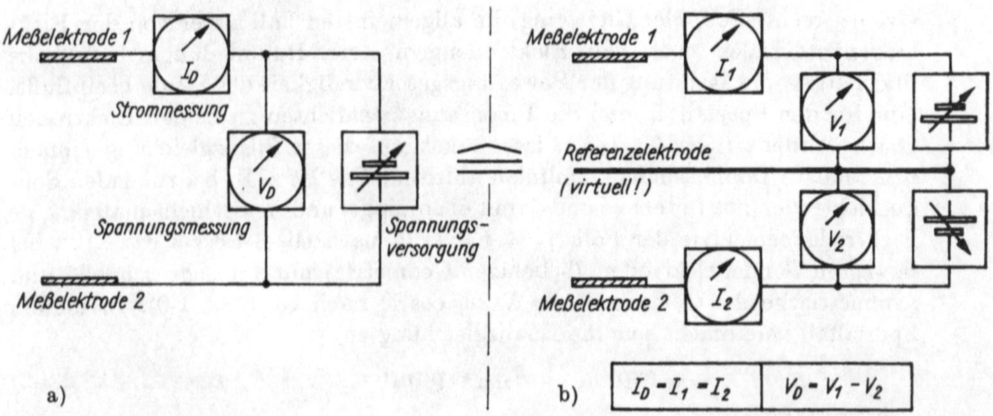

Abb. 37. Elektrische Prinzipschaltung von Doppelsonden: a) Prinzipschaltung; b) Darstellung als Reihenschaltung zweier Einzelsondensysteme mit virtueller Referenzelektrode (Ersatzschaltung)

C.2.2.2. Theorie der Doppelsondencharakteristik

Wie aus der Abbildung 37a für die elektrische Gundschaltung von Doppelsonden hervorgeht, kann bei Einführung einer virtuellen Referenzelektrode (vgl. Abb. 37b) ein solcher Doppelsondenmeßkreis stets als Reihenschaltung zweier Einzelsondenmeßkreise aufgefaßt werden. Da die (virtuelle) Referenzelektrode keinen Strom führt, muß dabei natürlich immer gelten:

$I_1 = I_2 = I_D$ (nur Strom im eigentlichen Doppelsondenkreis!),
$V_D = V_1 - V_2$ (Einzelspannungsquellen gegeneinander in Reihe geschaltet!).

Auf der Grundlage einer solchen analytischen Betrachtungsweise läßt sich die Doppelsondencharakteristik mit Hilfe der Langmuirschen Einzelsondentheorie recht einfach und durchsichtig berechnen:

Da jedes (isolierte) Doppelsondensystem als Ganzes ein unter Plasmapotential ($V_P = 0$) liegendes Gleichgewichtspotential annimmt (vgl. Abschn. B.3.5. u. B.3.6.), haben für nicht zu große Zwischenelektrodenspannungen die aus dem Plasma auf die beiden Elektroden auffließenden Elektronenströme Anlaufstromcharakter, die Ionenströme hingegen Saugstromcharakter. Da alle auffallenden Elektronen und Ionen sich neutralisieren müssen, läßt sich für Elektrodenpotentiale unter Plasmapotential ($V < V_P = 0$) folgende Bilanzgleichung formulieren:

$$F_1 j_{e0} \exp(\eta_1) + F_2 j_{e0} \exp(\eta_2) = F_1 j_{+1} + F_2 j_{+2} \qquad \text{(C.2.2.2-1)}$$

(vgl. auch Gl. B.3.5-1).

Während die Elektronenanlaufströme zu beiden Elektroden (linke Seite der Gleichung) von der Elektrodengeometrie, den Raumladungsschichten vor den Elektroden und vom Ramm-Effekt unabhängig sind, werden die Ionensaugströme (rechte Seite der Gleichung) im allgemeinsten Fall außer von den Elektrodenpotentialen noch von Elektrodengeometrie, Raumladungsschichtdicke und Betrag und Richtung der Bewegungsgeschwindigkeit der Sonde beeinflußt. Nur für den Spezialfall, daß die Ionensaugstromdichten zu beiden Elektroden gleich werden ($j_{+1} = j_{+2} = j_+$), lassen sich aus dieser Bilanzgleichung einfach übersehbare Doppelsondenkennlinien ableiten. Das ist z. B. bei ruhenden Sondenelektroden nur für ebene und damit spannungs- und randschichtunabhängige Elektrodengeometrie der Fall ($j_+ = j_{+0}$; z. B. nach Gl. B.1.6.1-8 bzw. 12), bei bewegten Sondenelektroden (beliebiger Geometrie) nur für sehr schnelle und symmetrische Anströmung ($j_+ = N_+ e v_V \cos\alpha$; nach Gl. B.3.2.1-9). In diesem Spezialfall vereinfacht sich die Bilanzgleichung zu

$$F_1 j_{e0} \exp(\eta_1) + F_2 j_{e0} \exp(\eta_2) = (F_1 + F_2)\, j_+ \qquad \text{(C.2.2.2-2)}$$

und läßt sich mit

$$I_{e1} = F_1 j_{e0} \exp(\eta_1)\,, \qquad I_{e2} = F_2 j_{e0} \exp(\eta_2)\,,$$
$$I_{+1} = F_1 j_+\,, \qquad I_{+2} = F_2 j_+$$

auch einfacher folgendermaßen schreiben:

$$I_{e1} - I_{+1} = -(I_{e2} - I_{+2}) = I_D\,. \qquad \text{(C.2.2.2-3)}$$

Hierin ist I_D als Differenz zwischen Elektronen- und Ioneneinstrom auf die eine (oder andere) Elektrode ein Maß für den durch Oberflächenrekombination an dieser Elektrode nicht neutralisierbaren Ladungsträgerüberschuß. Dieser muß durch einen entsprechenden im äußeren Sondenmeßkreis fließenden Ausgleichstrom (Elektronenstrom!) von oder zu der anderen Elektrode kompensiert werden. Dieser Ausgleichstrom ist allein meßbar und stellt den uns interessierenden Sondenstrom dar.

Unter Verwendung der in Abschnitt B.3.5. berechneten Verteilung der Zwischenelektrodenspannung V_D auf die beiden Sondenelektroden folgt daraus mit $V_D = V_1 - V_2$ nach etwas umständlicher Rechnung für die Doppelsondencharakteristik

$$I_D = F_2 j_+ \frac{\exp(\eta_D) - 1}{\exp(\eta_D) + (F_2/F_1)} = F_2 j_+ \frac{\exp(eV_D/kT_e) - 1}{\exp(eV_D/kT_e) + (F_2/F_1)} \qquad \text{(C.2.2.2-4a)}$$

bzw. mit $s = F_1/F_2$ ($F_1 \leqq F_2$)

$$I_D = F_2 j_+ \frac{\exp(\eta_D) - 1}{\exp(\eta_D) + (1/s)} = F_1 j_+ \frac{\exp(\eta_D) - 1}{\exp(\eta_D) + (1/s)} \cdot \frac{1}{s}\,. \qquad \text{(C.2.2.2-4b)}$$

In den Abbildungen 38 a und b sind die so erhaltenen Doppelsondencharakteristiken grafisch dargestellt.

Für genügend hohe Sondenspannungen $\left(\eta_D = \dfrac{eV_D}{kT_e} \gg \ln \dfrac{F_2}{F_1}\right)$ ist der Strom im Doppelsondenmeßkreis gesättigt:

$$I_{D\,\text{Sätt}} = I_{D(\eta \gg \ln F_2/F_1)} = F_2 j_+\,. \qquad \text{(C.2.2.2-5)}$$

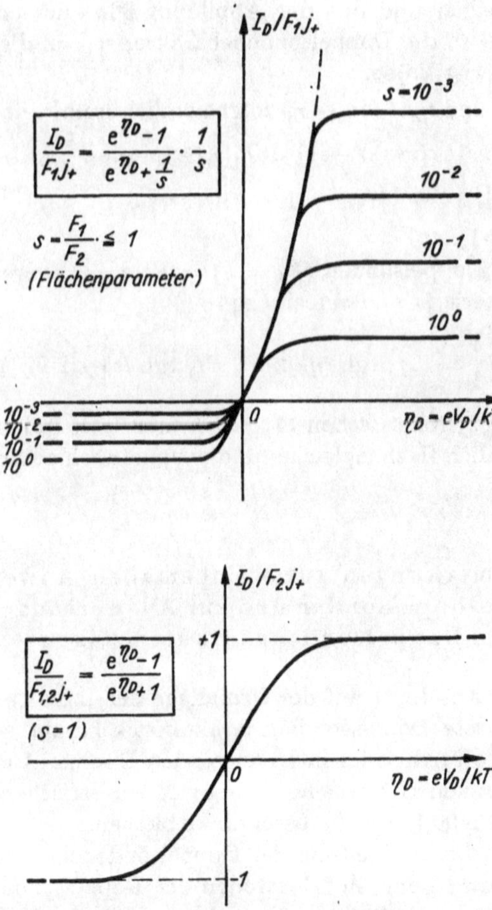

Abb. 38. Doppelsondencharakteristiken: a) für ungleichflächige Elektroden; b) für gleichflächige Elektroden (symmetrische Doppelsonde).

Wie man sieht, wird die Größe dieses Sättigungsstroms außer von der Fläche der größeren Sondenelektrode (F_2) durch die Ionenstromdichte und nicht durch die Elektronenstromdichte bestimmt, ist also von Konzentration und thermischer oder gerichteter Geschwindigkeit der Ionen und nicht der Elektronen im Plasma abhängig.

Dieser bemerkenswerte Befund ist dafür verantwortlich, daß aus Doppelsondensättigungsstrommessungen primär nicht die Elektronenkonzentration, sondern nur die Ionenkonzentration entnommen werden kann. Er deutet andererseits an, daß wegen der Rammeffektempfindlichkeit der die Doppelsondenkennlinie bestimmenden Ionenkomponente der Einsatz von Doppelsonden im extraterrestrischen Plasma nicht unproblematisch ist.

Wie man leicht zeigen und aus der Abbildung 38a auch entnehmen kann, geht für $F_1 \ll F_2$ ($s \to 0$) die Doppelsondencharakteristik in die LANGMUIRsche Einzelsondencharakteristik über:

Mit $j_+ = j_{e0} \exp(\eta_{\text{fl}})$ und $\eta_D = \eta_1 - \eta_{\text{fl}}$ folgt nämlich unmittelbar

$$I_D = F_1 j_+ [\exp(\eta_D) - 1] = F_1[j_{e0} \exp(\eta_{\text{fl}} + \eta_D) - j_+]$$
$$= F_1[j_{e0} \exp(\eta_1) - j_+] = F_1(j_e - j_+)$$

(vgl. auch Gl. C.2.1.2-1).

Für flächengleiche Doppelsonden ($F_2 = F_1 = F$; $s = 1$) vereinfacht sich die Doppelsondencharakteristik andererseits zu

$$I_D = F j_+ \frac{\exp(\eta_D) - 1}{\exp(\eta_D) + 1} = F j_+ \operatorname{tgh}(\eta_D/2) = F j_+ \operatorname{tgh}(eV_D/2\,kT_e)\,. \qquad \text{(C.2.2.2-6)}$$

Wegen der einfachen symmetrischen Struktur ihrer Kennlinien werden in der Praxis fast ausschließlich flächengleiche (und symmetrisch aufgebaute) Doppelsonden verwendet.

C.2.2.3. Bemerkungen zur sachgemäßen Anwendung von Doppelsonden und zur Auswertung von Doppelsondencharakteristiken

Die im vorstehenden Abschnitt auf der Grundlage der LANGMUIRschen Einzelsondentheorie abgeleitete Doppelsondencharakteristik beruht wie jene auf der Voraussetzung der Stoßfreiheit im interessierenden Plasma. Aus diesem Grund muß auch der Einsatz von Doppelsonden im extraterrestrischen Raum auf den Höhenbereich oberhalb 90 km Höhe beschränkt bleiben.

Des weiteren war bei der Ableitung der Doppelsondencharakteristik vorausgesetzt worden, daß an beiden Meßelektroden der Doppelsonde gleiche Ionenstromdichten realisiert sind. Zylindrische oder sphärische Meßelektroden erfüllen diese Bedingung im ruhenden Plasma nicht, da sich bei ihnen außer in dem auf ebene Geometrie reduzierbaren Fall außerordentlich dünner Raumladungsschichten die Ionensaugstromdichten zumindest wegen ihrer Abhängigkeit von den Elektrodenpotentialen voneinander unterscheiden. Bei ebener Geometrie ist obige Voraussetzung im ruhenden Plasma hingegen erfüllt, da hier für die Ionensaugstromdichten geometrie-, raumladungsschicht- und insbesondere auch spannungsunabhängig werden. Aus diesen Gründen können im ruhenden Plasma nur mit Doppelsonden ebener Geometrie erhaltene Kennlinien auf der Grundlage der abgeleiteten einfachen Beziehungen interpretiert werden.

Nach Gleichung C.2.2.2-4 können aus solchen Doppelsondenkennlinien Elektronentemperatur und Ionenkonzentration entnommen werden.

Zur Bestimmung der Elektronentemperatur ist es zweckmäßig, ähnlich wie bei Einzelsondenmessungen auf die Steigung der Doppelsondenkennlinie zurückzugreifen. Differentiation des Doppelsondenstroms nach der Spannung (Zwischenelektrodenspannung) liefert bei Sondenspannungsnull $\left(\eta_D = \frac{eV_D}{kT_e} = 0\right)$ unter Verwendung des Sättigungsstroms aus Gleichung C.2.2.2-5 unmittelbar

$$T_e = (e/k)\frac{s}{1+s} \cdot \frac{I_{D\,\text{Sätt}}}{(\mathrm{d}I_D/\mathrm{d}V_D)_{V_D=0}} \qquad \text{(C.2.2.3-1a)}$$

bzw. für gleichflächige Doppelsonden ($s = 1$)

$$T_e = (e/2k)\frac{I_{D\,\text{Sätt}}}{(\mathrm{d}I_D/\mathrm{d}V_D)_{V_D=0}}\,. \qquad \text{(C.2.2.3-1b)}$$

Die Elektronentemperatur kann also aus einer Messung des Sättigungsstroms und der Steigung des ungesättigten Doppelsondenstroms bei Sondenspannungsnull bestimmt werden.

Zur Bestimmung der Ionenkonzentration in ruhenden Plasmen geht man zweckmäßigerweise direkt vom Sättigungsstrom (Gl. C.2.2.2-5) aus. Mit der nach Abschnitt B.1.6.1. verbesserten und heute allgemein verwendeten gerichteten Ionendiffusionsstromdichte aus dem Plasma (Gl. B.1.6.1-8 bzw. 12) folgt hierfür unmittelbar

$$N_+ = \frac{1}{Ke}\sqrt{\frac{m_+}{kT_e}}\,\frac{I_{D\,\text{Sätt}}}{F_2}\,. \qquad \text{(C.2.2.3-2)}$$

Zur Bestimmung der Ionenkonzentration aus dem Sättigungsstrom muß also außer der aus der Steigung der Doppelsondenkennlinie entnehmbaren Elektronentemperatur die Ionenmasse schon anderweitig bekannt sein. Andererseits kann man daran denken, bei anderweitig bekannter Ionenkonzentration diese Beziehung zur (groben) Bestimmung der Ionenmasse zu verwenden.

Beim Einsatz von Doppelsonden im extraterrestrischen Plasma wird die Anwendung der einfachen Doppelsondentheorie etwas problematischer. Während immer angenommen werden darf, daß die leichten und schnellen Elektronen vom Ramm-Effekt nicht merklich beeinflußt werden, muß dieser hinsichtlich der schwereren und langsameren Ionen berücksichtigt werden. Bei zylindrischer und sphärischer Sondengeometrie erfüllen die fraglichen ramm-modifizierten Ionenstromdichten zumindest wegen ihrer Abhängigkeit von den Elektrodenpotentialen die Voraussetzung der Gleichheit an beiden Elektroden nicht. Aus diesem Grund können mit zylindrischen oder sphärischen Meßelektroden aufgenommene Doppelsondencharakteristiken auch im extraterrestrichen Plasma im allgemeinen nicht nach obiger einfacher Theorie interpretiert werden. Bei ebener Elektrodengeometrie andererseits weichen die ramm-modifizierten Ionenstromdichten nur dann nicht voneinander ab, wenn die beiden Meßelektroden in bezug auf die Vehikelgeschwindigkeit symmetrisch orientiert sind und damit gleichartig angeströmt werden.

Während so die Elektronentemperaturbestimmung bei bewegten Sonden genauso wie bei ruhenden Sonden mittels Gleichung C.2.2.3-1 erfolgen kann, bereitet die Bestimmung der Ionenkonzentration hier größere Schwierigkeiten,

da die fraglichen Ionenstromdichten im allgemeinen gemäß Gleichung B.3.2.1-4, 6 bzw. 8 verlaufen und damit in komplizierter Weise außer von den Elektrodenspannungen noch von der Ionentemperatur und der Vehikelgeschwindigkeit abhängen. Die Bestimmung der Ionenkonzentration ist daher schwierig und meist wenig vertrauenswürdig.
Nur im Grenzfall sehr hoher Vehikelgeschwindigkeiten (Satellitengeschwindigkeit) werden die Verhältnisse wieder einfacher. Die Ionenstromdichten sind dann als Aufkehrstromdichten nicht nur für ebene, sondern auch für zylindrische und sphärische Elektrodengeometrie gemäß Gleichung B.3.2.1-9 wenigstens für kleine Sondenspannungen allein durch die Vehikelgeschwindigkeit bestimmt und damit für beide Meßelektroden leicht gleichzumachen. Dazu muß lediglich dafür gesorgt werden, daß beide Sondenelektroden symmetrisch zur Bewegungsrichtung orientiert sind. Während sich also auch hier die Elektronentemperaturbestimmung wie vorher wieder gemäß Gleichung C.2.2.3-1 gestaltet, ergibt sich für die Ionenkonzentration mit Gleichung B.3.2.1-9 (Ionenaufkehrstrom) für symmetrisch orientierte Sondenelektroden beliebiger, aber einheitlicher Geometrie recht einfach

$$N_+ = \frac{I_{D\,\text{Sätt}}}{F_Q e v_V} = \frac{I_{D\,\text{Sätt}}}{F_2 \cos\alpha \; e v_V}\,. \qquad \text{(C.2.2.3-3)}$$

Die Ionenkonzentration kann in diesem Fall also ohne Kenntnis von Elektronentemperatur und Ionenmasse bestimmt werden. Dies ist eine unmittelbare Folge des bei schnellbewegten Raumflugkörpern bezüglich der Ionenkomponente auftretenden Aufkehreffekts.

Neben diesen einfachen und auf der direkten Ausnutzung der Doppelsondencharakteristik beruhenden Methoden der Plasmaparameterbestimmung sind auch andere verfeinerte Möglichkeiten vorgeschlagen und erprobt worden; so z. B. auch ein Verfahren (Kawashima u. Yamori, 1971), bei dem der Sondenspannung (ähnlich wie beim Druyvesteyn-Verfahren bei Einzelsonden) eine kleine amplitudenkonstante Wechselspannung überlagert und die Amplitude der durch Frequenzvervielfachung im randschichtbehafteten Plasma des Zwischenelektrodenraumes entstehenden zweiten Oberwelle (Frequenz 3ω) in Abhängigkeit von der Sondenspannung verfolgt wird. Wie die genaueren Rechnungen zeigen, wird die Amplitude der zweiten Oberwelle bei einer bestimmten Sondenspannung Null. Aus dieser läßt sich dann die interessierende Elektronentemperatur direkt und die interessierende Elektronenkonzentration (bzw. die Ionenkonzentration) unter Verwendung des bereits bestimmten Temperaturwertes aus dem zu dieser Sondenspannung gehörenden Doppelsondenstrom ermitteln.
Trotz gewisser Vorteile hat dieses Verfahren wegen des größeren experimentellen Aufwandes in der extraterrestrischen Plasmadiagnostik bislang jedoch kaum Anwendung gefunden.
Bei einem anderen Verfahren (z. B. Wilson u. Garside, 1968) wird das Potential des gesamten Doppelsondensystems gegenüber einer dritten großflächigen

Referenzelektrode (etwa Raumflugkörperoberfläche) variiert und dabei dieser Potentialvariation eine kleine amplitudenkonstante Wechselspannung der Frequenz ω überlagert. Es läßt sich auf der Basis der LANGMUIRschen Theorie zeigen, daß bei einer solchen Regie das Verhältnis der beiden auf die Elektroden der Doppelsonde fließenden Wechselströme (der Frequenz ω) allein von der zwischen den Elektroden der Doppelsonde realisierten Spannung (Zwischenelektrodenspannung) und der Elektronentemperatur abhängt. Indem mit Hilfe eines geeigneten Regelkreises die Zwischenelektrodenspannung so nachgestellt wird, daß sich das Verhältnis der auf die Doppelsondenelektroden fließenden Wechselströme auf einen vorgegebenen (konstanten) Wert einstellt, läßt sich die interessierende Elektronentemperatur auf recht einfache Weise allein aus der gemessenen Zwischenelektrodenspannung bestimmen. Dieses (etwas indirekte) Verfahren hat den Vorteil, daß die Messung der Elektronentemperatur von sporadischen Schwankungen des Vehikelpotentials völlig unbeeinflußt bleibt.

C.2.2.4. Bemerkungen zur sachgemäßen Auslegung von Doppelsonden

Auch bei der Bemessung von Doppelsonden sind einige weitere Einflußgrößen zu beachten:

a) Im Gegensatz zu den Einzelsonden besteht bei den Doppelsonden hinsichtlich der Größe der Flächen der Meßelektroden keine enge Einschränkung. Da das gesamte Doppelsondensystem selbst immer auf Gleichgewichtspotential (Floating-Potential) verbleibt und vom Raumflugkörper vollständig isoliert ist, ist jede Beeinflussung des Potentials des Raumflugkörpers (Vehikelpotential) ausgeschlossen. Da andererseits bei der Doppelsonde jede Elektrode als Referenzelektrode der anderen dient, ist die Sondenspannungsverteilung auf die beiden Elektroden systeminhärent und wird von der Doppelsondentheorie a priori richtig erfaßt.

b) Einer besonderen Diskussion bedarf der Variationsbereich der Sondenspannung. Um tatsächlich mit Sicherheit in den Sättigungsbereich zu gelangen, muß die Sondenspannung entsprechend Gleichung C.2.2.2-5 gemäß $V_D \gg \frac{kT_e}{e} \ln \frac{F_2}{F_1}$ gewählt werden. Wie man sieht, reichen dazu bei gleichflächigen Doppelsonden recht kleine Sondenspannungen aus. Um den Sättigungsstrom jedoch über einen größeren Bereich zu erfassen, empfiehlt es sich, den Variationsbereich der Sondenspannung etwas größer, etwa gemäß

$$\Delta V_D \gtrsim 5(kT_e/e) \approx 4{,}4 \cdot 10^{-4}\, T_e\,[\mathrm{K}]\ \mathrm{V} \qquad \text{(C.2.2.4-1)}$$

zu wählen. Bei einer erwarteten Elektronentemperatur von 1000 bis 3000 K führt das zu einer Sondenspannungsvariation von ca. 1 Volt, also zu einem erheblich geringeren Wert als bei Einzelsondenmessungen. Da die Elektronentemperatur aus der Steigung der Doppelsondenkennlinie bei Sondenspannungsnull bestimmt wird, ist es erforderlich, die Sondenspannung tatsächlich durch Null laufen zu lassen. Am einfachsten geschieht dies durch Umkehr der Sondenspannungspolarität. Der Doppelsondenstrom wird dann natürlich ebenfalls von umgekehrter Polarität und verläuft im Fall flächengleicher Elektroden völlig symmetrisch (vgl. dazu Gl. C.2.2.2-6 bzw. Abb. 38b).

c) Ähnlich wie für Einzelsonden ist auch bei Doppelsonden noch die höchstzulässige Größe des Innenwiderstands des Sondenmeßkreises interessant. Um zu erreichen, daß die Doppelsondencharakteristik tatsächlich nur durch die Parameter des Plasmas und nicht durch den Sondenmeßkreis bestimmt wird, muß der Innenwiderstand des Sondenmeßkreises ähnlich wie bei Einzelsonden ausreichend viel kleiner als der Äquivalentwiderstand des den Doppelsondenelektroden vorgelagerten Plasmas sein (vgl. auch Abschn. C.2.1.5.). Dieser Äquivalentwiderstand ist naturgemäß von der angelegten Sondenspannung abhängig und wird dort am kleinsten, wo der Zuwachs des Doppelsondenstroms bei Änderung der Sondenspannung am größten ist. Das ist bei der Doppelsondencharakteristik immer am Wendepunkt bei $V_D = \frac{kT_e}{e} \ln \frac{F_2}{F_1}$ der Fall. An dieser Stelle folgt mit Gleichung C.2.2.2-4 für den Plasmaäquivalentwiderstand

$$R_{\ddot{A}\,\mathrm{min}} = \frac{4\,kT_e}{(F_1 + F_2)\,ej_+} \tag{C.2.2.4-2}$$

bzw. für ruhende Sonden (Ionenrichtstromdichte nach Gl. B.1.6.1-8 bzw. 12)

$$R_{\ddot{A}\,\mathrm{min}} = \frac{4\sqrt{kT_e m_+}}{(F_1 + F_2)\,Ke^2N_+} \tag{C.2.2.4-3}$$

und für schnellbewegte (satellitengetragene) Sonden (Ionenaufkehrstromdichte nach Gl. B.3.2.1-9)

$$R_{\ddot{A}\,\mathrm{min}} = \frac{4\,kT_e}{(F_1 + F_2)\,e^2v_VN_+}\,. \tag{C.2.2.4-4}$$

Wie man hieraus entnimmt, ist der Äquivalentwiderstand des der Doppelsonde vorgelagerten Plasmas bei gegebenen Plasmaparametern (und gegebener Vehikelgeschwindigkeit) um so kleiner, je größer die Gesamtfläche der Doppelsonde $(F_1 + F_2)$ ist. Entsprechend oben formulierter Forderung muß der Innenwiderstand des Sondenmeßkreises wesentlich kleiner als dieser minimale Äquivalentwiderstand sein. Ersterer ist bei sachgemäß ausgeführtem Meßkreis wie bei Einzelsonden natürlich hauptsächlich durch die Reihenschaltung von Meßwiderstand (Eingangswiderstand des Sondenstromverstärkers) und Innenwiderstand des Sondenspannungsgenerators bestimmt. Während eine Minimalisierung des Sondenspannungsgeneratorinnenwiderstands natürlich immer anzustreben ist, sollte der Meßwiderstand jedoch aus Gründen der Meßempfindlichkeit nicht wesentlich kleiner gewählt werden, als diese Forderung verlangt.

d) Um die durch die Ionenstromdichte festgelegten, gegenüber den Einzelsondensaugströmen vergleichsweise kleinen Doppelsondensättigungsströme möglichst groß und damit gut meßbar zu machen, sind großflächige Sondenelektroden vorteilhaft. Um andererseits nicht allzu kleine Meßwiderstände realisieren zu müssen, die die Strommessung erschweren würden, dürfen die Elektrodenflächen jedoch auch nicht zu groß gewählt werden. Daher ist in jedem Fall nach Maßgabe der Erfordernisse und Möglichkeiten der Strommessung für die Größe der Sondenelektrodenflächen ein Kompromiß zu treffen. Aus den auf diese Weise günstig gewählten Flächen der Sondenelektroden können dann die Abmessungen im einzelnen festgelegt werden.

e) Nach Abschnitt C.2.2.3. muß beim extraterrestrischen Einsatz von Doppelsonden zwecks einfacher Auswertbarkeit der aufgenommenen Charakteristiken gewährleistet sein, daß an beiden Sondenelektroden gleiche Ionenstromdichten realisiert sind. Das ist bei bewegten Sonden immer nur durch eine symmetrische Auslegung bzw. Anordnung der beiden Meßelektroden hinsichtlich Geometrie und Orientierung zu erreichen (symmetrische Doppelsonden). Um darüber hinaus eine symmetrische Doppelsondencharakteristik zu erhalten, ist Flächengleichheit der beiden Meßelektroden erforderlich (flächengleiche Doppelsonden). Zur Vermeidung von Meßfehlern infolge der in Raumflugkörpernähe örtlich starken Gradienten der Plasmaparameter ist es einerseits zweckmäßig, die Meßelektroden nicht zu weit voneinander entfernt anzuordnen. Andererseits muß jedoch ihre Entfernung unbedingt so groß sein, daß sich ihre (elektrodenpotentialabhängigen) Plasmarandschichten nicht überlappen. Anderenfalls würden sich beide Elektroden gegenseitig beeinflussen.

C.2.2.5. Sonderanwendung als Feldstärkesonden

Kleinflächige Doppelsonden können vorteilhaft auch zur Feldstärkemessung genutzt werden. Dazu muß zwischen beide Elektroden anstelle des Sondenmeßkreises lediglich ein (hochohmiges) Spannungsmeßgerät eingefügt werden. Abb. 39 zeigt die elektrische Prinzipschaltung von Doppelsonden bei Feldstärkemessungen. Da durch ein solches hochohmiges Spannungsmeßgerät keine (größeren) Ströme fließen können, müssen sich die auf die beiden Meßelektroden auffallenden Elektronen und Ionen daselbst vollständig neutralisieren. Dadurch stellt sich jede der beiden Meßelektroden gemäß Abschnitt B.3.5. (Gl. B.3.5-3) eigenständig auf ihr Gleichgewichtspotential ein und bildet gegenüber dem Plasmapotential (als Bezugspunkt) eine Kontaktpotentialdifferenz von ΔV_1 bzw. ΔV_2 aus. Sind nun infolge der Existenz eines makroskopischen elektrischen

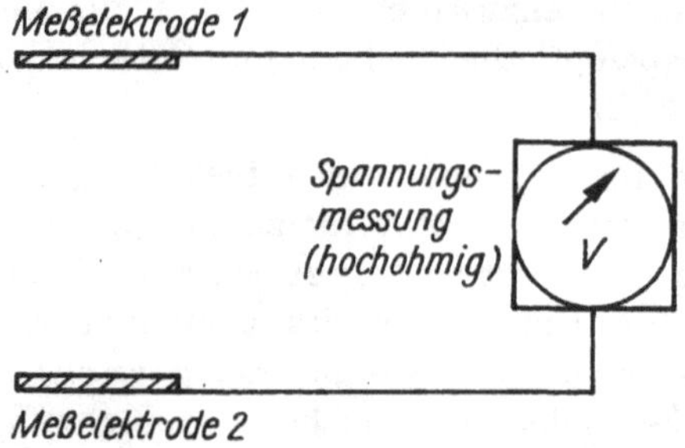

Abb. 39. Elektrische Prinzipschaltung von Doppelsonden bei Feldstärkemessungen

Feldes im Plasma die Raumpotentiale (Plasmapotentiale) V_1 bzw. V_2 an beiden Elektroden etwas verschieden, so entsteht zwischen beiden Sondenelektroden eine mit dem zwischengeschalteten Spannungsmeßgerät erfaßbare Potentialdifferenz ΔV, die sich unter Berücksichtigung der möglicherweise ungleichen Kontaktpotentialdifferenzen ΔV_1 bzw. ΔV_2 der beiden Sondenelektroden zu

$$\Delta V = V_1 + \Delta V_1 - (V_2 + \Delta V_2) = (V_1 - V_2) + (\Delta V_1 - \Delta V_2) \qquad \text{(C.2.2.5-1)}$$

schreiben läßt. Bei benachbarten und gleichartig aufgebauten Sondenelektroden (gleiche Geometrie, gleiche Abmessungen, gleiche Orientierung) sind die Kontaktpotentialdifferenzen ΔV_1 bzw. ΔV_2 wegen $j_{+1} = j_{+2}$ praktisch immer gleich. In diesem Fall gilt dann einfacher

$$\Delta V = V_1 - V_2 \,. \qquad \text{(C.2.2.5-2)}$$

Sind die Sondenelektroden nicht zu weit voneinander entfernt oder ist das elektrische Feld hinreichend homogen, so kann daraus die interessierende makroskopische Feldstärke in Richtung der Verbindungslinie der beiden Sondenelektroden gemäß

$$E_S = -\frac{\Delta V}{\Delta s} = -\frac{V_1 - V_2}{\Delta s} \qquad \text{(C.2.2.5-3)}$$

bestimmt werden.

Bei der praktischen Vermessung sehr schwacher elektrischer Felder muß beachtet werden, daß zwischen beiden Meßelektroden infolge verschiedener Austrittsarbeit der Elektrodenmaterialien zusätzlich kleine Kontaktpotentialdifferenzen auftreten und die Messung verfälschen können. Diese lassen sich jedoch sehr einfach und vollkommen durch Wahl gleichen Elektrodenmaterials vermeiden.

Aus dem dargelegten Meßprinzip wird klar, daß bei Feldstärkemessungen im Unterschied zu Sondenstrommessungen der Sondenmeßkreiswiderstand (hier Innenwiderstand des Spannungsmeßgerätes) so groß wie möglich gewählt werden muß. Anderenfalls würde zwischen beiden Elektroden durch den Sondenmeßkreis ein merklicher Ausgleichsstrom fließen, der in Sondennähe zu einer

Ladungsumordnung und damit zu einer Verzerrung (Änderung) des zu vermessenden natürlichen makroskopischen elektrischen Feldes führt.

Messungen der makroskopischen elektrischen Feldstärke sind im extraterrestrischen Raum nach dieser einfachen Methode in großer Zahl durchgeführt worden, unter anderem von GDALEVICH (z. B. GDALEVICH, 1964) und MOZER (z. B. MOZER, 1969 u. 1971). Bei letzterem findet sich auch eine ausführliche Behandlung der verschiedenen Meßmöglichkeiten und der an die Meßmethode bei extraterrestrischem Einsatz zu stellenden Forderungen. Originell und technisch elegant ist die von UNGER und RAWER (UNGER u. RAWER, 1968) angewandte Meßmethode, bei der die vom zu vermessenden elektrischen Feld zwischen den Doppelsondenelektroden induzierte kleine Spannung über die spannungsabhängige Kapazität einer Varactordiode einen Oszillator verstimmt. Über elektrische Feldmessungen in Ionosphäre und Plasmapause mittels satellitengetragener Doppelsonden wird in neueren Arbeiten schließlich auch von PEDERSEN, FAHLESON und FÄLTHAMMAR (PEDERSEN, FAHLESON u. FÄLTHAMMAR, 1972) und von MORGAN (MORGAN, 1973) berichtet.

C.2.3. Die Gittersonden: Ionenfallen und Bremsfeldanalysatoren

C.2.3.1. Meßprinzip und Funktionsweise

Unter einer Gittersonde (z. B. BOYD u. TWIDDY, 1959) versteht man ein Sondensystem, das aus einer Kollektorelektrode und einer davor angeordneten gitterartigen und damit trägerdurchlässigen Selektorelektrode besteht. Durch Anlegen einer hinreichend hohen Spannung an die Gitterelektrode läßt sich erreichen, daß aus dem Plasma nur Träger der ungleichnamigen Polarität durch das Gitter hindurch auf die die eigentliche Meßelektrode darstellende Kollektorelektrode gelangen können, während die Träger der gleichnamigen Polarität zur Umkehr gezwungen werden und in das Plasma zurückkehren. Auf diese Weise wird es möglich, mit der Meßelektrode eines solchen Sondensystems Strom-Spannungs-Charakteristiken aufzunehmen, die nur von einer der beiden Trägerkomponenten (Elektronen *oder* positive Ionen) erzeugt werden.

Während so bei hinreichend positiv vorgespanntem Gitter an der Meßelektrode reine Elektronenstromcharakteristiken registriert werden können, lassen sich mit hinreichend negativ vorgespanntem Gitter an der Meßelektrode reine Ionenströme aufnehmen. Auf letzterem Weg wird es überhaupt erst möglich, die Ionenkomponente des Plasmas detailliert und unbeeinflußt durch die Elektronenkomponente zu untersuchen (z. B. hinsichtlich ihrer Energieverteilung und ihres Massenspektrums). Aus diesem Grund und zu diesem Zweck sind die Gittersonden entwickelt und in die Plasmadiagnostik eingeführt worden.

Eingehendere Untersuchungen an der Ionenkomponente von Laborplasmen sind mit Hilfe solcher Gittersonden z. B. von BOYD und TWIDDY (BOYD u. TWIDDY, 1959) vorgenommen und publiziert worden.

In der Raumforschung werden solche zum Studium der Ionenkomponente verwendeten Gittersonden als Bremsfeldanalysatoren oder Ionenfallen bezeichnet. Diese Bezeichnungen haben allerdings nur meßmethodische Bedeutung:
Die Bezeichnung Bremsfeldanalysator deutet an, daß mit solchen Gittersonden durch Variation der Zwischenelektrodenspannung eine Energie- und Massenanalyse der interessierenden Ionenkomponente nach dem Bremsfeldprinzip möglich ist.
Die Bezeichnung Ionenfalle hingegen ist andererseits immer dann gerechtfertigt, wenn durch hinreichend hohes negatives Potential auch der Kollektorelektrode gewährleistet ist, daß sämtliche aus dem Plasma durch die Gitterelektrode hindurchtretenden Ionen von der als Meßelektrode dienenden Kollektorelektrode auch aufgenommen werden und das Elektrodensystem nicht wieder verlassen können.

Während die bei Bremsfeldbetrieb durch die Variation der Elektrodenpotentiale entstehende Strom-Spannungs-Kennlinie den Charakter einer Anlaufstromkennlinie besitzt und somit auch Energie- und Massenstruktur der Ionenkomponente widerspiegelt, hat der bei Ionenfallenbetrieb erfaßte Meßstrom infolge der Fixierung der Elektrodenpotentiale Sättigungscharakter und läßt somit unmittelbar Rückschlüsse auf die Ionenkonzentration zu. Durch ein geeignetes Spannungsprogramm läßt sich natürlich immer erreichen, daß die Gittersonde nacheinander Bremsfeld- und Sättigungsmessungen ausführt, d. h. gleichzeitig als Bremsfeldanalysator und Ionenfalle arbeitet und damit die durch die zusätzliche Einführung einer Gitterelektrode gegenüber der Einzelsonde erweiterten Meßmöglichkeiten voll ausnutzt.

Erstmalig sind solche Gittersonden in raumforschungsspezifischer Ausführung zu Messungen der Ionenkonzentration auf dem sowjetischen Forschungssatelliten Sputnik-3 eingesetzt worden. Um die Entwicklung dieser als Ionenfallen bezeichneten Gittersonden und ihre Einführung in die extraterrestrische Meßpraxis haben sich insbesondere Gringauz und Selikman verdient gemacht. Von diesen und ihren Mitarbeitern sind eine ganze Reihe von Veröffentlichungen bekannt, in denen die Ionenfallenmessungen theoretisch begründet und Ergebnisse der praktischen Erprobung sowie mit ihnen gemessene Parameter des kosmischen Plasmas mitgeteilt und diskutiert werden (z. B. Gringauz u. Selikman, 1957; Gringauz, Bezrukikh u. Ozerov, 1961; Gringauz 1961, 1963 u. 1965). Technik und Ergebnisse der Ionenfallenmessungen auf Sputnik-3 sind auch von Whipple (z. B. Whipple, 1959 u. 1961) diskutiert worden.

Durch Einbezug des Bremsfeldbetriebes (Spannungsvariation) in die Meßprogramme konnten in der Folgezeit die Meßmöglichkeiten von Gittersonden beträchtlich erweitert werden. Genauere Beschreibungen der unter der Bezeichnung elektrostatische Analysatoren oder Bremsfeldanalysatoren eingesetzten Gittersonden und der angewandten Experimentiertechnik finden sich u. a. bei Hinteregger (Hinteregger, 1960), McKibbin (McKibbin, 1962),

Sagalyn, Smiddy und Wisnia (Sagalyn, Smiddy u. Wisnia, 1963), Hanson, McKibbin und Sharp (Hanson, McKibbin u. Sharp, 1964), Sharp, Hanson und McKibbin (Sharp, Hanson u. McKibbin, 1964), Knudsen (Knudsen, 1966) sowie Miyazaki (Miyazaki, 1967).

Eine zusammenfassende Darstellung zum Problemkomplex der elektrostatischen Analysatoren wurde von Sagalyn und Smiddy (Sagalyn u. Smiddy, 1967) gegeben, in der auch manche noch unklaren Fragen aufgezeigt und viele experimentiertechnische Hinweise enthalten sind.

Dem von Sagalyn und Mitarbeitern (z. B. Sagalyn u. Smiddy, 1963; Sagalyn, 1965) unternommenen Versuch, Gittersonden auch in der D-Region der Ionosphäre einzusetzen, war nur ein teilweiser Erfolg beschieden; es zeigte sich dabei, daß Gittersonden in der D-Region der Ionosphäre, in der die Trägerbewegung im Meßvolumen der Sonde stoßbestimmt, also nach dem Beweglichkeitskonzept verläuft, allenfalls im Ionenfallenbetrieb brauchbare Ergebnisse liefern, also allenfalls zur Bestimmung der Gesamtkonzentration der einen oder anderen Trägerart geeignet sind. Dieser Befund war zu erwarten und ist auf der Grundlage der im Abschnitt B.1.5. angestellten Überlegungen auch leicht theoretisch zu begründen.

Um die bei Gittersondenmessungen gelegentlich durch Fotoelektronenauslösung und andere Ursachen hervorgerufenen Störungen zu minimalisieren, sind Mehrgittersonden entwickelt worden. Darüber berichten u. a. Hale (Hale, 1961), Ionov (Ionov, 1964), Serbu (Serbu, 1965) und Bridge (Bridge u. Mitarbeiter, 1963 u. 1965). Eine exakte theoretische Analyse der Wirkungsweise von Vielgittersonden ist in neuerer Zeit von Smiddy und Stuart (Smiddy u. Stuart, 1969) publiziert worden.

In der Abbildung 40 sind einige gebräuchliche einfache Ausführungsformen von Gittersonden angeführt.

Die Funktionsweise von Gittersonden läßt sich grundsätzlich auf der Basis der Langmuirschen Sondentheorie verstehen und setzt damit ebenfalls stoß-

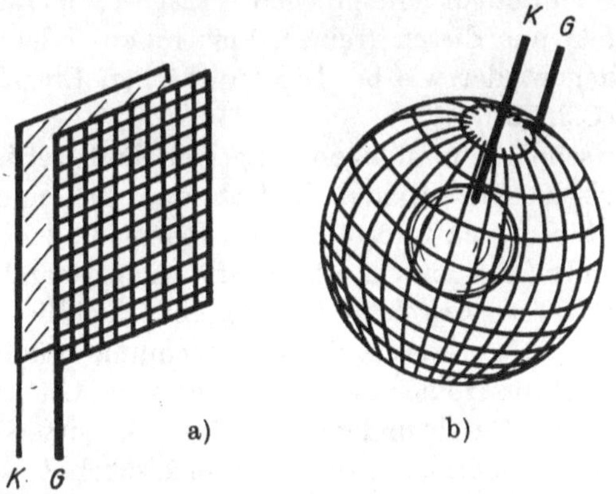

Abb. 40. Gebräuchliche Ausführungsformen von Gittersonden (Ionenfallen): a) in ebener Geometrie; b) in sphärischer Geometrie (*G* Gitterelektrode; *K* Kollektorelektrode)

freies Verhalten der Träger im Sondenmeßraum voraus. Aus diesen Gründen sind Gittersonden genauso wie LANGMUIRsche Einzelsonden im extraterrestrischen Raum nur im Höhenbereich über 90 km sinnvoll einsetzbar.

Eine einfache und zugleich theoretisch einwandfreie Berechnung der Kollektorstromkennlinie von Gittersonden ist indessen nur möglich, wenn sich das die unerwünschte Trägerart zurückhaltende Selektionsgitter selbst an der gleichen Stelle wie die Meßelektrode befindet. In diesem Fall ergeben sich „unipolare", d. h. nur von Trägern der einen oder anderen Polarität herrührende Strom-Spannungs-Kennlinien, die bei bewegter Sonde natürlich durch den Ramm-Effekt gegenüber den einfachen LANGMUIRschen Anlauf- und Saugstrom-Charakteristiken nach Maßgabe von Abschnitt B.3.2.1. modifiziert sind. In der Praxis ist dieser akademische Fall aus naheliegenden Gründen leider nie verwirklicht:
So wird beispielsweise die erwünschte Trägerkomponente vom Selektionsgitter, das sich immer in einem gewissen Abstand von der Kollektorelektrode befindet, angezogen und durch die Maschen hindurch beschleunigt. Dadurch unterliegen die Bahnkurven dieser Träger selbst bei ebener, verstärkt jedoch bei zylindrischer und sphärischer Sondengeometrie erheblichen Richtungsänderungen. Die Orbitalbewegung dieser Träger wird so verändert, daß ein Teil der an sich an der Meßelektrode vorbeifliegenden Träger auf diese hingelenkt wird und somit auffällt, während andere Träger, die an sich die Meßelektrode erreichen könnten, um diese herumgeführt werden und das System wieder verlassen können.

Aus diesen Gründen haben in der Laborplasmadiagnostik bislang fast ausschließlich ebene Gittersonden Verwendung gefunden, bei denen diese Störungen nur als Randeffekte wirksam werden und bei Verwendung von Schutzringelektroden (vgl. auch Abschn. C.2.1.4.) weitgehend unterdrückt werden können. Für solche ebenen Gittersonden ergibt die genauere Theorie dann wieder Strom-Spannungs-Charakteristiken, die in guter Näherung „unipolaren" LANGMUIRschen Einzelsondenkennlinien entsprechen. Trägertemperatur und Trägerkonzentration können aus diesen (reinen Elektronen- oder Ionenstromkennlinien) dann natürlich wieder wie bei LANGMUIRschen Einzelsonden bestimmt werden (s. Abschn. C.2.1.3.).

Für extraterrestrische Anwendungen hingegen sind neben ebenen Anordnungen auch sphärische Gittersonden in Gebrauch gekommen. Wegen ihrer großen Bedeutung für die extraterrestrische Plasmadiagnostik werden diese im folgenden Abschnitt (Abschn. C.2.3.2.) ausführlich behandelt.

Infolge der bei extraterrestrischem Einsatz unvermeidlichen Bewegung der Sonde gestalten sich die theoretische Vorausberechnung und die Interpretation experimenteller Kollektorstromcharakteristiken von Gittersonden ziemlich problematisch. Erst bei Geschwindigkeiten des die Gittersonden tragenden Raumflugkörpers, die wesentlich über der thermischen Geschwindigkeit der interessierenden Ionenkomponente liegen, werden die Verhältnisse wieder einfacher. Aus diesem Grund auch sollte der Einsatz dieser vorzugsweise zur

Diagnostik an der Ionenkomponente bestimmten Gittersonden auf Raumflugkörper beschränkt bleiben, die sich mit Satellitengeschwindigkeit oder schneller bewegen. Auf diese Einsatzbedingung ist daher auch die im nächsten Abschnitt näher ausgeführte einfache Theorie der Kollektorstromcharakteristik von ebenen und sphärischen Gittersonden zugeschnitten.

Solche satellitengetragenen Gittersonden gestatten bei sachgemäßer Wahl der Elektrodenpotentiale direkte Messungen der Ionenkonzentration, der Ionentemperatur und der Massenzusammensetzung der Ionenkomponente. Zur Messung der beiden letztgenannten Parameter muß, wie weiter oben bereits angedeutet, das Potential einer der beiden Elektroden variiert werden.
Manche Experimentatoren ziehen es dabei vor, nicht das Kollektorpotential, sondern das Gitterpotential zu variieren. Im folgenden werden deshalb beide Betriebsmöglichkeiten von Gittersonden in die Behandlung einbezogen:
Betriebsmode 1 (Kollektorpotentialvariation) — Gitterelektrode auf festem und hinreichend negativem Potential, Kollektorpotential variabel: In diesem Fall kann durch Wahl ausreichend negativen Gitterpotentials immer erreicht werden, daß nur die interessierende Ionenkomponente die Gitterfläche durchdringt. Das Gitter wirkt dann einwandfrei als Selektorelektrode. Durch geeignete Variation des Kollektorpotentials wird es möglich, die die Gitterfläche durchdringende Ionenkomponente im elektrischen Feld der Kollektorelektrode einer Bremsfeldanalyse zu unterziehen. Aus dem Ionenanlaufstrom im Bremsfeld der Kollektorelektrode können dann die Energieverteilung und daraus die Massenzusammensetzung und (unter günstigen Umständen) die Temperatur der Ionenkomponente bestimmt werden (Bremsfeldbetrieb). Bei ausreichend negativen Potentialen der Kollektorelektrode tragen alle die Gitterfläche durchdringenden Ionen zum Kollektorstrom bei. Der Meßstrom ist dann gesättigt. Aus diesem Sättigungsstrom kann die interessierende Ionenkonzentration berechnet werden. Zu ihrer Messung allein braucht das Kollektorpotential natürlich nicht variiert zu werden (Sättigungsbetrieb).
Betriebsmode 2 (Gitterpotentialvariation) — Gitterpotential variabel, Kollektorelektrode auf festem und hinreichend negativem Potential: In diesem Fall treten beide Trägerkomponenten (Ionen und Elektronen) nach Maßgabe ihrer Energieverteilung in mit dem Gitterpotential variierenden Mengen durch die Gitterfläche hindurch. Nur bei ausreichend negativen Werten seines Potentials wird das Gitter seiner Funktion als Selektorelektrode voll gerecht. Durch hinreichend negatives Kollektorpotential kann natürlich in jedem Fall erreicht werden, daß nur die gewünschte Ionenkomponente auf die Kollektorelektrode und damit zur Vermessung gelangt. Durch die kombinierte Wirkung beider Elektroden wird also ebenfalls wieder eine vollkommene Selektion ermöglicht. Im Unterschied zu Betriebsmode 1 (Kollektorpotentialvariation) erfolgt bei der Betriebsmode 2 (Gitterpotentialvariation) die Energieanalyse der interessierenden Ionenkomponente im Bremsfeld der Gitterelektrode. Der durch die Gitterfläche hindurchtretende Ionenanlaufstrom wird von der notwendigerweise auf ausreichend negativem Potential gehaltenen Kollektorelektrode als

Meßstrom aufgenommen und kann dann ähnlich wie bei Betriebsmode 1 zur Ermittlung der Energieverteilung bzw. zur Bestimmung der Temperatur und der Massenzusammensetzung der Ionenkomponente verwendet werden (Bremsfeldbetrieb). Bei ausreichend negativen Potentialen der Gitterelektrode werden alle aus dem Plasma zur Gitterfläche gelangenden Ionen durch diese hindurchgelassen und von der Kollektorelektrode als Meßstrom aufgenommen. Aus diesem läßt sich dann wieder die interessierende Ionenkonzentration bestimmen. Zu ihrer Messung allein braucht das Gitterpotential natürlich nicht variiert zu werden.

Obzwar diese Betriebsmode 2, bei der die eigentliche Bremsfeldanalyse nicht wie bei Betriebsmode 1 im (geschützten) Raum zwischen Gitter- und Kollektor-

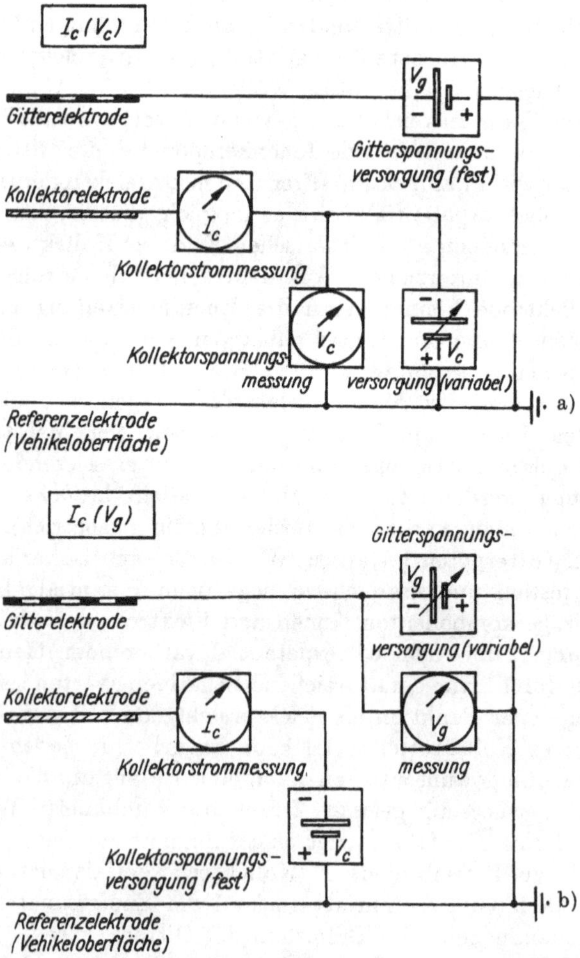

Abb. 41. Elektrische Prinzipschaltung von Gittersonden: a) Betriebsmode 1 – Kollektorpotentialvariation; b) Betriebsmode 2 – Gitterpotentialvariation

elektrode, sondern in der der Gitterelektrode vorgelagerten Plasmarandschicht erfolgt, manche schwer zu übersehenden Fehlermöglichkeiten und Unsicherheiten infolge der durch die Gitterpotentialvariation bedingten Änderung der Plasmarandschicht in sich birgt, ist mit ihr eine theoretisch einfachere und damit vertrauenswürdigere Bestimmung der Ionentemperatur als mit Betriebsmode 1 möglich. Aus diesen Gründen wird sie in der extraterrestrischen Meßtechnik oft angewendet.

Die den beiden Betriebsmoden entsprechenden elektrischen Grundschaltungen von Gittersonden sind in Abbildung 41a und b nochmals angegeben.

Es bedarf wohl kaum der Erwähnung, daß bei Umkehr der Polarität sowohl der Gitter- als auch der Kollektorelektrode ganz analog die Ionenkomponente ausgeschlossen wird und an der Meßelektrode (Kollektorelektrode) nur noch die Elektronenkomponente zur Vermessung gelangt. Da Messungen an der Elektronenkomponente jedoch viel einfacher mit (Langmuirschen) Einzelsonden durchführbar sind, ist ein solches Betriebsregime ungebräuchlich.
Für Präzisionsmessungen an der Elektronenkomponente oder intermittierende Simultanmessungen an Ionen- und Elektronenkomponente indessen sind umgekehrt gepolte Ionenfallen jedoch gelegentlich unter der Bezeichnung Elektronenfallen eingesetzt worden (siehe auch Abschn. C.2.3.6.).

C.2.3.2. Vereinfachte Theorie der Kollektorstromkennlinien von satellitengetragenen Gittersonden (kalte Näherung)

Eine genaue Theorie der Gittersonde würde erfordern, den auf den Kollektor auffallenden Trägerstrom aus der Dichte- und Geschwindigkeitsverteilung der Träger im ungestörten Plasma in Abhängigkeit von Kollektor- und Gitterpotential und der mit letzterem verbundenen Plasmarandschichtstruktur zu berechnen. Erschwerend treten dabei im extraterrestrischen Plasma die Bewegung des Sondensystems und die Ausbildung einer Wake auf seiner Rückseite in Erscheinung. Zur analytischen Erfassung des Kollektorstroms müßten daher unter Einschluß von Ramm- und Wake-Effekt zunächst die Verteilungsfunktionen der Träger an der durch die Plasmarandschicht vom ungestörten Plasma getrennten Gitterelektrode berechnet werden. Mit diesen (gegenüber dem ungestörten Plasma natürlich modifizierten) Verteilungsfunktionen der Träger an der Gitterfläche könnte dann in Analogie zur Langmuirschen Einzelsondentheorie versucht werden, den letztlich interessierenden Kollektorstrom zu ermitteln.
Wie eingehendere Überlegungen ergeben, ist diese komplizierte Aufgabe nur auf numerischem Weg zu bewältigen. Solche numerischen Lösungen sind jedoch nicht verallgemeinerungsfähig und damit für die Sondenpraxis ziemlich wertlos.

Wir werden uns deshalb im folgenden mit der theoretischen Behandlung des vergleichsweise einfachen, aber zugleich sehr wichtigen Spezialfalls des Einsatzes von Gittersonden auf sehr schnell bewegten Raumflugkörpern, die sich mit

Satellitengeschwindigkeit oder höheren Geschwindigkeiten bewegen, begnügen. Um die Entwicklung der entsprechenden Betrachtungsweisen und die Erprobung der daraus resultierenden Theorien in der Raumforschungspraxis haben sich vor allem Gringauz, Selikman und Mitarbeiter sehr verdient gemacht (z. B. Gringauz u. Selikman, 1957; Gringauz, Bezrukikh u. Ozerov, 1961; Gringauz, 1961 u. 1963).

Bei einer solch schnellen Bewegung des Sondensystems darf angenommen werden, daß die thermische Geschwindigkeit der Ionen gegenüber der Vehikelgeschwindigkeit vernachlässigt werden kann (vgl. Abschn. B.3.2.1.). Die nachfolgend dargelegte, auf dieser Voraussetzung aufbauende einfache Ionenfallentheorie läßt also die thermische Bewegung der Ionen gänzlich außer acht und erhält somit den Charakter einer kalten Näherung.
Eine solche ist naturgemäß nicht in der Lage, Aussagen über den Einfluß der Ionentemperatur auf den Meßstrom zu machen. Dieser Einfluß der thermischen Bewegung der Ionen wird deshalb in Abschnitt C.2.3.3. gesondert erörtert.

Um von einer Mitberücksichtigung der störenden Elektronenkomponente von vornherein absehen zu können, wird im folgenden angenommen, daß sich entweder die Gitterelektrode (Betriebsmode 1) oder die Kollektorelektrode (Betriebsmode 2) auf ausreichend negativem Potential befindet. Damit wird die fragliche Gittersonde zu einer Sonde, auf deren Kollektor nur Ionen, aber keine Elektronen mehr gelangen können.
Die nachfolgende Behandlung beschränkt sich auf die in der Praxis allein wichtigen Fälle der ebenen und sphärischen Elektrodengeometrie.

C.2.3.2.1. Ebene Elektrodengeometrie

In der vorausgesetzten kalten Näherung läßt sich der Ionenstrom in der Gitterebene als reiner durch die Vehikelbewegung bedingter Aufkehrstrom (vgl. Gl. B.3.2.1-9) auffassen und beträgt

$$I_g = FN_+ev_V \cos\alpha \,. \tag{C.2.3.2.1-1}$$

Die in ihm enthaltenen Ionen bewegen sich dabei infolge der Vehikelbewegung senkrecht zur Gitterebene mit einer Geschwindigkeit von $v_+ = v_V \cos\alpha$ und treten daher mit der dieser Bewegung entsprechenden kinetischen Energie von

$$W = \frac{m_+}{2} v_V^2 \cos^2\alpha \tag{C.2.3.2.1-2}$$

in das elektrische Feld der Kollektorelektrode (Betriebsmode 1) bzw. der Gitterelektrode (Betriebsmode 2) ein. Je nachdem, ob das Kollektor- bzw. Gitterpotential V negativer oder positiver als das der gerichteten Bewegung der Ionen entsprechende kritische Potential

$$V^* = \frac{m_+}{2e} v_V^2 \cos^2\alpha \tag{C.2.3.2.1-3}$$

ist, können die fraglichen Ionen den Kollektor erreichen oder werden von diesem oder der Gitterelektrode zurückgestoßen. Dementsprechend besitzt der Kollektorstrom, d. h. der mit der Gittertransparenz g modifizierte Anteil des Ionenstroms in der Gitterebene (Gl. C.2.3.2.1-1) für $V < V^*$ gemäß

$$I_c = gFN_+ev_V \cos\alpha \qquad \text{(C.2.3.2.1-4a)}$$

Sättigungscharakter und wird für $V \geqq V^*$ Null:

$$I_c = 0\,. \qquad \text{(C.2.3.2.1-4b)}$$

Diese Aussage gilt bei ebener Elektrodengeometrie für beide Betriebsmoden gleichermaßen. Der Kollektorsättigungsstrom ist zur Bestimmung der Ionenkonzentration natürlich vorzüglich geeignet.

Da das kritische Potential V^*, bei dem der Kollektorsättigungsstrom sprunghaft auf Null abfällt, von der Ionenmasse abhängt und damit für verschiedene Ionenmassen verschieden ist, ergibt sich bei Anwesenheit mehrerer Ionenarten schließlich der in Abbildung 42 wiedergegebene Verlauf des Kollektorstroms in Abhängigkeit von Kollektorpotential bzw. Gitterpotential. Wie man unmittelbar sieht, spiegelt sich die Massenzusammensetzung der Ionenkomponente in der Struktur des Kollektorstroms deutlich wider.

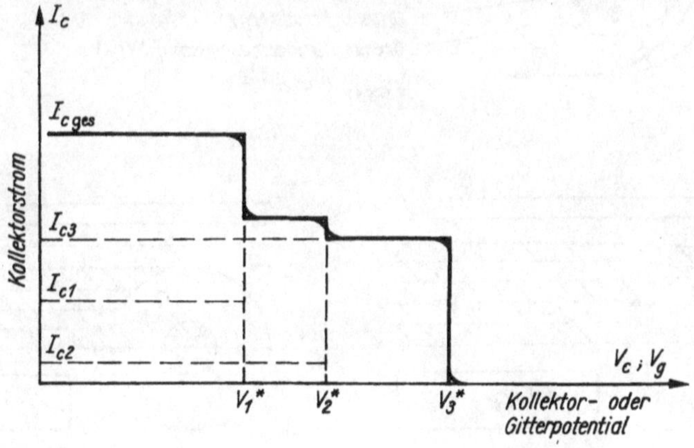

Abb. 42. Verlauf des Kollektorstromes von Gittersonden ebener Geometrie (Charakteristik der ebenen Ionenfalle)

C.2.3.2.2. Sphärische Elektrodengeometrie

Im Unterschied zur ebenen Geometrie, bei der der Kollektorstrom als Sättigungsstrom oder Nullstrom nicht mehr weiter vom Kollektor- bzw. Gitterpotential abhängig ist, gestalten sich bei sphärischer Geometrie die Überlegungen etwas komplizierter.

Qualitativ ist zunächst klar, daß hier die sich um die Gitterelektrode ausbildende und vom Gitterpotential abhängige Plasmarandschichtstruktur die effektive Einfangfläche der Gittersonde beeinflußt. Stark negative Gitterpotentiale erhöhen den Zustrom positiver Träger offenbar, weniger stark negative Gitterpotentiale setzen ihn herab. Eingedenk dessen kann der Ionenstrom zur Gitterfläche als ein durch eine effektive Einfangfläche der Gittersonde beeinflußter und gesteuerter Ionenaufkehrstrom (Gl. B.3.2.1-9)

$$I_g = N_+ e v_V F_{\text{eff}} \tag{C.2.3.2.2-1}$$

aufgefaßt werden.

Die effektive Einfangfläche berücksichtigt hierin den nicht vernachlässigbaren Einfluß des Gitterpotentials. Zur Veranschaulichung der vorliegenden Verhältnisse können die Abbildungen 43a und b dienen: Augenscheinlich können die Gitterfläche nur diejenigen Ionen erreichen, die innerhalb einer Kreisfläche

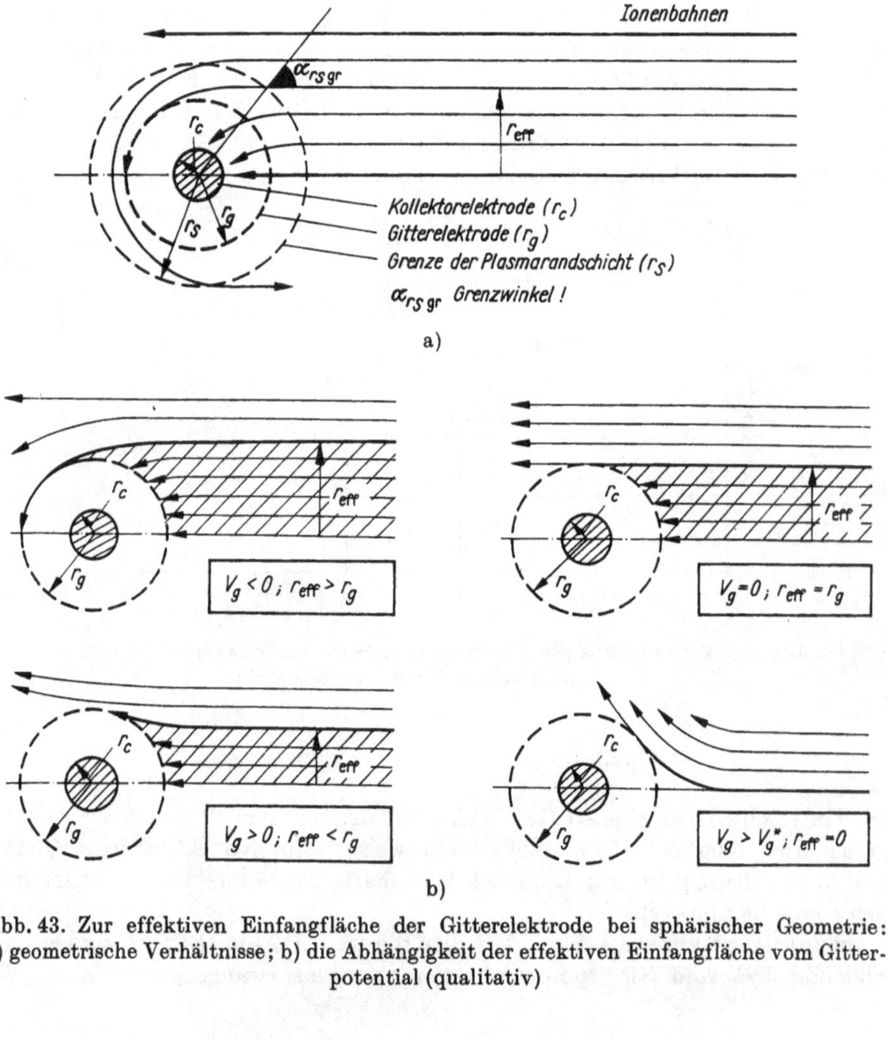

Abb. 43. Zur effektiven Einfangfläche der Gitterelektrode bei sphärischer Geometrie: a) geometrische Verhältnisse; b) die Abhängigkeit der effektiven Einfangfläche vom Gitterpotential (qualitativ)

mit dem Radius r_{eff} anströmen. Mit Hilfe der Abbildung 43a läßt sich diese effektive Einfangfläche berechnen. Unter Verwendung von Energie- und Drehimpulssatz

$$\frac{m_+}{2} v_{r_g}^2 = \frac{m_+}{2} v_V^2 - eV_g\,, \qquad \frac{v_{r_g}}{v_V} = \sqrt{1 - \frac{2eV_g}{m_+ v_V^2}}\,,$$

$$r_S v_V \sin \alpha_{r_S} = r_g v_{r_g} \sin \alpha_{r_g}$$

ergibt sich dann für diejenigen Ionen, die streifend in die Gitterfläche einfallen und diese damit gerade noch erreichen (stark ausgezogene Grenzkurve; $\sin \alpha_{r_g} = 1$) ein Grenzwinkel $\alpha_{r_S gr}$ an der Plasmarandschichtgrenze von

$$\sin \alpha_{r_S gr} = \frac{r_g v_{r_g}}{r_S v_V} = \frac{r_g}{r_S} \sqrt{1 - \frac{2eV_g}{m_+ v_V^2}}$$

und mit diesem wegen

$$r_{eff} = r_S \sin \alpha_{r_S gr}$$

für die effektive Einfangfläche der Ionenfalle

$$F_{eff} = \pi r_{eff}^2 = \pi r_g^2 \left(1 - \frac{2eV_g}{m_+ v_V^2}\right). \qquad \text{(C.2.3.2.2-2)}$$

Für negative Gitterpotentiale ($V_g < V_P = 0$) ist diese effektive Einfangfläche gegenüber der geometrischen Querschnittsfläche der Ionenfalle πr_g^2 vergrößert, für positive Gitterpotentiale ($V_g > V_P = 0$) entsprechend verkleinert. Für ein kritisches Gitterpotential

$$V_g^* = \frac{m_+}{2e} v_V^2 > 0 \qquad \text{(C.2.3.2.2-3)}$$

schließlich wird die effektive Einfangfläche Null, d. h., die Gitterfläche kann von den anströmenden Ionen nicht mehr erreicht werden (vgl. Abb. 43b).

Mit dieser effektiven Einfangfläche folgt aus Gleichung C.2.3.2.2-1 für den Ionenstrom in der Gitterfläche unmittelbar

$$I_g = \pi r_g^2 \left(1 - \frac{2eV_g}{m_+ v_V^2}\right) N_+ e v_V\,. \qquad \text{(C.2.3.2.2-4)}$$

Dieser ist naturgemäß vom Gitterpotential und nicht vom Kollektorpotential abhängig und wird für alle Gitterpotentiale $V_g \geqq V_g^*$ permanent Null. Von diesem Ionenstrom kann durch die Gitterfläche selbst natürlich wiederum nur der der Gittertransparenz g entsprechende Anteil hindurchtreten.

Im Unterschied zur ebenen Geometrie sind bei sphärischer Geometrie auch in der kalten Näherung die Geschwindigkeiten der Ionen senkrecht zu den Elektrodenflächen nicht einheitlich, sondern in verwickelter Weise vom Ort auf der Gitter- bzw. Kollektorfläche abhängig. Trotzdem läßt sich auch hier ähnlich wie bei der ebenen Gittersonde für die Kollektorelektrode ein kritisches Potential angeben, unterhalb dessen alle durch die Gitterfläche tretenden Ionen den Kollektor erreichen können:

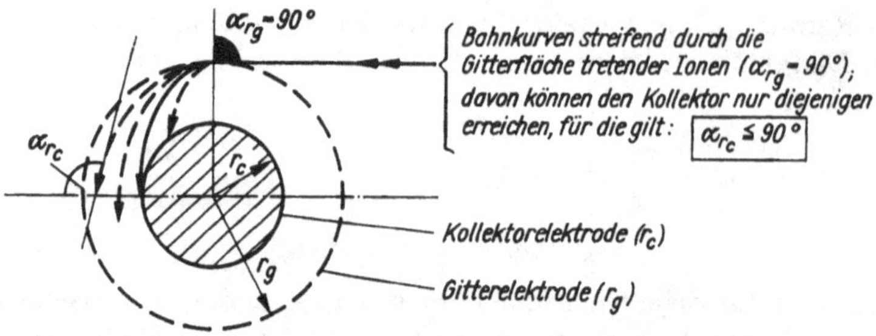

Abb. 44. Zur Sammelwirkung der Kollektorelektrode sphärischer Gittersonden (geometrische Verhältnisse)

Damit alle durch das Gitter hindurchtretenden Ionen tatsächlich auf den Kollektor gelangen, müssen gemäß Abbildung 44 auch die streifend durch die Gitterfläche tretenden Teilchen ($\sin \alpha_{r_g} = 1$) auf den Kollektor, wenigstens auch streifend ($\sin \alpha_{r_c} \leqq 1$), auffallen. Unter Verwendung von Energie- und Drehimpulssatz

$$\frac{m_+}{2} v_{r_g}^2 - e(V_c - V_g) = \frac{m_+}{2} v_{r_c}^2 ,$$

$$r_g v_{r_g} \sin \alpha_{r_g} = r_c v_{r_c} \sin \alpha_{r_c}$$

erhält man mit obigen Forderungen ($\sin \alpha_{r_g} = 1$; $\sin \alpha_{r_c} \leqq 1$) über

$$\frac{v_{r_c}}{v_{r_g}} = \sqrt{1 - \frac{2e(V_c - V_g)}{m_+ v_{r_g}^2}}$$

und

$$\frac{r_g v_{r_g}}{r_c v_{r_c}} \leqq 1$$

bzw.

$$\frac{r_g}{r_c} \leqq \sqrt{1 - \frac{2e(V_c - V_g)}{m_+ v_{r_g}^2}}$$

schließlich für dieses kritische Kollektorpotential

$$V_c^* = V_g + \left[1 - \left(\frac{r_g}{r_c}\right)^2\right] \frac{m_+ v_{r_g}^2}{2e} \leqq V_g . \qquad \text{(C2.3.2.2-5)}$$

Hierin bedeutet v_{r_g} die größte Transversalgeschwindigkeit der Ionen am Gitter. Wegen $r_g > r_c$ ist dieses kritische Kollektorpotential immer niedriger (negativer) als das Gitterpotential.

Die auf diese Weise erhaltenen Ergebnisse lassen sich selbstverständlich auf beide Betriebsmoden anwenden:

Für Betriebsmode 1 (Kollektorpotentialvariation) ergibt sich so, daß für Kollektorpotentiale $V_c \leqq V_c^*$ der Kollektorstrom

$$I_c = g \pi r_g^2 \left(1 - \frac{2e V_g}{m_+ v_V^2}\right) N_+ e v_V \qquad \text{(C2.3.2.2-6)}$$

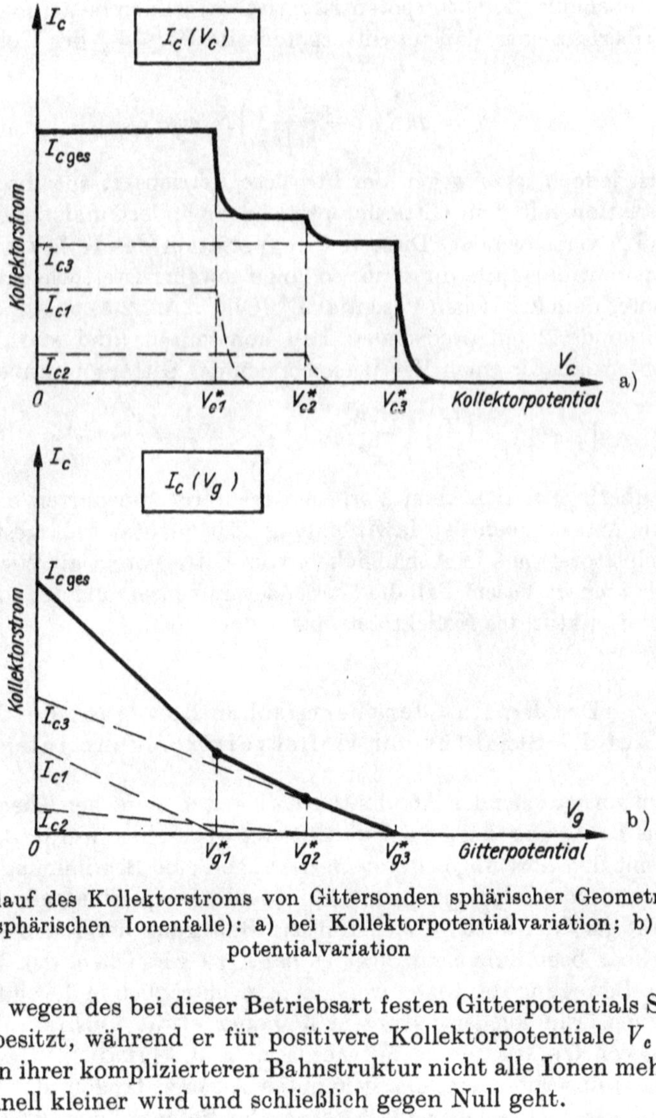

Abb. 45. Verlauf des Kollektorstroms von Gittersonden sphärischer Geometrie (Charakteristik der sphärischen Ionenfalle): a) bei Kollektorpotentialvariation; b) bei Gitterpotentialvariation

beträgt und wegen des bei dieser Betriebsart festen Gitterpotentials Sättigungscharakter besitzt, während er für positivere Kollektorpotentiale $V_c > V_c^*$, bei denen wegen ihrer komplizierteren Bahnstruktur nicht alle Ionen mehr anlaufen können, schnell kleiner wird und schließlich gegen Null geht.

Beim Vorliegen mehrerer Ionenarten überlagern sich genauso wie bei der ebenen Ionenfalle wiederum die einzelnen Stromanteile, und es ergibt sich dann qualitativ der in Abbildung 45a wiedergegebene Verlauf des Kollektorstroms in Abhängigkeit von der Kollektorspannung. Im Unterschied zur entsprechenden Abbildung für den Kollektorstrom der ebenen Ionenfalle (vgl. Abb. 42) erfolgt der Übergang vom Sättigungswert auf Null hier jedoch nicht mehr sprunghaft, sondern wegen der komplizierteren Bahnstruktur der Träger mehr oder weniger verschliffen.

Für Betriebsmode 2 (Gitterpotentialvariation) andererseits folgt aus vorstehenden Überlegungen, daß für Gitterpotentiale $V_g \leqq V_g^*$ der Kollektorstrom wiederum

$$I_c = g\pi r_g^2 \left(1 - \frac{2eV_g}{m_+ v_V^2}\right) N_+ e v_V \tag{C.2.3.2.2-7}$$

beträgt, sich jedoch jetzt wegen der für diese Betriebsart spezifischen Gitterpotentialvariation mit dem Gitterpotential linear ändert und für Gitterpotentiale $V_g > V_g^*$ verschwindet. Diese lineare Variation des Kollektorstroms mit dem Gitterpotential ist allerdings nur so lange gewährleistet, wie das Kollektorpotential unter dem kritischen Potential V_c^* (Gl. C.2.3.2.2-5) bleibt, d. h. in dem der Betriebsmode 2 entsprechenden Fall konstanten (und stark negativen) Kollektorpotentials für einen Variationsbereich des Gitterpotentials von

$$V_c - \left[1 - \left(\frac{r_g}{r_c}\right)^2\right] \frac{m_+ v_{r_g}^2}{2e} < V_g \left(< V_g^* = \frac{m_+}{2e} v_V^2\right). \tag{C.2.3.2.2-8}$$

Wiederum überlagern sich beim Vorliegen mehrerer Ionenarten die einzelnen Stromanteile und ergeben den in Abbildung 45b qualitativ dargestellten Verlauf des Kollektorstroms in Abhängigkeit vom Gitterpotential. Wie man sieht, spiegelt sich auch in diesem Fall die Massenzusammensetzung der Ionenkomponente in der Struktur des Kollektorstroms wider.

C.2.3.3. Der Einfluß der thermischen Bewegung der Ionen auf die Struktur der Kollektorstromkennlinien

Da in der im vorhergehenden Abschnitt entwickelten einfachen Theorie von der thermischen Bewegung der Ionen vollständig abgesehen wurde (kalte Näherung!), ist mit den dort abgeleiteten Beziehungen eine Bestimmung der Ionentemperatur natürlich nicht möglich. Da jedoch die experimentellen Kollektorstromcharakteristiken durch die thermische Bewegung der Ionen erwartungsgemäß merkbar beeinflußt sind, liegt es nahe, zu versuchen, den Einfluß der thermischen Bewegung der Ionen wenigstens nachträglich in die einfache Theorie einzubauen. Ein solcher naturgemäß immer etwas umstrittener Versuch wurde u. a. von Gringauz und Mitarbeitern (z. B. Gringauz, Bezrukikh u. Ozerov, 1961) unternommen. Die genannten Autoren fanden, daß ein solches Vorgehen nur für die Betriebsmode 2, bei der das Potential der äußeren, dem zu vermessenden Plasma zugekehrten Gitterelektrode variiert wird, einfach überschaubar ist, und beschränkten sich deshalb auf die Behandlung dieser Betriebsmöglichkeit.

Mit einer die Vehikelgeschwindigkeit berücksichtigenden anisotropen Verteilungsfunktion der Träger (vgl. auch Gl. B.3.2.1-1) gemäß

$$f(\dot{\boldsymbol{r}} - \boldsymbol{v}_V) = \frac{1}{\pi^{3/2} v_W^3} \exp\left[-(\dot{\boldsymbol{r}} - \boldsymbol{v}_V)^2 / v_W^2\right] \tag{C.2.3.3-1}$$

läßt sich dann der Kollektorstrom einer ebenen, senkrecht zur Vehikelbewegung orientierten Gittersonde ($\cos\alpha = 1$) nach

$$I_c(V_g) = gFN_+e\left(\frac{m_+}{2\pi kT_+}\right)^{3/2} \int\limits_{\sqrt{2eV_g/m_+}}^{+\infty} \dot{\boldsymbol{r}} \exp\left[-(m_+/2kT_+)\,(\dot{\boldsymbol{r}} - \boldsymbol{v}_V)^2\right] \mathrm{d}\dot{\boldsymbol{r}} \quad \text{(C.2.3.3-2)}$$

berechnen. Ähnlich kann für eine sphärische Gittersonde unter Berücksichtigung des bereits in der kalten Näherung für den Kollektorstrom erhaltenen Ergebnisses (Gl. C.2.3.2.2-7) der Ansatz

$$I_c(V_g) = g\pi r_g^2 N_+e\left(\frac{m_+}{2\pi kT_+}\right)^{3/2} \iiint v_+\left(1 - \frac{2eV_g}{m_+v_+^2}\right) \times \exp\left[-(m_+/2kT_+)\,(v_+ - v_V)^2\right] \mathrm{d}v_+ \quad \text{(C.2.3.3-3)}$$

gemacht werden.
Für ebene Geometrie läßt sich obiges Integral (Gl. C.2.3.3-2) geschlossen auswerten und liefert

$$I_c(V_g) = gF\frac{N_+e\overline{v}_+}{4}\{\exp\left[-(\xi - \sqrt{|\eta|})^2\right] + \sqrt{\pi}\,\xi[1 + \operatorname{erf}(\xi - \sqrt{|\eta|})]\} \quad \text{(C.2.3.3-4)}$$

mit $\xi = \frac{v_V}{v_W}\cos\alpha$, $\eta_g = \frac{eV_g}{kT_+}$ und $\operatorname{erf}(x) = \frac{2}{\sqrt{\pi}}\int\limits_0^x \exp(-t^2)\,\mathrm{d}t$ (vgl. auch Gl. B.3.2.1-3; Anlaufstrom!).
Für sphärische Geometrie hingegen kann obiges Integral (Gl. C.2.3.3-3) nur numerisch berechnet werden.

In beiden Fällen können die auf solche Weise temperaturkorrigierten Kollektorströme mit denen aus der einfachen kalten Näherung verglichen werden. Ein solcher Vergleich ergibt bei ebener Geometrie, daß

a) der Kollektorstrom bei Gitterpotentialen $V_g \ll V_g^*$ genau mit dem der vereinfachten Theorie zusammenfällt und bei Gitterpotentialen $V_g \gg V_g^*$ Null wird,

b) der Übergang vom Sättigungswert auf Null beim kritischen Potential $V_g^* = \frac{m_+}{2e}\,v_V^2\cos^2\alpha$ (Gl. C.2.3.2.1-3) nicht mehr sprunghaft, sondern durch den Einfluß der thermischen Bewegung der Ionen verschliffen erfolgt.

Ähnlich ergibt sich für sphärische Geometrie, daß

a) der Kollektorstrom ebenfalls nur bei Gitterpotentialen $V_g \ll V_g^* = \frac{m_+}{2e}\,v_V^2$ genau mit dem der vereinfachten Theorie zusammenfällt, bei höheren Potentialen jedoch weniger stark abfällt als in der kalten Näherung,

b) der Kollektorstrom infolge der thermischen Bewegung der Ionen nicht wie in der kalten Näherung beim kritischen Gitterpotential $V_g^* = \frac{m_+}{2e}\,v_V^2$ Null wird, sondern erst bei (viel) höheren Potentialen asymptotisch gegen Null geht.

In den Abbildungen 46a und b ist dieser Einfluß der Ionentemperatur auf die Struktur der Kollektorstromkennlinie für ebene und sphärische Gittersonden in Betriebsmode 2 (Gitterpotentialvariation) skizziert. Diese Beeinflussung der Struktur des Kollektorstroms durch die thermische Bewegung der Ionen ist experimentell bestätigt und kann grundsätzlich zur Bestimmung der Ionentemperatur genutzt werden.

Ganz ähnliche Ergebnisse sind natürlich auch für die Betriebsmode 1 (Kollektorpotentialvariation) zu erwarten. Da bei dieser die nachträgliche Berücksichtigung des Einflusses der thermischen Bewegung der Ionen jedoch schwerer überschaubar ist, sind hierzu bislang noch keine eingehenderen theoretischen Untersuchungen angestellt worden. Dies ist auch der Grund dafür, weswegen die sonst etwas anfechtbare und in der Laborplasmadiagnostik meist gemiedene

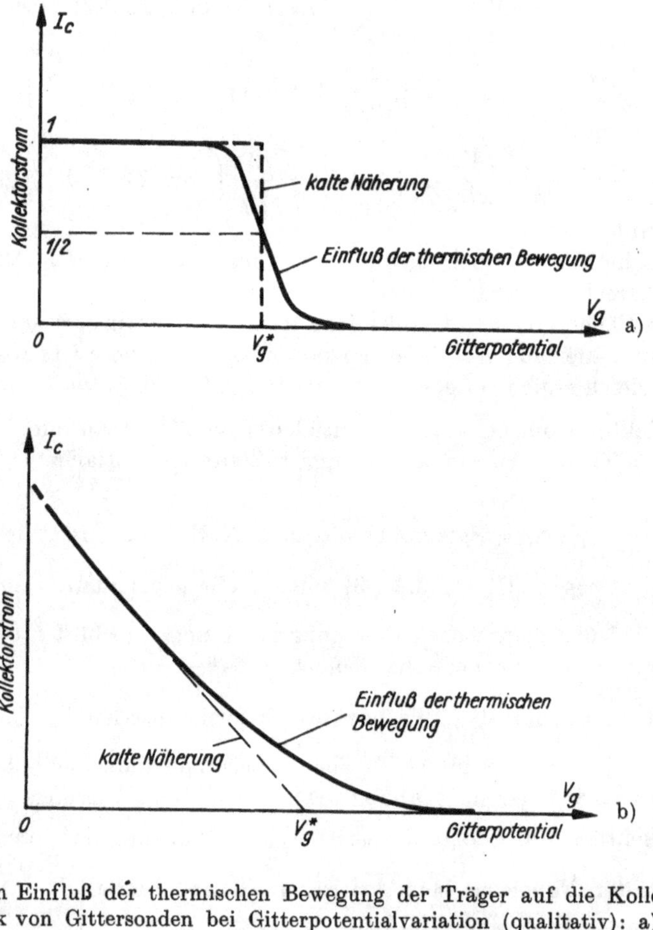

Abb. 46. Zum Einfluß der thermischen Bewegung der Träger auf die Kollektorstromcharakteristik von Gittersonden bei Gitterpotentialvariation (qualitativ): a) für ebene Elektrodengeometrie; b) für sphärische Elektrodengeometrie

Betriebsmode 2 (Gitterpotentialvariation) in der extraterrestrischen Plasmadiagnostik immer wieder zur Bestimmung der Ionentemperatur herangezogen wird.

C.2.3.4. Zur Auswertung der Kollektorstromkennlinien von satellitengetragenen Gittersonden

Zur Bestimmung der Ionenkonzentrationen mittels Gittersonden bieten sich auf den ersten Blick alle Geometrien und Betriebsregime an, bei denen die Kollektorstromkennlinien stückweise gesättigt sind. Das ist bei ebener Elektrodengeometrie für beide Betriebsmoden der Fall.

Mit Gleichung C.2.3.2.1-4a ergibt sich dann für die totale bzw. partielle Ionenkonzentration

$$N_{+\mathrm{ges}} = \sum_j N_{+j} = \frac{I_{c\,\mathrm{ges}}}{gFev_V \cos\alpha} \qquad \text{(C.2.3.4.-1a)}$$

bzw.

$$N_{+j} = \frac{I_{cj}}{gFev_V \cos\alpha}\,. \qquad \text{(C.2.3.4-1b)}$$

Hierin bedeuten $I_{c\,\mathrm{ges}}$ den totalen Sättigungsstrom und I_{cj} den Anteil der betreffenden Ionenart an diesem Sättigungsstrom. Letzterer entspricht der Differenz jeweils zweier aufeinanderfolgender Sättigungsstufen.

Bei sphärischer Elektrodengeometrie hingegen bildet der Kollektorstrom nur in Betriebsmode 1 Sättigungsstufen aus. Mit Gleichung C.2.3.2.2-6 folgt dann für die totale bzw. partielle Ionenkonzentration ganz ähnlich

$$N_{+\mathrm{ges}} = \sum_j N_{+j} = \frac{I_{c\,\mathrm{ges}}}{g\pi r_g^2 ev_V \sum\limits_j \left(1 - \dfrac{2eV_g}{m_{+j}v_V^2}\right)} \qquad \text{(C.2.3.4-2a)}$$

bzw.

$$N_{+j} = \frac{I_{cj}}{g\pi r_g^2 ev_V \left(1 - \dfrac{2eV_g}{m_{+j}v_V^2}\right)}\,. \qquad \text{(C.2.3.4-2b)}$$

Wie hieraus ersichtlich ist, müssen zur Bestimmung der Ionenkonzentration mittels sphärischer Gittersonden außer dem Gitterpotential zusätzlich auch die Massen der beteiligten Ionen bekannt sein.

Die Notwendigkeit, das Gitterpotential explizit zu kennen, entfällt bei Messungen mit sphärischen Gittersonden in der Betriebsmode 2. Bei dieser läßt sich die für hinreichend negative Gitterpotentiale immer gewährleistete quasilineare und quasi temperaturunabhängige Variation des Kollektorstroms mit dem Gitterpotential zur Bestimmung der Ionenkonzentration nutzen. Durch Differentiation des Kollektorstroms (Gl. C.2.3.2.2-7) nach dem Gitterpotential folgt nämlich für die totale Ionenkonzentration recht einfach

$$N_{+\text{ges}} = \sum_j N_{+j} = -\frac{v_V \sum m_{+j}}{g\pi r_g^2 \cdot 2e^2}\left(\frac{\mathrm{d}I_{c\,\text{ges}}}{\mathrm{d}V_g}\right). \tag{C.2.3.4-3}$$

Augenscheinlich entspricht diese Methode, bei der die Steigung der Kollektorstromcharakteristik zur Bestimmung der Ionenkonzentration verwendet wird, der bereits in Abschnitt C.2.1.7.1. bei den Einzelsonden behandelten Wing-slope-Technik. Wegen der Beeinflussung des Kollektorstroms durch die thermische Bewegung der Ionen (vgl. Abschn. C.2.3.3.) läßt sich bei hohen Ionentemperaturen dieses Verfahren in der Praxis allerdings meist nur zur Bestimmung der totalen Ionenkonzentration nutzen.

Zur Ermittlung der noch offenen Ionenmassen macht man sich den Umstand zunutze, daß die Elektrodenpotentiale, bei denen charakteristische Strukturänderungen (Stufen, Knicke) des Kollektorstroms auftreten, massenabhängig sind. So können bei ebener Elektrodengeometrie die fraglichen Ionenmassen unmittelbar aus den sich durch sprunghafte Kollektorstromänderungen anzeigenden kritischen Kollektor- bzw. Gitterpotentialen (Gl. C.2.3.2.1-3) gemäß

$$m_{+j} = \frac{2eV_j^*}{v_V^2 \cos^2\alpha} \tag{C.2.3.4-4}$$

berechnet werden. Ganz entsprechend ergibt sich für sphärische Elektrodengeometrie in der Betriebsmode 1 aus dem kritischen Kollektorpotential (Gl. C.2.3.2.2-5)

$$m_{+j} = \frac{2e(V_{cj}^* - V_g)}{v_{r_g}^2[1 - (r_g/r_c)^2]}. \tag{C.2.3.4-5}$$

Hierbei wird der Vorteil, daß zur Massenbestimmung nicht das Gitter- bzw. kritische Kollektorpotential selbst, sondern nur deren in der Praxis leicht meßbare Differenz gebraucht wird, durch den Nachteil aufgewogen, daß zusätzlich die maximale Transversalgeschwindigkeit der Ionen v_{r_g} am Gitter bekannt sein oder bestimmt werden muß.

In der Praxis hat es sich als zweckmäßig erwiesen, die gesuchten kritischen Kollektor- bzw. Gitterpotentiale durch Differentiation des Kollektorstroms nach dem Kollektor- bzw. Gitterpotential aus der Struktur der Kollektorstromkennlinie deutlicher hervortreten zu lassen. Das auf diese Weise entstehende „Massenspektrum" kann außer zur Identifizierung der beteiligten Ionenmassen unter günstigen Umständen auch zur groben Bestimmung der Häufigkeitsverteilung der betreffenden Ionenarten benutzt werden.

Sphärische Ionenfallen in Betriebsmode 2 sind zur Ermittlung der Ionenmassen weniger geeignet, da hier die das Vorhandensein verschiedener Ionenmassen im gitterpotentialproportionalen Kollektorstrom anzeigenden Knicke infolge des Einflusses der thermischen Bewegung der Ionen fast nie scharf genug ausgeprägt sind. Bei Vorhandensein (oder starkem Überwiegen) nur einer Ionenmasse kann dieselbe natürlich auch hier aus dem kritischen Gitterpotential

(Gl. C.2.3.2.2-3) gemäß

$$m_{+j} = \frac{2eV_g^*}{v_V^2} \tag{C.2.3.4-6}$$

oder entsprechend der Wing-slope-Technik auch direkt aus der Steigung des Kollektorstroms (Gl. C.2.3.4-3) nach

$$m_{+j} = \frac{2e^2 N_{+j} g \pi r_g^2}{v_V} \cdot \frac{1}{(\mathrm{d}I_{cj}/\mathrm{d}V_g)} \tag{C.2.3.4-7}$$

ermittelt werden.

Bei all den Methoden, die zur Konzentrations- oder Massenbestimmung Absolutwerte von Kollektor- oder Gitterpotential verwenden, muß beachtet werden, daß die in der Theorie und damit in den Formeln verwendeten Potentiale auf Plasmapotential als Nullpunkt bezogen sind und deshalb nicht direkt gemessen werden können. Sie sind gegen die direkt meßbaren, auf Vehikelpotential als Nullpunkt bezogenen Elektrodenpotentiale immer um die Kontaktpotentialdifferenz zwischen Raumflugkörper bzw. stromlosem Sondensystem und umgebendem Plasma verschoben. Daher ist zur Auswertung von Gittersondenkennlinien in der Regel die zusätzliche Kenntnis des Gleichgewichtspotentials von Raumflugkörper bzw. Sondensystem erforderlich.
Die Ermittlung dieses Gleichgewichtspotentials geschieht bei Gittersonden am zweckmäßigsten so, daß Gitter und Kollektor zeitweise zusammengeschaltet werden und dieses kombinierte System als LANGMUIRsche Einzelsonde betrieben wird. Aus der Strom-Spannungs-Charakteristik dieser Einzelsonde läßt sich dann das fragliche Gleichgewichtspotential so wie in Abschnitt C.2.1.3. bestimmen. Alle anderen mitunter in der Praxis verwendeten einfacheren Möglichkeiten zur Bestimmung oder Eliminierung dieser Kontaktpotentialdifferenz (z. B. die sogenannte Break-point-Methode) sind theoretisch anfechtbar und liefern ungenaue Ergebnisse und sollten deshalb besser nicht angewendet werden.

Wenn beim Vorliegen mehrerer Ionenarten eine Ionenmasse (etwa durch Raten oder Schätzen) als bekannt vorausgesetzt werden kann, so lassen sich die übrigen natürlich durch Differenzbildung aus den einschlägigen Beziehungen (Gl. C.2.3.4-4 bzw. 6) auch ohne zusätzliche Kenntnis der Kontaktpotentialdifferenz ermitteln. Auf ähnliche Weise läßt sich aus Gleichung C.2.3.4-5 durch Quotientenbildung auch die unbekannte maximale Transversalgeschwindigkeit der Ionen am Gitter eliminieren.

Nach dem in Abschnitt C.2.3.3. über den Einfluß der thermischen Bewegung auf die Struktur der Kollektorstromcharakteristik Gesagten dürfte klar sein, daß bei Massenbestimmungen mittels Gittersonden nur ein recht begrenztes Auflösungsvermögen erreicht werden kann. So zeigt sich in der Praxis, daß (selbst bei Satellitengeschwindigkeiten) nur eine deutliche Trennung zwischen Massen, die sich um mehr als den Faktor 2 unterscheiden, möglich ist. Dies bedeutet für die im erdnahen extraterrestrischen Plasma anzutreffenden Hauptkonstituenten, daß einerseits die Atom- und Molekülionen des Wasserstoffs und Heliums voneinander und von den Atom- und Molekülionen des Stickstoffs und

Sauerstoffs getrennt werden können, daß andererseits die Atomionen des Stickstoffs und Sauerstoffs zwar nicht voneinander, jedoch von den aus ihnen gebildeten Molekülionen unterschieden werden können, daß schließlich aber eine Trennung zwischen den letztgenannten Molekülionen nicht mehr möglich ist.

Komplizierter und weniger vertrauenswürdig als die Bestimmung von Konzentration und Masse der beteiligten Ionen gestaltet sich bei Gittersondenmessungen die Ermittlung der Ionentemperatur. Nach Abschnitt C.2.3.3. äußert sich bei Gittersondenmessungen der Einfluß der Ionentemperatur nur in einer gewissen, allerdings meist sehr deutlichen Verschleifung der Sprünge und Knicke in der Struktur der Kollektorstromkennlinie. Allein aus dieser Verschleifung kann deshalb bei solchen Messungen die interessierende Ionentemperatur entnommen werden.

Wie die eingehendere theoretische Behandlung zeigt, ist der Einfluß der Ionentemperatur auf die Struktur der Kollektorstromcharakteristik sowohl bei ebener als auch bei sphärischer Elektrodengeometrie nicht einfach analytisch darstellbar (z. B. Gl. C.2.3.3-4), sondern hängt selbst schon bei ebener Geometrie in verwickelter Weise zusätzlich vom Gitterpotential und von der Geschwindigkeit des Raumflugkörpers ab. Daraus resultiert natürlich, daß die Ionentemperatur auch nicht auf einfache Weise aus der Kollektorstromcharakteristik entnommen werden kann.
In der Praxis bleibt daher meist nichts anderes übrig, als die experimentell gefundenen Charakteristiken mit den theoretischen Kennlinien, die für einen weiten Variationsbereich der eingehenden Parameter numerisch berechnet werden müssen, zu vergleichen und auf diese Weise auf die interessierende Ionentemperatur rückzuschließen. Wegen der Vielparametrigkeit der Kollektorstromcharakteristiken ist ein solches Vorgehen natürlich zeitaufwendig und nicht besonders genau. Den so ermittelten Temperaturwerten haftet daher oft auch der Makel einer geringen Vertrauenswürdigkeit an. Da sich bei sphärischer Elektrodengeometrie der Temperatureinfluß über einen größeren Teil der Kollektorstromkennlinie erstreckt, sind sphärische Gittersonden bei dieser Methode den ebenen hinsichtlich Meßgenauigkeit und Vertrauenswürdigkeit etwas überlegen.
Diese zur theoretisch begründeten Ionentemperaturbestimmung notwendige sehr aufwendige Methode des Vergleichs von experimentellen mit theoretischen Charakteristiken kann natürlich gleichzeitig auch zur Ermittlung der totalen und partiellen Ionenkonzentrationen sowie der Ionenmassen benutzt werden. In der Praxis verzichtet man hierfür jedoch meist auf diese aufwendige Vergleichsmethode und begnügt sich damit, die Ionenkonzentration und die Ionenmassen auf der Grundlage der weiter oben angegebenen direkten und wesentlich einfacheren Methoden zu bestimmen und die Ionentemperatur aus der Verschleifungsbreite der Sprünge bzw. Knicke auf der Kollektorstromcharakteristik abzuschätzen.

Abschließend dürfte noch eine Bemerkung zur Bestimmung der Gittertransparenz g, deren Größe für die Ermittlung der Ionenkonzentration ebenfalls bekannt sein muß, angebracht sein. Bei einfachen Gitterstrukturen und nicht zu hohen Genauigkeitsansprüchen kann die Gittertransparenz aus der Geometrie berechnet oder abgeschätzt werden. In allen anderen Fällen läßt sie sich gemäß ihrer Definition unter Verwendung des Kollektorsättigungsstroms $I_{c\,\mathrm{ges}}$ mit Hilfe einer zusätzlichen Messung des Gitterstroms I_g nach

$$g = \frac{I_{c\,\mathrm{ges}}}{I_{g\,\mathrm{ges}}} = \frac{I_{c\,\mathrm{ges}}}{I_g + I_{c\,\mathrm{ges}}} \qquad \text{(C.2.3.4-8)}$$

bestimmen.

C.2.3.5. Bemerkungen zur sachgemäßen Anwendung und Auslegung von Gittersonden

In den in Abschnitt C.2.3.2. zur Ableitung der Kollektorstromcharakteristiken von Gittersonden durchgeführten Näherungsrechnungen wurden die Grenzenergien bzw. die Grenzbahnen der fraglichen Plasmateilchen mit Hilfe von Energie- und Drehimpulssatz fixiert. Dies ist indessen nur möglich, solange die Trägerbewegung in Plasmarandschicht und Zwischenelektrodenraum der Gittersonde stoßfrei erfolgt. Damit sind die dargelegte einfache Gittersondentheorie und die dieser entsprechenden Gittersonden im Grunde genommen nur unter stoßfreien Verhältnissen, d. h. bei den üblichen Abmessungen des Sondensystems im Höhenbereich oberhalb 90 km anwendbar. Aus diesem Grund, und weil in geringeren Höhen die der verwendeten kalten Näherung zugrunde liegenden hohen Vehikelgeschwindigkeiten nur schwer realisiert werden können, werden Gittersonden fast ausschließlich in größeren Höhen eingesetzt. Die im Rahmen der kalten Näherung erforderlichen hohen Vehikelgeschwindigkeiten zwingen dabei fast ausnahmslos zur Verwendung von Satelliten oder schnellen Raumsonden als Sondenträger.

Es läßt sich jedoch zeigen, daß der bei ebener Geometrie in beiden Betriebsmoden, bei sphärischer Elektrodengeometrie jedoch nur in Betriebsmode 1 (Kollektorpotentialvariation) vorhandene Sättigungscharakter des Kollektorstroms bei ausreichend hoher Translationsgeschwindigkeit auch unter stoßbestimmten Verhältnissen, d. h. im Höhenbereich unterhalb 90 km Höhe, erhalten bleibt.[1]) Von diesem Sachverhalt ist gelegentlich von Sagalyn und Mitarbeitern (z. B. Sagalyn u. Smiddy, 1963; Sagalyn, 1965) Gebrauch gemacht worden, um aus den Sättigungsströmen solcherart in der D-Region der Ionosphäre im Ionen-

[1]) Man kann sich dies vielleicht am einfachsten durch sachgemäße Anwendung der in Abschnitt B.3.2.1. angegebenen Näherungsbeziehung für die rammeffektmodifizierte Trägerstromdichte unter stoßbestimmten Verhältnissen (Gl. B.3.2.1-11) klarmachen. Für Gitterpotentiale $V_g \approx V_P = 0$ (und damit auch $\boldsymbol{E} \approx 0$) läßt sich aus dieser Näherungsbeziehung der Sättigungscharakter der Trägerströme in der Gitterfläche (Gl. C.2.3.2.1-11 bzw. Gl. C.2.3.2.2-4) sogar direkt ablesen. Bei anziehendem und ausreichend hohem Kollektorpotential bleiben dann natürlich auch die mit der Gittertransparenz modifizierten Kollektorströme gesättigt.

fallenbetrieb eingesetzter einfacher Gittersonden auf die Trägerkonzentration zurückzuschließen.

Wie aus Gleichung C.2.3.2.1-4a unmittelbar ersichtlich wird, ist der Kollektorstrom ebener Gittersonden in einfacher Weise vom Winkel zwischen Sondenoberfläche und Translationsgeschwindigkeit der anströmenden Träger abhängig. Diese Eigenschaft läßt sich zu Plasmadrift- und Orientierungsmessungen mittels ebener Gittersonden nutzen (vgl. auch Abschn. C.2.3.6.2.). Bei sphärischen Gittersonden hingegen fehlt naturgemäß eine solche Richtungsempfindlichkeit.

Während ebene Gittersonden ganz ähnlich wie ebene Einzelsonden durchaus in der Raumflugkörperoberfläche lokalisiert sein können, empfiehlt sich bei sphärischen Gittersonden wiederum eine Halterung in möglichst großer Entfernung von der Raumflugkörperoberfläche (Boom-Halterung).

Zylindrische Gittersonden weisen gegenüber ebenen und sphärischen keinerlei Vorteile auf und sind daher nicht in Gebrauch gekommen.

Bei der Bemessung von Gittersonden sind natürlich ebenfalls eine Reihe von Einflußgrößen zu beachten:

a) Ähnlich wie bei Einzelsonden muß dafür gesorgt werden, daß die an Gitter- und Kollektorelektrode gelegten Spannungen tatsächlich an diesen wirksam werden und nicht zu einer Verschiebung des als Bezugspotential verwendeten Vehikelpotentials führen. Dazu darf die wirksame Oberfläche des Gittersondensystems, die in diesem Fall gleich der geometrischen Oberfläche der (vollen) Gitterelektrode ist, die in Gleichung C.2.1.5-1 angegebene Größe nicht überschreiten:

$$F_g \leqq \frac{F_V}{100}. \qquad \text{(C.2.3.5-1)}$$

b) Um bei gegebener Ionenkonzentration möglichst große und damit genau meßbare Kollektorströme zu erhalten, sollte die so festgelegte maximale Oberfläche der Gitterelektrode auch nicht wesentlich unterschritten werden. Aus dem gleichen Grund muß eine möglichst große Gittertransparenz angestrebt werden.

c) Besonders sorgfältiger Überlegungen bedarf bei Gittersonden die Festlegung der einzelnen Elektrodenpotentiale nach Größe und Variationsbereich. Um eine sichere Trennung der zu vermessenden Ionenkomponente von der unerwünschten Elektronenkomponente zu gewährleisten, muß das selektierende Potential (in Betriebsmode 1 das Gitterpotential, in Betriebsmode 2 das Kollektorpotential) so bemessen sein, daß der Anteil der noch mit erfaßten unerwünschten Elektronen kleiner als der Bruchteil p ($\leqq 1$) der erwünschten Ionen bleibt, d. h. folgender Bedingung genügen:

$$j_e \exp(\eta) \leqq p j_+ .$$

Hieraus folgt unmittelbar

$$V \leqq -\frac{kT_e}{e} \ln\left(\frac{p j_e}{j_+}\right) = V_{fl} - \frac{kT_e}{e} \ln\left(\frac{1}{p}\right) \qquad \text{(C.2.3.5-2)}$$

und mit $p = 0{,}001$ ($1^0/_{00}$)

$$V \leqq V_{\text{fl}} - 6{,}9 \frac{kT_e}{e} \approx V_{\text{fl}}\,[\text{V}] - 5{,}9 \cdot 10^{-4} T_e\,[\text{K}]\ \text{V}\,. \qquad \text{(C.2.3.5-3)}$$

Damit also Messungen an der Ionenkomponente durch die Elektronen um weniger als $1^0/_{00}$ gestört werden, muß die selektierende Elektrode um wenigstens $7kT_e/e$ negativ gegen die Referenzelektrode (Raumflugkörper) vorgespannt sein, bei einer Elektronentemperatur von 3000 K also um etwa 2 Volt. Da dem selektierenden Potential zu negativen Werten hin nur praktische Grenzen gesetzt sind und höhere negative Potentiale die Selektionswirkung nur verbessern können, wird in der Prxais allerdings fast immer mit bedeutend negativeren Vorspannungen gearbeitet (−20 bis −30 Volt). Weiterhin muß das Potential der anderen, als Bremsfeldanalysator wirkenden Elektrode (in Betriebsmode 1 das Kollektorpotential, in Betriebsmode 2 das Gitterpotential) so gewählt und so variiert werden, daß der gesamte für diagnostische Zwecke interessante Teil der Kollektorstromcharakteristik erfaßt wird. Dieser erstreckt sich bei Vorhandensein mehrerer Ionenarten mit sehr verschiedenen Massen über einen weiten Bereich. Untere und obere Grenze und damit der notwendige Variationsbereich können nach Maßgabe der leichtesten bzw. schwersten zu erwartenden Ionenmasse direkt aus den zuständigen Beziehungen für die kritischen Potentiale (Gl. C.2.3.2.1-3, Gl. C.2.3.2.2-3 u. 5) berechnet werden. In der Praxis hat es sich als günstig erwiesen, diesen so festgelegten minimalen Variationsbereich des Analysatorpotentials nach beiden Seiten hin um einige Volt auszudehnen. Dadurch wird vor allem erreicht, daß der Einfluß der thermischen Bewegung auf die Struktur der Ionenfallencharakteristik klarer erfaßt wird und womöglich auch noch schwerere, nicht vermutete Ionenarten „entdeckt" werden.

d) Ähnlich wie bei Einzelsonden ist auch bei Gittersonden noch das höchstzulässige Maß des Widerstandes des Kollektorstromkreises interessant. Damit der Kollektorstrom nicht von diesem Meßkreiswiderstand beeinflußt wird, muß dieser ausreichend viel kleiner als der minimale Äquivalentwiderstand des Systems Plasma-Gittersonde sein. Analoge Überlegungen wie in Abschnitt C.2.1.5. ergeben für diesen minimalen Äquivalentwiderstand für beide Betriebsmoden im Fall ebener Geometrie

$$R_{\ddot{A}\,\text{min}} = \frac{v_V m_+}{2g\pi r_g^2 e^2 N_+} \qquad \text{(C.2.3.5-4)}$$

und im Fall sphärischer Geometrie

$$R_{\ddot{A}\,\text{min}} = \frac{\sqrt{2\pi m_+ k T_+}}{g F N_+ e^2}\,. \qquad \text{(C.2.3.5-5)}$$

Entsprechend der formulierten Forderung muß daher auch bei Gittersonden dafür Sorge getragen werden, daß sowohl der Kollektorstrommeßwiderstand

(Eingangswiderstand des Kollektorstromverstärkers) als auch der Innenwiderstand des Kollektorspannungsgenerators ausreichend viel kleiner als der berechnete minimale Äquivalentwiderstand bleiben.

e) Um zu vermeiden, daß im Raum zwischen Gitter- und Kollektorelektrode Stöße der Ionen mit Neutralteilchen stattfinden, muß der Abstand beider Elektroden immer kleiner als die mittlere freie Weglänge der Ionen gehalten werden. Elektrische Gasentladungen (Durchbrüche) zwischen Gitter- und Kollektorelektrode sind dann auch bei höheren Zwischenelektrodenspannungen mit Sicherheit ausgeschlossen. Diese Forderung ist im extraterrestrischen Einsatzbereich von Gittersonden (Höhenbereich über 90 km) wegen der dort realisierten großen mittleren freien Weglängen für alle vernünftigen Gittersondenabmessungen erfüllt.
Hinsichtlich der Struktur der Gitterelektrode seien folgende Bemerkungen gestattet:
Die Weite der Gittermaschen und die Stärke der Gitterstege müssen sich hauptsächlich nach der geforderten Selektionswirkung und der gewünschten Transparenz des Gitters richten. Während zu breite Gitterstege die Transparenz unzulässig verkleinern, setzen andererseits zu weite Gittermaschen auf Grund des dann entstehenden Durchgriffs des elektrischen Feldes der Kollektorelektrode die Selektionswirkung des Gitters herab und erzeugen gleichzeitig an der erwünschten Trägerkomponente starke Richteffekte, die die Bremsfeldmessung erheblich stören können. Insbesondere muß bei Gittersonden in Betriebsmode 1 dafür Sorge getragen werden, daß die Maschenweite des Gitters unbedingt sehr viel kleiner als die Plasmarandschichtdicke ist. Nur auf diese Weise kann ein Eindringen der unerwünschten Elektronenkomponente mit Sicherheit vermieden werden. Auch diese Forderung ist im extraterrestrischen Einsatzgebiet der Gittersonden (Höhenbereich über 90 km) meist leicht zu erfüllen.

f) Vielfach werden Gittersonden mit einem weiteren feinmaschigen Gitter zwischen Kollektorelektrode und Selektorelektrode ausgerüstet. Dieses zusätzliche Gitter dient dazu, eventuell aus der Kollektorelektrode ausgelöste Fotoelektronen (und/oder Sekundärelektronen) auf diese zurückzutreiben, und ist dementsprechend immer um 20 bis 30 Volt negativ gegen die Kollektorelektrode vorgespannt (Supressorelektrode bzw. -gitter). Der störenden Wirkung von aus den Gitterelektroden selbst ausgelösten Fotoelektronen kann man am einfachsten durch Wahl sehr dünner Gitterstrukturen begegnen. Eine andere etwas aufwendige, jedoch sehr wirksame Möglichkeit der Ausschaltung störender Fotoelektronen besteht darin, den Meßstrom an einem weiteren möglichst nahe der Eintrittsöffnung gelegenen Gitter (Modulationselektrode bzw. -gitter) mittels einer geeigneten Niederfrequenzspannung zu modulieren und zur Messung des Kollektorstroms eine Korrelationsmethode zu benutzen.

g) Die zur Aufnahme der Kollektorstromcharakteristiken notwendige Variation des Kollektor- oder Gitterpotentials kann natürlich auch bei Gittersonden

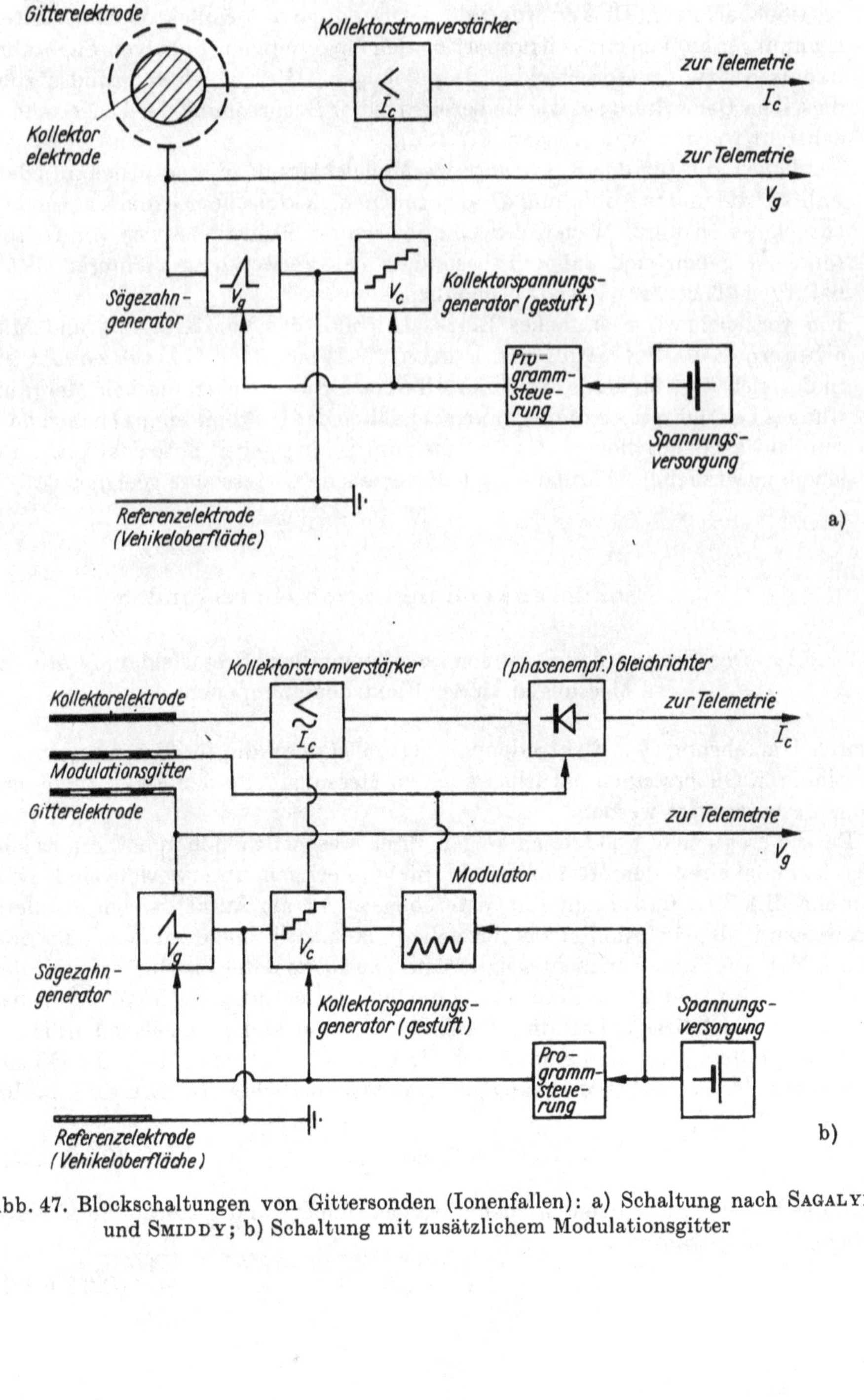

Abb. 47. Blockschaltungen von Gittersonden (Ionenfallen): a) Schaltung nach Sagalyn und Smiddy; b) Schaltung mit zusätzlichem Modulationsgitter

grundsätzlich beliebig vorgenommen werden, sollte aber zwecks Gewinnung unverzerrter Charakteristiken genauso wie bei Einzelsonden immer zeitproportional erfolgen. Dies erfordert die Verwendung von Kollektor- bzw. Gitterspannungsregimen mit zeitproportionalen Spannungen, d. h. von Sägezahnimpulsen bzw. entsprechenden Impulsfolgen. Hierzu gelten grundsätzlich dieselben Bemerkungen, wie sie bereits bei der Besprechung der Einzelsonden gemacht wurden (vgl. Abschn. C.2.1.5.).

Ähnliches gilt für die Auslegung der Meßelektronik, die natürlich in jedem Fall auf die in der Abbildung 41 angegebenen elektrischen Grundschaltungen zurückgreifen muß. Wegen der komplizierteren Funktionsweise von Gittersonden ergeben sich dabei insbesondere bei Verwendung mehrerer Gitter naturgemäß größere Variationsmöglichkeiten.

Ein vergleichsweise einfaches Blockschaltbild, das von Sagalyn und Mitarbeitern (Sagalyn, Smiddy u. Fields, 1967) mehrfach benutzt worden ist, findet sich in Abbildung 47a. Zur Illustration des elektronischen Mehraufwandes bei Mehrgittersonden kann schließlich das in Abbildung 47b angedeutete Blockschema dienen, das für eine zum Schutz gegen Fotoelektronen mit einem zusätzlichen Modulationsgitter versehene Gittersonde geeignet ist.

C.2.3.6. Sonderanwendungen von Gittersonden

C.2.3.6.1. Der Einsatz von Gittersonden (Ionenfallen, Bremsfeldanalysatoren) zu Messungen an der Elektronenkomponente

Durch Umkehrung der Elektrodenpolaritäten können die für Ionenmessungen bestimmten Gittersonden natürlich auch zu Messungen an der Elektronenkomponente verwendet werden.

Da die fraglichen Elektronen wegen ihrer wesentlich höheren thermischen Geschwindigkeiten dem Ramm-Effekt nicht merklich unterworfen sind (vgl. Abschn. B.3.2.1.) und damit die Gitterebene nicht als Aufkehrstrom, sondern vorwiegend als Diffusionsstrom erreichen, läßt sich obige einfache Theorie (kalte Näherung) hierfür nicht verwenden. Die Rammeffektunabhängigkeit der Elektronen legt nahe, zur Berechnung der interessierenden Kollektorstromcharakteristiken in diesem Fall direkt auf die Langmuirsche Einzelsondentheorie zurückzugreifen. Nach dieser setzt sich die Elektronenstromdichte in der Gitterfläche aus der geometrieunabhängigen Anlaufstromdichte (Gl. B.1.4.2-6 u. 10) gemäß

$$j_e = j_{e0} \exp(\eta_g) \qquad \text{(C.2.3.6.1-1)}$$

und der bei ebener Geometrie ebenfalls randschicht- und gitterpotentialunabhängigen Saugstromdichte

$$j_e = j_{e0} \qquad \text{(C.2.3.6.1-2)}$$

(Gl. B.1.4.2-7) bzw. der bei sphärischer Geometrie jedoch randschicht- und gitterpotentialabhängigen Saugstromdichte

$$j_e = \frac{N_e e\overline{v}_e}{4}\left(\frac{r_S}{r_g}\right)^2 \left\{1 - \frac{r_S^2 - r_g^2}{r_S^2}\exp\left[-\frac{r_g^2}{r_S^2 - r_g^2}\cdot\frac{eV_g}{kT_e}\right]\right\} \quad \text{(C.2.3.6.1-3)}$$

(Gl. B.1.4.2-11) zusammen. Unter Beachtung, daß davon immer nur ein der Gittertransparenz g entsprechender Anteil durch die Gitterfläche hindurchtreten kann, und eingedenk des Umstandes, daß bei schnellbewegten Sonden wegen des Wake-Effekts (vgl. Abschn. B.3.2.2) nur die in Bewegungsrichtung liegende Oberfläche Träger aufnehmen kann, lassen sich dann recht einfach folgende Schlußfolgerungen für den Kollektorstrom ziehen:

Bei ebener Elektrodengeometrie ist der Kollektorstrom in beiden Betriebsmoden bei Kollektor- oder Gitterpotentialen $V \geqq 0$ gesättigt und beträgt

$$I_{ce} = gF\frac{N_e e\overline{v}_e}{4} = I_{e\,\text{Sätt}} \quad \text{(C.2.3.6.1-4)}$$

und fällt für negatives Kollektor- oder Gitterpotential $V < 0$ gemäß

$$I_{ce} = gF\frac{N_e e\overline{v}_e}{4}\exp\left(eV/kT_e\right) \quad \text{(C.2.3.6.1-5)}$$

als Anlaufstrom ab. Letzteres Ergebnis folgt übrigens bei Vernachlässigung des Ramm-Effekts auch direkt aus Gleichung C.2.3.3-4 ($\xi = 0$). Elektronenkonzentration und Elektronentemperatur können aus diesen Beziehungen genauso wie bei ebenen Langmuirschen Einzelsonden bestimmt werden (vgl. Abschn. C.2.1.3.).

Für sphärische Elektrodengeometrie ergibt sich andererseits, daß bei ausreichend hohen Kollektorspannungen der Kollektorstrom in beiden Betriebsmoden

$$I_{ce} = g\cdot 2\pi r_g^2\frac{N_e e\overline{v}_e}{4}\left(\frac{r_S}{r_g}\right)^2\left\{1 - \frac{r_S^2 - r_g^2}{r_S^2}\cdot\exp\left[-\frac{r_g^2}{r_S^2 - r_g^2}\cdot\frac{eV_g}{kT_e}\right]\right\} \quad \text{(C.2.3.6.1-6)}$$

beträgt, also für Betriebsmode 1 (Kollektorpotentialvariation) gesättigt ist und für Betriebsmode 2 (Gitterpotentialvariation) in komplizierter Weise von Gitterpotential und Randschichtstruktur abhängt. In Betriebsmode 2 läßt sich diese Beziehung (Langmuirscher Saugstrom) genauso wie bei der Einzelsonde zur Bestimmung der Elektronenkonzentration nutzen, Rückschlüsse auf die Elektronentemperatur hingegen sind schwierig.

Genaue Messungen an der Elektronenkomponente des extraterrestrischen Plasmas mit Hilfe solcher Elektronenfallen sind von sehr vielen Experimentatoren durchgeführt worden, u. a. von Donley (Donley, 1968) und Parker und Whipple (Parker u. Whipple, 1967, 1969 u. 1970). In diesen Arbeiten werden die Funktionsweise der verwendeten Gittersonden ausführlicher beschrieben und auch nähere Angaben über die experimentelle Auslegung solcher Elektronenfallen gemacht, sowie der Einfluß von Randschichtstruktur, Vehikelpotential und Geschwindigkeitseffekten näher untersucht. Matthews (Matthews, 1971) hat ähnliche Anordnungen für Elektronenflußmessungen benutzt.

C.2.3.6.2. Der Einsatz von Gittersonden (Ionenfallen) zu Plasmadrift- und Orientierungsmessungen

Bei der Herleitung der Kollektorstromcharakteristiken im Rahmen der in Abschnitt C.2.3.2. benutzten kalten Näherung ergab sich, daß bei ebener Elektrodengeometrie sowohl Gitter- als auch Kollektorstrom empfindlich vom Winkel zwischen der Sondenoberfläche und der Translationsgeschwindigkeit der anströmenden Ionen abhängen:

$$I_{c+} = gFN_+ev_V \cos\alpha \tag{C.2.3.6.2-1}$$

(Vgl. Gl. C.2.3.2.1-1 bzw. Gl. C.2.3.2.1-4a; ganz Entsprechendes gilt auch bei Mitberücksichtigung der thermischen Bewegung der Ionen, wie z. B. aus Gl. C.2.3.3-4 leicht zu entnehmen ist.) Diese besondere Eigenschaft ebener Gittersonden ist natürlich nur hinsichtlich der Ionenkomponente ausgeprägt, da allein bei dieser die thermische Bewegung gegenüber ihrer hauptsächlich durch die Vehikelbewegung verursachten Translationsbewegung vernachlässigt werden kann. Sie läßt sich grundsätzlich zur Bestimmung des Winkels zwischen Sondenoberfläche und Translationsbewegung der Ionen verwenden.

Dabei muß allerdings beachtet werden, daß das reale extraterrestrische Plasma im allgemeinen zusätzlichen Driftbewegungen unterworfen ist. Die Geschwindigkeit, mit der die Ionenkomponente anströmt, ihre Konvektionsgeschwindigkeit $\boldsymbol{v}_K$, setzt sich daher additiv aus Vehikelgeschwindigkeit $\boldsymbol{v}_V$ und Driftgeschwindigkeit $\boldsymbol{v}_D$ gemäß

$$\boldsymbol{v}_K = \boldsymbol{v}_V + \boldsymbol{v}_D \tag{C.2.3.6.2-2}$$

zusammen. Der von einer solchen Gittersonde aufgenommene (Ionen-)Strom beträgt dann

$$I_{c+} = gFN_+ev_K \cos\gamma\,. \tag{C.2.3.6.2-3}$$

γ bedeutet hierin den Winkel zwischen Sondenoberfläche und Richtung der Konvektionsbewegung der Ionen; er ist mit dem Winkel α zwischen Sondenoberfläche und Richtung der Vehikelbewegung und dem Winkel δ zwischen Sondenoberfläche und Richtung der Ionendriftbewegung gemäß

$$v_K \cos\gamma = v_V \cos\alpha + v_D \cos\delta \tag{C.2.3.6.2-4}$$

korreliert. Abbildung 48 mag diese Zusammenhänge verdeutlichen.

Wie den angeführten Beziehungen und der Abbildung 48 leicht zu entnehmen ist, kann diese Richtungsabhängigkeit des Ionenstroms auf ebene Gittersonden unter günstigen Umständen entweder zur Bestimmung der Richtung der Vehikelbewegung und damit auch zur Flugrichtungsorientierung des Raumflugkörpers oder aber zur Bestimmung der Richtung der Plasmadriftbewegung benutzt werden:

Eine eindeutige Bestimmung des Winkels zwischen Sondenoberfläche und Vehikelbewegung ist nur immer dann möglich, wenn keine oder nur eine sehr schwache Driftbewegung vorhanden ist ($\boldsymbol{v}_D \to 0$). Bei Erfüllung dieser Voraussetzung lassen sich dann solche mit ebenen Gittersonden an der Ionenkompo-

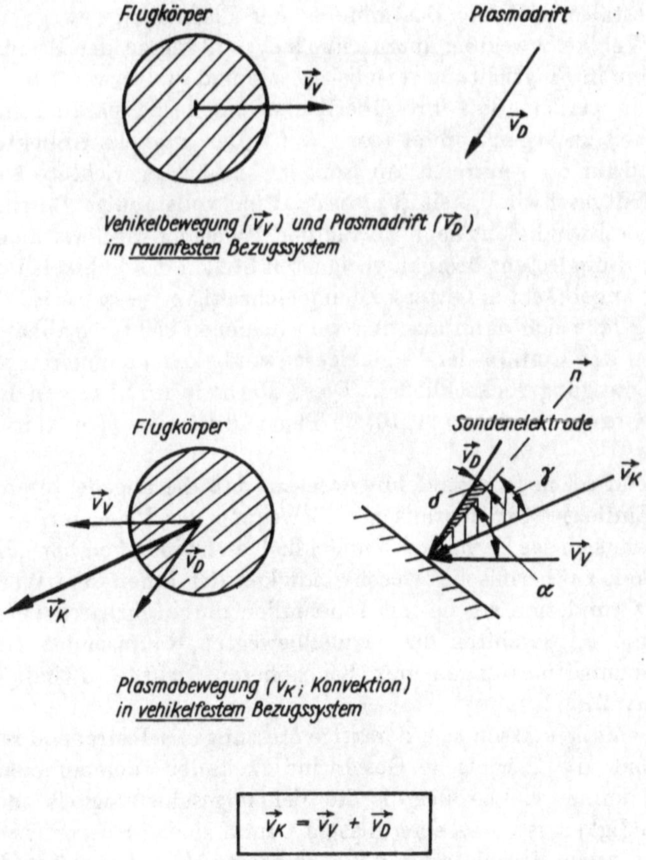

Abb. 48. Zur Plasmadrift- und Orientierungsmessung

nente des Plasmas durchgeführten Strommessungen zur Ermittlung der Bewegungsrichtung des Vehikels (in bezug auf die Sondenflächennormale) und damit natürlich auch zur Orientierung von Sonde und Raumflugkörper in bezug auf diese Richtung verwenden.[1]) In der Praxis wird dazu mit mehreren (meist drei) ebenen Gittersonden, die an verschiedenen, geeignet ausgewählten Stellen des Flugkörpers montiert sind, gearbeitet und aus den (verschiedenen, weil richtungsabhängigen) Kollektorstömen durch Differenz- oder Quotientenbildung auf den fraglichen Richtungswinkel geschlossen. Dieses Verfahren ist gelegentlich von Sagalyn und Smiddy (Sagalyn u. Smiddy, 1967 u. 1969) zur Messung und regelnden Beeinflussung der Richtungsorientierung von Raumflugkörpern benutzt worden.

[1]) Der Absolutbetrag der Vehikelgeschwindigkeit v_V wird dabei natürlich als bekannt vorausgesetzt.

Ähnlich gestaltet sich die Bestimmung der Plasmadriftbewegung. Um den Einfluß der Vehikelbewegung auszuschließen, muß hierzu der Raumflugkörper von vornherein in Flugrichtung stabilisiert sein und die verwendete Gittersonde so angebracht werden, daß ihre Oberfläche annähernd parallel zur Vehikelgeschwindigkeit zu liegen kommt ($\cos \alpha = 0$). Der fragliche Kollektorstrom ist dann ein Maß für die senkrecht zur Sondenoberfläche gerichtete Komponente der Plasmadriftgeschwindigkeit ($v_D \cos \delta$). Eine vollständige Bestimmung der Plasmadriftgeschwindigkeit nach Betrag und Richtung wird erst möglich, wenn mit mehreren (mindestens drei) an geeigneten Stellen des Vehikels in geeigneter Orientierung angebrachten Gittersonden gleichzeitig gemessen wird. Durch Differenzbildung läßt sich dann aus den verschiedenen richtungsabhängigen Kollektorströmen der Einfluß der Vehikelgeschwindigkeit eliminieren und auf die Plasmadriftbewegung rückschließen. Diese Methode ist u. a. von RAWER und SPENCER (RAWER u. SPENCER, 1970) zu Plasmadriftmessungen verwendet worden.

Abschließend sei noch darauf hingewiesen, daß die angedeuteten Methoden wegen des Einflusses der thermischen Bewegung der Ionen um so ungenauer werden, je mehr sich das Verhältnis von Vehikelgeschwindigkeit bzw. Plasmadriftgeschwindigkeit zu thermischer Geschwindigkeit der Ionen dem Wert 1 nähert. Aus diesem Grund sind solche mit Ionenfallen durchführbaren Orientierungsmessungen nur an Satelliten und schnellbewegten Raumsonden und entsprechende Plasmadriftmessungen nur bei höheren Driftgeschwindigkeiten des Plasmas sinnvoll.
Mit Elektronenfallen lassen sich derartige Messungen selbstredend nicht durchführen, da hier die thermische Geschwindigkeit der aufgenommenen Träger (Elektronen) immer viel größer als die Vehikelgeschwindigkeit oder Plasmadriftgeschwindigkeit ist. Aus eben diesem Grund sind für derartige Messungen auch LANGMUIRsche Einzelsonden völlig ungeeignet. Da bei diesen der Sondenstrom hauptsächlich durch die Elektronenkomponente des Plasmas realisiert wird, bleibt die bei ebener (und bei geeigneter Orientierung auch bei zylindrischer) Elektrodengeometrie grundsätzlich vorhandene Richtungsempfindlichkeit solcher Einzelsonden gänzlich unterdrückt.

C.3. Gleichspannungssonden (DC-Sonden) für den Einsatz im stoßbestimmten Plasma

C.3.1. Die Beweglichkeits- bzw. Leitfähigkeitssonden

Im Unterschied zu den bisher behandelten Gleichspannungssonden, deren Strom-Spannungs-Charakteristiken im Rahmen und auf der Grundlage der stoßfreien Theorie abgeleitet wurden und daher nur für den Höhenbereich oberhalb 90 km Höhe theoretisch begründet interpretiert werden können, bedürfen die in der unterhalb 90 km Höhe gelegenen D-Region eingesetzten Plasmasonden einer Behandlung auf der Grundlage der stoßbestimmten Theorie. Wie in Abschnitt B.1.2.2. bereits gezeigt wurde, ist bei stoßbestimmter Trägerbewegung die interessierende Stromdichte (etwa zu einer Sondenelektrode) gemäß

$$\boldsymbol{j} = \sigma \boldsymbol{E} = Neb\boldsymbol{E} \qquad \text{(C.3.1-1)}$$

(vgl. Gl. B.1.2.2-8) außer von der elektrischen Feldstärke am Meßort noch von der elektrischen Leitfähigkeit σ bzw. der Trägerdichte N und Trägerbeweglichkeit b im umgebenden Plasma abhängig. Daher können alle im stoßbestimmten Plasma der unteren Ionosphäre zur Diagnostik einsetzbaren Zwei- oder Mehrelektrodensysteme unter dem Sammelbegriff *Leitfähigkeits-* oder *Beweglichkeitssonden* zusammengefaßt werden (z. B. Boyd, 1965).

Während für in bezug auf das zu untersuchende Plasma ruhende Elektrodensysteme die interessierenden Trägerströme unter stoßbestimmten Verhältnissen für beliebige Geometrie und Anordnung der Elektroden mit Hilfe von Gleichung C.3.1-1 gemäß

$$I = \oint\!\!\oint_{r_M} \boldsymbol{j} \bullet \mathrm{d}\boldsymbol{f} = Neb \oint\!\!\oint_{r_M} \boldsymbol{E} \bullet \mathrm{d}\boldsymbol{f} = Neb \cdot 4\pi Q_F = 4\pi C_0 NebV \qquad \text{(C.3.1-2)}$$

(Q_F bedeutet hierin die auf Meßelektrode bzw. Gegenelektrode sitzende elektrische Ladung, C_0 die Kapazität des aus beiden gebildeten Elektrodensystems, V die zwischen beiden bestehende Potentialdifferenz) leicht berechnet und gemäß

$$I = 4\pi C_0 e\,(N_+ b_+ + N_- b_- + N_e b_e)\,V \qquad \text{(C.3.1-3)}$$

zu dem im Meßkreis fließenden Gesamtstrom aufaddiert werden können,[1]) kompliziert bei extraterrestrischer Anwendung die einsatzbedingte Bewegung des Sondensystems auch hier die Verhältnisse.

Es versteht sich deshalb fast von selbst, daß zur Gewinnung eindeutig und einfach interpretierbarer Strom-Spannungs-Charakteristiken solche extraterrestrisch einsetzbaren Leitfähigkeits- bzw. Beweglichkeitssonden sachgemäß konstruiert sein müssen. Wegen des Strebens nach einfachen analytischen Beziehungen für die Strom-Spannungs-Charakteristiken gelangen in der Praxis nur sehr wenige ausgewählte Geometrien und Betriebsregime zur Anwendung. So wurde bereits bei der Behandlung des Ramm-Effekts im stoßbestimmten Plasma (s. Abschn. B.3.2.1.) dargelegt, daß eine Beschränkung auf zwei wichtige Spezialfälle angebracht ist:

a) auf den Spezialfall, bei dem die fragliche Meßelektrode oberflächenparallel vom Plasma umströmt wird, und
b) auf den Spezialfall, bei dem die Träger ungehindert auf die Meßelektrode aufprallen.

---

[1]) Die in der Gleichung C.3.1-3 angezeigte Proportionalität zwischen Sondenstrom und Spannung gilt natürlich nur so lange, wie die uneingeschränkte Trägernachlieferung aus dem Plasma gewährleistet ist. Ist letztere aus irgendwelchen Gründen eingeschränkt, dann nimmt der Trägerstrom oberhalb einer bestimmten Spannung Sättigungscharakter an. Diese Sättigung tritt für die einzelnen beteiligten Trägerarten wegen deren verschiedenen Beweglichkeiten bei unterschiedlichen Spannungen auf.

Dem ersten Spezialfall entsprechen beispielseise der ebene und der zylindrische Gerdien-Kondensator (z. B. Bourdeau, Whipple u. Clark, 1959; Bourdeau, Aikin u. Donley, 1966), dessen Meßprinzip die oberflächenparallele Strömung des Plasmas geradezu meßmethodisch ausnutzt. Durch geeignete Anordnung und Ausbildung der Elektroden kann hierbei erreicht werden, daß einerseits das Meßfeld und damit das Meßvolumen auf den (geometrischen) Zwischenelektrodenraum beschränkt bleibt und daß andererseits diese Anordnung auch bei Überschallgeschwindigkeiten funktionsfähig bleibt. Wegen dieser Vorzüge ist diese spezielle Leitfähigkeits- bzw. Beweglichkeitssonde für die Untersuchung des stoßbestimmten Plasmas der D-Region besonders geeignet und wird daher im folgenden Abschnitt C.3.2. ausführlicher behandelt.

In den sechziger Jahren sind mit bescheidenerem Erfolg auch Leitfähigkeitssonden, deren Meßelektrode senkrecht zur Vehikelbewegung orientiert ist, eingesetzt worden. Diese sogenannten Blunt-probes (z. B. Hale, Hoult u. Baker, 1961 u. 1968) entsprechen bei Überschallgeschwindigkeit dem zweiten Spezialfall (ungestörter Trägeraufprall), bei Unterschallgeschwindigkeit dem ersten Spezialfall (komplette Umströmung). Der Umstand, daß bei diesen Blunt-probes einerseits bei Unterschallgeschwindigkeit die eigentliche Meßelektrode in einem Staugebiet der Strömung zu liegen kommt und daß sich andererseits das Meßfeld immer unkontrollierbar weit in das Plasma erstreckt, verursacht einige Nachteile, auf die in Abschnitt C.3.3. noch näher eingegangen wird.

Weit weniger durchsichtig sind die Verhältnisse bei anderen Elektrodengeometrien bzw. -anordnungen, so z. B. bei den gelegentlich von Sagalyn und Smiddy (Sagalyn u. Smiddy, 1963; Sagalyn, 1965) in der D-Region der Ionosphäre als Leitfähigkeitssonden eingesetzten sphärischen Gittersonden (Ionenfallen). Wie schon in Abschnitt C.2.3.5. ausgeführt, lassen sie sich allenfalls im Sättigungsbetrieb (Ionenfallenbetrieb) zur Bestimmung der Gesamtkonzentration der Träger der einen oder anderen Polarität nutzen. Weicht hierbei allerdings das Gitterpotential stärker vom Plasmapotential ab (vgl. dazu auch die Fußnote auf S. 235), so verliert der Sondenstrom seinen Sättigungscharakter und wird über die in der stoßbestimmten Theorie unbestimmt bleibende effektive Trägereinfangsfläche F_{eff}, die jetzt natürlich nicht mehr mit der angeströmten Querschnittsfläche der Gittersonde übereinstimmt, gemäß

$$I_c = F_{\text{eff}}(V_g)\, Nev_V \qquad \text{(C.3.1-4)}$$

in schwer kontrollierbarer Weise vom Gitterpotential V_g abhängig.

Wie bei allen anderen Plasmasonden muß auch bei den Beweglichkeits- bzw. Leitfähigkeitssonden die Berechnung der Strom-Spannungs-Charakteristiken von der Bewegung der Träger im elektrischen Feld der Meßelektrode ausgehen. Diese Trägerbewegung wird im stoßbestimmten Plasma der D-Region der Ionosphäre durch die allgemeine Diffusionsgleichung (Gl. B.1.2.2-6) beschrieben. Wie schon ausgeführt, ist letztere jedoch so kompliziert, daß mit ihr eine einfache, zu analytischen Lösungen führende Berechnung der Strom-Spannungs-Charakteristiken nicht möglich ist. Aus diesem Grund bleibt nichts anderes übrig, als außer von eventuellen Magnetfeldern auch vom Einfluß der thermischenDiffusion der Träger abzusehen und die Berechnung der Strom-Spannungs-Charakteristiken näherungsweise im Rahmen einer einfachen Beweglichkeitstheorie durchzuführen (vgl. Abschn. B.1.2.2. u. Abschn. B.1.5.). In dieser erfolgt die Bewegung der Träger im elektrischen Feld der Meßelektrode als reine Driftbewegung. Wie in Abschnitt B.1.2.2. schon angedeutet wurde, ist eine solche näherungsweise Beschreibung der Trägerbewegung als reine Driftbewegung nur dann gerechtfertigt, wenn die Bedingung

$$\left|\frac{kT}{eE} \cdot \frac{\mathrm{grad}_r N}{N}\right| \ll 1 \qquad \text{(C.3.1-5)}$$

erfüllt ist. Aus dieser Ungleichung läßt sich direkt ablesen, daß die auf der Grundlage der einfachen Beweglichkeitstheorie berechneten Strom-Spannungs-Charakteristiken Anspruch auf näherungsweise Gültigkeit nur erheben können, wenn Trägertemperatur und Trägerkonzentrationsgefälle einerseits nicht zu groß sind und die verwendete Meßfeldstärke andererseits nicht zu klein ist. An späterer Stelle (Abschn. C.3.2.5.) wird gezeigt, daß diese Bedingung für die D-Region der Ionosphäre durch sachgemäße Wahl der Elektrodenabmessungen und der Sondenspannung immer einigermaßen erfüllt werden kann.

Aus der Laborpraxis ist bekannt, daß die der einfachen Beweglichkeitstheorie inhärente Trägerbeweglichkeit b nur für kleine Feldstärken und größere Drucke (bzw. Gasdichten) feldstärkeunabhängig bleibt. Um bei der Ableitung der Sondencharakteristiken zusätzliche Komplikationen infolge feldstärkeabhängiger Trägerbeweglichkeit zu vermeiden, wird daher im folgenden zusätzlich vorausgesetzt, daß bei den Messungen mit Beweglichkeits- bzw. Leitfähigkeitssonden Meßfeldstärke und Gasdruck der aus Laboruntersuchungen bekannten Bedingung für feldstärkeunabhängige Trägerbeweglichkeit

$$\frac{E}{P} \leqq 20\ \mathrm{V\ cm^{-1}\ Torr^{-1}} \qquad \text{(C.3.1-6)}$$

genügen. Für die in der D-Region der Ionosphäre realisierten Gasdrucke (1 bis 10^{-2} Torr) bedeutet dies, daß die Meßfeldstärke in Höhen um 60 km $20\ \mathrm{V \cdot cm^{-1}}$ und in Höhen um 90 km $2 \times 10^{-1}\ \mathrm{V \cdot cm^{-1}}$ nicht überschreiten darf. Augenscheinlich ist die Einhaltung dieser Bedingung in der oberen D-Region (75 bis 90 km Höhe) sehr schwierig und daher in der Praxis mitunter in Frage gestellt.

C.3.2. Die Gerdien-Kondensatoren

C.3.2.1. Meßprinzip

Diese speziellen Beweglichkeitssonden gehen auf die von Gerdien erstmals verwendeten sogenannten Aspirationskondensatoren zur Messung der luftelektrischen Leitfähigkeit zurück (z. B. Gerdien, 1903 u. 1905). Bei diesen nach der Methode der gekreuzten Geschwindigkeiten arbeitenden Zwei- oder Mehrelektrodensystemen wird die zu untersuchende Luft mit definierter Strömungsgeschwindigkeit zwischen Kondensatorelektroden hindurchgesaugt. Die in ihr enthaltenen Ladungsträger werden vermöge des senkrecht zur Strömungsrichtung orientierten elektrischen Kondensatorfeldes auf die Elektroden geführt und erzeugen so, ähnlich wie bei anderen Sonden, in einem äußeren Meßkreis einen Ausgleichstrom, dessen Größe und Struktur Rückschlüsse auf Menge und Eigenschaften der in der untersuchten Luft enthaltenen Ladungsträger zuläßt.

Diese Gerdienschen Aspirationskondensatoren sind in der Folgezeit durch Arbeiten vieler Autoren (z. B. Blackwood, 1920; Benndorf, 1928; Israel u. Schulz, 1933; Misaki, 1950; Israel, 1957; Tammet, 1960; Dolezalek, 1962 u. neuerdings Eichmeier, 1967, 1969 u. 1972) zu einem der wichtigsten luftelektrischen Meßgeräte weiterentwickelt und von vielen Experimentatoren zu Messungen der troposphärischen und stratosphärischen Leitfähigkeit bzw. Ladungsträgerkonzentration und -beweglichkeit erfolgreich eingesetzt worden (z. B. Stergis u. Mitarbeiter, 1955; Hoegl, 1963; Paltridge, 1965).

Das zugrunde liegende Meßprinzip läßt sich wegen seiner Einfachheit auch ganz vorzüglich für raketengetragene Leitfähigkeits- bzw. Beweglichkeitssonden verwenden. So wird beim extraterrestrischen Einsatz die Durchströmung des Kondensators automatisch durch die Bewegung der raketengetragenen Sonde besorgt. Dadurch wird die sonst bei Sondenmessungen im extraterrestrischen Plasma störende Bewegung gewissermaßen methodisch in die Messung einbezogen.

Diesen Überlegungen folgend, sind raketengetragene Gerdien-Kondensatoren inzwischen auch erfolgreich zur Erforschung der Plasmastruktur in der D-Region der Ionosphäre eingesetzt worden. Ausführlichere Beschreibungen der hierbei verwendeten Meßtechniken sowie Mitteilungen über die erhaltenen Meßergebnisse finden sich in vielen einschlägigen Publikationen (z. B. bei Bourdeau, Whipple, u. Clark, 1959; Whipple, 1960; Bragin, 1965, 1966 u. 1967; Bourdeau, Aikin u. Donley, 1966). Pedersen und Öberg (Pedersen, 1965 u. 1966; Pedersen u. Öberg, 1966) beschreiben Experimente mit fallschirmgetragenen einfachen Gerdien-Kondensatoren. Ergebnisse und Einsatzerfahrungen einschlägiger Messungen in der D-Region der Ionosphäre sind schließlich auch von Ishikawa und Mitarbeitern (Ishikawa u. Mitarbeiter, 1967) Burt (Burt, 1967) sowie Rose und Widdel (Rose u. Widdel, 1969) mitgeteilt worden.

Es bedarf wohl keiner Begründung, daß zwecks elektrodenparalleler Durchströmung für die Realisierung des Gerdienschen Meßprinzips nur ebene oder zylindrische Kondensatoranordnungen in Betracht kommen. In Abbildung 49a und b sind die diesen beiden sinnvollen Geometrien entsprechenden Ausführungsformen skizziert.

Abbildung 50 zeigt die elektrische Grundschaltung solcher Gerdien-Kondensatoren. Diese Schaltung entspricht weitgehend der eines einfachen Zweielektrodensystems, etwa der der Doppelsonde. Wie bei dieser steht der eigent-

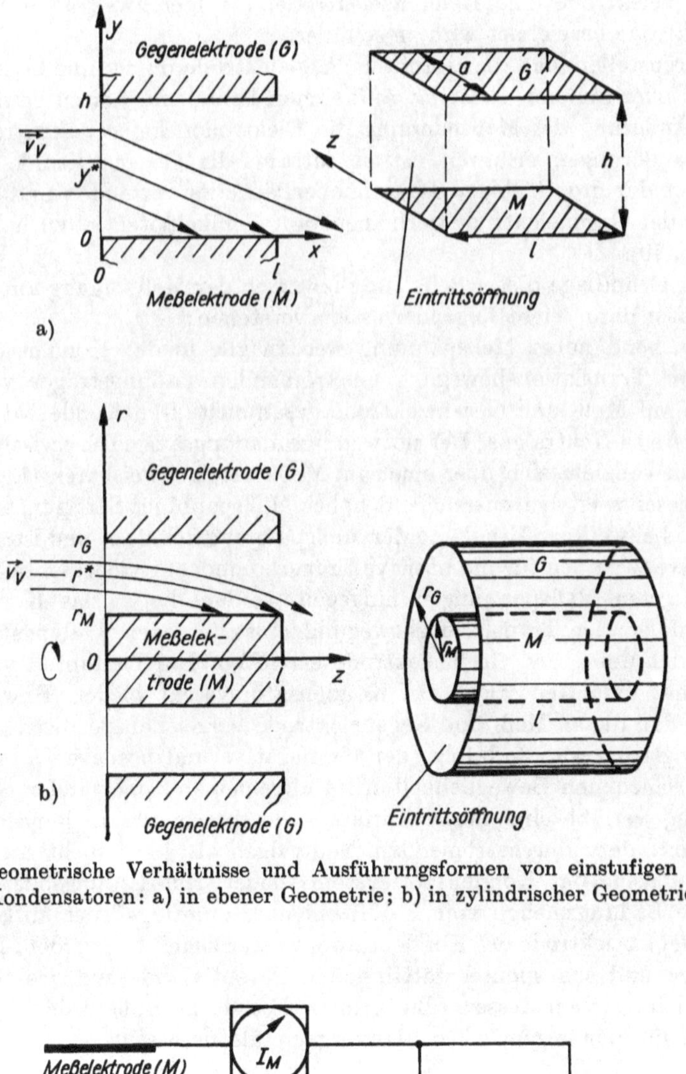

Abb. 49. Geometrische Verhältnisse und Ausführungsformen von einstufigen GERDIEN-Kondensatoren: a) in ebener Geometrie; b) in zylindrischer Geometrie

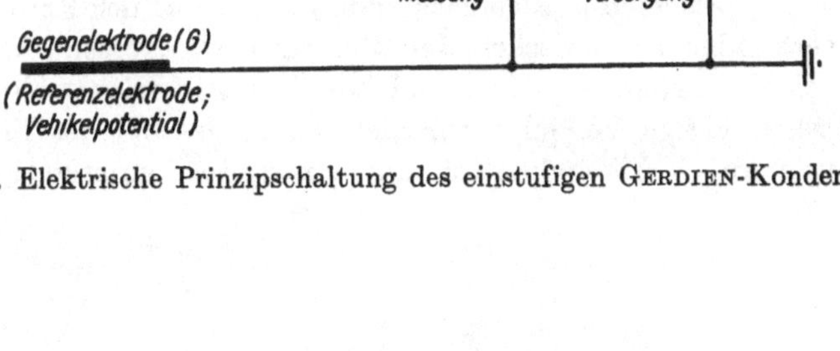

Abb. 50. Elektrische Prinzipschaltung des einstufigen GERDIEN-Kondensators

lichen Meßelektrode eine Referenzelektrode, die hier zweckmäßigerweise als Gegenelektrode bezeichnet wird, gegenüber.
Um sicherzustellen, daß die eigentliche Meßelektrode immer nur Ladungsträger der einen oder anderen Polarität aufnehmen kann, und um zu gewährleisten, daß bei Änderung der Meßspannung die Elektroden keine unkontrollierbaren Potentialänderungen erfahren, ist es ratsam, die Gegenelektrode elektrisch leitend mit der großflächigen Raketenoberfläche zu verbinden und damit das Potential der Gegenelektrode permanent auf Vehikelpotential zu halten (siehe auch Abb. 50).

Auf der Grundlage dieser Schaltung läßt sich der Meßvorgang am Gerdien-Kondensator dann leicht folgendermaßen verstehen:
Bei ausreichend hoher Meßspannung werden alle in das Kondensatorsystem infolge der Translationsbewegung einströmenden Ladungsträger vorzeichenspezifisch auf Meß- und Gegenelektrode gesammelt. Den Kondensator verläßt ein trägerfreies Neutralgas. Der notwendige Ladungsausgleich zwischen beiden Elektroden vollzieht sich über einen im Meßkreis nachweisbaren (Elektronen-) Strom. Dieser zeigt bei ausreichend hoher Meßspannung Sättigungscharakter, bleibt also bei weiterer Erhöhung der Meßspannung konstant und ist sowohl für die negative wie auch für die positive Trägerkomponente repräsentativ.
Bei niedrigeren Meßspannungen hingegen werden die in das Kondensatorsystem infolge der Translationsbewegung einströmenden Ladungsträger nur teilweise die Meß- bzw. Gegenelektrode erreichen. Ein Restanteil verläßt zusammen mit dem Neutralgas das Kondensatorsystem wieder. Hierbei ist zu beachten, daß die an Meß- und Gegenelektrode vorzeichenspezifisch gesammelten Ladungsträgeranteile infolge der für negative und positive Ladungsträger etwas verschiedenen Beweglichkeiten im allgemeinen voneinander abweichen. Gleichzeitig verläßt eine dieser Differenz entsprechende Ladungsmenge zusammen mit dem durchströmenden Neutralgas als jetzt nicht mehr quasineutrales Plasma das Kondensatorsystem wieder. Aus Ladungsbilanzgründen muß diese Ladungsmenge vom großflächigen Raumflugkörper aufgenommen und der Defizitelektrode des Kondensators wieder zugeführt werden. Die hierzu notwendige und sua sponte stattfindende Potentialänderung des Raumflugkörpers bleibt wegen dessen sehr großer Oberfläche außerordentlich gering und kann für den eigentlichen Meßvorgang als unwesentlich vernachlässigt werden.

Man kann sich leicht überlegen, daß der im Meßkreis nachweisbare Strom I_M in jedem Fall nur für die auf der eigentlichen Meßelektrode gesammelte Trägerpolarität repräsentativ ist (um die andere Polarität zu erfassen, braucht die Meßspannung natürlich nur umgepolt zu werden). Aus diesem Grund kann mit dieser Schaltung, bei der die Gegenelektrode leitend mit der Raumflugkörperoberfläche verbunden ist, zwischen den Beiträgen der verschiedenen Trägerpolaritäten, also zwischen negativer und positiver Elektrizität, unterschieden werden. Dieser wichtige Vorteil beruht letzten Endes auf der Fixierung der Gegenelektrode auf Vehikelpotential, das im stoßbestimmten Plasma nach

Abschnitt B.1.5.3.2. immer hinreichend genau mit dem Plasmapotential übereinstimmt, und ist bei anderen möglichen Schaltungsvarianten nicht immer gegeben.

C.3.2.2. Theorie der Strom-Spannungs-Charakteristiken von (einstufigen) Gerdien-Kondensatoren

C.3.2.2.1. Der ebene Gerdien-Kondensator

Zur Berechnung des genauen Verlaufs der Strom-Spannungs-Kennlinie muß die Driftbewegung der Träger im Kondensator näher verfolgt werden. Unter den in Abbildung 49a zugrunde gelegten geometrischen Verhältnissen gelten für die Driftbewegung der Träger zur Meßelektrode (M) folgende Differentialgleichungen

$$\frac{\mathrm{d}x}{\mathrm{d}t} = v_V\,, \qquad \frac{\mathrm{d}y}{\mathrm{d}t} = bE_y = -b\frac{V}{h} \qquad \left(E_y = -\frac{V}{h}\right)$$

und damit als Differentialgleichung für die (zeitfreie) Driftbahn

$$\frac{\mathrm{d}y}{\mathrm{d}x} = -\frac{bV}{v_V h} \tag{C.3.2.2.1-1}$$

mit der Lösung

$$y = y_0 - \frac{bV}{v_V h}x\,. \tag{C.3.2.2.1-2}$$

y_0 bedeutet hierbei die Eintrittsordinate der fraglichen Träger.

Die (makroskopische) Driftbewegung der Ladungsträger erfolgt also auf Geraden. Wegen der Konstanz der Feldstärke im Plankondensator wirkt sich hier eine eventuelle Feldstärkeabhängigkeit der Trägerbeweglichkeit auf die Driftbewegung nicht aus.

Bei einer bestimmten Kondensatorspannung V tragen nur diejenigen Ladungsträger zum (unipolaren) Strom auf die Meßelektrode bei, die innerhalb der durch y^* begrenzten Fläche in den Kondensator eintreten. Mit

$$y^* = \frac{bVl}{v_V h}$$

beträgt diese trägersammelnde effektive Eintrittsfläche des Plankondensators

$$F^* = y^* a = \frac{bVla}{v_V h}\,.$$

Daraus folgt für den auf die Meßelektrode auffließenden (unipolaren) Ladungsträgerstrom

$$I_M = Nev_V F^* = \frac{Nebla}{h}V\,. \tag{C.3.2.2.1-3}$$

Die hier angezeigte Spannungsproportionalität gilt natürlich nur für feldstärkeunabhängige Trägerbeweglichkeit.

Bei einer bestimmten kritischen Spannung V^* werden alle in die Kondensatoröffnung eintretenden Träger der fraglichen Polarität von der Meßelektrode aufgesammelt. Das ist offensichtlich dann der Fall, wenn die effektive Fläche F^* gleich der geometrischen Eintrittsfläche des Plankondensators

$$F = h \cdot a$$

wird. Für feldstärkeunabhängige Beweglichkeit ergibt sich dann für diese kritische Spannung

$$V^* = \frac{v_V h^2}{bl}. \qquad \text{(C.3.2.2.1-4)}$$

Für alle höheren Spannungen ($V > V^*$) bleibt der Meßstrom gesättigt. Für diesen Sättigungsstrom gilt mit Gleichung C.3.2.2.1-3 und 4

$$I_{M\,\text{Sätt}} = Nev_V F = Nev_V ha\,. \qquad \text{(C.3.2.2.1-5)}$$

Dieser ist als reiner Aufkehrstrom von der Beweglichkeit der fraglichen Träger selbst unabhängig und damit auch bei feldstärkeabhängiger Trägerbeweglichkeit derselbe.

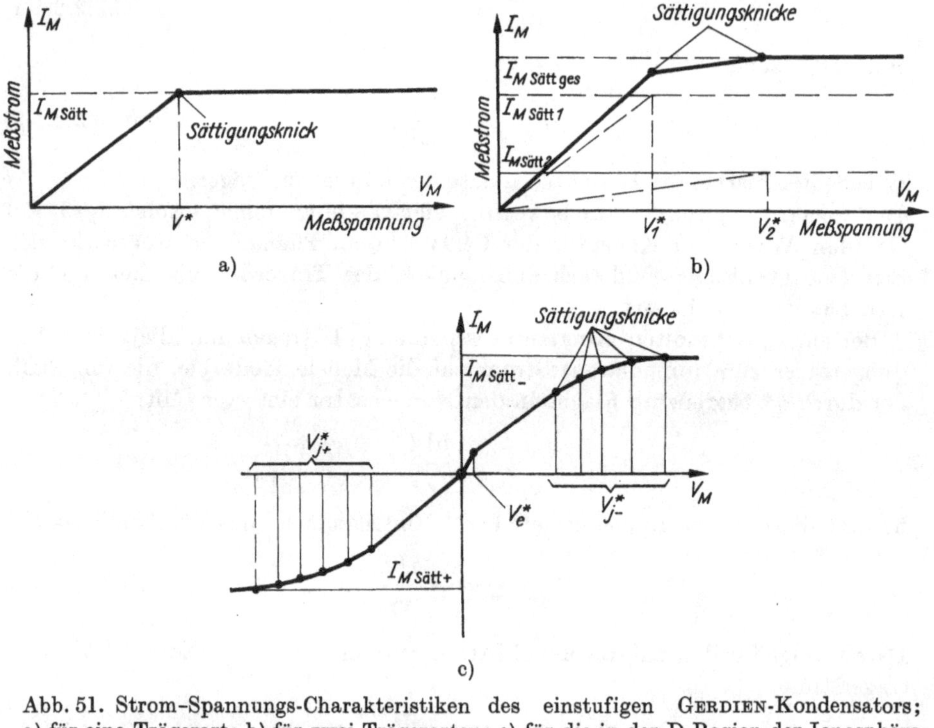

Abb. 51. Strom-Spannungs-Charakteristiken des einstufigen GERDIEN-Kondensators; a) für eine Trägerart; b) für zwei Trägerarten; c) für die in der D-Region der Ionosphäre realisierten Verhältnisse (viele positive und negative Ionenarten)

Damit ergibt sich für die Strom-Spannungs-Charakteristik einer Trägerart im GERDIEN-Kondensator bei feldstärkeunabhängiger Trägerbeweglichkeit der in Abbildung 51a wiedergegebene einfache Verlauf. Bei Vorhandensein mehrerer gleichnamiger Ionenarten überlagern sich deren Einzelcharakteristiken entsprechend der Abbildung 51b. Unter den Bedingungen der D-Region der Ionosphäre, in der neben Elektronen und positiven Ionen auch negative Ionen auftreten, ergibt eine solche Überlagerung der einzelnen Charakteristiken den in Abbildung 51c wiedergegebenen Verlauf.

C.3.2.2.2. Der zylindrische GERDIEN-Kondensator

Unter den in Abbildung 49b zugrunde gelegten geometrischen Verhältnissen gelten für die Driftbewegung der Träger zur Meßelektrode (M, innere Kondensatorelektrode) im Zylinderfeld

$$E_r(r) = -\frac{V_M}{\ln(r_G/r_M)}\cdot\frac{1}{r}$$

folgende Differentialgleichungen:

$$\frac{\mathrm{d}z}{\mathrm{d}t} = v_V\,, \qquad \frac{\mathrm{d}r}{\mathrm{d}t} = bE_r(r) = -\frac{bV_M}{\ln(r_G/r_M)}\cdot\frac{1}{r}\,.$$

Da im Zylinderkondensator die Feldstärke ortsabhängig und an der (inneren) Meßelektrode vergleichsweise hoch ist, ist es angebracht, von vornherein feldstärkeabhängige Trägerbeweglichkeiten zuzulassen: Mit dem üblichen Ansatz

$$b \sim E^{u-1} = \frac{1}{E^{1-u}} \qquad \left(\frac{1}{2} \leqq u \leqq 1\right),$$

bei dem $u = 1$ Feldstärkeunabhängigkeit der Trägerbeweglichkeit darstellt, gilt dann natürlich wegen

$$v_D = bE$$

auch

$$v_D \sim E^u$$

und wegen der Ortsabhängigkeit der elektrischen Feldstärke im Zylinderkondensator schließlich auch

$$\frac{v_D(r)}{v_D(r_M)} = \left(\frac{r_M}{r}\right)^u.$$

Damit lassen sich obige Differentialgleichungen für die Driftbewegung der Träger zu einer Differentialgleichung für die (zeitfreie) Driftbahn zusammenfassen:

$$\frac{\mathrm{d}(r/r_M)}{\mathrm{d}z} = -\frac{v_D(r_M)}{r_M v_V}\left(\frac{r_M}{r}\right)^u. \qquad \text{(C.3.2.2.2-1)}$$

Letztere hat folgende Kurvenschar zur Lösung:

$$\frac{1}{u+1}\left(\frac{r}{r_M}\right)^{u+1} = -\frac{v_D(r_M)}{v_V}\frac{z}{r_M} + A_3 \qquad \text{(C.3.2.2.2-2)}$$

(A_3 ist die Integrationskonstante). Die (makroskopische) Driftbewegung der Träger erfolgt also auf ziemlich kompliziert gekrümmten Bahnen.

Bei einer bestimmten Kondensatorspannung tragen nur diejenigen Träger zum (unipolaren) Strom auf die Meßelektrode (M, innere Kondensatorelektrode) bei, die innerhalb der durch r^* begrenzten Fläche in den Kondensator eintreten. Mit

$$r^* = r_M\left[1 + (1+u)\frac{v_D(r_M)}{v_V}\cdot\frac{l}{r_M}\right]^{1/(u+1)}$$

beträgt diese trägersammelnde effektive Eintrittsfläche des Zylinderkondensators

$$F^* = \pi(r^{*2} - r_M^2) = \pi r_M^2\left\{\left[1 + (1+u)\frac{v_D(r_M)}{v_V}\cdot\frac{l}{r_M}\right]^{2/(u+1)} - 1\right\}.$$

Daraus folgt für den auf die Meßelektrode auffließenden (unipolaren) Trägerstrom

$$I_M = Nev_VF^* = Nev_V\pi r_M^2\left\{\left[1 + (1+u)\frac{v_D(r_M)}{v_V}\cdot\frac{l}{r_M}\right]^{2/(u+1)} - 1\right\}$$

und wesentlich einfacher für feldstärkeunabhängige Trägerbeweglichkeit ($u = 1$)

$$I_M = Nev_VF^* = 2\pi Neb\frac{lV_M}{\ln(r_G/r_M)}. \qquad \text{(C.3.2.2.2-3)}$$

Während also für feldstärkeabhängige Beweglichkeit der Strom eine recht komplizierte Struktur besitzt, ist er für feldstärkeunabhängige Beweglichkeit wie beim ebenen Gerdien-Kondensator spannungsproportional.

Bei einer bestimmten kritischen Spannung V^* werden alle in die Kondensatoröffnung einströmenden Träger der fraglichen Polarität von der Meßelektrode aufgesammelt. Das ist gerade dann der Fall, wenn die trägersammelnde Fläche F^* gleich der geometrischen Eintrittsfläche des Zylinderkondensators

$$F = \pi(r_G^2 - r_M^2)$$

wird. Der Meßstrom ist dann gesättigt und beträgt wieder, unabhängig von einer eventuellen Feldstärkeabhängigkeit der Trägerbeweglichkeit,

$$I_{M\,\text{Sätt}} = Nev_VF = Nev_V\,\pi[r_G^2 - r_M^2]. \qquad \text{(C.3.2.2.2-4)}$$

Die kritische Spannung V^*, bei der diese Sättigung des Stromes eintritt, kann bei feldstärkeabhängiger Beweglichkeit nur dann berechnet werden, wenn diese Feldstärkeabhängigkeit der Beweglichkeit im einzelnen bekannt ist. Bei feldstärkeunabhängiger Trägerbeweglichkeit ergibt sich andererseits für diese kritische Spannung relativ einfach

$$V^* = \frac{v_V}{2bl}\,[r_G^2 - r_M^2]\ln(r_G/r_M)\,. \qquad \text{(C.3.2.2.2-5)}$$

Aus vorstehenden Überlegungen folgt, daß die Struktur der Strom-Spannungs-Kennlinie beim zylindrischen GERDIEN-Kondensator im Fall feldstärkeunabhängiger Trägerbeweglichkeit qualitativ dieselbe wie beim ebenen GERDIEN-Kondensator ist. Nach linearem Anstieg des Stroms tritt bei einer gewissen kritischen Spannung Sättigung ein. Alle weiteren beim ebenen GERDIEN-Kondensator gemachten Ausführungen, insbesondere hinsichtlich der Überlagerung der Charakteristiken bei Vorhandensein mehrerer gleichnamiger Ionenarten und bezüglich der bei Einsatz in der D-Region der Ionosphäre zu erwartenden Charakteristik, gelten daher im Fall feldstärkeunabhängiger Beweglichkeiten auch für den zylindrischen GERDIEN-Kondensator (vgl. Abb. 51).

C.3.2.3. Zur Auswertung der Strom-Spannungs-Charakteristiken von (einstufigen) GERDIEN-Kondensatoren

Die Auswertung experimentell erhaltener Strom-Spannungs-Charakteristiken von einstufigen GERDIEN-Kondensatoren kann auf der Grundlage der vorstehend abgehandelten einfachen Theorie vorgenommen werden.

Ganz unprobelematisch gestaltet sich dabei allerdings nur die Bestimmung der totalen Konzentration der positiven bzw. negativen Ladungsträger. Diese kann aus dem experimentell immer genügend genau meßbaren totalen Sättigungsstrom (Gl. C.3.2.2.1-5 bzw. Gl. C.3.2.2.2-4) gemäß

$$N_{\pm\,\text{ges}} = \frac{I_{M\pm\text{Sätt}}}{ev_V ha} \qquad \text{(C.3.2.3-1a)}$$

für ebene Geometrie bzw.

$$N_{\pm\,\text{ges}} = \frac{I_{M\pm\text{Sätt}}}{ev_V\pi\,[r_G^2 - r_M^2]} \qquad \text{(C.3.2.3-1b)}$$

für zylindrische Geometrie ermittelt werden. Die Bestimmung der partiellen Trägerkonzentrationen bereitet schon größere Schwierigkeiten, da hierzu die partiellen Sättigungsströme erst aus der Knickstruktur der Strom-Spannungs-Charakteristik ermittelt werden müssen. Das ist beim Vorhandensein vieler verschiedener Ionenarten und damit dicht beieinander liegender und nur schwach ausgeprägter Knicke selten einwandfrei möglich.

Die Trägerbeweglichkeiten können nach Gleichung C.3.2.2.1-4 bzw. Gleichung C.3.2.2.2-5 aus den kritischen Potentialen, bei denen für die einzelnen Trägerarten der Übergang zur Sättigung stattfindet, gemäß

$$b_j = \frac{v_V h^2}{lV_j^*} \qquad \text{(C.3.2.2-2a)}$$

für ebene Geometrie bzw.

$$b_j = \frac{v_V[r_G^2 - r_M^2]}{2lV_j^*} \ln (r_G/r_M) \tag{C.3.2.3-2b}$$

für zylindrische Geometrie bestimmt werden.
Eine andere Möglichkeit besteht darin, die Trägerbeweglichkeiten aus der Steigung der Strom-Spannungs-Charakteristik (Gl. C.3.2.2.1-3 bzw. Gl. C.3.2.2.2-3) gemäß

$$b_j = \frac{h}{N_j ela}\left(\frac{\mathrm{d}I_{Mj}}{\mathrm{d}V}\right) \tag{C.3.2.3-3a}$$

für ebene Geometrie bzw.

$$b_j = \frac{\ln (r_G/r_M)}{2\pi N_j el}\left(\frac{\mathrm{d}I_{Mj}}{\mathrm{d}V}\right) \tag{C.3.2.3-3b}$$

für zylindrische Geometrie zu entnehmen. Dazu müssen allerdings die partiellen Trägerkonzentrationen bereits bekannt sein. Aus diesem Grund ist dieses Verfahren in der Praxis meist nur beim Vorliegen sehr weniger verschiedener Ionenarten anwendbar.

Während auf diese Weise die totalen Konzentrationen der schweren positiven und negativen Ionen und deren Beweglichkeiten bestimmt werden können, sind die entsprechenden Parameter für die Elektronenkomponente aus solchen Gerdien-Kondensatormessungen kaum zu ermitteln. Das hat folgende Gründe: Da die Elektronen über eine beträchtlich größere Beweglichkeit als die schwereren Ionen verfügen, tritt für sie einerseits die Sättigung bereits bei sehr niedrigen Meßspannungen ein. Da andererseits die Konzentration der Elektronen in der unteren D-Region verglichen mit den schweren Ionen sehr gering ist, liefern sie nur einen außerordentlich geringfügigen Beitrag zum totalen Sättigungsstrom. Schließlich unterliegen die leichten Elektronen wegen ihrer kleinen Masse der in der verwendeten einfachen Beweglichkeitsnäherung vernachlässigten thermischen Diffusion vergleichsweise stark und erfahren so beträchtliche Abweichungen von der der Struktur der Charakteristiken zugrunde liegenden einfachen Driftbahn. Aus diesen Gründen ist der für die Elektronenkomponente in der Strom-Spannungs-Charakteristik zu erwartende Knick (vgl. Abb. 51c) kaum ausgeprägt und experimentell auch nie beobachtet worden.

Bei feldstärkeabhängigen Trägerbeweglichkeiten sehen die Strom-Spannungs-Charakteristiken etwas anders aus. Man kann sich leicht überlegen, daß in diesem Fall, sowohl beim ebenen als auch beim zylindrischen Gerdien-Kondensator, die Charakteristiken etwas flacher ansteigen und die Sättigung erst bei etwas höheren Spannungen eintritt, während die Größe des beweglichkeitsunabhängigen Sättigungsstroms natürlich erhalten bleibt. Dadurch ist der den Übergang zur Sättigung markierende Knick weniger gut ausgeprägt als bei feldstärkeunabhängiger Beweglichkeit. Aus diesem Grund sind solche Kurven vor allem beim Vorliegen mehrerer Ionenarten zur Fixierung der kritischen Spannungen und damit zur Bestimmung der Trägerbeweglichkeiten nicht besonders geeignet.

Es empfiehlt sich dann, zur Ermittlung der Trägerbeweglichkeiten auf ein ausgefeilteres und damit besseres Verfahren zurückzugreifen (vgl. Abschn. C.3.2.5., zweistufiger GERDIEN-Kondensator).

Grundsätzlich können die bei feldstärkeabhängiger Beweglichkeit auftretenden Abweichungen der Strom-Spannungs-Kennlinie von der Linearität natürlich auch dazu genutzt werden, auf die unbekannte Feldstärkeabhängigkeit der Beweglichkeiten zurückzuschließen.

C.3.2.4. Bemerkungen zur sachgemäßen Dimensionierung und Anbringung von GERDIEN-Kondensatoren

Wie bei allen ebenen Plasmasonden müssen auch bei der Dimensionierung von GERDIEN-Kondensatoren zahlreiche, teilweise einander entgegenwirkende Einflußgrößen sorgfältig gegeneinander abgewogen werden.

a) Damit die der Wirkungsweise dieser Leitfähigkeits- bzw. Beweglichkeitssonden zugrunde gelegte stoßbestimmte Theorie gerechtfertigt ist, muß einerseits die mittlere freie Weglänge der Ladungsträger sehr viel kleiner als die Abmessung des Meßraumes sein, der sich beim GERDIEN-Kondensator im wesentlichen auf den eigentlichen Zwischenelektrodenraum, den Kondensatorinnenraum, beschränkt. Verzichtet man von vornherein auf eine Mitberücksichtigung der mit GERDIEN-Kondensatoren sowieso kaum erfaßbaren Elektronenkomponente, so liefert obige Forderung für die Abmessungen des Kondensatorraumes folgende Bedingungen:

$$h;\, a;\, r_G - r_M;\, l \gg \lambda_{+n};\, \lambda_{-n}\,. \tag{C.3.2.4-1}$$

Diese sind in der Praxis zumindest für die untere und mittlere D-Region der Ionosphäre leicht zu erfüllen.

Andererseits war die Ableitung der Sondencharakteristik auf der Basis einer reinen Beweglichkeitstheorie nur unter der allgemeinen in Ungleichung C.3.1-5 formulierten Bedingung gerechtfertigt. Diese läßt sich für die konkreten Verhältnisse des GERDIEN-Kondensators auch anders formulieren: Offensichtlich ist eine Beschreibung der Trägerbewegung durch reine Driftbahnen dann erlaubt, wenn die durch die thermische Diffusion bewirkte Aberration $\sqrt{\overline{x^2}}$ der Träger von der Driftbahn wesentlich kleiner bleibt als die Länge der Driftbahn selbst. Letztere ist bei nicht zu hohen Feldstärken näherungsweise durch die Länge l des Meßraumes gegeben.

Mit $\overline{x^2} = 2Dt$, $t = l/v_V$ und $\dfrac{D}{b} = \dfrac{kT}{e}$ folgt daraus unmittelbar

$$\frac{\sqrt{\overline{x^2}}}{l} = \sqrt{\frac{2b\,kT}{elv_V}} \ll 1$$

bzw.

$$l \gg \frac{2\,kTb}{ev_V} \approx 5 \cdot 10^{-2}\,\frac{b\;[\mathrm{cm^2\,V^{-1}\,s^{-1}}]}{v_V\;[\mathrm{cm\,s^{-1}}]}\,\mathrm{cm}\,. \tag{C.3.2.4-2}$$

Man kann sich leicht davon überzeugen, daß diese Bedingung in der D-Region der Ionosphäre bei nicht zu kleinen Vehikelgeschwindigkeiten (Raketengeschwindigkeiten; 10^5 cm s^{-1}) für übliche Meßraumlängen zumindest hinsichtlich der weniger beweglichen Ionen im allgemeinen erfüllbar ist. In der oberen D-Region allerdings, wo die beweglicheren Elektronen an Einfluß gewinnen, macht die Einhaltung dieser Bedingung mitunter große Schwierigkeiten.

b) Damit die Strom-Spannungs-Charakteristiken bis zur Sättigung (stückweise) spannungsproportional verlaufen, müssen die Trägerbeweglichkeiten bis zur kritischen Spannung (Sättigungsspannung) feldstärkeunabhängig bleiben. Mit der für Feldstärkeunabhängigkeit der Trägerbeweglichkeiten geltenden Bedingung (Gl. C.3.1-6) und den kritischen Spannungen nach Gleichung C.3.2.2.1-4 bzw. Gleichung C.3.2.2.2-5 ergeben sich dann folgende Forderungen:

$$\frac{h}{l} \lessapprox 20\, P\,[\mathrm{Torr}]\,\frac{b^*\,[\mathrm{cm^2\,V^{-1}\,s^{-1}}]}{v_V\,[\mathrm{cm\,s^{-1}}]} \qquad \text{(C.3.2.4-3a)}$$

für ebene Geometrie und

$$\frac{r_G^2 - r_M^2}{l r_M} \lessapprox 40\, P\,[\mathrm{Torr}]\,\frac{b^*\,[\mathrm{cm^2\,V^{-1}\,s^{-1}}]}{v_V\,[\mathrm{cm\,s^{-1}}]} \qquad \text{(C.3.2.4-3b)}$$

für zylindrische Geometrie. Hierin stellt b^* die Beweglichkeit der schwersten vorhandenen Ionenart dar, die für den Übergang in die totale Sättigung bestimmend ist.

Bei Einhaltung dieser Bedingung kann erwartet werden, daß die Strom-Spannungs-Charakteristiken im gesamten interessierenden Spannungsbereich, d. h. bis zum Eintritt der totalen Sättigung, keine durch den Einfluß der Meßfeldstärke auf die Trägerbeweglichkeiten hervorgerufenen Verzerrungen aufweisen und daher nach obiger einfacher Theorie interpretierbar sind. Auch diese Forderungen können durch Wahl entsprechend großer Meßraumlängen immer eingehalten werden.

Da die Sättigungsströme als Aufkehrströme von den Trägerbeweglichkeiten selbst unabhängig sind, darf die Meßspannung indessen nun ohne weiteres (beliebig weit) über die kritische Spannung der schwersten Ionenart variiert werden, ohne daß sich an der Struktur der Strom-Spannungs-Charakteristik irgend etwas ändert. Der Meßspannung sind allerdings durch die Durchbruchspannung des durch den Kondensator strömenden Plasmas („vorionisiertes“ Neutralgas!) und durch die gewünschte hohe Auflösung im nicht gesättigten Teil der Charakteristik praktische Grenzen gesetzt.

c) Um zu gewährleisten, daß die angelegte Meßspannung tatsächlich an der eigentlichen Meßelektrode wirksam wird und nicht zu einer Verschiebung des Gleichgewichtspotentials der Gegenelektrode führt, sollte ganz ähnlich wie bei allen anderen Sonden (vgl. z. B. Gl. B.3.5-8) auch für die geometrische Eintrittsöffnung (größtmögliche effektive Sammelfläche) des Gerdien-

Kondensators die (entsprechend modifizierte) Flächenbedingung

$$ha;\pi(r_G^2 - r_M^2) \leqq \frac{F_G}{100} = \frac{2\pi r_G l}{100} \qquad \text{(C.3.2.4-4)}$$

eingehalten werden. Diese ist bei der angenommenen elektrischen Grundschaltung, bei der die Gegenelektrode auf Vehikelpotential gehalten wird und damit um die Raketenoberfläche vergrößert erscheint, natürlich immer bestens erfüllt. Andererseits sollte, um möglichst große und damit genau meßbare Sättigungsströme zu erhalten, die Öffnungsfläche des Kondensators auch nicht zu klein gewählt werden.

d) Ähnlich wie bei anderen Gleichspannungssonden muß auch bei GERDIEN-Kondensatoren der Äquivalentwiderstand des durchströmenden Plasmas hinreichend viel größer als der Innenwiderstand des Meßkreises bleiben. Der minimale Äquivalentwiderstand des Plasmas ergibt sich für dieses System unmittelbar aus den zu erwartenden Charakteristiken zu

$$R_{\ddot{A}\,\min} = \frac{h}{Nebla} \qquad \text{(C.3.2.4-5a)}$$

für ebene und zu

$$R_{\ddot{A}\,\min} = \frac{\ln(r_G/r_M)}{2\pi Nebl} \qquad \text{(C.3.2.4-5b)}$$

für zylindrische Geometrie. Wie man sieht, ergeben lange Kondensatoren kleine Äquivalentwiderstände und erfordern damit auch sehr kleine Meßkreiswiderstände.

e) Bei der Konstruktion von GERDIEN-Kondensatoren und ihrer Halterung müssen auch einige aerodynamische bzw. gasdynamische Aspekte berücksichtigt werden. Im Unterschallbereich bildet sich bei der Durchströmung des Kondensators im Inneren eine Reibungsgrenzschicht aus, die mit wachsendem Abstand von der Eintrittsöffnung allmählich stärker wird. Damit erhält die ursprünglich durch die Vehikelbewegung geschwindigkeitshomogene Parallelströmung in dieser Grenzschicht ein Geschwindigkeitsprofil. Da dieses Geschwindigkeitsprofil in der vorstehend gegebenen Behandlung nicht berücksichtigt wurde, muß gefordert werden, daß die Dicke dieser Reibungsgrenzschicht bis zur Austrittsöffnung sehr viel kleiner als die Querschnittsabmessung des Kondensators bleibt, d. h.

$$d^* \approx \sqrt{\frac{\lambda_n \overline{v}_n l}{3 v_V}} \ll h;\, a;\, r_G - r_M\,. \qquad \text{(C.3.2.4-6)}$$

Bei Überschallgeschwindigkeit andererseits entstehen an den Rändern der Eintrittsöffnung Stoßwellen. Damit diese den Meßvorgang, insbesondere die Struktur der Driftbahnen, nicht stark beeinflussen, muß darauf geachtet werden, daß die dem Kondensator anhaftenden Stoßfronten der Stoßwellen gar nicht oder nicht allzuoft die Trägerbahnen schneiden. Man kann sich überlegen, daß dies einigermaßen nur zu gewährleisten ist, wenn Querabmessungen und Länge des Kondensatorsystems der Ungleichung

$$\frac{l}{h}\,;\quad \frac{l}{r_G - r_M} \leqq \frac{1}{\mathrm{tg}\,[\mathrm{arc}\,\sin\,(\overline{v_n}/v_V)]} \qquad \text{(C.3.2.4-7)}$$

genügen. $\overline{v_n}$ bedeutet hierin die Schallgeschwindigkeit im fraglichen Plasma. Diese Bedingung steht im Überschallbereich der Wahl großer Kondensatorlängen ernsthaft entgegen.

Um eine möglichst von anderen Ursachen unbeeinflußte Durchströmung des Kondensatorraumes zu gewährleisten, ist es ratsam, die Gerdien-Kondensatoren an oder in der Nähe der Raketenspitze zu haltern.
Es erübrigt sich fast, zu erwähnen, daß die Symmetrieachse des Kondensators möglichst genau mit dem Geschwindigkeitsvektor der Vehikelbewegung übereinstimmen muß. Die Raketen sollten dazu wenigstens in Flugrichtung stabilisiert sein. Wie Abschätzungen ergeben, können Winkelabweichungen bis zu etwa 5° zugelassen werden. Bei spinstabilisierten Raketen muß zusätzlich darauf geachtet werden, daß die Rotationsfrequenz nicht zu hoch ist, so daß die durch die Drehung verursachte schiefe Anströmung und Durchströmung des Kondensators ebenfalls in den angegebenen Grenzen bleibt. Aus dem gleichen Grund sollte bei seitlicher Anbringung des Gerdien-Kondensators der Abstand von der Raketenachse nicht zu groß gewählt werden. Am besten und sichersten ist in jedem Fall eine zentrale Montage an oder vor der Raketenspitze.

Um schließlich eine Verzerrung der Strom-Spannungs-Kennlinien durch Fotoelektronen zu vermeiden, muß dafür gesorgt werden, daß auf die Meßelektrode (innere Kondensatorelektrode) keine fotoelektrisch wirksame (Solar-)Strahlung auffallen kann. Obgleich die geschlossene Geometrie des Zylinderkondensators dieser Forderung sehr entgegenkommt, erweist es sich mitunter als nötig, den Gerdien-Kondensator im Schatten der Rakete zu installieren und eventuell durch geeignet angebrachte Schirme dafür zu sorgen, daß auch keine an der Raumflugkörperoberfläche oder sonstwo (spiegelnd) reflektierte Strahlung in den Meßraum gelangen kann.

C.3.2.5. Sonderanwendung: Zweistufige Gerdien-Kondensatoren und Beweglichkeitsspektrometrie

Wie in Abschnitt C.3.2.3. bereits angedeutet, sind bei Vorhandensein mehrerer (gleichnamiger) Ionenarten die den kritischen Spannungen entsprechenden Knicke in der Strom-Spannungs-Charakteristik meist wenig ausgeprägt; das gilt insbesondere dann, wenn infolge hoher Meßfeldstärke mit einer Feldstärkeabhängigkeit der Ionenbeweglichkeiten gerechnet werden muß. Als Folge davon können dann die Beiträge der einzelnen Ionenarten zur Sondencharakteristik nicht mehr sicher voneinander getrennt werden.

Eine wesentliche Verbesserung hat hier ein Verfahren gebracht, das bereits 1920 von BLACKWOOD (BLACKWOOD, 1920) in die luftelektrische Meßtechnik eingeführt wurde und mit zwei hintereinandergeschalteten, geeignet bemessenen ebenen oder besser zylindrischen GERDIEN-Kondensatoren arbeitet. Diesen zweistufigen GERDIEN-Kondensatoren liegt die in Abbildung 52 angegebene elektrische Schaltung zugrunde. Beide Kondensatorsysteme unterliegen derselben Spannungsregie. Die als Gegenelektroden (Referenzelektroden) wirkenden Elektroden der beiden Kondensatoren sind wie bei einstufigen Systemen elektrisch leitend mit der Raumflugkörperoberfläche verbunden und können deshalb aus einem Stück bestehen, während die Meßelektroden beider Systeme natürlich voneinander getrennt sein müssen.

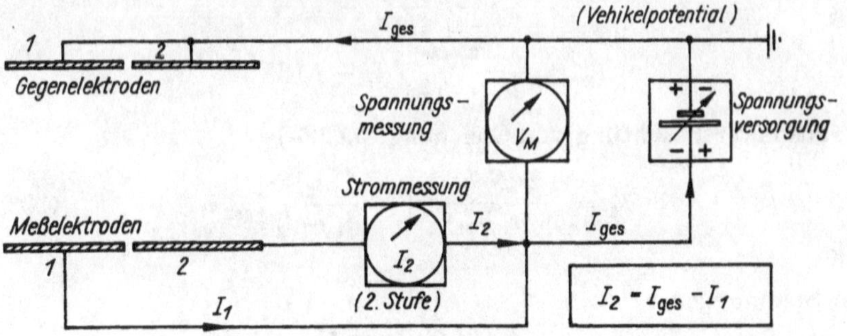

Abb. 52. Elektrische Prinzipschaltung des zweistufigen GERDIEN-Kondensators

Wir interessieren uns im folgenden ausschließlich für den auf die Meßelektrode der zweiten Stufe auffließenden Trägerstrom I_2. Dieser ergibt sich einfach als Differenz zwischen dem Gesamtstrom I_{ges} auf beide Elektroden und dem Strom I_1 auf die erste Stufe gemäß

$$I_2 = I_{ges} - I_1 \,. \qquad \text{(C.3.2.5-1)}$$

Bei (positiven oder negativen) Spannungen unterhalb der Sättigungsspannung des gesamten zweistufigen Kondensatorsystems steigt der interessierende Meßstrom I_2 zur zweiten Stufe genauso wie der Strom I_1 zur ersten Stufe mit wachsender Spannung an. Bei Erreichen der Sättigungsspannung für das gesamte zweistufige Kondensatorsystem geht der Gesamtstrom $I_{ges} = I_1 + I_2$ in Sättigung über und bleibt auch bei höheren Spannungen konstant, während der auf die Meßelektrode der ersten Stufe auffließende Strom I_1 natürlich vorerst mit wachsender Spannung weiter ansteigt. Als Folge davon nimmt der uns ausschließlich interessierende Meßstrom I_2 zur Meßelektrode der zweiten Stufe wieder ab und erreicht schließlich den Wert Null. Das ist dann der Fall, wenn die Spannung so hoch geworden ist, daß auch der Strom I_1 zur Meßelektrode der ersten Stufe Sättigung zeigt. Der Gesamtstrom wird jetzt durch den gesättigten Strom I_1 zur Meßelektrode der ersten Kondensatorstufe repräsentiert. Diese Verhältnisse bleiben für alle noch höheren Spannungen erhalten.

Für feldstärkeunabhängige Trägerbeweglichkeiten ist dieses Verhalten sowohl für ebene als auch zylindrische Kondensatorgeometrie auf der Grundlage der entwickelten einfachen Theorie unter Beachtung von Gleichung C.3.2.5-1 leicht analytisch faßbar und deshalb für die in der Praxis meist verwendete zylindrische Geometrie im folgenden nochmals zusammengestellt[1]):

a) Für Spannungen

$$0 \leqq V \leqq V^*_{\text{ges}} = \frac{v_V[r_G^2 - r_M^2]}{2b(l_1 + l_2)} \ln (r_G/r_M) \qquad \text{(C.3.2.5-2)}$$

gilt

$$I_1 = \frac{2\pi Neb}{\ln (r_G/r_M)} l_1 V$$

und

$$I_{\text{ges}} = \frac{2\pi Neb}{\ln (r_G/r_M)} (l_1 + l_2) V ,$$

woraus unter Beachtung von Gleichung C.3.2.5-1

$$I_2 = \frac{2\pi Neb}{\ln (r_G/r_M)} l_2 V = \frac{l_2}{l_1 + l_2} I_{\text{ges}} \qquad \text{(C.3.2.5-3)}$$

folgt.

b) Für Spannungen

$$V^*_{\text{ges}} \leqq V \leqq V^*_1 = \frac{v_V[r_G^2 - r_M^2]}{2bl_1} \ln (r_G/r_M) \qquad \text{(C.3.2.5-4)}$$

gilt

$$I_1 = \frac{2\pi Neb}{\ln (r_G/r_M)} l_1 V$$

und

$$I_{\text{ges}} = \pi[r_G^2 - r_M^2]\, Nev_V ,$$

woraus

$$I_2 = \pi Ne \left\{ v_V[r_G^2 - r_M^2] - \frac{2b}{\ln (r_G/r_M)} l_1 V \right\} \qquad \text{(C.3.2.5-5)}$$

folgt.

c) Für Spannungen

$$V^*_1 \leqq V < \infty \qquad \text{(C.3.2.5-6)}$$

schließlich gilt

$$I_1 = \pi[r_G^2 - r_M^2]\, Nev_V$$

und

$$I_{\text{ges}} = \pi[r_G^2 - r_M^2]\, Nev_V ,$$

woraus

$$I_2 = 0 \qquad \text{(C.3.2.5-7)}$$

folgt.

---

[1]) Für den ebenen (zweistufigen) GERDIEN-Kondensator verlaufen die Überlegungen ganz analog.

Der Maximalstrom auf die Meßelektrode der zweiten Kondensatorstufe wird bei der Spannung

$$V^*_{\text{ges}} = \frac{v_V[r_G^2 - r_M^2]}{2b(l_1 + l_2)} \ln (r_G/r_M) \qquad \text{(C.3.2.5-8)}$$

erreicht und beträgt

$$I_{2\max} = \pi[r_G^2 - r_M^2]\, Nev_V \frac{l_2}{l_1 + l_2} = \frac{l_2}{l_1 + l_2} I_{\text{ges Sätt}}\,. \qquad \text{(C.3.2.5-9)}$$

Wie man sieht, ist dieser Strom bei zweistufigen GERDIEN-Kondensatoren gegenüber einstufigen um den Faktor $l_2/(l_1 + l_2)$ herabgesetzt. Dies muß bei der Dimensionierung solcher zweistufiger GERDIEN-Kondensatoren beachtet werden.

Mit Hilfe dieser Beziehungen läßt sich nun die zu erwartende Strom-Spannungs-Charakteristik der Meßelektrode der zweiten Kondensatorstufe leicht konstruieren. Abbildung 53a zeigt dieselbe qualitativ für eine Ionenart im Fall feldstärkeunabhängiger Beweglichkeit und gilt damit für ebene wie zylindrische

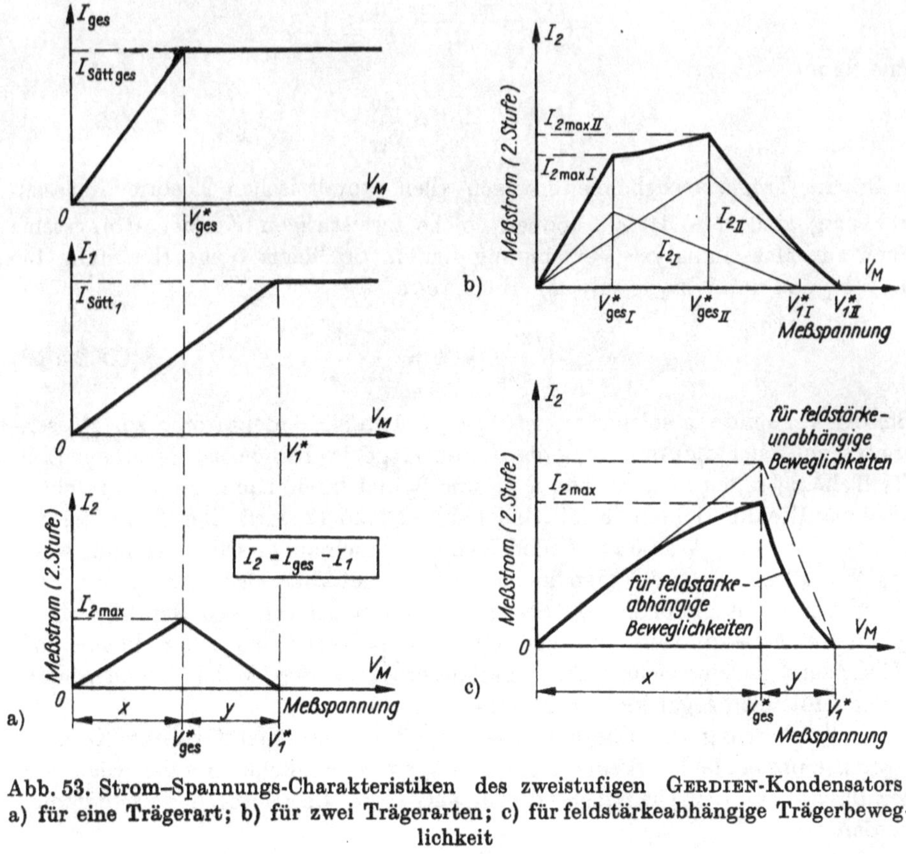

Abb. 53. Strom–Spannungs-Charakteristiken des zweistufigen GERDIEN-Kondensators: a) für eine Trägerart; b) für zwei Trägerarten; c) für feldstärkeabhängige Trägerbeweglichkeit

Geometrie gleichermaßen. Wie man dieser Abbildung entnimmt, hängen Anstiegs- und Abstiegsflanke dieser Charakteristik von den entsprechenden Sättigungsspannungen bzw. den diese bestimmenden Längen der beiden Kondensatorsysteme gemäß

$$\frac{V^*_{\text{ges}}}{V^*_{\text{I}} - V^*_{\text{ges}}} = \frac{l_1}{l_2} \qquad \text{(C.3.2.5-10)}$$

ab. Beim Vorhandensein mehrerer (gleichnamiger) Ionenarten überlagern sich die Beiträge der einzelnen Ionenarten und ergeben den in Abbildung 53b qualitativ angedeuteten, wie man sieht, schon recht komplizierten Verlauf.

Die bei zweistufigen GERDIEN-Kondensatoren bedeutend stärkere Strukturierung des Meßstroms (zur zweiten Stufe) macht solche Doppelkondensatorsysteme zur Beweglichkeitsspektrometrie geeignet.

Um noch zwei (gleichnamige) Ionenarten mit verschiedenen Beweglichkeiten voneinander trennen zu können, muß offensichtlich $V^*_{\text{ges II}} > V^*_{\text{I}}$ sein. Daraus folgt für $b_{\text{I}} > b_{\text{II}}$ unmittelbar

$$\frac{V^*_{\text{1 I}}}{V^*_{\text{ges II}}} = \frac{l_1 + l_2}{l_1} \cdot \frac{b_{\text{II}}}{b_{\text{I}}} \leqq 1$$

und damit

$$\frac{l_2}{l_1} \leqq \frac{b_{\text{I}}}{b_{\text{II}}} - 1 \approx \frac{\Delta b}{b_{\text{II}}} . \qquad \text{(C.3.2.5-11)}$$

Da die Trägerbeweglichkeiten nach allen atomistischen Theorien massenabhängig sind ($b \sim 1/\sqrt{m}$), können solche zweistufigen Kondensatorsysteme auch zur Massenanalyse Verwendung finden. So liefert obige Rechnung für $b_{\text{I}} > b_{\text{II}}$ und damit $m_{\text{I}} < m_{\text{II}}$ näherungsweise

$$\frac{l_2}{l_1} \leqq \sqrt{\frac{m_{\text{II}}}{m_{\text{I}}}} - 1 \approx \frac{1}{2} \cdot \frac{\Delta m}{m_{\text{I}}} . \qquad \text{(C.3.2.5-12)}$$

Bei der Verwendung solcher zweistufiger GERDIEN-Kondensatoren zur Massenanalyse muß sich die Aufteilung der Gesamtlänge des Kondensatorsystems l_{ges} in die Teillängen der Einzelsysteme l_1 und l_2 natürlich nach der gewünschten Massenauflösung richten. Nach Gleichung C.3.2.5-12 wird eine Trennung der leichten Ionen des Wasserstoffs und Heliums voneinander schon erreicht, wenn das Verhältnis der Teillängen kleiner als 3/2 gewählt wird. Für eine sichere Trennung der Atomionen von Stickstoff und Sauerstoff von den aus ihnen gebildeten Molekülionen hingegen muß dieses Verhältnis schon kleiner als 1/2 sein und für eine sichere Trennung dieser Atom- bzw. Molekülionen voneinander schließlich sogar kleiner als 1/14 bzw. 1/30.

Die Auswertung der Charakteristiken der zweistufigen GERDIEN-Kondensatoren kann bei feldstärkeunabhängigen Trägerbeweglichkeiten natürlich wieder direkt auf der Grundlage der angegebenen Beziehungen vorgenommen werden.

So gelingt aus dem Maximalstrom auf die Meßelektrode der zweiten Stufe die Bestimmung der interessierenden Trägerkonzentrationen gemäß

$$N_j = \frac{I_{2\,\max j}}{e v_V a h} \cdot \frac{l_1 + l_2}{l_2} \tag{C.3.2.5-13a}$$

bei ebener und

$$N_j = \frac{I_{2\,\max j}}{e v_V \pi \, [r_G^2 - r_M^2]} \cdot \frac{l_1 + l_2}{l_2} \tag{C.3.2.5-13b}$$

bei zylindrischer Geometrie.
Die Bestimmung der partiellen Trägerkonzentrationen gestaltet sich hierbei beim Vorliegen mehrerer Ionenarten immer sehr schwierig, da der von der jeweils interessierenden Ionenart herrührende Beitrag zum Strommaximum immer erst aus der durch Überlagerung entstandenen Kurvenstruktur eliminiert werden muß.

In ähnlicher Weise kann aus den dazugehörigen Spannungen, den Sättigungsspannungen des Gesamtkondensatorsystems, die Ermittlung der interessierenden Trägerbeweglichkeiten gemäß

$$b_j = \frac{v_V h^2}{(l_1 + l_2)\, V^*_{\text{ges}\,j}} \tag{C.3.2.5-14a}$$

bei ebener und gemäß

$$b_j = \frac{v_V [r_G^2 - r_M^2]}{2(l_1 + l_2)\, V^*_{\text{ges}\,j}} \ln (r_G/r_M) \tag{C.3.2.5-14b}$$

bei zylindrischer Geometrie erfolgen.
Wegen $b \sim 1/\sqrt{m}$ kann schließlich aus dem so ermittelten Beweglichkeitsspektrum mit Hilfe von

$$\frac{m_{\text{I}}}{m_{\text{II}}} = \frac{b_{\text{II}}^2}{b_{\text{I}}^2} \tag{C.3.2.5-15}$$

auf das Massenspektrum rückgeschlossen werden. Da auf diese Weise nur Massenverhältnisse bestimmt werden können, muß zur Ermittlung der wahren Massen wenigstens eine der Massen des Spektrums anderweitig (etwa durch Raten oder Schätzen) bekannt sein.

Bei feldstärkeabhängigen Trägerbeweglichkeiten sind die Strom-Spannungs-Charakteristiken der Meßelektrode der zweiten Stufe natürlich etwas anders beschaffen. Maximalstrom und Sättigungsspannungen werden jetzt nicht mehr durch die einfachen für den Fall feldstärkeunabhängiger Trägerbeweglichkeiten geltenden Beziehungen beschrieben. Anstieg und Abfall des Meßstroms erfolgen jetzt nicht mehr spannungsproportional. Man kann sich leicht überlegen, daß in diesem Fall die Strom-Spannungs-Charakteristiken den in Abbildung 53c qualitativ angedeuteten Verlauf zeigen. Beim Vorhandensein mehrerer (gleichnamiger) Ionenarten ist es trotzdem möglich, auf das Beweglichkeits- und damit Massenspektrum zu schließen, da das Verhältnis der Beweglichkeiten der interessierenden Ionen aus dem Verhältnis der entsprechenden Sättigungsspannungen berechnet werden kann. Zur Bestimmung der Ionenkonzentration jedoch ist in diesem Fall unbedingt die zusätzliche Messung des auf die Meßelektrode der ersten Kondensatorstufe auffallenden Sättigungsstroms nötig, aus dem die Trägerkonzentrationen dann wieder wie in Abschnitt C.3.2.3. berechnet werden können.

Außerordentlich schwierig gestaltet sich die Interpretation von GERDIEN-Kondensatorcharakteristiken immer dann, wenn viele verschiedene Ionenarten im untersuchten Plasma vorhanden sind. Die Strom-Spannungs-Charakteristik einstufiger GERDIEN-Kondensatoren weist dann gar keine Knicke mehr auf, und der Strom zur zweiten Stufe zweistufiger GERDIEN-Kondensatoren ist so kompliziert strukturiert, daß er nicht mehr einfach analysiert werden kann. Nach EICHMEIER (EICHMEIER, 1967) ist es in solchen Fällen vorteilhaft, von vornherein ein kontinuierliches Beweglichkeitsspektrum gemäß

$$\mathrm{d}N = f(b)\,\mathrm{d}b \tag{C.3.2.5-16}$$

anzunehmen.
Wie eine auf dieser Annahme aufbauende Berechnung der Strom-Spannungs-Kennlinien des GERDIEN-Kondensators ergibt, läßt sich die Verteilung der Träger auf die einzelnen Beweglichkeiten im Falle einstufiger GERDIEN-Kondensatoren gemäß

$$\mathrm{d}N = f(b)\,\mathrm{d}b = \frac{V}{eFv_V}\,\frac{\mathrm{d}^2I}{\mathrm{d}V^2}\,\mathrm{d}V \tag{C.3.2.5-17}$$

aus der zweiten Ableitung, d. h. der Krümmung der Strom-Spannungs-Kennlinie, und im Fall zweistufiger GERDIEN-Kondensatoren mit ausreichend kleiner Länge der zweiten Stufe ($l_2 \ll l_1$) gemäß

$$\mathrm{d}N = f(b)\,\mathrm{d}b = -\frac{V}{eFv_V}\,\frac{\mathrm{d}I_2}{\mathrm{d}V} \tag{C.3.2.5-18}$$

aus der ersten Ableitung, d. h. der Steigung der Strom-Spannungs-Kennlinie der zweiten Kondensatorstufe, ermitteln. Die fragliche Beweglichkeit b ist in den angegebenen Beziehungen mit der Meßspannung V gemäß

$$b = \frac{v_V F}{4\pi C_0 V} \tag{C.3.2.5-19}$$

verknüpft (C_0 bedeutet hierin die Kapazität des Elektrodensystems, F seine Eintrittsfläche).

Die Verhältnisse werden noch einfacher, wenn an der Eintrittsöffnung des zweistufigen GERDIEN-Kondensators zusätzlich ein sehr schmaler (im Fall zylindrischer Geometrie ringförmiger) Ioneneintrittsspalt vorgesehen wird: Die interessierende Verteilung der Träger auf die einzelnen Beweglichkeiten wird dann gemäß

$$\mathrm{d}N = f(b)\,\mathrm{d}b \approx \frac{I_2}{ev_V\,(F - F_B)} \tag{C.3.2.5-20}$$

der Strom-Spannungs-Kennlinie der zweiten Kondensatorstufe direkt proportional (F bedeutet hierin die gesamte Eintrittsfläche, F_B die Blendenfläche, $F - F_B$ somit die noch offene Fläche des Eintrittsspaltes des Kondensatorsystems).

Die solche Eintrittsspalte realisierenden Blenden an der Kondensatoreintrittsöffnung bringen natürlich mannigfaltige strömungstechnische Probleme mit sich und sind insbesondere bei sehr hohen Geschwindigkeiten sowie im Überschallbereich unerwünscht. Aus diesem Grund sind solche Anordnungen mit schmalen Eintrittsspalten bislang ausschließlich bei geringen Geschwindigkeiten in der Stratosphäre eingesetzt worden (z. B. Dolezalek, 1962; Hoegl, 1963).

Auf zusätzliche Eintrittsspalte kann indessen verzichtet werden, wenn statt dessen mit mehrfach unterteilter Meßelektrode gearbeitet wird. Durch Differenzbildung läßt sich hierbei aus den einzelnen Meßströmen ein stufenförmiges Beweglichkeitsspektrum gewinnen, dessen Auflösung um so besser ist, je weiter die Unterteilung der Meßelektrode getrieben wird.

Neben diesen in ihrer Wirkungsweise noch klar überschaubaren und damit relativ vertrauenswürdigen Gerdien-Kondensatorvarianten sind auch kompliziertere Anordnungen vorgeschlagen und im Labor und in der niedrigeren Atmosphäre eingesetzt worden; so z. B. von Dolezalek und Oster (Dolezalek, 1962; Dolezalek u. Oster, 1965 u. 1966) ein Kondensatorsystem, das mit mehrfach unterteilter Elektrode und Ioneneintrittsspalt arbeitet und bei dem eine in ihrer Amplitude längs der Achse ansteigende (sinusförmige) Wechselspannung gewissermaßen für eine zusätzliche Laufzeittrennung der verschiedenen Beweglichkeiten sorgt.
Wegen ihrer Kompliziertheit hinsichtlich Aufbau und Wirkungsweise haben solche Entwicklungen in der extraterrestrischen Plasmadiagnostik bislang kaum Eingang gefunden. Aus naheliegenden Gründen bevorzugt man hier als Meßinstrumente die in ihrer Wirkungsweise relativ leicht überschaubaren und im Aufbau sehr robusten einfachen ein- und zweistufigen Zylinderkondensatoren.

C.3.3. Die Blunt-probes

Von den sogenannten Blunt-probes, die eine quer zur Anströmung gestellte Meßelektrode verwenden, ist nur eine von Hale angegebene Ausführung näher bekannt und mehrfach eingesetzt worden (z. B. Hale, Hoult u. Baker, 1961 u. 1968; Hale, 1965 u. 1967; Hale, Hoult u. Willis, 1965 u. 1966). Bei dieser handelt es sich um eine Plasmasonde, die vom Trägervehikel abgeworfen wird und sich selbständig im quasifreien Fall oder mit Fallschirm gebremst durch das zu untersuchende Plasma der D-Region der Ionosphäre bewegt. Die Funktionen von Meß- und Referenzelektrode werden hierbei von Teilen der metallischen Oberfläche eines kompakten Containers übernommen, der gleichzeitig zur Aufbewahrung von Stromversorgung, Meßelektronik und Telemetrie dient. Meß- und Referenzelektrode bilden bei manchen Ausführungen eine (fast) flächengleiche Doppelsonde; bei anderen Ausführungen ist die Fläche der Meßelektrode wesentlich kleiner als die der Referenzelektrode.

Im Unterschied zum GERDIEN-Kondensator, bei dem das Meßfeld im wesentlichen auf den plasmadurchströmten Kondensatorinnenraum beschränkt ist, bildet sich dieses bei der Blunt-probe im Außenraum aus und weist infolge der komplizierten Elektrodengeometrie auch bei vorausgesetzter Raumladungsfreiheit (Vakuumfeldkonzept; siehe Abschn. B.1.5.) eine entsprechend komplizierte Struktur auf. Als unmittelbare Folge davon ist bei den HALEschen Blunt-probes auch bei noch so hohen Meßspannungen (Feldstärken) keine echte Sättigung des Meßstroms mehr zu erwarten. Die durchgeführten Experimente bestätigen das. Dadurch entfällt bei dieser Sonde die Möglichkeit, ohne Kenntnis der Trägerbeweglichkeiten die totalen Trägerkonzentrationen zu bestimmen. Das ebenfalls auf die offene Geometrie zurückzuführende Fehlen von ausgeprägten Knicken in den Charakteristiken hat zur Folge, daß auch die Trägerbeweglichkeiten nicht direkt bestimmt werden können. Aus der Steigung der von solchen Sonden gelieferten Strom-Spannungs-Charakteristiken läßt sich daher gewöhnlich nur auf die elektrische Leitfähigkeit des Plasmas schließen. Somit kann die HALEsche Blunt-probe nur als Leitfähigkeitssonde, nicht aber als Beweglichkeitssonde angesprochen werden.

Ein weiterer Nachteil der HALEschen Ausführung besteht darin, daß wie bei allen (nahezu) flächengleichen Doppelsonden aus Quasineutralitätsgründen der der einen Trägerpolarität entsprechende Meßstrom dem der anderen Polarität entsprechenden Strom zur Gegenelektrode immer entgegengesetzt gleich ist. Damit liefert ein Polaritätswechsel der Meßspannung lediglich spiegelbildliche Charakteristiken und keine zusätzliche Information. Aus eben diesem Grund ist bei der HALEschen Blunt-probe auch keine einfache Trennung zwischen den Leitfähigkeitsanteilen der positiven und negativen Ladungsträger möglich. Der letztgenannte Nachteil läßt sich natürlich bei Verwendung von Sonden mit sehr ungleich großer Oberfläche von Meß- und Referenzelektrode mindern bzw. vermeiden.

Ohne auf ihre Theorie näher einzugehen, sei der Vollständigkeit halber nur die Beziehung für den meßspannungsproportionalen Sondenstrom mitgeteilt:

$$I_M = 2\pi C_0 \sigma V\,. \tag{C.3.3-1}$$

C_0 bedeutet hierin die Vakuumkapazität des Elektrodensystems. Die Ähnlichkeit dieser Beziehung mit der in Abschnitt C.3.1. angegebenen Beziehung für den stoßbestimmten Trägerstrom auf eine ruhende Sondenelektrode beliebiger Geometrie ist auffallend und naheliegend.

Die Bestimmung der Leitfähigkeit des ionosphärischen Plasmas kann mit Gleichung C.3.3-1 gemäß

$$\sigma = \frac{1}{2\pi C_0}\left(\frac{\mathrm{d}I_M}{\mathrm{d}V}\right)_{V=0} \tag{C.3.3-2}$$

erfolgen. Dabei ist zu beachten, daß bei den für Blunt-probes nötigen höheren Meßspannungen die Leitfähigkeit des Plasmas genauso wie die Trägerbeweglichkeit feldstärkeabhängig wird und deshalb der Meßstrom nicht mehr spannungsproportional verläuft.

Wegen der angeführten und weiterer gasdynamischer Nachteile sind solche Blunt-probes den mit strömungsparalleler Meßelektrode und geschlossener Feldgeometrie arbeitenden GERDIEN-Kondensatoren im allgemeinen unterlegen und sollen deshalb hier nicht weiter verfolgt werden. Ausführliche Darlegungen des Meßprinzips und der Meßtechnik solcher Blunt-probes sind mehrfach von HALE, HOULT und BAKER (HALE, HOULT u. BAKER, 1961 u. 1968) gegeben worden. Über Meßergebnis und Einsatzerfahrungen wurde von HALE, HOULT und WILLIS (HALE, 1965 u. 1967; HALE, HOULT u. WILLIS, 1965 u. 1966) berichtet.

Zu den Blunt-probes kann auch die (sogenannte LANGMUIRsche) Staupunktsonde von TALBOT (TALBOT, 1960 u. 1963) gezählt werden, die verschiedentlich in strömenden Laborplasmen eingesetzt worden ist (z. B. POLLIN, 1964). In die extraterrestrische Plasmadiagnostik hat diese Staupunktsonde indessen keinen Eingang gefunden und soll deshalb hier nicht weiter verfolgt werden.

C.4. Wechselspannungssonden (AC-Sonden) für den Einsatz im stoßfreien Plasma

C.4.1. Theoretische Grundlagen und Prinzipschaltungen

Wechselspannungssonden sind in das zu untersuchende Plasma eintauchende Zwei- oder Mehrelektrodensysteme, die mit einer hochfrequenten Wechselspannung konstanter oder variabler Frequenz beaufschlagt werden. Da hierbei die Amplitude der Wechselspannung fast ausnahmslos konstant gehalten wird, lassen sich mit solchen Wechselspannungssonden im Unterschied zu den Gleichspannungssonden keine Strom-Spannungs-Charakteristiken aufnehmen. Statt dessen wird mit Wechselspannungssonden der durch das plasmagefüllte Elektrodensystem fließende Wechselstrom in Abhängigkeit von der Frequenz der treibenden Wechselspannung ermittelt. Wechselspannungssonden mit fester Frequenz liefern dabei natürlich nur *einen* Meßwert für den Wechselstrom, Wechselspannungssonden mit variabler Frequenz eine komplette Wechselstrom-Frequenz-Charakteristik ($\tilde{I}$-ω-Charakteristik). Da die Größe des durch das Sondensystem fließenden Wechselstroms außer von Wechselspannung und Meßfrequenz wesentlich von den Eigenschaften des zu untersuchenden Plasmas abhängt, lassen sich aus ihm Rückschlüsse auf interessierende Plasmaparameter ziehen. Die Wirkungsweise aller Arten von Wechselspannungssonden läßt sich sehr einfach verstehen, wenn das fragliche in das zu untersuchende Plasma eintauchende Elektrodensystem nach den Vorstellungen der Äquivalentkreistheorie (vgl. Abschn. B.2.2.3.) als Plasmakondensator aufgefaßt wird. Nach den Ausführungen der Abschnitte B.2.2. und B.2.3. und insbesondere B.2.3.4.

gehorcht dann der zwischen den Elektroden fließende Wechselstrom der Gleichung

$$\tilde{I} = \tilde{G}\tilde{U} = i\omega C_0 \varepsilon_{\text{eff}} \tilde{U} \tag{C.4.1-1}$$

(vgl. auch Gl. B.2.3.4-1).

Bei fester Meßwechselspannung läuft so jede Wechselstrommessung auf eine Admittanz- bzw. Impedanzmessung am plasmagefüllten Elektrodensystem hinaus (z. B. JACKSON u. KANE, 1959 u. 1960; HAYCOCK u. BAKER, 1961 u. 1962; KANE, JACKSON u. WHALE, 1962; HEIKKILA, 1965). Daher werden Wechselspannungssonden vielfach auch als Admittanz- oder Impedanzsonden bezeichnet.

Wie aus der theoretischen Elektrotechnik bekannt ist, sind Admittanz $\tilde{G}$ und Impedanz $\tilde{R}$ gemäß

$$\tilde{G} = G + i\overline{G} = \tilde{R}^{-1} = (R + i\overline{R})^{-1} \tag{C.4.1-2}$$

miteinander verknüpft (G Konduktanz, $\overline{G}$ Suszeptanz, R Resistanz, $\overline{R}$ Reaktanz).

Wegen der in Gleichung C.4.1-1 ausgewiesenen direkten Proportionalität zwischen Sondenwechselstrom $\tilde{I}$ und plasmadiagnostisch interessierender Admittanz $\tilde{G}$ wird in allen folgenden Abschnitten mit dem Begriff der Admittanz gearbeitet.

Zur plasmadiagnostischen Verwertung der durch eine einfache Wechselstrommessung gewinnbaren Admittanz des plasmagefüllten Elektrodensystems muß diese in Abhängigkeit von den Plasmaparametern, den Systemabmessungen und den Randschichtverhältnissen bekannt sein. Unter Verwendung der in Abschnitt B.2.3.1. eingeführten und erläuterten effektiven Dielektrizitätskonstante folgt aus Gleichung C.4.1-1 für die tatsächliche Admittanz des in das zu untersuchende Plasma eintauchenden Elektrodensystems (Wechselspannungssonde) unmittelbar

$$\tilde{G} = i\omega C_P = i\omega C_0 \varepsilon_{\text{eff}} \tag{C.4.1-3}$$

(C_P bedeutet in dieser Beziehung die Kapazität des plasmagefüllten Elektrodensystems, C_0 die Vakuumkapazität desselben). Sie ist also genauso wie die effektive Dielektrizitätskonstante im allgemeinen eine sehr komplizierte Funktion der Arbeitsfrequenz ω, der Stoßfrequenz ν_e, der Plasmaelektroneneigenfrequenz ω_{e0} und beim Vorhandensein von Plasmarandschichten und Magnetfeldern zusätzlich eine Funktion der die Randschicht beschreibenden Parameter Randschichtkapazität und Elektronenfüllungsgrad sowie der dem Magnetfeld entsprechenden Gyrationsfrequenz ω_{eH} (vgl. Abschn. B.2.3.1. und B.2.3.2).[1]) Aus dieser meßbaren Admittanz der Wechselspannungssonde können die interessierenden Plasmaparameter grundsätzlich bestimmt werden. Dies geschieht bei den verschiedenen Typen von Wechselspannungssonden auf verschiedene Weise und wird deshalb an späteren Stellen ausführlicher erläutert.

[1]) Ein etwaiger Einfluß der Elektronentemperatur auf das dielektrische Verhalten des Plasmas kann sich nur sehr indirekt (und damit schwach) über die effektive Stoßfrequenz äußern.

In den Abbildungen 54a und b sind die in der Praxis verwendeten elektrischen Grundschaltungen von Wechselspannungssonden angegeben. Die Abbildung 54a entspricht dabei *kompletten* Systemen, bei denen das (Wechselspannungs-)Meßfeld zwischen zwei eigenständigen, vom Raumflugkörper wechselspannungsmäßig isolierten Elektroden erzeugt wird; die Abbildung 54b entspricht *inkompletten* Systemen, bei denen das Wechselspannungsfeld zwischen der eigentlichen Meßelektrode und dem Raumflugkörper erzeugt wird. Bei letzteren übernimmt also die Oberfläche des Raumflugkörpers die Funktion der zweiten Sondenelektrode.

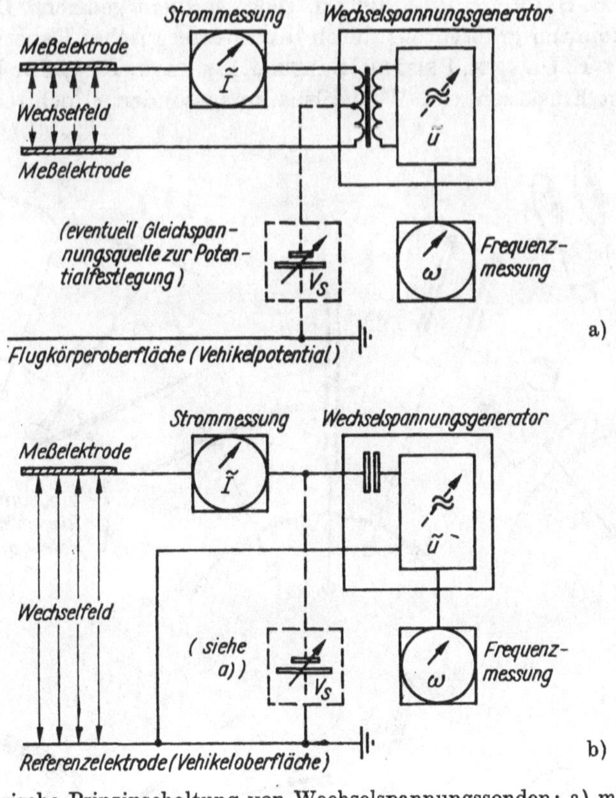

Abb. 54. Elektrische Prinzipschaltung von Wechselspannungssonden: a) mit komplettem Elektrodensystem; b) mit inkomplettem Elektrodensystem

Sowohl bei kompletten als auch inkompletten Systemen kann mitunter eine zusätzliche (variable) Gleichspannung dazu dienen, das Potential des gesamten Elektrodensystems bzw. der eigentlichen Meßelektrode gegenüber dem als Bezugspotential dienenden Potential des Raumflugkörpers (Vehikelpotential) zu variieren (vgl. auch Abschn. C.4.2.2.; Randschichtunterdrückung).

Die bei Wechselspannungssonden verwendeten Meßelektroden selbst können prinzipiell beliebige Form und Größe besitzen. So werden aus Gründen der Einfachheit als Sondenelektroden mitunter Teile des Raumflugkörpers und besonders oft auch die vorhandenen Telemetrieantennen ausgenutzt. In der Praxis beschränkt man sich dabei allerdings meist auf Geometrien und Konfigurationen, für die die zwischen den einzelnen Elektroden bestehenden (Vakuum-)Kapazitäten leicht berechnet werden können, d. h. auf ebene, zylindrische und sphärische Elektroden in einfachen geometrischen Anordnungen (vgl. auch Abb. 55).

Um die Berechnung der Admittanz solcher einfacher in das Plasma eintauchender Elektroden- bzw. Antennensysteme haben sich u. a. vor allem Kaiser und Tunaley (z. B. Kaiser, 1960 u. 1964; Kaiser u. Tunaley, 1968) sowie Balmain (z. B. Balmain, 1964, 1965 u. 1966) verdient gemacht. Die erhaltenen Ergebnisse konnten größtenteils durch (extraterrestrische) Experimente bestätigt werden (z. B. Ulwick, Pfister, Baker u. Despain, 1965). Die bei den extraterrestrischen Einsätzen von Wechselspannungssonden (Hochfrequenzsonden)

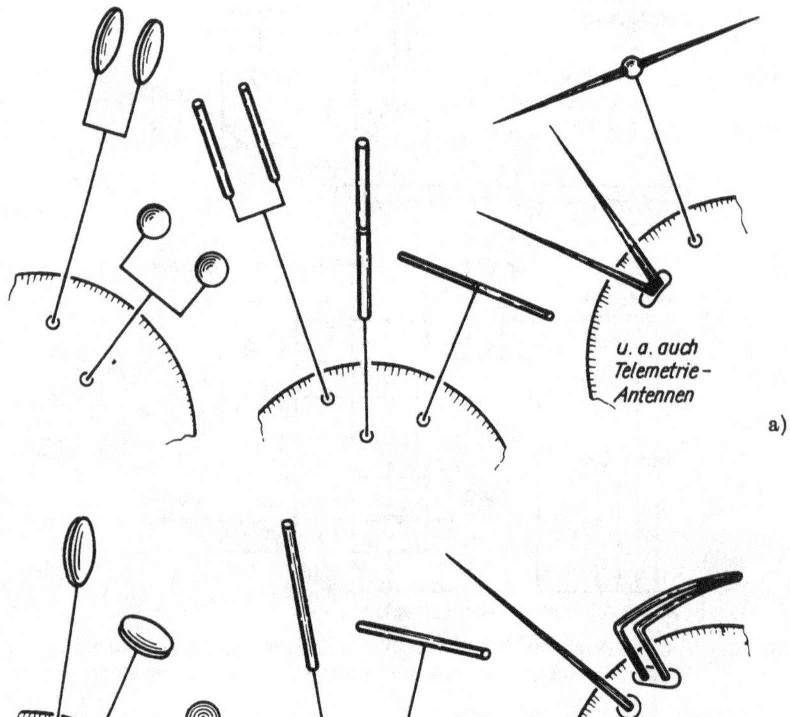

Abb. 55. Gebräuchliche Ausführungsformen und Anbringungsmöglichkeiten von Wechselspannungssonden: a) komplette Elektrodensysteme; b) inkomplette Elektrodensysteme

verwendeten Meßtechniken sind in den Originalarbeiten und in Zusammenfassungen zu den verschiedenen Wechselspannungssonden (vgl. Abschn. C.4.2. und Abschn. C.4.3.) sowie in einem Übersichtsartikel von HIRAO (HIRAO, 1969) ausführlicher beschrieben.

C.4.2. Die Kapazitätssonden

C.4.2.1. Die Bestimmung der Elektronenkonzentration aus einfachen Kapazitätsmessungen

Wie in Abschnitt B.2.3.4. erläutert wurde, ist unter stoßarmen Verhältnissen ($\nu_e \ll \omega$) der Wechselstrom am Plasmakondensator gegenüber der treibenden Wechselspannung um $\pi/2$ phasenverschoben. Das bedeutet natürlich, daß die Admittanz des den Plasmakondensator repräsentierenden plasmagefüllten Sondensystems in eine reine Suszeptanz entartet ist. Letztere wird bei ausreichend hohen Meßfrequenzen ($\omega > \omega_e^*$) durch eine reine Kapazität dargestellt. Aus diesem Grund läuft im stoßarmen Plasma bei ausreichend hohen Meßfrequenzen die Ermittlung der Admittanz auf eine einfache Kapazitätsmessung hinaus.

Diese einfache Meßmöglichkeit hat zur Entwicklung der sogenannten Kapazitätssonden geführt (z. B. JACKSON u. KANE, 1959 u. 1960; SAYERS, 1963; HEIKKILA, 1963, 1966 u. 1968; HERMAN, 1964; LACEY u. MATTHEWS, 1965; LERFALT u. HOLT, 1965; HOLT u. LERFALT, 1967; MCKENZIE u. SAYERS, 1966; RAO u. Mitarbeiter, 1970). Man faßt unter diesem Begriff alle im stoßarmen Plasma ($\nu_e \ll \omega$) eingesetzten und bei genügend hoher Meßfrequenz ($\omega > \omega_e^*$) arbeitenden Wechselspannungssonden zusammen.

Durch die Voraussetzung der Stoßfreiheit bleibt der Einsatz solcher Kapazitätssonden bei den in der Praxis üblichen Elektrodenabmessungen auf den Höhenbereich über 90 km beschränkt. In geringeren Höhen würde infolge der unvermeidlichen Stöße der Träger mit Neutralteilchen in der Admittanz zusätzlich eine konduktive Komponente auftreten, die die Anwendung einer einfachen Kapazitätsmessung erschwert bzw. unmöglich macht.

Durch die Frequenzbedingung ($\omega > \omega_e^*$) wird andererseits sichergestellt, daß die im stoßarmen Plasma realisierte Suszeptanz tatsächlich rein kapazitiv wirkt und keine induktive Komponente aufweist. Da bei so hohen Meßfrequenzen nach Abschnitt B.2.3.3. und B.2.3.4. der Realteil der effektiven Dielektrizitätskonstante des Plasmas und damit auch der Meßwechselstrom keine Resonanzstruktur mehr zeigt, sondern monoton verläuft, liefert eine eventuelle Variation der Meßfrequenz keine zusätzlichen Informationen. Aus diesem Grund werden Kapazitätssonden fast immer als *Festfrequenzsonden* betrieben.

Unter den angeführten für Kapazitätssonden charakteristischen Bedingungen vereinfacht sich Gleichung C.4.1-3 mit

$$\mathrm{Im}\,(\varepsilon_{\mathrm{eff}}) \to 0$$

zu

$$\tilde{G} = i\omega C_P = i\omega C_0 \,\mathrm{Re}\,(\varepsilon_{\mathrm{eff}}) \qquad \text{(C.4.2.1-1)}$$

(C_P bedeutet hierin die Kapazität des plasmagefüllten Elektrodensystems; C_0 die Vakuumkapazität desselben). Wie man hieraus ersieht, läßt sich in diesem Fall der plasmadiagnostisch interessante Realteil der effektiven Dielektrizitätskonstante tatsächlich direkt durch eine einfache Kapazitätsmessung gemäß

$$\mathrm{Re}\,(\varepsilon_{\mathrm{eff}}) = \frac{C_P}{C_0} \tag{C.4.2.1-2}$$

ermitteln.

Für diesen Realteil der effektiven Dielektrizitätskonstante gilt nach Abschnitt B.2.3.2. für den allgemeinen magnetfeld- und randschichtbehafteten Fall bei Verwendung des LANGMUIRschen Randschichtmodells (vgl. Gl. B.2.3.2-5)

$$\mathrm{Re}\,(\varepsilon_{\mathrm{eff}}) = \frac{C_P}{C_0} = \frac{\left(1 - \frac{X}{1 - Y^2}\right)\sin^2\psi + (1 - X)\cos^2\psi}{1 - (C_0/C_{0S})\left(\frac{X}{1 - Y^2}\sin^2\psi + X\cos^2\psi\right)} \tag{C.4.2.1-3a}$$

und bei Verwendung des OYAschen Randschichtmodells (vgl. Gl. B.2.3.2-6)

$$\mathrm{Re}\,(\varepsilon_{\mathrm{eff}}) = \frac{C_P}{C_0}$$

$$= \frac{\left[\left(1 - \frac{XA}{1-Y^2}\right)\sin^2\psi + (1 - XA)\cos^2\psi\right]\left[\left(1 - \frac{X}{1-Y^2}\right)\sin^2\psi + (1 - X)\cos^2\psi\right]}{\left[\left(1 - \frac{XA}{1-Y^2}\right)\sin^2\psi + (1 - XA)\cos^2\psi\right] + (C_0/C_{0S})(A - 1)\left[\frac{X}{1-Y^2}\sin^2\psi + X\cos\psi\right]}. \tag{C.4.2.1-3b}$$

Im magnetfeldfreien Fall ($Y = 0$) vereinfachen sich diese Beziehungen für das LANGMUIRsche Randschichtmodell zu

$$\mathrm{Re}\,(\varepsilon_{\mathrm{eff}}) = \frac{C_P}{C_0} = \frac{1 - X}{1 - (C_0/C_{0S})\cdot X} = \frac{1 - (\omega_{e0}^2/\omega^2)}{1 - (C_0/C_{0S})\,(\omega_{e0}^2/\omega^2)} \tag{C.4.1.2-4a}$$

und für das OYAsche Randschichtmodell zu

$$\mathrm{Re}\,(\varepsilon_{\mathrm{eff}}) = \frac{C_P}{C_0}$$

$$= \frac{(1 - XA)(1 - X)}{(1 - XA) + (C_0/C_{0S})(A - 1)X} = \frac{[1 - (\omega_{e0}^2 A/\omega^2)]\,[1 - (\omega_{e0}^2/\omega^2)]}{[1 - (\omega_{e0}^2 A/\omega^2)] + (C_0/C_{0S})(A - 1)(\omega_{e0}^2/\omega^2)}. \tag{C.4.2.1-4b}$$

Im randschichtfreien, jedoch magnetfeldbehafteten Fall ($C_{0S} \to \infty, A = 1$) gilt noch einfacher

$$\mathrm{Re}\,(\varepsilon_{\mathrm{eff}}) = \frac{C_P}{C_0} = \left(1 - \frac{X}{1 - Y^2}\right)\sin^2\psi + (1 - X)\cos^2\psi$$

$$= [1 - (\omega_{e0}^2/\omega^2 - \omega_{eH}^2)]\sin^2\psi + [1 - (\omega_{e0}^2/\omega^2)]\cos^2\psi \tag{C.4.2.1-5}$$

und im randschicht- und magnetfeldfreien Fall schließlich ganz einfach

$$\mathrm{Re}\,(\varepsilon_{\mathrm{eff}}) = \frac{C_P}{C_0} = 1 - X = 1 - \frac{\omega_{e0}^2}{\omega^2}. \qquad \text{(C.4.2.1-6)}$$

Wie man sieht, hängt der aus dem mit Kapazitätssonden meßbaren Verhältnis C_P/C_0 ermittelte Realteil der effektiven Dielektrizitätskonstante des plasmagefüllten Sondensystems im allgemeinen noch von Magnetfeld (ω_{eH}, ψ) und Randschichtstruktur (C_0/C_{0S}, A) ab. Um die angegebenen Beziehungen zur Bestimmung von Elektronendichten verwenden zu können, müssen die noch offenen Magnetfeld- und Randschichtparameter anderweitig bekannt sein bzw. bestimmt werden.

Nur im Fall völliger Magnetfeld- und Randschichtfreiheit ergibt sich mit Gleichung C.4.2.1-6 für die interessierende Elektronenkonzentration sehr einfach

$$N_e = \frac{m_e}{4\pi e^2}\,\omega^2 \left(1 - \frac{C_P}{C_0}\right). \qquad \text{(C.4.2.1-7)}$$

Kann angenommen werden, daß ein eventuell vorhandenes Magnetfeld immer senkrecht zum treibenden elektrischen Wechselfeld wirkt ($\psi = \pi/2$), eine Bedingung, die höchstens bei einer zum Magnetfeld günstig orientierten planparallelen Elektrodenanordnung erfüllt ist, so ergibt sich die Elektronendichte ähnlich einfach aus Gleichung C.4.2.1-5 zu

$$N_{e(H)} = \frac{m_e}{4\pi e^2}\,(\omega^2 - \omega_{eH}^2) \left(1 - \frac{C_P}{C_0}\right). \qquad \text{(C.4.2.1-8)}$$

Zur Bestimmung der Elektronendichte muß hierbei natürlich zusätzlich die Stärke des Magnetfeldes (ω_{eH}) bekannt sein. Auf die Kenntnis der Stärke des Magnetfeldes kann schließlich verzichtet werden, wenn die Kapazitätsmessung (nacheinander) bei zwei verschiedenen Meßfrequenzen ω_1 und ω_2 durchgeführt wird. Differenzbildung liefert dann unmittelbar

$$N_{e(H)} = \frac{m_e}{4\pi e^2}\,(\omega_2^2 - \omega_1^2)\,\frac{(C_0 - C_{P1})\,(C_0 - C_{P2})}{C_0 \cdot (C_{P2} - C_{P1})}. \qquad \text{(C.4.2.1-9)}$$

Ganz ähnlich kann natürlich versucht werden, auch den Einfluß der Randschichten durch Messen bei zwei verschiedenen Frequenzen zu eliminieren. Man kann sich leicht davon überzeugen, daß die entstehenden Ausdrücke für praktische Zwecke jedoch sehr ungeeignet sind.

C.4.2.2. Bemerkungen zur Unterdrückung von Magnetfeld- und Randschichteinflüssen

In der Praxis ist es am zweckmäßigsten, mit der einfachen magnetfeld- und randschichtfreien Beziehung (Gl. C.4.2.1-7) zu arbeiten und eventuelle Magnetfeld- und Randschichteinflüsse durch geeignete experimentelle Maßnahmen von vornherein zu unterdrücken bzw. klein zu halten.

Hinsichtlich eventueller Magnetfelder ist dies immer durch Wahl einer ausreichend hohen Meßfrequenz möglich. Da sich die Kapazität des plasmagefüllten Elektrodensystems mit wachsender Meßfrequenz immer mehr der des Vakuumsystems nähert ($C_P/C_0 \to 1$), ist es jedoch nicht vorteilhaft, die Meßfrequenz zu hoch zu wählen. Folgende Überlegungen können dazu dienen, eine optimale Größe für die Meßfrequenz abzuschätzen:
Bedeuten $N_{e(H)}$ die tatsächlich im magnetfeldbehafteten Plasma realisierte Elektronenkonzentration (Gl. C.4.2.1-8) und N_e die aus dem experimentell ermittelten Kapazitätsverhältnis C_P/C_0 mittels der einfachen Beziehung C.4.2.1-7 berechnete Elektronenkonzentration, so gilt für den relativen Fehler dieser Messung

$$\frac{\Delta N_e}{N_e} = \frac{N_e - N_{e(H)}}{N_e} = \frac{\omega_{eH}^2}{\omega^2}. \qquad \text{(C.4.2.2-1)}$$

Wie man sieht, werden mit der einfachen (magnetfeldfreien) Beziehung C.4.2.1-7 die Elektronenkonzentrationen immer etwas zu groß bestimmt ($\Delta N_e \geqq 0$) und müssen dementsprechend nach unten korrigiert werden. Soll der relative Meßfehler von vornherein kleiner als p bleiben, so muß die Meßfrequenz offensichtlich gemäß

$$\omega \gtrapprox \omega_{eH} \frac{1}{|\sqrt{p}|} \qquad \text{(C.4.2.2-2)}$$

gewählt werden. Um also z. B. den durch den Magnetfeldeinfluß bedingten Fehler kleiner als 10 (5)% zu halten, muß die Meßfrequenz mehr als das Drei-(Fünf-)fache der Gyrationsfrequenz betragen.

Ganz ähnliche Überlegungen lassen sich hinsichtlich des Meßfehlers, der durch Randschichteinflüsse entsteht, anstellen:
Bedeuten $N_{e(>rs)}$ die im Plasma außerhalb der Plasmarandschichten tatsächlich realisierte Elektronenkonzentration aus Gleichung C.4.2.1-4a und N_e die aus dem experimentell ermittelten Kapazitätsverhältnis C_P/C_0 mittels der einfachen Beziehung C.4.2.1-7 berechnete Elektronenkonzentration, so gilt für den relativen Fehler dieser Messung ganz ähnlich

$$\frac{\Delta N_e}{N_e} = \frac{N_e - N_{e(>rs)}}{N_e} = \frac{1}{1 - (C_{0S}/C_P)}. \qquad \text{(C.4.2.2-3)}$$

Da in dem für die Kapazitätssonde zugelassenen Frequenzbereich ($\omega > \omega_e^*$) der Realteil der Dielektrizitätskonstante positiv ist, gilt für

$$\frac{1}{C_P} = \frac{1}{C_{0S}} + \frac{1}{\varepsilon_P C_{0P}}$$

immer

$$\frac{C_{0S}}{C_P} = 1 + \frac{1}{\varepsilon_P} \cdot \frac{C_{0S}}{C_{0P}} \geqq 1;$$

daraus folgt, daß der relative Meßfehler in diesem Fall immer negativ ausfällt ($\Delta N_e \leqq 0$), das heißt die Elektronenkonzentration mit der einfachen (rand-

schichtfreien) Beziehung C.4.2.1-7 bei nichtvernachlässigbarem Randschichteinfluß immer zu klein ermittelt wird und dementsprechend nach oben korrigiert werden muß.
Soll der Meßfehler von vornherein kleiner als p bleiben, so muß garantiert werden, daß die gesamte Vakuumkapazität der Randschichten

$$C_{0S} = \frac{C_{0S1}C_{0S2}}{C_{0S1} + C_{0S2}} > C_P\left(1 - \frac{1}{p}\right) = \varepsilon_P C_{0P}\left(1 + \frac{1}{|p|}\right) \quad \text{(C.4.2.2-4)}$$

ist, d. h. die Randschichten an keiner der beiden Elektroden zu dick sind. Für den Fall planparalleler Elektroden im Abstand l gilt so unter Vernachlässigung von Streufeldern für die zugelassenen Randschichtdicken d_1 und d_2 näherungsweise

$$\frac{d_1 + d_2}{l} < \frac{1}{2 + (1/p)}\,. \quad \text{(C.4.2.2-5)}$$

Um also hierbei den durch Randschichteinflüsse verursachten Meßfehler kleiner als 10 (5)% zu halten, darf die Summe der Randschichtdicken höchstens 8 (4)% des Meßelektrodenabstandes ausmachen. Somit dürfte klar sein, daß bei Kapazitätssondenmessungen von Randschichteinflüssen nur dann abgesehen werden kann, wenn die Randschichten vor *beiden* Elektroden außerordentlich dünn sind. Dickere (elektronenverarmte) Randschichten verkleinern das elektrisch wirksame Plasmavolumen im Meßraum und täuschen so eine zu geringe (mittlere) Elektronenkonzentration im Plasma vor.

Da die für eine rechnerische Berücksichtigung der Randschichteinflüsse benötigten Raumladungsschichtdicken bzw. Raumladungsschichtkapazitäten beim extraterrestrischen Einsatz von Kapazitätssonden auch kaum durch zusätzliche Messungen (etwa mit weiteren Sonden) genau und sicher genug ermittelt werden können, bleibt in der Praxis meist nichts weiter übrig, als zu versuchen, die störenden Plasmarandschichten experimentell zu unterdrücken.

Dies kann dadurch bewerkstelligt werden, daß die fraglichen Sondenelektroden durch experimentelle Maßnahmen auf Plasmapotential gebracht werden. Das ist bei kompletten Sondensystemen, bei denen das Meßwechselfeld zwischen zwei eigenständigen Elektroden erzeugt wird, immer möglich; bei inkompletten Sondensystemen, die als zweite Elektrode die Oberfläche des Raumflugkörpers verwenden, jedoch nie. Bei letzteren kann allenfalls die eigentliche Meßelektrode auf Plasmapotential gebracht und damit randschichtfrei gemacht werden. Die Plasmarandschicht an der anderen Elektrode, der Raumflugkörperoberfläche, bleibt dabei jedoch erhalten und beeinflußt die Messung auch weiterhin. Dieser nach den Ausführungen in Abschnitt B.3.5. und B.3.6. fast triviale Sachverhalt scheint allerdings von manchen Experimentatoren übersehen worden zu sein, wenn diese ihre mit inkompletten Sondensystemen bei Anhebung der Meßelektrode auf Plasmapotential erhaltenen Daten als aus randschichtfreien Messungen stammende Ergebnisse anbieten. Da die Messungen selbstverständlich nur dann als völlig frei von Randschichteinflüssen angesehen werden können, wenn an *beiden* Sondenelektroden keine Randschichten mehr vorhanden sind, ist eine solche (experimentelle) Randschichtunterdrückung nur bei kompletten Sondensystemen möglich und sinnvoll.

Da das Plasmapotential fast immer unbekannt ist und, wenn anderweitig ermittelt, nicht auf einfache Weise experimentell fixiert werden kann, ist es in der Praxis unmöglich, den erwünschten Zustand der totalen Randschichtfreiheit stationär zu realisieren.
Bei Messungen mittels Kapazitätssonden reicht es indessen aus, diesen bevorzugten Zustand temporär zu erzeugen. Zu diesem Zweck wird (bei kompletten Elektrodensystemen!) das Potential der beiden das Meßfeld tragenden Elektroden variiert und dabei das Plasmapotential überstrichen. Da der Realteil der Dielektrizitätskonstante des Plasmas immer kleiner als 1 ist, weist das Kapazitätsverhältnis C_P/C_0 bei dem bei Plasmapotential verwirklichten Zustand der totalen Randschichtfreiheit ein (meist allerdings nur schwach ausgeprägtes) Minimum auf. Bei allen niedrigeren und höheren Potentialen hingegen sind elektronenfreie bzw. etwas an Elektronen verarmte Randschichten vorhanden; bei Potentialen unter Plasmapotential ($V < V_P = 0$) aufgrund der durch die negative Polarität der Elektroden bewirkten Elektronenabstoßung und bei Potentialen über Plasmapotential ($V > V_P = 0$) infolge der bei positiver Polarität der Elektroden realisierten starken Elektronenabsaugung. In beiden Fällen ist deshalb die Kapazität des plasmagefüllten Elektrodensystems und damit das zu messende Kapazitätsverhältnis C_P/C_0 etwas höher als bei Plasmapotential. Der zu erwartende Verlauf dieses Kapazitätsverhältnisses ist in Abbildung 56 in Abhängigkeit vom Elektrodenpotential angedeutet.
Die Bestimmung der Elektronendichte aus dem auf diese Weise ermittelbaren „randschichtfreien“ Kapazitätsverhältnis $(C_P/C_0)_{\min}$ kann jetzt wieder direkt nach Gleichung C.4.2.1-7 gemäß

$$N_e = \frac{m_e}{4\pi e^2}\,\omega^2[1 - (C_P/C_0)_{\min}] \tag{C.4.2.2-6}$$

erfolgen.

Dieses dynamische Verfahren der Randschichtunterdrückung bietet noch den Vorteil, daß bei sehr negativen Potentialen das gesamte Sondensystem völlig elektronenleer wird und damit gleichzeitig eine einfache Möglichkeit zur Messung der Vakuumkapazität des Elektrodensystems unter Einsatzbedingungen gegeben ist.

C.4.2.3. Bemerkungen zum sachgemäßen Einsatz und zur richtigen Dimensionierung von Kapazitätssonden

Auch bei der Dimensionierung von Kapazitätssonden sind eine Reihe von Einflußgrößen zu beachten:

a) Nach den Ausführungen des Abschnitts C.4.2.1. muß die Meßfrequenz, um reine Kapazitätsmessungen zu garantieren, größer als die Hybridfrequenz

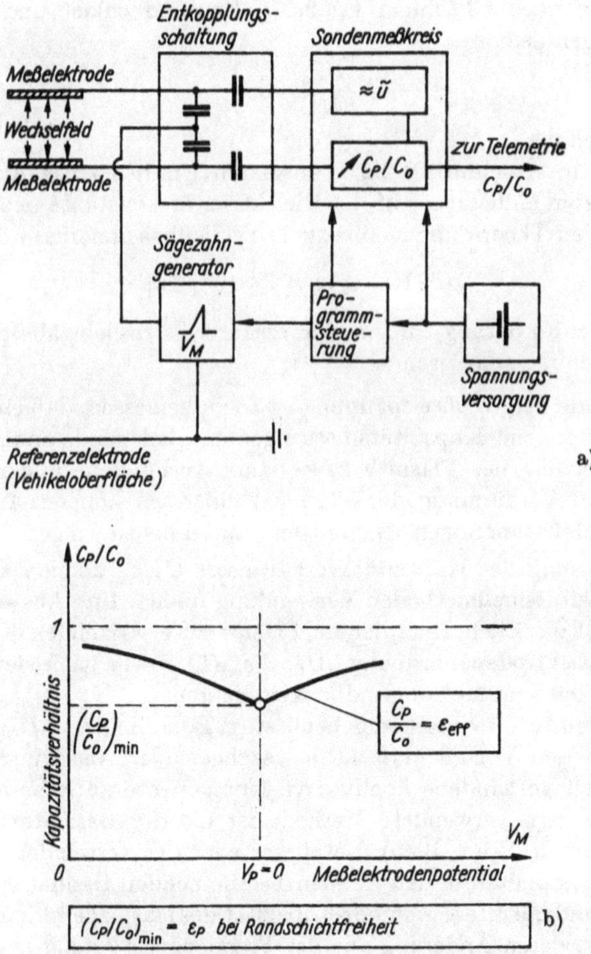

Abb. 56. Zur experimentellen Randschichtunterdrückung: a) gebräuchliche Schaltungsvariante zur Variation des Elektrodenpotentials; b) die Kapazität des plasmagefüllten Elektrodensystems in Abhängigkeit vom Elektrodenpotential

($\omega > \omega_e^*$) gewählt werden. Um einen Magnetfeldeinfluß von vornherein auszuschließen und damit nach der magnetfeldfreien Beziehung C.4.2.1-7 auswerten zu können, ist es außerdem zweckmäßig, die Meßfrequenz nach Maßgabe des zugelassenen Fehlers entsprechend Gleichung C.4.2.2-2 gemäß

$$\omega \geqq \omega_{eH} \frac{1}{|\sqrt{p}|} \tag{C.4.2.3-1}$$

zu bemessen. Eine wesentliche Überschreitung der auf diese Weise festgelegten minimalen Arbeitsfrequenz ist nicht sinnvoll, da mit wachsender

Meßfrequenz nach Gleichung C.4.2.1-7 Empfindlichkeit und Genauigkeit der Messungen gemäß

$$\frac{\mathrm{d}(C_P/C_0)}{\mathrm{d}N_e} \sim \frac{1}{\omega^2}$$

schnell abnehmen.

Wie bereits in Abschnitt B.2.2.2. ausgeführt, muß zwecks Anwendbarkeit der dargelegten einfachen, auf die Dielektrizitätskonstante des Plasmas zurückgreifenden Theorie die Meßfrequenz schließlich innerhalb des Bereiches

$$10^6\,[\mathrm{Hz}] \ll \omega \ll 3 \cdot 10^9\,[\mathrm{Hz}]$$

bleiben, eine Forderung, die in der extraterrestrischen Meßpraxis immer erfüllt und damit unkritisch ist.

b) Die Amplitude der Wechselspannung ist so zu bemessen, daß einerseits noch ausreichend genaue Kapazitätsmessungen möglich sind, andererseits aber keine Aufheizung des Plasmas bzw. damit verbundene andere Sekundäreffekte (z. B. Verdünnung des Plasmas) auftreten können. In der Praxis haben sich Meßspannungen von einigen zehntel bis zu einigen Volt bewährt.

c) Für die Messung des Kapazitätsverhältnisses C_P/C_0 können alle empfindlichen Kapazitätsmeßmethoden Verwendung finden. Ihre Auswahl muß sich im Einzelfall natürlich nach der im Plasma zu erwartenden Kapazität der gewählten Elektrodenanordnung ($C_P = \varepsilon_{\mathrm{eff}} C_0$) sowie nach der verlangten Meßgenauigkeit und Meßempfindlichkeit richten.

Häufig werden Brückenmethoden benutzt (z. B. McKenzie u. Sayers, 1966). Diese haben den Vorteil, daß sie bei sachgemäßer Auslegung gleichzeitig eine eventuell vorhandene konduktive Komponente zu erfassen gestatten. Eine andere gern verwendete Methode ist die der Oszillatorverstimmung (z. B. Lerfalt u. Holt, 1965). Bei dieser wird das verwendete Elektrodensystem als Bestandteil in den frequenzbestimmenden Oszillatorschwingkreis einbezogen und die interessierende Kapazität des plasmagefüllten Elektrodensystems bzw. deren Änderung aus der Frequenzverwerfung (Verstimmung) des Oszillators ermittelt. Die in Abbildung 57 angegebenen einfachen Blockschaltbilder mögen diese meist benutzten Meßtechniken ohne weiteren Kommentar etwas näher erläutern. Durch zusätzliche Funktionseinheiten und Schaltungsmaßnahmen lassen sich diese einfachen Meßschaltungen hinsichtlich automatischer Eichung, experimenteller Randschichtunterdrückung (vgl. Abschn. C.4.2.2.) und Programmsteuerung auf vielfältige Weise erweitern und abwandeln.

Wird die Bestimmung der Kapazitäten C_P bzw. C_0 schließlich direkt aus dem durch den Plasma- bzw. Vakuumkondensator fließenden Wechselstrom gemäß Gleichung C.4.1-1 vorgenommen, so muß darauf geachtet werden, daß der Meßstrom tatsächlich durch die fraglichen Kapazitäten und nicht durch die Admittanz der übrigen Meßkreiselemente (Wechselspannungsgenerator und Wechselstrommeßeinrichtung) bestimmt wird. Dies ist nur dann gewähr-

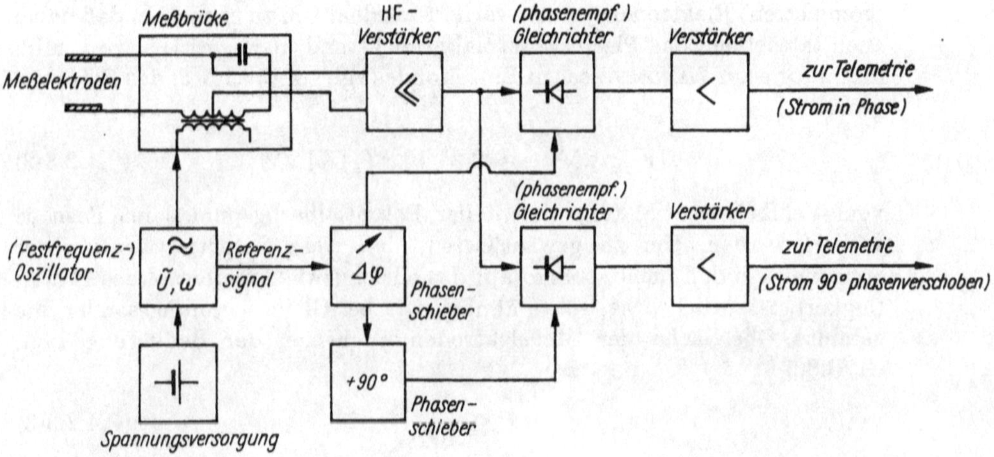

a)

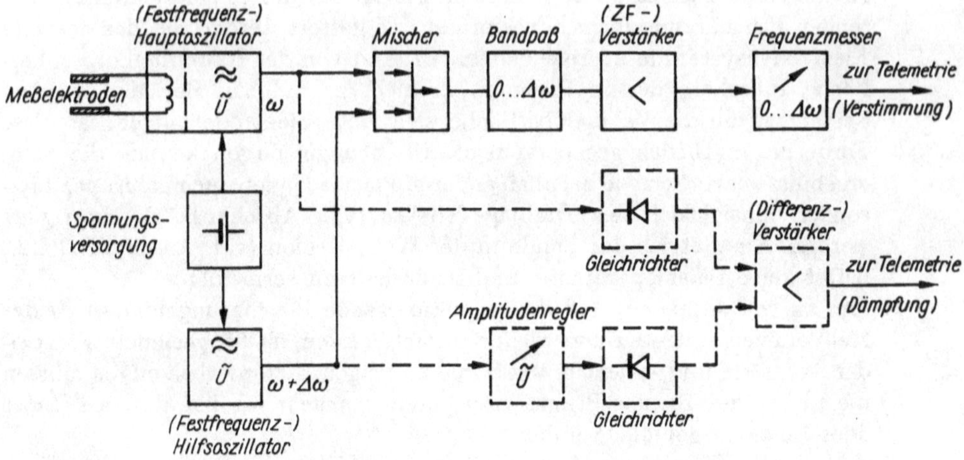

b)

Abb. 57. Blockschaltungen des Meßkreises von Kapazitätssonden: a) Kapazitätsmessung mittels Brückenmethode; b) Kapazitätsmessung mittels Oszillatorverstimmung

leistet, wenn die Admittanz der übrigen Meßkreiselemente bei der gewählten Arbeitsfrequenz sehr viel größer als die Admittenz des Plasma- bzw. Vakuumkondensators ist. Durch Shunten von Wechselspannungsgenerator und Wechselstrommeßeinrichtung mit geeigneten Kapazitäten kann diese Forderung meist erfüllt werden.

d) Bei Anwendung der in Abschnitt C.4.2.2. beschriebenen Methode zur experimentellen Randschichtunterdrückung muß das Potential des gesamten (kompletten) Elektrodensystems variiert werden. Um zu erreichen, daß dabei auch tatsächlich das Plasmapotential erreicht und überschritten wird, muß in Analogie zur LANGMUIRschen Einzelsonde (vgl. Gl. C.2.1.5-2) das Potential gemäß

$$\Delta V \gtrsim 25 \frac{kT_e}{e} \approx 2{,}2 \cdot 10^{-3} T_e\,[\mathrm{K}] \quad \mathrm{V} \qquad \text{(C.4.2.3-2)}$$

vom Vehikelpotential (experimenteller Potentialbezugspunkt) ins Positive variiert werden. Um zu gewährleisten, daß diese Potentialvariation der Sondenelektroden nicht störend auf das Gleichgewichtspotential des Raumflugkörpers zurückwirkt, sollte ähnlich wie bei Gleichspannungssonden die gesamte Oberfläche der Meßelektroden auch hier der Bedingung (vgl. Gl. B.3.5-8)

$$F \leqq \frac{F_V}{100} \qquad \text{(C.4.2.3-3)}$$

genügen.

e) Um bei der Verwendung kompletter Elektrodensysteme zu vermeiden, daß Meßfeld und Plasma im Meßvolumen durch die vom Trägervehikel herrührenden Plasmarandschichten beeinflußt und gestört werden, ist das gesamte Elektrodensystem in ausreichendem Abstand von der Raumflugkörperoberfläche außerhalb dessen Plasmarandschicht zu haltern. Bei inkompletten Systemen, die die Vehikeloberfläche als zweite Elektrode nutzen, ist diese Forderung natürlich gegenstandslos. Unabhängig davon können die Meßergebnisse natürlich wie bei allen anderen Plasmasonden auch bei Kapazitätssonden hinsichtlich des Drainage-Effekts (vgl. Abschn. B.3.1.) korrigiert werden. Ein Betrieb der Sonde in der Wake-Region (vgl. Abschn. B.3.2.2.) liefert keine Plasmaparameter und ist deshalb zu vermeiden.

f) Um zu gewährleisten, daß das zu vermessende Plasma ungehindert in das Meßvolumen eintreten und wieder austreten kann, ist für geeignete Elektrodengeometrie und -orientierung Sorge zu tragen. Erforderlichenfalls müssen die Elektroden für das Plasma transparent gemacht werden, d. h. als Gitter oder Netze ausgebildet werden.
Auf Möglichkeiten zur Minimalisierung der Wake-Einflüsse der Meßelektroden auf das Plasma im Meßraum wurde bereits in Abschnitt B.3.2.2. aufmerksam gemacht.

C.4.3. Die Resonanzsonden

C.4.3.1. Die plasmadiagnostische Nutzung der Wechselstrom-Frequenz-Charakteristik ($\tilde{I}$-ω-Charakteristik)

Wie bereits in Abschnitt B.2.1. und B.2.3. gezeigt wurde, weist jedes stoßarme Plasma im elektrischen Wechselfeld ausgeprägte Resonanzeigenschaften auf.

Diese hängen außer von einigen anderen Parametern hauptsächlich von den Plasmaparametern ab und lassen sich daher zur Plasmadiagnostik nutzen.

Diese Diagnostikmöglichkeit hat zur Entwicklung der sogenannten Resonanzsonden geführt. Man faßt unter diesem Begriff alle im stoßarmen Plasma eingesetzten und mit Frequenzvariation arbeitenden Wechselspannungssonden zusammen. Bei ihnen wird der Sondenwechselstrom in seiner Abhängigkeit von der (variablen) Meßfrequenz verfolgt, d. h. eine Wechselstrom-Frequenz-Charakteristik aufgenommen (vgl. Abb. 17).

Die fragliche Diagnostikmethode war erstmals 1960 von Miyazaki (Miyazaki, 1960) vorgeschlagen bzw. vorgestellt worden und ist in der Folgezeit vielerorts theoretisch und experimentell auf ihre terrestrischen und extraterrestrischen Nutzungsmöglichkeiten geprüft worden (u. a. z. B. durch Harp, 1963 u. 1964; Harp u. Crawford, 1964; Crawford, 1965; Crawford u. Harp, 1965; aber auch durch Wimmel, 1963; Fejer, 1963 u. 1964; Fejer u. Calvert, 1964, sowie Kostelnicek, 1965).

Während die Anwendungsmöglichkeiten solcher Resonanzsonden in Laborplasmen wegen der meist in diesen realisierten hohen Trägerkonzentrationen und der dementsprechend sehr hohen Resonanzfrequenzen außerordentlich beschränkt sind, stellt das kosmische Plasma des erdnahen extraterrestrischen Raumes ein nahezu ideales Untersuchungsobjekt für sie dar. Aus diesem Grund hat sich die Resonanzsondenmethode ziemlich schnell in die extraterrestrische Plasmadiagnostik einführen können. Eine Vielzahl inzwischen bekanntgewordener und in unzähligen Raumexperimenten erfolgreich eingesetzter Ausführungen bestätigt das (u. a. z. B. Boyd, 1963; Ulwick u. Pfister, 1963; Haycock, Baker u. Ulwick, 1964; Ulwick, Pfister, Haycock u. Baker, 1964 u. 1967; Ulwick u. Pound, 1968; Pound u. Burt, 1968; Baker, Pound u. Ulwick, 1969; aber auch Oya, 1965 u. 1968; Obayashi u. Oya, 1965; Oya u. Obayashi, 1966 u. 1967; Ejiri, Oya u. Obayashi, 1968; Ejiri u. Obayashi, 1970; Obayashi u. Ejiri, 1971, sowie schließlich Jacobs, 1963 u. 1966, und Jacobs u. Rawer, 1965 u. 1966).

Eine auch nur oberflächliche Erörterung der dabei in Anwendung gekommenen vielen Schaltungsvarianten übersteigt den Rahmen dieser Arbeit und liegt außerhalb unserer Absichten. Wir begnügen uns statt dessen im folgenden mit der kommentarlosen Wiedergabe der elektrischen Blokschaltbilder einiger weniger Standardausführungen:

In Abbildung 58 ist beispielsweise der Meßkreis einer einfachen Resonanzsonde, mit der direkt die Wechselstrom-Frequenz-Charakteristik aufgenommen werden kann, wiedergegeben. Diese Prinzipschaltung liegt den meisten Resonanzsonden zugrunde. Abbildung 59 zeigt das Blockschaltbild einer komplizierteren Ausführung, der sogenannten Stehwellenimpedanzsonde (SWIP; standing wave impedance probe; z. B. Ulwick u. Pfister, 1963; Hyatt, 1967). Bei dieser wird die dem Sondenwechselstrom umgekehrt proportionale Impedanz des (in der Regel randschicht- und magnetfeldbehafteten) Plasmas durch automatische Abtastung der Spannungsverteilung auf einer simulierten Meßleitung ermittelt.

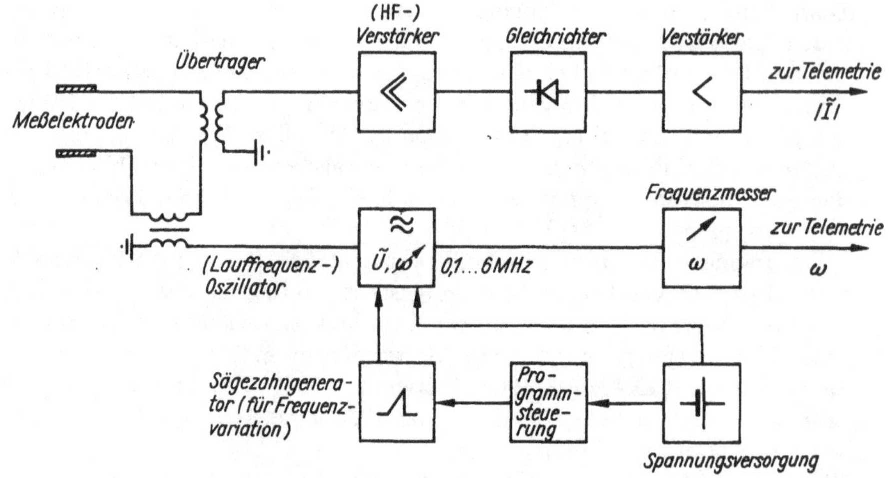

Abb. 58. Blockschaltbild einer einfachen Resonanzsonde

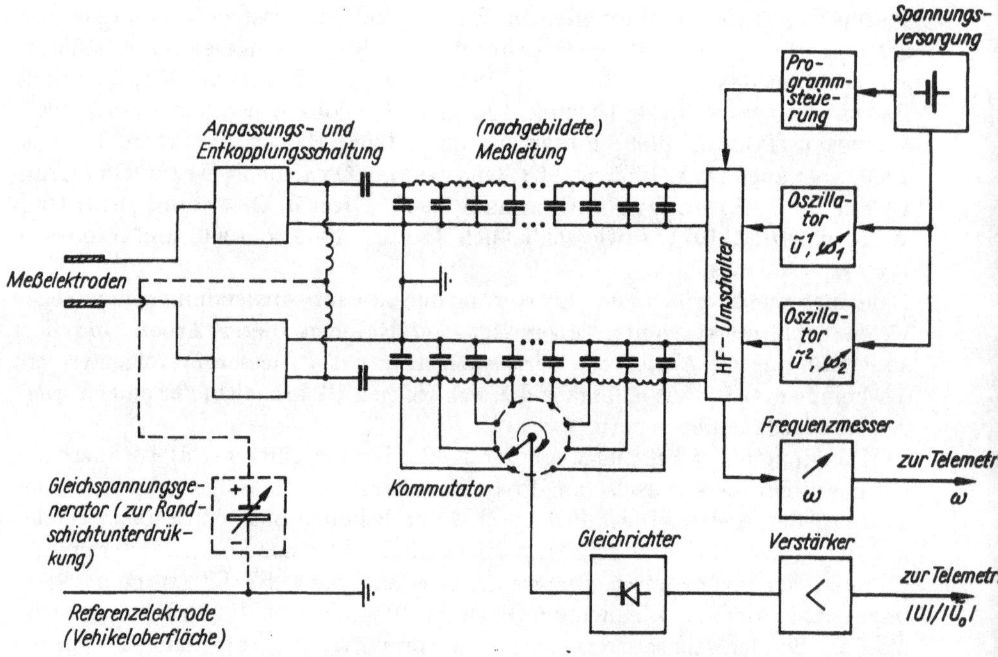

Abb. 59. Blockschaltbild einer Stehwellenimpedanzsonde (SWIP; nach Ulwick und Pfister)

Zusammenfassende Artikel über Resonanzsonden, in denen neben den theoretischen und experimentellen Grundlagen auch manche Probleme der technischen Auslegung angeschnitten sind, haben HIRAO und MURAOKA (HIRAO u. MURAOKA, 1964 u. 1967) veröffentlicht. Eine Gegenüberstellung verschiedener Resonanzsondenmethoden findet sich auch in einer weitergespannten Übersichtsarbeit über Hochfrequenzsonden von HIRAO (HIRAO, 1969).

Durch die Voraussetzung der Stoßfreiheit bleibt der Einsatz solcher Resonanzsonden bei den in der Praxis üblichen Elektrodenabmessungen auf den Höhenbereich über 80 km beschränkt. In geringeren Höhen würde aufgrund der unvermeidlichen Stöße in der Admittanz des plasmagefüllten Sondensystems eine konduktive Komponente auftreten, die zu einer Dämpfung der Resonanzschwingungen führt und diese damit an ihrer Ausbildung hindert.

Die Variation der Meßfrequenz über einen großen Bereich ist nötig, um die plasmadiagnostisch nutzbaren Resonanzen möglichst über ihr ganzes Spektrum zu erfassen. Durch die Frequenzvariation werden solche Resonanzsondenmessungen gleichzeitig außerordentlich redundant. So könnte bei ihnen beispielsweise jedes der (unendlich vielen) Wertepaare Wechselstrom und dazugehörige Wechselspannungsfrequenz genutzt werden, um mit Gleichung B.2.3.4-6 den Realteil der Dielektrizitätskonstante des Plasmas und daraus die interessierenden Plasmaparameter zu bestimmen, im Unterschied zur Kapazitätssonde, die bei fester Frequenz arbeitet und somit natürlich nur ein einziges solches Wertepaar liefert.

Der besondere Vorteil der bei Resonanzsonden realisierten Frequenzvariation besteht indessen darin, daß auf eine immer mit Schwierigkeiten verbundene absolute und genaue Messung des Sondenwechselstroms nach Betrag und Phasenlage überhaupt verzichtet werden kann und statt dessen nur die Resonanzstruktur ermittelt zu werden braucht. Allein aus dieser, d. h. der genauen Lage der Resonanzstellen des Sondenwechselstroms auf der Frequenzskala, lassen sich die interessierenden Plasmaparameter bestimmen (vgl. Abb. 17).

Da Existenz und Lage einiger dieser Resonanzen von eventuell vorhandenen Magnetfeldern und den gewöhnlich immer vorhandenen Plasmarandschichten an den Sondenelektroden abhängen (vgl. Abschn. B.2.3.3.), lassen sich so auch gleichzeitg weitergehende Informationen über das lokale Magnetfeld und die Randschichtstruktur gewinnen. Damit werden Magnetfeld und Randschichten, die bei der Kapazitätssonde als Störgrößen wirkten, bei der Resonanzsonde zu vollwertigen Meßgrößen.

Nach Abschnitt B.2.3.4. spiegelt sich im stoßfreien Fall die Frequenzstruktur des Realteils der effektiven Dielektrizitätskonstante des Plasmas in der Frequenzstruktur des Sondenwechselstroms bzw. in der Wechselstrom-Frequenz-Charakteristik gemäß

$$\tilde{I}(\omega) = i\omega C_0 \operatorname{Re}\left[\varepsilon_{\text{eff}}(\omega)\right] \tilde{U}$$

wider (vgl. Gl. B.2.3.4-6 und Abb. 17). Den Polen und Nullstellen des Realteils der effektiven Dielektrizitätskonstante entsprechen dabei unmittelbar die in der Wechselstrom-Frequenz-Charakteristik feststellbaren Maxima und Minima. Diese sind in Abschnitt B.2.3.3. abgeleitet und näher diskutiert worden. Wir begnügen uns hier deshalb mit der Feststellung, daß im allgemeinsten Fall, dem magnetfeld- und randschichtbehafteten Fall, für den Sondenwechselstrom vier Resonanzen, zwei Maxima und zwei Minima, zu erwarten sind (vgl. auch Abb. 15, 16 u. 17):

1. Ein der Gyroresonanz entsprechendes Strommaximum; dieses entfällt beim LANGMUIRschen Randschichtmodell.
2. Ein der modifizierten Hybridresonanz oder der modifizierten Plasmaresonanz entsprechendes Stromminimum; dieses entfällt beim LANGMUIRschen Randschichtmodell.
3. Ein der (modifizierten) Schichtresonanz entsprechendes Strommaximum.
4. Ein der Hybridresonanz entsprechendes Stromminimum.

An jeder dieser Resonanzstellen erfährt der Sondenwechselstrom einen Phasensprung um π.

In der Praxis sind diese Resonanzen wegen der auch im stoßarmen Plasma immer noch gelegentlich stattfindenden Stöße etwas gedämpft. Dadurch bleiben die Maxima des Sondenwechselstroms endlich. Gleichzeitig ändert sich die Phasenlage des Sondenwechselstroms an den Resonanzstellen (Maxima und Minima) weniger sprunghaft. Als Folge davon ist die Resonanzstruktur etwas verbreitert und verschmiert.

Um trotzdem die Resonanzstellen eindeutig identifizieren zu können, ist es bei Messungen mit Resonanzsonden zweckmäßig, zusätzlich zur Aufnahme der Wechselstrom-Frequenz-Charakteristik die Phasenlage des Wechselstroms zu verfolgen. Da die Stellen stärkster Phasenänderung den Resonanzstellen entsprechen, können letztere auf diese Weise zusätzlich fixiert werden.

Abbildung 60 zeigt eine für solche zusätzlichen Phasenmessungen geeignete Blockschaltung. Sie liegt der in diversen Ausführungen wiederholt eingesetzten sogenannten Gyroplasmasonde (z. B. OYA u. OBAYASHI, 1966 u. 1967; vgl. auch Abschn. C.4.3.2.) zugrunde. Prinzipiell ist es natürlich auch möglich, auf die Aufnahme des Sondenwechselstroms ganz zu verzichten und die interessierenden Resonanzstellen aus der Lage der Phasennulldurchgänge des Wechselstroms auf der Frequenzskala zu ermitteln. Dieser Weg wird bei der auf digitalelektronischer Basis arbeitenden Digitalplasmafrequenzsonde (z. B. POUND u. BURT, 1968) beschritten. Aus Sicherheitsgründen dürfte indessen eine gleichzeitige Messung des Sondenwechselstroms nach Betrag und Phase jedoch vorzuziehen sein.

Die so ermittelbaren Resonanzstellen lassen sich unter Verwendung der in Abschnitt B.2.3.3. abgeleiteten Beziehungen für die Resonanzfrequenzen interpretieren und zur Bestimmung der Elektronenkonzentration, des lokalen Magnetfeldes und gewisser Parameter der Plasmarandschicht (Randschichtdicke bzw. -kapazität, Elektronenfüllungsgrad) verwenden. Da die gesamte Resonanzstruktur in verwickelter Weise auch von der Richtung des wirkenden Magnet-

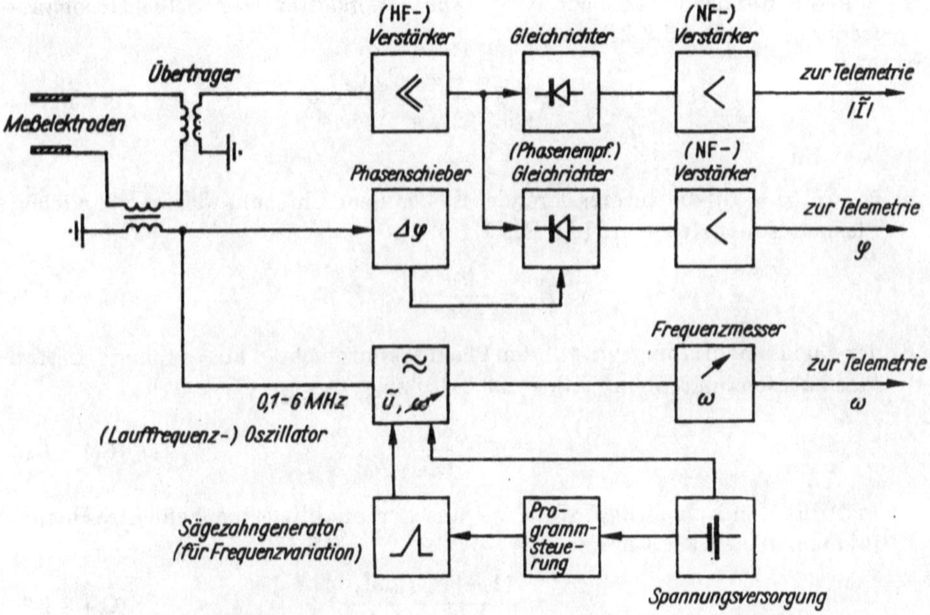

Abb. 60. Blockschaltbild einer Resonanzsonde mit zusätzlicher Phasenmessung (Gyroplasmasonde)

feldes abhängt, ist eine richtige Interpretation solcher Resonanzsondenmessungen meist nicht einfach. Wir beschränken uns deshalb hier auf den vergleichsweise einfachen Fall eines kompletten Elektrodensystems mit planparalleler Anordnung der Meßelektroden:

Unter Zugrundelegung des feineren und umfassenderen OYAschen Randschichtmodells ergibt sich dann für

a) $\boldsymbol{E} \perp \boldsymbol{H}$ ($\psi = \pi/2$) das lokale Magnetfeld aus der gemessenen Gyroresonanzfrequenz (Gl. B.2.1.1-5) zu

$$H = \frac{m_e c \omega_{eH}}{e}, \tag{C.4.3.1-1}$$

die interessierende Elektronendichte aus der gemessenen Hybridresonanzfrequenz (Gl. B.2.1.2-7) unter Verwendung der bereits ermittelten Gyroresonanzfrequenz zu

$$N_e = \frac{m_e}{4\pi e^2} (\omega_e^{*2} - \omega_{eH}^2), \tag{C.4.3.1-2}$$

der Elektronenfüllungsgrad A der Plasmarandschichten aus der modifizierten Hybridresonanzfrequenz (Gl. B.2.3.3-26) zu

$$A = \frac{\omega_{\text{res}}^2 - \omega_{eH}^2}{\omega_{e0}^2} \tag{C.4.3.1-3}$$

und die Randschichtkapazität C_{0S} aus der modifizierten Schichtresonanzfrequenz (Gl. B.2.3.3-27) zu

$$C_{0S} = \frac{(1 - A)\, C_0 \omega_{e0}^2}{\omega_{\text{res}}^2 - \omega_{eH}^2 - \omega_{e0}^2 A} \qquad \text{(C.4.3.1.-4)}$$

bzw. für

b) $\boldsymbol{E} \parallel \boldsymbol{H}$ ($\psi = 0$) die interessierende Elektronendichte aus der gewöhnlichen Plasmaresonanzfrequenz (Gl. B.2.1.1-3) zu

$$N_e = \frac{m_s}{4\pi e^2}\, \omega_{e0}^2 \,, \qquad \text{(C.4.3.1-5)}$$

der Elektronenfüllungsgrad A der Plasmarandschichten aus der modifizierten Plasmaresonanzfrequenz (Gl. B.2.3.3-10) zu

$$A = \frac{\omega_{\text{res}}^2}{\omega_{e0}^2} \qquad \text{(C.4.3.1-6)}$$

und die Randschichtkapazität C_{0S} aus der modifizierten Schichtresonanzfrequenz (Gl. B.2.3.3-25) zu

$$C_{0S} = \frac{(1 - A)\, C_0 \omega_{e0}^2}{\omega_{\text{res}}^2 - \omega_{e0}^2 A} \,. \qquad \text{(C.4.3.1-7)}$$

Das lokale Magnetfeld kann hierbei nicht bestimmt werden, da wegen der völligen Entkopplung von elektrischem Meßfeld und Magnetfeld im Sondenwechselstrom keine Gyroresonanz auftritt.

C.4.3.2. Zum Auftreten der Gyroresonanz (Gyroplasmasonde)

Wie sich bei der Diskussion der verschiedenen Resonanzen in Abschnitt B.2.3.3. zeigte, hängt die Resonanzstruktur der effektiven Dielektrizitätskonstante bzw. des Sondenwechselstroms, d. h. Anzahl und Lage der Pole und Nullstellen, auch von dem zugrunde gelegten Randschichtmodell ab. So tritt beispielsweise die Gyroresonanz bei Verwendung des groben Langmuirschen Randschichtmodells gar nicht in Erscheinung, sondern wird erst bei Verwendung des verfeinerten Oyaschen Randschichtmodells sichtbar. Da sich beide Randschichtmodelle nur darin grundsätzlich unterscheiden, daß das eine (Langmuir) völlig elektronenfreie Randschichten voraussetzt, während das andere (Oya, 1965 u. 1968) nur elektronenverarmte Randschichten annimmt, liegt es nahe, das Auftreten der Gyroresonanz im Sondenwechselstrom mit der Existenz von Elektronen in den Randschichten in Zusammenhang zu bringen.

Diesem Gedanken folgend wird hypothetisch angenommen, daß eine ausreichende Anzahl von Elektronen in den Plasmarandschichten erforderlich ist, um die im Plasmainneren bei Gegenwart eines Magnetfeldes natürlich immer vorhandenen Gyrationsschwingungen der Elektronen tatsächlich auch als

Resonanzschwingungen auf die Meßelektroden und damit den äußeren Wechselstrommeßkreis zu koppeln.
Nach diesen Vorstellungen wäre also zu erwarten, daß die fragliche Gyroresonanz in nachweisbarer Größe nur bei Vorliegen von teilweise mit Elektronen gefüllten Plasmarandschichten (Elektrodenpotential nahe Plasmapotential), nicht aber im Fall dicker und elektronenleerer Plasmarandschichten (Elektrodenpotential stark negativ) auftritt. In der Tat ist bei Resonanzsondenexperimenten die Gyroresonanz nicht immer gefunden bzw. eindeutig identifiziert worden (z. B. Oya u. Obayashi, 1966 u.1967; Oya, 1968; Ejiri, Oya u. Obayashi, 1968). An den bisherigen (extraterrestrischen) Experimenten, bei denen den Randschichtverhältnissen kaum die gebührende Beachtung beigemessen wurde, ist eine eindeutige Prüfung der entwickelten Vorstellungen indessen auch nur schwer möglich. Entsprechende Laborexperimente sind ebenfalls sehr schwierig und haben bisher noch zu keiner sicheren Aussage geführt.

Tritt im Experiment die Gyroresonanz in der Wechselstrom-Frequenz-Charakteristik tatsächlich in Erscheinung, so wird es nach den Ausführungen des vorhergehenden Abschnitts möglich, auf der Grundlage des Oyaschen Randschichtmodells aus der gemessenen Gyroresonanzfrequenz einerseits direkt das lokale Magnetfeld und aus der gemessenen Hybridresonanzfrequenz andererseits die Elektronenkonzentration, unverfälscht von diesem Magnetfeld, zu bestimmen. Auf diese weitergehende und genauere Diagnostikmöglichkeit von Resonanzsonden haben erstmals Oya und Obayashi (Oya u. Obayashi, 1966 u. 1967) aufmerksam gemacht. Von ihnen wurde für solche die Gyroresonanz deutlich anzeigenden Resonanzsonden auch die Bezeichnung Gyroplasmasonde eingeführt.

Um die Wechselstrom-Frequenz-Charakteristik auf der Grundlage des verfeinerten Oyaschen Randschichtmodells interpretieren zu können, ist es nötig, die fragliche Gyroresonanz im Sondenwechselstrom tatsächlich zu erfassen. Dazu müssen nach obigen Vorstellungen die Plasmarandschichten an den Sondenelektroden noch ausreichend viele Elektronen enthalten. Der sicherste Weg, dies zu gewährleisten, besteht darin, die Raumladungsschichten vor beiden Sondenelektroden experimentell durch geeignete Vorspannung der Meßelektroden weitgehend abzubauen bzw. gänzlich zu unterdrücken (vgl. Abschn. C.4.2.2.; experimentelle Randschichtunterdrückung).
Da eine solche künstliche Randschichtunterdrückung an *beiden* Meßelektroden nur bei kompletten Elektrodensystemen möglich ist, kann von vornherein auch nur bei diesen mit dem Auftreten der Gyroresonanz gerechnet werden. Inkomplette Elektrodensysteme hingegen, die die immer mit einer stark an Elektronen verarmten Randschicht behaftete Raumflugkörperoberfläche als zweite Elektrode verwenden, dürften nach obiger Hypothese grundsätzlich keine Gyroresonanz zeigen und deshalb immer nur als gewöhnliche Resonanzsonden wirken.

Der Vollständigkeit halber sei noch erwähnt, daß bei totaler Randschichtfreiheit ($C_{0S} \to \infty$, $A = 1$), die nur realisiert ist, wenn sich beide Elektroden exakt auf Plasmapotential befinden, natürlich alle an die Existenz von Plasmarandschichten gebundenen Resonanzen verschwinden. Das gilt für alle Schichtresonanzen und (randschicht-)modifizierten Plasma- bzw. Hybridresonanzen. Diese Resonanzen verlagern sich mit schwächer werdenden Randschichten und fallen bei totaler Randschichtfreiheit mit der verbleibenden Gyroresonanz bzw. Hybridresonanz zusammen, wovon man sich durch eingehendere Verfolgung der einzelnen Resonanzfrequenzen (Abschn. B.2.3.3.) für verschwindende Plasmarandschichten leicht überzeugen kann.

C.4.3.3. Zur Bestimmung der Elektronentemperatur aus Resonanz- bzw. Admittanzmessungen

Das der Plasmadiagnostik mit Wechselspannungssonden zugrunde liegende dielektrische Verhalten des Plasmas weist nach Abschnitt B.2.2. keine (direkte) Abhängigkeit von der Elektronentemperatur auf. Ein etwaiger Einfluß der Elektronentemperatur kann sich in den angegebenen Beziehungen für die Dielektrizitätskonstante bzw. Leitfähigkeit (z. B. Gl. B.2.2.2.1-5 bzw. B.2.2.2.1-10) allenfalls über die Stoßfrequenz, die bei der Ableitung der betreffenden Beziehungen als von der Elektronengeschwindigkeit unabhängig angenommen wurde, bemerkbar machen. Da die Abhängigkeit der Stoßfrequenz von der Elektronentemperatur einerseits sehr verwickelt und zudem nicht restlos aufgeklärt ist und andererseits die Stoßfrequenz im stoßarmen Plasma oberhalb 90 km Höhe nur noch einen verschwindend geringen Einfluß auf die Wirkungsweise der Wechselspannungssonden hat, scheint es zunächst so, als ob in diesem Höhenbereich mit Wechselspannungssonden überhaupt keine Bestimmung der Elektronentemperatur möglich wäre.

Dabei ist jedoch zu bedenken, daß sich auch im stoßarmen Plasma (und gerade in diesem) um die Sondenelektroden Raumladungsschichten (Randschichten) aufbauen, deren Eigenschaften außer vom Elektrodenpotential von den Plasmaparametern Elektronenkonzentration und Elektronentemperatur abhängen (vgl. Abschn. B.2.3.2.) und deren Einfluß auf das Resonanzverhalten von Wechselspannungssonden mit einer effektiven Dielektrizitätskonstante beschrieben wurde (vgl. Abschn. B.2.3.1., Gl. B.2.3.1-7, 8 u. 9). Da gewisse wichtige Eigenschaften dieser Randschichten mit Wechselspannungssonden diagnostiziert werden können (vgl. Abschn. C.4.3.1.), wird so im Prinzip auch mit Wechselspannungssonden eine Bestimmung der Elektronentemperatur möglich.

Es bedarf kaum der Erwähnung, daß die durch diese Überlegungen eröffnete Möglichkeit naturgemäß sehr indirekt und kompliziert ist und daher selten Verwendung findet.

Aus Gründen der Einfachheit wird neben Stoßfreiheit ($\nu_e = 0$) und Magnetfeldfreiheit ($\boldsymbol{H} = 0$) gewöhnlich angenommen, daß die fraglichen Raumladungsschichten sehr einfach strukturiert, d. h. entsprechend dem groben Langmuirschen Randschichtmodell (vgl. Abschn. B.2.3.2.) völlig elektronenfrei und scharf begrenzt sind. Die in diesem Modell interessierenden Raumladungsschichtdicken lassen sich dann aus der mit Wechselspannungssonden meßbaren Randschichtkapazität bei bekannter Elektrodengeometrie leicht ermitteln.

Die experimentelle Bestimmung der Randschicht(vakuum)kapazitäten C_{0S} mittels Wechselspannungssonden kann auf zweierlei Weise erfolgen:

a) Aus der gewöhnlichen oder gyromodifizierten Schichtresonanzfrequenz ($\omega_{e0}\sqrt{C_0/C_{0S}}$ bzw. $\sqrt{\omega_{eH}^2 + \omega_{e0}^2(C_0/C_{0S})}$), wie dies z. B. in Abschnitt C.3.3.1. beschrieben wurde. Dieser Weg läßt sich natürlich nur bei Verwendung von frequenzvariablen Wechselspannungssonden (echte Resonanzsonden) beschreiten.

b) Aus der Admittanz des plasmagefüllten Sondensystems bei Frequenzen, die hinreichend weit unterhalb der gewöhnlichen oder gyromodifizierten Schichtresonanzfrequenz liegen und bei denen die Admittanz, wie aus Gleichung C.4.1-3 leicht zu folgern ist, gemäß

$$\tilde{G} = i\omega C_{0S} \qquad \text{(C.4.3.3-1)}$$

nur noch von der Randschicht(vakuum)kapazität C_{0S}, nicht mehr jedoch von den Plasmaparametern abhängt.[1]) Hierfür können außer Resonanzsonden auch Festfrequenzsonden (mit entsprechend niedriger Arbeitsfrequenz) Verwendung finden.

Aus den so gemessenen Vakuumkapazitäten der Randschichten lassen sich bei einfacher Elektrodengeometrie die interessierenden Raumladungsschichtdicken bzw. Raumladungsschichtradien meist ohne Schwierigkeiten berechnen.

Problematischer gestaltet sich die Ermittlung der Elektronentemperatur aus den so bestimmten Raumladungsschichtdicken: Für grobe Abschätzungen der Elektronentemperatur mag es dabei ausreichen, dieselbe aus der aus dem LANGMUIR-CHILDschen Ansatz (vgl. Abschn. B.1.4.3.) folgenden LANGMUIRschen Raumladungsschichtdicke (Gl. B.1.6.2-1; für positive, d. h. elektronenfreie Raumladungsschichten) zu berechnen. Dabei wird allerdings nicht berücksichtigt, daß bei extraterrestrischen Messungen der Ionenstrom, der auf die Ausbildung der Raumladungsschichten einen gewissen Einfluß hat, ramm-modifiziert ist. In jedem Fall muß hierzu die Elektronenkonzentration und das Potential der fraglichen Elektrode bekannt sein.
Für höhere Ansprüche ist es zweckmäßig, ein genaueres Randschichtmodell zugrunde zu legen und die durch die Bewegung hervorgerufenen Einflüsse auf die Randschichtstruktur (Ramm-Effekt und Wake-Effekt) nach Möglichkeit zu berücksichtigen.

Dieser Weg ist zum Beispiel von OYA und ASO (OYA u. ASO, 1969) sowie EJIRI und OBAYASHI (EJIRI u. OBAYASHI, 1970) beschritten worden, um aus der bei niedriger Frequenz gemessenen Admittanz einer mit Wechselspannung beaufschlagten und auf Gleichgewichtspotential befindlichen zylindrischen Meßelektrode die Elektronentemperatur zu bestimmen. Dabei wurde aus der auf diese Weise gemessenen Admittanz die Vakuumkapazität der Meßelektrode und

[1]) Dieser Weg korrespondiert aus leicht zu durchschauenden Gründen in gewisser Hinsicht mit dem, der bei der Elektronentemperaturbestimmung mittels Resonanzrektifikationssonden (vgl. Abschn. C.4.3.4.1.) begangen wird.

aus dieser der Raumladungsschichtradius derselben bestimmt. Mit dem so ermittelten Raumladungsschichtradius konnte mit Hilfe einer von JASTROW und PEARSE (JASTROW u. PEARSE, 1957) angegebenen Beziehung das Gleichgewichtspotential der Sondenelektrode berechnet werden. Mit diesem war es schließlich möglich, aus einer den am Ionenstrom wirksamen Ramm-Effekt berücksichtigenden Strombilanzgleichung die Elektronentemperatur zu bestimmen.

Die erhaltenen Ergebnisse bestätigen die grundsätzliche Brauchbarkeit der Methode, sind jedoch für die meisten Zwecke zu ungenau. Die fraglichen Rechnungen, die eine ganze Kette von komplizierten, teilweise transzendenten Gleichungen verwenden, sind natürlich nur numerisch zu bewältigen.

Aus diesen und anderen Gründen werden reine Wechselspannungsmessungen (Resonanz- oder Admittanzmessungen) selten zur Elektronentemperaturbestimmung herangezogen. Statt dessen ist es bequemer, den bei randschichtbehafteten Wechselspannungssonden immer auftretenden gleichgerichteten Wechselstromanteil, der in direkterer Weise von der Elektronentempertur abhängt, zur Elektronentemperaturbestimmung zu verwenden. Dies geschieht bei den sogenannten Resonanzrektifikationssonden, die in Abschnitt C.4.3.4.1. behandelt werden.

C.4.3.4. Sonderformen von Resonanzsonden

C.4.3.4.1. Die Resonanzrektifikationssonde und ihre Nutzung als Elektronentemperatursonde

Die Resonanzrektifikationssonde ist eine spezielle Resonanzsonde, bei der (in gewissem Gegensatz zur gewöhnlichen Resonanzsonde) nicht der durch das zu untersuchende Plasma fließende Wechselstrom selbst, sondern ein aus diesem durch Gleichrichtung (Rektifikation) in der Plasmarandschicht erzeugter Gleichstrom in Abhängigkeit von der Frequenz der treibenden Wechselspannung gemessen wird.

Dieser Gleichstrom wurde erstmals von MIYAZAKI (z. B. MIYAZAKI, 1960) experimentell an mit Wechselspannung beaufschlagten LANGMUIR-Sonden als (scheinbare) Erhöhung des stationären LANGMUIRschen Stroms beobachtet. Da seine Ursache nicht sofort erkannt wurde und er eine auffällige Frequenzabhängigkeit (Resonanzstruktur) zeigte, gab diese Entdeckung zu einer Vielzahl sehr breit angelegter experimenteller und theoretischer Arbeiten Anlaß (z. B. ICHIKAWA u. IKEGAMI, 1962; ICHIKAWA, 1963; IKEGAMI, 1963; CAIRNS, 1963; HARP, 1963 u. 1964; HARP u. CRAWFORD, 1964; CRAWFORD, 1965; CRAWFORD u. HARP, 1965; BAIN u. DAVIS, 1965; BRAMLEY, BAIN u. DAVIS, 1965; BUCKLEY, 1966; CRAWFORD, HARP u. MANTEI, 1967), als deren praktisches Ergebnis schließlich die sogenannte Resonanzrektifikationssonde entstand, Wie jedoch alsbald gezeigt werden konnte (DOTE u. ICHIMIYA, 1965), läßt sich die Wirkungsweise dieser Resonanzrektifikationssonde ziemlich zwanglos verstehen. Der beobachtete, dem stationären LANGMUIR-Strom überlagerte Gleichstrom tritt nämlich nur dann auf, wenn wenigstens an einer der beiden Meßelektroden eine gut ausgebildete Raumladungsschicht vorhanden ist. Andererseits zeigt er eine ausgeprägte Frequenzabhängigkeit. Die experimentell beobachteten Maxima und Minima stimmen dabei mit gewissen Resonanzfrequenzen des plasmagefüllten Elektrodensystems überein. Aus diesen Gründen kann dieser zusätzliche Gleichstrom als ein in den stationären Plasmarandschichten gleichgerichteter Anteil des Sondenwechselstroms gedeutet werden.

Zur Berechnung dieses Rektifikationsstromes greifen wir auf die in Abschnitt B.2.4. gewonnenen Erkenntnisse über die Gleichrichterwirkung von Plasmarandschichten zurück. Danach tritt in der stoßfreien Plasmarandschicht (Raumladungsschicht) bei Wirken einer Wechselspannung der Amplitude $\hat{U}_0$

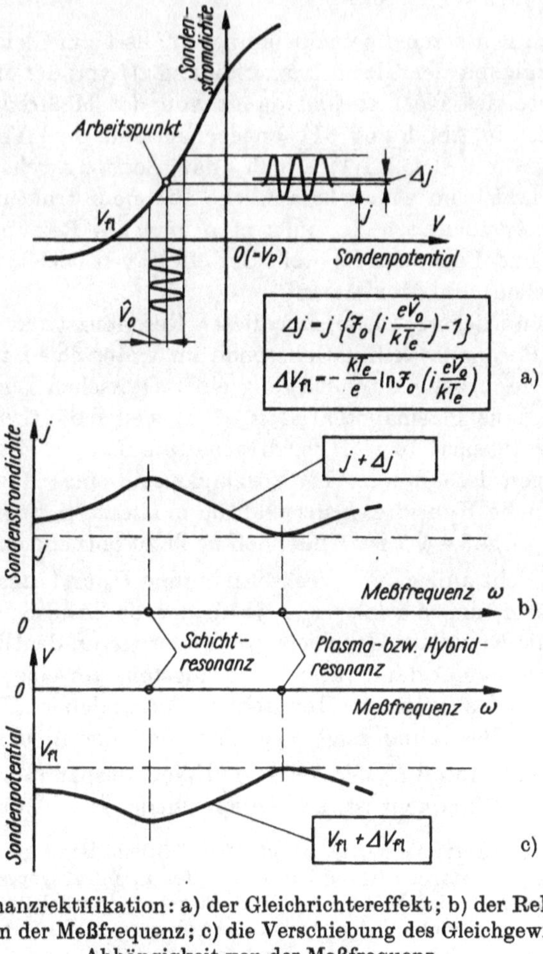

Abb. 61. Zur Resonanzrektifikation: a) der Gleichrichtereffekt; b) der Rektifikationsstrom in Abhängigkeit von der Meßfrequenz; c) die Verschiebung des Gleichgewichtspotentials in Abhängigkeit von der Meßfrequenz

infolge der teilweisen Gleichrichtung des durchfließenden Wechselstroms eine Erhöhung der LANGMUIRschen Anlaufstromdichte um

$$\Delta j = j_{0e} \exp\,(eV/kT_e) \left[\mathfrak{J}_0 \left(i \frac{e\hat{U}_0}{kT_e} \right) - 1 \right] \qquad \text{(C.4.3.4.1-1)}$$

auf (vgl. Gl. B.2.4-10). $V(< V_P = 0)$ bedeutet hierin den auf der LANGMUIRschen Anlaufstromkennlinie realisierten Arbeitspunkt (vgl. Abb. 61a). Der in der Raumladungsschicht abfallende Anteil $\hat{U}_0$ der zwischen den Sondenelektroden anliegenden Wechselspannung $\hat{U}$ ist durch das Verhältnis der Admittanzen von Raumladungsschicht und Gesamtsystem gemäß

$$\frac{|\hat{U}_0|}{|\hat{U}|} = \frac{|\tilde{G}_{\text{ges}}|}{|\tilde{G}_S|} = \frac{\varepsilon_{\text{eff}} C_0}{\varepsilon_S C_{0S}} \qquad \text{(C.4.3.4.1-2)}$$

festgelegt. Durch Einsetzen dieses Spannungsabfalls $\hat{U}_0$ in Gleichung C.4.3.4.1-1 kann die Abhängigkeit der Gleichstromerhöhung Δj von der effektiven Dielektrizitätskonstante des Plasmas und damit von der Meßfrequenz ω erhalten werden. Diese ist in Abbildung 61b angegeben. Aus dem Vergleich mit dem Sondenwechselstrom (Gl. C.4.1-1) erhellt, daß Sondengleichstromüberhöhung und Sondenwechselstrom eine sehr ähnliche Frequenzstruktur aufweisen. Genauso wie beim Sondenwechselstrom treten auch im Rektifikationsstrom an den Nullstellen und Polen des Realteils der effektiven Dielektrizitätskonstante Minima (Nullstellen) und Maxima auf.

Wie eine ausführlichere Diskussion dieser Resonanzstruktur zeigt, können jedoch bei der Resonanzrektifikationssonde im Unterschied zur gewöhnlichen Resonanzsonde auch bei Zugrundelegung einer OYAschen Randschicht (Elektrodenpotential nahe Plasmapotential; $\varepsilon_S \neq 1$) weder die Gyroresonanz, noch die modifizierte Plasma- bzw. Hybridresonanz auftreten. Resonanzrektifikationssonden zeigen deshalb auch bei Vorhandensein eines Magnetfeldes immer nur die gewöhnliche Hybridresonanz und die modifizierte Schichtresonanz.[1])

Aus Gleichung C.4.3.4.1-2 ist schließlich noch zu entnehmen, daß die an der Raumladungsschicht anliegende Wechselspannung $\hat{U}_0$ und damit die Rektifikationsstromdichte Δj um so größer sind, je kleiner die Randschichtkapazität C_{0S} bzw. je dicker die Raumladungsschicht ist. Daher treten deutlich nachweisbare Rektifikationsströme nur dann auf, wenn wenigstens vor einer der beiden Meßelektroden eine stark ausgeprägte Randschicht vorhanden ist. Eine eingehendere Diskussion dieser Beziehung zeigt weiterhin, daß der in den Raumladungsschichten abfallende Anteil $\hat{U}_0$ der treibenden Wechselspannung $\hat{U}$ um so größer ist, je kleiner die Meßfrequenz ist. Dementsprechend ist auch die Rektifikations-

[1]) Dieses bemerkenswerte Verhalten hängt offensichtlich damit zusammen, daß einerseits das Auftreten eines starken Rektifikationseffektes an gut ausgeprägte Raumladungsschichten gebunden ist, andererseits aber solche stärkeren (quasi elektronenfreien) Raumladungsschichten eine Kopplung der Gyrationsschwingungen der Plasmaelektronen auf den äußeren Meßkreis erschweren bzw. verhindern (vgl. auch Abschn. C.4.3.2.).

wirkung bei kleineren Frequenzen größer als bei höheren. Für kleine Wechselspannungsabfälle in den Randschichten ($\hat{U}_0 \ll kT_e/e$) ist die Rektifikationsstromdichte Δj nach Gleichung C.4.3.4.1-1 immer sehr viel kleiner als die an sich schon nicht sehr große LANGMUIRsche Anlaufstromdichte (Gl. B.1.4.2-12). Erst bei Wechselspannungsabfällen in der Raumladungsschicht $\hat{U}_0 \gtrsim 2kT_e/e$ (und dementsprechend größeren Meßwechselspannungen $\hat{U}$) erreicht bzw. übersteigt der Rektifikationsstrom die Größe des LANGMUIRschen Anlaufstroms.

Man kann diese Schwierigkeit etwas mildern, wenn entsprechend den Bemerkungen in Abschnitt B.2.4. die Meßelektrode bzw. eine der Sondenelektroden auf Schwebepotential gehalten wird und anstelle des Rektifikationsstroms die durch diesen an der betreffenden Elektrode verursachte Verschiebung des Gleichgewichtspotentials V_{fl} gemessen wird (vgl. Abb. 61c). Für diese Verschiebung des Gleichgewichtspotentials gilt nach Abschnitt B.2.4.

$$\Delta V_{\text{fl}} = -\frac{kT_e}{e} \ln\left[\mathfrak{J}_0\left(i\frac{e\hat{U}_0}{kT_e}\right)\right] \qquad \text{(C.4.3.4.1-3)}$$

(vgl. Gl. B.2.4-14). Solche nur elektrometrisch hinreichend genau durchzuführenden Potentialmessungen bringen jedoch wieder andere Schwierigkeiten mit sich.

Hauptsächlich aus diesen Gründen ist die Resonanzrektifikationssonde der gewöhnlichen Resonanzsonde hinsichtlich der erzielbaren Meßgenauigkeit unterlegen und hat demzufolge in der Praxis keine allzu große Bedeutung erlangt.

In Abbildung 62 ist eine bei solchen Resonanzrektifikationssonden gelegentlich zur Aufnahme der Frequenzabhängigkeit des Rektifikationsstroms verwendete Blockschaltung wiedergegeben. Diese läßt sich mit geringen Modifikationen

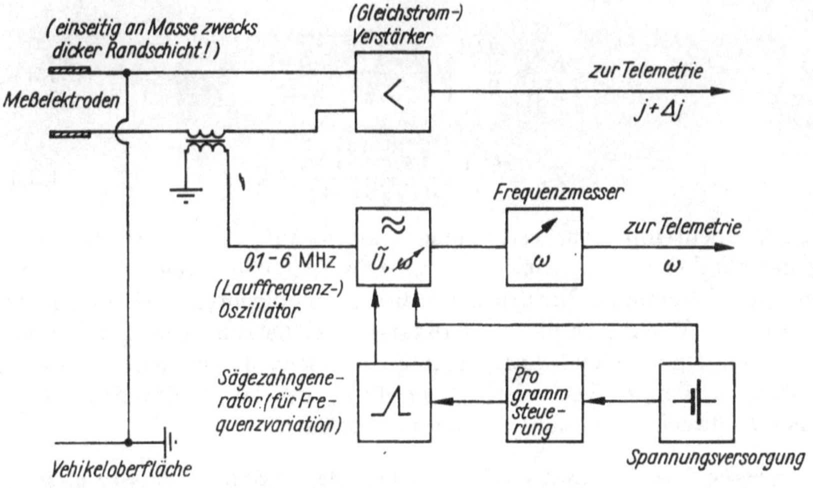

Abb. 62. Blockschaltbild einer einfachen Resonanzrektifikationssonde

auch zur Verfolgung der Gleichgewichtspotentialverschiebung in Abhängigkeit von der Frequenz verwenden.

Da der Effekt der Resonanzrektifikation stark randschichtabhängig und damit gemäß Gleichung B.2.4-10 bzw. 14 temperaturabhängig ist, können Resonanzrektifikationssonden indessen auch als Temperatursonden zur Ermittlung der Elektronentemperatur genutzt werden.
Man erkennt die sich bietenden Möglichkeiten, wenn in den fraglichen Beziehungen (Gl. C.4.3.4.1-1 bzw. 3) die BESSEL-Funktion für kleine $\hat{U}_0$ ($\leq kT_e/e$) entwickelt wird. Für die interessierende Elektronentemperatur ergibt sich dann näherungsweise

$$T_e \approx \frac{e\hat{U}_0}{2k} \sqrt{\frac{j}{\Delta j}} \qquad \text{(C.4.3.4.1-4)}$$

bzw.

$$T_e \approx \frac{e\hat{U}_0}{4k} \frac{\hat{U}_0}{|\Delta V_{\text{fl}}|} . \qquad \text{(C.4.3.4.1-5)}$$

Wie man hieraus ersieht, müssen zur Bestimmung der Elektronentemperatur jedoch noch die (stationäre) LANGMUIRsche Stromdichte j und der in den Raumladungsschichten abfallende Anteil $\hat{U}_0$ der Meßwechselspannung $\hat{U}$ bekannt sein: Der in den Randschichten abfallende Meßspannungsanteil $\hat{U}_0$ kann bei sehr niedrigen Meßfrequenzen ($\omega \ll \omega_{e0}, \omega_{eH}; \omega \to 0$), wie sich aus Gleichung C.4.3.4.1-2 folgern läßt, näherungsweise durch die Meßwechselspannung $\hat{U}$ selbst ersetzt werden.[1]) Um schließlich die noch störende unbekannte LANGMUIRsche Stromdichte j zu eliminieren, verfährt man in der Praxis so, daß nacheinander bei zwei frequenzgleichen, jedoch amplitudenverschiedenen Wechselspannungen $\hat{U}_1$ bzw. $\hat{U}_2$ gemessen wird. Mit $U_2 = \mu U_1$ sowie $j_{\text{ges}} = j + \Delta j$ und $\hat{U}_0 \approx \hat{U}$ folgt dann

$$T_e \approx \frac{e\hat{U}_1}{2k} \left| \sqrt{\frac{j_{\text{ges}\,1}\mu^2 - j_{\text{ges}\,2}}{j_{\text{ges}\,2} - j_{\text{ges}\,1}}} \right| \qquad \text{(C.4.3.4.1-6)}$$

bzw.

$$T_e \approx \frac{e\hat{U}_1}{4k} \frac{(\mu^2 - 1)\,\hat{U}_1}{|\Delta V_{\text{fl}\,2} - \Delta V_{\text{fl}\,1}|} . \qquad \text{(C.4.3.4.1-7)}$$

Die Elektronentemperaturbestimmung läuft so auf eine relativ einfache Messung der totalen Gleichstromdichte j_{ges} bzw. der Gleichgewichtspotentialverschiebung ΔV_{fl} hinaus. Natürlich ist dieses komplizierte Verfahren nicht besonders genau. Wichtig ist hierbei, daß tatsächlich bei sehr niedrigen Frequenzen ($\omega \ll \omega_{e0}, \omega_{eH}$) gearbeitet wird, da nur für solche die in den Raumladungsschichten abfallende Wechselspannung durch die am Elektrodensystem anliegende Meßwechselspannung ersetzt werden darf.

---

[2]) Vergleiche dazu Abschnitt C.4.3.3. und Fußnote auf S. 291. Für sehr niedrige Frequenzen wird $|\tilde{G}_{\text{ges}}| \approx |\tilde{G}_S|$ und damit $|\hat{U}_0| \approx |\hat{U}|$.

Eine eingehendere Darlegung der Nutzungsmöglichkeiten von Resonanzrektifikationssonden als Elektronentemperatursonden findet sich in einer zusammenfassenden Arbeit von Hirao (Hirao, 1967). Daselbst werden auch manche Hinweise auf technische Realisierungsmöglichkeiten und eventuelle Fehlerquellen gegeben.
Abbildung 63 zeigt das Blockschaltbild einer ausschließlich für Zwecke der Elektronentemperaturmessung ausgelegten Rektifikationssonde (Elektronentemperatursonde; Hirao, 1967), bei der die Elektronentemperatur aus dem (durch Wechselstromrektifikation) erhöhten Sondengleichstrom bestimmt wird.

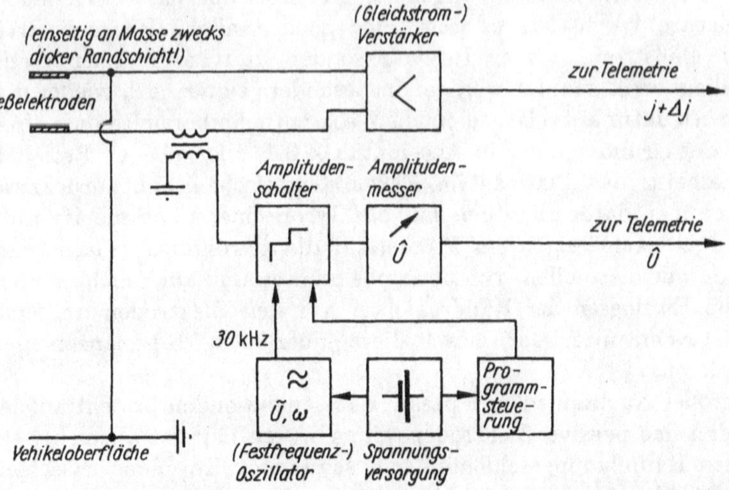

Abb. 63. Blockschaltbild einer Elektronentemperatursonde (nach Hirao)

Etwas modifiziert läßt sich diese Schaltung auch zur Ermittlung der Elektronentemperatur aus der (durch Wechselstromrektifikation verursachten) Gleichgewichtspotentialverschiebung der Sondenelektrode nutzen. Insbesondere wegen der konstanten (und niedrigen) Arbeitsfrequenz sind die betreffenden Meßkreise relativ einfach aufgebaut und weisen kaum noch auf ihre Abstammung von der Resonanzrektifikationssonde hin.
Modernere Arbeiten über die technische Auslegung solcher als Elektronentemperatursonden betriebenen Rektifikationssonden sind vor allem von Hirao und Oyama (Hirao u. Oyama, 1970, 1971, 1972 u. 1973) publiziert worden. In diesen Arbeiten wird auch über Meßergebnisse und Einsatzerfahrungen berichtet.

C.4.3.4.2. Resonanzsonden mit passiven Elektroden (Resonanzrelaxationssonden und Quadrupolsonden)

Die bisher besprochenen Resonanzsonden stellen aktive Systeme dar. Ihre (zwei) Elektroden dienen einerseits als Träger des Meßfeldes (Meßwechselspannung), das das Plasma im Elektrodenzwischenraum zu Schwingungen anregt, und andererseits als Sonden für den Meßstrom, in dessen Resonanzstruktur sich die Schwingungseigenschaften des Plasmas widerspiegeln.

Im Unterschied hierzu ist es natürlich auch möglich, Zwei- oder Mehrelektrodenanordnungen als passive Systeme zu betreiben, d. h., sie nicht mit einer treibenden Wechselspannung zu beaufschlagen. Zu ihrer Anregung müssen allerdings die den Meßwechselstrom formierenden Schwingungen der Plasmaelektronen im Elektrodenzwischenraum entweder spontan vorhanden sein oder anderweitig, etwa durch ein zusätzliches aktives Elektrodensystem, erzeugt werden.

Der unter solchen Bedingungen im Meßkreis des passiven Sondensystems nachweisbare Wechselstrom weist eine ganz ähnliche Resonanzstruktur auf wie der Meßstrom aktiver Resonanzsonden und kann daher ebenfalls zur Plasmadiagnostik genutzt werden. Insbesondere eignen sich wieder die aus der Resonanzstruktur auf relativ einfache Weise entnehmbaren Resonanzfrequenzen, um auf der Grundlage der in Abschnitt C.4.3.1. angegebenen Beziehungen auf die Parameter des Plasmas im Elektrodenzwischenraum zurückzuschließen. Meist kommen dafür allerdings nur die Gyroresonanz und die Hybridresonanz bzw. bei vernachlässigbarem Magnetfeld die gewöhnliche Plasmaresonanz in Frage, da nur diese allein von den unbekannten und auch nicht weiter interessierenden Einflüssen der Randschichten vor den Elektroden frei sind. In der Praxis ist es mitunter sehr schwer, diese „nützlichen" Resonanzen eindeutig zu identifizieren.

Ein großer Nachteil solcher passiver Resonanzsonden besteht auf jeden Fall darin, daß das passive Elektrodensystem wegen der vor allem bei stark ausgeprägten Raumladungsschichten sehr schwachen Kopplung zwischen Plasma und Elektroden nur auf sehr intensitätsstarke Schwingungen anspricht. Aus diesem Grund müssen die meist verwendeten und in gewisser Entfernung installierten zusätzlichen Erregersysteme auch mit relativ hohen Feldstärken arbeiten. Hohe Feldstärken können aber zu einer Aufheizung und damit Verdünnung des Plasmas im Meßraum oder zu anderen unerwünschten Sekundäreffekten führen.

Weiterhin muß zur Gewährleistung einer ausreichenden Frequenzauflösung der interessierende Frequenzbereich sehr schmalbandig durchmustert werden. Neben hohem elektronischen Aufwand erfordert dies eine vergleichsweise langsame Abtastung des fraglichen Frequenzspektrums und ergibt damit nur eine geringe zeitliche und räumliche Auflösung.

Eine andere Möglichkeit besteht darin, das Plasma im Meßraum durch einen einmaligen starken Spannungsimpuls anzuregen. Hierzu kann das eigentliche (passive) Elektrodensystem benutzt werden. Durch eine solche Impulsanregung werden im zu untersuchenden Plasma Schwingungen bei allen möglichen Frequenzen, bevorzugt natürlich bei dessen Resonanzfrequenzen und deren Harmonischen, erzeugt. Diese können nach Abschaltung des Erregerimpulses mit dem nunmehr passiven Elektrodensystem nach ihrem Abklingverhalten untersucht werden. Aus der Abklingzeit (Relaxationszeit) dieser Schwingungen lassen

sich dann zusätzlich gewisse Rückschlüsse auf die Stoßfrequenz im Plasma ziehen. Solcherart betriebene Sonden werden als Relaxationssonden bezeichnet.
Um die Ausarbeitung dieser Meßmethode und ihre Einführung in die diagnostische Praxis haben sich u. a. vor allem LOCKWOOD (LOCKWOOD, 1963), SCHMITT (SCHMITT, 1965) sowie DEERING und FEJER (DEERING u. FEJER, 1965; FEJER u. YU, 1969 u. 1970) verdient gemacht. Über die betreffende Meßtechnik ist außer von anderen beispielsweise auch von HEIKKILA, FEJER, HUGILL und CALVERT (HEIKKILA, FEJER, HUGILL u. CALVERT, 1966 u. 1967) berichtet worden. Daselbst finden sich auch Angaben über Meßergebnisse und Einsatzerfahrungen.

Eine weitere Möglichkeit besteht darin, passives Sondensystem und aktives Erregersystem konstruktiv zu vereinigen. Solche Anordnungen werden dann gewöhnlich als Quadrupolsonden bezeichnet. Der durch die treibende Wechselspannung zwischen den Erregerelektroden erzeugte Wechselstrom zeigt hierbei natürlich die gleiche, außer von den Plasmaeigenschaften auch von den Systemabmessungen und Randschichtverhältnissen abhängige Resonanzstruktur wie der Meßstrom einer gewöhnlichen Resonanzsonde. Gleichzeitig jedoch tritt korreliert mit diesem Wechselstrom im Erregerkreis zwischen den eigentlichen Meßelektroden (Elektroden des passiven Systems) eine Spannung auf, die ebenfalls (grob) die Resonanzstruktur des Sondenwechselstroms zeigt. Diese Wechselspannung wird bei der Quadrupolsonde zur Plasmadiagnostik ausgenutzt. Für die Auswertung ihrer Resonanzstruktur gelten im großen und ganzen wieder dieselben Bemerkungen wie weiter oben.

Ein großer Nachteil der Quadrupolsonde besteht auf jeden Fall darin, daß infolge des komplizierteren Aufbaus dieses Elektrodensystems und der losen Kopplung zwischen Erreger- und Meßelektroden sehr viele von den Systemabmessungen und den Randschichtverhältnissen abhängige Schichtresonanzen auftreten können. Bei ungleichen Randschichtverhältnissen vor Erreger- und Meßelektroden ist die Resonanzstruktur der Meßspannung außerdem von der Resonanzstruktur des zwischen den Erregerelektroden fließenden Wechselstroms verschieden.
Mit dem Studium der Resonanzstruktur solcher Quadrupolsonden haben sich in neuerer Zeit ausführlicher ROOY, FEIX und STOREY (ROOY, FEIX u. STOREY, 1972) beschäftigt.
Die Berechnung der Resonanzstruktur von Wechselstrom (zwischen den Erregerelektroden) und Meßwechselspannung (zwischen den Meßelektroden) ist noch auf relativ übersichtliche, naturgemäß jedoch nicht mehr einfache Weise mit dem in Abschnitt B.2.2.3. bei der Begründung der Äquivalentkreistheorie dargelegten Konzept der effektiven Dielektrizitätskonstante möglich. Insbesondere aber kann die Kopplung zwischen (aktivem) Erregerkreis und (passivem) Meßkreis nur mit den Mitteln der Vierpoltheorie bewältigt werden.
Wegen der auch bei einfachem symmetrischen Aufbau schon komplizierten Vierelektrodengeometrie und der starken Strukturierung des Plasmas im Elektrodenzwischenraum infolge der sich vor den Elektroden ausbildenden

Randschichten wird das Schwingungs- und Resonanzverhalten außerordentlich vielfältig und damit recht unübersichtlich. Die auf die angedeutete Weise grundsätzlich berechenbaren Resonanzfrequenzen können dann nur noch sehr schwer und nicht immer eindeutig zur Plasmadiagnostik verwendet werden. Wegen dieser offensichtlichen Nachteile gegenüber den einfachen und klar zu überschauenden (Dipol-)Resonanzsonden dürften die Quadrupolsonden auch in Zukunft insbesondere in der extraterrestrischen Plasmadiagnostik keine größere Bedeutung erlangen. Immerhin sind Quadrupolsonden bereits vereinzelt zur Untersuchung des extraterrestrischen Plasmas eingesetzt worden (z. B. Beghin, 1971).

C.4.3.5. Bemerkungen zum sachgemäßen Einsatz und zur richtigen Dimensionierung von Resonanzsonden

Da ausgeprägte Resonanzen nur im stoßarmen Plasma auftreten können, bleibt bei den üblichen Elektrodenabmessungen auch der Einsatz von Resonanzsonden auf den Höhenbereich über 90 km beschränkt.

Um zu vermeiden, daß das Plasma im Meßvolumen durch vom Raumflugkörper herrührende Plasmarandschichten zusätzlich beeinflußt und gestört wird, muß natürlich auch hier dafür gesorgt werden, daß das gesamte Sondensystem in sicherem Abstand außerhalb der Plasmarandschicht des Raumflugkörpers gehaltert wird. Bei inkompletten Elektrodensystemen, die die Raumflugkörperoberfläche als zweite Elektrode nutzen, ist diese Forderung natürlich gegenstandslos; auch bei diesen sollte sich jedoch die eigentliche Meßelektrode unbedingt außerhalb der Randschicht des Raumflugkörpers befinden.

Unabhängig hiervon sollten natürlich auch beim Einsatz von Resonanzsonden die Meßergebnisse hinsichtlich des Drainage-Effekts (Abschn. B.3.1.) korrigiert werden. Ein Betrieb der Sonde in der Wake-Region (Abschn. B.3.2.2.) liefert keine Plasmaparameter und muß deshalb von vornherein ausgeschlossen werden.

Auch bei der Dimensionierung von Resonanzsonden sind eine Reihe von Einflußgrößen zu beachten:

a) Um alle interessierenden Resonanzen zu erfassen, muß die Meßfrequenz über einen möglichst weiten Bereich variiert werden. In der Regel genügt es, den Frequenzbereich so zu wählen, daß darin die Gyroresonanzfrequenz (ω_{eH}) und die Hybridresonanzfrequenz ($\sqrt{\omega_{eH}^2 + \omega_{e0}^2}$) enthalten sind. In den in der extraterrestrischen Meßpraxis vorkommenden Fällen ist dazu im allgemeinen eine Frequenzvariation von $1{,}5 \cdot 10^6$ Hz bis $2 \cdot 10^7$ Hz ausreichend und damit auch die in Abschnitt B.2.2.2. begründete Frequenzbedingung erfüllt.
   Beim Einsatz von Rektifikationssonden zur Temperaturbestimmung muß nach Abschnitt C.4.3.4.1. bei einer bedeutend niedrigeren (festen) Frequenz gearbeitet werden. In der Praxis haben sich hierfür Frequenzen zwischen 10^5 und $5 \cdot 10^5$ Hz bewährt.

b) Die Amplitude der treibenden Meßwechselspannung ist so zu bemessen, daß einerseits keine Aufheizung des Plasmas bzw. andere damit verbundene Sekundäreffekte auftreten, andererseits aber ein noch gut meßbarer Wechselstrom erzeugt wird. Das führt in der Praxis zu Meßspannungen von einigen zehntel bis zu etwa einem Volt.

c) In experimentellen Wechselstrom-Frequenz-Charakteristiken können unter ungünstigen Umständen eine oder mehrere weitere Resonanzen auftreten, die vom Wechselspannungsgenerator oder von der Wechselstrommeßeinrichtung erzeugt werden und die Interpretation der Resonanzstruktur des Plasmakondensators erschweren. Um solche zusätzlichen Meßkreisresonanzen zu vermeiden, muß darauf geachtet werden, daß Wechselspannungsgenerator und Wechselstrommeßeinrichtung mit dem Plasmakondensator keinen weiteren Reihenresonanzkreis bilden. Im Fall eines rein resistiven (und damit frequenzunabhängigen) Innenwiderstandes von Wechselspannungsgenerator und Wechselstrommeßeinrichtung ist dies immer gewährleistet. In allen anderen Fällen kann man versuchen, die störenden Resonanzen durch geeignete Zwischenschaltung zusätzlicher Kapazitäten oder Induktivitäten aus dem Bereich der Plasmakondensatorresonanzen hinauszudrängen. Mit großen Kapazitäten oder Induktivitäten lassen sich die störenden Resonanzen zu niedrigeren Frequenzen, mit kleinen zu höheren Frequenzen verschieben.

d) Um in der Wechselstrom-Frequenz-Charakteristik auch die Gyroresonanz zu erzeugen und damit die Auswertung auf der Grundlage der verfeinerten Randschichttheorie von Oya und Obayashi durchführen zu können, müssen nach der weiter oben dargelegten Hypothese (vgl. Abschn. C.4.3.2.) die sich an den Sondenelektroden ausbildenden Plasmarandschichten wenigstens teilweise mit Elektronen gefüllt sein. Um dies zu gewährleisten, sollte die betreffende Resonanzsonde als komplettes Elektrodensystem ausgeführt und als Ganzes mit Hilfe einer geeignet gewählten Vorspannung auf ein Potential in der Nähe des Plasmapotentials gebracht werden (vgl. auch Abschn. C.4.2.2.; experimentelle Randschichtunterdrückung). Bei totaler Randschichtfreiheit, die nur verwirklicht ist, wenn sich beide Elektroden exakt auf Plasmapotential befinden, sind nach Abschnitt C.4.3.2. dann natürlich nur noch die Gyro- und die Hybridresonanzen zu erwarten, während alle übrigen (randschichtbedingten) Resonanzen in jene entartet sind. Um andererseits bei Resonanzrektifikationssonden möglichst große Rektifikationsströme zu erhalten, muß wenigstens eine stark ausgebildete (und damit elektronenleere) Plasmarandschicht vorhanden sein. Dazu ist das Sondensystem zweckmäßigerweise als inkomplettes System auszuführen, also als zweite Meßelektrode die Raumflugkörperoberfläche zu benutzen.

e) Um zu gewährleisten, daß das zu vermessende Plasma ungehindert in das Meßvolumen eintreten und wieder austreten kann, ist für geeignete Elektrodengeometrie Sorge zu tragen. Erforderlichenfalls müssen die Elektroden für das Plasma transparent gemacht, d. h. als Gitter oder Netze ausgebildet werden. Auf Möglichkeiten zur Minimalisierung des Wake-Einflusses der Meßelektroden auf die mittlere Elektronenkonzentration im Meßvolumen wurde bereits in Abschnitt B.3.2.2. aufmerksam gemacht.

C.5. Wechselspannungssonden (AC-Sonden) für den Einsatz im stoßbestimmten Plasma

C.5.1. Theoretische Grundlagen

Ähnlich wie im Höhenbereich oberhalb 90 km Höhe können Wechselspannungssonden auch im stoßbestimmten Plasma der D-Region der Ionosphäre eingesetzt werden.
Ein Betrieb als Kapazitätssonde oder Resonanzsonde (vgl. Abschn. C.4.) kommt hierbei allerdings nicht in Betracht. Diese beiden Diagnostikmöglichkeiten scheitern daran, daß im Plasma der D-Region der Ionosphäre wegen der hier verwirklichten geringen Elektronenkonzentrationen und hohen Stoßfrequenzen das Verhältnis von Stoßfrequenz ν_e zu Plasmaelektroneneigenfrequenz ω_{e0} immer größer als 1, in weiten Bereichen sogar sehr viel größer als 1 ist:

$$\frac{\nu_e}{\omega_{e0}} \geqq 500 \cdots 1 .$$

Kapazitätsmessungen steht dann entgegen, daß einerseits bei Meßfrequenzen $\omega \leqq \nu_e$ im Sondenwechselstrom eine starke konduktive Komponente auftritt, die genaue Kapazitätsmessungen erschwert und schließlich unmöglich macht, und daß andererseits bei Meßfrequenzen $\omega \geqq \nu_e$, bei denen einfache Kapazitätsmessungen möglich wären, die Dielektrizitätskonstante des betreffenden Plasmas nur noch wenig vom Vakuumwert abweicht.
Resonanzuntersuchungen werden schließlich sinnlos, weil einerseits bei Meßfrequenzen $\omega \leqq \nu_e$ infolge der Stoßdämpfung gar keine ausgeprägten Resonanzen mehr auftreten können und weil andererseits für Meßfrequenzen $\omega \geqq \nu_e$, bei denen eine Ausbildung von Resonanzen grundsätzlich möglich wäre, kaum noch Resonanzstellen des fraglichen Plasmas der D-Region der Ionosphäre anzutreffen sind.

Aus diesen Gründen ist im stoßbestimmten Plasma der D-Region der Ionosphäre die Ermittlung von Plasmaparametern mit Wechselspannungssonden nur auf dem Weg einer allgemeinen Admittanz- bzw. Impedanzmessung möglich (z. B. Mlodnosky u. Garriot, 1962; Lerfalt u. Holt, 1965; Tunaley u. Kaiser, 1966 u. 1967; Holt u. Lerfalt, 1967). Eine eingehendere Diskussion dieser Problematik ist im Rahmen eines weitergespannten Berichtes über Impedanz- und Leitfähigkeitssonden auch von Heikkila (Heikkila, 1965) publiziert worden.

Eine gewisse Vereinfachung der Problematik entsteht dadurch, daß beim Einsatz von Plasmasonden in der D-Region der Ionosphäre der Einfluß der im stoßfreien Plasma so störenden Plasmarandschichten vor den Sondenelektroden meist vernachlässigt werden kann:
Nach den Ausführungen in den Abschnitten B.1.1.3. und B.1.5. besteht im stoßbestimmten Plasma der D-Region die fragliche Randschicht hauptsächlich aus dem Einzugsgebiet, in dem zwar ein (schwacher) Trägerkonzentrationsgradient vorhanden ist, das Plasma aber nahezu quasineutral bleibt. Eine eigentliche (elektronenleere) Raumladungsschicht, die die Dielektrizitätskonstante und damit die Admittanz der Plasmafüllung des Elektrodensystems erheblich beeinflussen würde, kann sich wegen der in der D-Region verwirklichten geringen Trägerkonzentrationen gar nicht ausbilden.
Unter solchen Bedingungen darf angenommen werden, daß entweder die Dicke der Raumladungsschicht extrem klein und demzufolge die Randschichtkapazität (hier besser Raumladungsschichtkapazität) außerordentlich viel größer als die Vakuumkapazität des Elektrodensystems ist,

$$\frac{C_{0S}}{C_0} \to \infty ,$$

oder aber die (kaum ausgebildete) Raumladungsschicht sich genauso wie das Einzugsgebiet über den gesamten Elektrodenzwischenraum erstreckt und demzufolge die Randschichtkapazität mit der Vakuumkapazität des Elektrodensystems identisch wird:

$$\frac{C_{0S}}{C_0} \to 1 .$$

Im ersten Fall ($C_{0S}/C_0 \to \infty$) reduziert sich die effektive Dielektrizitätskonstante der Plasmafüllung des Sondensystems (Gl. B.3.3.2-6) auf die Dielektrizitätskonstante ε_P des randschichtfreien ungestörten Plasmas. Offensichtlich wird bei dieser Näherung zugleich vom Einfluß des Einzugsgebiets, der sich in einer Absenkung der Trägerkonzentration im Elektrodenzwischenraum äußert, abgesehen. Dieser Fall korrespondiert mit den LANGMUIRschen Vorstellungen, in denen die Plasmarandschicht ausschließlich aus der (hier nicht vorhandenen!) Raumladungsschicht besteht.
Im zweiten Fall ($C_{0S}/C_0 \to 1$) reduziert sich die effektive Dielektrizitätskonstante der Plasmafüllung des Sondensystems (Gl. B.3.3.2-6) auf die Dielektrizitätskonstante ε_S des Randschichtplasmas. Damit wird bei dieser Näherung die Absenkung der Trägerkonzentration im (weit ausgedehnten) Einzugsgebiet der Sondenelektroden berücksichtigt. Dieser Fall korrespondiert mit den Vorstellungen von OYA (OYAsches Randschichtmodell), gemäß denen der Randschicht wegen ihres noch erheblichen Elektronenfüllungsgrades ($A \neq 0$) Plasmacharakter und eine (mittlere) Dielektrizitätskonstante gemäß

$$\varepsilon_S = (\varepsilon_P - 1)\, A + 1$$

zugeordnet wird (vgl. auch Abschn. B.2.3.2.; Gl. B.2.3.2-3).

Für ebene Elektrodenanordnungen gilt unter stoßbestimmten Verhältnissen ($\nu_e \gg \omega$; $U = -i\nu_e/\omega$) mit Gleichung B.2.2.2.2-12 für die Dielektrizitätskonstante des magnetfeldbehafteten Plasmas

$$\varepsilon_P = 1 - i\,\frac{\omega_{e0}^2(\nu_e^2 + \omega_{eH}^2 \cos^2\psi)}{\omega\nu_e(\nu_e^2 + \omega_{eH}^2)}\,. \tag{C.5.1-1}$$

Hieraus folgt mit Gleichung C.4.1-1 für den Sondenwechselstrom im ersten Fall

$$\tilde{I} = i\omega\varepsilon_P C_0 \tilde{U} = \frac{\omega_{e0}^2(\nu_e^2 + \omega_{eH}^2 \cos^2\psi)}{\nu_e(\nu_e^2 + \omega_{eH}^2)}\,C_0\tilde{U} + i\omega C_0\tilde{U} \tag{C.5.1-2}$$

und im zweiten Fall (unter Verwendung von Gl. B.2.3.2-3)

$$\tilde{I} = i\omega\varepsilon_S C_0 \tilde{U} = \frac{\omega_{e0}^2 A(\nu_e^2 + \omega_{eH}^2 \cos^2\psi)}{\nu_e(\nu_e^2 + \omega_{eH}^2)}\,C_0\tilde{U} + i\omega C_0\tilde{U}\,. \tag{C.5.1-3}$$

Wie man hieraus unmittelbar ersieht, besteht der Sondenwechselstrom in beiden Fällen aus einem von der Meßfrequenz unabhängigen, mit der treibenden Meßwechselspannung konphasen Konduktionsstrom (erster Term) und einem dieser um 90° voreilenden, linear mit der Frequenz ansteigenden Vakuumverschiebungsstrom (zweiter Term). Dieser Sachverhalt wurde bereits in Abschnitt B.2.3.4. näher diskutiert und ist in Abbildung 18 grafisch dargestellt.
Plasmadiagnostisch ist natürlich allein der von Elektronenkonzentration (ω_{e0}), Stoßfrequenz (ν_e) und bei Vorhandensein eines Magnetfeldes noch von diesem (ω_{eH}, ψ) abhängende Konduktionsstromanteil interessant.
Der in der zweiten Beziehung für den Sondenwechselstrom (Gl. C.5.1-3) im Konduktionsstromanteil auftretende Faktor A ($\leqq 1$; Elektronenfüllungsgrad der Randschicht) berücksichtigt entsprechend den Vorstellungen von Oya (Oyasches Randschichtmodell; Abschn. B.2.3.2.) lediglich die durch die trägersenkende Wirkung der Sondenelektroden gegenüber dem ungestörten Plasma im Zwischenelektrodenraum verminderte Elektronenkonzentration. Da er aus Messungen des Sondenwechselstroms selbst nicht bestimmt werden kann, wird er gewöhnlich gleich 1 gesetzt. Das entspricht der Langmuirschen Randschichtvorstellung, nach der das Plasma außerhalb der (hier nicht vorhandenen) Raumladungsschicht völlig ungestört bleibt. Für genauere Untersuchungen muß dieser die mittlere Elektronenkonzentration im Meßvolumen beschreibende Elektronenfüllungsgrad der Plasmarandschicht abgeschätzt oder anderweitig bestimmt werden.

Da der Konduktionsstromanteil im Sondenwechselstrom nicht von der Meßfrequenz abhängt, ist eine Messung des Sondenwechselstroms bei verschiedenen Frequenzen bzw. eine dieser entsprechende Frequenzvariation (wie etwa bei den Resonanzsonden im stoßfreien Plasma) im Grunde genommen sinnlos. Sie kann allerdings meßmethodisch dazu benutzt werden, um auf einfache Weise den interessierenden Konduktionsstrom vom uninteressanten Verschiebungsstrom zu trennen.

Die bei solchen Wechselspannungssonden verwendeten Meßelektroden selbst können grundsätzlich beliebige Form und Größe besitzen. In der Praxis empfiehlt es sich allerdings, sich auf geometrische Anordnungen zu beschränken, für die die zwischen den Elektroden bestehende (Vakuum-)Kapazität leicht berechnet oder gemessen werden kann, d. h. im allgemeinen auf ebene, zylindrische und sphärische Elektroden in einfachen geometrischen Anordnungen.

C.5.2. Die Wechselspannungsleitfähigkeitssonden

C.5.2.1. Die Erfassung der Elektronenkomponente in der D-Region der Ionosphäre durch einfache Leitfähigkeitsmessungen

Im Rahmen der im vorhergehenden Abschnitt begründeten Näherung kann aus dem frequenzunabhängigen Konduktionsstromanteil (Gl. C.5.1-2 bzw. Gl. C.5.1-3)

$$|\tilde{I}_K| = \frac{\omega_{e0}^2 A(\nu_e^2 + \omega_{eH}^2 \cos^2 \psi)}{\nu_e(\nu_e^2 + \omega_{eH}^2)} C_0 |\tilde{U}| \qquad \text{(C.5.2.1-1)}$$

mit Hilfe von Gleichung B.2.1.1-3 und B.2.2.1-13a der Leitfähigkeitsanteil der Elektronenkomponente des untersuchten Plasmas gemäß

$$\sigma_e = \frac{i\omega}{4\pi}(\varepsilon - 1) = \frac{|\tilde{I}_K|}{4\pi C_0 |\tilde{U}|} = \frac{AN_e e^2 (\nu_e^2 + \omega_{eH}^2 \cos^2\psi)}{m_e \nu_e(\nu_e^2 + \omega_{eH}^2)} \qquad \text{(C.5.2.1-2)}$$

berechnet werden. Dazu muß natürlich die Größe des wirkenden (natürlichen) Magnetfeldes nach Betrag und Richtung (ω_{eH}, ψ) bereits anderweitig bekannt sein.

Bei vernachlässigbarem Magnetfeld ($\omega_{eH} \ll \nu_e$) oder Parallelität von Magnetfeld und elektrischem Meßfeld ($\boldsymbol{H} \parallel \boldsymbol{E}$; $\psi = 0$) gilt natürlich einfacher

$$\sigma_e = \frac{i\omega}{4\pi}(\varepsilon - 1) = \frac{|\tilde{I}_K|}{4\pi C_0 |\tilde{U}|} = \frac{AN_e e^2}{m_e \nu_e}. \qquad \text{(C.5.2.1-3)}$$

Da in diesen Beziehungen für die elektronische Leitfähigkeit Elektronenkonzentration N_e und Stoßfrequenz ν_e immer in Kombination auftreten, kann jede der beiden Größen nur bestimmt werden, wenn jeweils die andere schon anderweitig bekannt ist. Bezüglich des Faktors A, der die durch den Drainage-Effekt der Sondenelektroden bewirkte Verminderung der Trägerkonzentration im Plasmakondensator erfaßt, gilt das bereits am Ende des vorhergehenden Abschnitts Gesagte.

Bei der Ableitung der Dielektrizitätskonstante des Plasmas (Abschn. B.2.2.2.), auf die die Beziehungen C.5.2.1-1, -2 und -3 zurückgehen, wurde angenommen, daß nur die leichten Elektronen im elektrischen Wechselfeld des Plasmakondensators zum Mitschwingen angeregt werden, während die schwereren

Ionen in ihrer Ruhelage verharren. Das setzt aber voraus, daß die fragliche Arbeitsfrequenz ω genügend weit über der Eigenfrequenz ω_{i0} der schweren Ionen[1]) liegt. Für Arbeitsfrequenzen ω in der Nähe oder gar unterhalb der Eigenfrequenz ω_{i0} der schweren Ionen indessen enthalten die gemessenen Leitfähigkeiten auch noch die von den positiven und negativen Ionen herrührenden Anteile. Nur für Arbeitsfrequenzen

$$\omega \gg \omega_{i0} = \sqrt{\frac{4\pi N_i e^2}{m_i}} \qquad \text{(C.5.2.1-4)}$$

ist die gemessene Leitfähigkeit allein für die Elektronenkomponente repräsentativ und kann mittels Gleichung C.5.2.1-2 oder 3 wahlweise zur Bestimmung der Elektronenkonzentration N_e oder der Elektronenstoßfrequenz ν_e benutzt werden:

$$N_e = \frac{m_e \nu_e \sigma_e}{A e^2} = \frac{m_e \nu_e}{A e^2} \cdot \frac{|\tilde{I}_K|}{4\pi C_0 \, |\tilde{U}|} \qquad \text{(C.5.2.1-5)}$$

bzw.

$$\nu_e = \frac{A N_e e^2}{m_e \sigma_e} = \frac{A N_e e^2}{m_e} \cdot \frac{4\pi C_0 \, |\tilde{U}|}{|\tilde{I}_K|} . \qquad \text{(C.5.2.1-6)}$$

Mit Gleichung B.1.2.2-4 läßt sich aus der elektronischen Leitfähigkeit bzw. mit Gleichung B.1.2.2-5 aus der Stoßfrequenz natürlich auch die Beweglichkeit der Elektronen berechnen:

$$b_e = \frac{\sigma_e}{A N_e e} = \frac{e}{m_e \nu_e} = \frac{1}{A N_e e} \cdot \frac{|\tilde{I}_K|}{4\pi C_0 \, |\tilde{U}|} . \qquad \text{(C.5.2.1-7)}$$

Da nach vorstehenden Ausführungen aus Wechselstrommessungen im stoßbestimmten Plasma primär immer nur auf die Leitfähigkeit geschlossen werden kann, werden solche Wechselspannungssonden auch als (Wechselspannungs-) Leitfähigkeitssonden bezeichnet (z. B. Heikkila, 1965; Lerfalt u. Holt, 1965; Tunaley u. Kaiser, 1966 u. 1967). Da mit ihnen eine unabhängige Bestimmung der fraglichen Parameter Elektronenkonzentration, Elektronenstoßfrequenz und Elektronenbeweglichkeit nicht möglich ist, sind die mitunter verwendeten Bezeichnungen „Elektronensonde", „Stoßfrequenzsonde" oder „Beweglichkeitssonde" irreführend. Aus dem gleichen Grund haben solche Wechselspannungsmessungen im stoßbestimmten Plasma der D-Region der Ionosphäre bisher auch nur wenig Anwendung gefunden. Ungeachtet dessen bieten solche Wechselspannungsmessungen bei sachgemäßer Wahl der Arbeitsfrequenz (Gl. C.5.2.1-4) eine gute Möglichkeit, die anderweitig in der D-Region der Ionosphäre nur schwer erfaßbare konzentrationsschwache Elektronenkomponente zu vermessen. Aus diesem Grund stellen die Wechselspannungsleitfähigkeitssonden eine ausgezeichnete Ergänzung zu den in der D-Region einsetzbaren Gleichspannungssonden dar (vgl. Abschn. C.3.), die die schwere Ionenkompon-

---

[1]) Plasmaioneneigenfrequenz! Vergleiche auch die Fußnote auf S. 93.

nente, nicht aber die leichte Elektronenkomponente zu erfassen gestatten. Eine direkte konstruktive Vereinigung solcher Wechselspannungsleitfähigkeitssonden mit geeigneten Gleichspannungsleitfähigkeitssonden ist denkbar.

C.5.2.2. Bemerkungen zum sachgemäßen Einsatz und zur richtigen Auslegung von Wechselspannungsleitfähigkeitssonden

Mit Wechselspannungssonden kann im stoßbestimmten Plasma der D-Region der Ionosphäre primär immer nur auf die Leitfähigkeit des Plasmas geschlossen werden. Mit Meßfrequenzen im Bereich $\omega \lesseqgtr \omega_{i0}$ ergibt sich die Gesamtleitfähigkeit des Plasmas, die sich additiv aus den Anteilen der positiven und negativen Ionen und der Elektronen zusammensetzt. Erst bei Meßfrequenzen im Bereich $\omega \gg \omega_{i0}$ liefern Wechselspannungsmessungen nur noch den Leitfähigkeitsanteil der leichten Elektronenkomponente.

Da die Plasmarandschicht (Raumladungsschicht) vor den Sondenelektroden in der D-Region der Ionosphäre nur schwach ausgebildet ist und damit die Wechselstrommessungen kaum stört, bestehen hinsichtlich der Anbringung und Halterung von Wechselspannungsleitfähigkeitssonden keine sehr strengen Forderungen. Es können sowohl komplette als auch inkomplette Elektrodensysteme eingesetzt werden.
Bei Verwendung kompletter Elektrodensysteme empfiehlt es sich, die durch den Drainage-Effekt (vgl. Abschn. B.3.1.) der Sondenelektroden bewirkte Verminderung der Elektronenkonzentration im Meßvolumen in gewisser Analogie zu den Oyaschen Randschichtvorstellungen durch einen (mittleren) Elektronenfüllungsgrad A zu berücksichtigen. Dieser kann jedoch allenfalls für sehr einfache Elektrodengeometrien und -anordnungen abgeschätzt werden.

Unabhängig davon sollte auch hier die aus solchen Leitfähigkeitsmessungen bestimmbare Elektronendichte zusätzlich hinsichtlich des vom Raumflugkörper bewirkten Drainage-Effekts korrigiert werden. Eine solche zusätzliche Korrektur ist insbesondere bei Verwendung inkompletter Elektrodensysteme, bei denen die Oberfläche des Raumflugkörpers als zweite Meßelektrode fungiert, ratsam. Ein Betrieb der Sonde in der Wake-Region des Raumflugkörpers (Abschn. B.3.2.2.) liefert keine Plasmaparameter und sollte deshalb ausgeschlossen werden. Auf Möglichkeiten zur Vermeidung bzw. Minimalisierung von Wake-Einflüssen der Meßelektroden auf die mittlere Elektronenkonzentration im Meßvolumen wurde bereits in Abschnitt B.3.2.2. aufmerksam gemacht.

Um den plasmadiagnostisch allein interessierenden Konduktionsstromanteil vom Verschiebungsstromanteil zu trennen, gibt es verschiedene Möglichkeiten:

1. Messung des Sondenwechselstroms nach Betrag und Phase. Der mit der Sondenwechselspannung konphase Anteil ist der gesuchte Konduktionsstrom.

2. Kompensation des frequenzabhängigen (Vakuum-)Verschiebungsstroms durch Differenzmessung gegen ein zweites völlig gleichartiges, aber plasmaleeres Elektrodensystem oder eine diesem entsprechende Schaltkapazität. Bei präziser Auslegung beider Elektrodensysteme bzw. präziser Bemessung der entsprechenden Schaltkapazität kompensieren sich dann die einzelnen Vakuumverschiebungsströme zu Null, während der nur vom plasmagefüllten Meßsystem gelieferte Konduktionsstromanteil erhalten bleibt.
3. Variation der Meßfrequenz und Verfolgung des Betrags des Sondenwechselstroms in Abhängigkeit von der Frequenz. Der durch Extrapolation erhaltbare Wechselstrom bei der Frequenz Null ist mit dem gesuchten Konduktionsstromanteil identisch (vgl. auch Abb. 18).

In den beiden letztgenannten Fällen entfällt natürlich die zusätzliche Phasenmessung.

Auch bei der Dimensionierung von Wechselspannungsleitfähigkeitssonden sind eine Reihe von Einflußgrößen zu beachten:

a) Um allein den Leitfähigkeitsanteil der Elektronenkomponente zu erfassen, muß darauf geachtet werden, daß die Arbeitsfrequenz ausreichend weit über den Ioneneigenfrequenzen liegt. Bei Meßfrequenzen um 10^5 Hz ist diese Forderung immer erfüllt. Beträchtlich niedrigere Meßfrequenzen müssen vermieden werden, da dann die von den schweren Ionen herrührenden und miterfaßten Leitfähigkeitsanteile eine Bestimmung von Elektronenkonzentration oder Elektronenstoßfrequenz unmöglich machen. Höhere Meßfrequenzen sind natürlich möglich, führen jedoch nur zu einer unerwünschten Vergrößerung des plasmadiagnostisch uninteressanten Verschiebungsstroms und kaum zu einer Verbesserung der Meßergebnisse.

b) Die Amplitude der treibenden Wechselspannung ist wie bei allen anderen Wechselspannungssonden so zu bemessen, daß einerseits keine Aufheizung des Plasmas bzw. andere Sekundäreffekte auftreten können, andererseits aber ein noch gut meßbarer Wechselstrom erzeugt wird. In der Praxis haben sich Wechselspannungen von einigen wenigen Volt bewährt.

c) Um aus der aus der Wechselspannungsmessung folgenden Konduktanz des Plasmas auf die Leitfähigkeit gemäß Gleichung C.5.2.1-2 bzw. -3 rückschließen zu können, muß die Vakuumkapazität (C_0) des verwendeten Elektrodensystems bekannt sein. Da letztere aus den Plasmamessungen selbst nicht direkt entnommen werden kann, sondern extra gemessen oder berechnet werden muß (z. B. aus dem Vakuumverschiebungsstromanteil), sollten vorzugsweise Elektrodenanordnungen gewählt werden, die für eine Berechnung der Vakuumkapazität besonders geeignet sind. Bei der Festlegung von Geometrie und Anordnung der Elektroden ist natürlich auch darauf zu achten, daß das zu vermessende Plasma ungehindert in das Meßvolumen eintreten und wieder austreten kann. Geschlossene Systeme (z. B. konzentrische Zylinderkondensatoren) müssen geeignete Öffnungen in Bewegungsrichtung besitzen. Bei anderen Anordnungen können die Elektroden erforderlichenfalls für das Plasma transparent gemacht, d. h. als Gitter oder Netze ausgebildet werden.

d) Um zu gewährleisten, daß der interessierende Konduktionsstromanteil auch tatsächlich vom Plasma und nicht vom Wechselstrommeßkreis bestimmt wird, muß schließlich darauf geachtet werden, daß der konduktive Anteil der Meßkreisadmittanz immer sehr viel größer als die Konduktanz des Plasmas ist. Man kann sich leicht überlegen, daß dies mit der Forderung identisch ist, daß der resistive Anteil der Meßkreisimpedanz (Reihenschaltung der Innenwiderstände von Wechselspannungsgenerator und Wechselstrommeßeinrichtung) ausreichend viel kleiner als der Äquivalentwiderstand des betreffenden Plasmakondensators sein muß (vgl. Abschn. B.2.2.3., Gl. B.2.2.3-3 bzw. Abschn. B.2.3.3., Gl. B.2.3.3-29). Eventuelle reaktive Komponenten in der Meßkreisimpedanz stören die Messungen im allgemeinen nicht, da sie nur den Vakuumverschiebungsstromanteil, nicht aber den plasmadiagnostisch interessierenden Konduktionsstromanteil beeinflussen.

D. Technische Probleme beim extraterrestrischen Einsatz von Plasmasonden

D.1. Anforderungen an die verwendeten Raumflugkörper

Im Abschnitt B.3. wurden die durch Anwesenheit und Bewegung des Raumflugkörpers infolge Drainage-Effekt (Abschn. B.3.1.) und Wake-Effekt (Abschn. B.3.2.2.) hervorgerufenen Störungen des Plasmas bei extraterrestrischen Messungen bereits behandelt. Diese Störungen sind grundsätzlich unvermeidbar und müssen bei der Durchführung und Auswertung von Sondenmessungen in geeigneter Weise berücksichtigt werden (vgl. Abschn. B.3.). Ähnliches gilt hinsichtlich einsatzbedingter Verzerrungen der Sondenkennlinien durch den Ramm-Effekt (an der Ionenkomponente; Abschn. B.3.2.1.) und durch Einflüsse natürlicher Magnetfelder (Abschn. B.3.3.). Daneben können durch den Raumflugkörper aber noch weitere Störungen hervorgerufen werden:

1. *Störungen durch Verunreinigung des extraterrestrischen Plasmas.*
   Aus der Laborplasmadiagnostik ist seit langem bekannt, daß (unbeabsichtigte) Verunreinigungen des Plasmas die meisten Sondenmessungen empfindlich stören und zu falschen Meßergebnissen führen. Dies ist hauptsächlich darauf zurückzuführen, daß solche Verunreinigungen das Ionisations-Rekombinations-Gleichgewicht im Plasma erheblich verändern und damit natürlich auch zu einer Veränderung der Plasmaparameter führen. Besonders große Anfälligkeit zeigen hierbei die Trägerkonzentrationen, insbesondere die Elektronenkonzentration. So führt beispielsweise das Vorhandensein elektronegativer Verunreinigungen (z. B. Sauerstoff) praktisch immer infolge Elektronenanlagerung und Bildung negativer Ionen zu einer beträchtlichen Absenkung der Elektronenkonzentration und damit zu unrealistisch kleinen Elektronenströmen auf die Sondenelektroden. Aber auch andere Verunreinigungen führen gelegentlich zu einer Änderung der Elektronenkonzentration und damit zu falschen Meßwerten.
   Um solche nur schwer erfaßbaren Störungen der Sondenmessungen in Grenzen zu halten, ist es ratsam, auf vakuumhygienische Ausführung des verwendeten Raumflugkörpers zu achten. Dazu muß der verwendete Raumflugkörper so beschaffen bzw. ausgelegt sein, daß keine stärkere Ausgasung desselben und der auf und in ihm installierten Geräte in das zu untersuchende Umgebungsplasma möglich ist. Diese Forderung schließt ein, daß bei Mes-

sungen mittels Raketen deren Triebwerke rechtzeitig vor der eigentlichen Meßphase verschlossen oder noch besser vom Raumflugkörper abgetrennt werden. Bei Messungen mittels Satelliten und Raumsonden reicht es indessen meist aus, mit den eigentlichen Messungen erst nach einer längeren Entgasungszeit zu beginnen.

2. *Störungen durch ungeeignete Raumflugkörperoberflächen.*

Nach Abschnitt B.3.5. dient bei (fast) allen extraterrestrischen Sondenmessungen die Oberfläche des Raumflugkörpers als Referenzelektrode. Die Raumflugkörperoberfläche muß sich zu diesem Zweck auf ihr Gleichgewichtspotential (Floating-Potential) einstellen und allen Änderungen desselben genügend schnell folgen können. Dies ist indessen nur möglich, wenn die Raumflugkörperoberfläche über eine gute elektrische Leitfähigkeit verfügt. Aus diesem Grund ist darauf zu achten, daß die Raumflugkörperoberfläche oder wenigstens ein ausreichend großes Stück derselben (vgl. Abschn. B.3.5.) aus blankem Metall besteht oder mit einem elektrisch gut leitenden Überzug versehen ist.
Sehr dünne isolierende Schichten (z. B. Anstriche oder auch nur Adsorptionsschichten) auf der Raumflugkörperoberfläche können schließlich dazu führen, daß über eine infolge Fotoelektronenauslösung hervorgerufene stärkere positive Aufladung dieser Schichten eine schwer kontrollierbare MALTER-Effekt-ähnliche Feldelektronenemission aus der darunterliegenden (metallischen) Flugkörperoberfläche entsteht. Durch diesen Effekt kann sich das Gleichgewichtspotential des Raumflugkörpers näher zu Plasmapotential und sogar über dieses hinaus ins Positive verschieben. Es dürfte klar sein, daß viele der für negatives Gleichgewichtspotential konzipierten Plasmasonden dann nicht mehr einwandfrei arbeiten. Daneben kann eine stärkere positive Aufladung solcher isolierender Schichten auch zu Störfeldern führen, die sich dem Meßfeld der Plasmasonden ungewollt und unkontrolliert überlagern und damit die Messungen verfälschen.

3. *Störungen durch Rotations-, Präzessions- und Taumelbewegungen des Raumflugkörpers.*

In Abschnitt B.3.2.2. wurde bereits darauf hingewiesen, daß Messungen in der Wake-Region des Raumflugkörpers keine brauchbaren Ergebnisse liefern. Das gilt natürlich auch für an sachgemäß ausgewähltem Ort installierte Sonden, wenn diese durch Rotations- oder Taumelbewegungen des Raumflugkörpers gelegentlich durch die Wake geführt werden.
Obwohl viele Plasmasonden keine Richtungsempfindlichkeit besitzen und daher auch auf unstabilisierten Raumflugkörpern eingesetzt werden können, sind vollständig oder teilweise stabilisierte Raumflugkörper für Messungen mit Plasmasonden immer vorzuziehen. Für die meisten Zwecke reicht eine Spinstabilisierung des Raumflugkörpers um eine geeignete Achse aus. Die besten Meßmöglichkeiten sind bei rotationssymmetrischen Flugkörpern

gegeben, wenn die betreffende Symmetrieachse mit der Flugbahnrichtung übereinstimmt und die Rotation um diese erfolgt.
Bei vollständig stabilisierten Raumflugkörpern liegt es nahe, die Plasmasonden zur Vermeidung einer eventuellen Fotoelektronenauslösung im Flugkörperschatten anzubringen.

4. *Störungen durch andere auf dem Raumflugkörper installierte Geräte.*

Bei extraterrestrischen Messungen sind fast immer mehrere Meß- und Hilfsgeräte gleichzeitig in Betrieb. Von möglichen gegenseitigen Störungen über die gemeinsame Energieversorgung (Bordnetz), die sich durch geeignete Entkopplungsschaltungen immer ausreichend klein halten lassen, abgesehen, besteht noch die Möglichkeit einer gegenseitigen Störung durch elektrische und magnetische Streufelder im Plasma. Plasmasonden sind hinsichtlich solcher Störungen naturgemäß besonders anfällig. Der beste Weg, solche Störungen zu vermeiden, besteht darin, alle Geräte, die zur Messung magnetische Felder verwenden, sorgfältig abzuschirmen und alle Plasmasonden, die zur Messung elektrische Felder verwenden, durch Wahl ausreichend großer Abstände wirksam zu entkoppeln. Eine vollständige Entkopplung durch das Plasma ist natürlich nur dann zu erreichen, wenn der Abstand der Plasmasonden voneinander viel größer als die Dicke der sich vor den Sondenelektroden ausbildenden Raumladungsschichten gewählt wird.
Eine gegenseitige Beeinflussung von Plasmasonden ist auch möglich, wenn die eine oder andere Sondenelektrode stärkere Potentialänderungen der als Referenzelektrode dienenden Raumflugkörperoberfläche verursacht. Solche möglichen Potentialänderungen bleiben jedoch genügend klein, wenn die in Abschnitt B.3.5. angegebene Bedingung für die höchstzulässige Gesamtfläche aller gleichzeitig arbeitenden Plasmasonden eingehalten wird. Erforderlichenfalls läßt sich letzteres durch eine geeignete zeitliche Staffelung des Meßprogramms der einzelnen Plasmasonden erreichen.
Eine weitere Störung der Sondenmessungen ist nach Abschnitt B.3.6. durch Telemetriesender mit hohen Antennenspannungen möglich. Der sicherste Weg, diese Störung zu vermeiden, besteht darin, den Telemetriesender während der Sondenmessungen mit verminderter Leistung und damit geringerer Antennenspannung zu betreiben oder, noch besser, ganz abzuschalten und die Meßdaten in der Zwischenzeit zu speichern.

Alle diese angeführten Störungen sind prinzipiell vermeidbar und sollten daher bei der Auslegung extraterrestrischer Experimente durch Wahl geeigneter Raumflugkörper bzw. Einhaltung der angegebenen Empfehlungen möglichst von vornherein ausgeschlossen oder klein gehalten werden.

D.2. Zur Anbringung von Plasmasonden am Raumflugkörper

Insbesondere wegen der in Abschnitt B.3. behandelten einsatzbedingten Effekte bedürfen Ort und Art der Anbringung der Plasmasonde am Raumflugkörper einiger Überlegung.

Zunächst ist klar, daß die fragliche Sonde so angebracht sein muß, daß sie selbst nicht im Trägervakuum der Wake des Raumflugkörpers zu liegen kommt. Bei vollstabilisierten oder um die Flugrichtung spinstabilisierten Raumflugkörpern ist dies durch Montage der Plasmasonde an der in Flugrichtung liegenden Vorderseite des Raumflugkörpers immer zu gewährleisten. Bei teilstabilisierten und unstabilisierten Raumflugkörpern jedoch können auch an günstigem Ort installierte Sonden infolge Rotations-, Präzessions- und Taumelbewegungen des Raumflugkörpers gelegentlich in den Bereich der Wake gelangen. Da die Sonde während dieser Zeit keine oder nur stark verfälschte Meßwerte liefert, muß versucht werden, diese Totzeiten durch günstige Wahl des Anbringungsortes der Sonde so klein wie möglich zu halten. Dies ist indessen nur bei genauer Kenntnis der Eigenbewegungen des Raumflugkörpers möglich.

Eine weitere Forderung für die Anbringung von Plasmasonden am Raumflugkörper ergibt sich aus der Existenz einer Plasmarand- bzw. Raumladungsschicht an dem mit dem extraterrestrischen Plasma in Kontakt stehenden Teil der Raumflugkörperoberfläche. Da in dieser Übergangsschicht die Plasmaparameter, insbesondere die Trägerkonzentrationen, sehr stark von den im ungestörten fernen Plasma realisierten Werten abweichen, werden die fraglichen Plasmasonden fast ausnahmslos an langen Stangen in genügendem Abstand von der Raumflugkörperoberfläche angebracht.[1])
Nach der weit verbreiteten LANGMUIRschen Auffassung, nach der die Plasmarandschicht nur aus der eigentlichen Raumladungsschicht besteht und außerhalb derselben (annähernd) ungestörte Verhältnisse anzutreffen sind, erbringen solcherart außerhalb der Raumladungsschicht des Raumflugkörpers angebrachte Sonden die interessierenden Parameter des ungestörten, d. h. vom Raumflugkörper unbeeinflußten Plasmas. Nach der im Abschnitt B.3.1. dargelegten Wirkung des Drainage-Effekts jedoch weichen die auf solche Weise gewonnenen Parameter noch immer beträchtlich von denen des ungestörten Plasmas ab und sollten deshalb, wenn nur irgendwie möglich, noch in geeigneter Weise korrigiert werden.
Ungeachtet dieser Einschränkung ist in jedem Fall eine Halterung der Plasmasonden in möglichst großem Abstand von der Raumflugkörperoberfläche zweckmäßig, da auf diese Weise zugleich eventuelle Störungen durch Meß- oder Hilfsfelder anderer Geräte ausgeschlossen oder doch zumindest klein gehalten werden können. Zugleich werden die bei unstabilisierten Raumflugkörpern unvermeidbaren Durchgänge der Plasmasonde durch die Wake des Raumflugkörpers kürzer.

---

[1]) Die einzige Ausnahme bilden ebene (LANGMUIRsche) Einzelsonden sowie ebene Gittersonden (Ionenfallen, Bremsfeldanalysatoren), die sich aufgrund ihrer ebenen Oberflächengeometrie der großflächigen und damit ebenfalls quasi ebenen Raumflugkörperoberfläche bestens anpassen und deshalb vielfach direkt auf der Oberfläche angebracht werden. Gegen störende Einflüsse der Plasmarandschicht bzw. Raumladungsschicht der Flugkörperoberfläche können sie durch geeignete Schutzelektroden (vgl. Abschn. C.2.1.5.) geschützt werden.

Ähnlich wie die Positionierung bedarf auch die Orientierung der Plasmasonden bzw. ihrer Elektroden einiger Überlegung. Um längs der gesamten Oberfläche der Meßelektrode quasi dieselben Plasmaverhältnisse vorzufinden, ist im allgemeinen eine oberflächenparallele Orientierung zur Raumflugkörperoberfläche zweckmäßig. Plasmasonden zur vorzugsweisen Messung an der Ionenkomponente (z. B. Ionenfallen) sollten wegen des Ramm-Effektes hingegen besser so orientiert werden, daß ihre trägersammelnde Oberfläche senkrecht zur Bewegungsrichtung des Raumflugkörpers weist. Das gleiche gilt natürlich auch für Sonden mit einer besonderen Eintrittsöffnung für das zu untersuchende Plasma, z. B. für alle Arten von GERDIEN-Kondensatoren. Bei zu erwartender Beeinflussung der Sondenmessungen durch das natürliche geomagnetische Feld oder andere Magnetfelder sollten die Sondenelektroden so orientiert werden, daß die fraglichen Magnetfelder den Sondenstrom möglichst wenig beeinflussen, d. h. mit ihrer Oberfläche senkrecht zum betreffenden Magnetfeld. Bei Hochfrequenzsonden aller Art in Plankondensatorausführung verursacht auch eine Orientierung der Elektrodenoberflächen parallel zum fraglichen Magnetfeld keine prinzipiellen Schwierigkeiten. Bei solchen Mehrelektrodensystemen muß jedoch darauf geachtet werden, daß das fragliche Plasma in den Elektrodenzwischenraum ungehindert ein- und wieder austreten kann, und daß der Wake-Effekt an Elektroden bzw. Elektrodenteilen nicht zu einer unzulässig großen Absenkung der mittleren Trägerkonzentration im Elektrodenzwischenraum führt. Beides läßt sich durch geeignete Formgebung und Orientierung der Elektroden gewährleisten.
Beim Einsatz von Plasmasonden im stoßbestimmten Plasma der D-Region der Ionosphäre muß die Orientierung der Sondenelektroden weiterhin auch noch gasdynamische Erfordernisse berücksichtigen. Schließlich können auch die Einflüsse von elektrischen Störfeldern, die von anderen Meßgeräten herrühren und mit anderweitigen Mitteln oder Maßnahmen nicht vermeidbar sind, durch eine sachgemäße Orientierung der Sondenelektroden in Grenzen gehalten werden. Vielfach unterliegt die Orientierung der Sondenelektroden mehreren, sich teilweise gegenseitig ausschließenden Forderungen. In solchen Fällen bleibt nichts weiter übrig, als die einzelnen Aspekte gegeneinander abzuwägen und einen günstigen Kompromiß zu treffen. Sphärische Einzelsonden sind natürlich immer richtungs- und damit orientierungsunempfindlich.

Zwecks Vermeidung der besonders bei Messungen mit Gleichspannungssonden, aber mitunter auch bei Messungen mit Wechselspannungssonden sehr störenden Fotoelektronenemission aus der Meßelektrodenoberfläche sollten Plasmasonden immer so angebracht bzw. orientiert werden, daß ihre Oberflächen nicht von direkter Solarstrahlung getroffen werden können. Nur bei vollständig stabilisierten Raumflugkörpern ist dies auf einfache und relativ vollkommene Weise durch Lokalisierung der Plasmasonde im Raumflugkörperschatten möglich. In allen anderen Fällen muß versucht werden, durch geeignete Orientierung der Elektroden oder durch die Anbringung zusätzlicher Schutzschirme die störende Fotoelektronenauslösung erträglich zu halten.

Relativ unabhängig von der konkreten Position der Plasmasonde am Raumflugkörper ist natürlich die Wahl ihres Bezugspotentialpunktes auf der Raumflugkörperoberfläche. In der Praxis wird als Bezugspotential der Einfachheit halber meist das Potential des Fußpunktes der Sonde bzw. Sondenhalterung auf der Raumflugkörperoberfläche genommen. Dies ist jedoch in vielen Fällen weder notwendig noch gut. Da das (Gleichgewichts-)Potential auf der Raumflugkörperoberfläche insbesondere wegen des HALL-Effektes (vgl. Abschn. B.3.3.3.) örtlich (und zeitlich) etwas variiert, bedarf auch die Auswahl eines günstigen Potentialbezugspunktes einer sorgfältigen Überlegung. Dazu können die in Abschnitt B.3.3.3. gemachten Bemerkungen benutzt werden, nach denen konstantes Potential von vornherein nur an ausgewählten Orten auf der Raumflugkörperoberfläche zu erwarten ist.

D.3. Bemerkungen zur telemetrischen Übertragung und zum Auflösungsvermögen von Sondenmessungen

Wie alle anderen Messungen erfordern auch Sondenmessungen eine gewisse Zeit. Dadurch sind die gewonnenen Meßwerte keine Momentanwerte, sondern (kurzzeitige) zeitliche Mittelwerte. Da sich bei extraterrestrischen Messungen in dieser Meßzeit der Raumflugkörper mit der Sonde bewegt, stellen die gewonnenen Meßwerte auch keine Lokalwerte, sondern (kleinräumige) räumliche Mittelwerte dar.

Durch die Bewegung der Sonde sind bei allen extraterrestrischen Messungen zeitliche und räumliche Auflösung auf das engste miteinander verknüpft. Bedeuten für jede Einzelmessung Δt die Meßzeit bzw. die zeitliche Auflösung und Δs die Meßstrecke bzw. die räumliche Auflösung, so gilt mit v_V als Vehikelgeschwindigkeit natürlich immer

$$\Delta s = v_V \, \Delta t \, . \tag{D.3-1}$$

Eine Besonderheit aller Messungen von Raumflugkörpern aus besteht auch noch darin, daß die zeitlich nacheinander anfallenden Meßwerte räumlich aufeinanderfolgenden Orten auf der Flugbahn zugeordnet sind. Dadurch erfahren die Termini zeitliche und räumliche Auflösung bei solchen direkten Raketen- und Satellitenmessungen gegenüber konventionellen Messungen eine gewisse begriffliche Modifikation.

Während bei konventionellen Messungen entweder die zeitliche Auflösung am festen Meßort oder aber die räumliche Auflösung zu einem festen Zeitpunkt interessieren, sind bei Raketen- und Satellitenmessungen beide Begriffe immer gekoppelt und an die jeweiligen Flugbahnparameter (Meßzeitpunkt bzw. Meßzeitdauer, Meßort bzw. Meßstrecke) gebunden.

Zur Erzielung einer hohen zeitlichen und räumlichen Auflösung (kleines Δt und Δs) ist es erforderlich, den einzelnen Meßvorgang in möglichst kurzer Zeit durchzuführen und in möglichst dichter Folge zu wiederholen. Diesen Forderungen sind bei allen extraterrestrischen Messungen allein durch die zur einwandfreien Interpretation der Sondencharakteristiken benötigte Meßpunktdichte bzw. durch die zur Verfügung stehende telemetrische Übertragungskapazität enge Grenzen gesetzt. Die folgenden Überlegungen mögen dies etwas näher beleuchten:

Müssen zur einwandfreien Interpretation einer in der Meßzeit Δt aufgenommenen vollständigen Sondencharakteristik n einzelne Meßpunkte telemetriert werden, so gilt für die zu übertragende Meßpunktdichte n^* bzw. die dafür benötigte telemetrische Übertragungskapazität $\Delta\omega$

$$n^* = \Delta\omega = \frac{n}{\Delta t}. \tag{D.3-2}$$

Einsetzen in Gleichung D.3-1 liefert unmittelbar

$$\Delta s = v_V \frac{n}{n^*} = v_V \frac{n}{\Delta\omega}. \tag{D.3-3}$$

Wie man dieser Gleichung entnimmt, ist die erreichbare räumliche Auflösung um so besser, d. h. Δs um so kleiner, je kleiner die zur Interpretation erforderliche Meßpunktzahl n und je größer die zur Verfügung stehende telemetrische Übertragungskapazität $\Delta\omega$ sind. Außerdem hängt die räumliche Auflösung natürlich von der Translationsgeschwindigkeit v_V ab, wird also um so besser, je langsamer sich der Flugkörper bewegt. Dieser Umstand führt bei Raketenmessungen in der Nähe des Flugbahnscheitelpunktes zu einer vergleichsweise recht guten räumlichen Auflösung.

In der Praxis ist man immer gezwungen, zwischen der gewünschten hohen (räumlichen) Auflösung und der zur Verfügung stehenden (beschränkten) telemetrischen Übertragungskapazität einen Kompromiß zu treffen.

Nach Gleichung D.3-3 ist es aber auch möglich, die räumliche Auflösung der Messungen unabhängig von (vorgegebener und daher nicht beeinflußbarer) Translationsgeschwindigkeit v_V und telemetrischer Übertragungskapazität $\Delta\omega$ zu verbessern, indem die zur Interpretation der Sondenkurve notwendige Meßpunktzahl n reduziert wird. Dies ist fast immer bei einfachen und wenig strukturierten Charakteristiken, jedoch fast nie bei komplizierteren und stärker struktruierten Charakteristiken, wie z. B. LANGMUIR-Charakteristiken, Ionenfallencharakteristiken oder Wechselstrom-Frequenz-Charakteristiken, möglich. Hier bietet sich indessen oft folgender Ausweg an:

Statt die stark strukturierten vollständigen Sondencharakteristiken in ständiger (schneller) Folge aufzunehmen, begnügt man sich damit, dieselben nur in größeren Zeitabständen vollständig zu erfassen, und nimmt in den Zwischenzeiten nur einzelne (kritische bzw. charakteristische) Meßpunkte aus ihnen in zeitlich natürlich dichterer Folge auf.

Auf diese Weise ist es beispielsweise mit LANGMUIR-Sonden möglich, örtlich stärker variierende Elektronenkonzentrationen mit erhöhter räumlicher Auflösung zu messen. Dazu nimmt man mit geringer räumlicher Auflösung eine vollständige Sondencharakteristik (mit n einzelnen Meßpunkten) auf und beschränkt sich anschließend über einen längeren Zeitraum nur noch auf die quasikontinuierliche Verfolgung der zeitlichen Änderung des Elektronensaugstroms. Da hierbei nicht mehr eine Folge einzelner aus n Meßpunkten bestehender Sondencharakteristiken, sondern nur eine dichte Folge einzelner Meßpunkte ($n = 1$!) anfällt, lassen sich diese Saugstromvariationen mit einer erhöhten räumlichen Auflösung gemäß

$$\Delta s = v_V \frac{1}{\Delta \omega} \tag{D.3-4}$$

telemetrieren. Die auf diese Weise mit erhöhter räumlicher Auflösung gewonnenen Saugstromvariationen können mit Hilfe der vorhergegangenen oder nachfolgenden vollständigen Sondenmessung normiert (geeicht) werden und ergeben dann ein recht gut aufgelöstes Bild von den räumlichen Variationen der Elektronenkonzentration im untersuchten Plasma.

Dasselbe Verfahren läßt sich in modifizierter Form auch bei anderen Plasmasonden anwenden, z. B. bei der mit (dynamischer) Randschichtunterdrückung arbeitenden Kapazitätssonde (Abschn. C.4.2.2.): Hierzu wird das Potential der Sondenelektroden nur gelegentlich variiert und dabei in einer vollständigen Messung das der Randschichtfreiheit entsprechende Plasmapotential sowie die dazugehörige (randschichtfreie) Elektronenkonzentration ermittelt. In den Zwischenzeiten indessen werden beide Sondenelektroden experimentell auf dem so ermittelten Plasmapotential gehalten und nur noch die durch Änderungen der Elektronenkonzentration verursachten Variationen der (jetzt quasi randschichtfreien) Dielektrizitätskonstante des Plasmas mit entsprechend erhöhter räumlicher Auflösung verfolgt.

D.4. Bemerkungen zur Primärdatenauswertung von extraterrestrischen Sondenmessungen

Jeder wissenschaftlichen Nutzung von Sondenmessungen muß eine Primärdatenauswertung, d. h. eine Bestimmung der interessierenden Plasmaparameter aus den meist sehr komplizierten Sondencharakteristiken, vorangehen.

Bei gelegentlichen Messungen mit geringem Datenanfall (z. B. bei Raketenmessungen) kann diese Primärdatenauswertung immer auf der Grundlage der in Abschnitt C. angegebenen jeweiligen Auswertetechniken und Bestimmungsgleichungen „manuell“ erfolgen. Bei längeren kontinuierlichen Messungen mit entsprechend größerem Datenanfall (z. B. bei Satellitenmessungen) jedoch ist der mit einer solchen manuellen Auswertung verbundene hohe Arbeitsaufwand meist nicht mehr vertretbar. Hier bietet sich zur Primärauswertung der Einsatz von Verfahren der elektronischen Datenverarbeitung an, dies um so mehr, als bei den meisten modernen Telemetrieverfahren das Meßmaterial digital übertragen wird.

Eine andere Möglichkeit besteht darin, den Datenanfall auch bei längeren Messungen von vornherein in Grenzen zu halten. Dies kann beispielsweise durch eine Vorverarbeitung des Datenmaterials mit nachfolgender Verdichtung der Meßergebnisse bereits an Bord des Raumflugkörpers erfolgen. Wegen des dazu benötigten hohen elektronischen Aufwandes an Bord der Raumflugkörpers ist von dieser Möglichkeit bisher allerdings nur selten Gebrauch gemacht worden.

Während bei der manuellen Auswertung fast immer nur bestimmte Teile der Sondencharakteristiken zur Bestimmung der Plasmaparameter herangezogen werden, kann mit Hilfe der elektronischen Rechentechnik natürlich ohne weiteres die ganze Sondencharakteristik zur Diagnostik genutzt werden. Man darf dabei im allgemeinen erwarten, daß durch die diagnostische Ausnutzung der ganzen Sondencharakteristik die Vertrauenswürdigkeit und Genauigkeit der entnehmbaren Plasmaparameter steigt.

Daß dies jedoch nicht immer der Fall ist, soll am Beispiel der häufig benutzten Fitting-Technik erläutert werden:

Bei dieser Fitting-Technik, die im Prinzip auf alle nur denkbaren Sondencharakteristiken anwendbar ist, werden die gemessenen experimentellen Charakteristiken mit theoretischen Charakteristiken verglichen, indem durch sukzessive Iteration nach der Gaussschen Methode der kleinsten Fehlerquadrate diejenige Normkurve gesucht wird, die am besten zur gemessenen Charakteristik paßt. Die der auf diese Weise ausgewählten theoretischen Charakteristik entsprechenden Plasmaparameter stimmen dann augenscheinlich (in beliebig gut wählbarer Näherung) mit den in der gemessenen experimentellen Charakteristik enthaltenen Parametern überein.

Die Praxis zeigt jedoch, daß diese Methode mitunter versagt und falsche Ergebnisse liefert. Das ist besonders dann der Fall, wenn die experimentellen Charateristiken hinsichtlich ihrer Struktur stärker von den dem Vergleich zugrunde gelegten theoretischen Charakteristiken abweichen.

Am Beispiel der einfachen Langmuir-Charakteristik ist dies leicht zu verstehen: Die theoretische Langmuir-Charakteristik (Abschn. B.1.4.) wurde unter der Voraussetzung deutlich ausgeprägter und scharf begrenzter Raumladungsschichten vor den Sondenelektroden abgeleitet. Daher darf auch nur erwartet werden, daß diese Charakteristik bei genügend negativen und positiven Elektrodenpotentialen, nicht aber in der Nähe des Plasmapotentials, bei dem keine ausgeprägten Raumladungsschichten vorhanden sind, den tatsächlichen Sondenstrom richtig beschreibt. Die an experimentellen Langmuir-Charakteristiken in der Nähe des Plasmapotentials immer wieder gefundenen Abweichungen vom theoretischen Verlauf bestätigen dies. Die in Abschnitt C.2.1.3. angegebenen (auf Langmuir zurückgehenden) Auswertemethoden tragen diesem Umstand Rechnung, indem sie zur Bestimmung der Elektronentemperatur nur den sehr negativen Elektrodenpotentialen entsprechenden Charakteristikteil (Anlaufstromkennlinie in halblogarithmischer Auftragung) und zur Bestimmung der Elektronenkonzentration nur den sehr positiven Elektrodenpotentialen entsprechenden Saugstromteil der Charakteristik ausnutzen. Dadurch wird erreicht, daß der von der einfachen Langmuirschen Näherungstheorie nur recht unsicher erfaßte Sondenstrom bei Elektrodenpotentialen nahe Plasmapotential die Plasmaparameterbestimmung nicht beeinflußt. Bei einer Anwendung der Fitting-Technik, d. h. Ausnutzung der vollständigen Charakteristik, hingegen wird auch dieser von der Theorie nicht sicher beherrschte Sondenstrom in der Nähe des Plasmapotentials mit gleicher Wichtung in die Auswertung einbezogen. Man kann sich leicht überlegen, daß dabei bereits geringfügige Abweichungen der experimentellen Charakteristiken vom theoretisch-hypothetischen Verlauf zu schwerwiegenden Fehlern führen können. Die solcherart bestimmten Elektronentemperaturen fallen dann gegenüber den nach der altbewährten Langmuirschen Auswertemethode erhaltenen in der Regel zu hoch und die Elektronenkonzentrationen zu klein aus.

Dieses Beispiel mag verdeutlichen, daß die diagnostische Nutzung der ganzen Sondencharakteristik nicht immer und nicht unbedingt die Vertrauenswürdigkeit und Genauigkeit der Messungen steigert. In solchen Fällen ist es deshalb besser, auch bei elektronischer Auswertung auf die der manuellen Auswertung zugrunde liegenden einfachen Auswertetechniken des Abschnitts C. zurückzugreifen, auch wenn Dateneingabe und Rechenprogramm dadurch eventuell etwas komplizierter werden.

Aus diesen Gründen ist es bei elektronischer Datenauswertung auch immer ratsam, vor der endgültigen Festlegung der Auswertemethode und der Aufstellung der entsprechenden Rechenprogramme die gemessenen Sondencharakteristiken durch Augenschein und gelegentliche Proberechnungen auf ihre Eignung hinsichtlich des einen oder anderen Auswertealgorithmus zu überprüfen.

E. Schlußbetrachtungen

E.1. Wichtige Plasmaparameter und ihre Meßmöglichkeiten

Zur vollständigen Beschreibung eines im partiellen thermodynamischen Gleichgewicht befindlichen Plasmas müssen die Konzentrationen und Temperaturen der einzelnen am Aufbau des Plasmas beteiligten Teilchenarten (Elektronen, positive und negative Ionen, Neutralteilchen) sowie die im Plasma existierenden makroskopischen elektrischen und magnetischen Felder bekannt sein. Diese Forderung schließt die Kenntnis der Ionen- und Neutralteilchenmassen nach Größe und Häufigkeit ein.

Mit diesen Grundparametern lassen sich dann sekundäre Parameter, wie z. B. Ionisationsgrad und Druck, mittlere freie Weglänge und Stoßfrequenz der einzelnen Teilchenarten, Diffusionskoeffizienten und Beweglichkeiten, elektrische und thermische Leitfähigkeit der einzelnen Teilchenkomponenten sowie die makroskopische Stromdichte im Plasma und für Sonderanwendungen auch solche Größen wie Dielektrizitätskonstante, Viskosität oder dergleichen, berechnen.

Für nicht im thermodynamischen Gleichgewicht befindliche Plasmen verliert der Temperaturbegriff seinen Sinn. Anstelle der Temperaturen müssen dann die Geschwindigkeits- bzw. die Energieverteilungen der einzelnen Teilchenarten bekannt sein.

Es dürfte indessen klar sein, daß für praktische Zwecke eine im obigen Sinne vollständige Beschreibung des interessierenden Plasmas fast nie erforderlich ist. In den meisten Fällen reicht es vielmehr aus, die gerade interessierenden Eigenschaften und Verhaltensweisen des Plasmas zu erfassen. Dazu aber ist immer nur die Kenntnis einiger weniger Plasmaparameter notwendig.

Andererseits ist es unmöglich, mit einer einzigen experimentellen Methode zu einer umfassenden Information über das interessierende vielparametrige Plasma zu gelangen. So gestatten z. B. die in dieser Arbeit behandelten Plasmasonden grundsätzlich keine Messungen an der Neutralgaskomponente, da sie (als elektrische Methoden) allein auf die ionisierte Komponente des Plasmas ansprechen. Sie müssen daher, falls erforderlich, durch anderweitige Diagnostikmethoden ergänzt werden.

Aber selbst alle Grundparameter der ionisierten Komponente können nicht mit einer einzigen Plasmasonde erfaßt werden, da jede Plasmasonde nur auf

Parameter	direkte Meßmöglichkeit mittels	
	oberhalb 85 km Höhe	unterhalb 85 km Höhe
N_e	LANGMUIR-Sonden Elektronenfallen Resonanzsonden (alle Arten) Kapazitätssonden	(evtl. spez. GERDIEN-Kondensatoren, sonst: $N_e \approx N_+ - N_-$)
N_+, N_-	Doppelsonden Ionenfallen	GERDIEN-Kondensatoren
T_e	LANGMUIR-Sonden Doppelsonden Gittersonden (Bremsfeldanalysatoren) Rektifikationssonden	—
T_+, T_-	Gittersonden (Bremsfeldanalysatoren)	—
$f(v_e)$	LANGMUIR-Sonden (DRUYVESTEYN-Analyse)	—
$f(v_{+,-})$	Gittersonden (Bremsfeldanalysatoren)	—
m_+, m_-	Gittersonden (Bremsfeldanalysatoren)	(indirekt aus Ionenbeweglichkeiten: $m_i \sim 1/b_i{}^2$)
σ	—	σ_e Wechselspannungsleitfähigkeitssonden $\sigma_{+,-}$ GERDIEN-Kondensatoren Blunt-probes
b	—	(b_e evtl. spez. GERDIEN-Kondensatoren) $b_{+,-}$ GERDIEN-Kondensatoren
ν	—	(indirekt aus Trägerbeweglichkeit und -masse: $\nu_i = e/m_i \cdot b_i$)
$\boldsymbol{E}$	Doppelsonden	Doppelsonden liefern E_S
$\boldsymbol{H}$	Resonanzsonden (insb. Gyroplasmasonden)	—
ε_r	Resonanzsonden (alle Arten) Kapazitätssonden	—

Abb. 64. Interessierende Plasmaparameter und ihre Meßmöglichkeiten

einzelne Parameter der einen oder anderen Trägerart anspricht. Aus diesem Grund müssen zur Erlangung der jeweiligen (problemspezifischen) Minimalinformation fast immer mehrere verschiedene Plasmasonden in sinnvoller Kombination simultan eingesetzt werden.

Um die Auswahl der dazu geeigneten Plasmasonden zu erleichtern, soll zum Schluß zusammenfassend aufgeführt werden, welche der in Abschnitt C. behandelten Plasmasonden zur Bestimmung der einzelnen interessierenden Plasma-

	Plasmasonden	Meßgröße	erfaßbare Parameter
oberhalb 85 km Höhe einsetzbar	LANGMUIR-Sonden	$I(V)$ $(I''(V) \rightarrow$	T_e, N_e $f(\bar{v}_e)$; DRUYVESTEYN)
	Doppelsonden (als Feldstärkesonde	$I(V)$ ΔV	$T_e, N_+(!)$ $\boldsymbol{E}$)
	Gittersonden Ionenfallen Elektronenfallen Bremsfeldanalysatoren	 $I_{+\,\text{ges}}$ $I_{e\,\text{ges}}$ $I_+(V)$ $I_e(V)$	 N_+ N_e $T_+(f(\bar{v}_+)), m_+$ $T_e(f(\bar{v}_e))$
	Kapazitätssonden	C_P/C_0	N_e, ε_r
	Resonanzsonden Gyroplasmasonden Rektifikationssonden Temperatursonde Relaxationssonden Quadrupolsonden	$\tilde{I}(\omega)$ $\tilde{I}(\omega)$ $\Delta j(\omega)$ Δj $\tilde{I}(\omega)$ $\tilde{U}(\omega)$	$N_e, ((T_e)), \varepsilon_r$ $N_e, \boldsymbol{H}$ N_e, T_e T_e $N_e, (\boldsymbol{H})$ $N_e, (\boldsymbol{H})$
unterhalb 85 km Höhe	GERDIEN-Kondensatoren	$I(V)$	$N_+, N_-; (N_e)$ $b_+, b_-; (b_e)$ $\sigma_+, \sigma_- + \sigma_e$
	Blunt-probes	$I(V)$	$\sigma_+, \sigma_- + \sigma_e$
	Wechselspannungsleitfähigkeitssonden (Elektronensonde (Stoßfrequenzsonde	$\lvert\tilde{I}\rvert, \lvert\tilde{I}_K\rvert$	σ_e N_e, wenn ν_e bekannt) ν_e, wenn N_e bekannt)

Abb. 65. Gebräuchliche Plasmasonden und die mit ihnen erfaßbaren Plasmaparameter

parameter zur Verfügung stehen bzw. vorteilhaft eingesetzt werden können (vgl. dazu auch Abb. 64 u. 65):

1. *Bestimmung der Trägerkonzentrationen*

a) Elektronenkonzentration:

Zur direkten Messung der Elektronenkonzentration sind alle Plasmasonden geeignet, die bevorzugt oder ausschließlich auf die Elektronenkomponente ansprechen. Im Höhenbereich oberhalb 90 km sind dies vor allem die LANGMUIR-Sonden (Abschn. C.2.1.) und alle Arten von Hochfrequenzsonden (Kapazitätssonden, Abschn. C.4.2.; Resonanzsonden, Abschn. C.4.3.). Ein Einsatz von umgekehrt gepolten Ionenfallen (Abschn. C.2.3.6.1.) ist ebenfalls möglich und oft praktiziert worden. Im Höhenbereich unterhalb 90 km sind direkte Messungen an der (sehr konzentrationsschwachen) Elektronenkomponente problematisch und bisher kaum durchgeführt worden. Alle bislang für die D-Region der Ionosphäre veröffentlichten („direkt“ gemessenen) Elektronenkonzentrationen dürften unter der Annahme völliger Neutralität des Plasmas aus den direkt gemessenen Konzentrationen von positiven und negativen Ionen berechnet worden sein. Denkbare Plasmasonden sind für die alleinige Erfassung der Elektronenkomponente ausgelegte zweistufige Gerdien-Kondensatoren (Abschn. C.3.2.3. und C.3.2.5.) und insbesondere die primär nur die elektronische Leitfähigkeit liefernden Wechselspannungsleitfähigkeitssonden (Abschn. C.5.2.).

b) Ionenkonzentrationen:

Zur direkten Messung der Ionenkonzentrationen sind alle Plasmasonden geeignet, die bevorzugt oder ausschließlich auf die schwere Ionenkomponente ansprechen. Im Höhenbereich oberhalb 90 km ist dies nur für Gittersonden (Abschn. C.2.3.) und deren raumforschungsspezifische Ausführungsformen (Ionenfallen, Bremsfeldanalysatoren) sowie für Doppelsonden (Abschn. C.2.2.) gegeben. Im Höhenbereich unterhalb 90 km sind zur direkten Messung der Konzentrationen der positiven und negativen Ionen alle Arten von (Gleichspannungs-)Beweglichkeits- bzw. Leitfähigkeitssonden (Abschn. C.3.1.) bestens geeignet. Die den Verhältnissen in der D-Region besonders gut angepaßten Gerdien-Kondensatoren (Abschn. C. 3.2.) dürften dabei allen anderen einschlägigen Beweglichkeits- bzw. Leitfähigkeitssonden überlegen sein.

2. *Bestimmung der Trägertemperaturen*

a) Elektronentemperatur:

Zur direkten Messung der Elektronentemperatur kommen im Höhenbereich oberhalb 90 km bevorzugt Langmuir-Sonden (Abschn. C.2.1.) zur Anwendung. Eine Elektronentemperaturbetsimmung mit Doppelsonden (Abschn. C.2.2.) oder mit der (bei genügend niedriger Frequenz betriebenen) Resonanzrektifikationssonde (Abschn. C.4.3.4.1.) ist ebenfalls möglich, liefert aber kaum so vertrauenswürdige und genaue Meßergebnisse wie die Langmuir-Sonde. Zur Messung der Elektronentemperatur unterhalb 90 km Höhe steht keine sichere Sondenmethode zur Verfügung.[1]) Wegen der im Plasma der D-Region der Ionosphäre realisierten Isothermie stimmt die Elektronentemperatur hier jedoch genügend genau mit der Neutralgastemperatur überein.

---

[1]) Eine eventuelle Ausnutzung des Umstandes, daß der Elektronenanlaufstrom zu einer beliebigen Elektrode genauso wie unter stoßfreien Bedingungen auch unter stoßbestimmten Verhältnissen dem Boltzmannschen Gesetz folgt (Gl. B.1.4.2-12), zur Elektronentemperaturbestimmung mittels einfacher Einzelsonden (Langmuir-Sonden!) scheitert fast immer daran, daß im fraglichen Höhenbereich (D-Region der Ionosphäre) stets größere Mengen negativer Ionen zugegen sind, deren Beitrag zum Anlaufstrom den der Elektronen überdeckt.

b) Ionentemperaturen:

Zur direkten Messung der Ionentemperaturen können im Höhenbereich oberhalb 90 km nur Gittersonden (Abschn. C.2.3.) und deren raumforschungsspezifische Abarten (Ionenfallen, Bremsfeldanalysatoren) eingesetzt werden. Zur direkten Messung der Ionentemperaturen unterhalb 90 km Höhe steht keine sichere Sondenmethode zur Verfügung.[1]) Wegen der in diesem Höhenbereich realisierten Isothermie können jedoch auch die Ionentemperaturen immer mit der Neutralgastemperatur identifiziert werden.

3. *Bestimmung der (makroskopischen) elektrischen und magnetischen Felder*

Zur direkten Messung elektrischer Felder mittels Plasmasonden kommen im gesamten Höhenbereich ausschließlich Doppelsonden (Abschn. C.2.2.5.) in Betracht. Zur direkten Messung magnetischer Felder sind im Höhenbereich oberhalb 90 km Resonanzsonden (Abschn. C.4.3.) geeignet, für den Höhenbereich unterhalb 90 km steht keine geeignete Plasmasonde zur Verfügung.

4. *Bestimmung der Trägerbeweglichkeiten*

Im Höhenbereich oberhalb 90 km Höhe ist eine Messung der Trägerbeweglichkeiten mit Plasmasonden nicht möglich, da in diesem Höhenbereich in dem bei Sondenmessungen genutzten Plasmavolumen (Meßvolumen) die Trägerbewegung nicht beweglichkeitsbestimmt erfolgt. Im Höhenbereich unterhalb 90 km kann die Messung der Elektronenbeweglichkeit mit speziell ausgelegten zweistufigen Gerdien-Kondensatoren (Abschn. C.3.2.3. und Abschn. C.2.5.) oder Wechselspannungsleitfähigkeitssonden (Abschn. C.5.2.) erfolgen. Die Messung der Beweglichkeiten der schweren positiven und negativen Ionen ist nur mit (Gleichspannungs-)Beweglichkeits- bzw. Leitfähigkeitssonden (Abschn. C.3.1.), insbesondere Gerdien-Kondensatoren (Abschn. C.3.2.), möglich.

5. *Bestimmung der Ionenmassen*

Da Plasmasonden nur auf die ionisierte Komponente des Plasmas ansprechen, kann mit ihnen natürlich auch nur die Massenzusammensetzung der Ionenkomponente, nicht aber die des Neutralgases untersucht werden. Im Höhenbereich oberhalb 90 km kommen dazu hauptsächlich Gittersonden (Abschn. C.2.3.) sowie deren raumforschungsspezifische Ausführungsformen (Ionenfallen, Bremsfeldanalysatoren) in Frage, im Höhenbereich unterhalb 90 km

---

[1]) Der Umstand, daß gleichfalls die Ionenanlaufströme genauso wie unter stoßfreien Bedingungen auch unter stoßbestimmten Verhältnissen dem Boltzmannschen Gesetz folgen (Gl. B.1.4.2-12), läßt sich zur Ionentemperaturbestimmung in der D-Region ebenfalls nur in sehr seltenen Ausnahmefällen nutzen. So ist eine meßtechnische Ausnutzung dieses Effektes nur bei verschwindend geringer Elektronenkonzentration, d. h. allenfalls in der untersten D-Region, und dann auch nur unter idealen Strömungsbedingungen, d. h. bei günstiger Geometrie und Orientierung der Sondenelektroden möglich.

ausschließlich (Gleichspannungs-)Beweglichkeits- bzw. Leitfähigkeitssonden (Abschn. C.3.1.), insbesondere GERDIEN-Kondensatoren (Abschn. C.3.2.). Letztere liefern primär nur die Beweglichkeiten der Ionen, aus denen jedoch meist auf das Massenspektrum rückgeschlossen werden kann.

6. *Bestimmung der Stoßfrequenzen*

Im Höhenbereich oberhalb 90 km Höhe ist eine direkte Messung der Stoßfrequenz mit Plasmasonden kaum möglich, da in diesem Höhenbereich in dem bei Sondenmessungen genutzten geringen Plasmavolumen (Meßvolumen) nicht ausreichend viele Stöße stattfinden und somit keine ausgeprägten Effekte durch die Stoßfrequenz hervorgerufen werden. Mitunter wird versucht, auf die (in der E-Region der Ionosphäre noch vergleichsweise hohe Elektronen-)Stoßfrequenz aus der Verbreiterung der Resonanzen bei Resonanzsondenmessungen (Abschn. C.4.3.) zu schließen. Im Höhenbereich unterhalb 90 km kommen zur Messung der Elektronenstoßfrequenz ausschließlich Wechselspannungs-Leitfähigkeitssonden (Abschn. C.5.2.) in Betracht, die jedoch primär nur die elektronische Leitfähigkeit liefern. Zur Bestimmung der Stoßfrequenzen der schweren positiven und negativen Ionen stehen (Gleichspannungs-)Beweglichkeits- bzw. Leitfähigkeitssonden (Abschn. C.3.1.), insbesondere GERDIEN-Kondensatoren (Abschn. C.3.2.), zur Verfügung. Diese liefern primär nur die Beweglichkeiten der schweren Ionen, aus denen natürlich die entsprechenden Stoßfrequenzen bei Kenntnis der Ionenmassen berechnet werden können.

7. *Bestimmung der Energie- bzw. Geschwindigkeitsverteilungen der Träger*

Hierzu stehen nur für das stoßarme Plasma oberhalb 90 km Höhe vertrauenswürdige Sondenmethoden zur Verfügung. Neben Gittersonden (Abschn. C.2.3.) und deren raumforschungsspezifischen Abarten (Ionenfallen, Bremsfeldanalysatoren), die prinzipiell für alle Trägerarten angewendet werden können, kommen für Messungen an der Elektronenkomponente vor allem LANGMUIR-Sonden (Abschn. C.2.1.) in Betracht. Bei letzteren kann die Energieverteilung der Elektronen aus der Abweichung der halblogarithmisch aufgetragenen Elektronenanlaufkennlinie von der Linearität (Abschn. C.2.1.3.) oder aber direkt nach dem DRUYVESTEYN-Verfahren (Abschn. C.2.1.7.2.) ermittelt werden.

8. *Messung weiterer Plasmaparameter*

Mit Plasmasonden können selbstverständlich auch eine Reihe weiterer Plasmaparameter direkt gemessen werden, so z. B. oberhalb 90 km Höhe die Dielektrizitätskonstante bzw. elektrische Leitfähigkeit des Plasmas mit allen Arten von Hochfrequenzsonden (Abschn. C.4.) sowie natürlich die Resonanzfrequenzen mit allen Arten von Resonanzsonden (Abschn. C.4.3.) und unterhalb 90 km Höhe die Gleichstromleitfähigkeit der Elektronenkomponente mit Wechselspannungsleitfähigkeitssonden (Abschn. C.5.2.) und die der positiven und negativen Ionen mit allen Arten von (Gleichspannungs-) Beweglichkeits- bzw. Leitfähigkeitssonden (Abschn. C.3.1.).

Gelegentlich wird versucht, mit ein und derselben Plasmasonde noch andere Plasmaparameter als in dieser Arbeit angegeben zu bestimmen.
So verlockt beispielsweise bei Messungen mit Hochfrequenzsonden die Beeinflussung der effektiven Dielektrizitätskonstante durch die fast immer vorhandenen elektronentemperaturabhängigen Plasmarandschichten dazu, solche Messungen auch zur Bestimmung der Elektronentemperatur heranzuziehen (vgl. Abschn. C.4.3.3.). Solange jedoch der Einfluß solcher Sekundäreffekte auf die Messungen theoretisch nicht ganz klar erfaßt ist, dürfte den diesbezüglichen Versuchen ein durchschlagender Erfolg versagt bleiben. Letzteres gilt in besonderem Maße für die Ausnutzung solcher Sekundäreffekte, die von hoher Ordnung klein gegenüber den dem Funktionsprinzip der betreffenden Sonde zugrunde liegenden Primäreffekten sind.
Allein die in dieser Arbeit aufgezeigten Diagnostikmöglichkeiten sind theoretisch (einigermaßen) begründet und lassen daher vertrauenswürdige Ergebnisse erwarten. Die Meßpraxis bestätigt das.

E.2. Die Stellung der Sondenverfahren zu den konventionellen und modernen Radiowellenmethoden

Zur Abrundung der Ausführungen seien am Schluß noch einige Bemerkungen über die Stellung der Sondenverfahren zu den konventionellen Radiowellenmethoden gemacht. Immerhin sind mit solchen bodengebundenen Meßmethoden bis vor etwa fünfundzwanzig Jahren alle wesentlichen Erkenntnisse über Aufbau und Beschaffenheit der Ionosphäre gewonnen worden, und immerhin stellen solche Radiowellenmethoden auch heute noch ein wichtiges Instrument zur Erforschung der Plasmastruktur der Planetenatmosphären dar.

Die bodengebundenen Diagnostikverfahren, wie Echolotmethode (Ionosonde) und Absorptionsmessungen, haben gegenüber direkten Messungen mit Plasmasonden den großen Vorteil, daß sie keine merkliche Störung des zu untersuchenden Plasmas hervorrufen und damit die Parameter des ungestörten Plasmas liefern, aber auch den großen Nachteil, daß ihre räumliche Auflösung außerordentlich beschränkt ist. Da sie immer nur die Integralwirkung des Plasmas längs der sehr langen Strahlwege erfassen, lassen sich mit ihnen auch bei Verwendung von Methoden mit (beschränkter) Auflösung immer nur für größere Raumgebiete repräsentative Mittelwerte der fraglichen Parameter bestimmen. Außerdem können mit solchen indirekten Diagnostikverfahren nur Untersuchungen bis zum F-Schicht-Maximum der Ionosphäre durchgeführt werden.
Sie sind daher bezüglich räumlichem Auflösungsvermögen und Einsatzbereich den in situ arbeitenden Plasmasonden klar unterlegen. Andererseits sind solche bodengebundenen Meßverfahren vielerorts verfügbar und im Dauer- bzw. Routinebetrieb relativ billig.

Plasmasonden hingegen können nur sporadisch bei gelegentlichen Raketenaufstiegen und Satellitenunternehmungen eingesetzt werden. Ihr Einsatz ist zudem wegen der teueren Trägermittel (Raumflugkörper) außerordentlich kostenaufwendig. Dafür sind sie aufgrund ihres großen Auflösungsvermögens in der Lage, Feinstrukturen und Irregularitäten, die den bodengebundenen Verfahren verborgen bleiben, relativ sicher zu erfassen. So konnte z. B. erst mit Hilfe von Plasmasonden eindeutig nachgewiesen werden, daß das ionosphärische Plasma oberhalb etwa 130 km Höhe nicht mehr isothermisch ist, die Elektronentemperatur also deutlich über der Temperatur der Ionen- und Neutralgaskomponente liegt. So sind z. B. auch erstmalig mit Hilfe von Plasmasonden genauere Informationen über den Solarwind, die Strahlungsgürtel und die plasmaphysikalische Struktur der Magnetosphäre und des interplanetaren Raumes erhalten worden.

Unter Beachtung dieser Aspekte läßt sich zusammenfassend feststellen, daß die bodengebundenen Radiowellenmethoden bei vielen Routinemessungen und Überwachungsaufgaben den Plasmasonden vorzuziehen sind, bei allen gezielten physikalischen Untersuchungen jedoch die Plasmasonden den konventionellen Radiowellenmethoden überlegen sind.

Aus diesen Gründen stellen die in situ arbeitenden Plasmasonden eine wertvolle und notwendige Ergänzung zu den mit Radiowellen arbeitenden indirekten Meßverfahren dar. Eine detaillierte Erforschung des extraterrestrischen Plasmas, insbesondere des des interplanetaren Raumes und des der Planetenatmosphären kann in vollem Umfang nur mit Plasmasonden durchgeführt werden. Hinsichtlich der Erforschung des interplanetaren Plasmas und der ionisierten Komponente fremder Planetenatmosphären steht die Entwicklung von Plasmasonden noch am Anfang. Die bisherigen (noch recht spärlichen) Einsatzerfahrungen lassen jedoch die Vermutung zu, daß vor allem hier in Zukunft eine große Domäne der Plasmasonden liegen wird.

Eine ernsthafte Konkurrenz ist den Plasmasonden in den letzten Jahren durch eine Reihe halbindirekter Radiowellenverfahren entstanden, bei denen die Radiowellenausbreitung zwischen Boden und Raumflugkörper oder umgekehrt untersucht wird. Hierzu können beispielsweise das sogenannte Differenz-Doppler-Verfahren und das Faraday-Rotations-Verfahren gezählt werden. Da sich bei diesen Verfahren durch die Bewegung des Raumflugkörpers der Strahlweg ständig ändert, ermöglichen sie eine wesentlich bessere räumliche Auflösung als die konventionellen bodengebundenen Radiowellenmethoden. Zu diesen halbindirekten Verfahren kann auch, mit gewisser Willkür natürlich, das sogenannte Topside-sounder-Verfahren gerechnet werden, bei dem das konventionelle Echolotverfahren vom Satelliten aus angewandt wird.

Zur Zeit ist noch nicht absehbar, welche Bedeutung für die Diagnostik des extraterrestrischen Plasmas das sehr moderne und weittragende Thomson-Backscatter-Verfahren in Zukunft haben wird. Bei diesem bodengebundenen und damit indirekten Meßverfahren lassen sich aus der rückgestreuten Radiowellenstrahlung (Thomson-Streuung) sehr weitgehende Rückschlüsse auf viele Para-

meter ziehen, außer auf Elektronen- und Ionenkonzentration und Elektronen- und Ionentemperatur beispielsweise auch auf Dichte und Temperatur des Neutralgasuntergrundes. Dieses Verfahren kann überdies über einen weit größeren Höhenbereich als die konventionellen Radiowellenmethoden arbeiten und besitzt eine bedeutend bessere Auflösung.
Wegen noch bestehender Lücken in der Theorie dieses Verfahrens und wegen seines außerordentlich hohen Aufwandes sind zur Zeit erst einige wenige Anlagen dieser Art auf der Erde in Betrieb. Es erscheint wenig wahrscheinlich, daß dieses außerordentlich aufwendige Verfahren die Plasmasonden aus der extraterrestrischen Plasmadiagnostik in Zukunft wieder verdrängen könnte.

E.3. Entwicklungstendenzen und offene Probleme

Nach einem bis in die Mitte der sechsziger Jahre reichenden sehr unbefangenen Einsatz von Plasmasonden ist in der extraterrestrischen Sondendiagnostik in den letzten Jahren eine gewisse Konsolidierung eingetreten. Damit ist auch die enorme Zahl von extraterrestrischen Meßeinsätzen, die zwar sehr umfangreiches, aber meist nur wenig vertrauenswürdiges Datenmaterial brachten, zurückgegangen. Die heute aus wohldurchdachten und gut vorbereiteten extraterrestrischen Meßeinsätzen ausfließenden Informtionen über den Plasmazustand der Ionosphäre und des erdnahen extraterrestrischen Raumes sind wohl geeignet, zu neuen wesentlichen Erkenntnissen über die sich im extraterrestrischen Plasma abspielenden physikalischen Vorgänge beizutragen bzw. kursierende Theorien und Hypothesen zu überprüfen.

Diese durchaus positiv zu wertende Entwicklung fußt auf einem in den sechziger Jahren forciert betriebenen Ausbau der den einzelnen Sondenmethoden zugrunde liegenden Theorien und einer mit modernen elektronischen Hilfsmitteln weitgetriebenen Verfeinerung der Meß- und Experimentiertechnik. Die meisten Sondenverfahren sind in dieser Zeit auch in Laborexperimenten überprüft und unklare Phänomene dabei im Detail studiert worden.
Die bei solchen Untersuchungen immer wieder festgestellte empfindliche Abhängigkeit der Sondenmessungen von vielen Einflußfaktoren führte zu der Erkenntnis, bei allen Sondenmessungen auf die strikte Einhaltung einfacher und damit überschaubarer Experimentierbedingungen und sauberer Verhältnisse zu achten. Aus diesen Gründen wird heute auch bereits bei der Vorbereitung von extraterrestrischen Sondenexperimenten sehr viel Mühe auf die sachgemäße Auswahl des der jeweiligen Meßaufgabe am besten angepaßten Sondenverfahrens und die richtige Auslegung der betreffenden Plasmasonde, d. h. von Elektrodensystem und Meßelektronik, verwendet.
Aus den gleichen Gründen sind auch an die für extraterrestrische Sondenmessungen einzusetzenden Trägermittel hohe Anforderungen zu stellen. Für Messungen hoher Vertrauenswürdigkeit und Genauigkeit sind gute Stabilisierung und vakuumhygienische Ausführung der sondentragenden Raumflugkörper eine Grundvoraussetzung.

Trotz des hohen Entwicklungsstandes der extraterrestrischen Sondendiagnostik sind noch viele Probleme offen bzw. bislang nur ungenügend geklärt.

Das die meisten extraterrestrischen Sondenmessungen am stärksten belastende Problem besteht in der bisher nur sehr groben Kenntnis der Struktur der Plasmarandschicht vor (schnell) bewegten Sondenelektroden bzw. Raumflugkörpern: Schon bei den ruhenden Sonden der Laborplasmadiagnostik muß zwecks einfacher analytischer Behandelbarkeit der Trägerbewegung in diesen gewissermaßen den Mittler zwischen ungestörtem Plasma und Sondenelektrode darstellenden Raumgebieten von den durch die Drainage-Wirkung der Sondenelektroden bewirkten Effekten abgesehen werden. Die damit verbundene Beschränkung der theoretichen Untersuchungen auf die den Sondenelektroden unmittelbar anliegenden Raumladungsschichten führt bereits hier zu merkbaren Unvollkommenheiten.
In der extraterrestrischen Plasmadiagnostik wirkt diese Randschichtproblematik noch gravierender, da hier durch die einsatzbedingte Bewegung von Plasmasonde und Raumflugkörper die sich um diese ausbildenden Plasmarandschichten, nicht zuletzt durch den Wake-Effekt, wesentlich modifiziert werden. Zugleich führt die Drainage-Wirkung des immer gegenwärtigen großflächigen Raumflugkörpers zu einer zusätzlichen großräumigen Störung des extraterrestrischen Plasmas.
Wegen der augenscheinlichen außerordentlichen Komplexität dieser Problematik sind die hierzu durchgeführten Untersuchungen größtenteils auf die Behandlung von Teilaspekten beschränkt geblieben und können somit kaum Anspruch auf eine halbwegs vollständige Berücksichtigung der wichtigsten Einflußfaktoren erheben. Immerhin haben die einschlägigen Arbeiten zur Berücksichtigung des Einflusses der Translationsbewegung auf den Sondenstrom bereits zu verwertbaren Ergebnissen geführt und damit die extraterrestrische Sondendiagnostik auf eine sicherere theoretische Basis gestellt. Eine befriedigende Erfassung des Einflusses der Translationsbewegung auf die Plasmastruktur in der Nachbarschaft von Sondenelektroden bzw. Raumflugkörpern ist allerdings auch damit noch nicht gelungen. Es dürfte indessen klar sein, daß wesentlich tiefere Einsichten in die den Sondenstrom formierenden Vorgänge erst dann zu erwarten sind, wenn es gelingt, die durch Anwesenheit und Bewegung von Raumflugkörper und Sondenelektrode bedingten Wirkungen (Drainage-, Ramm- und Wake-Effekt) auf Plasmarandschichtstruktur und Sondenstrom gleichermaßen und gleichzeitig zu berücksichtigen; eine Aufgabe, die zwar außerordentlich schwierig, aber, weil klar formulierbar, grundsätzlich lösbar ist. Es bleibt dabei allerdings zweifelhaft, ob die wegen ihrer Komplexität nur numerisch zu bewältigende Behandlung des Problems tatsächlich eine echte, d. h. praktisch nutzbare Verbesserung der extraterrestrischen Sondentheorie bringt. Immerhin könnte eine solche numerische Behandlung auch eine bessere Vorstellung von der Störung des extraterrestrischen Plasmas durch Raumflugkörper und Sondenelektroden vermitteln und damit bessere Möglichkeiten zur Korrektur der Meßwerte eröffnen.

Neben dieser außerordentlich weitgehenden Fragestellung, die für die gesamte Sondendiagnostik interessant ist, gibt es noch eine Reihe weiterer Probleme, deren Bearbeitung insbesondere durch die extraterrestrische Plasmadiagnostik nahegelegt wird:

So krankt z. B. zur Zeit die praktische Sondendiagnostik im stoßbestimmten Plasma der D-Region der Ionosphäre noch an dem Unvermögen, den Einfluß der Diffusion der Träger im arteigenen Konzentrationsgefälle, die auf die thermische Bewegung zurückgeht, auf den Sondenstrom explizit zu berücksichtigen. Da die zur Beschreibung der Trägerbewegung im stoßbestimmten Plasma bislang ausschließlich verwendete kalte Näherung (einfache Beweglichkeitstheorie) den Einfluß der thermischen Bewegung ignoriert, lassen sich auf dieser Basis auch keine Temperaturmessungen mit Sonden im fraglichen Höhenbereich durchführen. Es bleibt dabei allerdings offen, ob unter stoßbestimmten Verhältnissen die thermische Bewegung der Träger überhaupt zu zusätzlichen Effekten, die sich diagnostisch nutzen lassen, führt.
Eine weitere wichtige Aufgabe für die Sondendiagnostik in der D-Region der Ionosphäre besteht in der detaillierten Untersuchung der an Sondenelektroden und Raumflugkörper auftretenden komplizierten Strömungsvorgänge, die zur Zeit noch wenig erforscht sind. Hier sind wichtige Erkenntnisse hauptsächlich aus entsprechenden gasdynamischen Laboruntersuchungen an strömenden stoßbestimmten Plasmen und den einschlägigen theoretischen Studien zu erwarten.

Schließlich bedürfen auch noch weitere in Abschn. B.3. grob angedeutete Störeffekte hinsichtlich ihres Einflusses auf die Struktur der Sondencharakteristiken einer genaueren Untersuchung, so z. B. die Einflüsse, die von stärkeren Magnetfeldern und von Fotoelektronen hervorgerufen werden. Hierzu können neben theoretischen Studien auch Laborexperimente von Nutzen sein.

Neben diesen allgemeineren Fragestellungen sind zur Zeit noch einige weitere Probleme, die bestimmte Sondenmethoden betreffen, aktuell:

Bereits weitgehend aufgeklärt dürfte der sogenannte „Endeffekt“ an der Ionensaugstromkomponente von zylindrischen, achsenparallel zur Konvektionsbewegung orientierten Langmuirschen Einzelsonden sein. Dieser bei Sondenmessungen auf dem amerikanischen Satelliten Explorer-17 erstmals konstatierte Effekt (z. B. Bettinger u. Chen, 1968) besteht in einer bei stark negativ vorgespannten und achsenparallel zur Konvektionsbewegung orientierten Zylindersonden deutlich meßbaren und äußerst richtungsempfindichen Ionensaugstromüberhöhung. Die inzwischen aufgestellte Theorie (z. B. Hester u. Sonin, 1970; Jakubowski, 1972; SanMartin, 1972 u. 1973) weist aus, daß Höhe und Breite der Ionenstromüberhöhung außer von weiteren Plasma- und Systemparametern insbesondere sehr empfindlich von der Ionentemperatur abhängen. Damit läßt sich dieser Effekt außer zu Plasmadrift- und Orientierungsmessungen grundsätzlich auch zur Bestimmung der Ionentemperatur ausnutzen. Zwecks gezielten Einsatzes dieses Effektes zu direkten Ionentemperaturmessungen dürften allerdings noch weitere theoretische und experimentelle Studien nötig sein.

Eine zur Zeit noch weitgehend offene Frage betrifft den Einfluß der Ionenkomponente auf Messungen mit Wechselspannungssonden. Verschiedentlich wurde die Vermutung geäußert, daß sich unter stoßarmen Verhältnissen auch die Eigenschaften der Ionenkomponente des Plasmas in der Frequenzstruktur des Sondenwechselstroms widerspiegeln müssen (z. B. SMITH u. BRICE, 1964; MILLER u. SCHULTE, 1969). Man erwartet, daß sich unter günstigen Umständen bei Ausnutzung empfindlicher Meßtechniken sowohl die niederfrequenten Hybridresonanzen als auch die sehr niederfrequenten Gyroresonanzen der Plasmaionen nachweisen und diagnostisch nutzen lassen. Wegen der Massenabhängigkeit dieser Resonanzfrequenzen könnte dies relativ neuartige Möglichkeiten zur Ionenmassenspektrometrie im Plasma eröffnen (z. B. BALDESCHWIELER, 1968).
Trotz recht optimistischer theoretischer Erörterungen (z. B. BLAIR, 1968) haben gelegentlich dazu durchgeführte Experimente bislang keine überzeugenden Ergebnisse erbracht (z. B. SHAWHAN u. GURNETT, 1966; BARRINGTON, 1969). Es scheint, daß die fraglichen niederfrequenten Ionenresonanzen auch unter stoßarmen Verhältnissen zu stark gedämpft sind bzw. durch die unter natürlichen Bedingungen immer gegenwärtigen leichten und beweglichen Elektronen an ihrer Ausbildung gehindert werden. Offenbar muß zur tieferen theoretischen Durchdringung dieses Problems auch der Einfluß der thermischen Bewegung der Träger auf die Schwingungs- und Resonanzeigenschaften des Plasmas berücksichtigt werden. Von einer solchen umfassenderen Theorie können dann auch quantitative Aussagen zu weitergehenden Fragen, wie z. B. zur Frage der Anregung von ionenakustischen Schwingungen und zur Frage der stößefreien Dämpfung im Meßraum von Wechselspannungssonden, erwartet werden.

Die in der vorliegenden Arbeit näher erläuterten Sondenverfahren sind in zahllosen Experimenten in der Labordiagnostik und in der extraterrestrischen Praxis erprobt und stellen somit größtenteils bereits heute für den Routineeinsatz nutzbare Methoden dar. Ohne Zweifel werden manche von ihnen in Zukunft sowohl physikalisch als auch meßtechnisch weitere Verfeinerungen erfahren.

Man kann gespannt sein, welche neuen Erkenntnisse die tiefere theoretische und experimentelle Durchdringung der noch offenen Probleme bringen wird und welche neuen Meßmöglichkeiten in Zukunft noch gefunden werden.

F. Literatur

F.1. Verzeichnis der zitierten Arbeiten

ALLEN, J. E.: Langmuir probes and boundary phenomena, Rendiconti **XIII**, 51 (1960).

ALLEN, J. E.; BOYD, R. L. F.; REYNOLDS, P.: The collection of positive ions by a probe immersed in a plasma, Proc. Phys. Soc. **B70**, 297 (1957).

ALLEN, J. E.; MAGISTRELLI, F.: The plasma-sheath transition in the presence of a magnetic field, Proc. IV. Int. Conf. Ion. Phen. Gases, Uppsala, **II**, 599 (1959).

ALLEN, J. E., MAGISTRELLI, F.: The plasma-sheath transition in a magnetic field, Nuovo Cimento **10**, 1138 (1960).

ALPERT, Y. L.: Plasma perturbations caused by a satellite, J. Planet. Space Sci. **7**, 420 (1960).

ABPERT, Y. L.: On electromagnetic effects in the neighbourhood of a satellite or a vehicle moving in the ionosphere or interplanetary space, Space Sci. Rev. **4**, 373 (1965).

ALPERT, Y. L.; GUREVICH, A. V.; PITAYEVSKY, L. P.: Effects due to an artifical earth satellite in rapid motion through the ionosphere or the interplanetary medium, Space Science Rev. **2**, 680 (1963).

ALPERT, Y. L.; GUREVICH, A. V.; PITAYEVSKY, L. P.: Effects produced by an artifical satellite rapidly moving in the ionosphere or in an interplanetary medium, Uspekhi Fiziki **6**, 1, 13 (1963) (in russ.).

ALPERT, Y. L.; GUREVICH, A. V.; PITAYEVSKY, L. P.: On the effects produced by a fast-moving body in a plasma, Space Research **III**, 1224 (1963).

ALPERT, Y. L.; GUREVICH, A. V.; PITAYEVSKY, L. P.: On plasma perturbations caused by a satellite, in: Space Physics with Artificial Satellites, New York 1965, p. 20.

ARDENNE, M. v.: Tabellen der Elektronenphysik, Ionenphysik und Übermikroskopie, Berlin 1956, II/857.

BAIN, W. C.; DAVIES, P. G.: Resonance rectification, J. Planet. Space Sci. **13**, 725 (1965).

BAIN, W. C.; DAVIES, P. G.: Rocket-borne experiments on resonance rectification, J. Planet. Space Sci. **13**, 969 (1965).

BAKER, K. D.; POUND, E. F.; ULWICK, J. C.: Digital plasma frequency probe for fine scale ionospheric measurements, in: COSPAR-Small Rocket Instrumentation Techniques (K. MAEDA), p. 49 (1969).

BALDESCHWIELER, J. D.: Ion cyclotron-resonance spectroscopy, Science **159**, 263 (1968).

BALMAIN, K. G.: The impedance of a short dipole antenna in a magnetoplasma, IEEE Trans. **AP-12**, 605 (1964).

BALMAIN, K. G.: The impedance of a short dipole antenna in a magnetoplasma, Aeronomy Rept. 2 (Univ. of Illinois) (1964).

BALMAIN, K. G.: Impedance of a short dipole in a compressible plasma, Radio Science **69D**, 559 (1965).

BALMAIN, K. G.: Impedance of a RF plasma probe with an absorptive surface, Aeronomy Rept. **10** (Univ. of Illinois), 83 (1965).

BALMAIN, K. G.: Impedance of a spherical probe in a magnetoplasma, IEEE Trans. **AP-14**, 402 (1966).

BALMAIN, K. G.: Plasma probe studies, Aeronomy Rept. **11** (Univ. Illinois), 1 u. 23 (1966).

BARRINGTON, R. E.: A preliminary rocket investigation of very low frequency ionospheric resonances, Space Research **IX**, 279 (1969).

BARRINGTON, R. E.: Ionospheric ion composition deduced from VLF observations, Proc. IEEE **57**, 1036 (1969).

BEARD, D. B.: Correction to paper by Beard and Johnson, J. Geophys. Res. **71**, 4707 (1966).

BEARD, D. B.; JOHNSON, F. S.: Charge and magnetic field interaction with satellites, J. Geophys. Res. **65**, 1 (1960).

BEARD, D. B.; JOHNSON, F. S.: Ionospheric limitations on attainable satellite potential, J. Geophys. Res. **66**, 4113 (1961).

BEGHIN, C.: Excitation de la resonance hybride basse (LHR) par sonde quadripolaire a bord d'une fusee, Space Research **XI**, 1071 (1971).

BENNDORF, H.: Atmosphärische Elektrizität, Hdb. d. Experimentalphysik **25**, 1. Teil, Geophysik (G. ANGENHEISTER), 328–339 (1928).

BERTOTTI, B.: Theory of an electrostatic probe in a strong magnetic field, Phys. Fluids **4**, 1047 (1961).

BERTOTTI, B.: Theory of an electrostatic probe in a magnetic field, Phys. Fluids **5**, 1010 (1962).

BERTOTTI, B.: Theory of an electrostatic probe in a strong magnetic field, Nucl. Fusion, Suppl. 3, 1131 (1962).

BETTINGER, R. T.: Wing-slope techniques for the analysis of Langmuir probe characteristics, Aeronomy Rept. **10** (Univ. Illinois) (1965).

BETTINGER, R. T.: Wing-slope techniques for the analysis of Langmuir-probe characteristics in a low-density plasma, J. Appl. Phys. **38** (6), 2523 (1967).

BETTINGER, R. T.; CHEN, A. A.: An end effect associated with cylindrical Langmuir probes moving at satellite velocities, J. Geophys. Res. **73** (7), 2513 (1968).

BETTINGER, R. T.; WALKER, E. H.: Relationship for plasma-sheaths about Langmuir probes, Phys. Fluids **8**, 748 (1965).

BLACKWOOD, O.: The existence of homogeneous groups of large ions, Phys. Rev. **16**, 85 (1920).

BLAIR, W. E.: Ionospheric diagnostics using resonance of an electric dipole impedance, Radio Science **3**, 155 (1968).

BOGGES, R. L.: Electrostatic probe measurements of the ionosphere, Sci. Rept. No. **GS-1** (Univ. of Michigan) (1959).

BOGGES, R. L.: Electrostatic probe measurements of the ionosphere, ORA-Rept. No. 2521, 2816-1, 03484-1-S (Univ. of Michigan) (1959)

BOGGES, R. L.; BRACE, L. H.; SPENCER, N. W.: Langmuir probe measurements in the ionosphere, J. Geophys. Res. **64**, 1627 (1959).

BOHM, D.: Minimum ionic kinetic energy for a stable sheath, in: The characteristics of electrical discharges in magnetic fields (GUTHRIE, A., WAKERLING, R. K.), New York 1949, Chapt. 3.

BOHM, D.; BURHOP, E. H. C.; MASSEY, H. S. W.: The use of probes for plasma exploration in strong magnetic fields, in: The Characteristics of Electrical Discharges in Magnetic Fields (GUTHRIE, A., WAKERLING, R. K.), New York 1949, Chapt. 2.

BOHM, D.; GROSS, E. P.: Theory of plasma oscillations. A. Origin of medium-like behavior, Phys. Rev. **75**, 1851 (1949).

BOHM, D.; GROSS, E. P.: Theory of plasma oscillations. B. Excitation and damping of oscillations, Phys. Rev. **75**, 1864 (1949).

BORGNIS, F.: Zur Sondentheorie in Gasen bei hohen Drucken, Ann. Phys., (V) **31**, 497 (1938).

BOURDEAU, R. E.; AIKIN, A. C.; DONLEY, J. L.: Low ionosphere at solar minimum, J. Geophys. Res. **71**, 727 (1966).

BOURDEAU, R.; WHIPPLE, E. C.; CLARK, J.: Analytic and experimental electrical conductivity between the stratosphere and the ionosphere, J. Geophys. Res. **64**, 1363 (1959).

BOYD, R. L. F.: The collection of positive ions by a probe in an electrical discharge, Proc. Roy. Soc. **A201**, 329 (1951).

BOYD, R. L. F.: The mechanism of positive ion collection by a spherical probe in a dense gas, Proc. Phys. Soc. **B64**, 795 (1951).

BOYD, R. L. F.: The use of probing electrodes in the study of the ionosphere, J. Brit. IRE **22**, 405 (1961).

BOYD, T. J. M.: Theory of RF plasma probe for electron density measurements in the ionosphere and exosphere, J. Geophys. Res. **68**, 5089 (1963).

BOYD, R. L. F.; TWIDDY, N. D.: Electron energy distributions in plasmas, Proc. Phys. Soc. **A250**, 53 (1959).

BOYD, R. L. F.; WILLMORE, A. P.: A method of studying the energy distributions of ionospheric ions and electrons, Space Research **III**, 1168 (1963).

BRACE, L. H.: The dumbbell electrostatic ionosphere probe: ionosphere data, ORA-Rept., 3599-u-F (1962).

BRACE, L. H.; CARIGNAN, G. R.; FINDLAY, J. A.: Evaluation of ionospheric electron temperature measurements by cylindrical electrostatic probes, Space Research **XI**, 1079 (1971).

BRAGIN, I. A.: Priamyje izmierienija koncentracii zariajennych chastic v stratosfierie i mezosfierie, Kosm. Issled. **III**, 168 (1965) (in russ.).

BRAGIN, I. A.: Prjamie izmerenija koncentracija ionov i elektronov v stratosfiere i mezosfiere, Kosm. Issled. **IV**, 453 (1966) (in russ.).

BRAGIN, I. A.: Direct measurements of ion and electron concentration in the stratosphere and the mesosphere, Space Research **VII**, 391 (1967).

BRAMLEY, E. N.; BAIN, W. C.; DAVIES, P. G.: Rocket studies of aerial admittance and resonance rectification, J. Planet. Space Sci. **13**, 723 (1965).

BRANNER, G. R.; FRIAR, E. M.; MEDICUS, G.: Automatic plotting device for the second derivative of Langmuir probe curves, Rev. Sci. Instr. **34**, 231 (1963).

BRIDGE, H.; EGIDI, A.; LAZARUS, A.; LYON, E.; JACOBSON, L.: Preliminary results of plasma measurements on IMP-A, Space Research **V**, 969 (1965).

BRIDGE, H. S.; LAZARUS, A. J.; LYON, E. F.; ROSSI, B.; SCHERB, F.: Plasma probe instrumentation on Explorer X, Space Research **III**, 1113 (1963).

BRUNDIN, C. L.: The application of Langmuir probe techniques to flowing ionised gas, Rept. No. AS-64-9 (Univ. of California, Berkeley) (1964).

BUCKLEY, R.: A theory of resonance rectification: the responce of a spherical plasma probe to alternating potentials, Proc. Roy. Soc. (Lond.) **290**, 186 (1966).

BURT, D. A.: The development of a Gerdien condenser for sounding rockets, Sci. Rept. 8 (Univ. of Utah, Upper Air Research Laboratory) (1967).

BURT, D. A.; POUND, E. F.: A plasma frequency probe for high resolution electron density measurements, Proc. Symp. Am. Astronaut. Soc., Denver 1967.

CAIRNS, R. B.: Measurements of resonance rectification using a plasma probe, Proc. Phys. Soc. (Lond.) **82**, 243 (1963).

CLAYDEN, W. A.; HURDLE, C. V.: An experimental study of plasma vehicle interaction, in: Rarefied Gas Dynamics (C. L. BRUNDIN), New York 1967.

COHEN, I. M.: Asymptotic theory of spherical electrostatic probes in a slightly ionized collision-dominated gas, Phys. Fluids **6**, 1492 (1963).

CRAWFORD. F. W.: An RF technique for plasma number density measurements, IEEE Trans. **NS-11**, 12 (1965).

CRAWFORD, F. W.: Plasma resonance probe characteristic in a magnetic field, J. Appl. Phys. **36**, 3142 (1965).

CRAWFORD, F. W.; GRARD, R.: Low-frequency impedance characteristics of a Langmuir probe in a plasma, J. Appl. Phys. **37**, 180 (1966).

CRAWFORD, F. W.; HARP, R. S.: The resonance probe — a tool for ionospheric and space research, J. Geophys. Res. **70**, 587 (1965).

CRAWFORD, F. W.; HARP, R. S.; MANTEI, T. D.: Resonance rectification effects in warm magnetoplasma, Rept. Stanford Univ., No. 177 (1967).

CRAWFORD, F. W.; MANTEI, T. D.; TATARONIS, J. A.: The plasma capacitor in a magnetic field, Int. J. Electronics **21** (4), 341 (1966).

CRAWFORD, F. W.; MLODNOSKY, R. F.: Langmuir probe response to periodic waveforms, J. Geophys. Res. **69**, 2765 (1964).

DAVIS, A. H.; HARRIS, I.: Interaction of a charged satellite with the ionosphere, in: Rarefied Gas Dynamics (L. TALBOT), New York 1961, S. 691.

DAVIS, A. H.; HARRIS, I.: Interaction of a charged satellite with the ionosphere, NASA Techn. Note D 704 (1961).

DEERING, W. D.; FEJER, J. A.: Excitation of plasma resonances by a small pulsed dipole, Phys. Fluids **8**, 2066 (1965).

DESPAIN, A. M.: The theory of cylindrical antenna impedance as a function of plasma frequency and temperature, Sci. Rept. **1** (Univ. of Utah, Upper Air Research Laboratory) (1965).

DESPAIN, A. M.: Antenna impedance in the ionosphere, Sci. Rept. **3** (Univ. of Utah, Upper Air Research Laboratory) AFCRL-66-412 (1966).

DOLEZALEK, H.: On the measurement of mobility and conductivity in the mesosphere, ZS. f. Geophys. **28**, 239 (1962).

DOLEZALEK, H.; OSTER, A. L.: Spectrometer for atmospheric ions in their uppermost range of mobility (project: measuring ionic mobilities in the terrestrial upper stratosphere and mesosphere), Final Rept. Avco, RAD-TR-65-25 (1965).

DOLEZALEK, H.; OSTER, A. L.: Ion-spectrometer for the terrestrial mesosphere and the atmosphere of Mars, ZS. f. Geophys. **32** (3), 163 (1966).

DONLEY, J. L.: Observations of the polar ionosphere in the altitude range 2000 to 3000 km by means of satellite borne electron traps, Space Research **VIII**, 381 (1968).

DOTE, T.; AMEMIYA, H.: Negative characteristic of a cylindrical probe in a magnetic field, J. Phys. Soc. Jap. **19**, 1915 (1964).

DOTE, T.; AMEMIYA, H.; ICHIMIYA, T.: Effects of the geomagnetic field on an ionospheric sounding probe, J. Geophys. Res. **70**, 2258 (1965).

DOTE, T.; ICHIMIYA, T.: Characteristics of resonance probes, J. Appl. Phys. **36**, 1866 (1965).

DRUYVESTEYN, M. N.: Der Niedervoltbogen, ZS. f. Phys. **64**, 781 (1930).

ECKER, G.; MCCLURE, J. J.: On the "stability" of the plasma boundary layer, ZS. f. Naturforschg. **17a**, 705 (1962).

EICHMEIER, J.: Beweglichkeitsspektren natürlicher atmosphärischer Ionen im Klein- und Mittelionenbereich, ZS. f. angew. Phys. **23**, 256 (1967).

EICHMEIER, J.: Die theoretischen Grundlagen und das Auflösungsvermögen von Aspirations-Beweglichkeitsspektrografen für atmosphärische Ionen, ZS. f. Geophys. **33**, 69 (1967).

EICHMEIER, J.: Grenzbeweglichkeiten und Auflösungsvermögen eines Ionenbeweglichkeitsspektrometers mit plattenförmigem Aspirationskondensator, ZS. f. Geophys. **35**, 413 (1969).

EICHMEIER, J.: Vergleich der Beweglichkeitsspektren von „natürlichen" Luftionen und der verwendeten Meßverfahren, ZS. f. Geophys. **38**, 915 (1972).

EJIRI, M.; OBAYASHI, T.: Measurement of ionosphere by the gyro-plasma probe, Rept. Ionosph. Space Res. Japan **24**, 1 (1970).

EJIRI, M.; OYA, H.; OBAYASHI, T.: A modified plasma resonance observed by a rocket-borne gyro-plasma probe, Rept. Ionosph. Space Res. Japan **22**, 201 (1968).

FEJER, J. A.: The interaction of an antenna with a hot plasma and the theory of resonance probes, Proc. Conf. Non-linear Processes in the Ionosphere, Boulder 1963, p. 101.

FEJER, J. A.: Interaction of an antenna with a hot plasma and the theory of resonance probes, Radio Science **68D**, 1171 (1964).

FEJER, J. A.: Resonance effects of electrostatic oscillations in the ionosphere, J. Geophys. Res. **69**, 5049 (1964).

FEJER, J. A.; YU, W. M.: The growth and decay of resonant plasma oscillations excited by a small pulsed dipole, J. Plasma Phys. **3**, 227 (1969).

FEJER, J. A.; YU, W. M.: Excitation of plasma resonances by a small pulsed dipole in a weakly inhomogeneous plasma, J. Geophys. Res. **75** (10), 1919 (1970).

FOURNIER, A.: Interaction d'un satellite avec l'ionosphère et application aux problèmes de trainées et de mesures par sondes, Note technique No. 142 (office nationale d'etudes et de recherches aérospatiales) (1969).

FU, J. H. M.: Surface potential of a photoemitting plate, J. Geophys. Res. **76** (10), 2506 (1971).

GALEJS, J.: Impedance of a finite insulated cylindrical antenna in a cold plasma with a longitudinal magnetic field, IEEE Trans. **AP-14**, 727 (1966).

GALEJS, J.: Impedance of a finite insulated cylindrical antenna in a cold plasma with a perpendicular magnetic field, IEEE Trans. **AP-14**, 737 (1966).

GDALEVICH, G. L.: Rocket experiments aimed at detection of a electric field in the ionosphere, Space Research **IV**, 452 (1964).

GERDIEN, H.: Die absolute Messung der elektrischen Leitfähigkeit und der spezifischen Ionengeschwindigkeit in der Atmosphäre, Phys. ZS., **4**, 632 (1903).

GERDIEN, H.: Demonstration eines Apparates zur absoluten Messung der elektrischen Leitfähigkeit der Luft, Phys. ZS. **6**, 800 (1905).

GERDIEN, H.: Die absolute Messung der spezifischen Leitfähigkeit und der Dichte des vertikalen Leitungsstromes in der Atmosphäre, Terr. Mag. **10**, 65 (1905).

GRARD, R. J. L.: Dynamic behaviour of the photoelectron sheath, ESRO Scientific Note, 112 (ESTEC, Noordwijk, The Netherlands, 1971).

GRARD, R. J. L.; TUNALEY, J. K. E.: Photoelectron sheath near a planar probe in interplanetary space, J. Geophys. Res. **76**, 2498 (1971).

GRINGAUZ, K. I.: Determining local concentrations of charged particles in the ionosphere and interplanetary space (Methods used on Soviet rockets and earth satellites and some results obtained), J. Brit. I.R.E. **22**, 419 (1961).

GRINGAUZ, K. I.: Some results of experiments in interplanetary space by means of charged particle traps on Soviet space probes, Space Research **II**, 539 (1961).

GRINGAUZ, K. I.: Investigation of interplanetary plasma and planetary ionospheres by means of charged particle traps on space rockets, Proc. XII. Int. Astronaut. Congr., Washington 1961.

GRINGAUZ, K. I.: Ion traps of honey-comb type, Proc. XII. Int. Astronaut. Congr., Vienna 1963, p. 702.

GRINGAUZ, K. I.; BEZRUKIKH, V. V.; OZEROV, V. D.: Results of measurements of positive ion concentration in the ionosphere by means of ion traps on the Third Soviet Earth Satellite, Iskusst. Sputniki Zemli **6**, 63 (1961) (in russ.).

GRINGAUZ, K. I.; GOROZHANKIN, B. N.; GDALEVICH, G. L.; AFONIN, V. V.; RYBCHINSKY, R. E.; SHUTTE, N. M.: The technique and results of experiments conducted on the COSMOS 2 satellite by means of Langmuir probes and ion traps of the honey comb type, Space Research **V**, 733 (1965).

GRINGAUZ, K. I.; ZELIKMAN, M. S.: Measuring the concentration of positive ions along the orbit of an artificial earth satellite, Usp. Fiz. Nauk **63**, 239 (1957) (in russ.).

GUERNSEY, R. L.; FU, J. H. M.: Potential distribution surrounding a photoemitting plate in a dilute plasma, J. Geophys. Res. 75 (16), 3193 (1970).

GUREVICH, A. V.: Perturbations in the ionosphere caused by a moving body, Trudy, Nr. 17, 183 (1960) (in russ.).

GUREVICH, A. V.; PITAYEVSKIJ, L. P.: Hypersonic body motion through rarefied plasma, Phys. Rev. Letters **15**, 346 (1965).

HALE, L. C.: Ionospheric measurements with a multigrid potential analyzer, J. Geophys. Res. **66**, 1554 (1961).

HALE, L. C.: D-region measurements at night using a parachute-borne blunt probe, Aeronomy Rept. **10** (Univ. Illinois), 45 (1965).

HALE, L. C.: Parameters of the low ionosphere at night deduced from parachute borne blunt probe measurements, Space Research **VII**, 140 (1967).

HALE, L. C.; HOULT, D. P.; BAKER, D. C.: A summary of blunt body theory, NASA-Rept. NsG 134–61 (1961).

HALE, L. C.; HOULT, D. P.; BAKER, D. C.: A summary of blunt probe theory and experimental results, Space Research **VIII**, 320 (1968).

HALE, L. C.; HOULT, D. P.; WILLIS, R. G.: Preliminary results of rocket measurements of D-region ion density, Proc. NATO Advanced Study Institute, Finse, Norway (1965).

HALE, L. C.; HOULT, D. P.; WILLIS, R. G.: Preliminary results of rocket measurements of D-region ion density, in: Electron Density Profiles in the Ionosphere and Exosphere, Amsterdam 1966, p. 108.

HALL, L. S.: Application of Bohm's criterion for the formation of a sheath, Phys. Fluids **4**, 388 (1961).

HALL, R. B.: Parallel-plate plasma problem, Am. J. Phys. **31**, 696 (1963).

HANSON, W. B.; MCKIBBIN, D. C.; SHARP, G. W.: Some ionospheric measurements with satellite-borne ion-traps, J. Geophys. Res. **63**, 2747 (1964).

HARP, R. S.: An analysis of the behaviour of the resonance probe, Nucl. Sci. Abstr. **19**, 8554 (1963).

HARP, R. S.: Theory of the resonance probe, Bull. Am. Phys. Soc. **9** (3), 332 (1964).

HARP, R. S.: The behaviour of the resonance probe in a plasma, Appl. Phys. Letters **4**, 186 (1964).

HARP, R. S.; CRAWFORD, F. W.: Characteristics of the plasma resonance probe, J. Appl. Phys. **35**, 3436 (1964).

HAYCOCK, O. C.; BAKER, K. D.: Measuring antenna impedance in the ionosphere, Electronics **34**, 88 (1961).

HAYCOCK, O. C., BAKER, K. D.: New ionosphere measurement technique: plasma frequency probe, Electronics **35**, 81 (1962).

HAYCOCK, O. C.; BAKER, K.; ULWICK, J. C.: Experiences with the impedance probe on satellites, Proc. IEEE **52**, 1029 (1964).

HEATLY, A. H.: Collector theory for ions with Maxwellian and drift velocities, Phys. Rev. **52**, 235 (1937).

HEIKKILA, W. J.: A radio frequency probe for electron density measurements, Proc. Conf. Direct Aeronom. Measurem. Lower Ionosphere, p. 36 (1963).

HEIKKILA, W. J.: Impedance and conductivity probes, Aeronomy. Rept. **10** (Univ. Illinois), 55 (1965).

HEIKKILA, W. J.: Summary on impedance probes, Aeronomy Rept. **10** (Univ. Illinois), 335 (1965).

HEIKKILA, W. J.: Optimum instrumentation for the high-frequency capacitance probe, Space Research **VI**, 1078 (1966).

HEIKKILA, W. J.; EAKER, N.; FEJER, J. A.: TIPPLE, K. R.; HUGILL, J.; SCHNEIBLE, D. E.; CALVERT, W.: Comparison of several probe techniques for ionospheric electron concentration measurements, J. Geophys. Res. **73**, 3511 (1968).

HEIKKILA, W. J.; FEJER, J. A.; HUGILL, J.; CALVERT, W.: Comparison of ionospheric probe techniques, Auroral Ionospheric Report 1966 (Southwest Center for Advanced Studies, Dallas, Texas).

HEIKKILA, W. J.; FEJER, J. A.; HUGILL, J.; CALVERT, W.: Comparison of ionospheric probe techniques, Space Research **VII**, 395 (1967).

HENDERSON, C. L.; SAMIR, U.: Observation of the disturbed region around an ionospheric spacecraft, Planet. Space Sci. **15**, 1499 (1967).

HERMAN, J. R.: A method for determining D-region electron-density profiles utilizing a capacitive impedance rocket probe, J. Geophys. Res. **69**, 2329 (1964).

HERMAN, J. R.: The impedance of a rocket-borne capacitive ionospheric probe, J. Geophys. Res. **69**, 3299 (1964).

HESTER, S. D.; SONIN, A. A.: Ion-temperature-sensitive end effect in cylindrical Langmuir probe response at ionosphere satellite conditions, Phys. Fluids, **13** (5), 1265 (1970).

HINTEREGGER, H. E.: Combined retarding potential analysis of photoelectrons and environmental charged particles up to 234 km, Space Research **I**, 304 (1960).

HIRAO, K.: Electron temperature probe, in: COSPAR-Techn. Manual Series: Electron Density and Temperature Measurements in the Ionosphere (MAEDA, K.), p. 58 (1967).

HIRAO, K.: High frequency probes, in: COSPAR-Small Rocket Instrumentation Techniques (MAEDA, K.), p. 16 (1969).

HIRAO, K.; MURAOKA, R.: Resonance probe, COSPAR-Information Bulletin **17**, 83 (1964).

HIRAO, K.; MURAOKA, R.: Resonance probe, in: COSPAR-Techn. Manual Series: Electron Density and Temperature Measurements in the Ionosphere (MAEDA, K.), p. 33 (1967).

HIRAO, K.; OYAMA, K.: Effect of electron heating on the electron temperature probe, J. Geomagn. Geoelectr. **22**, 341 (1970).

HIRAO, K.; OYAMA, K.: An improved type of electron temperature probe, J. Geomagn. Geoelectr. **22**, 393 (1970).

HIRAO, K.; OYAMA, K.: Electron temperature observed with the Langmuir probe and electron temperature probe, Space Research **X**, 521 (1970).

HIRAO, K.; OYAMA, K.: Measurement of the space potential in plasma, J. Geomagn. Geoelectr. **23** (1), 47 (1971).

HIRAO, K.; OYAMA, K.: Electron temperature observed with the Langmuir probe and the electron temperature probe, J. Geomagn. Geoelectr. **23**, 161 (1971).

HIRAO, K.; OYAMA, K.: Profiles of electron temperature in the ionosphere observed with electron temperature probe on a rocket, Space Research **XII**, 1335 (1972).

HIRAO, K.; OYAMA, K.: Electron temperature profile and its solar activity dependence in the middle latitude region, XVI. COSPAR, Konstanz 1973, f. 12.

HIRAO, K.; OYAMA, K.: Comparison of cleaned and uncleaned probes on board a rocket, Space Research **XIII**, 489 (1973).

HIRAO, K.; OYAMA, K.: A critical study on the reliability of electron temperature measurements with Langmuir probe, J. Geomagn. Geoelectr. **24** (1973).

HOEGL, A.: Messung von Konzentration und Beweglichkeit atmosphärischer Ionen, ZS. f. angew. Phys. **16**, 252 (1963).

HOEGY, W. R.; BRACE, L. H.: The dumbbell electrostatic ionosphere probe: theoretical aspects, Sci. Rept. No. IS-1 (Univ. of Michigan) (1961).

HOEGY, W. R.; BRACE, L. H.: The dumbbell electrostatic ionosphere probe: theoretical aspects, ORA-Rept. No. 03599-5-S (1961).

HOK, G.; SPENCER, N. W.; DOW, G. W.: Dynamic probe measurements in the ionosphere, J. Geophys. Res. **58**, 235 (1953).

HOLT, O.; LERFALT, G. M.: Results from an RF capacity probe experiment in the auroral ionosphere, Radio Science **2**, 1283 (1967).

HOULT, D. P.: D-region probe theory, J. Geophys. Res. **70**, 3183 (1965).

HOULT, D. P.: D-region probe theory, Aeronomy Rept. **10** (Univ. Illinois), 44 (1965).

HOULT, D. P.; KUO, T. J.: First order corrections to D-region probe theory, J. Geophys. Res. 71, 3191 (1966).

HYATT, J. C.: Transmission line parameter measurements — standing wave impedance probe, Sci. Rept. 9 (Univ. of Utah, Upper Air Research Laboratory) (1967).

ICHIKAWA, Y. H.: Theoretical analysis of the characteristics of resonance probe, Rept. Inst. Plasma Phys. (Nagoya Univ., Japan) 14 (1963).

ICHIKAWA, Y. H.: Effects du temps de transit des électrons dans une sonde haute fréquence, Compt. Rend. 256, 3434 (1963).

ICHIKAWA, Y. H.: Finite transit time effect in the RF probe, Proc. VI. Int. Conf. Ion. Phen. Gases, Paris 1963, IV/125.

ICHIKAWA, Y. H.; IKEGAMI, H.: Theory of resonance probe, Progr. Theoret. Phys. (Kyoto Univ., Japan) 28, 315 (1962).

ICHIMIYA, T.; TAKAYAMA, K.; AONO, Y.: Measurement of positive ion density in the ionosphere, Rept. Ionosph. Space Res. Japan 13, No. 3 (1959).

ICHIMIYA, T.; TAKAYAMA, K.; AONO, Y.: A probe for measuring ion density in the ionosphere, Space Research I, 397 (1960).

IKEGAMI, H.; TAKAYAMA, K.; HAGIWARA, S.; KOJIMA, S.: Resonance probe, Proc. VI. Int. Conf. Ion Phen. Gases, Paris 1963, IV/135.

IONOV, N. I.: The investigation of gas discharge and cosmical plasmas by multi-grid probes, J. Techn. Phys. USSR, 34 (5), 769 (1964).

ISHIKAWA, H.; TAKEUTI, T.; TAKAGI, M.; IWATA, A.: Preliminary experiment of ion density and mobility measurements in the transitional region of the atmosphere, Proc. Inst. Atmospherics Nagoya Univ. 14 (1967).

ISRAEL, H.: Atmosphärische Elektrizität, Leipzig 1957, Bd. 1.

ISRAEL, H.; SCHULZ, L.: The mobility spectrum of atmospheric ions — principles of measurements and results, J. Geophys. Res. 38, 285 (1933).

JACKSON, J. E.; KANE, J. A.: Measurement of ionospheric electron densities using an RF probe technique, J. Geophys. Res. 64, 1074 (1959).

JACKSON, J. E.; KANE, J. A.: Performance of an RF impedance probe in the ionosphere, J. Geophys. Res. 65, 2209 (1960).

JACOBS, K. G.: Entwicklung einer Hochfrequenz-Impedanzsonde, Techn. Report II B, No. 7 (Ionosphären-Institut Breisach) (1963).

JACOBS, K. G.: Elektronendichte-Messungen mit einer Impedanzsonde über Sardinien, Kleinheubacher Ber. 11 (1966).

JACOBS, K. G.; RAWER, K.: Electron density measurements in the ionosphere over the Sahara with a variable frequency impedance probe, Space Research V, 706 1965).

JACOBS, K. G.; RAWER, K.: Raketenmessungen mit einer Hochfrequenz-Impedanzsonde, Jhrb. Wiss. Ges. Luft- u. Raumfhrt. 1966, S. 378.

JAHNKE-EMDE, F.: Tafeln höherer Funktionen, Leipzig 1952, S. 23 u. 127.

JAKUBOWSKI, A. K.: Effect of angle of incidence on the reponse of cylindrical electrostatic probes at supersonic speeds, AIAA Journ., 10 (8), 988 (1972).

JASTROW, R.; PEARSE, C. A.: Atmospheric drag on the satellite, J. Geophys. Res. 62, 413 (1957).

JOHNSON, E. O.; MALTER, L.: A floating double probe method for measurements in gas discharges, Phys. Rev. 80, 58 (1950).

KAGAN, YU., M.: On the theory of ionic current to the probe, J. Tech. Phys. USSR 32, 1479 (1962).

KAISER, T. R.: The admittance of an electric dipole in a magnetoionic environment, J. Planet. Space Sci. 9, 639 (1962).

KAISER, T. R.: Some theoretical considerations concerning radio-frequency impedance probes, Space Research IV, 388 (1964).

KAISER, T. R.; TUNALEY, J. K. E.: Mesures à basse fréquence de l'admittance d'un probe dans l'ionosphere, L'Onde électrique 45, 1475 (1965).

KAISER, T. R., TUNALEY, J. K. E.: Radio-frequency impedance probes, Space Sci. Rev. 8, 32 (1968).

KANAL, M.: Theory of current collection of moving cylindrical probes, ORA-Rept. (Univ. Michigan), 03484-11-S (1962).

KANE, J. A.; JACKSON, J. E.; WHALE, H. A.: RF impedance probe measurements of ionospheric electron densities, J. Res. Natl. Bur. Stand. **66D**, 641 (1962).

KAWASHIMA, N.; YAMORI, A.: Direct-display of plasma density and temperature, J. Appl. Phys. **42** (13), 5400 (1971).

KIEL, R. E.; GEY, F. C.; GUSTAFSON, W. A.: Electrostatic potential fields of an ionospheric satellite, AIAA Journ. **6** (4), 690 (1968).

KNUDSEN, W. C.: Evaluation and demonstration of the use of retarding potential analyzers for measuring several ionospheric quantities, J. Geophys. Res. **71**, 4669 (1966).

KORNEGAY, W. M.: Electron density decay in wakes, AIAA Journ. **3** (10), 1819 (1965).

KOSTELNICEK, R. J.: The admittance and resonance probe characteristics of a spherical plasma probe, Aeronomy Rept. **8** (Univ. Illinois) (1965).

KRASSOVSKY, V. I.: Exploration of the upper atmosphere with the help of the third Soviet sputnik, Proc. IRE **47**, 289 (1959).

KURT, P. G.; MOROZ, V. I.: The potential of a metal sphere in interplanetary space, J. Planet. Space Sci. **9**, 259 (1962).

LACEY, W. K.; MATTHEWS, D. L.: Electron density results from an RF capacitance probe, Aeronomy Rept. **10** (Univ. Illinois), 66 (1965).

LANGMUIR, I.: The effect of space charge and residual gases on thermionic currents in high vacuum, Phys. Rev. **2**, 450 (1913).

LANGMUIR, I.: Thermionenströme im hohen Vakuum. I. Wirkung der Raumladung, Phys. ZS. **15**, 348 (1914).

LANGMUIR, I.: The effect to space charge and initial velocities on the potential distribution and thermionic current between parallel plane electrodes, Phys. Rev. **21**, 413 (1923).

LANGMUIR, I.: Oscillations in ionized gases, Proc. Nat. Acad. Science US **14**, 627 (1928).

LANGMUIR, I.; BLODGETT, K. B.: Currents limited by space charge between coaxial cylinders, Phys. Rev. **22**, 347 (1933).

LANGMUIR, I.; BLODGETT, K. B.: Currents limited by space charge between concentric spheres, Phys. Rev. **24**, 49 (1924).

LANGMUIR, I.; MOTT-SMITH, H. M.: Studies of electric discharges in gases at low pressures, Gen. Elec. Rev. **27**, 449, 538, 616, 762, 810 (1924).

LEDERMAN, S.; BLOOM, M. H.; WIDHOPF, G. F.: Experiments on cylindrical electrostatic probes in slightly ionized hypersonic flow, AIAA Journ. **6** (11), 2133 (1968).

LEDERMAN, S.; BLOOM, M. H.; WIDHOPF, G. F.: Laboratory measurements of electron-density distributions in the near wake, AIAA Journ. 7 (8), 1421 (1969).

LEHNERT, B.: Electrodynamic effects connected with the motion of a satellite of the earth, Tellus 8, 408 (1956).

LERFALT, G. M.; HOLT, O.: Proposed RF impedance probes for D- and E-region observations, Aeronomy Rept. **10** (Univ. Illinois), 98 (1965).

LIU, V. C.: A wave mechanical approach to the plasma interaction problem, Nature **208**, 883 (1965).

LIU, V. C.: Particles trapped in the potential well behind a mesothermally moving satellite, Nature **215**, 127 (1967).

LIU, V. C.: Satellite-plasma interaction manual, NASA-Rept., CR-94792 (1968).

LIU, V. C.: Particle trapping and plasma oscillations in the satellite-disturbed ionosphere, Space Research **IX**, 304 (1969).

LIU, V. C.; JEW, H.: On the electrodynamic wake in a rarefied plasma, in: Rarefied Gas Dynamics (C. L. BRUNDIN), New York 1967.

LIU, V. C.; JEW, H.: Near wake of the rarefied plasma flows at mesothermal speeds, AIAA paper No. 169 (1968).

LOCKWOOD, G. E. K.: Plasma and cyclotron spike phenomena observed in topside ionograms, Canad. J. Phys. 41, 190 (1963).

MATTHEWS, D. L.: Relation between integral electron flux and current in retarding-potential plasma probes, J. Atmos. Terr. Phys. 33, 511 (1971).

MCKENZIE, E. C.; SAYERS, J.: A radio frequency electron density probe for rocket investigation of the ionosphere, J. Planet. Space Sci. 14, 731 (1966).

MCKIBBIN, D. D.: A direct measurement of charge density in the F2-region, IRE Trans. I-62, 96 (1962).

MEDICUS, G.: Theory of electron collection of spherical probes, J. Appl. Phys. 32, 2512 (1961).

MEDICUS, G.: Spherical Langmuir probe in "drifting" and "accelerated" Maxwellian distribution, J. App. Phys. 33, 3494 (1962).

MILLER, E. K.; SCHULTE, H. F.: On ionospheric composition measurements with an r.f. impedance probe, J. Planet. Space Sci. 17, 1641 (1969).

MISAKI, M.: A method of measuring the ion spectrum, Papers Meteorol. Geophys. 1, 313 (1950).

MIYAZAKI, S.: Resonance probe — a new probe method for measuring electron density and electron temperature in the ionosphere, Rept. Ionosph. Space Res. Japan 7, 148 (1960).

MIYAZAKI, S.: Ionospheric measuring probe — retarding potential trap, J. Radio Res. Lab. Japan 14, 209 (1967).

MLODNOSKY, R. F.; GARRIOTT, O. K.: The VLF admittance of a dipole in the lower ionosphere, Proc. Int. Conf. Ionosphere, London 1962, p. 484.

MORGAN, M. G.: Correlation of plasmapause detection by the S^3-A double floating probe with whistler-deduced electron densities, XVI. COSPAR, Konstanz 1973, b. 33.

MOTT-SMITH, H. M.; LANGMUIR, I.: The theory of collectors in gaseous discharges, Phys. Rev. 28, 727 (1926).

MOZER, F. S.: Instrumentation for measuring electric fields in space, COSPAR-Small Rocket Instrumentation Techniques (MAEDA, K.), p. 26 (1969).

MOZER, F. S.: Electric Fields (University of California, Berkeley, 1971).

OBAYASHI, T.; EJIRI, M.: Ionospheric plasma measurements by gyro-plasma probe, Space Research XI, 1067 (1971).

OBAYASHI, T.; OYA, H.: Gyro-plasma probe technique for ionospheric plasma measurements, Aeronomy Rept. 10 (Univ. Illinois), 88 (1965).

OSBORNE, F. J. F.; KASKA, M. A.: The V × B interaction of a satellite with its environment, Canad. J. Phys. 45, 263 (1967).

OYA, H.: Effect of resonances on the admittance of an RF plasma probe surrounded by an ion sheath, Rept. Ionos. Space Res. Japan 19, 243 (1965).

OYA, H.: Development of gyro-plasma probe, Space Research VIII (1968).

OYA, H.: Theoretical prediction on discrimination of modified and hybrid plasma resonances, Rept. Ionos. Space Res. Japan 22, 119 (1968).

OYA, H.: Ionospheric plasma disturbances due to a moving space vehicle, J. Planet. Space Sci. 16, 217 (1968).

OYA, H.; ASO, T.: Ionospheric electron temperature measured by a gyro-plasma probe, Space Research IX, 287 (1969).

OYA, H.; OBAYASHI, T.: Measurement of ionospheric electron density by a gyro-plasma probe: a rocket experiment by a new impedance probe, Rept. Ionosph. Space Res. Japan 20, 199 (1966).

OYA, H.; OBAYASHI, T.: Measurements of ionospheric electron density by gyro-plasma probe, Space Research VI, 481 (1966).

OYA, H.; OBAYASHI, T.: Rocket measurement of the ionospheric plasma by gyro-plasma probe, Rep. Ionosph. Space Res. Japan 21, 1 (1967).

PALTRIDGE, G. W.: Experimental measurement of the small ion density and electrical conductivity in the stratosphere, J. Geophys. Res. **70**, 2751 (1965).

PARKER, L. W.: Theory of the circular planar (guarding) Langmuir probe, Final Rept. of Mt. Auburn Research Associates, Inc. (1968).

PARKER, L. W.: Theory of the circular planar (guarding) Langmuir probe, ESSA Techn. Rept. ERL 100-AL 2 (1968).

PARKER, L. W.; WHIPPLE, E. C.: Theory of satellite electrostatic probes, Ann. Phys. (New York) **44**, 126 (1967).

PARKER, L. W.; WHIPPLE, E. C. jr.: Theory of spacecraft sheath structure, potential and velocity effects on ion measurements by traps and mass spectrometers, J. Geophys. Res. **75** (25), 4720 (1970).

PEDERSEN, A.: Measurements of ion concentrations in the D-region of the ionosphere with a Gerdien condensor rocket probe, Tellus, **17** (1), 1 (1965).

PEDERSEN, A.: Measurements of ion concentrations in the D-region of the ionosphere, Uppsala Ionosfär-Observatorium Report No. 15, 4 (1966).

PERDERSEN, A.; FAHLESON, U.; FÄLTHAMMAR, C.-G.: Determination of the ionospheric density and temperature using a double probe electric field detector, Space Research **XII**, 1369 (1972).

PEDERSEN, A.; ÖBERG, B.: Measurements of ion concentrations in the D-region of the ionosphere, Uppsala Ionosfär-Observatorium Report No. 15, 33 (1966).

POLLIN, I.: Stagnation point Langmuir probe in a shock-tube, theory and measurements, Phys. Fluids **7**, 1433 (1964).

POUND, E. F.; BURT, D. A.: Satellite plasma frequency probe for high spatial resolution electron density measurements, Sci. Rept. **11** (Univ. of Utah, Upper Air Research Laboratory) (1968).

RAITT, W. J.: Polar ionospheric measurements from the ESRO 1 satellite, Space Research **XI**, 1147 (1971).

RAND, S.: Wake of a satellite traversing the ionosphere, Phys. Fluids **3**, 265 (1960).

RAND, S.: Damping of the satellite wake in the ionosphere, Phys. Fluids **3**, 588 (1960).

RAO, U. R.; DEGAONKAR, S. S.; ABDU, M. A.; BANSIDOR, S.; PATEL, R. M.: Rocket based ionospheric measurements at Thumba with high-frequency capacitance probe, Space Research **X**, 703 (1970).

RAO, B. C. N.; DONLEY, J. L.: Photoelectron flux in the topside ionosphere measured by retarding potential analyzers, J. Geophys. Res. **74**, 1715 (1969).

RATCLIFFE, J. A.: The magneto-ionic theory, Cambridge, 1959.

RAWER, K.; SPENCER, K.: Detection of plasma drift with a retarding potential analyzer, Space Research **X**, 766 (1970).

REIFMANN, A.; DOW, G. W.: Theory and application of the variable voltage probe for exploration of the ionosphere, Phys. Rev. **75**, 1311 (1949).

REIFMANN, A.; DOW, G. W.: Dynamic probe measurements in the ionosphere, Phys. Rev. **76**, 987 (1949).

ROOY, B.; FEIX, M. R.; STOREY, L. R. D.: The theory of the quadripole probe in a warm isotropic plasma, Plasma Physics **14**, 275 (1972).

ROOY, B.; FEIX, M. R.; STOREY, L. R. D.: The theory of the quadripole probe in a warm isotropic plasma, GRI-Rept. TP-111 (1972).

ROSE, G.; WIDDELL, H. U.: Studies of the winter anomaly by combined ground-based and rocket-borne experiments, in: COSPAR-Small Rocket Instrumentation Techniques (MAEDA, K.), p. 129 (1969).

SAGALYN, R. C.: Dynamical processes in the lower ionosphere studied by direct measurements of electron and ion density, Aeronomy Rept. **10** (Univ. Illinois), 26 (1965).

SAGALYN, R. C.: The theory of ion collection in the ionospheric D-region, Aeronomy Rept. 10 (Univ. Illinois), 41 (1965).

SAGALYN, R. C.; SMIDDY, M.: Theory of electrostatic probes for study of D-region ionization, Aeronomy Rept. 1 (Univ. Illinois), 22 (1963).

SAGALYN, R. C.; SMIDDY, M.: Electron density and temperature measurements in the ionosphere, in: Sounding Rocket Research Technique Instrumentation Manual, No. 9 (K. MAEDA) (1967).

SAGALYN, R. C.; SMIDDY, M.: Positive ion sensing system for the measurement of spacecraft pitch and yaw, Air Force D-10 experiment, flown on Gemini X and XII, Air Force Surveys in Geophysics, No. 201 (1967).

SAGALYN, R. C.; SMIDDY, M.: Positive ion measurement of spacecraft attitude: Gemini X and XII, J. Spacecraft and Rockets **6** (9), 985 (1969).

SAGALYN, R. C.; SMIDDY, M.; FIELD, L. G. H.: Charged particle measurements by means of electrostatic probes, in: COSPAR-Techn. Manual Series: Electron Density and Temperature Measurements in the Ionosphere (MAEDA, K.), No. 36, p. 90 (1967).

SAGALYN, R. C.; SMIDDY, M.; WISNIA, J.: Measurement and interpretation of ion density distributions in the day-time F-regions, J. Geophys. Res. **68**, 199 (1963).

SALPETER, E. E.; MAKINSON, R. E. B.: On the dielectric properties of a gas discharge, Proc. Phys. Soc. **B62**, 180 (1949).

SAMIR, U.; WILLMORE, A. P.: The distribution of charged particles near a moving spacecraft, J. Planet. Space Sci. **13**, 285 (1965).

SAMIR, U.; WILLMORE, A. P.: The equilibrium potential of a spacecraft in the ionosphere, J. Planet. Space Sci. **14**, 1131 (1966).

SANMARTIN, J. R.: Ion-temperature-sensitive effect in transient Langmuir probe response, Phys. Fluid **15** (3), 391 (1972).

SANMARTIN, J. R.: End effect in Langmuir probe response unter ionospheric satellite conditions, Phys. Fluids 15 (6), 1134 (1972).

SANMARTIN, J. R.: The determination of ionospheric charged particle temperatures from in situ measurements, Space Research **XIII**, 497 (1973).

SAWCHUK, W.: Wake of a charged prolate spheroid at angles of attack in a rarefied plasma, in: Rarefied Gas Dynamics (J. A. LAURMANN), New York 1963.

SAYERS, J.: An RF electron density probe for a wide range of ionospheric measurements, Proc. I. Univ. Illinois Conf., p. 38 (1963).

SCHMITT, H. J.: Plasma diagnostics with short electromagnetic pulses, IEEE Trans. **NS-11**, 125 (1965).

SCHULZ, G.: Elektronen- und Ionensättigungsströme in schwach ionisierten Gasen bei hohen Drucken. Eine Erweiterung der Langmuirschen Sondentheorie auf hohe Drucke, ZS. f. Phys. **167**, 205 (1962).

SCHULZ, G.: Zur Sondentheorie bei mittleren und kleinen Drucken, ZS. f. Phys. **170**, 196 (1962).

SCHULZ, G.: Diffusionsbestimmte Raumladungsschichten, ZS. f. Phys. **173**, 8 (1963).

SCHULZ, G.: Die Plasmagrenzschicht bei kleinen freien Weglängen, ZS. f. Phys. **183**, 51 (1965).

SCHULZ, G. J.; BROWN, S. C.: Microwave study of positive ion collection by probes, Phys. Rev. **98**, 1642 (1955).

SELLEN, J. M. jr.: Spacecraft space plasma equilibria for passive and active spacecraft Am. Inst. Aero. Astro. Paper, No. 67—702 (1967).

SERBU, G. P.: Results from the IMP-I retarding potential analyzer, Space Research **V**, 564 (1965).

SHARP, G. W.; HANSON, W. B.; MCKIBBIN, D. D.: Some ionospheric measurements with satellite-borne ion traps, Space Research **IV**, 454 (1964).

SHAWHAN, S. D.; GURNETT, D. A.: Fractional concentration of hydrogen ions in the ionosphere from VLF proton whistler measurement, J. Geophys. Res. 71, 47 (1966).
SHAWHAN, S. D.; GURNETT, D. A.: Preliminary results from the Javelin 8.45 VLF rocket experiment, Preliminary Rept., No. 67—60 (Univ. of Iowa) (1967).
SMETANA, F. O.: On the current collected by a charged circular cylinder immersed in two-dimensional rarefied plasma stream, Proc. III. Int. Symp. Rarefied Gas Dynamics.
SMETANA, F. O.: On the current collected by a charged circular cylinder immersed in a two-dimensional rarefied plasma stream, in: Rarefied Gas Dynamics (J. A. LAURMANN), New York, 1963.
SMIDDY, M.; STUART, R. D.: An anylsis of the behaviour of a multi-grid spherical sensor in a drifting Maxwellian plasma, Air Force Res. Lab. Rept., No. 364 (1969).
SMIDDY, M.; STUART, R. D.: An analysis of the behaviour of a multi-grid spherical sensor in a drifting Maxwellian plasma, Rept. AFCRL-69-0013 (Air Force Cambridge Research Laboratories) (1969).
SMITH, L. G.: Electron density measurements by the asymmetric probe, Proc. Am. Geophys. Union (1961).
SMITH, L. G.: Langmuir probes for measurements in the ionosphere, COSPAR-Information Bulletin 17, 37 (1964).
SMITH, L. G.: Langmuir probes for measurements in the ionosphere, IQSY Instruction Manual, No. 9 (Sounding Rocket Research Techniques), 126 (1964).
SMITH, L. G.: Probes in the E-region, Aeronomy Rept. 10 (Univ. Illinois) (1965).
SMITH, L. G.: Langmuir probes for measurements in the ionosphere, in COSPAR-Techn. Manual Series: Electron Density and Temperature Measurements in the Ionosphere (K. MAEDA), p. 2 (1967).
SMITH, L. G.: Langmuir probes in the ionosphere, in: COSPAR-Small Rocket Instrumentation Techniques (MAEDA, K.), p. 1 (1969).
SMITH, R. L.; BRICE, N.: Propagation in multicomponent plasma, J. Geophys. Res. 69, 5029 (1964).
SONIN, A. A.: Free-molecule Langmuir probe and its use in flow field studies, AIAA Journ. 4 (9), 1588 (1966).
SONIN, A. A.: Theory of ion collection by a supersonic atmospheric sounding rocket, J. Geophys. Res. 72, 4547 (1967).
SPENCER, N. W.; BRACE, L. H.; CARIGNAN, G. R.: Electron temperature evidence for non thermal equilibrium in the ionosphere, J. Geophys. Res. 67, 157 (1962).
STERGIS, C. G.; CORONITI, S. C.; NAZAREK, A.; KOTAS, D. E.; SEYMOUR, D. W.; WERME, J. V.: Conductivity measurements in the stratosphere, Proc. Conf. Atmos. Electr., Portsmouth 1954, p. 43 (1955).
SU, C. H.; LAM, S. H.: Continuum theory of spherical electrostatic probes, Phys. Fluids 6, 1479 (1963).
SU, C. H.; SONIN, A. A.: Theory of the electrostatic probe in a moderately ionized gas, Phys. Fluids 10 (1), 124 (1967).
TALBOT, L.: Theory of the stagnation point Langmuir probe, Phys. Fluids 3, 289 (1960).
TALBOT, L.: Comparison between Langmuir probe and microwave electron density measurements in an arc-heated wind tunnel, Phys. Fluids 6, 559 (1963).
TAMMET, H. F.: The theory of the aeroion aspiration counters, Bull. Acad. Sci. USSR, Geophys. Ser. 1960, p. 839.
TONKS, L.: The high frequency behaviour of a plasma, Phys. Rev. 37, 1458 (1931).
TONKS, L.: Plasma-electron resonance, plasma resonance and plasma shape, Phys. Rev. 38, 1219 (1931).
TONKS, L.; LANGMUIR, I.: A general theory of the plasma of an arc, Phys. Rev. 34, 876 (1929).
TUNALEY, J. K. E.; KAISER, T. R.: Low frequency probe measurements in the ionosphere, Sci. Rept. Univ. Sheffield (1966).

TUNALEY, J. K. E.; KAISER, T. R.: Low frequency probe measurements in the ionosphere, Space Research **VII**, 407 (1967).

ULWICK, J. C.; PFISTER, W.: Spatial and temporal variations of electron density from an orbiting satellite, Space Research **III**, 194 (1963).

ULWICK, J. C.; PFISTER, W.; BAKER, K. D.; DESPAIN, A. M.: Experimental and theoretical studies of antenna impedance in the D and E regions. Aeronomy Rept. **10** (Univ. of Illinois), 74 (1965).

ULWICK, J. C.; PFISTER, W.; HAYCOCK, O. C.; BAKER, K. D.: Standing wave impedance probe, COSPAR-Information Bulletin **17**, 119 (1964).

ULWICK, J. C.; PFISTER, W.; HAYCOCK, O. C.; BAKER, K. D.: Standing wave impedance probe, in: COSPAR-Techn. Manual Series: Electron Density and Temperature Measurements in the Ionosphere (MAEDA, K.), p. 66 (1967).

ULWICK, J. C.; POUND, E. F.: Plasma frequency probe measurements on OAR satellite OV 3–6, Trans. Am. Geophys. Union **49**, 143 (1968).

UNGER, L.; RAWER, K.: Electric field measurements with an ejected probe, Space Research **VIII**, 313 (1968).

URAMOTO, J.; FUJITA, J.; IKEGAMI, H.; TAKAYAMA, K.: RF current component in the resonance probe, Rept. Inst. Plasma Phys. Nagoya Univ. **19** (1963).

URAMOTO, J.; IKEGAMI, H.; TAKAYAMA, K.: Resonance probe in a magnetic field, Rept. Inst. Plasma Phys. Nagoya Univ. **15** (1963).

WALKER, E. H.: Plasma sheath and screening around a stationary charged sphere and a rapidly moving charged body, in: Interactions of Space Vehicles with an Ionized Atmosphere, Pergamon Press, London 1965.

WALKER, E. H.: Plasma sheath and screening around a rapidly moving body, Rept. AFOSR 460 (Air Force Office of Scientific Research) (1961).

WAYMOUTH, J. F.: Perturbation of a plasma by a probe, Proc. VI. Int. Conf. Ion. Phen. Gas., Paris 1963, IV/57.

WAYMOUTH, J. F.: Perturbation of a plasma by a probe, Phys. Fluids **7**, 1843 (1964).

WENZL, F.: Plasma und Langmuir-Schicht. Zur Theorie elektrischer Sonden in Gasentladungen, ZS. f. angew. Phys. **2**, 59 (1950).

WENZL, F.: Wandströme, Ionenbeweglichkeit und Ionentemperatur im Plasma, ZS. f. angew. Phys. **3**, 332 (1951).

WHIPPLE, E. C.: The ion-trap results in exploration of the upper atmosphere with the help of the third Soviet Sputnik, Proc. IRE **47**, 2023 (1959).

WHIPPLE, E. C.: An improved technique for obtaining atmospheric ion mobility distributions, J. Geophys. Res. **65**, 3679 (1960).

WHIPPLE, E. C.: NASA-Techn. Note D 567 (1960).

WHIPPLE, E. C.: The ion-trap results in „Exploration of the upper atmosphere with the help of the third Soviet Sputnik", NASA-Techn. Note D-665 (1961).

WHIPPLE, E. C.: The equilibrium electric potential of a body in the upper atmosphere and in the interplanetary space, Goddard Space Flight Center Report, X-615-65-296 (1965).

WHIPPLE, E. C.; HIRMAN, J. W.; ROSS, R.: A satellite ion-electron colletor; experimental effects of grid transparency, photoemission and secondary emission, ESSA Techn. Rept., ERL 99-Al 1 (1968).

WHIPPLE, E. C.; PARKER, L. W.: Effects of secondary electron emission on electron trap measurements in the magnetosphere and solar wind, J. Geophys. Res. **74**, 5763 (1969).

WILHELM, J.: Entwicklungstendenzen in der Theorie einfacher Langmuir-Sonden, **10** (4, 5), 362 (1968).

WILSON, J. W. G.; GARSIDE, G.: A new technique for measuring electron temperature in the ionosphere, J. Planet. Space Sci. **16**, 257 (1968).

WIMMEL, H. K.: Theory of the resonance probe, Nucl. Sci. Abstr. **19**, 8501 (1963).

WRENN, G. L.: The Langmuir plate and spherical ion probe experiments aboard Explorer 31, Proc. IEEE **57**, 1072 (1969).

F.2. Arbeiten über extraterrestrische Sondenexperimente und deren Ergebnisse (eine Auswahl)

AHMED, M.; SAGALYN, R. C.: Thermal positive ions in the dayside polar cusp measured on the ISIS 1 satellite, Space Research **XIII**, 541 (1973).

AIKIN, A. C.; BLUMLE, L. J.: Rocket measurement of the E-region electron concentration distribution in the vicinity of the geomagnetic equator, J. Geophys. Res. **73**, 1617 (1968).

AIKIN, A. C.; GOLDBERG, R. A.; SOMAYAJULU, Y. V.; AVADHANULU, M. B.: Electron and positive ion density altitude distributions in the equatorial D-region, J. Atmos. Terr. Phys. **34**, 1483 (1972).

AIKIN, A. C.; KANE, J. A.; TROIM, J.: An interpretation of a rocket measurement of electron density in the lower ionosphere, Space Research **IV**, 358 (1964).

AIKIN, A. C.; KANE, J. A.; TROIM, J.: Some results of rocket experiments in the quiet D-region, J. Geophys. Res. **69**, 4621 (1964).

ANDERSON, D. N.; BENNETT, W. H.; HALE, L. C.: Temperature and density in the ionized upper atmosphere at 4000 to 5300 kilometers, J. Geophys. Res. **70**, 1031 (1965).

ANDREYÉVA, L. A.; BURAKOV, YU. B.; KATASEV, L. A.; KOMRAKOV, G. P.; NESTEROV, V. P.; UVAROV, V. P.; KHRYUKIN, V. G.; CHASOVITIN, YU. K.: Rocket investigations of the ionosphere at mid-altitudes, Space Research **XI**, 1043 (1971).

ANGERAMI, J. J.; THOMAS, J. O.: The distribution of ions and electrons in the earth's exosphere, Techn. Rept. **4** (Standford Univ.) (1963).

AONO, Y.; HIRAO, K.; MIYAZAKI, S.: Positive ion density, electron density, and electron temperature in the ionosphere by the Kappa-8, -5, and -6 rockets, J. Rad. Res. Lab. Japan **8**, 453 (1961).

AONO, Y.; HIRAO, K.; MIYAZAKI, S.: Rocket observation of ion density, electron density and electron temperature in the ionosphere, J. Rad. Res. Lab. Japan **9**, 407 (1962).

AONO, Y.; HIRAO, K.; MIYAZAKI, S.: Profile of charged particle density in the ionosphere observed with rockets, Space Research **III**, 221 (1963).

AONO, Y.; HIRAO, K.; MIYAZAKI, S.; ICHIMIYA, T.; TAKAYAMA, K.; DOTE, T.: Positive ion and electron densities of the ionosphere measured by sounding rockets, Space Research **II**, 1215 (1961).

BAKER, K. D.; Direct in situ measurements of auroral parameters, Sci. Rept. **4** (Univ. of Utah, Upper Air Research Laboratory) (1966).

BAKER, K. D.; BURT, D. A.; ALLRED, G. D.; SELJAAS, K. G.; HOWLETT, L. C.: Rocket instrumentation for auroral measurements-Aerobee 3.615, Sci. Rept. **10** (Univ. of Utah, Upper Air Research Laboratory).

BAKER, K. D.; DESPAIN, A. M.; ULWICK, J. C.: Simultaneous comparison of RF probe techniques for determination of ionospheric electron density, J. Geophys. Res. **71** (3), 935 (1966).

BAKER, D. C.; HALE, L. C.: D-region parameters from blunt probe measurements during a solar eclipse, Space Research **X**, 712 (1970).

BAKER, K. D.; PFISTER, W.; ULWICK, J. C.: Charge densities and temperatures measured in active auroras, Space Research **VII**, 665 (1967).

BARRINGTON, R. E.; BELROSE, J. S.; NELMS, G. L.; Ion composition and temperature at 1000 km as deduced from simultaneous observation of a VLF plasma resonance and topside sounding data from the Alouette 1 satellite, J. Geophys. Res. **70**, 1647 (1965).

BATES, D. R.: Consideration of the results obtained by rockets, in: Rocket Exploration of the Upper Atmosphere, London, 1954.

BAUER, S. J.; BOURDEAU, R. E.: Upper atmosphere temperatures derived from charged particle observations, J. Atmos. Sci. **19**, 218 (1962).

BEDINGER, J. F.; SMITH, L. G.: Measured wind shears and electron densities, Space Research **VII**, 100 (1967).

Berning, W. W.: Earth satellite observations of the ionosphere, Proc. IRE **47**, 280 (1959).

Berning, W. W.: A sounding rocket measurement of electron densities up to 1500 km, J. Geophys. Res. **65**, 2589 (1960).

Berning, W. W.; Smith, L. G.: Gun-launched probes for electron density measurements, Aeronomy Rept. **10** (Univ. Illinois), 31 (1965).

Berthelier, J. J.; Godard, R.: Electron density and temperature profiles during a moderate auroral event, Space Research **XII**, 1357 (1972).

Bewersdorff, A. B.; Sagalyn, R. C.: Enhancements of charged particle densities above the polar cap and their relation to geomagnetic activity, Space Research **X**, 869 (1970).

Bezrukikh, V. V.; Gringauz, K. I.: Measurements of plasmospheric ions by means of charged particle trap aboard the satellite "Prognoz", XVI. COSPAR, Konstanz 1973, b. 1.

Bezrukikh, V. V.; Gringauz, K. I.; Khokhlov, M. Z.; Musatov, L. S.; Rybchinsky, R. Y.: Preliminary results of measurements carried out by means of charged particle traps on the interplanetary station Zond 2, Space Research **VI**, 862 (1966).

Bischoff, K.; Gdalewich, G. L.: Gubski, W. F.; Dimitriewa, I. D.; Zimmermann, G.: Messungen mit zylindrischen Langmuir-Sonden an Bord von Sputnik „Interkosmos-2", Kosm. Issledow. (1972) (in russ.).

Bischoff, K.; Gringauz, K. I.; Klein, G.; Knorin, I. A.; Kober, H.; Rudakow, W. A.: Bestimmung der Elektronenstoßfrequenz in der ionosphärischen E-Schicht aus Raketendaten (Vertikal-I-Experiment) und bodengebundenen Messungen, Kosm. Issledow. **X**, 228 (1972) (in russ.).

Bonetti, A.; Bridge, H. S.; Lazarus, A. J.; Lyon, E. F.; Rossi, B.; Scherb, F.: Explorer X plasma measurements, Space Research **III**, 540 (1963).

Bonetti, A., Bridge, H. S.; Lazarus, A. J.; Rossi, B.; Scherb, F.: Explorer 10 plasma measurements, J. Geophys. Res. **68**, 4017 (1963).

Borchers, R.: Untersuchung der Eigenschaften einer Aspirationssonde (Gerdienkondensator) zur Bestimmung der Konzentration und Beweglichkeiten von Ladungsträgern beiderlei Vorzeichens im Höhenbereich zwischen 80 und 40 km, Forschungsbericht W-71-39 des Max-Planck-Instituts für Aeronomie, Lindau/Harz (1971).

Bourdeau, R. E.: The ionosphere direct measurements satellite, Trans. Am. Geophys. Union **41**, 726 (1960).

Bourdeau, R. E.: Ionospheric results with sounding rockets and the Explorer VIII satellite, Space Research **II**, 554 (1961).

Bourdeau, R. E.: Ionospheric research from space vehicles, Space Sci. Rev. **1**, 683 (1962).

Bourdeau, R. E.: The temperature of charged particles in the upper atmosphere, Space Research **V**, 77 (1965).

Bourdeau, R. E.; Bauer, S. J.: Structure of the upper atmosphere deduced from charged particle measurements on rockets and the Explorer VIII satellite, Space Research **III**, 173 (1963).

Bourdeau, R. E.; Donley, J. L.: Explorer VIII satellite measurements in the upper atmosphere, NASA-Rept. X-615-63-165 (1963).

Bourdeau, R. E.; Donley, J. L.: Explorer VIII satellite measurements in the upper atmosphere, Proc. Roy. Soc. **A281**, 487 (1964).

Bourdeau, R. E.; Donley, J. L.; Serbu, G. P.; Whipple, E. C.: Measurements of sheath currents and equilibrium potential on the Explorer VIII satellite, J. Astronaut. Sci. 8, 65 (1961).

Bourdeau, R. E.; Donley, J. L.; Whipple. E. C. jr.: The ionosphere direct measurements satellite, National ISA-ARS Symp. (1961).

Bourdeau, R. E.; Jackson, J. E.; Kane, J. A.; Serbu, G. P.: Ionospheric measurements using environmental sampling techniques, NASA-Techn. Note D-491 (1960).

Bourdeau, R. E.; Serbu, G. P.: Ionospheric measurements using environmental sampling techniques, Proc. I. Int. Space Science Symp., Nice 1960, p. 328.

BOURDEAU, R. E.; WHIPPLE, E. C. jr.; DONLEY, J. L.; BAUER, S. J.: Experimental evidence for the presence of Helium ions based on Explorer VIII satellite data, J. Geophys. Res. **67**, 468 (1962).

BOWEN, P. J.; BOYD, R. L. F.; HENDERSON, C. L.; RAITT, W. J.; WILLMORE, A. P.: Ionospheric results using Langmuir probes in the Ariel I satellite, Space Research **IV**, 471 (1964).

BOWEN, P. J.; BOYD, R. L. F.; HENDERSON, C. L.; WILLMORE, A. P.: Measurements of electron temperature and concentration form a spacecraft, Proc. Roy. Soc. **A281**, 514 (1964).

BOWEN, P. J.; BOYD, R. L. F.; HENDERSON, C. L.; WILLMORE, A. P.: Electron temperature in the upper F-region. Proc. Roy. Soc. (Lond.) **A281**, 526 (1964).

BOWEN, P. J.; BOYD, R. L. F.; RAITT, W. J.; WILLMORE, A. P.: Ion composition of the upper F-region, Proc. Roy. Soc. **A281**, 504 (1964).

BOWEN, P. J.; NORMAN, K.; WILLMORE, A. P.; BAGUETTE, J.-M.; MURTIN, F.; STOREY, L. R. O.: Rocket studies of sporadic-E ionization and ionospheric winds.

BOWHILL, S. A.; GEISLER, J. E.: The interpretation of rocket and satellite measurements of electron and ion temperatures, Space Research **VI**, 487 (1966).

BOWHILL, S. A.; SMITH, L. G.: Rocket observations of the lowest ionosphere at sunrise and sunset, Space Research **VI**, 511 (1966).

BOYD, R. L. F.: Plasma probes on space vehicles, Proc. V. Int. Conf. on Ion. Phen. in Gases, Munich 1961, II/1387.

BOYD, R. L. F.: Direct measurement techniques for ionization density in the high collision regime, Aeronomy Rept. **10** (Univ. Illinois) (1965).

BOYD, R. L. F.; SEATON, M. J.: Rocket exploration of the upper atmosphere, Pergamon Press, London 1954.

BRACE, L. H.: Electron temperature in the lower ionosphere, Aeronomy Rept. **10** (Univ. Illinois), 8 (1965).

BRACE, L. H.: The global structure of ionosphere temperature, Space Research **X**, 633 (1970).

BRACE, L. H.; CARLSON, H. C.; MAHAJAN, K. K.: Radar backscatter and rocket probe measurements of electron temperature above Arecibo, J. Geophys. Res. **74**, 1883 (1969).

BRACE, L. H.; KANAL, M.; CALDWELL, J. R.: An ejectable ion trap — Langmuir probe experiment for ionospheric direct measurements, ORA-Rept. (Univ. Michigan), 03484-3-S (1962).

BRACE, L. H.; MAYR, H. G.; REDDY, B. M.: The early effects of increasing solar activity upon the temperature and density of the 1000 km ionosphere, J. Geophys. Res. **73**, 1607 (1968).

BRACE, L. H.; REDDY, B. M.: Early electrostatic probe results from Explorer XXII, J. Geophys. Res. **70**, 5783 (1965).

BRACE, L. H.; REDDY, B. M.: Latitudinal variations of electron temperature and concentration from satellite probes, Space Research **VI**, 485 (1966).

BRACE, L. H.; REDDY, B. M.; MAYR, H. G.: Global behaviour of the ionosphere at 1000 km altitude, J. Geophys. Res. **72**, 265 (1967).

BRACE, L. H.; SPENCER, N. W.; CARIGNAN, G. R.: Ionosphere electron temperature measurements and their implications, J. Geophys. Res. **68**, 5397 (1963).

BRACE, L. H., SPENCER, N. W.: First electrostatic probe results from Explorer 17, J. Geophys. Res. **69**, 4686 (1964).

BRACE, L. H.; SPENCER, N. W.; DALGARNO, A.: Detailed behaviour of the mid-latitude ionosphere from the Explorer XVII satellite, Planet. Space Sci. **13**, 647 (1965).

BRACE, L. H., THEIS, R. F.; DALGARNO, A.: The cylindrical electrostatic probes for Atmosphere Explorer-C, -D, and -E, Radio Science **8** (4), 341 (1973).

BRAMLEY, E. N.: Measurements of aerial admittance in the ionosphere, Planet. Space Sci. **13**, 979.

Brice, N. M.; Smith, R. L.: Recordings from satellite Alouette-1-A very low frequency plasma resonance, Nature **203**, 926 (1964).

Brice, N. M.; Smith, R. L.: Lower hybrid resonance emissions, J. Geophys. Res. **70**, 71 (1965).

Bridge, H. S.; Dilworth, C.; Lazarus, A. J.; Lyon, E. F.; Rossi, B.; Scherb, F.: Direct observation of the interplanetary plasma.

Bross, P.; Jacobs, K. G.; Rawer, K.: Direct electron density measurements in the ionosphere below 200 km, Space Research **VII**, 467 (1967).

Büchau, J.; Jacobs, K. G.; Kaiser, P.; Rawer, K.; Reinisch, B.: Simultaneous measurement of ionospheric plasma density by three different methods, Proc. Symp. High Latitude Particles and Ionoshere, Alpbach 1964, p. 55.

Burt, D. A.: Rocket instrumentation for auroral measurements — Black Brant AC 17.604, Sci. Rept. 7 (Univ. of Utah, Upper Air Research Laboratory) (1967).

Burt, D. A.; Seljaas, K. G.: Rocket instrumentation for auroral measurements, Sci. Rept. **6** (Univ. of Utah, Upper Air Research Laboratory) (1966).

Burtis, W. J.: Electron concentrations calculated from the lower hybrid resonance noise band observed by OGO 3, J. Geophys. Res. 78 (25), 5515 (1973).

Burtis, W. J.; Helliwell, R. A.: A new type of VLF radiation observed in the magnetosphere by OGO 1 and OGO 3, J. Geophys. Res. **74**, 3002 (1963).

Carlson, H. C.; Sayers, J.: Discrepancy in electron temperature deduced from Langmuir probes and from incoherent backscatter radar, J. Geophys. Res. 75, 4883 (1970).

Chandra, S.; Troy, B. E.; Donley, J. L.; Bourdeau, R. E.: OGO 4 observations of ion composition and temperatures in the topside ionosphere, J. Geophys. Res. **75**, 3867 (1970).

Chasovitin, Yu. K.; Khryukin, V. A.; Kljueva, N. M.; Komrakov, G. P.: Rocket measurements of electron density and electron temperature at sunset, XVI. COSPAR, Konstanz 1973, B. 4.10.

Donley, J. L.: The thermal ion and electron trap experiments on Explorer XXXI satellite, Proc. IEEE 57, 1061 (1969).

Donley, J. L.; Brace, L. H.; Findlay, J. A.; Hoffman, J. H.; Wrenn, G. L.: Comparison of results of Explorer XXXI direct measurement probes, Proc. IEEE 57, 1078 (1969).

Fahleson, U.: Problems of dc electric field measurements from a geostationary satellite, Rept. Roy. Inst. Techn., Dept. Plasma Phys., Stockholm 1969, No. 69—36.

Faire, A. C.; Champion, K. S. W.: Recent density, temperature and pressure results obtained at White Sands missile range compared with IQSY results, Space Research **VIII**, 845 (1968).

Falcon, G. D.: Measurement of electron densities in the lower ionosphere, Aeronomy Rept. **10** (Univ. Illinois), 149 (1965).

Falcon, G. D.: Coordinated ground-based and space measurements of the lower ionosphere, XVI. COSPAR, Konstanz 1973, B.3.6.

Galperin, Yu. I.; Kranovsky, V. I.: Investigations of the upper atmosphere using the artifical earth satellites COSMOS 3 and COSMOS 5, Space Research **IV**, 563 (1964).

Galperin, Yu. I.; Ponomarev, V. N.: Direct measurements of plasma convection in the upper atmosphere, Proc. Inst. Space Res. Acad. Sciences USSR, Preprint — 130 (1972).

Gdalevich, G. L.; Gubsky, V. F.; Dimitrieva, I. D.: Height distribution of electron temperature according to the data of the experiments carried out in 1965 on geophysical rockets, Proc. IUCST-Symp., Belgrad 1966.

Grabowski, R.: Plasma parameter determination by measurement of electric noise fields due to thermodynamic plasma fluctuations, Space Research **XIII**, 593 (1973).

Grabowski, R.: Probe measurements of the electrostatic field in the ionosphere and in the magnetosphere, ZS. f. Geophys., **39** (3), 321 (1973).

Grard, R.: Interpretation of impedance probe measurements in the ionosphere, Aeronomy Rept. **10** (Univ. Illinois), 79 (1965).

GRARD, R. J. L.: Interpretation of impedance probe measurements in the ionosphere, Techn. Rept. No. 2 (Stanford Univ., Radio Science Lab.) (1965).

GRIEDER, W. F.; BURT, D. A.: Rocket measurements of production and ionization during a PCA event, Space Research **XIII**, 575 (1973).

GRINGAUZ, K. I.: The structure of the earth's ionized gas envelope based on local charged particle concentrations measured in the USSR, Space Research **II**, 574 (1961).

GRINGAUZ, K. I.: Some results of USSR experiments in the ionosphere and interplanetary space, in: Progress in Radio Science (BROWN, G. M.) 1960–1963, III/65.

GRINGAUZ, K. I.: Temperature of neutral and charged particles in the ionosphere and magnetosphere (results of rocket and satellite measurements), Proc. IUCSTP-Symp. Belgrade 1966.

GRINGAUZ, K. I.: Rocket and satellite measurements of ionospheric and magnetospheric particle temperatures, in: Solar Terr. Phys., Academic Press (KING, J. W., NEWMAN, W. S.), New York 1967, Chapt. X., p. 341.

GRINGAUZ, K. I.: The structure of the plasmosphere on the basis of direct measurements, Proc. Int. Symp. Solar-Terrestrial Phys., Leningrad 1970.

GRINGAUZ, K. I.; BALANDINA, S. M.; BORDOVSKY, G. A.; SHUTTE, N. M.: On results of experiments with charged particle traps in the second radiation belt and in the outermost belt of charged particles, Space Research **III**, 432 (1963).

GRINGAUZ, K. I.; BEZRUKIKH, V. V.; OZEROV, V. D.; RYBCHINSKY, R. E.: Untersuchung des interplanetaren ionisierten Gases, der energetischen Elektronen und Korpuskularstrahlung der Sonne mit Hilfe von Dreielektrodenfallen für geladene Teilchen auf der zweiten sowjetischen Kosmosrakete, Dokl. Akad. Nauk SSSR **131**, 1301 (1960) (in russ.).

GRINGAUZ, K. I.; BEZRUKIKH, V. V.; BALANDINA, S. M.; OTEROV, V. D.; RYBCHINSKY, R. E.: Direct observations of solar plasma streams at a distance of 1900000 km from the earth on February, 17, 1961, and simultaneous observations of the geomagnetic field, Space Research **III**, 602 (1963).

GRINGAUZ, K. I.; BEZRUKIKH, V. V.; MUSATOV, L. S.; RYBCHINSKY, R. E.; SHERONOVA, S. M.: Measurements made in the earth's magnetosphere by means of charged particle traps aboard the Mars 1 probe, Space Research **IV**, 621, 627 (1964).

GRINGAUZ, K. I.; BEZRUKIKH, V. V.; MUSATOV, L. S.; RYBCHINSKY, R. YE.; SOLOMATINA, E. K.: Some results of measurements carried out by means of charged particle traps on the Electron 2 satellite, Space Research **VI**, 850 (1966).

GRINGAUZ, K. I.; BEZRUKIKH, V. V.; MUSATOV, L. S.; BREUS, T. K.: Plasma measurements carried out in the vicinity of Venus from the Venus-4 space vehicle, Proc. 9-th COSPAR Symp., Tokyo 1968.

GRINGAUZ, K. I.; BEZRUKIKH, V. V.; MUSATOV, L. S.; BREUS, T. K.: Spacecraft Venera 4 plasma measurements near Venus, Kosm. Issledow. **III** (1968) (in russ.).

GRINGAUZ, K. I.; BEZRUKIKH, V. V.; MUSATOV, L. S.; BREUS, T. K.: Plasma measurements carried out in the vicinity of Venus from the Venus-4 space vehicle, Space Research **IX** (1969).

GRINGAUZ, K. I.; BEZRUKIKH, V. V.; VOLKOV, G. I.; BREUS, T. K.; MUSATOV, L. S.; HAVKIN, L. P.; SLOUTCHENKOV, G. F.: Preliminary results of plasma electron component investigations along the orbit of the satellite of Mars, Proc. Inst. Space Res. Acad. Sciences USSR, Preprint-D140 (1972).

GRINGAUZ, K. I.; BEZRUKIKH, V. V.; VOLKOV, G. I.; BREUS, T. K.; MUSATOV, I. S.; HAVKIN, L. P.; SLOUTCHENKOV, G. P.: Preliminary results on plasma electrons from Mars-2 and Mars-3, Ikarus **18**, 54 (1973).

GRINGAUZ, K. I.; BEZRUKIKH, V. V.; VOLKOV, G. I.; BREUS, T. K.; HAVKIN, L. P.: SLOUTCHENKOV, G. F.: Results of solar plasma electron observations on Mars-2 and Mars-3 spacecraft, J. Geophys. Res. 78 (25), 5808 (1973).

GRINGAUZ, K. I.; GDALEVICH, G. L.; GUBSKY, V. F.; KNORIN, I. A.; RUDAKOW, V. A.; SHUTTE, N. M.: Preliminary results of experiments carried out in the ionosphere in the early morning by means of geophysical rockets launched in the autumn of 1965, Proc. VII. Int. Space Sci. Symp., Vienna 1966.

GRINGAUZ, K. I.; GDALEVICH, G. L.; GUBSKY, V. F.; KNORIN, I. A.; RUDAKOV, V. A.; SHUTTE, N. M.: Preliminary results of experiments carried out in the ionosphere in the early morning by means of geophysical rockets launched in the autumn of 1965, Space Research **VII**, (1967).

GRINGAUZ, K. I.; GDALEVICH, G. L.; RUDAKOV, V. A.; SHUTTE, N. M.: Characteristics of neutral and ionized components of the atmosphere at altitudes of 100 – 500 km measured during the geophysical rocket flights, Space Research **VIII**, 713 (1968).

GRINGAUZ, K. I.; GDALEVICH, G. L.; KHOKHLOV, M. Z.; REMIZOV, A. P.; LOGACHEV, YU. I.; STOLPOVSKY, V. G.; GOROZHANKIN, B. N.; AFONIN, V. V.; SHERONOVA, S. M.: Observations of electron fluxes and related variations of ionospheric plasma parameters in the south polar cusp, Proc. Inst. Space Res. Acad. Sciences USSR, Preprint-D141 (1972).

GRINGAUZ, K. I.; GDALEVICH, G. L.; KHOKHLOV, M. Z.; REMIZOV, A. P.; LOGACHEV, YU. I.; STOLPOVSKY, V. G.; GOROZHANKIN, B. N.; AFONIN, V. V.; SHERONOVA, S. M.: Observations of electron fluxes and related variations of ionospheric plasma parameters in the south polar cusp, Space Research **XIII**, 543 (1973).

GRINGAUZ, K. I.; GOROZHANKIN, B. N.; SHUTTE, N. M.; GDALEVICH, G. L.: Changes of the distribution of charged particle density with height and of the ionic composition of the outer ionosphere since the solar activity maximum according to data collected by ion traps on the COSMOS 2 satellite, Space Research **IV**, 473 (1964).

GRINGAUZ, K. I.; RUDAKOV, V. A.; KAPONSKIJ, A. V.: Instrumentation for rocket measurements of the free electron density in the ionosphere, J. Planet. Space Sci., 9, 247, 1962.

HALE, L. C.: Positive ion measurements in the mesosphere and upper stratosphere, XVI. COSPAR, Konstanz 1973, B.4.2.

HANSON, W. B.; BRACE, L. H.; DYSON, P. L.; MCCLURE, J. P.: Conflicting electron temperature measurements in the upper F-region, J. Geophys. Res. **74**, 400 (1969).

HANSON, W. B.; MCKIBBIN, D. D.: An ion-trap measurement of the ion concentration profile above the F2 peak, J. Geophys. Res. **66**, 1667 (1961),.

HANSON, W. B.; SANATANI, S.; ZUCCARO, D.; FLOWERDAY, T. W.: Plasma measurements with the retarding potential analyzer on OGO 6, J. Geophys. Res. 75, 5483 (1970).

HARRIS, K. K.; KNUDSEN, W. C.; SHARP, G. W.: Ion temperature measurements below the F peak from a polar orbiting satellite, URSI Spring Meeting 1966, Washington.

HARRIS, K. K.; SHARP, G. W.; KNUDSEN, W. C.: Ion temperature and relative ion composition measurements from a low-altitude polar-orbiting satellite, J. Geophys. Res. 72, 5939 (1967).

HARRIS, K. K.; SHARP, G. W.: The structure of the topside ionosphere from early orbits of OGO V, J. Gephys. Res. (1970).

HAYCOCK, O. C.; SWIGART, J. J.; BAKER, D. J.: Electron densities of the ionosphere utilizing high-altitude rockets, IRE Trans. **AP-7**, 414 (1959).

HEIKKILA, W. J.: A multiple ionospheric probe rocket experiment, Aeronomy Rept. **10** (Univ. Illinois), 70 (1965).

HEIKKILA, W. J.; BICHEL, R. L.; EAKER, N.; FEJER, J. A.; MORGAN, R. H.; ODOM, W. J.; TIPPLE, K.; WONG, V. M.; CALVERT, W.; FIELD, M.; HUGILL, J.: The multiple ionospheric probe, Rept. DASS-65-2, 1965.

HIRAO, K.: Joint Japanese — NASA launching to test probe, Electronics **35**, 62 (1961).

HIRAO, K.: Layer structure in the electron temperature profile in the ionosphere, Space Research **VII**, 477 (1967).

HIRAO, K.; MAEDA, K.: Design of ionospheric rocket experiments, Space Research **VI**, 1070 (1966).

HIRAO, K.; MIYAZAKI, S.: Measurement of electron energy distribution in the ionosphere, Space Research VI, 522 (1966).

HIRAO, K.; OYA, H.; TOHMATSU, T.; OGAWA, T.: Rocket observation of the ionosphere in twilight conditions, Space Research IX, 262 (1969).

HIRASAWA, T.; NAGATA, T.; KAWAGUCHI, S.; HIRAO, K.: Rocket observations of electron density of the daytime ionosphere at Syowa station, Antarctica, Rept. Ionosph. Space Res. Japan 24, 237 (1970).

HOEGY, N. R.: Probe and radar electron temperature in an isotropic nonequilibrium plasma, J. Geophys. Res. 76, 8333 (1971).

HOFFMAN, J. H.; JOHNSON, C. Y.; HOLMES, J. C.; YOUNG, J. M.: Daytime mid-latitude ion composition measurements, J. Geophys. Res. 74, 6281 (1969).

HOK, G.; DOW, G. W.: Rocket exploration of the upper atmosphere, London 1954.

HOK, G.; SPENCER, N. W.; DOW, G. W.: Dynamic probe measurements in the ionosphere, Rept. No. FS-3, 2521-5-S, AFCRC TN-58-616 (Univ. of Michigan) (1958).

HUGILL, J.: Some measurements of aerial impedance in the ionosphere, Annales d'Astrophysique 28, 255 (1965).

ICHIKAWA, H.; TAKEUTI, T.; IWATA, A.: Preliminary experiment of ion density measurement and mobility estimation in the transitional region of the atmosphere, Rept. Res. Inst. Atmospherics (Nagoya Univ.) (1967).

ICHIMIYA, T.; TAKAYAMA, K.; DOTE, T.; AONO, Y.; HIRAO, K.; MIYAZAKI, S.; SUGIYAWA, T.; MURAOKA, T.: Measurements of positive ion density in the ionosphere by sounding rockets, Nature 190, 156 (1961).

IMYANITOV, I. M.: Measurement of electrostatic fields in the upper layers of the earth's atmosphere, Usp. Fiz. Nauk 63, 170 (1957) (in russ.).

JACKSON, J. E.; BAUER, S. J.: Rocket measurement of a daytime electron-density profile up to 620 km, J. Geophys. Res. 66, 3055 (1961).

JACKSON, J. E.; KANE, J. A.; WHALE, H. A.: The simultaneous measurement of electron density by CW propagation and RF impedance probe techniques, URSI-Rept. (1960).

JACOBS, K. G.; KIST, R.; RAWER, K.: The electron density profile of auroral layers as observed with ESRO rockets at Kiruna, Space Research IX, 246 (1969).

JONOV, I.: On the investigation of the cosmical plasma by use of the three-electrode probes, J. Techn. Phys. USSR 33, 366 (1963) (in russ.).

KAISER, T. R.: Low-frequency propagation and probe experiments, Proc. Symp. High Latitude Particles and Ionosphere, Alpbach 1964, p. 43.

KALLMAN-BIJL, H. K.: Daytime and nighttime atmospheric properties derived from rocket and satellite observations, J. Geophys. Res. 66, 787 (1961).

KANAL, M.; BRACE, L. H.; CALDWELL, J. R.: An ejectable ion trap-Langmuir probe experiment for ionosphere direct measurements, ORA-Rept. No. 03484-3-S (Univ. of Michigan) (1962).

KANE, J. A.: Arctic measurements of electron collision frequencies in the D region of the ionosphere, J. Geophys. Res. 64, 133 (1959).

KASHA, M. A.; JOHNSTON, T. W.: Laboratory simulation of a satellite mounted diagnostic experiment, J. Geophys. Res. 72, 4028 (1967).

KAVADAS, A. D.: Rocket-released probes for measurement of electric fields, in: COSPAR-Small Rocket Instrumentation Techniques (MAEDA, K.), p. 73 (1969).

KAVADAS, A.; JOHNSON, D. W.: Electron densities and electric fields in the aurora, Space Research IV, 365 (1964).

KAVADAS, A.; JOHNSON, D. W.: Electric fields in aurorae, Space Research V, 312 (1965).

KIMURA, I.; HIRAO, K.: Rocket experiment of electron density measurement by VLF Doppler and probe methods, Space Research X (1970).

KLYUEVA, N. M.; KHRYUKIN, V. G.; CHASOVITIN, YU. K.; KOMRAKOV, G. P.; POPKOV, I. V.: Rocket measurements of electron concentration and electron temperature in the polar ionosphere.

KNOTT, K.; PEDERSEN, A.; TUNALEY, J. K. E.: Electric fields and conductivities derived from wake measurements on a rocket, Space Research **XII**, 1379 (1972).

KNUDSEN, W. C.; SHARP, G. W.: Heavy ion concentration and ion temperature measurements with a satellite-borne ion trap, Trans. Am. Geophys. Union **45**, 607 (1964).

KNUDSEN, W. C.; SHARP, G. W.: Ion temperatures measured around a dawn-dusk auroral-zone satellite orbit, J. Geophys. Res. **72**, 1061 (1967).

KNUDSEN, W. C.; SHARP, G. W.: Molecular ion concentration around a dawn-dusk auroral-zone satellite orbit, J. Geophys. Res. **72**, 1941 (1967).

KOTADIA, K. M.; PARIKH, N. K.: Rocket experiments with variable frequency impedance probe at Thumba over the magnetic equator, XVI. COSPAR, Konstanz, 1973, B.4.9.

KRANOVSKY, V. I.; GALPERIN, YU. I.; JORJIO, N. V.; MULARCHIK, T. M.; BOLYUNOVA, A. D.: Investigations of the upper atmosphere using the artificial earth satellites COSMOS 3 and COSMOS 5, Space Research **IV**, 572 (1964).

KUSUMANTO; BUDIHARTO; KISMAN, S.; SOEGIJO, J.; DJAIDOEN: Ionospheric data as obtained by a rocket in Indonesia, Rept. Indonesian Natl. Aeronautics and Space Inst., No. 3 (1967).

KUSUMANTO; BUDIHARTO; KISMAN, S.; SOEGIJO, J.; DJAIDOEN: Ionospheric data obtained by a rocket in Indonesia, Space Research **VIII**, 346 (1968).

LAZARUS, A. J.; BRIDGE, H. S.; DAVIS, J. M.; SNYDER, C. W.: Initial results from the Mariner 4 solar plasma experiments, Space Research **VII**, 1296 (1967).

LYON, E.; EGIDI, A.; PIZZELLA, G.: Plasma measurements on Explorer 33, (I) interplanetary region, Space Research **VIII**, 99 (1968).

MAEDA, K. (editor): Electron density and temperature measurements in the ionosphere, COSPAR-Technique Manual Series (1967).

MAEDA, K.: E region electron density profiles, Space Research **XII**, 1229 (1972).

MAEDA, K.; HIRAO, K.: A review of upper atmosphere rocket research in Japan, J. Planet. Space Sci. **9**, 355 (1962).

MANSON, A. H.; MERRY, H. W. J.; VINCENT, R. A.: Relationship between the partial reflection of radio waves from the lower ionosphere and irregularities as measured by rocket probes, Radio Sci. **4**, 955 (1969).

MCCLURE, J. P.; TROY, B. E.: Equatorial ion temperature: a comparison of conflicting incoherent scatter and OGO 4 retarding potential analyzer values, J. Geophys. Res. **76**, 4534 (1971).

MCNAMARA, A. G.: Langmuir probe measurements of the auroral ionosphere at Churchill, Aeronomy Report **10** (Univ. Illinois), 22 (1965).

MECHTLY, E. A.: Accuracy of rocket measurements of lower ionosphere electron concentrations, XVI. COSPAR, Konstanz 1973, B.1.11.

MECHTLY, E. A.; BOWHILL, S. A.; SMITH, L. G.; KNOEBEL, H. W.: Lower ionosphere electron concentration and collision frequency from rocket measurements of Faraday rotation, differential absorption and probe current, J. Geophys. Res. **72**, 5239 (1967).

MECHTLY, E. A.; SHIRKE, J. S.: Rocket electron concentration measurements on winter days of normal and anomaleous absorption, J. Geophys. Res. **73**, 6243 (1968).

MECHTLY, E. A.; SMITH, L. G.; HENRY, G. W.: Rocket observation of the winter anomaly, XVI. COSPAR, Konstanz 1973, B.5.12.

MITCHELL, J. D.; HALE, L. C.: Observations of the lowest ionosphere, Space Research **XIII**, 471 (1973).

MIYAZAKI, S.; HIRAO, K.; AONO, Y.; TAKAYAMA, K.; IKEGAMI, H.; ICHIMIYA, T.: Resonance probe — a new probe method for measuring electron density and electron temperature in the ionosphere, Rept. Ionosph. Space Res. Jap. **XIV**, 148 (1960).

MIYAZAKI, S.; HIRAO, K.; TAKAYAMA, K.; IKEGAMI, H.; ICHIMIYA, T.: Resonance probe, Rept. Ionosph. Space Res. Japan **14**, 21 (1960).

MIYAZAKI, S.; MORI, H.: Ionospheric measuring probe (II) — retarding potential trap, J. Radio Res. Lab. Japan **15**, 69 (1968).

MOLOZZI, A. R.; RICHARDSON, J. R.: The measured impedance of a dipole antenna in the ionosphere, Space Research **VII**, 489 (1967).

MORSE, F. A.; NELSON, D. F.; ROGERS, E. H.; SAVAGE, R. G.: Low energy electrons and auroral forms, XVI. COSPAR, Konstanz 1973, b. 8.

MOSS, S. J.; HYMAN, E.: Minimum variance technique for the analysis of ionospheric data acquired in satellite retarding potential analyzer experiments, J. Geophys. Res. **73**, 4315 (1968).

NAGY, A. F.; BRACE, L. H.; CARIGNAN, G. R.; KANAL, M.: Direct measurements bearing on the extent of thermal nonequilibrium in the ionosphere, J. Geophys. Res. **68**, 6401 (1963).

NAGY, A. F.; CARIGNAN, G. R.; BRACE, L. H.; DIGIULIO, H. A.: Direct F-region measurement of electron and ion temperatures using an ejectable ion trap-electrostatic probe instrument package, ORA-Rept. (Univ. Michigan) 03484-12-F (1963).

NAGY, A. F.; LEE, T. B.; WALKER, J. C. G.: Direct measurments bearing on the question of the nighttime heating mechanism in the ionosphere, Space Research **VII**, 506 (1964).

NAKAMURA, J.; KIMURA, H.; MATSUOKA, T.; ASO, T.; KATO, S.: Wind shear and electron density measurements by rockets, Space Research **XII**, 1329 (1972).

NARCISI, R. S.; BAILEY, A. D.; DELLA LUCCA, L.: Composition measurements of negative ions in the D and lower E regions, Trans. Am. Geophys. Union **49**, 149 (1968).

NESKE, E.; KIST, R.: Rocket observations in the equatorial ionosphere, Space Research **XIII**, 485 (1973).

NISBET, J. S.: Electron-density distribution in the upper ionosphere from rocket measurements, J. Geophys. Res. **65**, 2597 (1960).

ORSAK, L. E.; RORDEN, L. H.: Rocket probe measurements of ionospheric effects on VLF propagation and antenna impedance, Aeronomy Rept. **10** (Univ. Illinois), 60 (1965).

OSTER, A. L.; DOLEZALEK, H.: Laboratory instrumentation for testing and calibration of in situ probes for the lower ionosphere, mesosphere and stratosphere, Rev. Sci. Instr. **37**, 407 (1966).

OYA, H.; ASO, T.; EIJRI, M.; OBAYASHI, T.; MIYAZAKI, S.: Rocket observations of the winter ionosphere using plasma probes, Space Research **X**, 707 (1970).

OYA, H.; OBAYASHI, T.: Observation of the microstructure of the ionospheric electron density profile by gyro-plasma probe, Space Research **VII**, 180 (1967).

OYA, H.; OBAYASHI, T.: Gyro-plasma probe measurement of the electron density in the transition region between ioniosphere and magnetosphere, Space Research **VII**, 480 (1967).

OYA, H.; OBAYASHI, T.: Recombination coefficient of the upper-E and F1 regions deduced from the electron density profile at sunset measured by rocket-borne gyro-plasma probe, Rep. Ionosph. Space Res. Japan **21**, 9 (1967).

OYA, H.; OBAYASHI, T.: Observation of the microstructure of the ionospheric electron density profile by gyro-plasma probe, Space Research **VIII**, 332 (1968).

OYA, H.; OBAYASHI, T.: Gyro-plasma probe measurement of the electron density in the transition region between the ionosphere and the magnetosphere, Space Research **VIII**, 339 (1968).

OYAMA, K.; HIRAO, K.: Electron temperatures observed with the Langmuir probe and the electron temperature probe, J. Geomag. Geoelectr. **23**, 161 (1971).

OYAMA, K.; HIRAO, K.: Sporadic E layer observation by a reference electrode of electron temperature probe, Rept. Ionosph. Space Res. Jap. **25** (1), 65 (1971).

OYAMA, K.; HIRAO, K.: A critical study on the reliability of electron temperature measurements with Langmuir probe, J. Geomag. Geoelectr. (1972).

PEARSE, C. A.: A method for measurement of ion density, temperature and composition at high altitudes, Proc. NATO-Conf. **2**, 194 (1962).

PEARSE, C. A.: A method of measurement of ionic density, temperature, and composition at high altitudes, in: Electron Density Profiles (MACHLUN, B.), New York 1962, II/194.

PFISTER, W.: The use of retarding potential analyzers for electric field measurements, in: COSPAR-Small Rocket Instrumentation Techniques (MAEDA, K.), p. 66 (1969).

PFISTER, W.: Critical survey of electron and ion temperatures measured with probes, Space Research **XII**, 1261 (1972).

PFISTER, W.; ULWICK, J. C.: The analysis of rocket experiments in terms of electron density distributions; pulse delay propagation experiment, J. Geophys. Res. **63**, 315 (1958).

PFISTER, W.; ULWICK, J. C.: Plasma sheath effects on rocket antennas, Air Force Surveys in Geophysics, No. 177 (1966).

PFISTER, W.; ULWICK, J. C.; MCINERNEY, R. E.: Direct satellite probe measurements of ionospheric irregularities in the polar cap, Proc. Symp. on High Altitude Particles and Ionosphere, Alpbach 1964, p. 33.

PFISTER, W.; ULWICK, J. C.; VANCOUR, R. O.: Some results of direct probing in the ionosphere, J. Geophys. Res. **66**, 1293 (1961).

POLOSKOV, S. M.: Upper atmosphere structure parameters according to data obtained from USSR rockets and satellites during IGY, Space Research **I**, 95 (1960).

PONTANO, B. A.; HALE, L. C.: Measurements of an ionizable constituent of the low ionosphere using a Lyman-alpha source and blunt probe, Space Research **X**, 208 (1970).

PRAKASH, S.; GOSWAMI, K. K.; RAO, T. R.: A resonance probe for investigation of the lower ionosphere, XVI. COSPAR, Konstanz 1973, f. 13.

PRAKASH, S.; GUPTA, S. P.; SINHA, H. S. S.; SUBBARAYA, B. H.: In situ-measurements of ionization irregularities within the equatorial electrojet, XVI. COSPAR, Konstanz 1973, f. 16.

PRAKASH, S.; GUPTA, S. P.; SUBBARAYA, B. H.: Measurement of plasma noise in the lower ionosphere using rocket-borne probes, in: COSPAR-Small Rocket Instrumentation Techniques (MAEDA, K.), p. 76 (1969).

PRAKASH, S.; GUPTA, S. P.; SUBBARAYA, B. H.: Experimental evidence for crossfield instability in the equatorial ionosphere, Space Research **XI**, 1139 (1971).

PRAKASH, S.; SUBBARAYA, B. H.: Langmuir probe for the measurement of electron density and electron temperature in the ionosphere, Rev. Sci. Instr. **38**, 1132 (1967).

PRAKASH, S.; SUBBARAYA, B. H.: A Langmuir probe for the measurement of electron density and electron temperature in the ionosphere, Space Research **VII**, 427 (1967).

PRAKASH, S.; SUBBARAYA, B. H.; GUPTA, S. P.: A study of the lower ionosphere over the geomagnetic equator at Thumba using a Langmuir and plasma noise probe, Space Research **IX**, 237 (1969).

PRAKASH, S.; SUBBARAYA, B. H.; GUPTA, S. P.: Some features of the equatorial D-region as revealed from the Langmuir probe experiments conducted from Thumba, XVI. COSPAR, Konstanz 1973, B.4.8.

RAITT, W. J.; LAFLIN, S.; BOYD, R. L. F.: A synoptic view of ionic constitution above the F-layer maximum, Space Research **V**, 629 (1965).

RAWER, K.: Elektronendichte-Messungen in der Ionosphäre durch Raketen, Raketentechnik u. Raumfahrtforschung **4** (1961).

RAWER, K.: Ionosphären-Messungen bei zwei Raketenaufstiegen in der Sahara, ZS. f. Geophys. **32** (1966).

REIDY, W. P.; DAVIDSON, G.; GIACCONI, R.; SHEPHERD, D.; SMITH, R.: Rocket-borne instrumentation to measure the rate of ionization and related phenomena during an aurora, Rept. No. ASE-531 AFCRL-64-606(1) (1964).

RICE, C. J.; MORSE, F. A.: Northern hemisphere F-region temperature distribution, XVI. COSPAR, Konstanz 1973, f. 14.

ROSE, G.; WIDDELL, H. U.: Ein Meßgerät zur Bestimmung der Strömungsgeschwindigkeit in kurzen Rohren (Ionenzählern) bei niedrigem Gasdruck, Mitt. Max-Planck-Inst. für Aeronomie, Lindau, **30**, 1 (1967).

Rose, G.; Widdell, H. U.: Results of simultaneous in situ observations in Spain of electron concentration, neutral wind and air pressure in the D-region in different seasons and during an SID-event and their relevance to the winter-anomalous state of the atmosphere, XVI. COSPAR, Konstanz 1973, B.5.9.

Sagalyn, R. C.; Smiddy, M.: Rocket investigation of the electrical structure of the lower ionosphere, Space Research **IV**, 371 (1964).

Sagalyn, R. C.; Smiddy, M.: Southern hemisphere anomalies below the peak of the F-layer of the ionosphere, Space Research **VI**, 230 (1966).

Sagalyn, R. C.; Smiddy, M.: Results of charged particle measurements in the energy range 0 to 1000 eV; OGO-A, Space Research **VI**, 477 (1966).

Sagalyn, R. C.; Smiddy, M.; Bhargava, Y. N.: Satellite measurements of the diurnal variations of electron temperature in the F region, Space Research **V**, 189 (1965).

Sagalyn, R. C.; Smiddy, M.; Sullivan, W. P.: Experimental investigation of the nighttime E region, Space Research **VII**, 448 (1967).

Sandrock, J. A.; Pfister, W.: Measurements with retarding potential analyzers and planar ion traps in the D-region, Aeronomy Rept. **10** (Univ. Illinois), 49 (1965).

Sanmartin, J. R.: The determination of ionospheric charged particle temperatures from in situ measurements, COSPAR, Madrid 1973.

Sastry, T. S. G.; Sampath, S.: Joule heating effect due to currents in the equatorial electrojet as observed by rocket-borne probes, XVI. COSPAR, Konstanz 1973, f. 17.

Sayers, J.: In-situ probes for ionospheric investigations, J. Atmos. Terr. Phys. **32**, 663 (1970).

Scherb, F.: Velocity distributions of the interplanetary plasma detected by Explorer 10, Space Research **IV**, 797 (1964).

Sechrist, C. F. jr.; Mechtly, E. A.; Shirke, J. S.; Theon, J. S.: Coordinated rocket measurements on the D-region winter anomaly, 1. experimental results, J. Atmos. Terr. Phys. **31** (1969).

Serbu, G. P.: Results from a rocket-borne Langmuir probe experiment, NASA-Techn. Note D-570 (1961).

Serbu, G. P.: Explorer-35 measurements of low energy plasma in Lunar orbit, J. Geophys. Res. **74**, 372 (1969).

Serbu, G. P.; Bourdeau, R. E.; Donley, J. L.: Electron temperature measurements on the Explorer VIII satellite, J. Geophys. Res. **66**, 4313 (1961).

Serbu, G. P.; Maier, E. J. R.: Low-energy electrons measured on IMP 2, J. Geophys. Res. **71**, 3755 (1966).

Serbu, G. P.; Maier, E. J. R.: Thermal plasma measurements within the magnetosphere, Space Research **VII**, 527 (1967).

Smiddy, S.; Sagalyn, R. C.: Investigation of electrical phenomena in the equatorial ionosphere, Space Research **VII**, 428 (1967).

Smilauer, J.; Afonin, V. V.: Differential RF probe for electron temperature measurements with high sensitivity and resolution, XVI. COSPAR, Konstanz 1973, f. 15.

Smith, L. G.: Rocket observation of sporadic E and related features of the E region, Radio Sci. **1**, 178 (1966).

Smith, L. G.: A sequence of rocket observations of nighttime sporadic E, J. Atmos. Terr. Phys. (1970).

Smith, L. G.; Accardo, C. A.; Weeks, L. N.; McKinnon, P. J.: Measurement in the ionosphere during the solar eclipse of 20 July 1963, J. Atmos. Terr. Phys. **27**, 803 (1965).

Smith, L. G.; Accardo, C. A.; Weeks, L. H.; McKinnon, P. J.: Rocket measurements in the ionosphere during the eclipse of 20 July 1963, Space Research **V**, 704 (1965).

Smith, C. R.; Brinton, H. C.; Pharo, M. W.; Taylor, H. A.: Lower E-region ion concentrations measured at a time of declining solar activity, J. Geophys. Res. **72**, 2357 (1967).

Smith, L. G.; Geller, M. A.; Voss, H. D.: A rocket observation of the disturbed midlatitude nighttime ionosphere, XVI. COSPAR, Konstanz 1973, f. 8.

SMITH, F. G.; SMITH, J. F.; BULLOUGH, K.; HUGHES, A. R. W.; KAISER, T. R.; BENT, R. B.; HORNER, F.; GREGORY, P.; SMITH, H.; SAYERS, J.; WAGER, J. H.; WILSON, J. W. G.; STEWART, K. H.; WILDMAN, P. J. L.: Experiments in the U. K. satellite Ariel III, Space Research **VIII**, 728 (Y968).

SMITH, L. G.; WEEKS, L. H.; MCKINNON, P. J.: Rocket observations of electron temperature in the E-region, J. Atmosph. Terrestr. Phys. **30**, 1301 (1968).

SNYDER, C. W.; NEUGEBAUER, M.: Interplanetary solar-wind measurements by Mariner II, Space Research **IV**, 89 (1964).

SOMAYAJULU, Y. V.; AVADHANULU, M. B.; ZALPURI, K. S.; GARG, S. C.: Some preliminary results of rocket sounding of the D region at the geomagnetic equator, Space Research **XI**, 1131 (1971).

SOMAYAJULU, Y. V.; AVADHANULU, M. B.; ZALPURI, K. S.: A study of the equatorial D region, Space Research **XIII**, 477 (1973).

SPENCER, N. W.; BRACE, L. H.; CARIGNAN, G. R.; TAEUSCH, D. R.; NIEMANN, H. B.: Electron and molecular nitrogen temperature and density in the thermosphere, J. Geophys. Res. **70**, 2665 (1965).

SPENCER, N. W.; BRACE, L. H.; CARIGNAN, G. R.; TAEUSCH, D. R.; NIEMANN, H. B.: Thermosphere measurement of molecular nitrogen and electron temperature and concentrations, Space Research **VI**, 393 (1966).

SPENCER, N. W.; BRACE, L. H.; CARIGNAN, G. R.; TAEUSCH, D. R.; NIEMANN, H. B.: Thermosphere measurement of molecular nitrogen and electron temperature and concentrations, NASA-Techn. Note D-3091 (1966).

SPENCER, N. W.; KANAL, M.: Measurement of atmospheric pressure, temperature, density and composition at very high altitudes, Rept. No. GQ-2 (Univ. of Michigan) (1959).

SPENNER, K.; DUMBS, A.; WOLF, H.; SLAVIK, J.: Measurements of and correlations between electron and ion temperature and plasma density at low latitudes, XVI. COSPAR, Konstanz 1973, f. 13.

STONE, R. G.; WEBER, R. R.; ALEXANDER, J. K.: Measurements of antenna impedance in the ionosphere, J. Planet. Space Sci. **14**, 631, 1007 (1966).

SUBBARAYA, B. H.; PRAKASH, S.; GUPTA, S. P.; RAO, R. T.: Electron temperatures in the equatorial electrojet region, XVI. COSPAR, Konstanz 1973, f. 18.

TAKAYAMA, K.; IKEGAMI, H.; MIYAZAKI, S.: Plasma resonance in a Radio-Frequency probe, Phys. Rev. Letters **5**, 238 (1960).

TAYLOR, W. C.: The use of ion probes for diagnostic re-entry plasmas, Techn. Rept. **11** (Stanford Univ.) (1963).

TAYLOR, H. A.; BRINTON, H. C.; SMITH, C. R.: Positive ion composition in the magneto-ionosphere obtained from the OGO-A satellite, J. Geophys. Res. **70**, 5769 (1965).

TAYLOR, G. N.; WRENN, G. L.: Comparisons of simultaneous satellite and ground-based measurements of ionospheric parameters, Planet. Space Sci. **18**, 1663 (1970).

THOMAS, L.: The temporal and geographical variations of D-region electron densities, XVI. COSPAR, Konstanz 1973, B.3.1.

THRANE, E. V.: Ionospheric profiles up to 160 km: a review of techniques and profiles, XVI. COSPAR, Konstanz 1973, B.1.1.

ULWICK, J. C.; BAKER, K. D.; HEGBLOM, E. R.: Coordinated measurements from two multi-experiment rockets in an aurora, Space Research **IX**, 336 (1969).

ULWICK, J. C.; BAKER, K. D.; SELLERS, B.: Rocket measurements in a PCA event, Space Research **X**, 825 (1970).

ULWICK, J. C.; PFISTER, W.; BAKER, K. D.: Rocket measurements of Bremsstrahlung, X-rays and related parameters during auroral absorption events, Space Research **VIII**, 171 (1968).

ULWICK, J. C.; PFISTER, W.; HAYCOCK, O. C.; BAKER, K. D.: Rocket measurements with electron and ion probes in an aurora, Space Research **V**, 293 (1965).

ULWICK, J. C.; PFISTER, W.; MCINERNEY, R. E.: Direct satellite probe measurements of ionospheric irregularities, Space Research **V**, 171 (1965).

ULWICK, J. C.; PFISTER, W.; VANCOUR, R. P.; BETTINGER, R. T.; HAYCOCK, O. C.; BAKER, K. D.: Firing of an Astrobee 200 rocket with a multiple ionospheric experiment, Proc. IRE **50**, 2272 (1962).

ULWICK, J. C.; REIDY, W. P.; BAKER, K. D.: Direct measurements of the ionizing flux in different types of auroral forms, Space Research **VII**, 656 (1967).

ULWICK, J. C.; SELLERS, B.: Rocket measurements of production and ionization during a PCA event, Space Research **XI**, 1173 (1971).

WALKER, J. C. G.; BRACE, L. H.: Langmuir probe for a nocturnal E-region ionization source at Fort Churchill, Planet. Space Sci. (1968).

WHIPPLE, E. C. jr.: Preliminary electron energy spectra below 30 eV in the magnetosphere from OGO 1, IV. Western Nat. Meeting Am. Geophys. Union, Seattle 1964.

WHIPPLE, E. C. jr.: The validity of low energy particle collection techniques in the magnetosphere, Proc. 17. Gen. Assembly URSI, Warsaw 1972.

WHIPPLE, E. C.; TROY, B. E.: Preliminary data from the ion-electron trap on OGO, Proc. Annual Meeting Am. Geophys. Union, Washington 1965.

WILLMORE, A. P.; BOYD, R. L. F.; BOWEN, P. J.: Some preliminary results of the plasma probe experiments on the satellite Ariel, Proc. Int. Conf. on the Ionosphere, London1962.

WOLFE, J. H.; SILVA, R. W.: Preliminary results from the AMES research center plasma detector abord Explorer XVIII, Space Research **V**, 979 (1965).

WOLFF, M. F.: Rockets probe sporadic-E, Electronics **35**, 18 (1962).

WRENN, G. L.; SMITH, P. A.: Results derived from simultaneous measurements using the Langmuir plate and spherical ion probe on Explorer XXXI and the ionosonde on Alouette II, Proc. IEEE **57**, 1085 (1969).

YONEZAWA, T.: Probe measurements of electron and positive ion densities and temperatures in the E- and lower F-region, Proc. NATO-Conf. **2**, 80 (1962).

F.3. Neuere Arbeiten zur Plasmarandschicht- und Sondentheorie (eine Auswahl)

BATTLE, E. L.; BELL, R. B.: Reducing experimental Langmuir probe data to obtain a comparison with collisionless probe theory, Phys. Fluids **13** (6), 1488 (1970).

BERNSTEIN, I. B.; RABINOWITZ, I. N.: Theory of electrostatic probes in a low-density plasma, Phys. Fluids **2** (2), 112 (1969).

BIENKOWSKI, G. K.: Electrostatic sheath in a weakly ionized gas, Phys. Fluids **10** (2), 381 (1967).

BIRD, G. A.: The free-molecule flow field of a moving body in the upper atmosphere, in: Rarefied Gas Dynamics (L. TALBOT), New York 1961.

BOYD, R. L. F.; TOMPSON, S. L.: The operation of Langmuir probes in electronegative plasmas, Proc. Roy. Soc., **A252**, 102 (1959).

CHEN, F. F.: The sheath-criterion, Rept. MATT-77 (Princeton Univ.) (1960).

CHEN, F. F.: Use of electrostatic probes in plasma physics, IRE Trans., NS-8 150 (1961).

CHEN, F. F.: A note on saturation ion currents to Langmuir probes, Rept. MATT-272 (Princeton Univ.) (1964).

CHEN, F. F.: Numerical computations for ion probe characteristics in a collisionless plasma, J. Nucl. Energy **C7**, 47 (1965).

CHEN, S. L.; GOODINGS, J. M.: Ion current to a Langmuir probe in very low density flowing plasmas for electron density determinations, J. Appl. Phys. **39**, 3300 (1968).

CHOPRA, K. P.: Interaction of rapidly moving bodies in terrestrial atmosphere, Rev. Mod. Phys. **33**, 153 (1961).

Chou, Y. S.; Talbot, L.; Willis, D. R.: Kinetic theory of a spherical electrostatic probe in a stationary plasma, Phys. Fluids 9 (11), 2150 (1966).

Chung, P. M.: Electrical characteristics of Couette flow and stagnation boundary layer flows of weakly ionized gases, Phys. Fluids 7, 110 (1964).

Chung, P. M.: Weakly ionized nonequilibrium viscous shock-layer and electrostatic probe characteristics, AIAA Journ. **3** (5), 817 (1965).

Chung, P. M.; Blankenship, V. D.: Theory of electrostatic double probe comprised of two parallel plates, AIAA Journ. **4** (4), 442 (1966).

Ciceroni, R. J.; Bowhill, S. A.: Theory of ion collection by a stationary electrostatic probe, Radio Science **4** (6), 561 (1969).

Cohen, I. M.: Asymptotic theory of spherical electrostatic probes in a slightly ionised, collision-dominated gas, Phys. Fluids **6** (10), 1492 (1963).

Crowson, H. L.: Wake analysis of an orbiting body, J. Astronaut. Sci. **13**, 76 (1966).

Demetriades, A.; Doughman, E. L.: Langmuir probe diagnosis of turbulent plasmas, Proc. AIAA II. Ann. Meet., San Francisco, Cal. (1965).

Demetriades, A.; Doughman, E. L.: Langmuir probe diagnosis of turbulent plasmas, AIAA Journ. **4** (3), 451 (1966).

Dote, T.; Takayama, K.; Ichimiya, T.: Analysis of probe characteristics in drifting plasma, J. Phys. Soc. Jap. **17**, 174 (1962).

Dunn, M. G.: Use of positively biased electrostatic probes to obtain electron density in collisionless flows, AIAA Journ. **10** (8), 996 (1972).

Ecker, G.; McClure, J.: Abgrenzung und Erweiterung der Langmuirschen Sondentheorie, Ann. Phys. (VII) **15**, 69 (1965).

Fay, J. A.: Plasma boundary layers, ARS Preprint 2010-61 (1961).

French, J. B.; Sonin, A. A.; De Leeaw, J. H.: The use of Langmuir probes in low density plasma flows, in: Proc. III. Int. Symp. Rarefied Gas Dynamics, New York 1963, II/471.

Generalov, N. P.: The theory of probes, J. Nucl. Energy **9**, 148 (1959).

Giehrke, G. v.; Müller, G.; Peter, G.; Rabben, H. H.: On the influence of ion sheaths upon the resonance behaviour of an RF plasma probe, Z. S. f. Naturforschg. **19a**, 1107 (1964).

Grard, R.: The sheath capacitance at VLF of a metallic body moving in the ionsphere, Proc. Conf. Direct Aeronom. Measurm. Lower Ionosph. (Univ. Illinois) (1963).

Hall, D. F.; Kemp, R. F.; Sellen, J. M. jr.: Plasma-vehicle interaction in a plasma stream, AIAA Journ. **2**, 1032 (1964).

Haug, R.: Techniques d'enregistrement et d'exploitation des charactéristiques de sonde de Langmuir, L'Onde Electrique **XLVI**, 1252, No. 476 (1966).

Horton, B. E.; Bowhill, S. A.: Computer simulation of supersonic rarefied gas flow in the transition region, about a spherical probe; a Monte Carlo approach with application to rocket-borne ion probe experiments, Aeronomy Rept. **43** (Univ. Illinois) (1971).

Hung, N. T.; Paquette, G.: Theory of Langmuir probes in plasmas containing negative ions. Properties of the sheath, Bull. Am. Phys. Soc. **10**, 8 (1965).

Johnson, B. H.; Murphree, D. L.: Plasma velocity determination by electrostatic probes, AIAA Journ. 7 (10), 2028 (1969).

Kagan, Yu. M.; Perel, V. I.: Probe methods in plasma research, Soviet Physics — Usp. Fiz. Nauk 6, 767 (1964).

Kiel, R. E.: Electrostatic probe theory for free molecular cylinders, AIAA Journ. **6** (4), 708 (1968).

Kiel, R. E.; Gustafson, W. A.: Electrostatic probe in a collisionless plasma, Phys. Fluids 9 (8), 1531 (1966).

Laframboise, J. G.: Theory of spherical and cylindrical Langmuir probes in a collisionless Maxwellian plasma at rest, Rept. No. 100 (Univ. of Toronto) (1966).

LAFRAMBOISE, J.: Theory of spherical and cylindrical Langmuir probes in a collisionless, Maxwellian plasma at rest, in: Rarefied Gas Dynamics, II, 22 (1966).

LAM, S. H.: A general theory for the flow of weakly ionized gases, Rept. 644 (Princeton Univ.) (1963).

LAM, S. H.: A general theory for the flow of weakly ionized gases, AIAA Journ. 2 (2), 256 (1964).

LAM, S. H.: Compressibility and non-equilibrium effects on the response of a Langmuir probe in a flowing plasma, AIAA-Paper No. 65-543 (1965).

LAM, S. H.: Unified theory for the Langmuir probe in a collisionless plasma, Phys. Fluids 8 (1), 73 (1965).

LAM, S. H.: Plasma diagnostics with moderately large Langmuir probes, Phys. Fluids 8, 1002 (1965).

LAM, S. H.: On the capabilities of the cold-ion approximation in collisionless plasma flows, in: Rarefied Gas Dynamics (C. L. BRUNDIN), New York 1967.

LAM, S. H.: Collisionless flow of a plasma mixture, AIAA Journ. 7 (11), 2094 (1969).

LAM, S. H.; GREENBLATT, M.: On the interaction of a solid body with a flowing collisionles plasma, in: Rarefied Gas Dynamics 1966 (H. J. DE LEEUW), New York 1966, p. 45.

MEDVED, D. B.: On the formation of satellite electron sheaths resulting from secondary emission and photoeffects, in: Interaction of Space Vehicles with an Ionised Atmosphere (SINGER, S. F.), Pergamon Press, New York 1965.

MEYER, P.: Impedance of a sphere in a magnetoplasma, IEEE Trans. **AP-15**, 331 (1967).

MIYAZAKI, S.: Characteristic of ion collection of the spherical Langmuir probe in drifting Maxwellian distribution, J. Radio Res. Lab. Japan **14**, 219 (1967).

PARKER, L. W.: A computer programm for calculating the charge distribution about a space vehicle, II. Symp. Interact. of Space Vehicles with an Ionized Atmosphere, Miami Beach 1965.

PARKER, L. W.: Theory of electrostatic planar and spherical probes, Rept. No-3-16-66 (Mt. Auburn Research Associates, Ind.) (1966).

PARKER, L. W.: Theory of electrostatic planar and spherical probes, NASA-Rept. CR-704 (1967).

PETERSON, E. W.; TALBOT, L.: Langmuir probe response in a turbulent plasma, AIAA Journ. 8 (8), 1391 (1970).

POLYCHRONOPULOS, B.: Effects of non-Maxwellian electron energy distributions on the orbital limited current-voltage characteristics of cylindrical and spherical Langmuir probes under collisionless conditions, Plasma Physics **15**, 37 (1973).

RADBILL, J. R.: Computation of electrostatic probe characteristics by quasilinearisation, AIAA Journ. 4 (7), 1195 (1966).

SELF, S. A.: Exact solution of the collisionless plasma-sheath equation, Rept. 1056 (Stanford Univ.) (1963).

SINGER, S. F.: Interactions of Space Vehicles with an Ionized Atmosphere, Pergamon Press, New York 1965.

SINGER, S. F.; WALKER, E. H.: Photoelectric screening of bodies in interplanetary space, Icarus **1** (1), 7 (1962).

SU, C. H.: Compressible plasma flow over a biased body, AIAA Journ. **3**, 842 (1965).

SU, C. H.; KIEL, R. E.: Continuum theory of electrostatic probes, J. Appl. Phys. **37** (13), 4907 (1966).

SU, C. H.; LAM, S. H.: Continuum theory of spherical electrostatic probes, Phys. Fluids **6** (10), 1479 (1963).

SU, C. H.; SONIN, A. A.: Theory of the electrostatic probe in a moderately ionized gas, Phys. Fluids **10** (1), 124 (1967).

TANAKA, T.; HIRAO, K.: Characteristics of a spherical electrostatic probe in a weakly ionized plasma, Rept. Ionosph. Space Res. Japan **26**, 121 (1972).

Taylor, J. C.: Disturbance of a rarefied plasma by a supersonic body on the basis of the Poisson-Vlasov equations. I. The heuristic method, Planet. Space Sci. **15**, 155 (1967).

Taylor, J. C.: Disturbance of a rarefied plasma by a supersonic body on the basis of the Poisson-Vlasov equations. II. The formal method, Planet. Space Sci. **15**, 463 (1967).

Walbridge, E. W.: On "Photoelectric screening of bodies in interplanetary space" by Singer and Walker, Icarus **10** (2), 342 (1969).

Wasserstrom, E.; Su, C. H.; Probstein, R. F.: A kinetic theory approach to electrostatic probes, Phys. Fluids **8**, 56 (1965).

Webber, R. V.; Warren, E. S.: The ion sheath surrounding a charged spherical conductor in a plasma, Space Research **VI**, 483 (1966).

Weissmann, D. E.; Scharfman, V. E.; Guthart, H.: Plasma diagnostics using electrostatic probes under short mean free path conditions, Phys. Fluids **10**, 464 (1967).

Whipple, E. C. jr.: The equilibrium electric potential of a body in the upper atmosphere and in interplanetary space, NASA-Rept. X-615-54-269 (1965).

Whipple, E. C.; Parker, L. W.: Theory of an electron trap on a charged spacecraft, J. Geophys. Res. **74**, 2962 (1969).

Yamada, H.; Murphree, D. L.: Electrostatic probe measurements in a collisionless plasma sheath, Phys. Fluids **14** (6), 1120 (1971).

Yen, J. T.: Electrostatic probe performance as influenced by its magnetogasdynamic boundary layers, AIAA Journ. **3**, 2146 (1965).

G. Sachverzeichnis

Kolibri 360 GmbH
Ferdinand-Jühlke-Straße 7
99095 Erfurt, Deutschland
produktsicherheit@kolibri360.de